现代有色金属冶金科学技术丛书

钛 冶 金

邓国珠 主编
王武育 主审

北 京
冶 金 工 业 出 版 社
2010

内 容 提 要

本书是《现代有色金属冶金科学技术丛书》之一，属于钛（提取）冶金领域的专著，其内容包括国内外钛冶金发展概况和进展，钛的性质、用途和制取方法，钛资源和选矿等，详细论述了钛渣、人造金红石、四氯化钛、海绵钛、钛（合金）粉和二氧化钛的工业生产方法、原理和工艺技术，以及钛化合物的性质、用途和制取方法等。

本书通俗易懂，不仅可供从事钛冶金生产、研究、设计的技术人员以及大专院校相关专业师生参考，也可作为钛冶金生产一线操作工人的培训参考书。

图书在版编目(CIP)数据

钛冶金/邓国珠主编．—北京：冶金工业出版社，2010.8
(现代有色金属冶金科学技术丛书)
ISBN 978-7-5024-5336-7

Ⅰ.①钛…　Ⅱ.①邓…　Ⅲ.①钛—有色金属冶金
Ⅳ.①TF823

中国版本图书馆 CIP 数据核字(2010)第 145099 号

出 版 人　曹胜利
地　　址　北京北河沿大街嵩祝院北巷 39 号，邮编 100009
电　　话　(010) 64027926　电子信箱　yjcbs@cnmip.com.cn
责任编辑　张登科　李　雪　美术编辑　李　新　版式设计　孙跃红
责任校对　王永欣　李文彦　责任印制　牛晓波
ISBN 978-7-5024-5336-7
北京兴华印刷厂印刷；冶金工业出版社发行；各地新华书店经销
2010 年 8 月第 1 版，2010 年 8 月第 1 次印刷
787mm × 1092mm　1/16；23.25 印张；558 千字；354 页
69.00 元

冶金工业出版社发行部　电话：(010)64044283　传真：(010)64027893
冶金书店　地址：北京东四西大街 46 号(100010)　电话：(010)65289081(兼传真)
(本书如有印装质量问题，本社发行部负责退换)

出版者的话

近年来，通过自主创新和技术引进相结合，我国的有色金属工业一直保持持续、快速、健康的发展势头，现代化程度不断提高，开发了许多具有世界先进水平和自主知识产权的工艺技术与装备，令世界同行瞩目。我国已经成为名副其实的有色金属大国，10 种常用有色金属的总产量居世界第一位，其中铅、锌、镍、锑、钨的产量均为世界第一。

随着对可持续发展认识程度的进一步加深，社会对有色金属工业的发展提出了减少资源消耗和能耗、环境更加友好的要求；全球经济一体化，也对我国有色金属工业在世界市场中的核心竞争能力提出了更高要求。因此，我国有色金属工业将面临前所未有的挑战和发展机遇。我社根据有色金属行业发展需要和广大读者的需求，组织出版《现代有色金属冶金科学技术丛书》，一方面是为了总结有色金属冶金领域的国内外最新生产与技术进展，促进科研成果向生产的转化，推动行业科技进步，适应目前有色金属行业发展的需要；另一方面，冶金工业出版社作为专业科技出版社，有责任和义务为有色金属行业的读者提供更加实用、有特色、可广泛选择的现代有色冶金工程专业书籍，并促进学术交流和科技文化的传承发展。

本套丛书将由有色金属行业各领域的知名专家学者撰写，主要读者对象是有色金属行业的工程技术、科研教学、生产管理人员。每本书内容上涵盖资源、采矿、选矿、冶炼、产品深加工、资源循环利用与环境保护等方面，重点是冶炼和产品深加工。各方面内容包括基本原理、工艺流程、主要设备、安全操作、环境卫生等。要求理论与实践相结合，科研与生产相结合，能够反映和展示该领域的国内外最新科研和生产成果。

我们将在科学发展观重要思想的指导下，切实履行好出版者的社会责任，努力做好有色金属科技图书的出版工作。热忱欢迎广大读者提出意见和建议，以便我们把丛书组织出版得更好。

前　　言

钛是一种具有战略意义且被誉为21世纪的金属，钛白是当今最佳的白色颜料。近十年来随着经济的快速发展，我国钛产业也获得空前发展，海绵钛和钛白的年产量已分别居世界第一、第二位。钛和钛白用量的增加，在一定程度上标志着国家科技和经济的发展，国力的增强和人民生活水平的提高。随着我国钛产业的发展，从业队伍迅速扩大，对钛冶金参考书籍的需求也不断增加。鉴于此，作者在总结本人多年来在钛冶金科研中积累的经验和资料的基础上，参阅了大量国内外最新文献和技术资料，编写本书献给读者，以期对促进我国钛产业的进一步持续稳步发展尽微薄之力。

本书在内容组织上力求新颖，并充分反映国内外最新的工艺技术和动态；在方法原理的论述上，力求深入浅出，通俗易懂；在数据处理上，力求准确可靠。本书与其他同类书相比，各章有如下新内容：第1章，国内外海绵钛、钛材和钛白生产的发展状况、进展和存在问题；第2章，钛在13个领域中的应用现状和前景；第3章，国内外钛资源及其利用状况；第4章，空心电极电炉熔炼钛渣工艺和设备，还原锈蚀法制取人造金红石的进展；第5章，国内外流态化氯化工艺技术、设备和操作方法的比较分析；第6章，“一步法”铝粉除钒新方法和精馏法从四氯化钛中分离三氯化铝最新研究结果；第7章，国内外倒U形和I形镁还原联合法工艺技术、设备和操作方法的比较分析；第8章，熔盐电解法制钛的研究进展和评述；第9章，连续钠还原法制取钛及钛合金粉的新工艺技术；第10章，复合钛白、钛黄颜料和特种二氧化钛相关内容；第11章，三氯化钛、硼化钛、钛酸钾和钛偶联剂等化合物的有关近期研究结果。

本书第1~4章、第6章、第9~11章由邓国珠编写，第5章由邓国珠、莫畏、刘洪贵编写，第7章由邓国珠、王武育、刘美凤、刘洪贵编写，第8章由刘美凤编写。全书由邓国珠统稿，王武育审核。

本书在出版过程中，得到了北京有色金属研究总院张少明院长、熊柏青副院长、卢世刚主任和四川龙蟒集团李家权董事长、范先国总裁等的大力支持，并且以上两单位提供了出版赞助；在编写过程中，得到了车小奎、王向东、王力军、熊丙昆、胡永海、王桂生、董洪超、孙昭雯、邵宝顺、余家华、刘禹民、梁曦彬、王铁明、刘水根、金维华、张欣、温力蓉、薛红霞、胥文涛等专家和同事的热情帮助。在此一并表示衷心的感谢。

由于本书涉及面广和工艺技术复杂以及作者水平所限，书中不妥之处，敬请读者批评指正。

编　者

2010 年 3 月

目　　录

1　概论 ………………………………………………………………… 1

1.1　海绵钛生产发展概况 …………………………………………… 1

1.1.1　美国的海绵钛生产 ………………………………………… 4

1.1.2　独联体的海绵钛生产 ……………………………………… 4

1.1.3　日本的海绵钛生产 ………………………………………… 5

1.1.4　英国的海绵钛生产 ………………………………………… 6

1.1.5　我国的海绵钛生产 ………………………………………… 6

1.2　钛材生产发展概况 ……………………………………………… 7

1.2.1　俄罗斯的钛材生产 ………………………………………… 7

1.2.2　美国的钛材生产 …………………………………………… 8

1.2.3　日本的钛材生产 …………………………………………… 8

1.2.4　中国的钛材生产 …………………………………………… 8

1.3　钛白生产发展概况 ……………………………………………… 9

1.3.1　世界钛白发展概况 ………………………………………… 9

1.3.2　中国钛白发展概况 ………………………………………… 10

1.4　钛冶金技术进展和存在的问题 ………………………………… 12

1.4.1　钛冶金技术进展 …………………………………………… 12

1.4.2　钛冶金存在的主要问题 …………………………………… 13

参考文献 ……………………………………………………………… 14

2　钛的性质、用途和制取方法 ………………………………………… 15

2.1　钛的性质 ………………………………………………………… 15

2.1.1　钛原子结构和在周期表中的位置 ………………………… 15

2.1.2　钛的物理性质、热力学性质和力学性质 ………………… 16

2.1.3　钛的化学性质 ……………………………………………… 21

2.2　钛的用途 ………………………………………………………… 26

2.2.1　航空和航天 ………………………………………………… 26

2.2.2　舰船工业 …………………………………………………… 27

2.2.3　海洋工程 …………………………………………………… 28

2.2.4　化工和石化 ………………………………………………… 29

2.2.5　发电 ………………………………………………………… 29

2.2.6　汽车……………………………………………………………………… 29
2.2.7　有色冶金……………………………………………………………………… 30
2.2.8　体育用品……………………………………………………………………… 30
2.2.9　医疗……………………………………………………………………… 31
2.2.10　生活用品和工艺品 ……………………………………………………… 31
2.2.11　建筑 ……………………………………………………………………… 31
2.2.12　钢铁工业 ………………………………………………………………… 31
2.2.13　特种功能材料 …………………………………………………………… 33
2.3　钛的制取方法……………………………………………………………… 33
2.3.1　制取钛的各种途径………………………………………………………… 33
2.3.2　海绵钛的工业生产方法…………………………………………………… 41
参考文献 ……………………………………………………………………… 42

3　钛矿资源及采选……………………………………………………………… 43

3.1　钛矿物……………………………………………………………………… 43
3.2　钛矿类型…………………………………………………………………… 45
3.2.1　岩浆矿床……………………………………………………………………… 45
3.2.2　次生砂矿床…………………………………………………………………… 45
3.2.3　变质矿床……………………………………………………………………… 46
3.3　钛矿资源…………………………………………………………………… 46
3.3.1　世界钛资源…………………………………………………………………… 46
3.3.2　中国钛资源…………………………………………………………………… 48
3.4　钛矿选矿…………………………………………………………………… 50
3.4.1　海滨砂矿的选矿……………………………………………………………… 50
3.4.2　内陆砂矿的选矿……………………………………………………………… 50
3.4.3　岩矿的选矿…………………………………………………………………… 50
3.5　钛矿开采和应用…………………………………………………………… 51
3.5.1　国外钛矿的开采和应用……………………………………………………… 51
3.5.2　国内钛矿的开采和应用……………………………………………………… 53
3.6　国内外各地产钛矿化学组成……………………………………………… 54
参考文献 ……………………………………………………………………… 55

4　钛渣和人造金红石 ………………………………………………………… 56

4.1　钛铁矿富集方法概述……………………………………………………… 56
4.1.1　富钛料的制造方法…………………………………………………………… 56
4.1.2　国外富钛料生产概况………………………………………………………… 56
4.1.3　国内富钛料生产概况………………………………………………………… 58
4.2　熔炼钛渣的基本理论 ……………………………………………………… 58
4.2.1　还原熔炼热力学……………………………………………………………… 58

4.2.2　还原熔炼动力学…… 61
4.2.3　还原熔炼钛渣过程的主要特征…… 63
4.3　熔炼钛渣的工艺及设备…… 66
4.3.1　敞口电炉熔炼高钛渣…… 66
4.3.2　敞口电炉熔炼酸溶性钛渣…… 76
4.3.3　半密闭电炉熔炼高钛渣…… 78
4.3.4　密闭电炉熔炼钛渣…… 79
4.4　人造金红石的工业生产方法…… 89
4.4.1　电热法…… 89
4.4.2　钛渣的进一步富集处理…… 92
4.4.3　还原锈蚀法…… 93
4.4.4　盐酸浸出法…… 97
4.4.5　硫酸浸出法…… 105
参考文献…… 107

5　氯化制取四氯化钛 …… 109

5.1　富钛料氯化的理论基础…… 109
5.1.1　氯化反应热力学…… 109
5.1.2　氯化反应动力学…… 116
5.1.3　氯化产物的分离原理…… 118
5.2　氯化原料和氯化方法的选择…… 120
5.2.1　氯化原料…… 120
5.2.2　氯化方法的选择和比较…… 123
5.3　流态化氯化…… 124
5.3.1　流态化概念…… 124
5.3.2　影响流态化氯化的主要因素…… 129
5.3.3　工艺流程…… 132
5.3.4　主要设备…… 134
5.3.5　操作方法…… 140
5.4　熔盐氯化…… 141
5.4.1　特点…… 141
5.4.2　工艺流程和设备…… 143
5.4.3　熔盐氯化的操作…… 143
5.5　氯化技术经济指标…… 144
5.6　氯化废料治理…… 145
5.6.1　炉渣…… 145
5.6.2　收尘渣…… 145
5.6.3　泥浆…… 145
5.6.4　氯化尾气…… 146

参考文献…… 146

6　四氯化钛精制 …… 147

6.1　精制的任务和要求 …… 147
6.1.1　粗四氯化钛的组成 …… 147
6.1.2　精四氯化钛标准 …… 148
6.2　粗四氯化钛中杂质分类及其分离方法 …… 149
6.2.1　气体杂质 …… 149
6.2.2　固体杂质 …… 150
6.2.3　高沸点杂质 …… 152
6.2.4　低沸点杂质 …… 153
6.2.5　沸点相近杂质 …… 154
6.3　精馏原理及相关计算 …… 155
6.3.1　精馏除硅原理 …… 155
6.3.2　精馏塔的相关计算 …… 156
6.3.3　精馏法除铝的计算 …… 162
6.3.4　化学法除钒 …… 165
6.4　精制工艺流程和设备 …… 174
6.4.1　精制工艺流程 …… 174
6.4.2　精制的主要设备 …… 175
6.5　精制过程的控制 …… 182
6.5.1　原料加入速度 …… 182
6.5.2　蒸馏釜的温度和压力 …… 182
6.5.3　塔顶温度和压力 …… 182
6.5.4　回流比 …… 182
6.5.5　蒸馏釜加热功率 …… 183
6.6　三废治理 …… 183
6.6.1　釜残液 …… 183
6.6.2　低沸点馏出液 …… 183
6.6.3　精馏塔废气 …… 184
参考文献…… 184

7　镁还原法制取海绵钛 …… 186

7.1　导论 …… 186
7.2　镁和氯化镁的性质 …… 188
7.2.1　镁的基本性质 …… 188
7.2.2　氯化镁的基本性质 …… 189
7.3　镁还原反应热力学和动力学 …… 190
7.3.1　反应热力学分析 …… 190

7.3.2　反应机理 …… 194
7.3.3　还原反应动力学探讨 …… 195
7.4　真空蒸馏分离原理和动力学 …… 200
7.4.1　真空蒸馏分离原理 …… 200
7.4.2　真空蒸馏分离动力学 …… 201
7.5　倒U形还原—蒸馏联合法工艺和设备 …… 203
7.5.1　工艺方法简述 …… 203
7.5.2　主要设备 …… 204
7.5.3　主要原料 …… 206
7.5.4　工艺过程和操作方法 …… 207
7.6　I形还原—蒸馏联合法工艺和设备 …… 216
7.7　氯化镁排放方法 …… 217
7.8　镁电解和粗镁精炼 …… 219
7.8.1　基本原理 …… 219
7.8.2　工艺流程操作 …… 220
7.8.3　粗镁的精制 …… 220
7.8.4　设备 …… 220
7.8.5　物料及能量衡算 …… 222
7.8.6　工艺参数的选择 …… 224
7.8.7　镁电解技术经济指标 …… 225
7.9　海绵钛取出、破碎和分级 …… 225
7.9.1　工艺流程 …… 225
7.9.2　产品中杂质来源及其对产品质量影响的分析 …… 227
7.10　技术经济指标和产品质量 …… 230
7.10.1　技术经济指标 …… 230
7.10.2　产品质量 …… 231
参考文献 …… 233

8　电解法制取金属钛 …… 234

8.1　FFC剑桥法 …… 234
8.1.1　原理 …… 234
8.1.2　工艺流程 …… 235
8.1.3　进展 …… 235
8.1.4　前景展望 …… 236
8.2　$TiCl_4$电解法 …… 236
8.2.1　原理 …… 236
8.2.2　工艺流程 …… 238
8.2.3　进展 …… 239
8.2.4　前景分析 …… 239

8.3　熔盐电解精炼法 …… 240
8.3.1　原理 …… 240
8.3.2　工艺 …… 240
8.3.3　设备 …… 242
8.3.4　进展 …… 244
8.3.5　前景分析 …… 244
8.4　其他电解方法 …… 245
8.4.1　MER 工艺 …… 245
8.4.2　QIT 工艺 …… 246
参考文献 …… 247

9　钛及钛合金粉 …… 249

9.1　概述 …… 249
9.2　钠还原法制造钛及钛合金粉 …… 250
9.2.1　基本知识 …… 250
9.2.2　钠还原反应热力学分析 …… 253
9.2.3　二段钠还原法制造钛及钛合金粉 …… 258
9.2.4　连续化制造钛及钛合金粉 …… 260
9.2.5　经济分析 …… 261
9.3　氢化钙还原法 …… 262
9.4　氢化脱氢法 …… 263
参考文献 …… 265

10　二氧化钛 …… 266

10.1　二氧化钛和钛白的性质 …… 266
10.1.1　二氧化钛的物理性质 …… 266
10.1.2　二氧化钛的化学性质 …… 267
10.1.3　二氧化钛的光学性质和钛白的颜料性能 …… 267
10.2　钛白的应用和品种 …… 271
10.2.1　钛白的应用 …… 271
10.2.2　涂料 …… 271
10.2.3　塑料 …… 274
10.2.4　造纸 …… 275
10.2.5　化纤 …… 275
10.2.6　油墨 …… 276
10.2.7　橡胶 …… 276
10.2.8　钛白的品种和规格 …… 276
10.3　钛白的生产方法 …… 276
10.3.1　硫酸法 …… 277

10.3.2 氯化法 …… 289
10.4 复合钛白和钛黄颜料 …… 299
10.4.1 复合钛白 …… 299
10.4.2 钛黄颜料 …… 301
10.5 特种二氧化钛 …… 303
10.5.1 纳米二氧化钛 …… 303
10.5.2 珠光颜料 …… 307
10.5.3 二氧化钛膜料 …… 309
10.5.4 高纯超细二氧化钛 …… 310
10.6 钛白生产中的"三废"治理 …… 312
10.6.1 概述 …… 312
10.6.2 "三废"对生态环境的危害 …… 313
10.6.3 硫酸法产生的废料及其治理 …… 313
10.6.4 氯化法产生的三废及其治理 …… 315
参考文献 …… 316

11 钛化合物 …… 317

11.1 卤化钛 …… 318
11.1.1 四氯化钛 …… 318
11.1.2 三氯化钛 …… 324
11.1.3 二氯化钛 …… 327
11.1.4 二氯氧化钛 …… 328
11.1.5 一氯氧化钛 …… 329
11.1.6 氟化钛 …… 330
11.1.7 溴化钛 …… 330
11.1.8 碘化钛 …… 331
11.2 氧化钛 …… 333
11.2.1 二氧化钛 …… 333
11.2.2 一氧化钛 …… 336
11.2.3 三氧化二钛 …… 336
11.2.4 五氧化三钛 …… 337
11.3 氢氧化钛 …… 337
11.3.1 氢氧化钛（Ⅱ） …… 338
11.3.2 氢氧化钛（Ⅲ） …… 338
11.3.3 正钛酸 …… 338
11.3.4 偏钛酸 …… 339
11.4 硫化钛 …… 339
11.4.1 一硫化钛 …… 339
11.4.2 三硫化二钛 …… 340

11.4.3 二硫化钛 …… 340
11.5 氮化钛、碳化钛和硼化钛 …… 341
11.5.1 氮化钛 …… 341
11.5.2 硼化钛 …… 343
11.5.3 碳化钛 …… 343
11.6 氢化钛 …… 344
11.6.1 一氢化钛 …… 344
11.6.2 二氢化钛 …… 345
11.7 钛的无机盐 …… 345
11.7.1 钛盐（Ⅳ） …… 345
11.7.2 钛酸盐 …… 346
11.7.3 卤钛酸盐 …… 350
11.8 钛的有机化合物 …… 351
11.8.1 钛酸酯及其衍生物 …… 351
11.8.2 有机钛化合物 …… 354
参考文献 …… 354

1 概　　论

钛冶金，准确地说是钛提取冶金，是由钛矿物提取钛及其化合物的冶金过程。在工业生产中，钛冶金的主要产品是海绵钛和钛白，其次是钛粉及钛的其他化合物。

1.1　海绵钛生产发展概况

钛元素发现于18世纪末，1910年美国科学家M. A. Hunter首次用金属钠还原$TiCl_4$制取了可锻性金属钛，这就是所谓“亨特法”，即钠还原法。该法目前暂被淘汰，但它开创了人类开发利用金属钛的先河。

1940年卢森堡科学家W. J. Kroll用镁还原$TiCl_4$制取了金属钛。1948年美国利用该方法开始了海绵钛的工业生产。克劳尔法的发明及其产业化是钛发展史上的一个重要里程碑。镁还原法比钠还原法优点多，逐渐发展成为现代生产海绵钛的唯一工业生产方法。

海绵钛是金属钛工业中重要的中间产品，是制造钛材的原料（图1－1）。

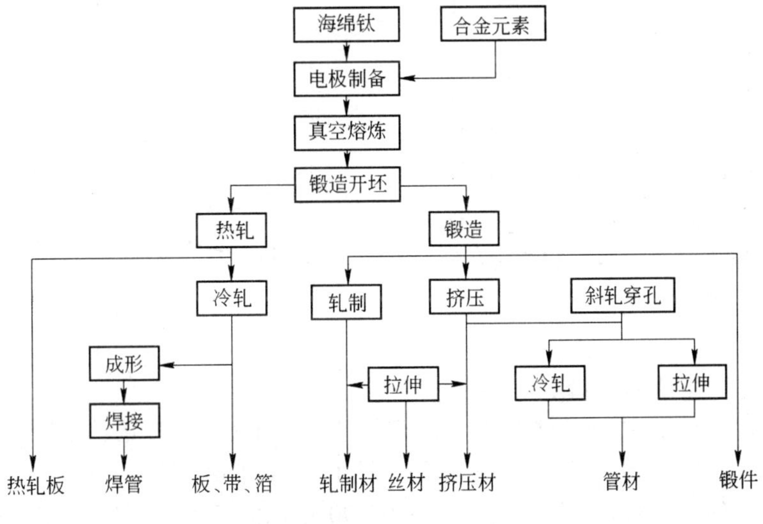

图1－1　钛材生产的原则流程

自美国1948年实现镁还原法生产海绵钛以后，日本在1952年、英国在1953年、苏联在1956年和我国在1958年也陆续开始海绵钛生产，它是因军事工业的需要而诞生的，伴随航空航天工业的发展而崛起的新兴工业。

由于军备竞赛的需要，美国海绵钛产量很快由吨级跃到万吨级，从1948年的2.7t，到1957年产量就达到了1.5×10^4t。然而，钛的发展历程是曲折的，由于国际政治、经济形势的风云变幻，海绵钛的生产呈波浪式发展（图1－2、图1－3），曾先后出现了6次大波动（1960年、1970年、1987年、1991年、1999年、2002年）。

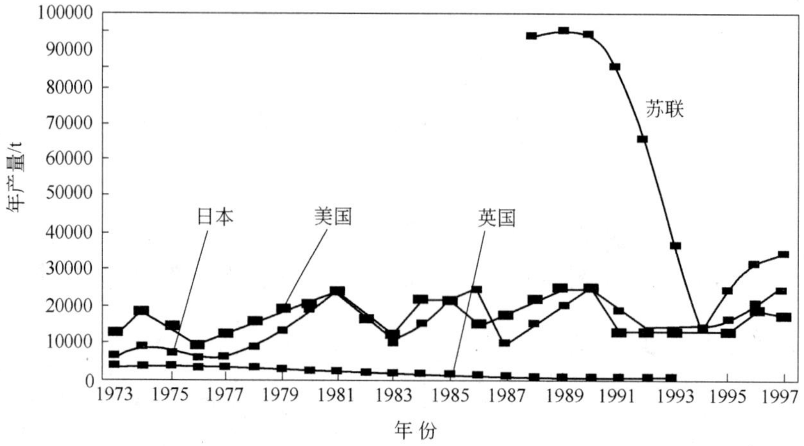

图 1－2　1997 年前国外海绵钛年产量

在 1994 年的东欧事件中，海绵钛的生产受到了严重冲击。1995 年开始恢复，经过 1997 年的市场需求高峰之后，由于受亚洲金融危机的影响，特别是亚洲航空市场受到很大冲击，飞机订购取消或推后，几大飞机生产商利用库存推迟了钛的新订货，两年间持续回落。1999 年是世界钛市场有史以来第五次大的波动，到 2000 年下半年才开始恢复，2001 年初始市场开始回升。2002 年受美国“9·11”恐怖袭击的影响以及西方经济的不景气，世界航空业也因此受到了很大的冲击，导致新飞机订购量明显下降，世界主要民用飞机生产商——波音和空客公司均降低了生产计划。主要依赖于世界航空业的世界钛工业也因此蒙上了一层阴影。2002 年美国钛加工材的装货量为 1.62×10^4t，比 2001 年下降了 23%，创近年来的新低，接近 20 世纪 90 年代的低谷钛用量。2004 年以来，由于美欧日经济的强劲复苏和我国经济持续高速发展，对钛的需求量大幅度增长，钛的需求增长迅猛，2005 年出现海绵钛供不应求的局面，造成价格猛涨（图 1－4）。海绵钛的零售价格从 2004 年年初的 5.5 美元/kg，涨到 2005 年最高达到 33 美元/kg，2006 年前 9 个月价格维持在 26 美元/kg，2007 年下降至 20 美元/kg。价格的暴涨刺激了海绵钛产能的迅速恢复和扩大，但又受 2008 年以来世界性经济危机的影响，国内外钛用量大幅减少，钛市场出现了严重供大于求的局面，产品价格大幅跌落，海绵钛价格跌至 10 美元/kg，又出现钛市场的一次大波动。

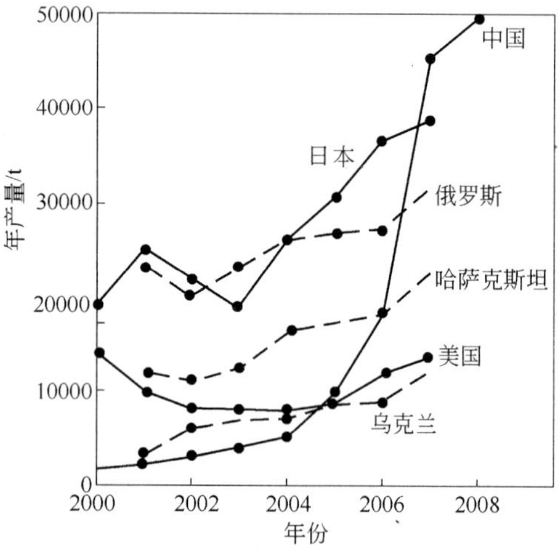

图 1－3　2000 年后世界各国海绵钛年产量

世界海绵钛的年产能：60 年代为 6×10^4t，70 年代为 11×10^4t，80 年代为 13×10^4t，

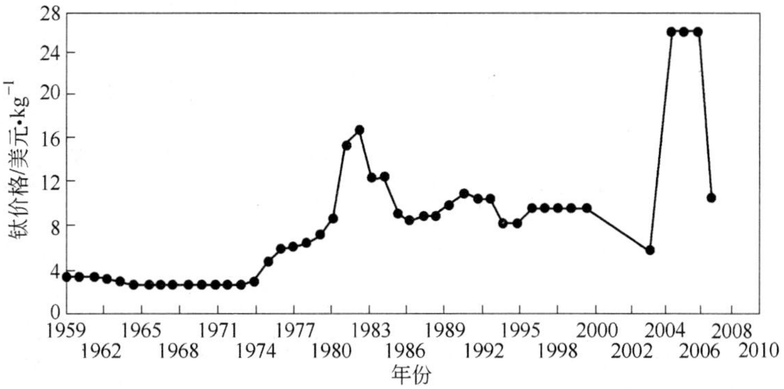

图 1-4 国际市场海绵钛价格变化情况

90 年代为 14×10^4t，目前为 20×10^4t。实际产量：20 世纪最高产量为 1990 年 10.5×10^4t，2000 年以后产量迅猛增长，从 2005 年 11×10^4t、2006 年的 13×10^4t，到 2007 年超过 15×10^4t，创历史的最高纪录。

生产海绵钛的国家现有独联体国家（俄罗斯、哈萨克斯坦、乌克兰）、日本、美国和中国；印度、巴西、罗马尼亚和南非等国正在研发海绵钛生产，西欧国家已放弃海绵钛生产。生产方法现已全部采用镁还原—真空蒸馏法。目前世界海绵钛生产商状况列于表 1-1 中，近年来各国海绵钛产量列于表 1-2，世界海绵钛产能及预测列于表 1-3。

表 1-1 世界海绵钛厂商简况

国别	厂商名称	生产方法	2006 年产能/$t\cdot a^{-1}$	2010 年预计产能/$t\cdot a^{-1}$
美国	Timet	倒 U 形联合法	0.86×10^4	1.26×10^4
美国	ATI	倒 U 形联合法	0.7×10^4	1.8×10^4
美国	RTI	倒 U 形联合法		0.9×10^4
日本	大阪钛	倒 U 形联合法	2.4×10^4	3.8×10^4
日本	东邦钛	倒 U 形联合法	1.5×10^4	2.8×10^4
俄罗斯	VSMPO - Avisma	I 形联合法	3.2×10^4	4.4×10^4
哈萨克斯坦	UKTMK	I 形联合法	2.3×10^4	2.5×10^4
乌克兰	Zaporozhye	I 形联合法	0.9×10^4	1.05×10^4
中国	遵义钛厂等厂	倒 U 形联合法	约 3×10^4	约 6×10^4
中国	抚顺钛厂等厂	I 形联合法	约 3×10^4	约 5×10^4
总计			约 19×10^4	约 29×10^4

表 1-2 近年来各国海绵钛产量 （10^4t/a）

国别	中国	日本	美国	俄罗斯	哈萨克斯坦	乌克兰	合计
2004 年	0.24	2.35	0.8	2.6	1.3	0.7	8.0
2005 年	0.95	3.06	0.9	2.7	1.7	0.84	10.2
2006 年	1.8	3.7	1.2	2.7	1.8	0.84	12.0
2007 年	4.52	3.9	1.4	3.2	2.3	1.2	16.5
2008 年	4.96	4.0	1.9	3.2	2.3	0.95	17.31

表 1-3 世界海绵钛产能及预测 (10^4t/a)

年 份	2005	2006	2007	2008	2009	2010
美 国	0.89	1.06	1.52	1.97	3.07	3.07
俄罗斯	3.00	3.20	3.20	3.20	3.40	4.40
哈萨克斯坦	2.00	2.30	2.40	2.50	2.50	2.50
乌克兰	0.80	0.85	0.90	0.95	1.00	1.05
日 本	3.30	3.65	3.92	3.97	3.97	5.20
中 国①	1.20	2.50	3.50	4.75	6.00	8.00
总 计	11.19	13.56	15.44	17.34	19.94	24.22

①中国产能是国外机构估计数。

1.1.1 美国的海绵钛生产

美国于1948年开始海绵钛工业化生产（当年产2.7t），1950年产量约50t，1957年产量达到1.57×10^4t，以后产量下降，到1969年恢复到1.5×10^4t水平，1989年产量最高达2.5×10^4t。随后由于ATI海绵钛厂停产，美国海绵钛产量下降，2004年产量不到10^4t。2006年ATI公司恢复海绵钛的生产，当年该公司产量达到3.4×10^3t，并宣布产量要提高到7.3×10^3t，还宣布耗资3.25亿美元在美国犹他州新建一座年产1.1×10^4t海绵钛工厂，ATI公司海绵钛总产能将达到1.8×10^4t/a。RTI也在新建年产1.0×10^4t海绵钛厂，Timet年产能也将提高到1.3×10^4t。因此，美国海绵钛年产能很快将达4.0×10^4t。

美国的海绵钛生产，过去由于过分依赖进口廉价海绵钛，技术改造投入不足，故在90年代初，其部分生产工艺仍比较落后，但通过1992～1995年引进日本技术进行改造后，其整体生产水平又回到世界先进行列。美国生产海绵钛所用的富钛料外购，生产工艺有三大特点：沸腾氯化技术处于世界领先水平，氯化炉直径达3.05m，日产能达150t；四氯化钛除钒采用植物油，成本低；还原—蒸馏使用日本技术，联合炉产能最高达10t，生产过程实现了计算机控制，各工序的控制与主控室的计算机联网，生产管理实现自动控制。

1.1.2 独联体的海绵钛生产

独联体国家是世界上最大的钛生产基地。苏联1954年开始海绵钛试生产，1955年始建千吨级海绵钛厂，后扩大产能至年产5.0×10^3t。在冷战时期，由于军备竞赛的需要和国家的大量投入，钛工业得到迅猛发展，1989～1990年海绵钛年产量达9.0×10^4t（图1-5）。但随着20世纪90年代初苏联解体，冷战结束，军工用钛骤减，民用工业未跟上，钛工业跌入低谷，海绵钛产量急剧下降，1994年整个独联体国家的

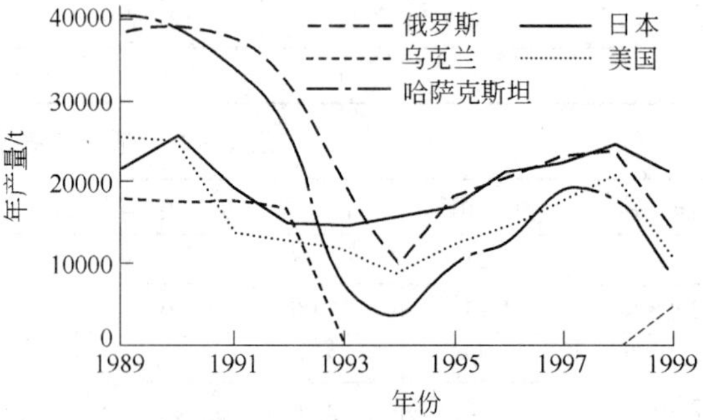

图1-5 1989～1999年国外海绵钛年产量

总产量只有1万多吨。在此期间，俄罗斯、乌克兰和哈萨克斯坦的三个海绵钛厂曾相继停产。1996年后，随着国际钛市场的复苏以及独联体政局的逐渐稳定，海绵钛生产也得以逐渐恢复，经过调整和技术改造，独联体保留了哈萨克斯坦乌斯季缅卡诺戈尔斯克钛镁联合公司（UKTMP）和俄罗斯阿维斯玛（Avisma）两家海绵钛厂；后来乌克兰的扎波罗什工厂也逐渐恢复了生产。哈萨克斯坦的UKTMP厂是前苏联最晚建成的海绵钛厂，该厂的工艺和设备较先进，所产优质海绵钛一直出口供国外航空使用。随着市场机遇的来临，该厂也在加紧扩产海绵钛，2004年的产量为1.65×10^4t，2005年达到2.0×10^4t。俄罗斯Avisma于2005年完成与VSMPO合并重组，2006年产量已达到3.2×10^4t，按照VSMPO—Avisma公司的发展规划，在2010年前扩大产量1.5倍，达到年产4.4×10^4t；海绵钛出口量增大1.7倍，达到年出口3.55×10^4t。

近几年独联体国家在恢复和发展自己的钛工业方面做了大量卓有成效的工作，对内加强了国内钛材应用的开发，国内钛材消费量逐年上升。对外加强国际合作，通过不同方式从比利时、日本等国引进资金改造企业技术装备，提高本国产品的市场竞争力。在国际市场营销方面，独联体加大了对外宣传力度，通过产品质量体系认证、与国外合作开发产品等手段，其海绵钛产品得到美国、日本、比利时等西方国家的认同。哈萨克斯坦乌斯季缅卡诺戈尔斯克钛镁联合公司与美国Timet公司签订了为期10年，年供海绵钛10^4t的合同和向日本秋里公司每年供应海绵钛5×10^3t合同，与俄罗斯上萨达尔冶金公司（VSMPO）签订了长期供给海绵钛的合同。俄罗斯阿维斯玛镁钛联合企业与西方也订了类似的合同。

独联体生产海绵钛的原料为高钛渣，用熔盐氯化技术生产四氯化钛，粗四氯化钛用铝粉除钒，还原—蒸馏采用I型联合炉。钛渣生产采用（5000～24000）kV·A半密闭电炉，熔盐氯化炉直径5m，日产能达（120～140）t，还原—蒸馏为炉产4t的I型联合炉，海绵钛机械取出，生产全过程实现计算机控制。乌克兰已完成炉产7.5t I型还原—蒸馏联合炉工业试验，但现未在生产中应用。

1.1.3 日本的海绵钛生产

日本引进美国技术于1952年开始生产海绵钛，1955年产量达到1.51×10^3t。最初生产的海绵钛主要出口供美国军用，随着加工技术的不断进步，日本钛材应用领域不断拓宽并且主要集中在民用工业方面。日本是世界上海绵钛生产技术最先进的国家，现有大阪钛公司和东邦钛公司两家海绵钛厂。日本海绵钛也经历了多次起伏，其中1981年和1990年海绵钛都达到了创纪录的（2.4～2.5）$\times10^4$t。进入20世纪90年代以来，由于受冷战结束和独联体倾销海绵钛的影响，在1991年到1993年期间，日本海绵钛产量呈下滑趋势。在此期间，不断加强内部挖潜、提质降耗和开发新产品，并通过输出技术、设备与世界最大的海绵钛用户Timet结成战略伙伴关系。从1996年开始，受民用航空制造业兴旺和高尔夫球器具等运动器材用钛增加的拉动，加上日本国内钛制品用量的增加，1997年日本海绵钛产量恢复至2.5×10^4t水平。

据统计，日本自1952年以来共生产近6.0×10^5t海绵钛，其中四分之一直接出口，四分之一加工后出口，二分之一用于国内消费，出口的海绵钛和钛材质量较好，主要用于美国和欧洲的航空航天工业。

自20世纪80年代钠法钛厂关闭和1994年昭和钛厂关闭后，生产工艺只有镁还原—真空蒸馏法。生产海绵钛的原料为外购的高品位天然金红石和人造金红石或UGS，经沸腾氯化产出粗四氯化钛，粗四氯化钛采用矿物油除钒或硫化氢除钒工艺精制，再经镁还原—真空蒸馏联合法生产海绵钛。日本的两个海绵钛工厂的生产设备全部大型化，生产技术先进，产品质量高。大型沸腾氯化引进美国技术，沸腾段直径3m日产能200t，还原—蒸馏采用炉产5～10t倒U形联合炉，单位海绵钛氯净耗120kg，总电耗1.5×10^4kW·h，镁净耗11kg，是世界最先进的指标。从氯化还原—蒸馏、破碎包装到镁电解，全部应用计算机控制，中心计算机和各工序过程的计算机联网，生产管理指令传送等工作全部由主控制计算机完成。

1.1.4　英国的海绵钛生产

英国帝国化学公司于1951年应用镁还原法生产海绵钛，1955年改为钠还原法，1956年产量达1.7×10^3t。1962年成立英国帝国金属公司，是帝国化学公司的分公司，钠法海绵钛年产能达4.0×10^3t。于20世纪90年代中期关闭钠还原法工厂停止了海绵钛生产（图1－2）。

1.1.5　我国的海绵钛生产

我国1958年在抚顺铝厂采用镁还原法建成年产60～100t海绵钛车间，1959年6月投产，1961年产量达54t。60年代在上海和遵义建设了镁还原法海绵钛厂；60年代末和70年代初又采用钠还原法建了一些小厂，海绵钛工厂曾经达到9家。由于规模小、技术指标差、生产成本高以及市场等原因，钠法厂、上海第二冶炼厂和锦州铁合金厂海绵钛车间被迫先后关闭。遵义钛厂和抚顺钛厂经受住了数次钛工业低迷的冲击，终于生存下来。受我国经济发展缓慢和市场的影响，我国的海绵钛年生产量长期在1.0×10^3t左右徘徊；建设年产5.0×10^3t规模海绵钛厂长期停留在纸上。从20世纪50年代末开始生产海绵钛，到20世纪末（1999年）经过40多年的发展，全国海绵钛年产量不足2.0×10^3t，占世界产量的比例很小，发展速度十分缓慢。

随着我国经济的快速发展，从20世纪开始我国海绵钛生产快速发展，2007年和2008年海绵钛产量分别达到4.5×10^4t和4.96×10^4t，比1999年增长了20多倍，跃居世界第一。现已建成投产的海绵钛工厂或车间达30多家，总计年产能达10^5t。其中，年产能5×10^3t以上且流程较为配套的有遵义钛业有限公司、抚顺钛业有限公司、唐山天赫钛业有限公司、洛阳双瑞万基钛业有限公司、攀枝花恒为钛业有限公司和正在建设的攀钢企业公司等；有还原—蒸馏工序年产能5.0×10^3t以上的朝阳百盛锆业有限公司、锦州华神钛业有限公司和朝阳金达钛业有限公司等。

同时，目前还有一批大型国有企业投资建设大型海绵钛厂，其中包括遵宝钛业、金川集团公司、云南冶金集团公司和攀钢集团公司等，工厂设计年产能都在万吨以上。预计2011年全国海绵钛年产能将达到1.5×10^5t。

我国海绵钛生产，依靠国内力量技术逐渐进步，从固定床氯化到沸腾氯化及炉型的逐渐扩大，还原从加固体镁到加液体镁，还原—蒸馏从分离到联合及炉型扩大，镁电解从有隔板电解槽到大型无隔板电解槽和多极性电解槽，以及镁氯闭路循环的实现，都是技术不断进步的结果。特别是抚顺钛厂与研究院、设计院合作率先研究成功了炉产 2t Ⅰ型镁还原—蒸馏联合炉生产海绵钛新工艺，随后炉产能扩大至 3t 用于生产；遵义钛厂也又与研究院、设计院合作研究成功了炉产 5t 倒 U 形联合炉生产海绵钛新工艺，并随后炉产能扩大至 8t 用于生产。最近，大型有筛板沸腾氯化炉氯化天然金红石生产四氯化钛、炉产 10t 倒 U 形联合炉生产海绵钛和多极槽电解镁等几项先进技术和设备，在洛阳双瑞万基钛业成功地应用于生产。近年来海绵钛产品质量也有明显提高，一些工厂海绵钛 0 级品率已达到 40% 以上。上述这些表明我国某些海绵钛工厂的生产技术和设备已接近国际先进水平。但目前我国大部分海绵钛工厂的技术和设备水平，与国际先进水平相比还有相当差距。

在海绵钛生产大发展的同时也出现一些问题，其中最主要的是产能严重过剩，急需大力开发钛产品的应用市场。

1.2 钛材生产发展概况

有钛材加工企业的国家主要有美国、俄罗斯、日本和我国。主要生产大企业有俄罗斯的上萨尔达冶金联合体（VSMPO），美国的 Timet、RTI 和 ATI 公司，日本的住友、神户制钢和新日铁，我国的宝鸡钛业公司等。另外，法国、英国和意大利等国也有钛加工企业。从 2003 年起，受世界航空钛材市场的复苏和中国石化、电力等行业用钛材量的快速增长，世界钛材需求量急速增长（表 1-4），2006 年世界共生产钛材 9.32×10^4t。

表 1-4　2002～2006 年美、俄主要生产钛材公司的钛材发货量　(t)

公司名称	2002 年	2003 年	2004 年	2005 年	2006 年
Timet	11260	13600	17090	18320	20100
RTI	4540	2680	3000	5040	6900
ATI	8650	8370	9990	11300	12400
VSMPO	14830	15420	20180	20730	24000
总计	36280	40070	50260	55390	63400

1.2.1 俄罗斯的钛材生产

俄罗斯的 VSMPO 是独联体国家主要的钛材加工企业，占独联体生产量的 90%，是世界上最大的钛锭和钛加工生产企业。从 1991 年和 1997 年俄罗斯钛材应用数据（表1-5）表明，由于政治经济形势的剧烈变化，俄罗斯钛材生产及其应用领域发生了剧烈变化，1991 年 VSMPO 销售钛材近 6×10^4t，比世界其他国家用钛总量还要多；而 1997 年的销售量仅 2.05×10^3t，只有 1991 年的 1/30。

表 1-5　俄罗斯 1991 年和 1997 年钛应用领域情况

应用领域		飞机工业	造　船	冶　金	化　工	电　力	其　他	合　计
1991 年	用量/t	36600	10900	2700	5100	300	3900	59500
	比例/%	61.5	18.3	4.5	8.6	0.5	6.6	100
1997 年	用量/t	900	145	330	225	160	290	2050
	比例/%	44.0	7.0	16.0	11.0	8.0	14.0	100

近年来独联体钛材市场逐步溶入世界钛工业，成为欧洲航空防卫和太空公司 EADS 的主要供应商，与美国波音公司签订了长期供货合同，与美国 ATI 合作开发民用市场等。2002 年钛加工材生产量恢复到 1.6×10^4t。苏联解体以后，乌克兰需要的钛产品只能以硬通货购买，因而消费量急剧萎缩，1992 年缩减为 4.5×10^3t，到 1994 年缩减到 2.0×10^3t 以下，1999 年恢复海绵钛生产，并投入资金建设钛材加工。

俄罗斯的 AVISMA—VSMPO 的钛材产量占全球钛材产量的 30% 以上。AVISMA—VSMPO 公司是波音公司的第二大钛材供应商，也是波音在国外最大的钛材供应商，市场份额占 35% 以上；也是空中客车公司最大的钛材供应商，市场份额占 50% 以上。

1.2.2 美国的钛材生产

美国有 11 家公司生产钛锭，30 家公司生产铸件、锻件和轧制品，其中 Timet、RTI 和 ATI 三大钛材生产公司占美国钛加工材总量的 90%。Timet 是世界著名的金属钛生产商，自 1996 年先后兼并英国的 IMI、法国的 Cezus、美国的 A. Johnson 和德国的 Tisto 后，1997 年又与法国的管材生产商 valinox 合并，通过几年的兼并购买和联合后业务范围扩展到世界各地，该公司具有年产 3×10^4t 熔铸能力，原来主要从事一般工业领域的钛材供应，1998 年与波音公司签订 10 年价值 20 亿美元航空用钛合金供货合同。RTI 公司具有年产 1.7×10^4t 熔铸能力，主要从事航空钛合金的生产，1998 年前一直是波音公司的最大供应商。ATI 公司具有年产 1.3×10^4t 熔铸能力，有世界上最大的电子束冷床炉。2006 年美国钛材的产量达 2.8×10^4t，比 2005 年增长了 28.4%。

1.2.3 日本的钛材生产

日本有 11 家钛材加工企业，其中最大的是日本住友金属工业、神户制钢和新日铁三大公司，它们几乎各占日本产量的 1/3。与美、俄的专业化钛加工厂不同，日本的钛加工多以特钢联合生产方式运作，钛材应用主要是以民用为主。2007 年钛材产量将达到 1.85×10^4t，比 2006 年增长 6.8%。

1.2.4 中国的钛材生产

我国专业从事钛材生产的主要有宝鸡有色金属加工厂、沈阳有色金属加工厂钛镍分厂和宝钢上海五钢特种冶金公司。其中沈阳有色金属加工厂是最早生产钛材的企业，宝鸡有色金属加工厂是我国生产钛材的主要生产基地。

我国 60 年代后期开始钛材加工生产，直到 1985 年产量才突破 1000t 大关，20 世纪 80 年代后期和 90 年代年产量一直在 1000 ~ 1500t 徘徊，近年来获得了快速发展（表 1 – 6），2007 年钛锭产量达 4.83×10^4t，钛材产量达到 2.364×10^4t，钛材需求量 1.97×10^4t。在宝鸡、沈阳和上海等地涌现了许多钛材加工厂，特别是宝鸡已发展成为“钛城”。目前还有湖南、四川等省正在建设大型钛加工厂。

在研究开发方面：新型高温钛合金、高强高韧钛合金、船用钛合金、耐蚀钛合金等方面的研究取得了很大进步。例如研制成功并获得应用的 Ti—1023 高强高韧钛合金，Ti—15—3、Ti—5583、Ti5521 高强钛合金。在精密铸件、等温锻造、超塑成型、扩散连接和粉末冶金等净近成型技术的研究方面也取得了很大进步。如陶瓷型精密铸造法生产的高尔

表 1-6 中国钛生产、进出口及应用数据

年份		2001	2002	2003	2004	2005	2006	2007	2008
钛材	生产量/t	3000	5482	7083	9292	10135	13879	23640	27736
	进口量/t	2240	2902	3787	4197	5700	4682	3964	6387
	出口量/t	972	860	1108	1310	2513	4610	8047	8570
	表观消费量/t	4268	7584	9759	12179	13322	13951	19700	
	消费年增长率/%		77.7	28.7	24.8	9.4	4.7	41.2	
海绵钛	生产量/t	2467	3328	4112	4909	9511	18037	45200	49632
	进口量/t	2425	2147	2824	1839	1718	1608	1134	1221
	出口量/t	48	11	73	58	828	1700	5584	6291
	产量年增长率/%		34.9	23.6	19.4	93.8	89.6	150.6	9.8

夫球已实现产业化，产品已大量进入国际市场。采用等温模锻制备的高温钛合金盘件，采用超塑成型、扩散连接技术制备的 Ti—64 球型高压气瓶等已在航空上应用等。但在钛带、钛合金型材、大型整体钛合金精铸件、高比强度钛基复合材料的研制方面还刚起步。

钛材的应用领域各国差别很大，美国 60% 的钛材用于制造飞机，其中民用飞机占 45%，军用飞机占 15%；前苏联曾大量用于制造核潜艇；日本和我国则是大力开发钛在民用工业中的新用途。金属钛其中 85% 是美国、日本、俄罗斯、中国、法国、英国、加拿大、德国和韩国使用。

1.3 钛白生产发展概况

钛白具有高度的化学稳定性、耐热性、耐候性、良好的白度、着色力和遮盖力，是当今最好的白色颜料和重要的化工产品。世界上 90% 以上的钛矿都用于生产钛白。钛白按用途分为颜料级和非颜料级两类。颜料级钛白主要应用于涂料、造纸、塑料、橡胶、印刷油墨、化学纤维等行业，非颜料级钛白主要应用于搪瓷、电容器、电焊条等。

1.3.1 世界钛白发展概况

目前工业生产钛白的方法有硫酸法和氯化氧化法（简称氯化法）两种。其中，硫酸法是一种较古老的方法，始于 20 世纪 20 年代，自 1923 年被法国塞恩—米卢兹公司用来生产锐钛型钛白以来，迄今已有 60 多年的发展历史。氯化法是一种较先进的新方法，出现于 20 世纪 50 年代末，1958 年由美国杜邦公司率先用于工业生产。

硫酸法可直接以钛铁矿为原料，但产生大量的硫酸亚铁废料，若采用钛渣（TiO_2 含量 75% ~85%）为原料则基本上可避免硫酸亚铁的产生，由于硫酸在生产过程中难以实现完全的循环使用，所以硫酸法最主要的缺点是产生的废料较多。氯化法是一种较先进的新方法，是以高品位的富钛料为原料，氯又可在生产过程中实现循环使用，所以氯化法最主要的优点是产生废料较少，但氯化法的技术难度大，被国外少数几个公司所垄断，实行技术封锁。

氯化法钛白发展迅速增长，1980 年氯化法钛白产能只占世界钛白产能的 29%，而 2003 年便达到 65%；而硫酸法钛白产能却从 1980 年的 71% 下降至 2003 年的 35%。

目前世界钛白年产量接近 5×10^6t。国外钛白生产高度集中，被几个大公司垄断，主要钛白粉生产商有20余家，十大公司拥有世界钛白的近90%，其中杜邦、美礼联、亨茨曼、科美基、克罗诺斯、石原和凯米拉七大公司就约占世界的77.1%（表1-7）。上述前五公司都是美国的，可见生产高度集中在美国公司。而且钛白生产厂的生产规模大，国外钛白工厂约有50多家，每个厂的平均产能达 7×10^4t/a，其中杜邦每家工厂的平均产能达 2.0×10^5t/a。

表1-7　世界主要钛白厂商简况

厂商名称	工厂所在地	2003年产能/t·a^{-1}	占世界比例/%
Du pont（杜邦）	美国、墨西哥、中国台湾、巴西	112.5×10^4	22.50
Millennium（美礼联）	美国、英国、澳大利亚、巴西、法国	73.2×10^4	14.64
Kerr McGee（科美基）	美国、澳大利亚、荷兰、比利时、沙特	59.2×10^4	11.84
Huntsman（亨茨曼）	美国、英国、西班牙、马来西亚	57×10^4	11.40
Kronos（克罗诺斯）	美国、比利时、加拿大、德国、挪威	44×10^4	8.80
ISK（石原）	日本、新加坡、马来西亚	20.4×10^4	4.08
Kemira（凯米拉）	芬　兰	11.8×10^4	2.36
总　计		387.1×10^4	75.62

产能高度集中使钛白原料资源、技术资源等主要掌握在少数巨头手中。他们具有生产适应各主要用途的多种品牌大宗产品能力，其生产厂遍及世界各地，通过全球销售网络，抢占全球各地区的市场。

世界钛白发展迅速，1996年生产能力为 4.2×10^6t/a，到2005年达 5.2×10^6t/a，年增长率为2.5%。

钛白的需求量与人民生活水平密切相关，因此一些经济学家把钛白用量多少作为衡量一个国家人民生活水平高低的指标之一。因此，钛白的消耗主要是发达国家，消费量最多的是美国，每年消耗约 10^6t；随着发展中国家人民生活水平的提高，对钛白需求量将增加。随着我国经济的快速发展，钛白的生产量和消费量都跃居世界第二位。消费量第三位至第十位的国家依次为德国、日本、英国、法国、意大利、巴西、加拿大和西班牙。世界颜料钛白的消费结构大致如下：涂料57%，塑料22%，造纸12%，其他9%，其中塑料消费增长最快。

1.3.2　中国钛白发展概况

我国50年代研究和应用硫酸法生产钛白至今已有60多年的历史，20世纪的很长时间内硫酸法钛白厂的规模都很小（年产几百吨至几千吨）。因为硫酸法生产低档钛白的技术容易掌握，在20世纪80年代“钛白热”期间全国钛白厂达200多家，后来因市场等原因大部分小厂被关闭，20世纪90年代才开始形成规模化生产，有了万吨级工厂，钛白粉生产获得大发展（表1-8）。钛白粉年产量由2001年的 2.9×10^5t 提高到2007年的 10^6t，跃居世界第二位，仅次于美国（图1-6）。据统计，目前我国各类钛白生产企业超过70家，绝大多数采用硫酸法生产工艺，独有的一个年产 1.5×10^4t 氯化法钛白厂。其中，

表 1-8 近年我国钛白生产和进出口情况 (10^4t/a)

年 份	总产量	进口量	出口量	市场容量
1991	6			
1998	14	7.9	3.2	18.7
1999	19	10.9	4.2	25.7
2000	29	14.5	5.6	37.9
2001	31	15.3	5.6	42.7
2002	39	18.8	6.8	51
2003	48	22.9	7.9	63
2004	60	25.1	9.4	75.7
2005	70	22.7	15.7	76.4
2006	85	25.7	19.3	91.3
2007	100	27.6	13.8	113.8
2008	80	25.1	7.5	96.3

万吨级以上规模厂家为 27 家，约占全国总产量的 77%；产能较大且以生产金红石型钛白为主的公司有四川龙蟒集团钛业公司、中核华原钛白粉股份有限公司、攀钢集团重庆钛业股份有限公司、镇江钛白粉股份有限公司、山东东佳集团、济南裕兴化工总厂、南京钛白粉化工有限责任公司和攀钢集团锦州钛业公司等。

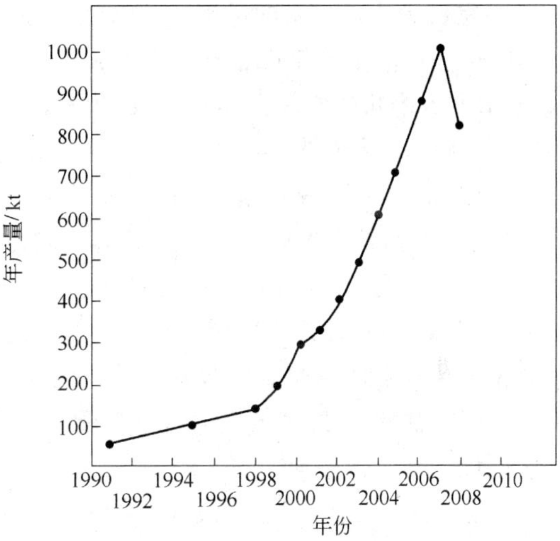

图 1-6 中国钛白年产量变化情况

钛白生产大发展的同时，生产技术、生产设备和产品质量也有了显著的进步。水解技术已由原来小规模生产用的加压水解，改进为适合大规模生产的常压水解；钛白后处理技术也有了明显进步，钛白产品的质量和档次也大幅提高，并有了部分中档和中档以上产品出口；还研究成功了一批三废处理技术。同时，也有从国外引进了一批先进技术和设备，例如四川龙蟒集团的用于过滤和洗涤偏钛酸的压滤机，它与国内普遍使用的叶滤机比较，具有占地面积小、洗涤效率高、产能大等特点，特别是洗涤水量大幅度减少，每吨钛白的洗水量只需十几吨，比叶滤机减少几倍，大大减轻了废水处理量；同时由于洗涤效率高，产品中的铁含量降至 $3\times10^{-3}\%$ 以下，是产品达到高质量的重要保证。硫酸法钛白粉生产的主要设备已实现大型化：已有 $130m^3$ 的酸解锅，$110m^3$ 的水解锅，$350m^2$ 的压滤机，直径 3.2m 的煅烧窑，年产能 1 万吨蒸汽流粉碎机等。

国内钛白的生产，除有一个年产 1.5×10^4t 的氯化法钛白厂外，其余全部为硫酸法。氯化法的发展遇到技术和原料的困扰，进展十分缓慢。产品档次仍处于劣势，尤其是在金红石型和化纤专用钛白产品的质量和品种仍不能满足国内需求，中低档产品生产过剩，高档产品依赖进口。从产品结构上看，目前全球金红石型产品占绝对份额，而国内企业则以生产低档锐钛型钛白粉为主，目前能够生产金红石型钛白产品的厂家仅占总厂数的1/4左右，金红石型钛白粉产量仅占总产量的20%左右。硫酸法生产钛白“三废”产生量大，特别是钛白已被国家列入“两高一资”产品。受环保影响，一些企业已被关停或实施异地搬迁重建。近年来，各地多家已立项的钛白项目因通不过环保评价而被终止或搁置。

目前我国钛白生产存在的主要问题是中低档产品的产能增长过快而严重过剩，从而造成原料供应困难，环境污染严重，高档产品依赖进口的局面仍未根本改变。因此，今后的主要任务是严格把好环境污染关，“关、停、并、转”低档产品产能，使我国钛白生产真正向产品高档化和绿色环保方向发展。

1.4　钛冶金技术进展和存在的问题

1.4.1　钛冶金技术进展

近几十年来在钛冶炼技术取得很大进展，其中较重要的技术进展列举如下：

（1）富钛料生产技术的进展。随着钛白和海绵钛生产的发展，富钛料生产迅速发展，特别是电炉法钛渣全球年产量已超 3.0×10^6t，占富钛料总量的70%。南非RBM公司冶炼钛渣的矩形密闭电炉最大容量达105000kV·A。南非研究开发的空心电极直流电炉（转移等离子弧）冶炼钛渣技术成功应用于工业生产，单台电炉容量40000kV·A。澳大利亚研究成功的还原—锈蚀法（Becher法）的应用继续扩大，已建成工厂的年产能达 10^6t，成为生产富钛料的第二大方法，并成功地将该工艺过程产生的赤泥用于高炉炼铁，使之成为几乎无废料的清洁工艺。加拿大QIT公司研究成功将钛渣加工处理富集成高钛渣（称为UGS）的技术，并成功用于工业生产，最终将形成年产 6×10^5t 的生产能力。针对BCA盐酸浸出法和喷雾焙烧回收盐酸存在的缺点，澳大利亚Austpac资源公司研究了流态化浸出和回收盐酸的改进技术（称为EARS），并成功地完成了扩大试验，但该技术的产业化应用计划至今未完成。

（2）氯化法钛白生产迅速发展，特种二氧化钛新产品不断涌现。尽管氯化法于1958年才用于工业生产钛白，但由于氯化法钛白质量高、设备产能大、产生废料较少、便于实现连续自动化生产等优点，获得了快速发展，逐渐替代硫酸法成为占主导地位的钛白生产方法，目前世界上氯化法钛白产能已占65%，硫酸法钛白仅占35%。随着科学技术的进步，除了普通钛白质量不断提高和品种不断增加外，最近十几年来涌现了许多比普通钛白性能更优异的特种二氧化钛产品，例如纳米二氧化钛、珠光颜料、导电二氧化钛等，这些具有特种优异性能的二氧化钛新产品获得了迅速发展和应用。

（3）克劳尔（Kroll）法生产海绵钛的技术显著进步。由于克劳尔法（镁还原法）生产海绵钛技术的不断完善和进步，逐渐淘汰了亨特法（钠还原法），发展成为目前世界上生产海绵钛的唯一方法。它的技术进步主要表现在实现了氯、镁的循环利用、设备的大型化、生产过程的计算机控制、产品质量的不断提高和三废治理实现环保要求等五方面。其中，日本大阪钛公司的海绵钛工厂是克劳尔法技术进步的典型代表，也是目前世界上最先进的海绵钛工厂。该公司经过三十多年的努力，技术进步表现在如下四方面：1）设备大型化：沸腾氯化炉直径 3m，日产能可达 200t；还原—蒸馏联合炉最大炉产 10t；多极电解槽 110kA；2）生产效率大幅提高。氯化由固定床改为流态化床，生产效率提高了 30 倍；还原—蒸馏通过联合法和炉型大型化，生产效率提高了 4 倍；镁电解由于采用多极电解槽和电解槽大型化，生产效率提高了 10 倍；3）产品质量优质化：优质海绵钛（布氏硬度 70 ~ 90）产率达到 76%；4）技术经济指标先进：采用高品位天然金红石和人造金红石或富集高钛渣（UGS）混合料为氯化的原料，使每吨海绵钛的氯净耗降至 200kg 以下，镁净耗降至 11kg，总电耗降至 15700kW，钛总回收率达 95% 以上。由此可见，克劳尔法的技术几乎已达到顶峰，存在的改进空间已非常有限。

（4）亨特（Hunter）法制钛有新进展。美国国际钛粉末公司（ITP）采用钠还原法实现了钛及钛合金粉的连续化生产，2007 年产量达 1800 多吨，为钛连续化生产开创了先例。

（5）冷床炉熔炼钛锭技术。冷床炉熔炼的特点用电子束或等离子束加热熔炼钛锭，具有熔炼和提纯双重功能、可大量吃废料、可制成圆形和长方形锭、减少加工工序，降低生产成本。美、日和西欧已普遍采用这种熔炼技术。

1.4.2 钛冶金存在的主要问题

（1）制钛新方法进展缓慢。20 世纪 80 ~ 90 年代，国内外对四氯化钛电解法制钛进行了广泛和深入研究，美国和意大利曾建立过试生产装置，但因产品质量和技术经济指标不如克劳尔法，最终国内外都放弃了这项研究。近年来英国伦敦剑桥大学提出的 FFC 二氧化钛电解法曾轰动一时，美国 Timet 公司曾获得美国国防部的资助，但后来的研究未能取得预期的效果。这是因为钛对氧的亲和力极强，以 TiO_2 为原料很难获得低氧含量的产品；同时，一般要以 $TiCl_4$ 为原料才能制得较纯的 TiO_2，因此 FFC 二氧化钛电解法在经济上也很难竞争过克劳尔法。制钛新方法的研究是世界性难题，近期取得突破性进展的可能性很小。

（2）钛的需求增长慢，阻碍钛的发展速度。随着克劳尔生产海绵钛技术的进步，海绵钛生产成本逐渐降低，海绵钛价格与粗铜、不锈钢价格的差距逐渐缩小，但因为金属钛塑性加工困难，通常需采用加热变形的加工方法，而钛的活性很强，钛的加工和设备制造通常需要在保护气氛下进行或需采用特殊措施，因而钛的最终制品仍比铜、不锈钢设备要贵几倍，妨碍钛应用的扩展速度。因此，应用钛的长期效益好，但一次性投资一般较大，通常在经济成长时期钛需求增长快，而在经济衰退期增长慢，这也是钛呈波浪式发展的原因之一。

前几年世界经济快速发展，钛的需求迅速增长导致海绵钛严重供不应求，价格飙升刺激了国内外投资使产能猛增，从 2008 年开始金融危机经济衰退，钛的需求下降造成目前又出现严重供大于求，价格急剧下滑，生产企业蒙受严重损失。要改变目前的困境，除了等待经济复甦外，开展应用研究，扩大应用是促进钛发展的关键。

（3）钛白生产面临严重的环保压力和原料短缺。硫酸法生产钛白产生废料多，治理三废困难，面临严重的环保压力；氯化法生产钛白虽然产生废料较少，但其前提是必须以高品位富钛料为原料，然而制取高品位富钛料的过程中本身也产生废料，且各种方法受到种种条件的限制，因而绿色环保的富钛料生产工艺受到制约。

我国钛白生产迅速发展，年产能猛增至近 1.5×10^6t，年产量已达 10^6t。但由于受原料和技术限制，氯化法发展十分缓慢，造成硫酸法过度发展，中低产品产能严重过剩，而高档产品仍需部分依赖进口。钛白生产消耗大量钛矿，国内原料严重供应不足，需从国外大量进口钛矿。由此可见，研究钛白产品的高档化，促进我国钛白生产结构的合理化，并研究寻找钛白代用品，减少钛白粉消费量，减少钛矿消耗，应是值得思考的问题。

参考文献

[1] Grant Crowley. Advanced Meterials & Processes，2003，(11)：25.
[2] 郝斌，等. 近期国际海绵钛市场综述 [J]. 钛工业进展，2005，22 (1)：14.
[3] 王向东，等. 2008 年中国钛工业发展报告 [R]. 钛工业进展，2009，26 (2)：1
[4] 吴全兴. 海绵钛的供求及生产技术和质量 [J]. 钛工业进展，2006，(3)：9.
[5] 邓国珠. 连续化制钛方法 (2) [J]. 钛工业进展，2007，(1).

2 钛的性质、用途和制取方法

2.1 钛的性质

钛及钛合金具有一系列特点，如它的密度小、比强度高、耐热性能好、耐低温的性能也好，它具有优良的抗蚀性能，并且它的导热性能差、无磁、弹性模量低，但是它具有很高的化学活性。

2.1.1 钛原子结构和在周期表中的位置

2.1.1.1 钛原子结构

钛的原子序数是22，原子核由22个质子和20～32个中子组成。原子核半径为5×10^{-13}cm。

钛原子核外22个电子结构排列为$1s^22s^22p^63s^23p^63d^24s^2$。原子失去电子的能力用电离能来衡量。钛原子的电离能见表2－1。

表2－1　钛原子的电离能

失去电子的次序	名　称	电离能/J	失去电子的次序	名　称	电离能/J
1	4s	1.09×10^{-18}	5	3p	16.06×10^{-18}
2	4s	2.17×10^{-18}	6	3p	19.51×10^{-18}
3	3d	4.40×10^{-18}	7	3p	22.9×10^{-18}
4	3d	7.06×10^{-18}	8	3p	27.8×10^{-18}

由表2－1可见，钛原子的4s电子和3d电子的电离势较小，都小于8×10^{-18}J，因此容易失去这4个电子。3p电子的电离势都在16.06×10^{-18}J以上，是很难失去的。所以，钛原子的价电子是$4s^23d^2$，钛的最高氧化态通常是正四价。钛原子半径和离子半径见表2－2。

表2－2　钛原子半径和离子半径

原子或离子	Ti	Ti^+	Ti^{2+}	Ti^{3+}	Ti^{4+}
半径 r/nm	0.146	0.095	0.078	0.069	0.064

已发现钛有13种同位素，其中稳定同位素5个，其余8个为不稳定的微量同位素。钛的同位素及其性质列于表2－3。

表2－3　钛的同位素及其性质

同位素质量数	丰度/%	辐射特征	半衰期	热中子捕获截面/m^2	热中子散射截面/m^2
42	0.001	β^-，γ			
43	0.007	β^-，γ	0.58d		
44	0.0015		47a		
45	0.0015	β^-，γ	3.08h		
46	7.99	稳定同位素		$(0.6\pm0.2)\times10^{-28}$	$(3.3\pm1.0)\times10^{-28}$
47	7.32	稳定同位素		$(1.6\pm0.3)\times10^{-28}$	$(5.2\pm1.0)\times10^{-28}$
48	73.97	稳定同位素		$(8.0\pm0.6)\times10^{-28}$	$(9.0\pm4.0)\times10^{-28}$
49	5.46	稳定同位素		$(1.8\pm0.5)\times10^{-28}$	$(2.8\pm1.0)\times10^{-28}$
50	5.25	稳定同位素		0.2×10^{-28}	$(3.3\pm1.0)\times10^{-28}$
51	0.0001	β^-，γ	5.9min		
52	0.0001	β^-，γ	41.9min		
53	0.0001	β^-，γ			
54	0.003	β^-，γ			

2.1.1.2　钛在周期表中的位置

钛是元素周期表中第四周期的副族元素，即IV_B族（又称为钛副族）元素。这族元素除钛（$_{22}Ti$）外，还有锆（$_{40}Zr$），铪（$_{72}Hf$）和人工合成元素$_{104}Ku$。钛、锆、铪原子的外层电子结构分别为：Ti[Ar]$3d^24s^2$，Zr[Kr]$4d^25s^2$，Hf[Xe]$5d^26s^2$。由此可见，钛族元素的原子具有相似的外电子构型，即价电子都是d^2s^2，因而钛、锆和铪的原子半径相近，它们的许多性质也相似，彼此可以形成无限固溶体。不过，钛、锆、铪及它们的化合物在性质上也有差异。例如，TiO_2是两性氧化物，而ZrO_2、HfO_2为碱性氧化物；$TiCl_4$是弱酸性化合物，而$ZrCl_4$、$HfCl_4$则为两性化合物。

IV_A族，即碳族元素的原子也和IV_B族具有相似的外电子构型，不过其价电子不是d^2s^2，而是s^2p^2。钛族与碳族是同周期元素，它们具有共性，即通常都表现最高氧化态为正四价。碳族元素的金属性质随着原子序数的增加而递增，原子序数最小的碳（C）是非金属元素，原子序数最大的铅（Pb）是金属元素。但是，钛族元素都具有金属性质，这是与碳族元素的基本区别。

钛与其相邻的III_B族（d^1s^2）、V_B族（d^3s^2）元素的原子最外层电子数相同，不同的是次外层电子数。因为对元素的化学性质发生主要影响的是最外层电子，次外层电子的影响就小得多。所以，钛与III_B族元素（钪、钇）和V_B族元素（钒、铌、钽）在性质上也很相近，钛可与这些元素形成无限固溶体。在自然界存在的铁矿物中，经常伴生有这些元素。

2.1.2　钛的物理性质、热力学性质和力学性质

2.1.2.1　物理性质

A　晶体结构

金属钛具有两种同素异形态，低温（<882.5℃）稳定态为α型，密排六方晶系；高

温稳定态为β型，体心立方晶系。

α－Ti 的晶格参数，25℃时为：$a=(0.29503\pm0.00004)$ nm，$c=(0.46832\pm0.00004)$ nm，$c/a=1.5873\pm0.00004$。由于α－Ti 的 c/a 比值小于理想球形轴比 1.633，所以钛是可锻性金属。α－Ti 中存在的杂质对其晶格构造有很大影响，微量氧、氮的存在会使晶格沿 c 轴方向增长，引起 c 值的增加，而 a 值实际上几乎不发生变化。

β－Ti 的晶格参数，900℃时 $a=(0.33065\pm0.00001)$ nm。

B 相变性质

钛的两种同素异形态转化（α－Ti⇌β－Ti）温度为 882.5℃，由α－Ti 转化为β－Ti 时，其体积增加为 5.5%。氧、氮、碳是α－Ti 的稳定剂，在钛中存在氧、氮、碳杂质则会使相变（α－Ti→β－Ti）温度升高，从而可根据转化温度的变化来判断钛中杂质含量的多少。

钛的晶型转化潜热为 4.14kJ/mol。

钛的熔点为 1668±4℃。由于熔融钛几乎可与一切耐火材料发生作用，因此测量其熔点潜热较为困难。已测得钛的熔化潜热范围是 15.46～20.9kJ/mol。熔点时液钛的表面张力为 1.588N/m，1730℃时液钛的动力黏度为 $8.9\times10^{-5}m^2/s$。

钛的沸点为 3260±20℃，汽化潜热为 428.5～470.3kJ/mol。

钛的临界温度约为 4350℃，临界压力为 113MPa。

C 密度和线膨胀系数

α－Ti 的密度在 20℃时为 4.506～4.516g/cm³。因为钛与氧形成间隙固溶体时，其晶格发生明显的畸变，所以当钛中含有氧时，其密度随之增加。

α－Ti 单晶的线膨胀系数是各向异性的，在 0℃时 a 轴方向为 7.34×10^{-6}/℃，c 轴方向为 8.9×10^{-6}/℃。由于 c 轴方向的线膨胀系数比 a 轴方向大，所以六方晶胞轴比 c/a 值随温度的升高而增加。

在 20～300℃时α－Ti 多晶的平均线膨胀系数为 8.2×10^{-6}/℃。

900℃时β－Ti 的密度为 4.32g/cm³，1000℃时为 4.30g/cm³；熔化钛密度（在熔点温度）为（4.11±0.08）g/cm³。

D 蒸气压

金属钛的蒸气压是很低的，在 900℃时仅为 3×10^{-9} Pa，1000℃时为 1.5×10^{-8} Pa。固体β－Ti 的蒸气压 P(Pa) 与温度的关系式为：

$$\lg P=-27017T^{-1}-6.768\lg T+6.11\times10^{-4}T+34.636 \quad (1155.5\sim1933\text{K})$$

液相钛的蒸气压 P(Pa) 与温度的关系式为：

$$\lg P=-22328T^{-1}+11.251 \quad (1933\sim3575\text{K})$$

E 导热性能

钛的导热性较差，其导热系数比不锈钢略低。钛的导热性能与其纯度有关，杂质的存在使钛的导热系数降低。

纯钛的导热系数与温度的关系如图 2－1 所示。在 0～50K 范围内，导热系数随温度升高逐渐增加，在 50K 时达到最大值(36.8W/(m·K))。高于 50K 时，导热系数随温度升高逐渐减少，约在 800K 时达到最小值(24.6 W/(m·K))。高于 800K 时，导热系数随着温度升高略有增加。纯钛的导热系数 λ(W/(m·K))可由下式计算：

$$\lambda = 26.75 - 32.8 \times 10^{-3} t + 8.23 \times 10^{-5} t^2 - 9.7 \times 10^{-8} t^3 + 4.6 \times 10^{-12} t^4 \quad (t > 0℃)$$

工业纯钛的导热系数，在0～250K时，随着温度升高逐渐增加，在250K时达到最大值(17.56 W/(m·K))。高于250K时，导热系数随着温度升高略有减少，约在580K时达到最小值(16.89 W/(m·K))。工业纯钛的导热系数λ(W/(m·K))可由下式计算：

$$\lambda = 17.56 - 4.6 \times 10^{-3} t + 14.7 \times 10^{-6} t^2 + 4.18 \times 10^{-12} t^4 \quad (t > 0℃)$$

F　导电性能

钛的导电性能较差，近似于不锈钢。若以铜的电导率为100%，则钛仅为3.1%。钛中杂质的存在，使其导电性能降低。钛的导电性随温度的变化关系如图2－2所示。

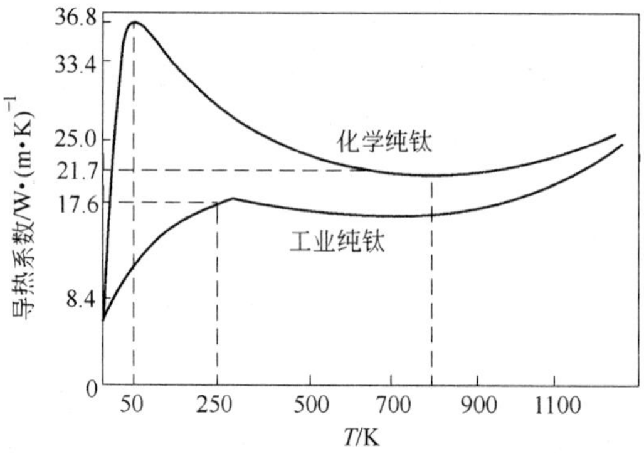

图2－1　钛的导热系数与温度的关系

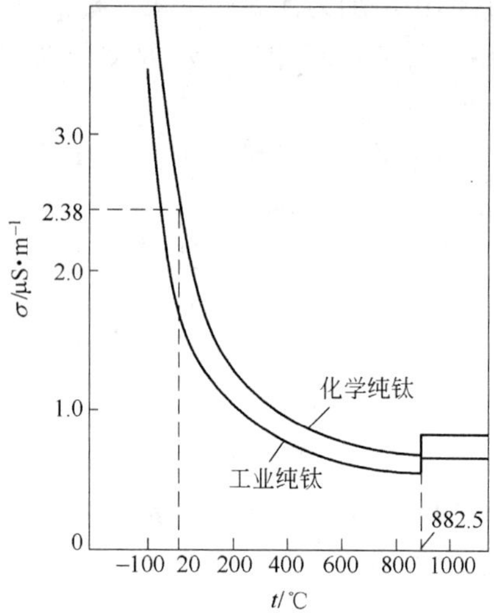

图2－2　钛的电导率与温度的关系

α－Ti的电阻率随温度增高而增加，当达到相变（α－Ti→β－Ti）温度时，电阻率突降。β－Ti的电阻率随温度的升高略有增加。

20℃时，纯钛的电阻率为0.42μΩ·m。在不同温度下α－纯钛的电阻率ρ(μΩ·m)为：

$$\rho = 0.385 + 1.75 \times 10^{-3} t - 7 \times 10^{-13} t^4$$

20℃时，工业纯钛的电阻率为0.556μΩ·m。在不同温度下α－工业纯钛的电阻率ρ（μΩ·m）为：

$$\rho = 0.51 + 2.25 \times 10^{-3} t - 8.6 \times 10^{-10} t^3$$

G　超导性

钛具有超导性，它对于由杂质或冷加工所引入的晶格内应变是极其敏感的，属于“硬超导体”。纯钛的超导临界温度为0.38～0.4K。Nb－Ti合金是超导材料。

H　磁性质

金属钛是无磁性物质，磁化系数α－Ti 3.2×10^{-6}（20℃），β－Ti 4.5×10^{-6}(900℃)。

I　光学性质

温度高于800℃时，α－Ti对入射光波长为652nm的发射率为0.459；900℃的β－Ti

为0.484，1000℃的β-Ti为0.482。钛的光学性质列于表2-4中。

表2-4 钛的光学性质

光学性质名称	入射波长/nm							
	400	450	500	550	580	600	650	700
反射率 ε/%	53.3	54.9	56.6	57.05	57.55	57.9	59.0	61.5
折射指数	1.88	2.10	2.325	2.54	2.65	2.76	3.03	3.30
吸收系数	2.69	2.91	3.13	3.34	3.43	3.49	3.65	3.81

钛表面氧化膜对钛的光反射能力影响很大，氧化膜的存在显著降低对可见光的反射能力；对紫外光的反射能力影响较小。

2.1.2.2 热力学性质

A 比热容

α-Ti的比热容随温度的升高而增加（图2-3），当温度趋近晶型转化温度（1155.5K）时，比热容急剧升高，达到2.62J/(g·K)。超过相变温度后，比热容随温度升高而下降。298K时定压比热容 c_p 为0.52 J/(g·K)。

α-Ti： $=0.462+0.215\times10^{-3}T$ （298～1155K）

β-Ti： $=0.413+0.165\times10^{-3}T$ （1155～1933K）

熔融钛为0.74J/(g·K)

气体钛 $=0.553-2\times10^{-4}T+1.285\times10^{-9}T^2-1.74\times10^{-11}T^3$ （200～4000K）

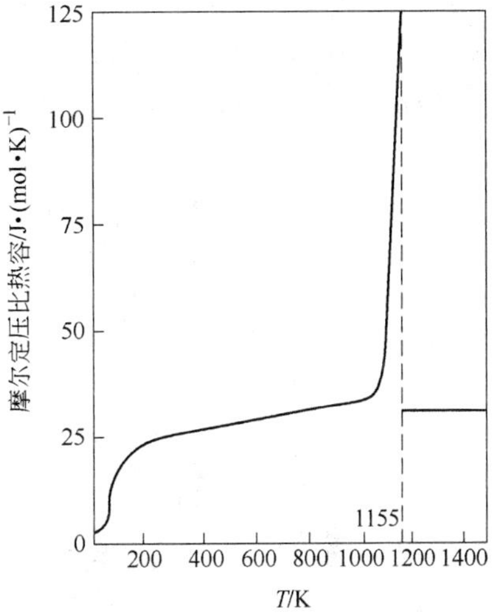

图2-3 钛的摩尔定压比热容与温度的关系

B 焓

在298K时钛的焓为100.2J/g。

α-Ti: $H_T^{\ominus}-H_0^{\ominus}=0.457T+1.12\times10^{-4}T^2+83T^{-1}-45.7$ （200～1500K）

β-Ti: $H_T^{\ominus}-H_0^{\ominus}=159+0.360T+1.09\times10^{-4}T^2$ （1155～1900K）

C 熵

钛在298K时的熵为0.64 J/(g·K)。

α-Ti: $S_T^{\ominus}=0.815+6.8\times10^{-4}T-112.7T^{-1}$ （160～1100K）

β-Ti: $S_T^{\ominus}=0.714+8.5\times10^{-3}T-1.3\times10^{-7}T^2$ （1200～1900K）

液相钛: $S_T^{\ominus}=1.17+1.29\times10^{-4}T-5.68\times10^{-8}T^2$ （2000～3000K）

气相钛: $S_T^{\ominus}=4.9+4.19\times10^{-5}T-377T^{-1}$ （200～5000K）

2.1.2.3 力学性质

钛具有可塑性。高纯钛的延伸率可达50%～60%，断面收缩率可达70%～80%，但强度低（碘化钛的抗拉强度2.2～2.9MPa），不宜作结构材料。钛中杂质的存在，对它的力学性能影响极大，特别是间隙杂质氧、氮、碳可大大提高钛的强度，而显著地降低其塑性。尽管高纯钛的强度低，但钛基材料因含有少量杂质和添加合金元素而显著强化其力学性能，使其强度可与高强度钢相比拟。工业纯钛的抗拉强度为265～353MPa，一般钛合金为686～1176MPa，最高可达1764MPa。这就是说，钛作为结构材料所具有的良好力学性能，是通过严格控制其中适当杂质含量和添加合金元素而达到的。

工业纯钛含有少量间隙杂质氧、氮、碳及其他金属杂质铁、锰、硅、镁等，其总含量一般为0.2%～0.5%，最高不超过0.7%～0.9%。含有上述少量杂质的工业纯钛既具有高强度，又有适当的塑性。

硬度，通常是用来衡量钛质量好坏的综合指标。硬度越大，杂质含量越高，其质量就越差。不同的杂质对钛硬度的影响是不相同的，对钛硬度的影响最大的是氮、氧、碳，其次是铁、钴、硅等。

同时存在几种杂质时，它们对钛硬度的影响可以认为基本上具有加和性。海绵钛的硬度与其杂质含量的关系，布劳斯按统计规律得出如下经验公式：

$$HB = 196\sqrt{w(N_2)} + 158\sqrt{w(O_2)} + 45\sqrt{w(C)} + 20\sqrt{w(Fe)} + 57$$

各种杂质含量对增加钛硬度（HB）的影响见图2－4。

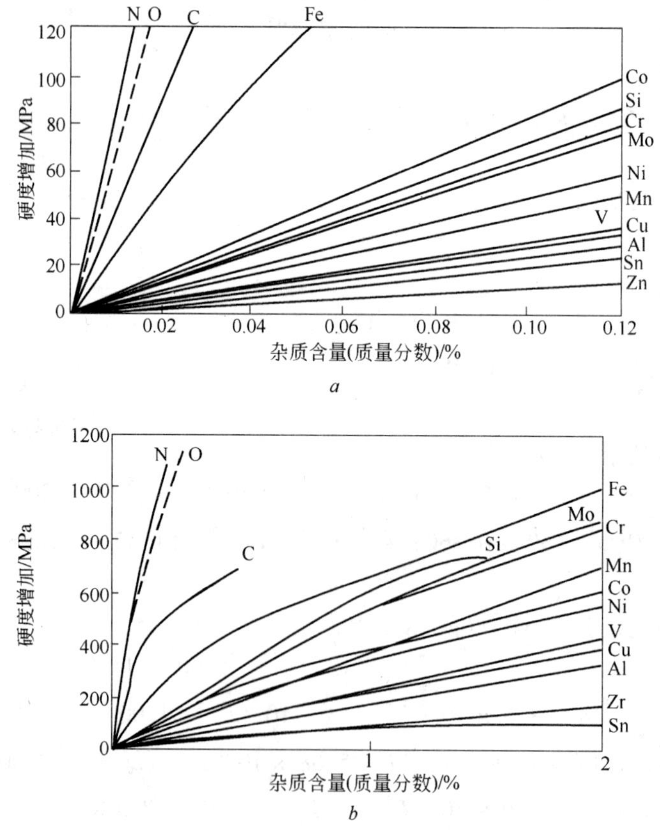

图2－4　一些杂质含量对钛硬度的影响

a—杂质含量0%～0.12%；*b*—杂质含量0%～2%

2.1.3 钛的化学性质

2.1.3.1 与单质的反应

在较高温度下，钛可与许多元素和化合物发生反应。各种元素按其与钛发生不同反应可分为四类（图2－5）：

第一类，卤素和氧族元素与钛生成共价键与离子键化合物；

第二类，过渡元素、氢、铍、硼族、碳族和氮族元素与钛生成金属间化合物和有限固溶体；

第三类，锆、铪、钒族、铬族、钪元素与钛生成无限固溶体；

第四类，惰性气体、碱金属、碱土金属、稀土元素（除钪外），锕、钍等不与钛发生反应或基本上不发生反应。

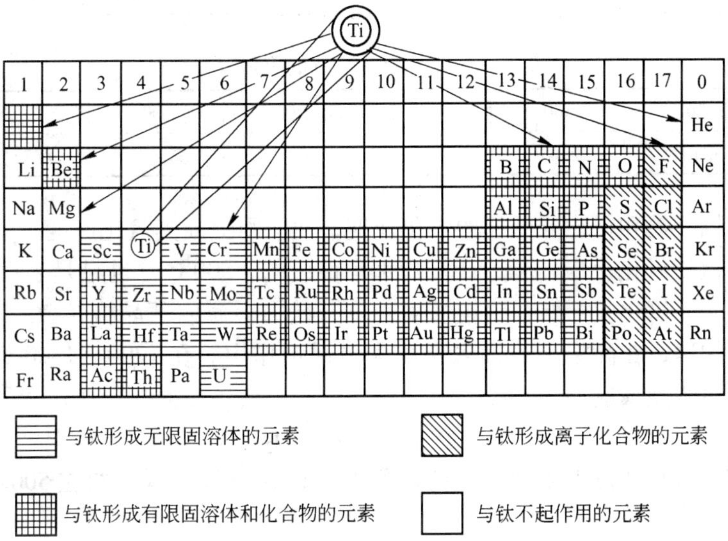

图2－5 钛可与很多元素反应或形成固溶体

A 卤素

钛能与所有卤素元素发生反应，生成卤化钛。

常温下钛就与氟发生反应，150℃反应已较激烈，反应生成 TiF_4：

$$Ti + 2F_2 \xlongequal{} TiF_4$$

常温下钛也可与氯发生反应，300～350℃以上发生激烈反应：

$$Ti + 2Cl_2 \xlongequal{} TiCl_4$$

在250～360℃钛可与溴发生反应：

$$Ti + 2Br_2 \xlongequal{} TiBr_4$$

在170℃时钛已可与碘反应，400℃时反应较快，生成气体 TiI_4：

$$Ti + 2I_2 \xlongequal{} TiI_4$$

随着温度的升高，反应加速，高于1000℃时生成的 TiI_4 分解为钛和碘，因而是个可逆反应。

含水的卤素对钛作用要比干卤素为小，例如饱和水的湿氯气在低于80℃时不与钛发生反应。

B　氧

钛与氧的反应取决于钛存在的形态和温度。粉末钛在常温下的空气中，可在静电、火花、摩擦等作用下发生剧烈的燃烧或爆炸。但是，致密钛在常温下的空气中是很稳定的。

致密钛在空气中受热时，便开始与氧发生反应，最初氧进入钛表面晶格中，形成一层致密的氧化薄膜，这层表面氧化膜可防止氧向内部扩散，具有保护作用，因此钛在500℃以下的空气中是稳定的。表2－5为工业纯钛在不同温度的空气介质中加热半小时后的氧化膜厚度。表2－6为钛在不同温度下加热所生成的氧化膜颜色。

表2－5　不同温度下钛的氧化膜厚度

温度/℃	320～540	650	700	760
厚度/nm	极　薄	0.005	0.008	0.025

表2－6　不同温度下钛的氧化膜颜色

温度/℃	200	300	400	500	600	700～800	900
颜　色	银白色	淡黄色	金黄色	蓝　色	紫　色	红灰色	灰　色

合金元素钼、钨和锡能降低钛的氧化速度，而锆则提高其氧化速度。

在空气中钛的氧化反应，低于100℃时是很慢的，500℃时也只是表面被氧化。随着温度的升高，表面氧化膜开始在钛中溶解，氧开始向金属内部晶格扩散，700℃时氧向金属内部的扩散加速，在高温下表面氧化膜失去保护作用。在1200～1300℃下，钛开始与空气中的氧发生激烈反应：

$$Ti + O_2 = TiO_2$$

在纯氧中，钛与氧发生激烈反应的起始温度比在空气中低，约在500～600℃时钛便在氧气中燃烧。

氧在钛中含量超过溶解度极限时，便生成钛的各种氧化物，如 Ti_3O，TiO，Ti_2O_3，Ti_3O_5，TiO_2等。在Ti－O固溶体中，由于氧以氧化物形式（如 Ti_3O）进入钛的晶格中，从而可使相变（α－Ti→β－Ti）温度显著增加，因此，氧是α－Ti的稳定剂。氧在α－Ti中的最大溶解度（质量分数）为14.5%，于1740℃时在β－Ti中的最大溶解度（质量分数）为1.8%。

C　氮和氢

常温下钛不与氮发生反应。但在高温下，钛是能在氮气中燃烧的少数金属元素之一，钛在氮气中燃烧温度约大于800℃。熔融钛与氮的反应十分激烈。钛与氮的反应，除了可生成钛的氮化物（Ti_3N、TiN等）外，还形成Ti－N固溶体。当温度在500～550℃时，钛开始明显地吸收氮，形成间隙固溶体；当温度达到600℃以上时，钛吸氮的速度增加。在Ti－N固溶体中，由于氮以氮化钛（如 Ti_3N）形式进入钛晶格中，从而使钛相变（α－Ti→β－Ti）温度增加，氮也是α－Ti的稳定剂。于1050℃下氮在α－Ti中最大溶解度（质量分数）为7%，于2020℃下在β－Ti中最大溶解度（质量分数）为2%。但钛吸氮的速度比其吸氧的速度慢得多，因此钛在空气中主要是吸氧，吸氮则是次要的。

钛与氢反应生成 Ti－H 固溶体和 TiH、TiH_2化合物。氢能很好地溶于钛中，1mol 钛几乎可吸收 2mol 的氢。钛吸氢速度和吸氢量，与温度和氢气压力有关。常温下钛吸氢量小于 0.002%。当温度达到 300℃时，钛吸氢速度增加；500～600℃时达到最大值。其后随温度升高，钛吸氢量反而减少，当达到 1000℃时钛吸收的氢大部分被分解。氢气压力增加，可使钛吸收氢的速度加快，并增加吸氢量，相反在减少压力情况下便可使钛脱氢。因此钛与氢的反应是可逆的。

钛与氢反应在表面上不形成薄膜，因为氢原子体积小，可很快向钛晶格深处扩散形成间隙固溶体。氢在钛中的溶解，可使钛相变（α－Ti→β－Ti）温度降低，氢是 β－Ti 的稳定剂。

钛表面存在氧化膜时，则显著地降低钛吸氢和脱氢速度。

D 磷和硫

在高于 450℃下钛与气体磷发生反应，在低于 800℃时主要生成 Ti_2P，高于 850℃时生成 TiP。

常温下硫不与钛反应，高温时熔化硫、气体硫与钛反应生成钛的硫化物，熔融钛与气体硫之间的反应特别剧烈：

$$Ti + S_2 = TiS_2$$

钛与硫的反应可生成各种硫化钛，如 Ti_3S，Ti_2S，TiS，Ti_3S_4，Ti_2S_3，Ti_3S_5，TiS_2和 TiS_3等。

E 碳和硅

钛与碳仅在高温下才能发生反应，生成含有 TiC 的产物。钛与碳的反应除了生成 TiC 外，还形成 Ti－C 固溶体，碳在钛中的存在也可使钛相变（α－Ti→β－Ti）温度升高。碳在钛中的溶解度较小，在 900℃时最大溶解度（质量分数）为 0.48%；随着温度的下降，溶解度急剧下降。碳在 β－Ti 中的溶解度，1750℃时达到最大值，为 0.8%。由于碳在 α－Ti 和 β－Ti 中的溶解度都很小，因此钛中碳含量较大时，便会在组织中出现游离碳化钛结构。

钛在高温下与硅反应生成高熔点的硅化物 Ti_5Si_3，TiSi 和 $TiSi_2$。

2.1.3.2 与化合物反应

A HF 和氟化物

氟化氢气体在加热时与钛发生反应生成 TiF_4，反应为：

$$Ti + 4HF = TiF_4 + 2H_2$$

不含水的氟化氢液体可在钛表面生成一层致密的四氟化钛膜，可防止 HF 进入钛的内部。

氢氟酸是钛的最强溶剂。即使浓度为 1% 的氢氟酸，也能与钛发生激烈反应：

$$2Ti + 6HF = 2TiF_3 + 3H_2$$

当在氢氟酸溶液中存在 Fe^{2+}、Ni^{2+}、Ag^{+}、Cu^{2+}、Au^{3+}、Pt^{4+}等金属离子时，则可加速钛的溶解。Mg^{2+}离子不影响钛与氢氟酸的反应。但当存在 Pb^{2+}离子和加入硝酸后，可减慢和部分抑制氢氟酸对钛的浸蚀速度。但未发现防止氢氟酸对钛浸蚀的特别有效的阻化剂。

无水的氟化物及其水溶液在低温下不与钛发生反应，仅在高温下熔融的氟化物与钛发生显著反应；酸性氟化物溶液，如 KHF_2 会严重地浸蚀钛。在酸性溶液中，加入少量可溶性氟化物，则可大大增加酸对钛的浸蚀作用，如在硝酸、高氯酸、磷酸、盐酸、硫酸溶液中加入少量可溶性氟化物时，则这些酸对钛的腐蚀速度大为加快。但如果加入大量的氟化物到硫酸中，反而会阻止硫酸对钛的腐蚀。

B　氯化氢和氯化物

氯化氢气体能腐蚀金属钛，干燥的氯化氢在高于 300℃ 时与钛反应生成 $TiCl_4$：

$$Ti + 4HCl = TiCl_4 + 2H_2$$

浓度低于 5% 的盐酸在室温下不与钛反应，20% 的盐酸在常温下与钛发生反应生成紫色的 $TiCl_3$：

$$2Ti + 6HCl = 2TiCl_3 + 3H_2$$

当温度升高时，即使稀盐酸也会腐蚀钛，如 10% 的盐酸在 70℃ 时和 1% 的盐酸在 100℃ 时对钛发生明显的腐蚀。但当盐酸溶液中存在氧化剂或金属离子（如铜、铁离子等）时，则可降低盐酸对钛的腐蚀作用。例如，钛在沸腾的 10% 盐酸内的浸蚀速度，因加入 0.02 ~ 0.03mol 的铁和铜离子而降低到原来的 1%。

各种无水的氯化物，如镁、锰、铁、镍、铜、锌、汞、锡、钙、钠、钡和 NH_4^+ 的氯化物及其水溶液，都不与钛发生反应，钛在这些氯化物中具有很好的稳定性。但钛与 100℃ 以上的 25% 氯化铝溶液发生反应。当温度升高至 200 ~ 300℃ 以上时，钛在氯化物中的稳定性下降。例如，钛可在沸腾的镁、钙、铁、铜、锌和铵的氯化物中以及在高温下能发生分解，析出氯化氢或氯的其他氯化物。熔融的氯化物和蒸气在氧存在时，与钛发生反应。本来钛受熔融的碱金属氯化物的浸蚀很微，但当这些熔盐与大气接触时，则对钛的浸蚀加剧。NaCl 和 NaF 混合物熔盐对钛有很大的腐蚀作用。

C　硫酸和硫化氢

钛与浓度低于 5% 的稀硫酸反应后在钛表面上生成保护性氧化膜，可保护钛不被稀硫酸继续侵蚀。但浓度高于 5% 的硫酸与钛有明显的反应。在常温下，浓度约 40% 的硫酸对钛的腐蚀速度最快，因此时生成很易溶的 $[Ti(SO_4)_{2+x}]^{2x-}$ 络离子；当浓度大于 40% 时，上述络离子分解为 TiO_2 和 H_2SO_4，因而 60% 硫酸腐蚀速度反而变慢；80% 硫酸又达到最快。加热的稀硫酸或 50% 的浓硫酸可与钛反应生成硫酸钛：

$$Ti + H_2SO_4 = TiSO_4 + H_2$$

$$2Ti + 3H_2SO_4 = Ti_2(SO_4)_3 + 3H_2$$

加热的浓硫酸可被钛还原，生成 SO_2：

$$2Ti + 6H_2SO_4 = Ti_2(SO_4)_3 + 3SO_2 + 6H_2O$$

在硫酸溶液中加入氧化剂和金属离子时，则可降低硫酸对钛的腐蚀作用。如在 10% 沸腾硫酸中，加入铁、铜离子时，则可阻止对钛的腐蚀。

常温下钛与硫化氢反应，在其表面生成一层保护膜，可阻止硫化氢与钛的进一步反应。但在高温下，硫化氢与钛反应析出氢：

$$Ti + H_2S = TiS + H_2$$

粉末钛在 600℃ 开始与硫化氢反应生成钛的硫化物，在 900℃ 时反应产物主要为 TiS，1200℃ 时为 Ti_2S_3。

D 硝酸和王水

致密的表面光滑的钛对硝酸具有很好的稳定性，这是由于硝酸能迅速在钛的光滑表面上生成一层牢固的氧化膜，这层氧化膜在硝酸中甚至在较高温度下仍保持稳定。但是，表面粗糙，特别是海绵钛或粉末钛，可与冷、热稀硝酸发生反应：

$$3Ti + 4HNO_3 + 4H_2O = 3H_4TiO_4 + 4NO$$

$$3Ti + 4HNO_3 + H_2O = 3H_2TiO_3 + 4NO$$

高于70℃的浓硝酸也可与钛发生反应：

$$Ti + 8HNO_3 = Ti(NO_3)_4 + 4NO_2 + 4H_2O$$

冒红烟的浓硝酸，即饱和 NO_2 的硝酸溶液，能迅速地腐蚀钛，并可与含锰的钛合金发生剧烈的爆炸反应。

常温下，钛不与王水反应。温度高时，钛可与王水反应生成 $TiOCl_2$。

E 其他酸、碱和盐

常温下，钛在浓度小于30%的磷酸溶液中的腐蚀速率较小。当酸浓度和温度升高时，则腐蚀速率加快。3%的磷酸溶液在100℃下可显著地腐蚀钛，沸腾的浓磷酸腐蚀作用更为强烈。

通常各种金属的溶剂，如氢氧化钠、硫酸氢钠和碳酸氢钠等，与钛的反应都很慢。稀的碱溶液不与钛发生反应。熔融钛可与碱反应生成钛酸盐，如：

$$2Ti + 6KOH = 2K_3TiO_3 + 3H_2$$

钛与金属氧化物在高温下进行可逆反应，特别是熔融钛几乎可同所有金属氧化物反应：

$$nTi + 2Me_mO_n \rightleftharpoons nTiO_2 + 2mMe$$

当 $n\Delta G TiO_2 < 2\Delta G\ Me_mO_n$ 时，反应可进行到底。如：

$$3Ti + 2Fe_2O_3 = 3TiO_2 + 4Fe$$

$$Ti + 2CuO = TiO_2 + 2Cu$$

在碱性物质存在下，熔融钛可被硝酸盐或氯酸盐氧化为四价钛酸盐，如：

$$3Ti + 2KOH + 4KNO_3 = 3K_2TiO_3 + 4NO + H_2O$$

$$3Ti + 4KOH + 2KClO_3 = 3K_2TiO_3 + 2HCl + H_2O$$

粉末钛与高锰酸钾的混合物属爆炸性物质。

常温下钛不与甲酸（蚁酸）反应，50～100℃下可激烈反应。钛与冷、热乙酸（醋酸）反应时生成二价和三价的乙酸酯。钛可与热的三氯乙酸、三氟乙酸和草酸反应，沸腾的三氯乙酸对钛有强烈的腐蚀作用。60℃的草酸溶液能腐蚀钛，其他有机酸不与钛反应。

F 氨、水和有机物

常温下钛不与 NH_3 反应，但在高温下可发生反应生成氢化物和氮化物：

$$5Ti + 2NH_3 = 2TiN + 3TiH_2$$

钛在常温下不与水反应。粉末钛可与沸腾的水或水蒸气发生下列反应并析出氢：

$$Ti(粉) + 4H_2O(液) = Ti(OH)_4 + 2H_2$$

$$Ti(粉) + 4H_2O(气) = Ti(OH)_4 + 2H_2$$

但700～800℃的水蒸气可与钛反应生成 TiO_2：

$$Ti + 2H_2O = TiO_2 + 2H_2$$

常温下钛可与 H_2O_2 反应生成过氧氢氧化钛：

$$Ti + 3H_2O_2 = Ti(OH)_2O_2 + 2H_2O$$

熔化的过氧化钠与钛发生激烈反应，生成正钛酸钠：

$$Ti + 2Na_2O_2 = Na_4TiO_4$$

在炽热温度下，钛与碳氢氯化物反应生成 $TiCl_4$，并析出碳和氯化氢：

$$Ti + CCl_4 = TiCl_4 + C$$

$$3Ti + 2C_2Cl_6 = 3TiCl_4 + 4C$$

$$3Ti + 2C_6Cl_6 = 3TiCl_4 + 12C$$

$$Ti + 2C_2H_2Cl_4 = TiCl_4 + 4C + 4HCl$$

常温下钛不与任何碳氢化合物反应，仅在高温下（1200℃）才发生反应生成碳化钛：

$$Ti + CH_4 = TiC + 2H_2$$

$$2Ti + C_2H_6 = 2TiC + 3H_2$$

综上所述，钛的性质与温度及其存在形态、纯度有着极其密切的关系。致密的金属钛在自然界中是相当稳定的，即使在恶劣的环境之下，如把钛放到海洋空气中长期放置，除表面颜色稍有变化外，没有发生本质上的变化。但是，粉末钛在空气中可引起着火燃烧。钛中杂质的存在，显著地影响钛的物理性能、化学性能、力学性能和耐腐蚀性能，特别是一些间隙杂质氧、氮、碳，它们可以使钛晶格发生某些畸变，这就更加影响钛的各种性能。常温下钛的化学活性很小，仅能与氢氟酸等少数几种物质反应，但温度增加时钛的活性迅速增加，特别是在高温下钛可与许多物质发生剧烈反应。钛的冶炼过程一般都在800℃以上的高温下进行，因此必须在真空中或惰性气氛保护下操作。

2.2 钛的用途

钛的优良性能，是制造飞机、火箭、导弹、宇宙飞行器、核潜艇、舰艇等的优异材料，被称为“太空金属”和“海洋金属”。它的优异耐腐蚀性能，在化工、轻工、电力、冶金、汽车、建筑等民用工业中有着极其广泛的应用。在人们日常用品中也广泛应用钛制品，如体育休闲用品、眼镜架、手表壳、医疗用品，钛制骨架和器官已广泛应用于人体手术中。特别是在海洋开发中有着特别作用，海水淡化是解决人类缺水的最终出路，钛是海水淡化的理想材料。钛及其合金的超导及记忆等特异功能，在高科技功能材料中有着重要的应用。总之，钛的应用越来越广泛，大到核潜艇，小到人体心脏支架，逐渐扩展到各个领域。

2.2.1 航空和航天

航空工业是钛应用最主要的领域。钛的比强度是目前使用材料中最大的，是不锈钢的3倍，是铝合金的1.3倍。所以，在飞机制造工业上，很重视钛这个材料。随着航空工业的发展，飞机的飞行速度越来越快。速度越快，飞机跟空气摩擦产生的飞机表面温度就越高，当速度达到2.2倍音速的时候，铝合金已经不能胜任，而用钢又太重，只有采用钛合金来制造，所以有人说，没有钛合金为结构材料，就不能发展2.5倍音速以上的超音速飞机。

钛合金使用温度已可达600℃，钛铝金属间化合物使用温度可达980℃，可满足先进发动机对材料的要求。钛、钛合金用于发动机、机身、压气机、风扇叶片、盘、导向叶片、轴、外壳、翼梁、襟翼、阻流板、发动机舱、隔板、起落架等。

民用客机的性能越来越好，用钛量也逐渐增加（图2-6）：波音737用钛合金约为3%，747为4%，757为6%，777为9%，787为15%。空客A300用钛合金为4%，A320为4.5%，A340为6%，A380为10%。世界民用航空用钛快速增长：2004年2.9万t，2008年增加到4.8万t。

欧美战斗机和轰炸机用钛稳定在20%，第三代F15为27%（30t/架，最终制品5t/架），第四代F22为41%，B1为22%，B2为26%。

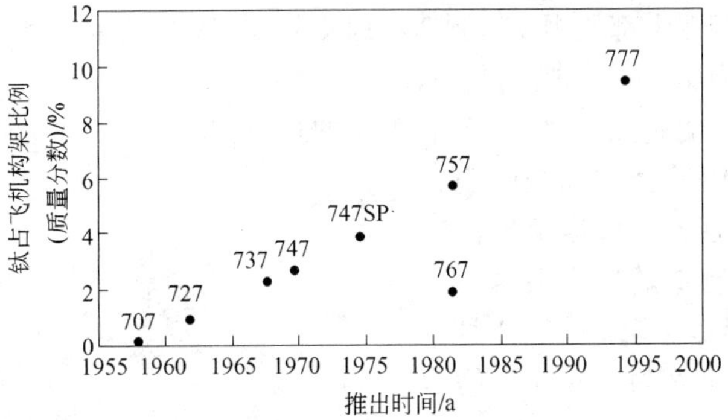

图2-6 波音飞机用钛量

在宇宙航行上，飞船的飞行速度比飞机更要快得多，并且工作环境变化更大，所以对材料的要求也更高、更严格。比如，用火箭把载人的宇宙飞船运到月球上去，要经历从高温到超低温的过程。在返回地面的时候，又从超低温进入高温，当飞船进入大气层的时候，飞船表面温度上升到540~650℃。制造宇宙飞船的材料，必须适应这样剧烈的温度变化，而钛合金能满足这些要求。从1957年开始，钛材料大量在宇宙航行上使用，主要用来作火箭的发动机壳体，人造卫星的外壳、紧固件、燃料储箱、压力容器等；还有飞船的船舱、骨架、内外蒙皮等。在宇宙航行用了钛以后，可以大大减轻飞行器的重量。从经济效果来看，由于结构重量的减轻，能够大量节省燃料，同时可以大大降低火箭和导弹的建造和发射费用。

目前我国航空航天用钛量较少，制造大飞机的计划已启动，今后用量将快速增长。我国已有先进的战斗机（图2-7）和支线客机（图2-8），组装国外民航客机也将会应用国产钛。国内天津已在2009年开始组装A320，每年50架，每架用钛20t，每年1000t。据美国波音公司报道，中国在今后20年内将需要4000架飞机，价值4000亿美元。可见，今后我国在航空对钛的需求将大幅增长。

2.2.2 舰船工业

钛的耐腐蚀能力非常强，特别是对海水的抗腐蚀能力，可以与白金相媲美。曾经有人把金属钛放在海水中浸泡了四年半，取出来以后观察，几乎没有被腐蚀，仍然保持原有金

图 2-7　歼-10 战斗机静态照片

图 2-8　ARJ21 新型涡扇支线客机

属光泽，所以，钛是制造舰艇的良好材料 。核潜艇、深潜器、原子能破冰船、水翼船、气垫船和扫雷艇等舰船上都使用了钛制造的螺旋桨推进器、潜艇鞭状天线、海水管路、冷凝器和热交换器、声学装置、消防设备等。

钛因其强度高、耐腐蚀，用于制造核潜艇的外壳，钛不是铁磁体物质，在很大的磁场中也不会被磁化，因此钛制外壳的舰艇不会被磁水雷发现，可以避免磁性雷的爆炸。前苏联制造的世界上第一艘 K162 号全钛核潜艇于 1968 年 12 月下水。从 1970 年开始相继制造了 7 艘双层高压壳“ALFA”级全钛核潜艇，每艘用钛约 3000t，最大下潜深度达 914m、航速快、噪声小。20 世纪 80 年代苏联又制造了 6 艘“台风”级弹道导弹核潜艇（图2-9），每艘用钛达 9000t。

日本近年制造全钛探海调查船，下海深度达 6500m，并制造了全钛渔船，船重达 4.6t。

我国将建造航母，用钛量将较大。

图 2-9　“台风”级核潜艇

2.2.3　海洋工程

钛是几乎完全不被海水腐蚀的金属，是舰船、海洋工程的理想材料。在海水淡化、海洋热能开发和海底资源开采等项目中有广泛应用。

海水淡化有两种方法：反渗透法即膜法、蒸馏法即闪蒸法。日本闪蒸法每日产淡水 1 万 t，用钛 107t。到 2004 年全世界海水淡化装置已建和在建 15000 多台，日产淡水约 3200 万 t。我国天津、山东黄岛、威海、青岛、烟台等地都在建造和规划海水淡化。人类缺水的最终解决方案是海水淡化，因此可以预期钛在海水淡化中用量将会迅速增加。

钛还广泛用于海洋石油、天然气开采，海上采油装置，海洋热能转换电站，海水养殖等领域。

2.2.4 化工和石化

钛的耐腐蚀能力比不锈钢高许多倍。钛和氧有很强的结合能力，当钛暴露在空气中时，其表面立刻形成一层很薄的稳定的氧化膜，具有特殊的耐腐蚀能力。

化工和石化是钛材重要的应用领域。在化学工业中，用钛量最大的行业是氯碱，其次是纯碱、真空制盐、塑料和有机物生产中。所用的钛设备中，换热器最多，其次是阳极、容器、泵阀和管道等。其中主要有钛阳极替代氯碱生产中金属阳极电解槽、离子膜电解槽的石墨阳极；电解食盐生产烧碱的钛湿氯冷却器；纯碱生产中的钛板换热器、钛质外冷器和氨冷凝器；氮肥生产中的钛内衬尿素合成塔；在真空制盐中，钛氨蒸发器、钛预热器、钛冷却泵和输送管道等。钛阳极使用寿命为石墨阳极的 10 倍，使产能提高近 1 倍，节电 15%。年产 1 万吨苛性钠，约需 5t 钛。

在石油化学工业中，钛是石油炼制和石油化工中优良的结构材料，可以用来制作各种热交换器、冷凝器、反应器、高压容器、蒸馏塔、脱酸塔等。

2006 年我国氯碱产量 1.41×10^7t/a，占全球的 24%，2010 年将达 2×10^7t/a。今后 5 年内全球氯碱增产中，我国将占 70%。

“十一五”我国将新建一批大型石化、化工项目。例如，广东省投资 1800 亿元建 5 个海滨石化项目；天津汉沽化工开发区投资的 1400 亿元用于建设石化项目。

随着化工和石化的发展，对钛的需求将会持续增加。

2.2.5 发电

钛管作为沿海电站、核电站和海洋热能转换电站的凝汽器冷凝管。为了安全，原子能发电厂一般必须全部使用钛制冷凝器。近年来，火电站的汽轮机机组也开始使用钛管作为凝汽器冷凝管，而且大机组使用钛管的越来越多，例如内蒙古岱海电厂采用了钛管作为凝汽器冷凝管。

“九五”期间沿海地区增加了 7×10^6kW 发电能力，用钛材 1200t，其中 60% 为薄壁焊管，$\phi25.4\times(0.5\sim0.7)$mm，主要依赖进口。

20 世纪 80 年代以来建了几家核电站，到 2010 年达到 2×10^7kW，总用钛材 4500～5000t。到 2020 年将达 3.6×10^7kW，总用钛材 9000～10000t。另外，为核电安全运行，每年要定期更换 1/3 的钛材，到 2010 年后，每年更换用钛材 1500t。

目前国内总发电容量 3.5 亿 kW，到 2020 年要达 9～10 亿 kW，其中火电 7 亿 kW，水电 2 亿 kW，核电要求 1 亿 kW。计划到 2020 年达 3.6×10^7kW，也只占 4%～5%，最终要求核电达 20%。

我国进入了新一轮电站建设高峰期，海滨电站和核电站对钛需求量将剧增。

2.2.6 汽车

由于钛具有出色的物理和机械性能，钛在汽车工业中应用，可极大减轻汽车重量，降低其燃料消耗，保护环境和降低噪声。钛材的特性已在赛车中得到了很好的体现。汽车材料向轻量化、节能和环保方向发展，钛是替代钢、铝的首选汽车用材。

钛在汽车使用主要部位为发动机系统（包括阀门、阀簧及其承座、连杆、曲轴、变速箱和转向齿条等）、底盘系统（弹簧、消声器、排气系统等）、车体系统（车轮的衬套及紧固件等）及制动装置等。钛在赛车上的应用已有多年历史，目前的赛车几乎都使用了钛材。

近年来汽车用钛发展迅速。2006 年汽车、摩托车世界用钛 5000t/a。如每辆用 1kg，全世界每年 5000 万辆轿车和轻便车，每年用钛 5.0×10^4t。

2006 年我国汽车产量 728 万辆，居世界第三。2009 年汽车产量达 1300 多万辆，居世界第一。可见，钛在我国汽车制造中应用潜力很大。

由于钛比强度高，战车用钛后可减少重量，提高性能，增加前进速度。因此，钛被应用在军车上，如坦克、装甲车、指挥车等。

钛铌合金是制造超导磁铁的主要材料，被应用在超导磁悬浮列车中。

2.2.7　有色冶金

钛用于有色金属湿法冶金和电解冶金中。俄罗斯用于有色湿法冶金的钛用量较大，主要用作浸出槽、高压釜、搅拌装置、过滤筛板、泵、阀门、管道及电解过程的电极板等。我国则主要用于有色金属电解冶金中，用于铜、镍、钴、铅、锌等有色金属的电解阴极种板、加热器、冷却器、反应器、阴极辊筒等，以及其他有色金属冶金的高压釜、冷却塔、泵、阀、风机和管道等。另外，钛阳极可以替代有色金属（锌、锰、镍、钴、铬、铜、镉等）电解冶金中的铅合金阳极，可以降低电压，节约电能消耗。特别是电解二氧化锰的阳极，早先是用纯钛阳极替代石墨阳极，后来改进为在纯钛基材上涂覆 Ti - Mn 涂层阳极，应用效果好，用量较大。在金属镍的电解生产中，采用钛板代替不锈钢板作母板，不锈钢板只能使用 1 年左右，而钛板可以使用 10 年以上，使用寿命延长了 10 倍。

2.2.8　体育用品

钛在体育用品中的应用，从最早的网球拍、羽毛球拍到近年来的高尔夫球棍头、柄，以及赛车、登山和滑雪用具、击剑面罩、轮椅、渔具等。

钛的比重小，强度大，可以把球头做得更大，而不会增加球杆的总重量。在广泛的试验中，高尔夫球手用钛球头比用标准加大的钢球头的击中率平均可提高 20%，而且击球距离有所提高。

2006 年国内高尔夫钛产品销售 2900t；台湾每年进口 6000t 钛，50% 用于制造高尔夫球产品；美国 1996 年体育用品用钛量达顶峰为 4800t。据估计，体育市场用钛将是航空用钛的 1/3，发展潜力很大。

自行车由人力驱动，因而需要非常轻便，特别是在考虑比赛速度的赛车上，如果将赛车的重量减轻 1g，即可争取千分之一秒的时间。

登山和滑雪用具正在朝着轻量化、小型化的方向发展。具有比重轻、强度高、在低温下冲击值不降低等特性的钛材，作为优越的登山和滑雪用具材料，已广泛使用，如钛合金登山棍、登山鞋底钉、攀岩用紧固件、滑雪杖、冰刀等。钛制体育用品还有：击剑防护面罩、宝剑、钓鱼竿、钓鱼用绕线架、赛艇零部件、用作田径赛跑鞋用的注射成型 Ti - Fe 系鞋底钉等等。

2.2.9 医疗

钛有极佳的生物相容性、低的膨胀系数、高度耐用性及无磁性，是极佳的骨骼支撑材料。作为植入的髋关节其重量约为不锈钢的一半，并且骨组织在生长时还可直接粘牢在钛植入体上。膝关节、义齿再造等也使用钛合金。据统计，全世界每年医学植入的用钛量在600~1000t之间。钛无毒，又与人体组织和血液有良好的相容性，钛植入物不受雷雨天气的影响，因此，钛是一种理想的生物材料，钛被人们赞誉为“亲生物金属”。钛已应用于人的主动心瓣、骨骼固定夹、心脏起搏器、心脏瓣膜、心血管支架、人工种植牙等。近年来，随着以整形外科、牙科为中心的人体植入物和器械的钛材化，医疗用钛与日俱增。

另外，钛在制药工业中也有广泛应用，如制药中的钛容器、钛搅拌器、离心机、换热器、过滤器及管道等。

2.2.10 生活用品和工艺品

生活用品包括照相机、眼镜架、手表壳、笔记本电脑外壳、计算机硬盘驱动器、手机壳、乐器、炒具、餐具、刀具、酒具、烟缸等。钛具有优良性能，特别是金黄色氮化钛，适合制作新一代高档礼品和工艺品，如板画、文房四宝、拐杖和首饰（戒指、耳环、手镯、袖扣、领带卡等）等。

2.2.11 建筑

建筑用钛已有30多年的历史，有几百座建筑物的应用实例。钛建材用在建筑物部位主要是屋顶、外壁，还有纪念碑等。典型应用有日本体育馆、英国科学中心、中国国家大剧院、法国古教堂、杭州大剧院等。

2.2.12 钢铁工业

在合金钢中加入少量的钛，可以大大改善钢的性能，提高钢的强度、韧性和耐腐蚀性能。钛是钢的优良脱氧剂、脱氮剂和脱碳剂，形成TiC和TiN，使钢的内部组织致密，细化晶粒，增加强度；降低时效敏感性和冷脆性；改善焊接性能。应用钛的主要钢种如下：

（1）不锈钢和耐热钢。钛在不锈钢中作为铬碳化物的稳定剂，避免晶粒间腐蚀；除去钢中的碳和氮，形成TiC和TiN，细化晶粒，增加强度。除了普通不锈钢外，还有特殊含钛不锈钒如马氏体沉淀硬化不锈钢0Cr15Ni25Ti2MoAlVB，铁素体时效不锈钢00Cr26Ni6Mo4Cu1Ti，00Cr25Ni9Mo3Ti1，耐热锅炉钢管如12Cr2MoWVTiB，12Cr3MoVSiTiB等。

（2）低合金钢、高强低合金钢。在低合金钢中用铝作为晶粒细化剂，加入钛形成TiN，可避免AlN引起的晶间破裂，增加韧性，钛的加入量为0.05%，如桥梁用低合金钢09CuTiRe。

高强低合金钢是基于钒或铌或钛的碳、氮化物的形成，以细化晶粒，增加强度。TiCN是微合金碳-氮化物，可降低晶粒生长，增加韧性。例如14MnVTi、15MnTi。

（3）特高强度钢（马氏体时效钢）、高镍合金钢。钛强化机理是形成金属间化合物（Ni_3Mo，Ni_3Ti，Ni_3Al），可使钢的屈服强度超过3450MPa。例如美国研制成功的有

Ni18Co8Mo3. 2Ti0. 2Al0. 1，Ni18Co8Mo5Ti0. 4Al0. 1，Ni18Co9MoTi0. 6Al0. 1，Ni18Co12Mo3. 8-Ti1. 7Al0. 1。

（4）工具钢。钛强化机理是形成 TiC 和 TiN。

（5）硼钢。在加入硼之前，加入钛以吸取钢中的氧和氮，以保护加入硼的有效性。

（6）装饰用钢（彩钢）。加入 0. 15% 的钛，以控制表面的光洁度，使表面美观。

（7）汽车用钢。2004 年，为降低轿车 IF 板中氮的含量和提高钢材质量，国际轿车行业用 IF 板和钢铁连铸工艺用钛 10000t 左右。

（8）铸钢。如 Mn6Cr2Ti 的耐磨性超过高锰钢，Mn13VTi 高锰钢齿板的寿命超过 Mn13 钢，ZG30Cr2MnSiMoTi 钢适用于球磨机衬板。

（9）功能合金钢。Ni－Co－Ti 系功能合金钢已经实用，如 Ni32Co10Ti4（原子分数）铁磁性形状记忆钢，20Mn17Ti0. 8 钢具有良好减振性，日本开发的 Ti－RE 储氢钢中含 Ti0. 9% ~1. 05%。

上述这些含钛的特种钢，具有耐腐蚀、耐高温、耐磨等特性，被广泛应用于航天、航空、石油、化工、机械、舰船、海洋、电力等工业。

自 1992 年以来，美国大量在钢铁工业中应用钛。2003 年美国在钢铁及其合金中用钛量（是以高钛铁、海绵钛、钛屑等形式应用）为 8823t（表 2－7），占美国全年用钛量的 1/3 左右。

表 2－7　2002 年和 2003 年美国在钢和其他合金中钛的消耗量　　(t)

应用项目	2002 年	2003 年
碳　钢	2210	2700
不锈钢和耐热钢	3050	3050
低合金钢和工具钢等合金钢	950	1140
超合金	1150	1160
除上述外的其他合金	752	747
其　他	40	26
总　计	8152	8823

因为钛的熔点比钢高，如果将纯钛直接加入钢水中不能立即熔化，会浮到表面被氧化。因此，在钢铁冶炼中主要是应用低熔点的高钛铁合金，其中最重要的是含钛 70% 的 70 号高钛铁（熔点 1070 ~1130℃）。

在国外，高钛铁通常采用重熔法生产，是以金属钛（包括钛加工废料钛屑和等外海绵钛等）为原料，在重熔时加入适量金属铁。据报道，国际钛铁的贸易量达 50000t/a，主要由英国、俄罗斯、日本和美国生产，其中英国年产量 15000 ~20000t，俄罗斯 10000 ~15000t。应用高钛铁的国家主要是美国、西欧、日本、加拿大和澳大利亚等。国外优质高钛铁的质量要求如下（质量分数）：$w(\mathrm{Ti})$ 68% ~72%，$w(\mathrm{Al}) < 4.0\%$，$w(\mathrm{V}) < 3.0\%$，$w(\mathrm{Mn}) < 1.0\%$，$w(\mathrm{Si}) < 0.5\%$，$w(\mathrm{N}) < 0.4\%$，$w(\mathrm{C}) < 0.1\%$，$w(\mathrm{S}) < 0.015\%$，$w(\mathrm{P}) < 0.02\%$，$w(\mathrm{O}) < 1.0\%$。外观金黄色，要求块状 3 ~150mm，内部无夹渣，外部无黏渣。

国际市场高钛铁合金价格，2003 年以前为 4. 0 ~5. 0 美元/kg，2004 年初涨至 7. 0 ~

8.0 美元/kg，2005 年初涨至 10 ~25 美元/kg，甚至出现了 33.5 美元/kg 的高价，2009 年已跌落至 4.2 ~4.7 美元/kg。

国内现有生产高钛铁的方法主要是以钛矿（进口天然金红石等）为原料的铝热还原法，重熔法处于试验阶段。铝热法制造的高钛铁产品，其中氧含量在 5% ~8% 范围内，只能用于对氧含量无要求的场合，不符合出口产品的要求。其实，铝热法制造的高钛铁是完全不符合钢铁冶炼的需要，这种高钛铁因为含有未还原完全的钛氧化物，在钢中不但起不到脱氧剂的作用，还会增加钢的氧含量；而且它的熔点比钢还高，加到钢水中不会立即熔化造成钛的氧化损失。由此可见，我国应改变高钛铁的生产方法，尽快采用重熔法制造高钛铁，为钢铁工业提供优质钛原料，扩大钛在钢铁工业中的应用。

2.2.13 特种功能材料

Nb - Ti 超导材料、Ni - Ti 记忆合金、Fe - Ti 类储氢合金等钛合金具有特殊的功能，称为功能材料。大力开发这类功能钛合金，对扩大钛的应用具有推动作用。

超导钛合金（Nb - Ti、Nb - Zr - Ti、Nb - Ta - Ti）合金首先从用于高能物理学开始，继后又扩张到磁流体发电、核聚变、能量存储、旋转机器、高速磁悬浮列车、医疗机器、资源探测等方面的应用。

Ni - Ti 记忆合金用途很广，首先广泛应用于医疗，例如应用于人的主动心瓣、骨骼固定夹、心脏起搏器、心脏瓣膜、心血管支架、人工种植牙等。近年来，已开始实施整形外科、牙科为中心的人体植入物和器械的钛材化。另外，还可用于制作汽车的某些器件，以及许多设备控制中的“记忆”装置等。

Fe - Ti 类储氢合金可用于储存氢气，回收废氢、分离和净化氢气，可制作携带式高纯氢源。制成的氢燃料贮存器已在汽车中试用。

2.3 钛的制取方法

2.3.1 制取钛的各种途径

制取金属钛的可能途径很多，已研究过的方法概括在图 2 - 10 中。

制取金属钛的方法归纳起来大致有五类：氧化钛的还原法、卤化钛的还原法、钛化合物的电解法、卤化钛的热分解法和其他方法。

2.3.1.1 氧化钛还原法

又有金属热还原法、碳还原法、氢还原法之分。

A 金属热还原法

从图 2 - 11 所示的多种金属氧化物的 $\Delta G_{MeO} - T$ 关系曲线中看出，能满足 $\Delta G_{MeO_2} < \Delta G_{TiO_2}$的金属有锂、钙、镁、钡和铝等，这些金属比钛活泼，它们能将 TiO_2 还原为金属钛，而钾和钠仅能将 TiO_2 还原为低价钛氧化物。

由于钛对氧的亲和势特别大，所以，即使锂、钙、镁、钡和铝也不容易将 TiO_2 还原十分完全，而且还原生成的金属钛又非常容易从氧化物（生成的还原剂氧化物和未还原的氧化钛）中吸取氧而生成 Ti - O 固溶体。钛与氧结合的牢固性随钛中氧含量的减少而增加（见图 2 - 12）。特别是钛中氧含量在 1% ~2% 时，要从 Ti - O 固溶体中除去氧就变

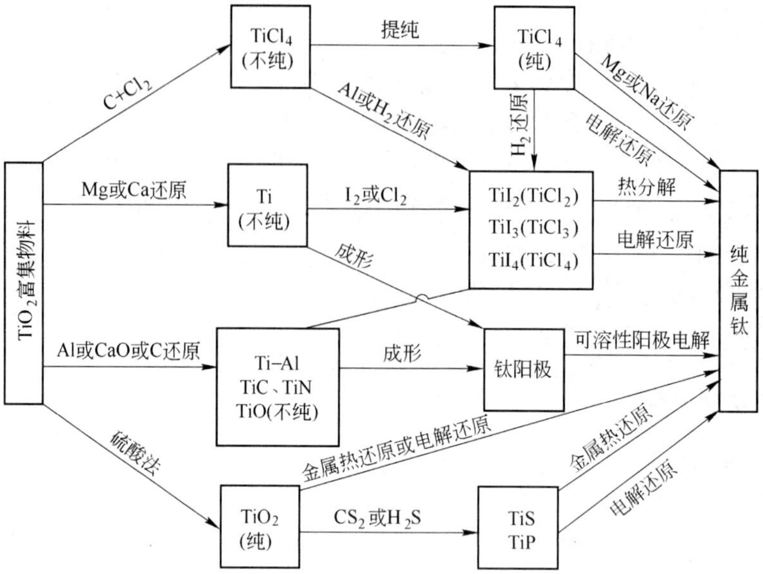

图2－10　制取金属钛的各种可能途径

得更困难。所以，用金属还原二氧化钛很难制取氧含量很低（<0.01%）的金属钛。

（1）锂还原。TiO_2可在200℃以上的温度下被金属锂还原为金属钛：

$$TiO_2 + 4Li \longrightarrow Ti + 2Li_2O$$

在TiO_2粉末中加入液锂（锂熔点180℃），在600℃下完成还原反应，然后用真空蒸馏法从还原产物中分离出过剩的锂，并除去产物中的Li_2O，便可得到粉末状的金属钛。但是，用这种方法制取金属钛，必须使用氮含量低的高纯锂。高纯锂是用活性吸气剂（如钛、锆、钇等）处理和精馏相结合的方法精制工业锂而制取，因此它的成本是很高的，无法在工业上应用。

（2）镁还原。镁还原TiO_2的反应在700℃开始，在750℃下仅能把TiO_2还原为低价钛氧化物。即使在1000℃下进行还原，得到的产品中氧含量仍在2%以上。研究Ti－Mg－O系状态图可看出，钛与MgO－Mg（液体）接触达到平衡时，氧在钛中的平衡含量（质量分数）为1.5%～2.8%。由此可见，镁还原TiO_2的方法不能获得氧含量低的金属钛。

（3）铝还原。铝是一种廉价的还原剂，它可将TiO_2还原为金属钛，但过程必须要在高温高真空条件下进行：

$$3TiO_2 + 4Al \longrightarrow 3Ti + 2Al_2O_3$$

在还原过程中由于生成的低价氧化钛（Ti_2O_3、TiO）与Al_2O_3形成固溶体，导致二氧化钛不容易被还原完全。要使产品中氧含量小于0.1%，则需要过量铝56%～63%，而且生成的金属钛又与铝生成稳定的金属间化合物（$TiAl_3$和TiAl）。因此，还原剂必须过量很多，而且要从还原产品Ti－Al合金中除去铝是很困难的。所以，在工业生产中尚未采用铝热还原法生产纯钛。用铝热法来制取Ti－Fe合金时，产品中氧含量也高达4%～6%。

（4）钙还原。钙是TiO_2最有效的还原剂。钙还原TiO_2的反应在500℃便开始进行，在800～1000℃下反应可得到金属钛。在900～1020℃下钛与CaO－Ca（液体）接触达到

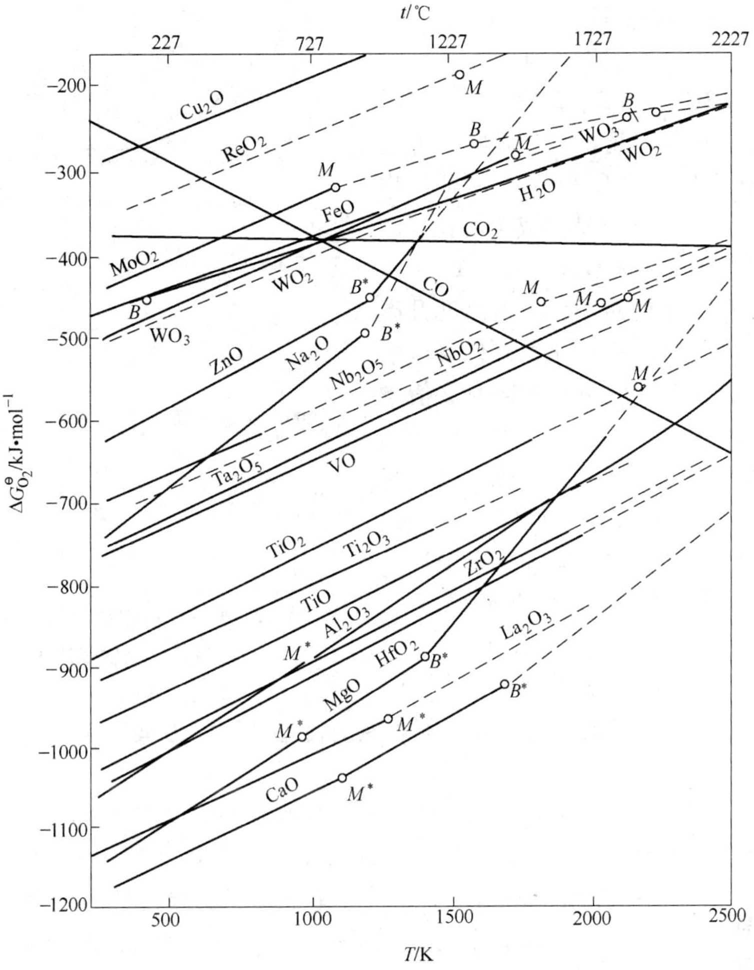

图 2-11　某些金属氧化物的 $\Delta G^{\ominus}$ 值与温度的关系

M，*B*—氧化物的熔点和沸点；M^*，B^*—金属的熔点和沸点

平衡时，氧在钛中的平衡含量（质量分数）为 0.007% ~0.12%。因此，钙还原 TiO_2 可以得到氧含量低（< 0.1%）的金属钛。但所用钙必须过量，而且由于在反应产物（钛与 CaO）分离过程中，产品金属钛往往被氧化物污染，需要再进行一次还原，才能得到氧含量较低的纯钛。为了降低钙的耗量，曾采用 Mg - Ca 联合还原法，即第一步用镁还原 TiO_2 为钛的低价氧化物，然后再用钙将低价钛化合物还原为金属钛。该法在生产中曾得到了氧含量为 0.47% 的金属钛。

钙还原法的另一种改进方法是用 CaH_2 代替钙作为还原剂，产品是粉末钛。

但由于含氮量低的高纯钙生产成本高，所用钙还原法未能在工业中广泛应用。

B　碳还原法

碳是一种最廉价的还原剂。在高温下碳与 TiO_2 的反应是复杂的，可能发生如下的主要反应：

$$TiO_2 + 3C \longrightarrow TiC + 2CO$$

$$2TiO_2 + C \Longrightarrow Ti_2O_3 + CO$$

$$TiO_2 + C \Longrightarrow TiO + CO$$

$$TiO_2 + 2C \Longrightarrow Ti + 2CO$$

经热力学计算和实践表明，碳与 TiO_2 反应的主要生成产物是 TiC 和低价钛氧化物（Ti_2O_3、TiO 等），而不容易生成金属钛。产物组成可用 TiC_xO_y 通式来表示，其中 x、y 值随原料组成和反应条件而变化。当温度升高和压力降低时，TiC_xO_y - CO 平衡系向着碳取代氧的反应进行，即 y 值减少的同时 x 值增加。在一定的温度和压力条件下（如 0.1MPa，2430℃或压力低于 1.3kPa，温度高于 1300℃），可以得到氧含量很低的纯 TiC。如果反应在 3000℃左右的高温和真空中进行时，则可由于发生下列反应而生成金属钛：

$$TiO_2 + 2TiC \Longrightarrow 3Ti + 2CO$$

$$TiO + TiC \Longrightarrow 2Ti + CO$$

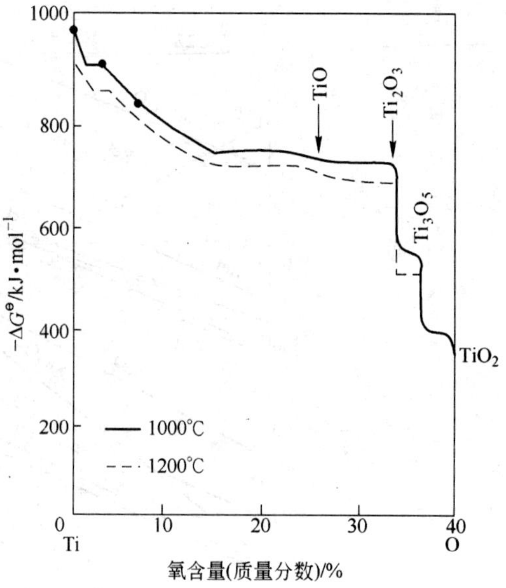

图 2－12　Ti－O 系中钛与氧化合自由焓变化与其中氧含量的关系

但所生成的金属钛又很容易被碳、氧和氮所污染，所以由碳还原 TiO_2 制取纯钛是相当困难的。

通常在 2200℃的真空电弧炉中进行碳与 TiO_2 的反应时，其产物是 Ti－C－O 固溶体混合物，其中钛含量可比 TiC 或 TiO 中的含钛量更高，一般可达 82%～83%。图 2－13 是 2127℃下 Ti－O－C 三元等温平衡图，这是从理论计算和实验得到的结果。图中的 A、B 和 C 点说明碳与 TiO_2 反应产物可经重熔而提高其中的钛含量。例如，A 点产物（81.9% Ti）在钨电极电弧炉（即无碳存在时）中重熔，得到相应于 B 点产物（87.2% Ti）；如果 A 点的产物在石墨坩埚中（即存在碳时）重熔时，则得到相应于 C 点的产物。

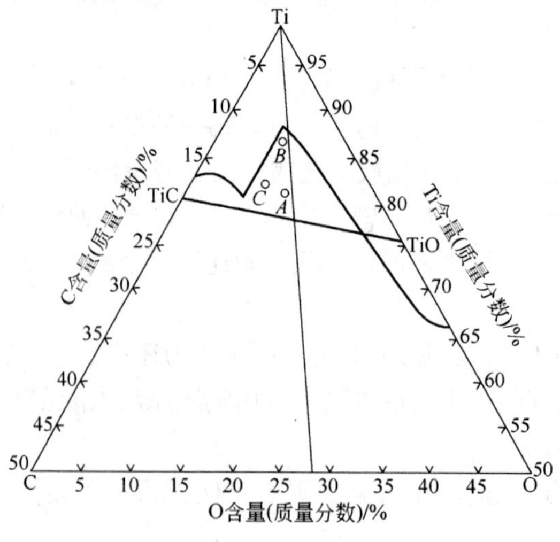

图 2－13　Ti－O－C 系 2127℃等温三元相图

C 氢还原法

TiO_2在750～1000℃下的氢气流中反应生成Ti_2O_3。如果反应在2000℃下的高压氢气中（13～15MPa）进行，则产物为TiO。氢还原生成金属钛的反应是可逆反应：

$$TiO_2 + 2H_2 \rightleftharpoons Ti + 2H_2O$$

要使上述反应向着生成金属钛的方向进行，只有在高温下、大量过量氢并不断移去生成的水蒸气才有可能。通常用等离子获得高温来使上述反应完成，即将TiO_2粉末加入等离子流中，由于高温变为液滴，氢等离子与它对流接触，可把TiO_2还原为金属钛液滴，用冷却方法收集产品得到固体金属钛。用纯TiO_2为原料，以氩和氢为工作循环气体，在3000℃左右的等离子中进行小型试验，制得纯度为99.8%的金属钛。

2.3.1.2 卤化钛还原法

钛对卤素的亲和势远比氧小，容易把它的卤化物还原成金属钛。研究得最多的方法是$TiCl_4$还原法。

A 四氯化钛金属热还原法

从图2－14所示的多种金属氯化物的$\Delta G_{MeCl_4} - T$关系曲线中看到，能满足$\Delta G_{MeCl_4} < \Delta G_{TiCl_4}$的活性金属比较多，有钾、钠、钙、镁、锂、锰和钡等，它们都可把$TiCl_4$还原成金属钛。除以钠和镁作为还原剂的还原方法外，人们还研究过钾、钙、锰和铝的还原方法。

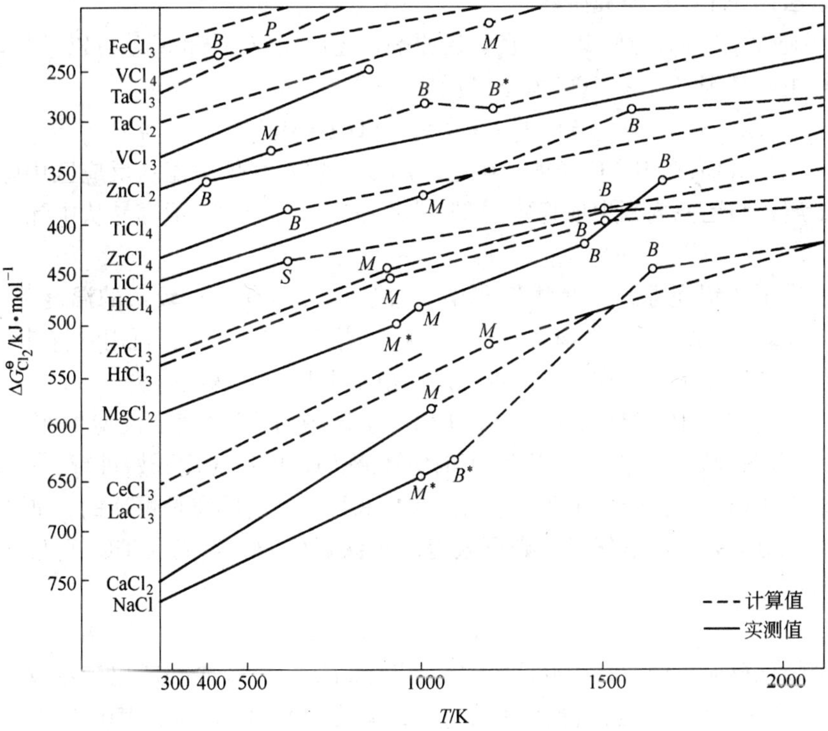

图2－14 某些金属氯化物的$\Delta G^{\ominus}$值与温度的关系

*M**，*B**—金属熔点和沸点；*M*，*B*—氯化物熔点和沸点

（1）锂还原法和钙还原法。锂和钙均是$TiCl_4$的良好还原剂，反应速度快，可以制取纯度很高的海绵钛。而且，LiCl 的熔点 610℃，锂的沸点 1347℃；$CaCl_2$的熔点 772℃，钙的沸点 1200℃。故它们的还原操作温度范围远比钠还原宽，这对还原操作有利。但是，它们的共同缺点是制取纯度高的锂和钙成本很高，影响了它们在工业生产中的应用。

（2）锰还原法。锰也是$TiCl_4$的良好还原剂，据有关专利报道，该法进行的还原反应为：

$$TiCl_4(g) + 2Mn(l) \xlongequal{} 2MnCl_2(g) + Ti$$

反应温度必须控制在锰的熔点（1245℃）以上。此时，副产物 $MnCl_2$（沸点为 1190℃）可以连续从反应器中逸出。如果在钛的熔点温度以上进行反应，还原作业可以连续进行。

为了增大反应速度，$TiCl_4$加入量必须过量。过量的$TiCl_4$既有利于从反应器中排出$MnCl_2$，又可以防止钛与锰生成 Mn_2Ti 和 $MnTi_2$ 化合物，以降低金属钛产品中的 Mn 含量。过量的 $TiCl_4$ 可随 $MnCl_2$ 逸出，经冷凝分离后返回使用。还原可在罐式或塔式设备中进行，设备要能耐高温和耐腐蚀。

还原剂可以用碳还原法再生，比较经济，其反应为：

$$4MnCl_2 + 3O_2 \xlongequal{} 2Mn_2O_3 + 4Cl_2$$

$$Mn_2O_3 + 3C \xlongequal{} 3CO(或\ CO_2) + 2Mn$$

目前该法还处于实验研究阶段。

（3）铝还原法。铝也是$TiCl_4$的良好还原剂，还原反应在 136℃就可以进行。在 400℃以下生成物主要是$TiCl_3$。在 1000℃下，反应生成钛：

$$3TiCl_4 + 4Al \xlongequal{} 3Ti + 4AlCl_3$$

反应生成的$AlCl_3$在 183℃升华，在还原温度下它是气体，能从反应区中除去。但反应生成的金属钛与还原剂铝生成稳定的 Ti－Al 金属间化合物，不容易从中除去铝以制取纯钛。

一种改进了的铝还原法，是用铝和钠联合还原，即首先在较低的温度下（400℃左右）用铝把$TiCl_4$还原为低价钛氯化物，然后将后者溶于 NaCl 中，再用钠将其还原为金属钛。但这种联合还原法无论在生产成本或产品质量上都不如钠还原法。

（4）氢还原法。按照热力学计算，$TiCl_4$ 与 H_2 在不同温度下反应的平衡关系如图 2－15所示。由图可见，在温度高于 500℃时氢还原$TiCl_4$的反应便开始进行，在小于 800℃时还原产物为$TiCl_3$，高于 800℃后便开始生成$TiCl_2$。上述反应是可逆的，如果不断移去反应产物氯化氢，并过量氢气时，则可获得低价钛氯化物。生成的$TiCl_2$可发生歧化反应生成金属钛：

$$2TiCl_2 \longrightarrow TiCl_4 + Ti$$

但这个歧化反应很慢，在 1000℃左右生成金属钛的量很少。所以，在较低的温度下氢还原 $TiCl_4$ 的产物主要是低价钛氯化物，只有在高温下（高于 2500℃）氢才能还原$TiCl_4$为金属钛：

$$TiCl_4 + 2H_2 \rightleftharpoons Ti + 4HCl$$

这是一个可逆反应，也只有不断移去反应产物和存在大量过量氢时，它才会向着生成金属钛的方向进行。

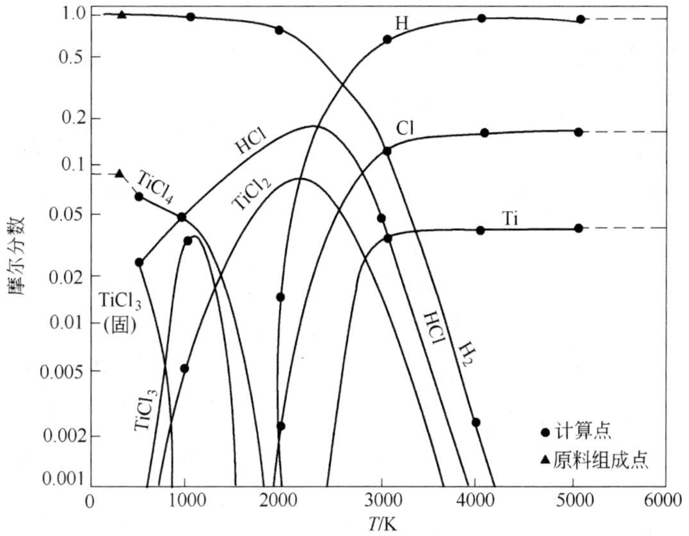

图 2-15 Ti-Cl-H 系热力学平衡图

（实验条件：$p=10^3$ Pa，$H_2/TiCl_4=10$）

通常采用等离子来获得高温，在高温下氢分子便成为原子化或离子化，其活性增加。因此，氢在等离子中还原 $TiCl_4$ 有可能获得金属钛。

氢还原 $TiCl_4$ 制取金属钛需要高温和过量氢这样的条件。高温热源设备费用大，过量氢循环热量损失多，电耗大，副产物氯化氢在高温下具有强烈的腐蚀作用，不仅腐蚀设备，而且污染产品。因此，氢还原直接制取金属钛的方法较难工业化。

另一种还原方案是：在较低温度下（1000℃左右）用氢还原 $TiCl_4$ 为低价钛氯化物（主要为 $TiCl_3$），然后再用其他方法（如金属热还原法或电解法等）将其还原为金属钛。这种方案的副产物氯化氢在工业上不能用来生产 $TiCl_4$ 了，无法实现氯的循环使用，而且在 1000℃下氯化氢亦具有较强的腐蚀性。

B 四溴化钛的氢还原

四溴化钛在高温下容易被氢还原而制取很纯的金属钛。在熔化的 $TiBr_4$ 的蒸发器中通入纯氢，所形成的氢与 $TiBr_4$ 蒸气的混合物进入石英管中，然后它们便在石英管中电加热温度为 1200～1400℃的钨丝上发生反应，生成很纯的金属钛：

$$TiBr_4+2H_2 \xlongequal{} Ti+4HBr$$

这个方法的缺点是消耗较多的纯氢和再生溴较困难。

2.3.1.3 卤化钛热分解法

A 氯化钛热分解

$TiCl_4$ 的热稳定性很高，在温度为 2227℃时仅有少量分解，3227℃的温度下也仅有部分分解，只有在 4727℃高温下才能全部分解为金属钛和氯。

$TiCl_2$ 在真空中或在惰性气氛中，加热至 900～1100℃分解（歧化反应）为钛和 $TiCl_4$：

$$2TiCl_2 \longrightarrow TiCl_4+Ti$$

用这种方法可以制取工业纯钛。但是，在 1000℃时 $TiCl_2$ 的分解速度很慢，在工业中应用目前还有困难。

B　碘化钛热分解

碘化钛的热分解是目前把粗钛精炼为高纯钛的一种方法。其原理基于下列反应：

$$Ti(不纯) + 2I_2(气) \xrightarrow{100 \sim 200℃} TiI_4(气) \xrightarrow{1300 \sim 1500℃} Ti(纯) + 2I_2(气)$$

钛与碘在低温下（150～200℃）就可以反应生成 TiI_4，而 TiI_4 在1380℃时几乎可以完全分解为金属钛和碘。

把经过表面净化的粗钛与碘（约粗钛质量的1/4～1/5）放入碘化器内，在真空中加热时粗钛与碘反应生成 TiI_4，TiI_4 蒸发在碘化器中的炽热金属丝（如钴、钨等）上分解析出金属钛、并放出碘，碘再循环与粗钛反应。在炽热金属丝上沉积的钛量随过程的进行逐渐增加，最后成为一根钛棒。在这个过程中，碘起着载体的作用，只需少量存在便可促成钛的循环转移。粗钛中的杂质，除了那些挥发性的氯化物外，其他杂质不会转移至金属丝沉积物上，因此可以得到高纯产品。

在碘化过程中生成的 TiI_4 在温度超过200℃时，可与钛反应生成 TiI_2，即存在下列平衡：

$$Ti + TiI_4 \rightleftharpoons 2TiI_2$$

若碘化器在150～200℃的低温区操作，此时 TiI_2 的蒸汽压很低，所以在炽热金属丝上发生分解的主要是 TiI_4：

$$TiI_4 \rightleftharpoons Ti + 2I_2$$

如果碘化器在500～800℃的高温区操作，此时 TiI_2 的蒸气压大为增加，在炽热金属丝上发生分解的主要是 TiI_2：

$$TiI_2 \rightleftharpoons Ti + I_2$$

高温区碘化操作温度范围宽达500～800℃，沉积速度也可增加，而且可以更有效地除去铁、硅、铝等金属杂质，所以产品质量更高。以含Fe0.1%～0.3%、Si0.05%～0.10%、Mg0.05%、Cl^-0.06%、C0.6%、O0.20%、N0.05%的海绵钛为原料，在650～700℃碘化，在1300～1500℃的炽热钛丝上沉积的金属钛纯度达到99.9%以上，杂质总量小于0.1%，布氏硬度为70～80，其中杂质含量为：Fe0.002%～0.006%、Si0.0006%～0.001%、Al0.001%～0.0075%、Mg0.003%～0.009%、C0.005%、O<0.05%、N0.007%～0.008%、Mn0.001%～0.005%、Ni0.0001%～0.0004%、Cr<0.0001%。

由于碘化法可以有效地除去氧、氮和碳等气体杂质和铁、硅、铝等金属杂质，因此是制取高纯钛的基本方法之一，但是，由于碘化钛的分解反应在电热丝上发生，电热丝随过程的进行变粗，电阻下降，需要低电压大电流操作，设备费用较高，生产效率低；在碘化过程中碘会有少量损失，碘的价格高，使得碘化法产品的成本高；加上生产批量又小，所有这些都限制了碘化法的应用。

2.3.1.4　钛化合物电解法(详见第8章)

2.3.1.5　其他还原方法

硫在钛中的溶解度比较小（质量分数0.02%），硫对钛的机械性能影响也比氧小得多，因此曾研究了一种经过中间硫化物制取金属钛的方法。首先使含钛原料（如 TiO_2）与硫化剂（如 H_2S、SO_2+C、$S+C$）反应生成 TiS：

$$TiO_2 + S + 2C \longrightarrow TiS + 2CO$$

第二步用镁还原 TiS 为金属钛，并生成 MgS。

用这种方法能制得 99.5% 的工业纯钛。镁和硫可由副产物 MgS 再生，在还原过程中循环使用，MgS 氯化后制得 $MgCl_2$：

$$MgS + Cl_2 \longrightarrow MgCl_2 + S$$

$MgCl_2$ 电解后得到镁。

硫化物法有许多缺点，其中 MgS 不溶于水也不易挥发，不易从产品中分离出来；硫容易与金属铁等反应，对设备结构的腐蚀比较严重。总之，从产品纯度、经济效果、环境保护等方面考虑，目前在工业中还很少使用。

2.3.2 海绵钛的工业生产方法

目前，海绵钛的工业生产方法是以 $TiCl_4$ 为原料的金属热还原法。作为 $TiCl_4$ 的还原剂，应满足下列要求：

（1）还原剂具有足够的还原能力，能将 $TiCl_4$ 完全还原为金属钛，并且有较快的反应速度；

（2）还原剂不与钛生成稳定的化合物或合金，生成的金属钛容易从还原剂及其氯化物中分离出来；

（3）还原剂容易从它的氯化物再生，其生产成本低廉并资源丰富；

（4）还原剂的密度应比其氯化物密度小，在还原过程中生成的还原剂氯化物能够沉底而不干扰还原反应的继续进行。

比较符合这些条件的还原剂是金属镁和金属钠。因此，工业生产方法有镁还原法和钠还原法。目前在海绵钛的工业生产中，钠还原法已暂时被淘汰。原来镁还原法有镁还原－真空蒸馏法（MD）法、镁还原－酸浸法和镁还原－氦气循环蒸馏法三种工艺方法，后两种工艺方法现已被淘汰，目前全世界都采用镁还原－真空蒸馏法生产海绵钛。

图 2－16 所示的流程是国内外普遍采用的典型的镁还原－真空蒸馏法工艺。它是将钛矿物经过富集－氧化－精制制取 $TiCl_4$，接着在氩或氦惰性气氛中用镁还原 $TiCl_4$ 为海绵钛，然后进行真空蒸馏分离除去镁和 $MgCl_2$，最后经过产品处理即为产品海绵钛。其典型工业将在后面详细介绍。

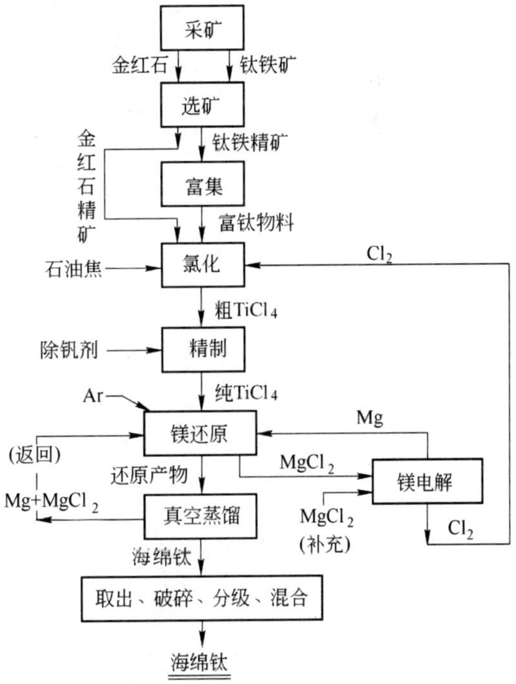

图 2－16 镁还原法生产工艺流程简图

参考文献

[1] Лучиский Г П. Химия Титан, Издательство《Химия》, Москв, 1971.
[2] Горощенко Я Г, Химия Титан, Часть Ч Ⅱ, Издательство《Наукова, Думка》, Киев, 1972.
[3] Сереев, В В, идр. Металлургия Титана, Издательство《Наука》, Москв, 1964.
[4] Clark R J H. The Chemistry of Titanium, Zirconium and Hafnium, Pergamon, New York, 1975.
[5] John Wiley, Sons. Kirk－othmer Encyclopedia of Chemical Technology. Third Edition. New York：A Wiley Interscience Publication, Vol. 23, 131～145.
[6] 莫畏，邓国珠，罗方承. 钛冶金. 第2版. 北京：冶金工业出版社，1998.
[7] 王桂生，田荣璋. 钛的应用技术. 北京：冶金工业出版社，2007.
[8] 邓国珠. 钛冶金工业的三个高档产品. 钢铁钒钛，2005，19（4）：60.
[9] Titanium Science and Technology, Proceeding of Second International Conference 1972, V. 1, Section Ⅲ, Winning and Refining.
[10] Hayes F H, et al. Journal of Metal. 1984（6）：70.
[11] 杨绍利，盛继孚. 钛铁矿熔炼钛渣与生铁技术. 北京：冶金工业出版社，2006.
[12] 莫畏，邓国珠，罗方承. 钛冶金. 第2版. 北京：冶金工业出版社，1998. 118.
[13] 邓国珠. 世界钛资源及其开发利用现状. 钛工业进展，2002（5）：9.
[14] 孟繁奎. 承德钛资源利用现状及展望. 钛工业进展，2001（5）：11.
[15] 邓国珠. 云南钛铁矿资源的利用研究. 钛工业进展，1999，（3）.

3 钛矿资源及采选

3.1 钛矿物

钛在地壳中的丰度为0.56%，按元素丰度排列居第9位，仅次于氧、硅、铝、铁、钙、钠、钾和镁。按结构金属排列，钛仅次于铝、铁、镁，占第4位，比常见的铜、铅、锌金属储量的总和还多。钛属于典型的亲岩石元素，存在于所有的岩浆岩中，主要集中在基性岩中（丰度值达1.38%）。钛的分布极广，遍布于岩石、砂土、黏土、海水、动植物，甚至存在于月球和陨石中。因此，如果按储量而论，钛不是一种稀有金属，而是一个储量十分丰富的元素。

由于钛的化学活性很强，自然界中没有钛单质存在，它总是和氧结合在一起。在矿物中钛主要以TiO_2和钛酸盐形式存在，经常与铁共生。从$FeO-Fe_2O_3-TiO_2$系三元相图（图3－1）可见，它们三者可形成无限固溶体，按照它们的不同比例及固溶不同其他元素形成许多种矿物。

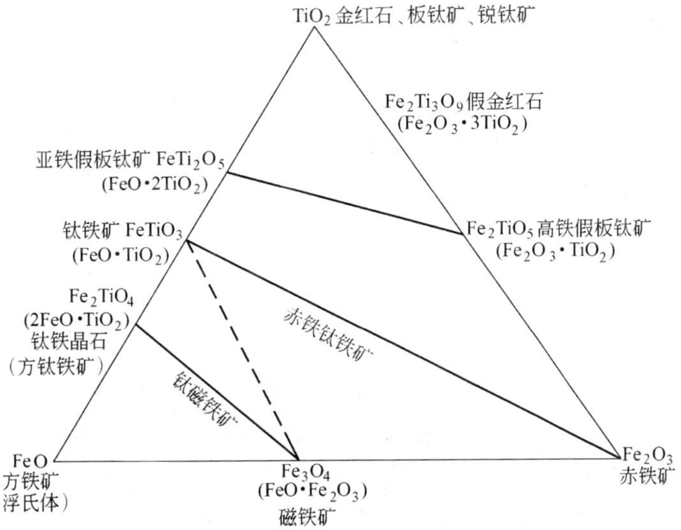

图3－1　$Fe_2O_3-FeO-TiO_2$三元系相图（液相线下切面图）

钛资源十分丰富，分布很广，几乎遍布全世界。现已发现TiO_2含量大于1%的钛矿物有140多种，其中重要的钛矿物列于表3－1。但现阶段具有利用价值的只有少数几种矿物，主要是钛铁矿、金红石、白钛矿、锐钛矿和红钛铁矿。钙钛矿已发现有一定数量，它能否被利用取决于提取冶金工艺技术的进展及其经济效果。

（1）金红石和锐钛矿。金红石是一种黄色至红棕色的矿物，其主要成分是TiO_2，还含有铁、钒、铌、钽、硅、铝、钙、镁等杂质。铁是由于它与钛铁矿共生的结果。由于 Ti^{4+} 与 Nb^{5+}、Ta^{5+} 离子的相近性，铌和钽常伴生在钛矿中。

表 3－1　重要的钛矿物

序号	矿　物	化 学 式	结晶构造	TiO_2 理论含量/%	密度 /g · cm^{-3}	莫氏硬度	颜　色	磁　性
1	金红石	TiO_2	正方晶系	100	4.2～4.3	6～6.5	红褐色	无磁性
2	锐钛矿	TiO_2	正方晶系	100	3.9	5.5～6	褐　色	无磁性
3	板钛矿	TiO_2	斜方晶系	100	4.1	5.5～6	黄色到褐色	无磁性
4	钛铁矿	$FeTiO_3$	三方晶系	52.64	4.5～5	5～6	黑　色	弱磁性
5	白钛石	$TiO_2 \cdot nH_2O$	（变质物）	组成不固定	3.5～4.5	4～5.5	灰黄色到褐色	非磁性
6	钙钛矿	$CaTiO_3$	立方晶系	58.75	4.1	5.5	深褐色	通常为非磁性
7	镁钛矿	$MgTiO_3$	三方晶系	66.46	4.03～4.05	5～6	暗褐色	
8	锰钛矿	$MnTiO_3$		52.97	4.54～4.58	5～6	褐黑色	
9	榍　石	$CaTiSiO_5$	单斜晶系	40.82	3.5	5～5.5	黄色、褐色、绿色	
10	红钛铁矿	$Fe_2O_3 \cdot 3TiO_2$	六方晶系	60.01	4.25		赤褐色	
11	钛磁铁矿	$FeTiO_3 \cdot Fe_3O_4$	等轴晶系	20.85				强磁性
12	赤铁钛铁矿	$FeTiO_3 \cdot Fe_2O_3$	三方晶系	25.65				弱磁性
13	钛铁晶石	$2FeO \cdot TiO_2$	等轴晶系	35.73	3.5～4.5	5～5.5	黑　色	强磁性
14	假板钛矿	$Fe_2O_3 \cdot TiO_2$	斜方晶系	33.35	4.39	6.0	赤褐色至暗褐色	

锐钛矿的基本成分是 TiO_2，具有金红石和板钛矿的多晶形矿物，还含有铁、钒、铌、钽、锡等杂质。

（2）钛铁矿。钛铁矿的理论分子式为 $FeTiO_3$，其中 TiO_2 理论含量为 52.64%。但钛铁矿的实际组成是与其成矿原因和经历的自然条件有关。自然界的钛铁矿是一个复杂的固溶体，可用以下通式表示：

$m[(Fe、Mg、Mn)O \cdot TiO_2] \cdot n[(Fe、Al、Cr)_2O_3]$，式中 $m+n=1$。即钛铁矿中的 Fe^{2+} 可被类质同象的 Mg^{2+}、Mn^{2+} 所取代，Fe^{3+} 可被 Al^{3+}、Cr^{3+} 所取代。由于矿中杂质种类和数量不同而存在许多衍生物，其中重要的有镁钛矿、钙钛矿、锰钛矿、钙铈钛矿和榍石等。

钛铁矿属三方晶系，晶体呈板状，通常为不规则粒状集合体。

由于自然界的风化作用，使钛铁矿的组成不断发生变化，形成所谓"风化"钛铁矿。其中白钛石（或称白钛矿）就是钛铁矿受到风化后的一种蚀变产物，它没有固定的组成，矿中 TiO_2 含量变化范围为 70%～92%。红钛铁矿可用化学式 $Fe_2O_3 \cdot 3TiO_2$ 表示，可看成是赤铁矿、锐钛矿和金红石的混合物，也是钛铁矿的一种风化产物。

世界上各地的钛铁矿的组成差别很大，这是由于成矿原因、成矿时间和风化条件不同所致。成矿时夹杂物少，成矿时间长，风化越厉害的钛铁矿，矿中三价铁与二价铁的比值越大，TiO_2 含量也就越高。

（3）赤铁钛铁矿。把钛铁矿与赤铁矿的混合体称为赤铁钛铁矿，加拿大 QIT 公司所开采的矿就是这种类型的矿。

（4）钛磁铁矿。钛可以呈类质同象混入磁铁矿中，也可赋存于磁铁矿内的固溶分离物尖晶石、钛铁晶石和钛铁矿中。把含有尖晶石、钛铁晶石、钛铁矿固溶体分离物的磁铁矿称为钛磁铁矿，把含钒较高的钛磁铁矿称为钒钛磁铁矿。钛磁铁矿的化学式可表示为 $Fe^{2+}\cdot(1+x)Fe^{3+}\cdot(2-2x)Ti_xO_4$，其中 $0<x<1$。钛磁铁矿晶形与磁铁矿相同，为八面体和菱面十二面体，多呈粒状、片状或粒状集合体。

（5）假板钛矿。假板钛矿的化学式为 Fe_2TiO_5（或 $Fe_2O_3\cdot TiO_2$），TiO_2 理论含量为 33.35%，颜色为赤褐色至暗褐色。

（6）钛铁晶石。钛铁晶石的化学式为 Fe_2TiO_4（或 $2FeO\cdot TiO_2$），TiO_2 理论含量为 35.73%，颜色为黑色。

3.2 钛矿类型

按照钛矿的成因，可分为原生矿床和次生矿床两大类，其中原生矿床包括岩浆矿床和变质矿床。砂矿属于次生矿，是原生矿经长期侵蚀、风化的迁移产物。

3.2.1 岩浆矿床

钛矿物主要在基性、超基性岩中，在基性岩中主要是钛铁矿、钛磁铁矿，而在超基性岩中主要是钛磁铁矿。例如，攀枝花、白马、太和属于基性岩，而红格则属于基性－超基性岩体。

岩矿钛铁矿有如下特点：（1）产地集中，储量大，适合大规模开采；（2）结构致密，钛矿物分布在岩石中，需将岩石破碎到较小粒度才能将钛矿物选出，选矿相对困难，选钛回收率低；（3）钛铁矿一般未风化或风化程度很低，FeO/Fe_2O_3 比值大；（4）脉石矿物多，特点是碱性氧化物（MgO、CaO 等）含量高，选出的钛精矿品位低（TiO_2 37%～48%）。

岩矿钛铁矿主要集中分布在北半球，如加拿大、挪威、独联体国家、美国和中国等。

3.2.2 次生砂矿床

按照成因和生成过程不同，钛矿砂矿床可分为海滨砂矿和内陆砂矿。

砂矿床来自岩矿床，岩矿由于地质、气候等自然环境的变化，随雨水、河流、海浪带到各地，在海岸、河滩、湖滩附近沉积成砂矿。钛矿床大多产于气候潮湿的热带、亚热带和温带的沿海地区、内河流域，即大部分布在南半球，如澳大利亚、南非、印度、斯里兰卡等国。

钛铁矿在长期风化蚀变过程中，矿中部分组分被溶出和因碎裂而离去，同时也会夹带进来其他矿物。矿中 FeO 发生部分氧化，Fe、Mg、Ca、Si、S 等元素会部分溶失或流失，使矿中 TiO_2 获得富集。在矿中杂质元素中，锰会随 TiO_2 的富集而跟随富集，这是因为 Mn^{2+}、Mn^{3+} 能进入钛铁矿的氧化产物高铁板钛矿晶格中，从而使原矿中的锰杂质在钛铁矿的风化产物中保留下来，因此砂矿中的 MnO 比岩矿高 2～3 倍。

（1）海滨砂矿。海滨砂矿床属于冲积矿床，通常在海岸或海岸附近，有古海滨砂矿和现代海滨砂矿之分。海滨砂矿中的钛矿物是原生钛铁矿经过长期风化蚀变的产物，在漫长的迁移过程中，除钛铁矿本身的组成发生变化外，同时也会夹带进来别的矿物，特别是与其密度相近的矿物混合在一起迁移，最终形成所谓重矿物矿砂，除钛矿物（钛铁矿、白钛石、红钛铁矿、金红石等）外还含有锆英石、独居石等重矿物。海滨砂矿结构疏松，易采易选。

海滨砂矿中的钛矿物在组成上有如下特点：1）风化程度高，Fe_2O_3/FeO 比值较大，TiO_2 含量较高，杂质含量少；2）Mn 含量高；3）存在 U、Th 等放射性元素：钛砂矿在迁移过程中与锆英石、独居石、磷钇矿等混合共生为重砂矿物，由于受矿物嵌布复杂和选矿工艺的限制，选出的钛铁矿和金红石精矿中，通常会残留少量锆英石、独居石或磷钇矿，致使钛精矿的磷含量偏高并含有铀和钍。精矿中 U + Th 含量随产地、选矿工艺等因素变化，一般在（1 ~ 20）$\times 10^{-3}\%$ 范围内，超标者高达 $5 \times 10^{-2}\%$ 或更高；4）某些海滨砂矿中 Cr 含量高，铬进入钛砂矿中有两种情况，一是进入钛铁矿晶格内，二是以铬铁尖晶石形式存在；前者无法用选矿方法选出，而后者杂质铬是以独立矿物铬铁尖晶石存在，则可进一步处理将其分离。

（2）内陆砂矿。将残积砂矿、坡积砂矿、洪积砂矿、冲积砂矿、冰积砂矿和风积砂矿统称为内陆砂矿。一般来讲，内陆砂矿的风化程度比海滨砂矿低，大多数矿只含钛矿物，而不含有其他有价值的重矿物如锆英石等。内陆砂矿大都堆积于泥土层内，钛矿物与泥砂混杂。从内陆砂矿中选出的钛精矿组成介于海滨砂矿与岩矿之间。

3.2.3　变质矿床

该类矿床主要赋存在基性变质岩系或沉积变质岩系中，是原生金红石矿床的重要成因类型。我国大型原生金红石矿床属此类，如湖北枣阳大阜山、山西代县碾子沟、河南方城金红石矿及山东诸城、江苏北部新沂—东海一带、安徽大别山、湖北罗田县等地的榴辉岩型大型金红石成矿带等。

3.3　钛矿资源

3.3.1　世界钛资源

目前发表的数据是指现阶段技术水平和经济条件下具有利用价值的资源储量，主要是指钛铁矿（包含白钛矿、红钛铁矿）和金红石（包含锐钛矿）的矿物资源储量；不包括现阶段不具有利用价值的钛矿物资源，如钛磁铁矿、钛铁晶石、钙钛矿和榍石等。

综合 1997 ~ 2000 年 USGS、BGS 和 WBMS 等机构发布的有关数据，世界钛资源储量（包括钛铁矿和金红石等）列于表 3 - 2。世界钛矿储量基础总计约为 8×10^8t（以 TiO_2 计），其中钛铁矿约占 70%，金红石（包括锐钛矿）约占 30%。所统计的资源储量主要是砂矿资源，岩矿仅包括加拿大、挪威等品位特别高（原矿含钛铁矿 39% ~ 75%）的钛铁矿富矿。钛磁铁矿未统计在内，因为其中的钛铁矿与磁铁矿紧密结合，无法选出含钛较高的钛矿物。

表 3 - 2　世界钛矿资源储量

国　别	储量基础（10^4t TiO_2）			储量（10^4t TiO_2）		
	钛铁矿	金红石	小计	钛铁矿	金红石	小计
澳大利亚	12000	5100	17100	8100	1700	9800
南　非	6300	830	7130	6300	830	7130
挪　威	3800	1000	4800	5700	900	6600

续表 3-2

国别	储量基础（$10^4 t\ TiO_2$）			储量（$10^4 t\ TiO_2$）		
	钛铁矿	金红石	小计	钛铁矿	金红石	小计
加拿大	3600		3600	3100		3100
巴西	1800		1800			
印度	3800	770	4570	3000	660	3660
美国	5900	180	6080	1300	70	1370
中国	4100		4100	3000		3000
马达加斯加			1900			
斯里兰卡	1800		1800			
乌克兰	1300	250	1550		250	250
马来西亚	100		100			
芬兰	140		140			
埃及	170		170			
意大利	220		220			
其他	8770	18980	27680	9990	1284	11184
总计	53800	27110	80910	40490	5694	46184

有关世界钛资源的统计数据只具有参考价值，不是十分准确的完全统计。例如，印度最近发表资料称印度拥有 3.48×10^8t 钛铁矿资源，占世界钛铁矿资源的35%；还有 1.8×10^7t 的金红石资源，占世界金红石资源的 10%。另外，加拿大和肯尼亚据称发现有世界级的钛矿资源，加拿大魁北克省发现有含重矿物（含 Ti，Zr，Fe）5.9%的砂矿 2.1×10^9t；肯尼亚据称有世界最大未开发的金红石和锆英石资源。另外，俄罗斯、韩国、伊朗、芬兰、莫桑比克等都发现了大型的钛矿物资源。

（1）澳大利亚。澳大利亚是钛砂矿资源十分丰富的国家，钛铁矿和金红石储量均占世界的20%左右，分布在东部和西部沿海地区。东海岸矿床从新南威尔士向北到昆士兰州的大约 1700km 海岸线上。东海岸中部的岸滩沙矿，原矿中钛铁矿含量为 15~16kg/m^3，金红石含量 18~20kg/m^3。西海岸钛砂矿床位于以布鲁塞尔顿北部到埃尼巴 1300km 的斯旺海岸平原及布鲁塞尔顿以南 160km 的斯科特海岸平原，矿带最宽处达 30km。

（2）南非。南非也是钛砂矿资源十分丰富的国家，钛铁矿和金红石储量均占世界的15%左右，最著名是纳塔尔省的里查兹湾砂矿床，该矿床为约 80m 高的沙丘，重矿物储量达 7.0×10^8t 以上，矿砂中含钛铁矿 5%~7%、金红石 0.2%~0.3%、锆英石 0.4% 和少量磁铁矿、石榴石和痕量独居石。在开普省的弗莱登达尔西北的砂矿床，储量约 5.0×10^8t 含钛铁矿、金红石和锆英石的重矿砂。另外，德兰士瓦省中部布什维德火成岩地区有储量 2.0×10^8t 的钒钛磁铁矿，矿中含 TiO_2 12%~14%，该矿中钛铁矿储量尚未统计在储量中。

（3）挪威。挪威是钛岩矿资源十分丰富的国家，钛铁矿储量占世界的 7%，金红石储量均占世界的 4%。挪威西部的岩浆型钛铁矿床分三种类型：钛铁矿矿床、钒钛磁铁矿—钛铁矿矿床和磷灰石磁铁矿—钛铁矿矿床。位于挪威西南的特尔尼斯钛铁矿，储量 3.5×10^8t，是典型的岩矿床，是原矿含钛铁矿 30% 的高品位原生矿。

（4）加拿大。加拿大也是钛岩矿资源十分丰富的国家，钛铁矿储量占世界的 6%。在魁北克省的阿拉德湖区有世界上最大的岩浆型钛铁矿—赤铁矿型矿床，矿石储量 1.5×10^{8}t，是高品位原生矿。在魁北克省的乌尔宾地区也有一处较大的原生钛铁矿床。另据报道，魁北克省还发现有含重矿物（含 Ti，Zr，Fe）5.9% 的砂矿 2.1×10^{9}t。

（5）印度。印度也是钛砂矿资源十分丰富的国家，钛铁矿储量占世界的 6%，金红石储量均占世界的 3%。但印度矿务局发表资料称印度拥有 3.48×10^{8}t 钛铁矿资源，占世界钛铁矿资源的 35%；还有 1.8×10^{7}t 的金红石资源，占世界金红石资源的 10%。印度钛资源主要是海滨砂矿，主要分布在西海岸的奎隆、马纳瓦拉库里和拉塔基里三个地区。东海岸矿床主要位于奥里萨邦。

（6）美国。美国也是钛矿资源比较丰富的国家，钛铁矿储量占世界的 10%，金红石储量均占世界的 1%。砂矿主要分布在佛罗里达、佐治亚、新泽西、北卡罗来纳、南卡罗来纳和弗吉尼亚等州的海滨矿床和河砂矿床。岩矿床主要分布在阿拉斯加、纽约、加利福尼亚和明尼苏达等州。佛罗里达州的特雷尔里奇矿床，砂矿储量达约 5.0×10^{8}t；新泽西州的阿萨科海滩砂矿储量约 1.0×10^{8}t，砂矿中含重矿物 4%。纽约州桑福德湖矿床，是大型的岩浆型钛铁矿—磁铁矿型矿床，矿石含钛铁矿 32%，矿石储量 1.0×10^{8}t 以上。

（7）独联体国家。俄罗斯探明的大、中型钛矿床有 8 处。钛砂矿主要分布在西伯利亚和后贝加尔等地区，主要是古海滨砂矿。原生矿主要在科拉半岛—卡累利阿和乌拉尔。

乌克兰探明的大、中型钛矿床有 5 处。位于第聂伯罗夫斯克地区的萨姆特坎斯克矿床，是典型的古海滨砂矿，含红钛铁矿 37% ~38%、金红石 10% ~12% 和锆英石等矿物。

（8）其他国家。越南已初步探明的钛铁矿储量为 2.0×10^{7}t，主要分布在北部地区的太原和宣光（内陆砂矿）、中部沿海的河静省、清化省、平定省和平顺省。

斯里兰卡有高品位的海滨钛砂矿床，在 Pulmoddai、Kokilai、Nayaru 和 Mullaithivu 等处的海滨重矿物储量约为 1.25×10^{7}t，其中 Pulmoddai 的矿砂含重矿物 40% ~70%，重矿物中含钛铁矿 60%，金红石 8%，锆英石 8% ~10%，是世界上少有的富矿。

莫桑比克北部的海岸探明有三个钛富矿区，海滨砂矿中含重矿物 4%，重矿物储量达 1.1×10^{9}t。

肯尼亚有大型的钛铁矿、金红石和锆英石资源。

马拉维的马拉维湖畔的丘砂（滨湖型砂矿）中含有 6% ~11% 重矿物，重矿物中钛铁矿含量 50% ~90%，还含有少量锆英石和金红石。该矿砂的钛铁矿储量达 4.0×10^{7}t 以上。

3.3.2　中国钛资源❶

我国主要有三种类型的钛矿资源：钛铁矿砂矿、钛铁矿岩矿和金红石岩矿，已探明的钛矿资源储量达数亿吨（以 TiO_2 计），分布在 21 个省，共 110 多个矿区，绝大部分为岩矿，砂矿只占 7% 左右。

（1）钛铁矿砂矿。钛铁矿砂矿主要分布在海南、云南、广西和广东等省。其中海南是拥有钛砂矿资源最多的省，占全国砂矿资源的 35%，主要是滨海沉积型和风化壳残坡积型的钛铁矿—锆英石砂矿床。主要分布在东南沿海一带，北起文昌经琼海、万宁、陵水直至南部的三亚市，沿海岸线断续分布。万宁县的长安、保定、兴隆为 3 个大型矿区，其

❶ 本节部分内容参考攀钢钛业公司报告“中国钛资源分布及利用”（全国钛锆铪分会 2007 年会论文集，280 页）。

中以长安矿区规模最大。海南钛铁矿精矿 TiO_2 品位一般在 48% ~52% 之间，钙镁含量较低，但 MnO 含量高达 2% 左右。

云南钛矿资源较为丰富，有钛铁矿砂矿、钛磁铁矿和钒钛磁铁矿，其中现阶段有利用价值是钛铁矿砂矿。已经探明的优质钛矿砂储量占国内砂矿储量的 28.6%。主要分布在滇中的昆明、武定、禄劝、富民、禄丰等地，滇南的石屏、建水、华宁、蒙自、富宁等地，以及保山板桥、西双版纳的勐海等地。云南的钛铁矿砂矿资源分布也比较分散，单个矿床储量小，矿层薄，难以实现大规模开采。云南钛铁矿精矿 TiO_2 品位一般在 48% ~50% 之间，含有 1% ~2% 的 MgO。

广西钛铁矿砂矿主要分布在梧州、玉林、钦州地区。梧州地区主要分布在藤县、岑溪、苍梧等地，含矿率 20 ~40kg/m^3。玉林地区主要分布在陆川、博白、贵县、玉林等地，含矿率16 ~25kg/m^3。钦州地区主要分布在钦州、防城、合浦、灵山以及北海市、北部湾一带。此外，在巴马、百色、大新、那坡等地也发现储量较大的钛铁矿，估计储量在数千万吨。广西钛铁矿精矿品位较高，其中北海氧化砂矿的 TiO_2 含量可达 60% 左右，且钙镁含量低，MnO 含量略高。从内陆砂矿中选出的钛铁矿精矿质量也较好，TiO_2 含量 50% ~54%，钙镁含量低，钛铁氧化物总量可达 96% 左右。

广东有钛砂矿大都属于残坡积风壳砂矿，主要分布在化州平定、湛江、汕头、水东、徐闸和陆丰等地。其中化州市平定钛矿属残坡积风壳型矿床，钛铁矿平均品位 31.5kg/m^3。

（2）钛铁矿岩矿。主要分布在四川攀西地区和河北承德地区的[1,3,4]钒钛磁铁矿中。目前的统计数据按钒钛磁铁矿原矿中的 TiO_2 含量计算达数亿吨。原矿中的钛矿物有钛铁晶石、钛磁铁矿、钛铁矿、钛辉石等，其中现阶段具有利用价值的钛铁矿约占原矿中 TiO_2 含量的 1/4 左右，其他的含钛矿物现阶段不具有利用价值。目前在开采利用铁（钒）矿的同时，从选铁尾矿中回收钛铁矿，因此这类钛铁矿的产量受钢铁规模的限制。攀西地区的钒钛磁铁矿中 TiO_2 含量达 10% ~12%，从选铁尾矿中回收钛铁矿的经济效益较好；而承德的钒钛磁铁矿中 TiO_2 含量只有 8% 左右，从选铁尾矿中回收钛铁矿较困难且成本较高。

攀枝花钛铁矿精矿 TiO_2 含量 47% 左右，钙镁氧化物合量高达 6% ~8%。

（3）原生金红石矿。我国已发现的天然金红石资源，80% 以上是原生矿，砂矿资源比较少。金红石原生矿储量丰富，已发现金红石矿床分布于 17 个省、市、区，以湖北、河南、陕西、江苏山西及山东为主。原矿中含有 1% ~4% 的金红石矿，但金红石矿呈细粒状分布在岩石中，要经过采矿、破碎和选矿等复杂工序才能获得金红石精矿，投资大、产品成本高，目前仅有少量开采。这类金红石岩矿在国外很少有开采利用的报道，要进行规模化开采需进行经济效益论证。

（4）金红石砂矿。金红石砂矿包括海滨砂矿和残坡积风壳型砂矿。海滨砂矿储量不大，主要分布在海南、广东、广西和福建等省，主要是锆英石矿中伴生金红石矿，矿中金红石矿含量一般为 1 ~2kg/m^3。风化壳型金红石矿主要分布在河南、山东、湖北、陕西等省，总储量约为 260 万 t。其中，河南储量最大，以河南方城柏树岗金红石矿规模最大，矿中含金红石 TiO_2 含量达 2% 左右。

综上所述，我国钛矿资源储量丰富，但主要岩矿资源、砂矿资源只占 7% 左右，且砂矿床分散，砂矿的质量也不如国外，尚未发现特大型砂矿床。

3.4　钛矿选矿

钛矿物的选取，是根据它与其他矿物的密度、磁性、电性及可浮性（亲水性）的差别，因此有重选、磁选、电选和浮选等选矿方法。矿物种类不同，选取钛矿物所采用的选矿方法也不同。

3.4.1　海滨砂矿的选矿

海滨砂矿的重矿物中，一般含有钛铁矿、锆英石、金红石和独居石四种主要矿物。选矿方法通常是先从开采的原矿中先选出重矿物精矿，然后再从重矿物精矿中分别选取各矿物。选矿过程原则上可分为以下几步（图 3－2）：（1）粗选：开采的原矿先筛分、水洗脱泥，再用重选法（螺旋选矿机或圆锥选矿机）获得重矿物精矿；（2）磁选：重矿物精矿用磁选选出磁性的钛铁矿，非磁性部分为金红石、锆英石和独居石；（3）电选：非磁性部分再用静电选，分离出导电矿物（钛铁矿和金红石）和非导电矿物（锆英石和独居石）。（4）磁选：导电矿物再用磁选分离出磁性的钛铁矿和非磁性的金红石。非导电矿物也可用磁选，分离非磁性的锆英石和弱磁性的独居石。

如果选出的钛铁矿精矿含铬高，则需进行特殊处理除铬，通常是将钛铁矿精矿进行氧化（磁化）焙烧以使钛铁矿的磁性增强，从而用磁选方法选出弱磁性的铬铁尖晶石矿。

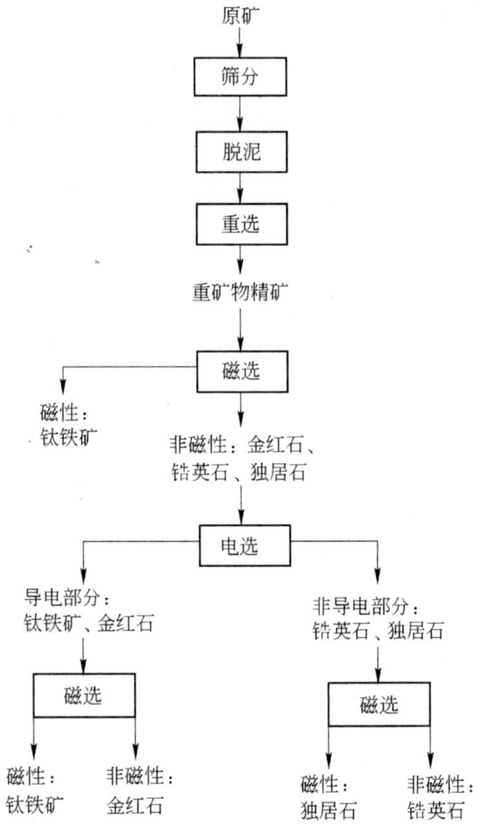

图 3－2　海滨砂矿的选矿原则流程图

3.4.2　内陆砂矿的选矿

内陆砂矿一般堆积在泥土层内，原矿中含有 70% 以上的细泥。这种矿一般只含钛铁矿而不含其他有价值矿物，从中选取钛铁矿的方法比较简单。开采的原矿经过水洗脱泥或经重选就可获得粗精矿，粗精矿经过弱磁选除去强磁性的铁矿，再经磁选除去非磁性的脉石矿物便可获得钛铁矿精矿。

3.4.3　岩矿的选矿

岩矿开采之后需进行破碎，然后才能用选矿方法选出钛矿。

加拿大 QIT 公司使用的魁北克省阿拉德湖区拉克提奥矿，是一种块状钛铁矿与赤铁矿的复合矿，钛铁矿与赤铁矿比例为2∶1，脉石矿物主要是斜长石、少量辉石、黑云母和黄铁矿等。选矿选出的精矿是钛铁矿与赤铁矿的混合矿物作为电炉熔炼的原料。经过破碎、筛分和重选后获得的精矿含硫高（黄铁矿未选出），因此重选精矿经氧化焙烧脱硫，同时焙烧后使钛铁矿磁性增强，因而可用磁选法进一步分离脉石矿物，选出的焙烧磁性精矿品位提高。选矿流程如图3－3所示。

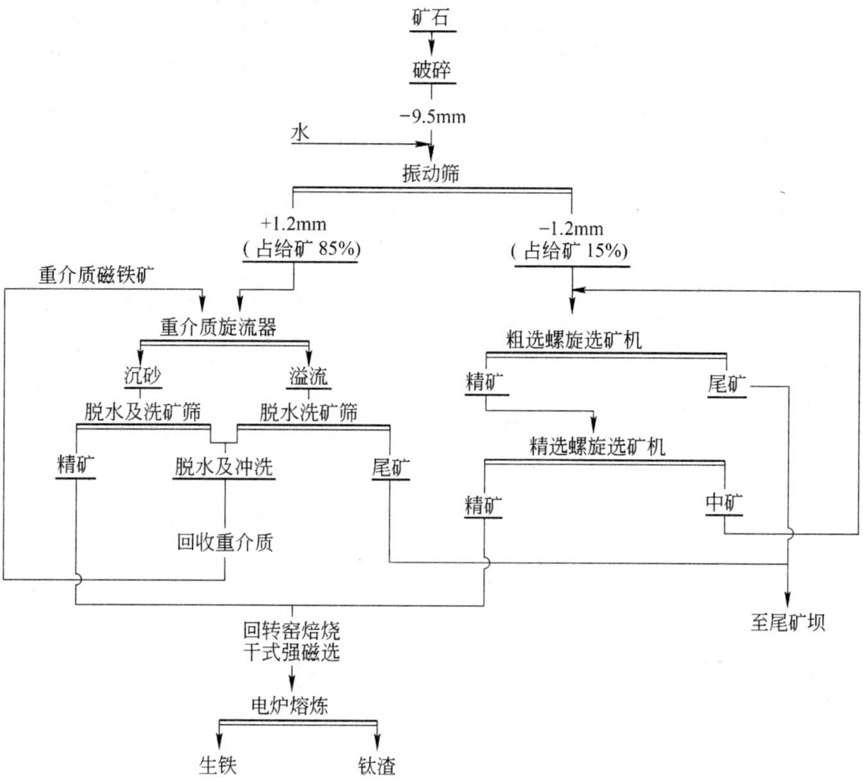

图3－3　索雷尔选厂流程图

攀西地区的钛铁矿精矿是从钒钛磁铁矿的选铁尾矿中选出。目前有两种主要选钛流程：一种是攀钢使用的螺旋重选—浮选—弱磁扫选—脱水干燥分级—电选流程；另一种是重钢西昌选矿厂和龙蟒集团采用的强磁—浮选流程。

3.5　钛矿开采和应用

3.5.1　国外钛矿的开采和应用

国外的钛矿床集中，大都是特大规模的采矿，被几大公司所控制（表3－3）。

第一大钛矿经营商是RTZ（Rio Tinto公司拥有100%股份的QIT和拥有50%股份的RBM的合称），约占世界钛矿市场的50%。该公司在加拿大和南非开矿，钛铁矿精矿年产量达约5.0×10^6t，全部用来冶炼成钛渣出售，QIT还将部分钛渣进一步加工成UGS（富集钛渣）产品。

表 3-3　国外主要钛矿经营商及生产简况

经营商	矿　址	矿物名称精矿品位（TiO_2/%）	产　量 /$10^4t \cdot a^{-1}$	钛铁矿的用途
QIT	加拿大魁北克省	钛铁矿岩矿　36	~250	全部用于生产钛渣和 UGS
RBM	南非夸祖鲁纳达尔省	钛铁矿砂矿　48 天然金红石　≥95	~220 10.5	全部用于生产钛渣
Iluka	澳大利亚西海岸和美国	钛铁矿砂矿　54 天然金红石	170 22	部分用于生产人造金红石
Ticor - Iscor	澳大利亚和南非	钛铁矿砂矿　54 天然金红石　≥95	105 4	澳矿用于生产人造金红石
Cable Sand	澳大利亚西海岸	钛铁矿砂矿　54	30	用于生产人造金红石
CRL	澳大利亚	钛铁矿砂矿　54 天然金红石　≥95	18 8	用于生产人造金红石
Tiwest	澳大利亚珀斯	钛铁矿砂矿　54 天然金红石　≥95	43 3.4	用于生产人造金红石
BHP	澳大利亚比努普	钛铁矿砂矿	约 60	
BeMax Resources NL	澳大利亚 Ginkgo	钛铁矿砂矿 天然金红石	36 7.8	
TTI	挪威特尔尼斯	钛铁矿岩矿　45	60	用于生产钛渣
VSMMP 等	乌克兰	钛铁矿砂矿　64 天然金红石　≥95	30~50 5~10	用于生产高钛渣
IERL	印度奥累萨	钛铁矿砂矿　54 天然金红石　≥95	22 1	部分用于生产人造金红石
KMML	印度恰瓦拉	钛铁矿砂矿　54	30	用于生产人造金红石和钛白
NSL（Namakwa）	南非开普敦	钛铁矿砂矿　48 天然金红石　≥95	50	用于生产钛渣
总　计		钛铁矿 天然金红石	约 1000 约 60	

第二大钛矿经营商是澳大利亚的 Iluka，它是由 RGC 和 WSL 两公司合并成立的，占世界钛矿物市场的 30%。该公司在澳大利亚和美国开矿，钛精矿年产量达 $2.0 \times 10^6 t$。在澳大利亚生产的钛铁矿的 50% 用还原—锈蚀法加工成人造金红石出售。

第三大钛矿经营商是澳大利亚的 Ticor 和南非的 Iscor 的合资公司，在澳大利亚和南非开矿，钛精矿年产量约 $1.0 \times 10^6 t$，在澳大利亚生产的钛铁矿的 50% 用还原—锈蚀法加工成人造金红石出售。Ticor 和 Iscor 现正在南非投入巨资扩大钛矿生产规模和建立钛渣厂，所占市场份额将会迅速上升。另外，南非的英美矿业公司所属 NSL 公司（纳马克瓦砂矿公司）在开普敦省开采钛矿，钛精矿年产量约为 $5.0 \times 10^5 t$，全部加工成钛渣出售。

挪威 TTI 公司开采位于挪威西南的特尔尼斯钛铁矿，钛精矿年产量约 $9.0 \times 10^5 t$，其中约 50% 用于生产钛渣出售。

印度稀土公司（IRE）和克拉拉邦矿业公司（KMML）是印度开采经营钛矿的主要两个公司，钛精矿年产量估计 $4.0\times10^5\sim6.0\times10^5$t，其中一部分采用盐酸法加工成人造金红石，并在扩大钛矿开采规模。

独联体国家的钛矿主要是由乌克兰的 VSMMP 公司供应。乌克兰拥有大型的优质钛矿床，沃利诺戈尔斯克国营矿山冶金联合公司和伊尔善斯克采选联合公司的年生产能力达 7.0×10^5t，用于生产海绵钛和颜料二氧化钛，是俄罗斯及哈萨克斯坦钛矿的主要供应商。另外，俄罗斯也有钛矿开采，主要在西伯利亚和后贝加尔地区。

2007 年全球钛矿产量以 TiO_2 计为 6.2×10^6t，其中钛铁矿精矿产量 1.04×10^7t，天然金红石产量 6.0×10^5t。

澳大利亚的钛矿产量占全球第一位，2007 年生产钛铁矿精矿 2.3×10^6t，天然金红石 31.2×10^6t，白钛石 1.7×10^5t；钛铁矿精矿产量占全球的 22%，天然金红石产量占全球的 53%；澳大利亚所产钛铁矿精矿用于加工成人造金红石 7.26×10^5t，出口钛铁矿精矿 8.75×10^5t。

南非的钛矿产量占全球第二位，2007 年生产钛铁矿精矿 2.0×10^6t，天然金红石 1.2×10^5t，钛铁矿精矿产量占全球的 19%，天然金红石产量占全球的 20%。

加拿大的钛矿产量占全球第三位。2007 年 RTZ（力拓公司的 QIT 和南非 RBM）生产钛矿（钛渣）以 TiO_2 计为 1.458×10^6t（相当于 80% TiO_2 钛渣 1.8225×10^6t）。

全球生产的钛矿的 90% 用于生产钛白粉，约 5.5% 用于生产海绵钛。随着钛白生产量逐年增加和旧矿山产量下降，因而还需要开发新矿山。一些大公司分别在澳大利亚、南非、印度、肯尼亚和莫桑比克等投入巨资开发建设新矿山。

3.5.2 国内钛矿的开采和应用

我国的钛矿资源分散，开采必然分散，全国约有 100 多家经营钛矿的采选厂，2006 年钛精矿产量 1.5×10^6t（表 3－4），产量居世界第四位。其中，最大的是攀钢钛业公司选钛厂，现年产量约 3.0×10^5t，最终扩建将达 4.0×10^5t；其余的采选规模都较小。

表 3－4　2006 年各地钛精矿产量

地　区	攀枝花	西　昌	云　南	海　南	广　东	广　西	承　德	合　计
产量/t	67×10^4	8×10^4	30×10^4	20×10^4	10×10^4	10×10^4	5×10^4	150×10^4

随着我国钛白粉和海绵钛生产的大发展，对钛矿的需求量迅速增长，国内生产的钛矿远不能满足需求，需从国外大量进口（表 3－5）。

表 3－5　近几年我国钛矿生产量和进口量统计　（10^4t）

年　份	2000	2001	2002	2003	2004	2005	2006
生产量	68	78	85	90	110	130	150
进口量	7	12	15	40	45	60	70

需求量逐年增加，生产量因受资源限制增加迟缓，因此进口量逐年快速增加，主要从越南进口钛铁矿，从澳大利亚进口天然金红石和钛铁矿。

3.6　国内外各地产钛矿化学组成

澳大利亚天然金红石规格（保证指标）：

TiO_2 >95.0%，Fe_2O_3 <1.0%，P <0.03%，S <0.03%。

澳大利亚联合矿业公司天然金红石组成变化范围（%）：　TiO_2 95.0 ~ 96.0，Fe_2O_3 0.40 ~ 0.85，CaO 0.02 ~ 0.05，MgO 0.02 ~ 0.30，SiO_2 0.4 ~ 1.4，Al_2O_3 0.30 ~ 0.8，MnO 0.005 ~ 0.01，V_2O_5 0.6 ~ 0.8，Cr_2O_3 0.2 ~ 0.4，ZrO_2 0.4 ~ 0.9，Nb_2O_5 0.30 ~ 0.35，P 0.01 ~ 0.10，S 0.01 ~ 0.03。

国内外其他产地的钛矿化学组成及相关标准见表 3 - 6 ~ 表 3 - 11。

表 3 - 6　国外各地金红石精矿（砂矿）典型化学组成（质量分数）　　　　（%）

组　成	TiO_2	Fe_2O_3	FeO	SiO_2	Al_2O_3	CaO	MgO	MnO	Cr_2O_3	V_2O_5	ZrO_2	P_2O_5	S
澳大利亚	95.2	1.0	0.9	0.2	0.02	0.07	0.18	0.01	0.3	0.6	0.4	0.1	0.1
南　非	96.5	0.61							0.16	0.63			
斯里兰卡	96.8	0.89		0.64	0.16						0.38	0.001	

表 3 - 7　国外各地钛铁矿精矿（砂矿）典型化学组成（质量分数）　　　　（%）

国　别	澳大利亚				印　度			乌克兰	斯里兰卡
产地或牌号	埃尼巴	卡倍个	Murray Basin	Queensland	Mk	Q	OR	马柳雪夫斯克	
TiO_2	60.0	54.1	60.8	51.4	55.0	60.0	50.2	64.5	54.6
Fe_2O_3	28.8	16.0	18.3	25.3	18.9	25.5	12.8	25.5	23.2
FeO	4.3	24.0	15.0	24.4	20.9	9.7	34.1	0.2	18.1
SiO_2	0.8	0.10	0.94	0.12				2.24	1.5
CaO			na	0.13				0.33	0.08
MgO			1.82	0.62	1.00	0.60	0.60	0.58	0.85
MnO			1.13	1.44	0.4	0.4	0.55	0.94	0.37
Al_2O_3	0.7	1.03	0.76	0.21	0.80	1.1	0.60	2.48	1.18
V_2O_5			na	0.20	0.12	0.20	0.03	0.24	0.09
Cr_2O_3	0.18	0.05	0.15	0.03	0.08	0.13	0.05	0.78	0.07
ZrO_2			0.01	0.08					0.02
P_2O_5	0.03	0.05	0.06	0.00					0.01
Nb_2O_5			na	0.05					
U	$<20\times10^{-4}$		8×10^{-4}	$<5\times10^{-4}$					
Th	350×10^{-4}		109×10^{-4}	10×10^{-4}					

表 3 - 8　国外钛铁矿精矿（岩矿）典型化学组成（质量分数）　　　　（%）

组　成	TiO_2	Fe_2O_3	FeO	SiO_2	Al_2O_3	CaO	MgO	MnO	Cr_2O_3	V_2O_5	S
加拿大	36.6	26.5	29.5	2.5	3.0	0.5	3.2	0.16	0.10	0.36	0.25
挪　威	45	12.0	34.5	2.5	1.60	0.25	4.3	0.25	0.08	0.16	
俄罗斯	48.7	7.0	39.2	1.43	0.95	0.17	1.39	0.06	0.03	0.08	0.01
美　国	45.2	7.1	37.5	3.7	2.1	0.1	2.6	0.2		0.2	0.3

表 3-9 中国各地钛铁矿精矿典型化学组成（质量分数） （%）

产地	北海氧化砂矿	北海钛铁矿	海南钛铁矿	湛江钛铁矿	武定钛铁矿	富民钛铁矿	攀枝花钛铁矿	红格钛铁矿
TiO_2	61.7	50.44	48.67	51.76	48.68	49.85	47.5	48.19
Fe_2O_3	29.3	9.06	10.63	16.08	10.97	36.50	4.05	8.74
FeO	5.78	37.39	35.76	24.40	36.78	9.58	34.48	32.68
SiO_2	0.77	0.79	0.70	0.82	0.67	0.86	4.16	1.46
Al_2O_3	1.15	0.75	1.05	0.79	0.60	0.23	1.56	1.50
CaO	0.10	0.10	0.79	0.34	0.05	0.24	1.42	0.94
MgO	0.12	0.10	0.20	0.05	1.18	1.99	6.22	4.99
MnO	1.10	1.30	2.21	2.66		0.75	0.61	
V_2O_5					0.22	0.12	0.1	
S	0.01	0.02	0.01	0.02	0.01	0.02	0.2	
P	0.04	0.02	0.02	0.01	0.01	0.01	0.01	

表 3-10 中国有色金属行业标准（YS/T351—1994）钛铁矿（砂矿）精矿化学组成

品级		TiO_2质量分数（不小于）/%	杂质含量质量分数（不大于）/%	
			CaO + MgO	P
一级	一类	52	0.5	0.025
	二类	50	0.5	0.025
二级		50	0.5	0.03
三级		49	0.6	0.04
四级		49	0.6	0.05
五级		48	1.0	0.07

表 3-11 岩矿钛精矿冶金行业标准（化学成分）

牌号	化学成分（质量分数）/%				
	TiO_2（不小于）	S（不大于）		P（不大于）	
		Ⅰ	Ⅱ	Ⅰ	Ⅱ
TJK47	47	0.30	0.30	0.05	0.05
TJK46	46	0.30	0.35	0.05	0.10
TJK45	45	0.30	0.40	0.05	0.20

参考文献

[1] 杨绍利，盛继孚．钛铁矿熔炼钛渣与生铁技术［M］．北京：冶金工业出版社，2006.
[2] 莫畏，邓国珠，罗方承．钛冶金［M］．第2版．北京：冶金工业出版社，1998．118.
[3] 邓国珠．世界钛资源及其开发利用现状［J］．钛工业进展，2002（5）：9.
[4] 孟繁奎．承德钛资源利用现状及展望［J］．钛工业进展，2001（5）：11.
[5] 邓国珠．云南钛铁矿资源的利用研究［J］．钛工业进展，1999，(3).

4 钛渣和人造金红石

4.1 钛铁矿富集方法概述

4.1.1 富钛料的制造方法

钛铁矿（$FeTiO_3$）理论含 TiO_2 量为52.63%。在自然界中，钛铁矿分为岩矿和砂矿两类。从岩矿中选出的钛精矿品位（TiO_2 质量分数）一般为42%～48%，而从砂矿选得的钛精矿品位一般为50%～64%。虽然钛铁矿精矿可以直接用于制取金属钛和钛白，但因为其品位低，常常先经过富集处理获得高品位的富钛料（钛渣或人造金红石），才进行下一步的处理。

随着对钛铁矿富集方法的深入研究，人们已经研究和提出了20多种富集方法，各种方法都有其特点。这些方法大致可分为以干法为主和以湿法为主两大类。干法包括电炉熔炼法、等离子熔炼法、选择氯化法和其他热还原法。湿法包括部分还原—盐酸浸出法和部分还原—硫酸浸出法（总称酸浸法）、全还原—锈蚀法和全还原—$FeCl_3$ 浸出法，以及其他化学分离法。目前获得广泛工业应用的有电炉熔炼法、还原锈蚀法（原称 Becher 法）和酸浸法。电炉熔炼法制取的产品称为钛渣，而其他方法制取的产品称为人造金红石。

电炉熔炼法是一种成熟的方法。工艺比较简单，副产品金属铁可以直接应用，不产生固体和液体废料，电炉煤气可以回收利用，三废少，工厂占地面积小，是一种高效的冶炼方法。用它处理不同类型的钛铁矿可获得各种用途的钛渣。通常把 TiO_2 含量大于90%的产品称为高品位钛渣或简称高钛渣；把 TiO_2 含量小于90%的产品称为钛渣。该法在加拿大、南非、挪威、独联体国家和我国获得了广泛的应用。电炉熔炼法也有局限性，熔炼过程主要是分离除铁，除去非铁杂质能力差，耗电量大，仅限于电力充足地区使用。

还原锈蚀法（原称 Becher 法），在还原时以煤为还原剂和燃料，在锈蚀时只消耗少量的盐酸或 NH_4Cl，产生的赤泥和废水接近中性，较易处理，是一种污染少和成本较低的方法，在澳大利亚获得了广泛的应用。但该法仅适宜处理高品位的砂矿。

酸浸法可有效地除去杂质铁和大部分 CaO、MgO、Al_2O_3、MnO 等其他杂质，获得含 TiO_2 90%～96%的高品位人造金红石，适合处理各种类型的矿物。盐酸浸出法可实现盐酸的再生回收循环利用，但设备需用专门的防腐材料制造。硫酸浸出法的含铁副产品为硫酸亚铁，稀硫酸浸出能力较差，适宜处理品位较高的钛铁矿砂矿。酸浸法是湿法工艺，副流程复杂，从而限制了它的应用。

4.1.2 国外富钛料生产概况

目前国外富钛料工厂概况列于表4－1。

表 4-1 国外主要富钛料厂商简况

厂商名称	厂 址	生产方法	产品名称及品位（TiO_2质量分数/%）	产品用途	产能 /$10^4t \cdot a^{-1}$
QIT	加拿大	电炉法	钛渣 80	S 法原料	110
QIT	加拿大	钛渣-酸浸法	UGS 95	C 法原料	40
RBM	南 非	电炉法	钛渣 85	S、C 法原料	115
NSL	南 非	电炉法	钛渣 86	C 法原料	23
TTI	挪 威	电炉法	钛渣 75	S 法原料	20
Iluka	澳大利亚	还原锈蚀法	SR 89~95	C 法原料	60
CRL	澳大利亚	还原锈蚀法	SR 89~95	C 法原料	24
Tiwest	澳大利亚	还原锈蚀法	SR 89~95	C 法原料	20
Malaysia Ti Co.	马来西亚	盐酸浸出法	SR 92~94	C 法原料	3
IREL	印 度	盐酸浸出法	SR 92~94	C 法原料	10
KMML	印 度	盐酸浸出法	SR 92~94	C 法原料	3
DCW	印 度	盐酸浸出法	SR 92~94	C 法原料	2
CMRL	印 度	盐酸浸出法	SR 92~94	C 法原料	1
BCCL	印 度	氯化-氧化法	SR 95~97	C 法原料	3
ISK	日 本	硫酸浸出法	SR 96	C 法原料	5
独联体	俄、哈、乌	电炉法	钛渣 87~90	海绵钛原料	~20
总 计					~460

注：1. UGS 为富集钛渣。
2. SR 为人造金红石。
3. C 法为氯化法。
4. S 法为硫酸法。

国外富钛料年产能力约为 4.0×10^6t，其中钛渣（含 UGS）$2.8 \times 10^6 \sim 3.0 \times 10^6$t，人造金红石 $1.1 \times 10^6 \sim 1.3 \times 10^6$t。主要是由几个经营钛矿物的大公司生产，其中力拓（Rio Titon，又称 RTZ）年产钛渣能力达 2.25×10^6t（含 6×10^5t UGS）；Iluka 的还原锈蚀法年产人造金红石能力达 6×10^5t。富钛料工厂是大型化或特大型化，其中电炉法钛渣工厂规模达年产 1.15×10^6t，还原锈蚀法工厂规模达年产 2.0×10^5t 以上。

近年来随着氯化法钛白的迅速发展，对高品位富钛料的需求量日益增长，使电炉熔炼法获得了进一步的发展。例如南非理查兹湾（Richards Bay）矿业公司（简称 RBM 公司）扩大了钛渣（85% TiO_2）生产量，达到 1.15×10^6t/a。加拿大魁北克（Quebec）铁钛公司（简称 QIT 公司）新建富集高钛渣（UGS 产品，95% TiO_2）工厂，计划最终能力将达 6.0×10^5t/a。另外，南非那马克瓦（NSL）公司采用明特克（Mintek）公司的空心单电极直流电炉冶炼技术（直流转移等离子弧技术），建了一个年产 2.35×10^5t 的钛渣（86% TiO_2）工厂，于 2001 年全部建成投入运行。还有南非的 Iscor 公司建 2.0×10^5t/a 钛渣工厂，以及计划在莫桑比克建 4.0×10^5t/a 钛渣工厂等。

澳大利亚采用本国研究的特有方法（还原锈蚀法），以含 TiO_2 54% 左右的砂矿为原料，制造含 TiO_2 87% ~94% 的人造金红石，已建成工厂的产能达 9.0×10^5t/a，2007 年实

际生产人造金红石 7.26×10^5t。

美国克尔麦吉公司曾采用盐酸浸出法，建立了一个 1.1×10^5t/a 的人造金红石工厂，生产运转 20 多年后关闭。现在马来西亚、印度等有采用盐酸浸出法生产人造金红石的工厂，现有生产能力估计约为 $1.0\times10^5\sim2.0\times10^5$t/a。

日本石原公司利用硫酸法钛白厂的废酸浸出砂矿制取人造金红石（称为石原法），生产能力为 5.0×10^4t/a。

4.1.3　国内富钛料生产概况

我国富钛料生产主要采用电炉熔炼法，其次是还原锈蚀法。全国总计富钛料年产能力约 3.0×10^5t，其中高钛渣和高钛渣焙烧的人造金红石占 95% 以上。目前全国只有攀钢一家年产 6.0×10^4t 钛渣的较大工厂，其余都是年产千吨至万吨规模的小型工厂。小型高钛渣工厂有 40～50 家，主要分布在云南、四川、广西、河北和内蒙等省。

高钛渣是采用小型敞口或矮烟罩电炉生产的，其特点是产品品位较高（TiO_2相当量≥90%）。虽然该工艺技术落后，由于所生产的高品位钛渣是沸腾氯化的原料，因此该工艺还会在我国长期存在，并不会因为密闭式或半密闭式大电炉生产钛渣的出现而被淘汰。

另外，还有几个年产千吨规模的还原锈蚀法生产人造金红石工厂。20 世纪 80 年代采用盐酸浸出法建立的年产 5.0×10^3t 人造金红石试验工厂已关闭。因此，酸浸法目前还处于试验研究阶段。

富钛料生产是我国钛行业的一个薄弱环节，产品数量和质量都不能满足钛白和海绵钛生产发展的需要。

4.2　熔炼钛渣的基本理论

电炉法生产钛渣的实质，是钛铁矿与固体还原剂无烟煤或石油焦等混合加入电炉中进行还原熔炼，钛铁矿中铁的氧化物被选择性地还原为金属铁，而钛的氧化物被富集在炉渣中，经渣铁分离获得钛渣和副产品金属铁。

4.2.1　还原熔炼热力学

4.2.1.1　钛铁矿的还原反应

钛铁矿是一种以偏钛酸铁（$FeTiO_3$）晶格为基础的多组分复杂固溶体，一般可表示为：m［（Fe、Mg、Mn）O · TiO_2］ · n［（Fe、Al、Cr)$_2$O$_3$］，$m+n=1$。它的基本成分是偏钛酸铁（$FeTiO_3$）。碳还原偏钛酸铁可能发生的反应如下：

$$FeTiO_3 + C = TiO_2 + Fe + CO \tag{4-1}$$

$$\Delta G^{\ominus}_{T(4-1)} = 190900 - 161T \quad (298 \sim 1700\text{K})$$

$$(3/4)FeTiO_3 + C = (1/4)Ti_3O_5 + (3/4)Fe + CO \tag{4-2}$$

$$\Delta G^{\ominus}_{T(4-2)} = 20900 - 168T \quad (298 \sim 1700\text{K})$$

$$(2/3)FeTiO_3 + C = (1/3)Ti_2O_3 + (2/3)Fe + CO \tag{4-3}$$

$$\Delta G^{\ominus}_{T(4-3)} = 213000 - 171T \quad (298 \sim 1700\text{K})$$

$$(1/2)FeTiO_3 + C = (1/2)TiO + (1/2)Fe + CO \tag{4-4}$$

$$\Delta G^{\ominus}_{T(4-4)} = 252600 - 177T \quad (298 \sim 1700\text{K})$$

$$2FeTiO_3 + C =\!=\!= FeTi_2O_5 + Fe + CO \qquad (4-5)$$

$$\Delta G^{\ominus}_{T(4-5)} = 185000 - 155T \quad (298 \sim 1700\text{K})$$

$$(1/4)FeTiO_3 + C =\!=\!= (1/4)TiC + (1/4)Fe + (3/4)CO \qquad (4-6)$$

$$\Delta G^{\ominus}_{T(4-6)} = 182500 - 127T \quad (298 \sim 1700\text{K})$$

$$(1/3)FeTiO_3 + C =\!=\!= (1/3)Ti + (1/3)Fe + CO \qquad (4-7)$$

$$\Delta G^{\ominus}_{T(4-7)} = 304600 - 173T \quad (298 \sim 1700\text{K})$$

钛铁矿中往往还有一定量的赤铁矿，它被碳还原的反应为：

$$(1/3)Fe_2O_3 + C =\!=\!= (2/3)Fe + CO \qquad (4-8)$$

$$\Delta G^{\ominus}_{T(4-8)} = 164000 - 176T \quad (298 \sim 1700\text{K})$$

按上面给出的各反应式的标准焓变化与温度的关系式，计算出在不同温度下的标准自由焓变化值（$\Delta G^{\ominus}$），并将其绘制成 $\Delta G^{\ominus}_T - T$ 图（图4－1），进行反应趋势的比较。

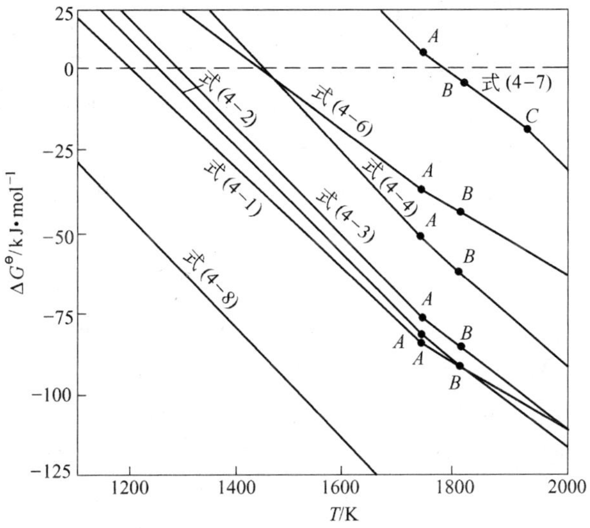

图4－1　钛铁矿还原熔炼反应的 $\Delta G^{\ominus}_T - T$ 关系

A—$FeTiO_3$ 固→液温度1743K；B—Fe熔点1809K；C—Ti熔点1933K

电炉还原熔炼钛铁矿的最高温度约达2000K。从图4－1可见，在这样高的温度下，式（4－1）～式（4－8）反应的 $\Delta G^{\ominus}_T$ 值均是负值，从热力学上说明这些反应均可进行，并且随温度的升高，反应的倾向均增大。但上述各反应的开始反应温度（即 $\Delta G^{\ominus}_T = 0$ 时的相应温度）是不相同的，在同一温度下各反应进行的趋势大小也是不一样的，其反应顺序为：式（4－8）＞式（4－1）＞式（4－5）＞式（4－2）＞式（4－3）＞式（4－4）＞式（4－6）＞式（4－7）。在低温（＜1500K）的固相还原中，主要是矿中铁氧化物的还原，TiO_2的还原量较少，即主要按式（4－8）、式（4－1）、式（4－5）进行还原反应生成金属铁和 TiO_2或 $FeTi_2O_5$（亚铁板钛矿）。要使固相还原量增加，一是使炉子更为密闭；二是增加矿物与还原剂的紧密接触；三是增加料层厚度。在中温（1500～

1800K）液相还原中，除了铁的氧化物被还原外，还有相当数量的TiO_2被还原，即主要按式（4－2）～式（4－4）进行还原反应生成金属铁和低价钛氧化物。在高温（1800～2000K）下，按式（4－6）和式（4－7）进行反应，生成 TiC 和金属钛（熔于铁中）的量增加。可见，随着温度的升高，TiO_2被还原生成低价钛的量增加，即钛的氧化物在还原熔炼过程中随温度的升高按下列顺序逐渐发生变化：

$$TiO_2 \rightarrow Ti_3O_5 \rightarrow Ti_2O_3 \rightarrow TiO \rightarrow TiC \rightarrow Ti\ (Fe)$$

在熔炼过程中，不同价的钛化合物是共存的，它们的数量的相互比例是随熔炼温度和还原度大小而变化的。

在还原熔炼过程中，除了碳的还原作用外，由于碳的汽化反应产生的 CO 和反应生成的 CO 也要参与反应：

$$CO_2 + C \xlongequal{\quad} CO \qquad (4-9)$$

$$\Delta G^{\ominus}_{T(4-9)} = 172200 - 173T \quad (298 \sim 1700K)$$

$$FeTiO_3 + CO \xlongequal{\quad} TiO_2 + Fe + CO_2 \qquad (4-10)$$

$$\Delta G^{\ominus}_{T(4-10)} = 18680 + 15.7T \quad (298 \sim 1700K)$$

$$(3/4)FeTiO_3 + CO \xlongequal{\quad} (1/4)Ti_3O_5 + (3/4)Fe + CO_2 \qquad (4-11)$$

$$\Delta G^{\ominus}_{T(4-11)} = 37000 + 3.26T \quad (298 \sim 1700K)$$

$$(2/3)FeTiO_3 + CO \xlongequal{\quad} (1/3)Ti_2O_3 + (2/3)Fe + CO_2 \qquad (4-12)$$

$$\Delta G^{\ominus}_{T(4-12)} = 32600 + 4.8T \quad (298 \sim 1700K)$$

$$Fe_2O_3 + CO \xlongequal{\quad} 2FeO + CO_2 \qquad (4-13)$$

$$\Delta G^{\ominus}_{T(4-13)} = -1547 - 34.3T \quad (298 \sim 1700K)$$

$$(1/3)Fe_2O_3 + CO \xlongequal{\quad} (2/3)Fe + CO_2 \qquad (4-14)$$

$$\Delta G^{\ominus}_{T(4-14)} = -7883 + 1.59T \quad (298 \sim 1700K)$$

可以利用各反应的平衡常数和气相中的平衡分压进行估算，来判断上述反应的可能性。估算结果表明，在较低的温度下（1073～1273K），CO 仅能将矿中Fe_2O_3按反应式（4－13）和式（4－14）分别还原为 FeO 和金属铁。当温度高于 1273K 时，反应式（4－10）～式（4－12）均可进行，但因它们的反应平衡常数均很小，因此可以预计这些反应在熔炼过程中所占的比例不大，是次要的。在敞口电炉中 CO 的还原作用更小，只有靠近底层的固体料才有可能按式（4－10）～式（4－12）进行还原反应。在密闭电炉中，CO 的还原作用会得到加强。

4.2.1.2　杂质的还原反应

现在来研究一下钛铁矿中的其他杂质组分，如 MgO、CaO、SiO_2、Al_2O_3、MnO、V_2O_5是否发生还原或部分还原的问题，为简化起见考虑下列各单一氧化物的碳还原反应：

$$MgO + C \xlongequal{\quad} Mg + CO \qquad (4-15)$$

$$\Delta G^{\ominus}_{T(4-15)} = 597500 - 277T \quad (1376 \sim 3125K)$$

$$T_{始} \approx 2153K$$

$$CaO + C \xlongequal{\quad} Ca + CO \qquad (4-16)$$

$$\Delta G^{\ominus}_{T(4-16)} = 661900 - 269T \quad (1756 \sim 2887K)$$

$$T_{始} \approx 2463K$$

$$SiO_2 + C \longequal SiO + CO \quad (4-17)$$

$$\Delta G^{\ominus}_{T(4-17)} = 667900 - 327T \quad (1696 \sim 2000K)$$

$$T_{始} \approx 2043K$$

$$(1/2)SiO_2 + C \longequal (1/2)Si + CO \quad (4-18)$$

$$\Delta G^{\ominus}_{T(4-18)} = 353200 - 182T \quad (1696 \sim 2500K)$$

$$T_{始} \approx 1944K$$

$$(1/3)Al_2O_3 + C \longequal (2/3)Al + CO \quad (4-19)$$

$$\Delta G^{\ominus}_{T(4-19)} = 443500 - 192T \quad (932 \sim 2345K)$$

$$T_{始} \approx 2322K$$

$$MnO + C \longequal Mn + CO \quad (4-20)$$

$$\Delta G^{\ominus}_{T(4-20)} = 285300 - 170T \quad (1517 \sim 2054K)$$

$$T_{始} \approx 1681K$$

$$(1/2)V_2O_5 + C \longequal (1/2)V_2O_3 + CO \quad (4-21)$$

$$\Delta G^{\ominus}_{T(4-21)} = 165700 - 133T \quad (943 \sim 2190K)$$

$$T_{始} \approx 1243K$$

$$(1/3)V_2O_3 + C \longequal (2/3)V + CO \quad (4-22)$$

$$\Delta G^{\ominus}_{T(4-22)} = 293800 - 167T \quad (298 \sim 2190K)$$

$$T_{始} \approx 1762K$$

其他杂质也可进行 CO 的气相还原反应，只不过是次要反应，在此不进行详述。

MgO、CaO 和 Al_2O_3分别按式（4－15）、式（4－16）、式（4－19）进行还原的开始反应温度相应为 2153K、2463K 和 2322K。由此可见，它们在还原熔炼钛铁矿的温度（2000K 左右）下不可能被还原，但在电弧作用的局部高温区仍有可能发生这种还原反应。其他杂质如 SiO_2、MnO 和 V_2O_5在钛铁矿熔炼温度下，会发生不同程度的还原，还原产物 SiO 挥发进入烟尘，硅、锰和钒溶于金属铁相中。但这些杂质远比 FeO 和 TiO_2难还原得多，所以可以预计，矿中的大部分杂质（除 SiO_2还原量较多外）基本上被富集在渣相中。

以上是按各反应单独进行考虑的，实际上还原熔炼过程是多种反应在一个多组分系统中同时进行的，所以实际发生的反应要复杂得多。例如反应生成的产物（如 $FeTi_2O_5$、Ti_3O_5、Ti_2O_3、TiO 等）要溶于未还原的 $FeTiO_3$中，而不发生还原的组分（如 MgO、CaO、Ti_3O_5、Ti_2O_3、TiO 等）也会在渣相中富集。上述两种情况都使渣相中的 FeO 的活度降低。因此，随着还原熔炼过程的逐渐深入，渣相中 FeO 的活度变得越来越小，FeO 的还原变得越来越困难，从而促进 TiO_2的还原。在还原熔炼的后期，渣相中 FeO 浓度较低，它的还原就更难进行。所以，还原单位重量的 FeO 所消耗的能量随还原熔炼过程的深化而逐渐增加。研究表明，从含 3% FeO 的渣中还原单位重量 FeO 所消耗的能量，比从含 20% FeO 的渣中还原同样重量的 FeO 所消耗的能量大约 10 倍。在实际生产中，渣中总是残留一定量的 FeO，即不能将 FeO 全部还原，就是这个道理。

4.2.2 还原熔炼动力学

研究表明，钛铁矿的还原不是先分解为单一氧化物 FeO 和 TiO_2再进行还原，而是直接从钛铁矿品格中排出氧的。

钛铁矿的还原分为两个阶段。第一阶段是矿中 $Fe^{3+} \rightarrow Fe^{2+}$，即矿中假金红石（$Fe_2Ti_3O_9$或写成 $Fe_2O_3 \cdot 3TiO_2$）还原为钛铁矿和金红石：

$$Fe_2Ti_3O_9 + C = 2FeTiO_3 + TiO_2 + CO \quad (4-23)$$

第一阶段的还原易进行，即使在低温下（如 900℃）也可在较短时间内完成。

第二阶段的还原是 $Fe^{2+} \rightarrow Fe$，这一阶段的还原比较复杂。在（FeO + 脉石成分）—TiO_2—Ti_2O_3三元图中（图 4－2），$FeTiO_3$ 的还原反应基本上是沿着 $FeTiO_3$—$FeTi_2O_5$—Ti_3O_5这条线或接近这条线进行的，而不是沿着 $FeTiO_3$—TiO_2线进行的。也就是说，钛铁矿的还原过程必然导致 TiO_2的部分还原，不可能获得不含低价钛而纯含 Ti^{4+} 的钛渣。虽然在较低的温度下，$FeTiO_3$ 可还原生成金红石和金属铁，但当温度高于 1100℃时，$FeTiO_3$ 还原生成亚铁板钛矿（$FeTi_2O_5$）而析出金属铁：

$$2(FeTiO_3) + C = FeTi_2O_5 + Fe + CO \quad (4-24)$$

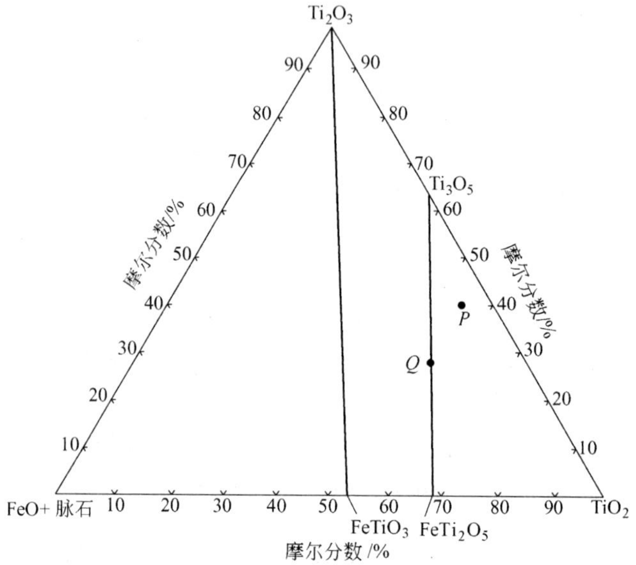

图 4－2　FeO—TiO_2—Ti_2O_3 三元组成图

亚铁板钛矿的稳定温度高于 1150℃，但因矿中的 MgO 和 MnO 等固溶其中增加了 $FeTi_2O_5$的稳定性。如果矿中 $FeTiO_3$ 按反应式（4－5）全部还原生成 $FeTi_2O_5$，此时生成的还原料（或渣相）中的 TiO_2 含量理论上可达 69%，但实际上得不到全部以 Ti^{4+} 形式存的含 $TiO_2$69% 的还原产物，因为在 FeO 被还原的同时，伴随发生了 TiO_2 的部分还原，即反应式（4－5）是与下面反应同时进行的：

$$\frac{x}{2}FeTi_2O_5 + 5\left(\frac{x}{2} - 1\right)C = Fe_{3-x}Ti_xO_5 + 3\left(\frac{x}{2} - 1\right)Fe + 5\left(\frac{x}{2} - 1\right)CO \quad (4-25)$$

式中，x 在 2～3 之间变化，还原产物是 $FeTi_2O_5$—Ti_3O_5 固溶体。矿中的杂质 MgO、MnO 等不被还原而固溶于还原产物中，所以还原产物是 Me_3O_5型（Me 为 Fe、Ti、Mg、Mn 等）固溶体：$FeTi_2O_5$—Ti_3O_5—$MgTi_2O_5$—$MnTi_2O_5$。按反应式（4－5）和式（4－25）进行还

原反应的终点，即所有 Fe^{2+} 全部还原为 Fe 时（$x=3$），理论还原产物是 Ti_3O_5，但实际上得不到纯的 Ti_3O_5 产品，一是因为矿中含有固溶杂质；二是因为 FeO 很难被还原完全。图中 Q 点是加拿大钛公司熔炼南非钛铁矿的熔炼终点，其产品钛渣含 TiO_2 85%，含 Ti_2O_3 25% ~28%。

我国以沿海砂矿为原料生产含 TiO_2 相当量为 93% 左右的高钛渣，其熔炼终点在图中 P 点附近。即中国这种矿熔炼的高钛渣的还原度[$m(Ti_2O_3)/m(TiO_2)\approx 0.82$]比南非矿高钛渣的还原度[$m(Ti_2O_3)/m(TiO_2)\approx 0.49$]要高。

钛铁矿以无烟煤为还原剂时，铁氧化物的标准反应速度的对数与温度倒数的关系如图 4-3 所示。由图可见，在温度小于 1100℃时，反应属动力学区，由图中求出铁氧化物的还原反应活化能为 232J/mol，此阶段化学反应速度是控制因素，提高反应温度对还原速度影响很大。由图 4-4 可见，反应温度由 900℃提高到 1100℃时，还原反应进行 2h，铁氧化物的还原率由 2% 提高到 35%。在温度高于 1300℃时，反应属于扩散区，此时化学反应速度已足够快，控制反应速度的因素是反应物和产物的扩散速度。在 1100 ~ 1300℃间属于过渡区。

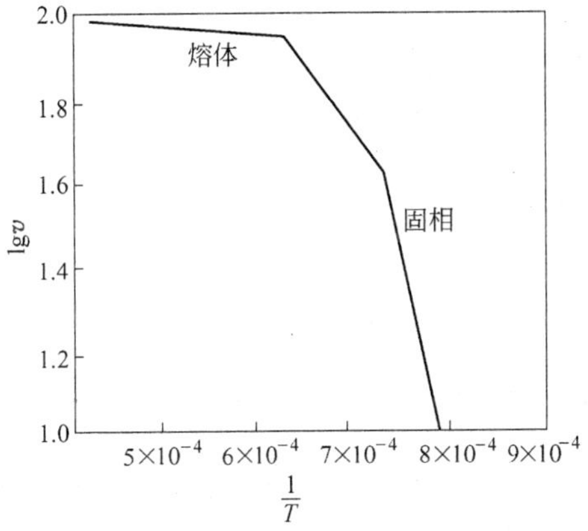

图 4-3 无烟煤还原钛铁矿时铁氧化物的标准反应速度的对数与温度倒数的关系

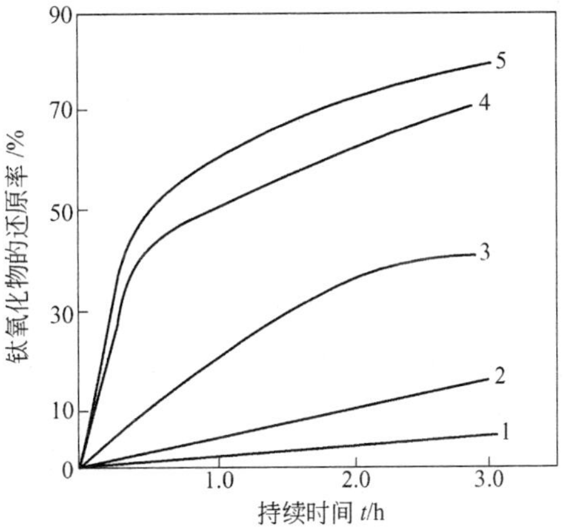

图 4-4 无烟煤还原钛精矿
1—900℃；2—1000℃；3—1100℃；4—1200℃；5—1300℃

炉料熔化后的初期 FeO 的还原速度较大（图 4-5），但随熔体中 FeO 含量的降低，FeO 的还原速度迅速下降，特别是当熔体中 FeO 等杂质含量小于 8% 时，FcO 的还原变得更加困难。

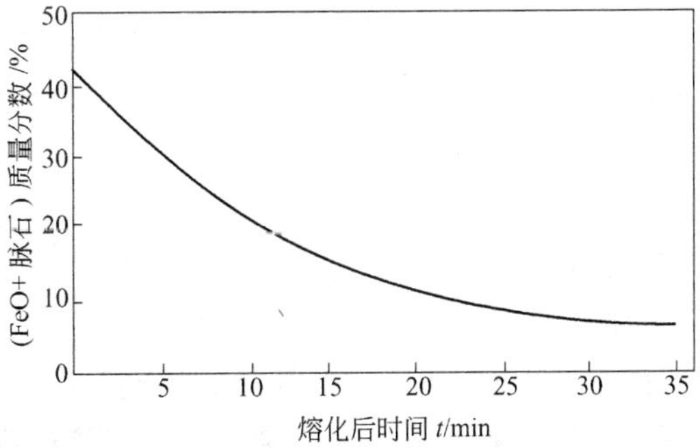

图 4-5 熔化后渣中杂质质量分数与熔炼时间的关系

4.2.3 还原熔炼钛渣过程的主要特征

钛渣是一种高熔点的炉渣，钛渣熔体具有强腐蚀性、高导电性和其黏度在接近熔点温度时会剧增的特性，而且这些性能在熔炼过程中随其组成的变化而发生剧烈的变化。钛渣具有上述特性，不同于普通冶金炉渣，因而熔炼钛渣过程具有与铁合金、有色金属冶炼过程不同的许多特征。

4.2.3.1　钛渣的高电导率和熔炼钛渣炉的开弧熔炼特征

钛铁矿的熔化状态具有较大的电导率，在1500℃时为2.0～2.5kS/m，在1800℃时为5.5～6.0kS/m。随着还原熔炼钛铁矿过程的进行，熔体组成发生变化，FeO含量减少，而TiO_2和低价钛氧化物含量增加，因此其电导率迅速上升。例如加拿大索雷尔钛渣在1700℃下，电导率与渣中总TiO_2之间的关系如图4－6所示。在熔炼高品位钛渣时，熔炼末期钛渣中FeO含量小于5%，总TiO_2含量高达90%以上，此时高钛渣的电导率高达15～20kS/m（图4－7）。而一般的碱土金属硅酸盐型炉渣在1750℃时的电导率约为100kS/m。可见，钛渣的电导率比普通冶金炉渣的电导率高数十倍甚至几百倍，比普通离子型电解质（如NaCl液体在900℃时的电导率约为400S/m）电导率也要高数十倍，且温度变化对钛渣电导率影响不大，这些情况都说明钛渣具有电子型导电体的特征。这样高的电导率和它随熔炼过程而变化的情况，是电炉熔炼钛渣作业的一大特点。

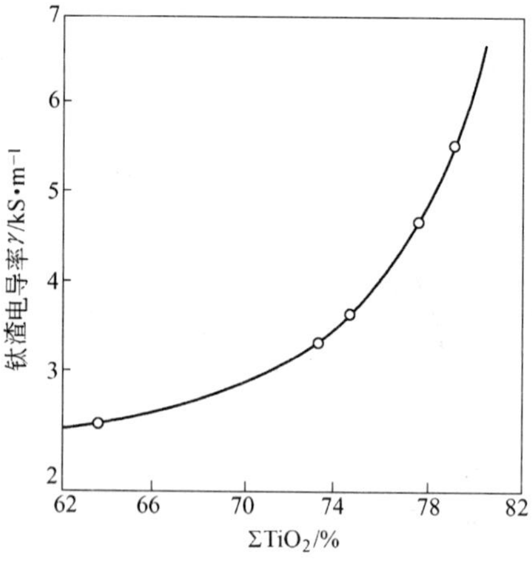

图4－6　钛渣的电导率与$\sum TiO_2$含量的关系

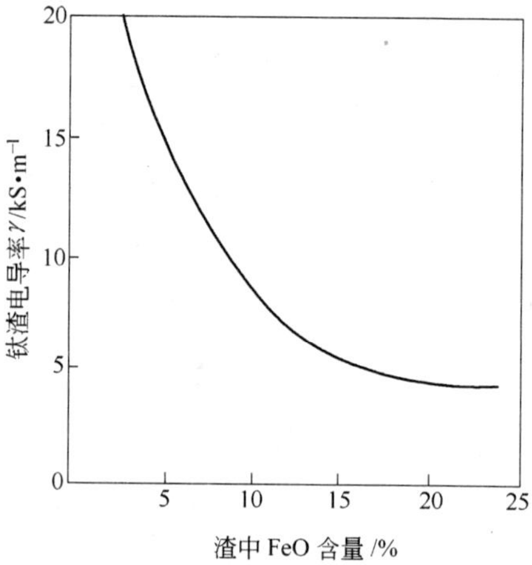

图4－7　高钛渣的电导率与FeO含量的关系

钛渣的高电导率决定了熔炼钛渣电炉的开弧熔炼特征。图4－8所示为左端电极是阳极时半周期的电弧电路示意图。R_1表示电极末端至熔化表面间的电弧电阻，R_2表示钛渣熔体的电阻。钛渣的电阻R_2很小，所以$R_1 \geqslant R_2$。电流经电极末端至熔池表面间所产生的电弧电压降远比电流经钛渣熔体所产生电压降大得多，即熔炼钛渣的热量来源主要是依靠电极末端至熔池表面间的电弧热，这就是所谓的“开弧冶炼”。而在高电阻炉渣的情况下，电极埋入炉渣，熔炼过程的热量来源主要是渣阻热，这就是所谓“埋弧熔炼”。熔炼钛渣过程的初期具有短期的矿热炉埋弧冶炼特征，随着熔炼过程的深入进行，开弧冶炼的电弧炉特征越来越明显。由图4－14可见，熔炼过程超过1h后，电弧热所占比例已接近90%，熔炼过程的后期电弧热可达97%。由于钛渣的高电导性阻止电极深入熔体，熔体仅依靠自上而下的热传导而加热，这就限制了熔体的深度。

4.2.3.2　钛渣熔点和黏度特性对熔炼过程的影响

钛氧化物中的钛—氧键很牢固，它们的熔点很高。TiO_2、Ti_3O_5、Ti_2O_3和TiO的熔点分别为 1870℃、1774℃、1839℃ 和 1750℃。钛渣主要是由钛的氧化物组成的，因此它的熔点也很高，按其组成其熔点在 1580～1700℃之间。钛渣的熔点随其中 TiO_2 含量的增加而升高（见图 4-9）。影响钛渣熔点的另一个重要因素是它的还原度，即渣中 Ti_2O_3 与 TiO_2 的比值。从 Ti—O 系统平衡图（图 4-10）来看，当 O(mol)/Ti(mol)=1.76 时，系统具有最低共熔点；随着 O/Ti 比值的降低（即还原度的增大），系统熔点升高；当 O/Ti=1.67 时达到一个较高的熔点，可见熔炼钛渣的终点最好在 O/Ti=1.76 左右。FeO、MgO、CaO、MnO 和 Al_2O_3 都分别可与 TiO_2 形成二元化合物和低共熔点，它们在一定含量范围内，都起到降低钛渣熔点的作用。

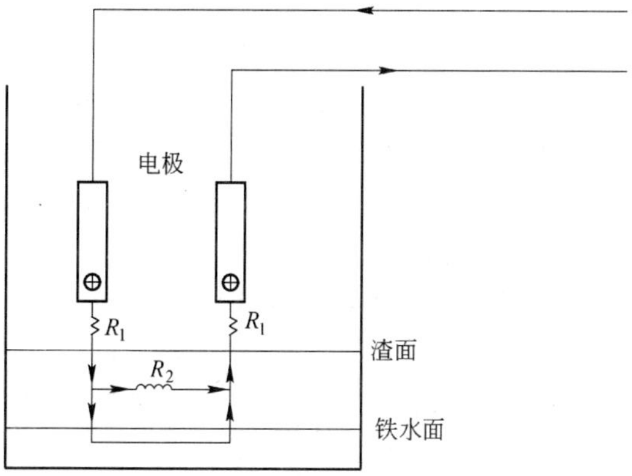

图 4-8 电弧电路示意图

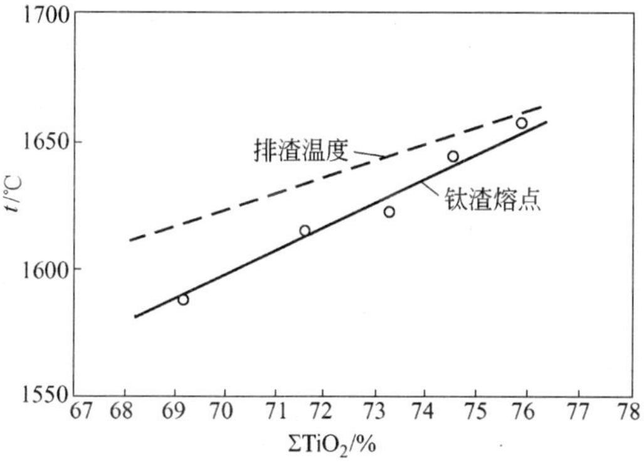

图 4-9 钛渣的熔点和排放温度与 ΣTiO_2 含量的关系

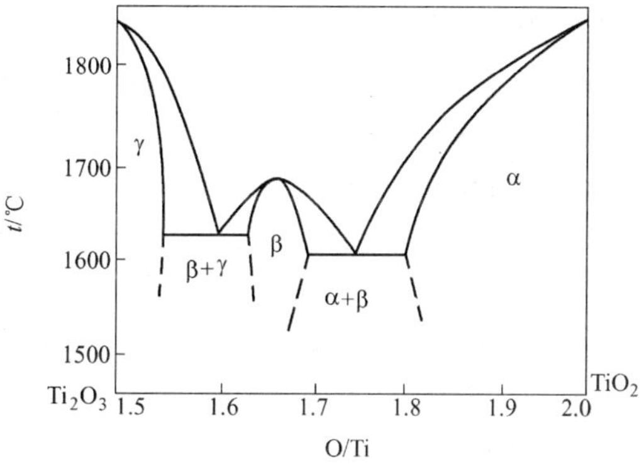

图 4-10 Ti—O 系平衡图

钛渣熔体的黏度具有短渣的特性（见图 4-11）。在温度高于熔点，处于完全熔化的钛渣熔体具有很低的黏度，一般在 $(0.3\sim1)\times10^{-3}$ Pa·s 之间。但当渣温接近其熔点时，其黏度急剧增加。这是因为钛渣的结晶温度范围很窄，温度接近熔点时少量结晶固体析出悬浮在熔体中，使熔体变得十分黏稠。在熔炼高品位钛渣时，其中含有少量高熔点的 TiC 和 TiN，在出炉时这些高熔点物很容易析出，使钛渣熔体的流动性变坏，造成出炉困难。为了保证顺利出炉，在出炉前必须将钛渣熔体过热，使其具有较大的过热度（即钛渣实际温度与其熔点之差），以免出炉过程的降温而造成出炉困难。

钛渣的熔点高，熔炼过程还需要将其过热，所以熔炼钛渣在高温下进行，这就要求热量必须高度集中在还原熔炼区。在设计钛渣电炉时，电极极心圆直径与电极直径之比要设计得较小，一般这个比值在 2.5～3.0 之间，以保证在最小的容积内（3.5～4 倍电极直径的区域内）集中热量进行还原和造渣。

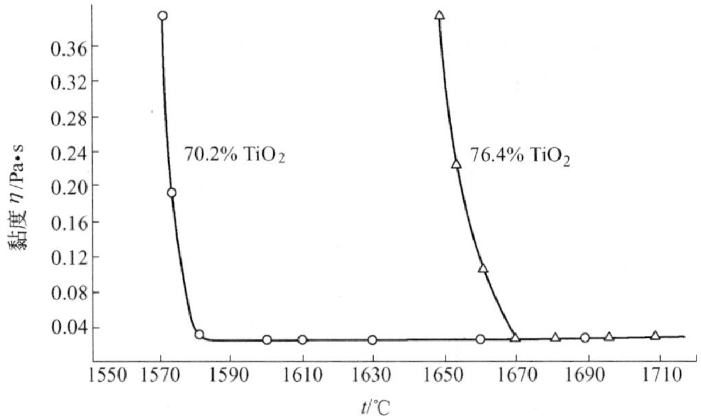

图 4－11　钛渣的黏度与温度的关系

4.2.3.3　钛渣熔体的高化学活性

钛渣的主要成分是 TiO_2，但还含有相当数量的低价钛氧化物，因而具有极高的化学活性，几乎能与所有的金属和非金属材料发生作用。事实上钛渣熔体能很快地腐蚀普通的耐火材料，所以，钛渣的还原熔炼是在炉衬上挂上一层钛渣本身固体层以保护炉体。这层钛渣固体层的厚度，是由供热量与热量经炉壁的热损失之间的复杂平衡确定的。固体层的厚度必须合适，太薄会造成炉衬的腐蚀，产品受污染；太厚会给出炉造成困难。

4.2.3.4　钛渣熔体的沸腾

钛铁矿的还原反应主要在熔体表面进行，但当固体炉料突然陷落到熔体中或者由于表面还原反应生成的高碳铁经熔体下降时，都可能在熔体中或金属铁与熔渣界面上发生瞬间的激烈反应，生成大量 CO 气体经熔渣逸出，使熔渣沸腾和喷溅。熔渣的沸腾会把电极淹没，使电炉的瞬间电流急剧增大，极端情况下造成短路跳闸。熔渣的沸腾是引起钛渣熔炼过程炉况不稳定的主要原因。在一次加料的间歇熔炼工艺中，钛渣会经常发生沸腾，这就需要相应地改变电极的位置来减少它的影响。因此在设计电炉时，要考虑炉膛有足够的高度，以便在钛渣沸腾时避免熔体逸出炉外。电极的升降速度要快（1～4m/min），以保证钛渣沸腾时电极及时离开熔体液面，避免短路跳闸。采用连续加料的方法，可以从根本上避免和减少钛渣的沸腾，使熔炼过程炉况稳定。

4.3　熔炼钛渣的工艺及设备

4.3.1　敞口电炉熔炼高钛渣

国内生产的高钛渣主要用于流态化氯化生产四氯化钛或将其焙烧成人造金红石。高钛渣中总 TiO_2 要达到 93%，FeO 含量要小于 3%～4%。生产这种高还原度的高钛渣现采用敞口电炉。敞口电炉生产高钛渣的工艺流程各厂不尽相同，其原则流程如图 4－12 所示。

4.3.1.1　原料的选择

敞口电炉生产高钛渣的主要原料是钛精矿、还原剂和黏结剂。

A　钛精矿的选择

钛精矿的质量不仅影响还原熔炼过程的技术经济指标，而且对产品的质量有着十分重要的影响。钛精矿的选择可根据产品高钛渣的用途和要求，按照下列基本原则进行选择。电炉熔炼钛渣的过程是一个选择性还原除铁的过程，钛铁矿中的非铁杂质 CaO、MgO、SiO_2、Al_2O_3、MnO 是造渣成分，它们在还原熔炼过程中基本上不被还原而是富集在渣中，从而降低高钛渣的 TiO_2 含量。作为冶炼高钛渣的原料，应该选择非铁杂质低的钛铁矿，即应以钛和铁氧化物的总量作为衡量钛铁矿质量好坏的标准。高钛渣的组成与钛矿的组成有着十分密切的关系。

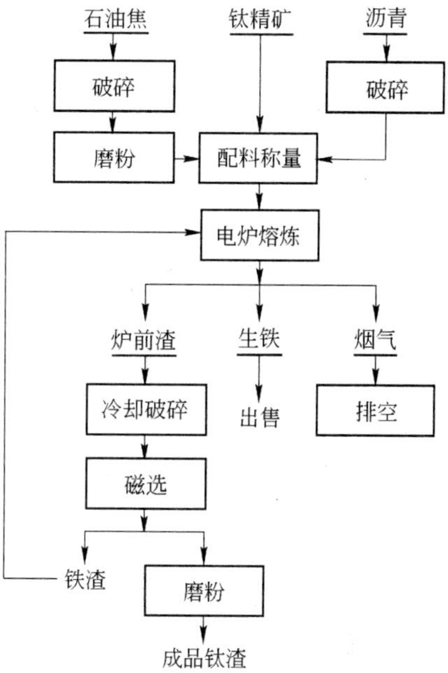

图 4-12 钛渣生产工艺流程

硫和磷是熔炼高钛的有害杂质。在熔炼过程中，钛铁矿中硫的一部分（约40%）以硫化物形式挥发逸出，恶化劳动条件和造成环境污染；一部分进入金属相（约50%），另一部分进入渣相。可见，钛铁矿中的硫和磷的存在不仅影响产品高钛渣的质量，而且使副产金属铁质量变坏。对于高硫钛铁矿，一般在入炉前应进行氧化焙烧脱硫处理。用于生产电焊条用的人造金红石的高钛渣时，对原料中的硫和磷有严格的要求。一般来讲，钛铁矿的硫含量应小于0.1%，磷应小于0.05%。用于生产高钛渣的钛精矿，一般以粒度较粗的矿为好，以降低在熔炼过程中的飞扬损失，同时也有利于改善环境。

B 还原剂的选择

原则上，所有含碳的物料，如煤炭、石油焦、木炭和石墨粉均可作为熔炼高钛渣的还原剂，几种还原剂的化学组成分析列于表 4-2。

表 4-2 几种还原剂和黏结剂的组成（质量分数） （%）

名 称	碳	硫	灰 分	挥发分	水 分
无烟煤	~85	0.4~0.6	10~15	5~8	1~5
石油焦	85~98		0.2~0.6	1~9	0.1~3
冶金焦	~80	0.6~0.7	15~20	2~3	
木 炭	70~90		1~1.5	15~20	1~2
沥 青	35~40		0.5~1.0	~60	

从工艺和经济的合理性考虑，应选择活性高、电导率低、灰分低、挥发分低、含硫量低和廉价还原剂。还原剂的活性高可以增加还原速度，减少熔炼时间，降低能耗和提高生产能力。还原剂的电导率低，可改善炉料性能，保证合理的供电制度。还原剂的灰分低，可减少其对产品高钛渣的污染。还原剂的挥发分低，可减少熔炼过程的排气量，有利于炉况的稳定。上面已经提到，硫是熔炼钛渣的有害杂质，无疑应尽量选择低硫的还原剂。

各种还原剂对钛铁矿的还原活性按以下顺序递减：木炭 > 无烟煤 > 石油焦 > 冶金焦。木炭的活性高，并可使炉料具有较大的电阻，但价格贵，很少应用。石油焦的含碳量较高，灰分较低，但活性低，价格贵，不是理想的还原剂，仅用在小规模生产高质量钛渣的场合。国内外生产实践表明，无烟煤是熔炼高钛渣合适的还原剂，它的含碳量和活性均较高，价格低廉，来源可靠，与钛铁精矿混合制团后的电阻较大（80～340kΩ/cm^3），但应选择低灰分、低挥发分和低硫的无烟煤。

C　黏结剂的选择

目前在生产中应用的黏结剂有沥青（中温煤沥青）和酸性纸浆废液两种。沥青的黏结效果好，但毒性大，不利于劳动保护。纸浆废液含硫高，黏性差，它与钛精矿混合制成的球团料在熔炼时易塌料翻渣，炉况不稳定，在炉表面形不成牢固的烧结炉料拱桥，不仅使热辐射损失增加，且不利提高钛渣的品位。目前还没有找到一种比较理想的熔炼高钛渣的黏结剂。

4.3.1.2　工艺操作

A　配料

配料是制团工序的准备作业，把钛精矿、还原剂和黏结剂按适当比例混合均匀供制团使用。配料前必须准确确定配碳量，配碳量的确定是采用计算和实际生产经验相结合的方法。在冶炼一个新矿种时，先按下列方法计算出配碳量，然后经几炉试验验证是否合适，最后确定正确的配碳量。配碳量计算应包括：

（1）将钛铁矿中的铁氧化物还原为金属铁所需碳；

（2）将钛铁矿中部分TiO_2还原为Ti_2O_3和TiO所需碳；

（3）将钛铁矿中部分杂质还原所需碳；

（4）铁水增碳所需碳；

（5）在炉内烧损的碳；

（6）机械损失碳。

以上六项的总和便是所需碳量。所需碳量应等于加入的还原剂和黏结剂及所消耗的电极三者中的活性炭量的总和。但计算还原钛铁矿中杂质所需碳比较麻烦，而炉内碳的烧损和机械损失只能根据生产经验加以估计。所以，在生产中实际应用的方法很多，主要有两种：

（1）计算将矿中所有铁的氧化物还原为金属铁时所需碳，称为“理论需碳量”，再加上所谓“过碳量”，便是需加入碳量。这种计算方法过于粗略，“过碳量”变化范围太大。

（2）计算将矿中所有铁的氧化物还原为金属铁和所有TiO_2还原为Ti_3O_5所需碳量的总和，再加上铁水增碳所需碳量便是需加入的碳量。在这里，假定炉内碳烧损所消耗的碳由电极碳补偿。这种计算方法比较准确，也比较简便。

无论采用哪一种计算方法都包含了一些估计因素，因此准确的配碳量只能在实际生产中经验证才能确定。

B　制团

敞口电炉熔炼钛渣，一般都采用一次将全部炉料加入炉中或者间歇地分几次加入炉中进行熔炼的方法。如果采用粉料，几乎全部还原反应都在液相中进行，因粉料无支撑作用，熔化区上方的炉料下落到熔化区，使熔化区温度下降，渣的熔点比炉料熔点高，这样很可能造成初渣的凝固，不利于反应的继续进行。另外，粉料熔炼的飞扬损失大，回收率低。如果预先将钛铁矿与磨细的还原剂均匀混合，加入适量黏结剂制成团料，这就使矿与还原剂达到均匀的紧密接触，有利于固相还原反应的进行；同时团料的熔化度比粉料高，可造成部分还原反应先于炉料的熔化，以减少液相的还原反应量；生成的钛渣中的低价钛比粉料少，有利于降低电耗。另外，制团的目的还在于改善炉料的透气性，使炉料相互之间具有支撑作用以利于在熔池上方由于固体料的烧结而形成拱桥，减少热辐射损失，同时减少熔炼过程中的粉尘飞扬损失。可见，制团对强化熔炼过程是十分重要的。

在配料作业中，混合均匀的炉料在间接加热的混捏锅中进行混捏，混捏时间 15～20min，混捏料经制团机制成团块，制成的团块经干燥后入炉熔炼。制团过程不仅操作繁琐，而且往往成团率不高（70%～90%），不经干燥的团块强度很差，大部分团块在入炉的过程中就已破裂。所以，目前国内大部分工厂已简化为拌料，即经混捏的料直接加入炉中进行熔炼。

在生产实践中，一些工厂采用了团料与粉料并用的混合炉料的熔炼方法，一般先将少量粉料加在炉底，然后依次加入团料—粉料—团料。这种方法既具有团料的优点，以可多加入一些炉料，又利于提高炉产量。还有的工厂在熔炼过程中加入粉料，创造了一些好的熔炼方法。

为克服制团过程的缺点，人们采用造球的方法。将钛矿磨细，加入适量添加剂（如皂土），在圆盘造球机中喷水造成球，经干燥后的球料具有足够的强度。球料与粒度适当的还原剂按一定比例（根据配碳量）混合均匀加入炉中熔炼。造球法虽然避免了使用沥青黏结剂，但钛铁矿需要磨细，球料需要干燥，熔炼时是球外配碳，还原反应主要在液相中进行。所以，球料不适合于敞口电炉使用，而比较适合于连续加料的密闭电炉中使用。虽然也有将钛矿与碳粉混合造球的方法，但由于矿与碳粉的密度差别较大，造球比较困难，所以球内配碳的造球方法没有得到广泛应用。

C　电炉熔炼

a　电炉

钛渣电炉是介于电弧炉与矿热炉之间的一种特殊炉型，由炉体、电极、排气罩、电炉变压器、短网母线、电极把持器、电极升降装置和测量控制仪表等组成。其中电炉结构如图 4－13[9] 所示。

在设计钛渣电炉时应考虑熔炼钛渣过程的特点：一般来讲，极心圆单位面积功率（2200～2900kV·A/m^2）较矿热炉大，热量集中，能满足熔炼高熔点钛渣的要求；炉膛单位面积功率应选得小一些（200～400kV·A/m^2），以便在熔池周围形成钛渣固体保护层；炉膛的上方有适当高度的气室区，以便在渣沸腾时避免熔体逸出炉外；电极升降速度要快，以满足钛渣沸腾时快速升降电极的要求。

电极最好是石墨电极，这种电极允许通过的电流密度大，可保证合理的供电制度，有利于缩短熔炼时间和降低电耗，但石墨电极价高，目前国内一般采用自焙电极。电极糊填充在铁筒内，在熔炼过程中电极糊自行成形和烧结成电极。自焙电极的质量不仅取决于电极糊的性能，还取决于操作时焙烧电极的制度。电极焙烧不好，不仅影响合理供电，还会因软断给熔炼操作带来麻烦。

短网母线要通过强大的电流，它的电阻热会造成功率的损失。在设计和安装电炉时应尽量减少母线的长度，母线应具有合理的形状，同时导线彼此间接触要良好。石墨电极电炉的短网电压损失比自焙电极电炉小，这是因为石墨电极表面光滑平整，把持器与其接触良好，接触电阻小；而自焙电极表面粗糙，它与把持器间的接触电阻大。

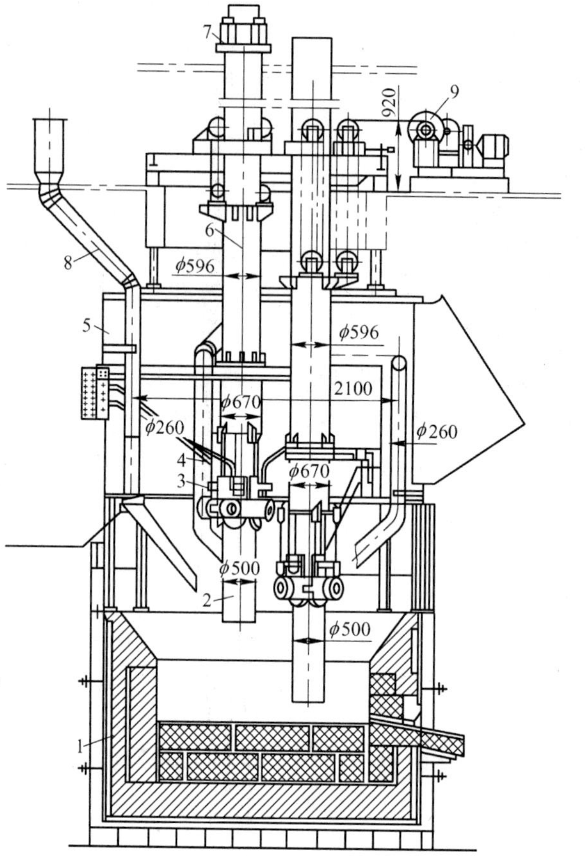

图 4－13 6.3MV · A 敞口式矿热电炉

1—炉体；2—石墨电极；3—电极把持器；4—水冷导电管；5—烟罩；6—把持筒；7—闸环；8—下料管；9—卷扬机

b 熔炼过程

熔炼钛渣过程是间歇操作，每炉的操作包括捣炉、加料、接放电极、送电熔炼、烧穿出料口、出炉等步骤。目前敞口电炉熔炼钛渣是一次将全部炉料或大部炉料先加入炉内再进行熔炼的方法。这种方法的熔炼过程大致可分为炉料熔化、造渣和过热三个阶段。

（1）炉料熔化阶段。从开始送电熔炼至炉料全部熔化（除熔池上方的固体拱桥外）完毕称为炉料熔化阶段。熔炼刚开始时，新加入的炉料比电阻较大，电极与炉料直接接触，依靠炉料电阻热加热炉料，此时输入电流虽小但比较稳定，此段期间电阻热占主导地位，但这段时间不长。当电极上方炉料熔化形成三个“坩埚熔池”（图 4－14）后，电极与“坩埚熔池”间产生电弧热加热炉料使熔池逐渐向外扩张，直至形成一个沟通三电极的“大熔池”。从“坩埚熔池”向“大熔池”的过渡期间，由于未熔化炉料部分被还原，其比电阻逐渐变小，所以炉料电阻热逐渐减少；而电极与“坩埚熔池”间的电弧热所占比例逐渐上升（图 4－15）。从熔炼开始经过约半小时后，电弧热便占主导地位。上述的“过渡期”为熔炼高钛渣的不稳定时间，一是因为电流经过线路（电极→坩埚熔池→未熔化炉料→坩埚熔池→电极）的电阻随时间而变化；二是“坩埚熔池”上方的固体炉经常会陷落至熔池引起激烈的反应而使渣沸腾，而且这种“塌料—渣沸腾”现象是无规律的。

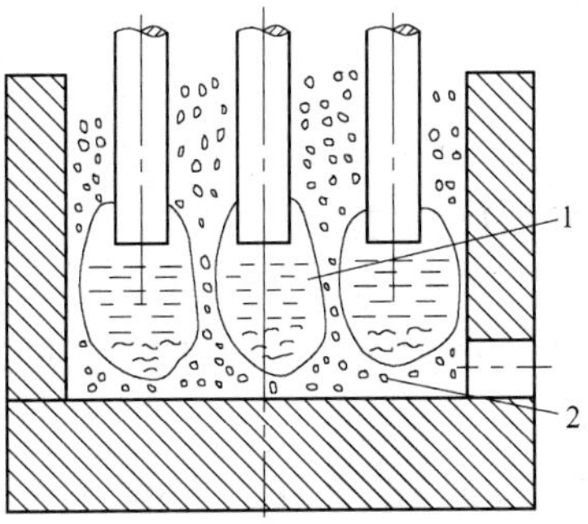

图4-14 间断法熔炼钛渣的炉料熔化中期的反应区（坩埚）状态

1—三相熔池尚未连通的坩埚；2—未熔炉料

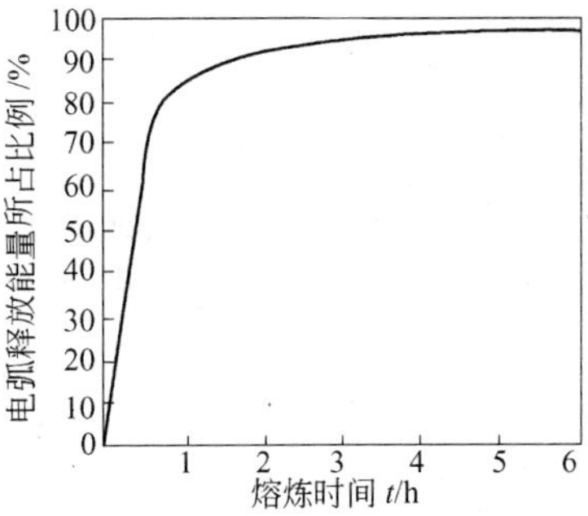

图4-15 在熔炼钛铁矿精矿过程中电弧释放能量的变化

在熔炼“过渡期”，由于上述两方面的原因，造成三相电阻、电流失去平衡，电极窜动频繁。甚至有时发生短路跳闸现象。所以，在每次出炉完毕后，需尽快将炉中熟料捣入炉底，并在熟料上面加入适量粉状钛铁精矿，然后再加入团料，便可加快炉底“大熔池”的形成，缩短上述“过渡期”，使操作负荷尽快稳定和达到最高允许值。

炉底“大熔池”形成之后，主要依靠电极与熔池间产生的电弧热加热炉料，此时三相功率容易调节平衡，从而可实现高负荷操作，以加快熔池周围炉料的熔化。此时熔池上方炉料处于悬空状态，容易发生塌料、翻渣的现象。引起电极窜动和负荷的波动。

在炉料熔化阶段，热量除了用于炉料的熔化外，还要用于与熔化同时进行的还原反应，所以此阶段消耗的能量约占熔炼全过程总能量的2/3左右。

如在炉料中只配入总碳量80%左右的碳，其余约20%的碳在造渣阶段才加入，这种配碳较少的炉料熔化速度较快，形成的熔体温度较低，并有可能增大熔池体积，从而可增加炉产量。

（2）造渣阶段。炉料熔化后，熔体的FeO含量通常为8%～10%，仍需将熔体中残留的FeO进一步还原，这就是所谓“造渣”。

把全部碳都配在炉料中的操作方法会过早地生成含低价钛较高的熔体，这对熔炼过程的继续进行不利。在这种操作方法中，造渣阶段是依靠熔体中剩余的碳起还原作用的，如果炉料配碳过多，则有可能不存在造渣阶段，有时甚至还要加入钛精矿稀释后才能出炉。出炉料中只配入部分碳的操作方法，在造渣阶段要补加其余部分碳以进行造渣还原。补加的碳浮在熔体表面，具有稳弧作用。如果是生产低品位的溶性钛渣，则不需进行造渣。

造渣阶段的特点是熔体具有很高的电导率，热量几乎全部由电弧热供给，熔池上方形成的烧结炉料“拱桥”起着遮挡热辐射的作用。如果“拱桥”形成不牢固，则会出现大塌料、大翻渣现象，这不仅造成炉况的不稳定和达不到造渣的目的，还会造成大量热量损失。因为大量熔渣沸腾喷溅到炉表面经冷却后结壳，这种反复的“翻渣、结壳、塌料、熔化”过程显然造成不必要的热损失，延长造渣时间，增加电耗。要使造渣阶段顺利进行，必要的条件是熔池上方存在一个牢固的烧结料拱桥。拱桥的牢固程度主要取决于炉料中黏结剂的性能和它的加入量，如果炉料烧结性能不好，说明黏结剂的加入量不合适。

（3）过热阶段。当造渣结束时，即渣的品位已达到产品的要求，但不一定就能马上出炉，还需要继续对熔体进行加热，使渣过热，渣铁充分分离，保证顺利出炉。渣的过热阶段虽然时间不长，但十分重要。钛渣熔体的黏度或其流动性与温度密切相关。如果钛渣熔体的过热度不够，在出炉过程中的冷却作用会使其黏度急剧上升，甚至有时凝结在出口通道上，造成出炉的困难。当钛渣达到所要求的过热度后应及时出炉，否则不仅由于熔炼时间的加长，造成渣的过还原生成较多的 TiC，反而不能顺利出炉；而且有可能使熔池上方的“拱桥”融化造成大塌料而失去了出炉的机会，因为生料落入熔池使钛渣的品位下降，又需重新经历熔化、造渣和过热阶段。

在一次加料的操作方法中，上述三个阶段不可能划分明显的界限，有时炉料配碳不合适和操作不当等原因，熔体钛渣的质量已达到要求，但三电极间还未熔化通，在此情况下化通后则立即出炉，便不存在造渣和过热阶段。

c　影响熔炼过程的主要因素

熔炼过程的渣品位、炉产量、电耗等技术指标受众多因素的影响，其中最重要的是钛铁矿质量、还原剂质量和用量、炉料状态和加入量，以及熔炼过程的操作方法和供电制度等。

（1）炉料的配碳量和加入状态。炉料的配碳量对熔炼过程产生十分重要的影响，还原剂的过量和不足都会引起炉况的失调并导致熔炼的失败。配碳过多，TiO_2 大量被还原，生成低价钛含量高的熔体，并助长 TiC 的生成，使熔炼过程和出炉变得困难。在极端的情况下，钛渣凝固在炉中排不出来，还会使炉料熔化量减少，降低产量。配碳不足会导致 FeO 还原不完全，需要造渣阶段补加大量碳，使熔炼时间增加，也会使电耗上升。另外，有时还会造成对炉衬的腐蚀。

如前所述，要采用计算与生产验证相结合的方法来确定配碳量。在采用两次配碳的操作方法时，要正确选择炉料配碳量与造渣时补加碳量之间的比例，一般认为在炉料中配入 80%，造渣时加入 20% 比较合适。在采用团料与粉料混合料工艺时，粉料中不配碳操作比较方便，但应在团料中多加入一些碳，团料与粉料的比例以（8 ~9）:1 为宜。

（2）炉料加入量。熔炼钛渣的熔池范围是电极表面向外扩张大约一个电极的直径，即熔池直径大约等于电极极心圆加上 3 倍电极直径，熔池外的炉料在正常操作条件下处于固体状态。由此可见，在电炉功率、电极直径和极心圆直径已经确定的情况下，增加炉料加入量，可以增加熔池高度，从而可增加炉产量。采用团料与粉料混合料工艺，比单一团料工艺可多加入一些炉料，因而有利于增加炉产量。

（3）供电制度。钛渣电炉基本上是在电弧制度下操作，所以熔炼钛渣过程接近于炼钢过程。炼钢炉的操作要在高电压下工作，有利于提高电能利用系数，降低单位电耗，并相应提高炉产量，这说明了钛渣电炉的操作电压比一般的矿热炉要高的原因。操作电压的升高，使电弧拉长，从而可提高电弧区电能利用率，并使炉气带出的粉尘量降低，有利于提高钛的回收率。但电弧的加长会导致热辐射损失的增加，所以对给定功率的电炉应有一个相应的合理操作电压值，于是人们提出了电炉额定电压与其功率的关系式：

$$U_e = 7.6P_{xiang}^{0.4}$$

式中　7.6，0.4——熔炼钛渣过程的特征系数；

U_e——二次电压，V；

P_{xiang}——电炉相功率，kV · A。

电炉二次电压的允许范围为（0.8 ~ 1.5）U_e，不同功率的电炉允许的二次电压值列于

表4－3。

表4－3 不同功率电炉的二次电压

电炉功率 P/kV·A	U_e/V	最小二次电压 U/V	最大二次电压 U/V
5000	148	118	170
3000	120	96	138
1800	98	78	113
1000	78	62	90
600	63	50	73
400	54	43	62

目前国内敞口电炉熔炼高钛渣电炉容量较小，多数为1000～3200kV·A，所应用的二次电压值比表4－3的最大值还要高一些。原因是炉子小，在熔池上方固体料拱桥比较牢固，可有效地遮挡热辐射，在这种情况下可采用较高的二次电压值。

（4）熔炼温度。钛精矿的主要成分是 $FeTiO_3$，它的熔点温度是1470℃左右，钛渣的熔点依其组成不同在1580～1700℃之间。热力学分析表明，提高熔炼温度会促进 TiO_2 还原生成低价钛，这是不希望发生的，因此，钛渣熔炼过程应尽可能在较低的温度下进行。最理想的情况是在固相中进行还原，在液相中进行熔化分离，在电炉熔炼钛渣时，应尽量采取措施增加固相还原量，但固相还原毕竟是有限的。由于炉料的熔化温度低于 $FeTiO_3$ 的熔点，约在1250～1300℃下炉料便开始熔化，炼渣的热源主要是电弧热。在电弧的作用下炉料立即熔化，所以大部分还原反应是在液相中进行的。为了降低熔体的温度，炉料配碳少一些，进行熔炼所生成的初渣具有较低的熔点，这样大部分FeO便可在较低温度下的熔体中进行还原，而另外部分碳在造渣阶段加入，从而可减少高温熔炼时间。

D 渣铁分离等后处理

小功率的敞口电炉，渣铁分别排放存在一定困难。一是因为产品（钛渣和金属铁）量少，熔池高度小（一般250～400mm），铁水的高度更小（一般在100～150mm）。在炉上设两个出料口（渣口和铁口）的高度差太小，操作起来有一定困难；二是因为渣铁界面可能不清晰，分别排放也不一定能将渣铁分离好，因此，国内仍然采用以铁带渣的渣铁同时排放的方法，在炉外再进行渣铁分离。

过热钛渣熔体具有良好的流动性，因此一般可以顺利出炉。但有时流动性不好，出炉困难。出炉困难主要是因为在出炉过程中，特别是钛渣在通过出口通道被降温，少量固体物被析出使渣变得黏稠。因此要求出炉时动作要迅速，流程设计得尽量短；并且出炉时不断电，电极随液面下降进行加热，以使钛渣处于过热状态向外流动。

在炉外进行渣钛分离的方法有两种：一是渣和铁排至渣包冷却凝固后进行渣铁分离；二是渣和铁流入渣包后，从底部出铁口放出铁水，钛渣熔体因降温失去流动性而留在包内。炉外分离方法的缺点是渣铁分离不好，造成渣中夹杂较多的铁珠，在其后磁选分离出来的铁珠中夹渣，造成渣的损失。

渣铁分离最好在炉内进行，在炉上设有出渣口和出铁口，渣口在上，铁口在下。先将钛渣从出渣口排出，然后再从出铁口排出铁水，一般排放两次渣才排放一次铁。热铁水在炉外直接进行脱硫、增碳和合金化处理，加工成铸造生铁或其他产品。但只有在电炉的容量较大、炉产量较高的情况下才比较容易实现渣铁分别排放。

钛渣在冷却过程中发生物理化学变化。其中最重要的是与空气中氧的作用，钛渣中低价钛气体生成金红石型或锐钛型 TiO_2。钛渣氧化的结果引起其组成和物理性质的变化，对其后钛渣的应用有着直接的影响。钛渣氧化后发生破裂粉化，产生细粉，渣中低价钛含量减少，使钛渣在其后的氧化焙烧时或氯化时的放热量减少。减少钛渣在冷却中氧化的最有效和简便方法是喷水冷却。

钛渣冷却后进行破碎、磨细，磨细的钛渣中还夹有一定数量的铁粒，应通过磁选将它们分离出来。分离出来的磁性物还夹杂有钛渣，需进行回收处理，或者将磁性物加入炉中重新熔化以回收其中的钛渣。

4.3.1.3　技术经济指标

A　高钛渣质量

钛铁精矿中的 CaO、MgO 和 Al_2O_3 在还原熔炼过程中基本上不被还原，但在电弧高温区有小部分可能被还原，绝大部分富集在渣相中。MnO 有少量被还原入金属相，大部分入渣相。SiO_2 部分被还原入金属相或挥发逸出，相当一部分入渣相。因此，由不同矿源生产的高钛渣质量差别较大，非铁杂质含量高的钛精矿生产的高钛渣品位低。根据生产实际分析结果或根据物料平衡计算结果，几种不同产地的钛精矿所生产的高钛渣化学组成列于表4-4中。高钛渣有色金属行业标准列于表4-5。生产高钛渣副产半钢测定成分列于表4-6。

表4-4　不同矿源生产高钛渣的化学组成（质量分数）　(%)

精矿品位和高钛渣组成		原料钛精矿产地				
		北　海	海　南①	攀枝花	承　德①	富　民
钛精矿 TiO_2 品位		61.65	48.67	47.74	47.00	49.85
高钛渣组成	ΣTiO_2	94.35	92.40	82.63	90.60	94.00
	FeO	4.36	3.00	4.08	3.00	2.70
	CaO	0.28	1.41	1.11	1.47	0.41
	MgO	0.40	0.36	7.40	2.70	3.20
	SiO_2	0.88	0.92	3.88	2.23	1.02
	Al_2O_3	1.25	1.87	2.04	2.23	0.45
	MnO	1.90	3.53	0.80	1.38	0.85

①海南矿和承德矿高钛渣组成是根据物料平衡计算的结果，承德矿是指电选矿。

表4-5　高钛渣有色金属行业标准（YS/T 298—1994）（质量分数）　(%)

品　级	化　学　组　成			
	TiO_2	TFe	CaO + MgO	MnO_2
	不小于	不大于		
一级品	94.0	3.0	1.0	4.5
二级品	92.0	4.0	1.5	4.5
三级品	80.0	5.0	11.0	4.5

表 4-6 半钢杂质成分（质量分数） （%）

矿种类	Ti	P	S	C	Mn	Si	Cr
砂 矿	0.70	0.057	0.075	2.16	0.30	0.53	
砂 矿	0.80	0.048	0.062	2.11	0.70	0.66	
砂 矿		0.08	0.23	2.08	0.47	0.50	
岩 矿	0.51	0.075	0.24	2.12			
岩 矿	0.16	0.02	0.12	2.57	0.04	0.15	
岩 矿	0.60	0.02	1.82	1.19	0.055		0.045

B 单位电耗

为了比较以不同质量的钛铁精矿生产高钛渣的电耗，采用热量衡算方法计算了国内五种矿在熔炼高钛渣时应吸热量、钛渣和铁水的热含量，计算结果列于表 4-7。如果假定熔炼过程的热效率为 45.8%，并假定热量收入中电能占 74.5%，由此算出的五种矿所产高钛渣的单位电耗也列入表 4-7 中。

表 4-7 不同精矿生产高钛渣的指标比较（计算结果）

原料钛精矿产地	高钛渣品位 ($\sum TiO_2$)/%	吨钛渣的电耗 /kW·h	吨钛渣热耗比较/MJ		
			反应吸热	渣物理热	铁物理热
广西北海	94.35	2660	3152.5	2371.3	464.1
海 南	92.4	3030	3598.6	2371.3	820.7
攀枝花	82.63	2740	3092.0	2371.3	685.0
承 德	90.6	3000	3518.4	2371.3	845.9
云南富民	94.0	3040	3626.3	2371.3	824.5

从表 4-7 可见，以广西氧化砂矿为原料生产高钛渣，不仅高钛渣的质量高，而且单位电耗也低。这是因为此种矿的 TiO_2 含量高，铁氧化含量低，因此反应吸热量少；副产物金属铁量少，由铁带出的热量也少。

电炉还原熔炼高钛渣的单位电耗与许多因素有关，除了钛铁精矿的质量外，还与电炉容量大小、工艺技术水平和工厂的管理水平有关。因此，各厂生产高钛渣的单位电耗相差悬殊，以生产含 $\sum TiO_2 \geqslant 94\%$ 的两广（广东、广西）高钛渣为例，吨钛渣电耗变化范围大致在 2800～3500kW·h。

4.3.1.4 存在问题和改进方法

敞口电炉熔炼高钛渣的优点是产品品位高，生产技术容易掌握；缺点是炉况不稳定、热损失大、粉尘多、劳动条件差、劳动强度大、噪声大等，因而仅适用于小规模生产高质量钛渣。这种工艺要大改进比较困难，当前生产中急需研究解决的问题是降低工人劳动强度、改善劳动条件和治理污染。改进的主要措施是治理粉尘、烟尘的污染，改善操作环境，改进渣铁分离方法，将半钢加工成产品出售，逐渐用机械化和自控技术代替人工操作，并通过联合重组逐渐集中生产。

4.3.2　敞口电炉熔炼酸溶性钛渣

用于硫酸法生产钛白的钛渣，在国内俗称为酸溶性钛渣。敞口电炉熔炼酸溶性钛渣与熔炼高钛渣的工艺、设备和操作方法基本上相同，但也有不同之处。即在还原熔炼时要控制适当的还原度，使获得的钛渣达到下列基本要求：

（1）具有良好的酸溶性，一般要求酸解率不低于94%；

（2）要有适量的助熔杂质 FeO 和 MgO，以使钛渣具有良好酸解反应性能；

（3）低价钛含量要控制适量；

（4）对生产钛白有害的杂质（特别是硫、磷、铬、钒）含量不能超标。

采用1800kV · A 敞口电炉熔炼了攀枝花和承德矿酸溶性钛渣，这两种钛精矿和熔炼获得的钛渣的典型化学组成列于表4－8。这两种钛渣，除攀枝花矿钛渣稍过还原外，经小型和工业试验表明都具有良好的酸溶性，符合硫酸法生产钛白的要求。以攀枝花矿酸溶性钛渣为原料，在硫酸法生产线上生产出了达到标准的锐钛型和金红石型颜料钛白。

表4－8　钛精矿和酸溶性钛渣化学成分（质量分数）　　（%）

成　分	攀枝花矿		承德矿	
	钛精矿	钛　渣	钛精矿	钛　渣
ΣTiO_2	45.72	77.20	44.91	74.91
Ti_2O_3		22		14.5
ΣFe	32.32	6.40	33.78	8.45
Fe^0		1.53		0.53
FeO	40.74	6.24	41.05	10.19
Fe_2O_3	1.20		5.58	
CaO	0.91	1.36	0.79	1.49
MgO	5.06	7.62	1.59	3.10
Al_2O_3	1.19	1.76	2.07	4.03
SiO_2	2.29	3.77	2.10	6.75
MnO	0.71	1.14	0.74	1.17
Cr_2O_3	<0.05	0.045	0.022	0.036
V_2O_5	0.064	0.07	0.098	0.18
P_2O_5	0.023	0.008	0.031	0.021
Nb_2O_5		0.03		

钛渣的酸溶性能主要取决于它的物相结构，而物相结构除随其化学组成变化还随它在出炉后的冷却方式而变化。

钛铁矿在电炉中还原熔炼时，除了铁氧化物被还原外，还伴随着 TiO_2 的部分还原：

$$2(FeO \cdot TiO_2) + C = FeO \cdot 2TiO_2 + Fe + CO$$

$$\frac{3}{2}(FeO \cdot 2TiO_2) + \frac{5}{2}C = Ti_3O_5 + \frac{3}{2}Fe + \frac{5}{2}CO$$

在钛渣熔体出炉后的冷却结晶过程中，大部分钛的氧化物与其他碱性较强的金属氧化物化合形成二钛酸盐（如 $FeO \cdot 2TiO_2$、$MgO \cdot 2TiO_2$、$MnO \cdot 2TiO_2$），它们与 $Al_2O_3 \cdot TiO_2$、Ti_3O_5等形成所谓黑钛石固溶体；也形成少量偏钛酸盐（如 $FeO \cdot TiO_2$、$MgO \cdot TiO_2$、$MnO \cdot TiO_2$），它们与 Al_2O_3、Ti_3O_5等形成所谓塔基石固溶体；还有少量钛氧化物进入硅酸盐玻璃体中。另外，钛渣熔体在空气中冷却时，其中部分低价钛还会被氧化生成游离的 TiO_2，当这种氧化发生在温度 $t > 750℃$时，氧化产物主要是金红石型 TiO_2。

钛渣酸溶试验表明，黑钛石固溶体中钛氧化物易溶于硫酸，金红石型 TiO_2不溶于硫酸。因此，作为酸溶性钛渣，应含有适量的助溶杂质（主要是 FeO 和 MgO）和一定量的 Ti_2O_3以使钛的氧化物尽可能赋存于黑钛石固溶体中，并在工艺上采取措施避免生成金红石型 TiO_2。

攀枝花矿酸溶性钛渣的物相分析表明：它的主相是黑钛石固溶体，在显微镜下观察此相面积占 90% 以上，塔基石固溶体数量较少，不易与黑钛石分辨清楚；次相是硅酸盐玻璃体，此相面积小于 10%。电子探针微区分析这两相中各含量列于表 4-9 中。X 射线面分布图也证实钛主要赋存在黑钛石固溶体中。按上述分析数据计算表明，渣中钛氧化物 90% 以上进入黑钛石固溶体中，4% ~7% 进入硅酸盐相，1% 左右是以金红石型 TiO_2形式存在。

表 4-9　钛渣各相组成分析

样品号	相　别	相面积 A/%	组成（质量分数）/%								
			ΣTiO_2	MgO	FeO	MnO	Al_2O_3	SiO_2	CaO	其他	总计
1	黑钛石	>90	88.5	6.2	4.0	0.3	0.9			0.1	100
	硅酸盐	<10	6.8	10.1	3.6	4.4	5.2	46.3	15.0	8.6	100
2	黑钛石	>90	86.9	8.9	2.5	0.8	0.8			0.1	100
	硅酸盐	<10	9.2	13.4	1.7	4.1	5.8	44.7	15.3	5.8	100

钛渣中的 Fe^{2+}、Mg^{2+}、Mn^{2+}、Al^{3+}为形成黑钛石固溶体提供了必要的二价和三价金属离子，它们具有稳定该固溶体的作用。其中 $FeO \cdot 2TiO_2$和 $MgO \cdot 2TiO_2$是最易溶于硫酸的，即 FeO 和 MgO 具有促进钛渣中钛氧化物溶于硫酸的作用，是酸溶性钛渣不可缺少的助熔杂质。

承德钛铁矿含 MgO 较低，由它制取的酸溶性钛渣中需要保留较多的 FeO（10% ~14%）；而用含 MgO 较高的攀枝花钛铁矿制取的酸溶性钛渣，因为其中含有 8% 左右的 MgO，因此可保留较少的 FeO（6% ~7%）。即在后一种钛渣中，以部分 MgO 代替了部分 FeO 的作用，结果增加了钛渣与硫酸的反应热：

$$FeO + H_2SO_4 = FeSO_4 + H_2O + 113.4kJ$$

$$MgO + H_2SO_4 = MgSO_4 + H_2O + 163.8kJ$$

按单位质量计算：MgO 与硫酸的反应热为 FeO 的 2.6 倍。经计算，攀枝花矿钛渣与硫酸的反应热比承德钛渣高，比砂状钛铁矿（含 $TiO_2$51%）只差 15% 左右。MgO 是攀枝花矿钛渣与硫酸反应的重要热量来源，它占全部反应热的 42% 左右。在酸解攀枝花矿钛渣时，当加热蒸汽压力大于 0.6MPa 时，其反应速度较快，反应最高温度可达 200℃ 左右。从酸解反应过程的温度变化看，这种钛渣的反应性能与钛铁矿相近。由此表明，含高

MgO、低 FeO 的攀枝花矿酸溶性钛渣具有良好的反应性能，可满足钛白生产的要求。

在敞口电炉熔炼攀枝花矿和承德矿生产酸溶性钛渣的试验中，因受当地条件限制，存在产品品位较低和成本较高的问题。今后需要选择合理的工艺流程和设备加以解决。

由原生矿选出的钛铁精矿含硫较高（$w_{(S)} \geqslant 0.1\%$），若能在电炉熔炼前进行氧化焙烧处理，脱除其中的硫，并提高焙烧矿的磁化率，可用磁选法进一步精选，除去矿中的部分辉石、斜长石等脉石矿物，降低精矿中的非铁杂质含量，就可使电炉熔炼的酸溶性钛渣中的 TiO_2 含量达到 80% 左右。

4.3.3 半密闭电炉熔炼高钛渣

前苏联虽然对圆形密闭电炉熔炼高钛渣经过深入的研究，但他们仍采用圆形半密闭电炉生产高钛渣。电炉容量为 5000 ~ 16300kV · A。这种电炉实际是矮烟罩式电炉，没有完全封闭，但将电炉烟气的可燃成分加以利用，余热用来发生蒸汽，回收烟气中的粉尘，减少了环境污染，改善了劳动条件。其中 5000kV · A 电炉的炉外径 7m，炉总高 5. 34m，炉膛内径 4. 73m，炉膛高度 3. 64m，电极为 ϕ500mm 的石墨电极，电极极心圆直径 1. 5m。

半密闭式电炉的熔炼方法与敞口电炉的熔炼方法不同，它采用一次性加入粉料的熔炼方法。钛铁精矿与破碎好的无烟煤按比例配料之后送至炉顶的混合料仓，经计量从炉中心加料管加入炉内。加料后采用手动方式调节三相功率进行还原熔炼，待三相功率基本稳定后自动调节，熔炼初期是使炉料熔化，然后进行液相还原。液相还原基本结束后，分几次补加还原剂“造渣”（补加的还原剂量占总量的 20% ~25%），以提高钛渣的还原度。有的还在最后加入一定量的废钛屑（每吨渣加入 80 ~ 100kg），以进一步提高钛渣的还原度并使熔体升温，以利出炉。出炉时，钛渣和铁从同一炉口排至渣桶中。一炉使用多只渣桶，桶与桶之间有一定高位差，铁留在离炉口最近的前 2 ~ 3 只渣桶中。钛渣熔体溢流到后面的渣桶中。钛渣在渣桶中冷却一段时间后吊出继续冷却，经破碎和磁选后即为成品高钛渣。半钢在渣桶中冷却 6h 后吊出继续冷却，加工成铁合金产品。

这种粉料入炉的工艺，消除了以前使用沥青作黏结剂的团料工艺常发生塌料翻渣现象，不需要进行捣炉作业，可实现机械化作业，减轻了操作人员的劳动强度，并同时消除了沥青的毒害。但这种熔炼方法生产的钛渣的还原度不宜太高。

前苏联曾使用红钛铁矿（含 $TiO_2$64%）与含钙镁杂质较高的原生钛铁矿（含 TiO_2 45%）的混合料为原料，电炉熔炼获得了含 $TiO_2$85% ~90% 的含较高钙镁杂质的钛渣，作为熔盐氯化的原料。后来为减少氯化的废料，有的工厂选用优质钛铁矿（含 TiO_2 58% ~64%）为原料，生产出含 TiO_2高于 90% 的高钛渣。

半密闭式电炉熔炼高钛渣的典型技术经济指标列于表 4 – 10 中。所用原料红钛铁矿含 $TiO_2$64%，钛铁矿含 $TiO_2$58%。

攀钢从乌克兰引进了 25000kV · A 半密闭电炉熔炼钛渣技术，并进行了许多改进。将石墨电极改成了自焙电极，并试验了连续加料和渣铁分开排放等改进措施，取得了较好的结果，达到了设计指标。但仍然存在一些问题需进一步研究解决，主要是炉龄较短，自焙电极仍然存在发生软断的情况等。

近年来乌克兰对这种工艺进行了改进试验，将粉状钛精矿用木素磺酸盐溶液（纸浆废液）作黏结剂制团，利用电炉烟气燃烧产生的热量干燥和焙烧团料，实现热团料入炉

表4-10 前苏联熔炼高钛渣技术经济指标（钛渣约含 TiO_2 90%，以每吨钛渣计）

技术经济指标	原料		
	红铁钛矿	钛铁矿	70%红钛铁矿+30%钛铁矿
还原剂用量/kg	85	140	110
电极耗量/kg	18	24	20
钛屑用量/kg	80~100	80~100	80~100
电耗量/kW·h	1400	2300	1800

熔炼。这种合理利用烟气余热的方案，有利于改善熔炼操作、提高炉产量、降低电耗和降低烟气粉尘等。

4.3.4 密闭电炉熔炼钛渣

密闭电炉熔炼钛渣可克服敞口电炉熔炼的许多缺点，是一种先进的熔炼钛渣方法。按炉形不同，又有圆形密闭电炉和矩形密闭电炉。

4.3.4.1 熔炼方法的特点和布料方法

在敞口电炉冶炼钛渣时经常发生塌料，熔体喷溅到炉表面冷料区结成坚硬的料壳，造成大量热损失，使炉料的透气性变坏，从而加剧料壳的断裂塌陷。电炉容量越大，这种塌料喷渣现象就越严重。炉表面的料壳需在出炉后用人工或机械方法捣入炉底，方可重新加入新料进行下炉冶炼。显然，敞口电炉的这种操作方式不适用于密闭电炉，因为塌料喷渣不仅会严重腐蚀炉顶，而且需要进行捣炉作业。

在敞口电炉熔炼钛渣试验时，把粉料（钛精矿与冶金焦末混合料）连续加入电弧区，加入的炉料立即反应熔化，在电极下面的泡沫渣与不断下落的炉料的混合物具有遮挡电弧和导电的作用。在熔炼过程中，炉料不断加入不断熔化，熔池液面逐渐上升，电极也随之上升。在熔池表面不形成坚硬的固体料壳，这就消除了敞口电炉熔炼方法存在的塌料、喷渣等弊病。

在密闭电炉中，炉盖具有除尘、保温等作用，可大大减少热辐射损失，因此连续加料的开弧熔炼方法可应用在密闭电炉中。但采用这种熔炼方法时，布料、电炉参数和供电制度的选择必须合理，才能获得较好的技术经济指标。

在采用开弧熔炼方法的密闭电炉中，热产生和传递路线如图4-16所示。由图可知，开弧冶炼电炉在三个区域产生热量。

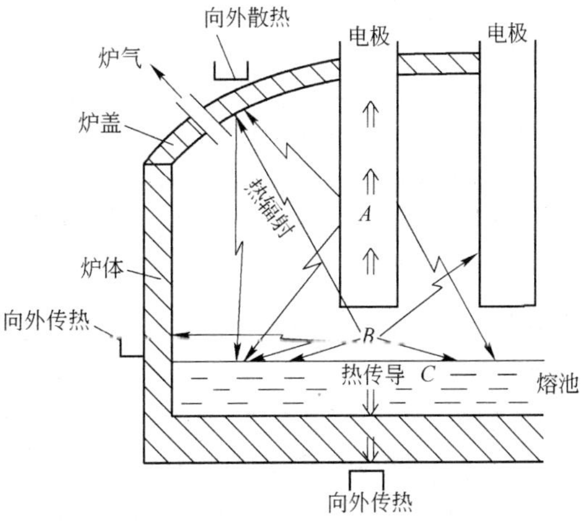

图4-16 开弧熔炼电炉热产生和传递路线

(1) 在电极上（A）。电流经过电极产生电阻热，这部分热量不能直接用于熔化炉料，仅作为热损失的一部分。在电极上的温度分布取决于电极产生热的速度和电弧向上热传导的速率，由于集肤效应和电热性质依赖于温度等原因，在电极上产生热的速度是不均匀的。电极上产生的热量在炉内整个热量中所占比例不大。

（2）电弧区（B）。电流经过电极末端至熔池表面间的气体区产生电弧。由于气体的电阻大，电流经过时产生很大的压降，发出大量的热和光，这是开弧熔炼产生热的主要区域。电弧直径一般小于电极直径，能量密度最大的是电弧的两端（电极末端和熔池顶部表面）。电弧区的热量必须充分利用，否则会严重破坏炉衬和炉盖。

（3）熔池区（C）。电流经过熔池产生电阻热。熔池渣层是高电导性的熔化钛渣，电流经过时电阻很小，只能产生少量的热。

以上三个区域产生的热量，一方面通过热传导和热辐射向熔池加热；另一方面也通过热辐射和热传导把热量传到炉壁、炉盖、炉底和在炉外的电极表面，然后由炉表面和电极外表面向外散热；还有部分热量由炉气带出炉外。可见，热辐射是开弧电炉中一种最主要的传热方式。为了减少热损失和提高炉体寿命，必须设法降低炉内热源对炉壁和炉盖的热辐射。按照热辐射传热公式：

$$q = c_{1-2}\varphi F\left[\left(\frac{T_1}{100}\right)^4 - \left(\frac{T_2}{100}\right)^4\right]$$

式中　q——辐射传热速率，kJ/h；

c_{1-2}——总辐射系数，$kJ/(m^2 \cdot h \cdot K^4)$；

φ——角系数或几何系数；

F——辐射面积，m^2；

T_1——较热物体的温度，K；

T_2——较冷物体的温度，K。

在特定的密闭电炉中，可把较热物体（电弧区、熔池和电极下端）和较冷物体（炉壁、炉盖等）的面积以及公式中的其他系数看成是常数，因此热辐射的传热速率仅与较热物体和较冷物质的温度有关。从上式估算，如果电弧区和熔池表面温度每降低400℃，则它们向炉壁和炉盖的热辐射传递速率降低1/2。可见，采用合理的布料方法来降低电弧区和表面熔池温度是十分重要的。

如前所述，在开弧电炉中，电弧是主要热源，炉渣的电阻热是次要的。所以，大部分炉料应直接加到电极下面的电弧区，如果这样做有困难，至少也应将大部分炉料加在电极周围。炉料进入高温区后立即反应熔化，放出气体使炉渣呈泡沫状态。这样在电极下面的电弧区形成泡沫渣与下落炉料的固—液—气混合物，这种混合物不仅可以遮挡电弧光和热的辐射，而且具有导电、传热和降温作用。

由于开弧熔炼电炉的主要热源在电弧区，随炉功率的增加，电弧区的能量密度增加，造成局部过热现象加剧，所以大功率电炉通常采用电极排成一字形的矩形电炉。矩形电炉也是围绕电极布料，加料口分布在不同相的电极间和电极的两侧，少量的炉料由炉周的多个加料口加入。

除了加料口要合理分布外，每个加料口的加料量和加料速率对熔炼过程也会产生重要的影响，加料速度应与炉子的给电功率匹配适当。在给定电功率的条件下，加料速度太慢，电流不稳，炉温升高，炉盖和炉衬受侵蚀，电耗升高；加料速度太快，炉内出现涨渣，电流波动增大。如果长时间加料太快，炉料不能及时熔化而在炉中堆积起来，最终会出现塌料、喷渣、结壳等不良现象，导致破坏熔炼的正常进行。因此，在给电功率一定的条件下，寻找合理的加料速度是保证熔炼正常的一个重要环节。

在给电功率一定的条件下，炉盖和炉气温度随加料速度而变化。加料速度增大，炉盖温度下降；加料速度减慢，炉盖温度上升。如果长时间加料速度小，最终可能导致烧坏炉盖。停止加料而进行熔炼会严重影响炉体寿命。

4.3.4.2 圆形密闭电炉冶炼钛渣

在扩大试验中，以攀枝花预氧化焙烧钛精矿及广西北海钛精矿为原料，以冶金焦为还原剂，用图4－17所示的圆形密闭电炉熔炼了两种类型的钛渣。原料和钛渣的成分列于表4－11。

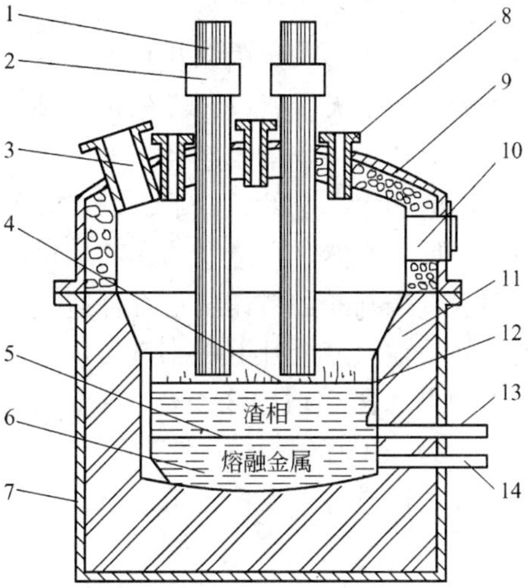

图4－17 熔炼钛渣的密闭式电弧炉结构示意图
1—电极；2—电极夹；3—炉气出口；4—炉料；5—钛渣；6—半钢；7—钢壳；8—加料管；9—炉盖；10—检测孔；11—筑炉材料；12—结渣层；13—出渣口；14—铁水出口

试验采用连续加料的开弧熔炼方法。把经过预氧化焙烧的钛精矿和还原剂混合均匀的炉料放入炉顶料仓，由螺旋加料机输送到下料斜管，不断加入炉内。螺旋加料机由直流电极传动调节加料速度。炉料落入熔池后进行反应，反应放出的气体，使炉渣保持一定的沸腾上涨状态，并有不断下落的炉料吸收电弧。在正常下料熔炼时，炉功率比较平稳。在出炉前10min停止加料，露出电弧，负荷不稳，电流出现较大波动。钛渣和铁分开

表4－11 钛精矿和钛渣的化学成分（质量分数） （%）

成分	原料			钛渣		
	攀枝花钛精矿	攀枝花预氧化焙烧钛精矿	广西北海钛精矿	攀枝花钛精矿	攀枝花预氧化焙烧钛精矿	广西北海钛精矿
ΣTiO_2	47.48	46.85	52.83	75.04	81.2	96.03
Ti_2O_3				23.0	44.6	43.6
FeO	33.01	12.09	37.45	5.16	2.27	1.65
Fe_2O_3	10.20	30.74	8.62			
Fe^0				0.63	0.60	0.53
CaO	1.09	1.10	0.17	2.16	2.24	0.55
MgO	4.48	4.73	0.10	7.97	8.18	0.63
SiO_2	2.57	2.73	0.80	4.50	3.68	1.55
Al_2O_3	1.16	1.19	0.45	2.99	4.71	2.25
MnO	0.73	0.79	2.51	0.81	0.66	2.38
S	0.46	0.038	0.01	0.10	0.21	0.15
P	0.01	0.01	0.024	0.01	0.01	0.01

排放。密闭炉内温度比敞口炉高，渣口和铁口都较容易打开。出炉完毕后，堵住渣口和铁口，可继续加料进行下一炉熔炼。

操作的关键是要使加料速度与给电功率之间达到合理匹配。在给电功率一定的条件下，加料速度太慢，炉内露出电弧，电流不稳，电耗升高；加料速度太快，炉内出现涨渣，电流波动增大。所以，在给电功率一定的情况下，寻找合适的加料速度是提高炉产量，降低电耗的一个重要途径。

在给电功率一定的条件下，炉盖温度随加料速度变化而变化。加料速度增大，炉盖温度下降；反之亦然。在给电功率和加料速度不变时，炉盖温度几乎保持不变。因此，可根据炉盖温度来判断加料速度是否合适。炉盖内表面温度一般在 900～1100℃，在出炉停止加料期间炉盖温度上升 100～150℃。

电炉煤气含 CO 达 78.4%。每熔炼 1t 攀枝花矿酸溶性钛渣产生 340m^3 煤气（标态），其热值约为 8.4MJ/m^3（标态）。

另外，还进行了攀枝花预还原钛精矿圆形密闭电炉熔炼钛渣和原矿直接入炉熔炼钛渣的试验。

密闭电炉熔炼钛渣与敞口电炉比较，有如下优点：

（1）热损失减少，电耗降低 5%～8%，TiO_2 回收率提高了 5% 左右；

（2）还原熔炼在密闭的还原性气氛下进行，避免了电极的高温氧化和还原剂的氧化烧损，电极和还原剂用量分别减少了 50% 和 30%；

（3）无噪声，消除了烟尘污染，并可回收利用电炉煤气，有利于环境保护和改善劳动条件；

（4）炉况稳定，不需要进行捣炉作业，减轻工人劳动强度，有利于实现机械化作业。

但钛渣的熔炼温度高，又是开弧熔炼，圆形炉 3 根电极呈三角形排列，中心过热又比较严重，因而炉中心温度很高，对炉体和炉盖的热侵蚀严重，炉盖寿命短；而且圆形炉盖结构复杂，检修和更换都比较困难。

据称，挪威 TTI 公司采用圆形密闭电炉熔炼预还原矿生产钛渣。以原生钛铁矿为原料，矿中铁钛氧化物总量为 91.5% 左右，所产钛渣含 $TiO_2$75%（见表 4－12），作为硫酸法生产钛白的原料。该公司的钛渣生产能力为 200kt/a。

表 4－12　挪威 TTI 公司所用原料及钛渣的化学成分（质量分数）　　（%）

原料和产物	ΣTiO_2	FeO	Fe_2O_3	CaO	MgO	SiO_2	Al_2O_3	MnO	Cr_2O_3	V_2O_5
钛精矿	45	34.5	12.0	0.25	4.3	2.8	0.60	0.25	0.08	0.16
钛　渣	75	7.6			7.9	5.3	1.2		0.09	

4.3.4.3　矩形密闭电炉熔炼钛渣

与圆形密闭电炉比较，矩形密闭电炉具有如下五方面的优点：

（1）密闭电炉熔炼钛渣采用开弧方法，主要热源是电弧热。圆形电炉 3 根电极呈三角形排列构成三相，电弧区特别集中，炉中心容易过热。热辐射是随炉内温度的 4 次方关系增加，所以炉内温度过高，对炉壁和炉盖会产生强烈热辐射侵蚀。电炉功率越大，这种过热现象越严重，故圆形电炉的容量受此限制。可见，熔炼钛渣的大型密闭电炉选择矩形炉为宜。

（2）圆形电炉的电极呈三角形排列，3 根电极与变压器之间的连接短网等的几何尺寸不可能对称，造成三相的不平衡，且由于是三相由一个变压器供电，因而引起相与相之间的干扰。熔炼钛渣过程反应激烈，电极动作频繁，三相之间的相互干扰更加剧了熔炼过程的不稳定。相反，矩形电炉由三个单相变压器供电，每个变压器分别与相应的两根电极连接构成三相，避免了相与相之间的干扰，熔炼过程在多区进行，有利于熔炼过程的平稳，局部过热现象大大减轻，这对于提高技术经济指标和炉体寿命是有利的。

（3）圆形密闭电炉在排料时，可能在炉内出现负压吸入空气，需采取特殊措施来防止这种情况的发生，给操作和控制带来了麻烦。而矩形电炉可以在一相停电，另外两相工作的情况下排料，排料过程不会出现炉内负压，从而可使密闭熔炼过程连续进行。

（4）圆形电炉有3根电极，1台三相变压器；矩形电炉有6根电极，3台变压器。在设计一个相同功率的电炉时，矩形电炉的电极直径和单个变压器功率要比圆形电炉的小，这对于建造大型密闭电炉特别重要。

（5）矩形密闭炉的炉盖结构比较简单，制造、维修和更换都比较容易。

4.3.4.4 加拿大QIT熔炼工艺

加拿大魁北克铁钛公司（简称QIT）是世界上最大的采用矩形炉冶炼钛铁矿生产钛渣的厂家。该公司有加拿大索雷尔（Sorel）和南非理查兹湾两大工厂。索雷尔熔炼钛渣的流程如图4－18所示。

A 选矿

过去，钛铁矿只经过重选。为提高钛渣品位，从1984年开始增加了氧化焙烧矿的磁选，以进一步从粗选精矿中选出脉石成分。钛铁矿经氧化焙烧后其磁化率大大提高，采用磁选可从钛铁矿中选出非磁性的含SiO_2、Al_2O_3、CaO等硅酸盐矿物。

表4－13列出了钛铁矿原矿、重选精矿和焙烧磁选精矿的化学组成，并列出了用这两种不同组成精矿为原料经电炉冶炼出来的两种钛渣的化学组成。从表4－13可见，焙烧矿磁选除去了钛铁矿中约3%左右的非铁杂质（SiO_2、Al_2O_3和CaO），从而使钛渣中的非铁杂质降低了约5%。这是索雷尔钛渣之所以能从原来的含TiO_2 70%～72%提高到80%所采取的关键性措施，这是钛渣生产的一个重要进展。含TiO_2 80%的钛渣更适合用作硫酸法生产钛白的原料，因为钛渣品位的提高可使硫酸耗量和废料量进一步降低。

B 回转窑氧化焙烧

钛铁精矿含硫0.25%～0.3%，如原矿直接入矿熔炼所生产的钛渣含硫0.4%～0.5%，出炉铁水含硫0.5%～0.6%。高硫铁水很难冶炼成优质生铁，经氧化焙烧后可使钛铁矿中含硫量降至0.02%～0.03%。用这种焙烧矿熔炼可获得含硫0.1%的钛渣和0.13%的铁水，这种低硫铁水容易进行炉外脱硫处理。氧化焙烧的另一作用是可改善电炉的熔炼过程。原矿直接入炉熔炼时经常发生沸腾，产生泡沫渣侵蚀炉顶和破坏电炉的正常操作，氧化焙烧预处理可使电炉熔炼操作平稳。另外，氧化焙烧提高了钛铁矿的磁化率，从而能用磁选进一步提高钛铁精矿的品位。

索雷尔熔炼厂现有4座回转窑，1号～3号窑的直径2.7m，4号窑直径3.0m，长度均为60m，窑内壁衬高铝砖。回转窑在氧化气氛下操作，最高温度1000～1050℃，全部以电炉煤气为燃料。回转窑偶尔发生结圈，但降低温度后结圈可自动脱落，因此可以连续运转1年时间。从窑头卸出的焙烧矿先喷水冷却，然后进入冷却筒继续冷却。从冷却筒出来的矿石温度100～200℃，经皮带运输去筛分和磁选。

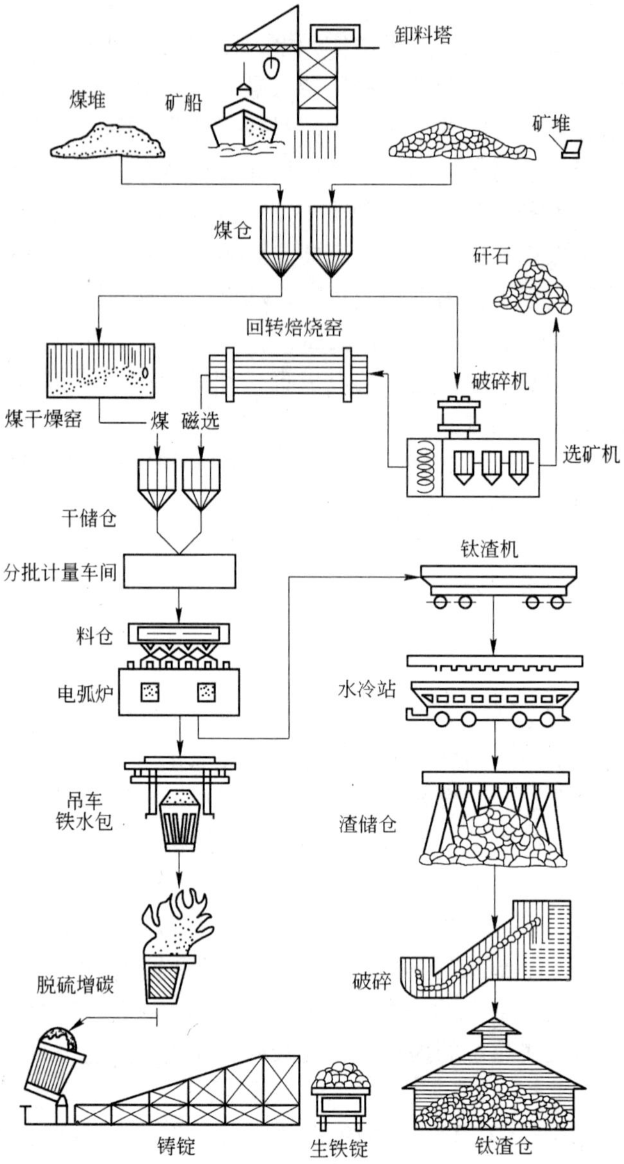

图 4－18　索雷尔熔炼厂钛渣生产流程图

表 4－13　QIT 所用原料及钛渣的化学组成（质量分数）　　（%）

组　成	原　料			钛　渣	
	原　矿	重选精矿	焙烧磁选精矿	由重选精矿熔炼的钛渣	由焙烧磁选精矿熔炼的钛渣
ΣTiO_2	34.3	36.6	37.7	72.0	80.0
ΣFe		41.4	42.5	9.5	8.0
FeO	27.5	29.5	28.8	11.2	9.6
Fe_2O_3	25.2	26.5	28.9		
Fe^0				0.8	0.6

续表 4-13

组成	原料			钛渣	
	原矿	重选精矿	焙烧磁选精矿	由重选精矿熔炼的钛渣	由焙烧磁选精矿熔炼的钛渣
Ti_2O_3				10.0	17.0
SiO_2	4.3	2.5	0.6	4.9	2.5
Al_2O_3	3.5	3.0	1.0	5.0	2.9
MgO	3.1	3.2	2.9	5.5	5.3
CaO	0.9	0.5	0.1	0.9	0.6
MnO	0.16	0.16	0.2	0.24	0.25
Cr_2O_3	0.10	0.10	0.10	0.18	0.17
V_2O_5	0.27	0.36	0.36	0.58	0.56
S	0.25~0.3	0.25~0.3	0.02~0.03	0.1	0.1
C				0.03~0.1	0.03~0.1

回转窑的尾气含尘量很低，因入窑精矿已在选矿过程中用水把细粉洗掉了，因此窑尾没有收尘装置。尾气中含有少量 SO_2，直接从烟囱排入大气。因为钛铁矿含硫量不高，尾气不会对环境造成污染。

C 还原剂的选择

选择合适的还原剂是十分重要的。作为熔炼钛渣的还原剂，要求低硫、低灰分和低挥发分。QIT 选用美国宾夕法尼亚州的无烟煤作为还原剂，用船运来，年用量 32 万 t。这种无烟煤含固定碳 85%、硫 0.5%~0.6%、灰分 10%，挥发分 5%。这是一种低挥发分的无烟煤，可不经焦化直接入炉使用。煤中含有约 6% 的水分，在干燥窑中用电炉煤气煅烧 250℃下干燥，使其水分降至 1.5% 左右。钛渣电炉可因炉料成分变化导致操作不稳定，QIT 选择一种天然的、成分固定的无烟煤作为还原剂，其目的在于使电炉操作稳定。炉料由 100kg 焙烧精矿加入 15kg 无烟煤混合而成。

D 电炉熔炼

QIT 采用三相 6 电极呈直线排列的密闭式矩形电炉。索雷尔熔炼厂共 9 台炉：2 台 20000kV·A，4 台 36000kV·A，2 台 45000kV·A，1 台 60000kV·A，总计容量 334000kV·A。电炉长 18.3~21.3m，宽 6.1~7.6m，高 4.6m。炉衬是氧化镁砖，炉底厚 0.8m，炉壁厚 0.6~0.8m，炉盖是可拆卸的便于修理的组合式结构。每台电炉有 6 根石墨电极，电极直径 610mm，电极间距离 2m。每 2 根电极连接 1 台单相变压器，3 个单相变压器构成三相供电，二次电压为 300V，二次电流为 50kA。

QIT 采用开弧熔炼方法。这种方法既适用于高电导率钛渣的熔炼，又可提高炉的生产能力。电炉熔炼操作技术是 QIT 的专利。对于开弧熔炼电炉，加料管的分布和加料速度的控制是十分重要的。有三种不同位置的加料管（图 4-19），一种是电极侧部的加料管（1*b*~6*b*，1*c*~6*c*）；另一种是不同相电极间的加料管（1*a*~6*a*）；还有一种是炉周加料管（9），炉周加料管约 16 根。根据该专利介绍，大部分炉料是围绕电极加入，约 48% 的炉料是由不同相的电极间的 6 个加料管（1*a*~6*a*）加入，另外 48% 炉料是由电极侧部的 12 个加料管（1*b*~6*b*，1*c*~6*c*）加入，其余约 2% 的炉料是从炉周加料管（9）加入。

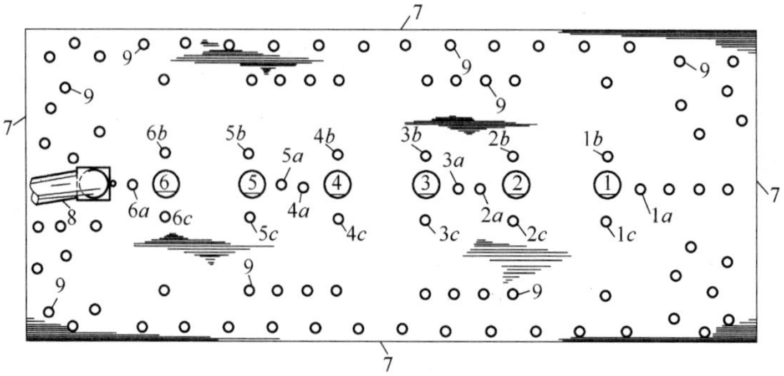

图 4－19　矩形电炉的加料管分布（俯视）

每个加料管的加料速度是根据该电极的输入功率、炉内温度等许多因素确定的，加料速度必须严格控制。加料量少，会使炉内壁周围的固体层熔化，侵蚀炉壁和炉顶；加料量多，会使炉料在炉内堆积，产生沸腾和泡沫渣，在炉表面形成结壳，破坏正常的熔炼操作外，QIT 公司从 20 世纪 60 年代开始使用电子计算机控制配料、加料和电极功率的平衡。

电炉维修微正常操作，炉内压力约 3.3kPa。电极孔必须密封好，不能冒火。QIT 研究出一种水冷不锈钢的电极密封装置。

高温熔化钛渣具有极强的腐蚀性，几乎能腐蚀任何材料。QIT 采用内挂一层固体斜坡层的办法来防止熔化钛渣接触炉壁。因此，电炉的炉衬可以说是半永久性的。加料管的合理分布，加料速率与电极输入功率的平衡，可使内挂固体斜坡渣层在整个的熔炼过程中保持下来。如何内挂固体层和如何保持固体层的技术属专利保密。初期 QIT 采用厚炉底，厚炉底容易被烧坏。后来把炉底砌薄，6～9 号炉采用薄炉底。由于采用开弧熔炼方法，炉内电弧高温辐射炉盖，因此炉盖是一个薄弱环节，每年需修补或更换一次。

炉内温度取决于钛渣的熔点，即取决于钛渣的还原度。炉内温度约高于钛渣熔点 100℃左右。还原度增加，炉内温度上升，使钛渣的过热度（钛渣实际温度与熔点之差）减少。由于这个原因，电炉熔炼钛渣的还原度不宜过高，否则会使排料困难，并影响炉盖寿命。熔化钛渣是一种低黏度液体，但过热度小的钛渣在出炉过程中容易出现部分结晶，使其黏度急剧上升，从而造成排放困难。另外，还原度的提高，使铁水纯度降低。所以，QIT 不生产过还原度钛渣。1983 年前索雷尔钛渣含 TiO_2 70%～72%，含 Ti_2O_3（以 TiO_2 计）10% 左右，含 FeO 10%～13%。1984 年后的钛渣含 TiO_2 80%，含 Ti_2O_3 为 17% 左右，含 FeO 9% 左右。

炉盖装有测量炉内液面高度的装置。根据加入炉料量和液面测量等参数确定排料时间。炉壁上有排渣口和排铁口，排渣口在上，排铁口在下，两口的高度差 0.5m 左右，两口与炉中心点连线的夹角约 30°左右。打开炉口的方法有两种：一是钻孔法；二是使用氧枪并喷入铁粉煅烧烧穿炉口的方法。排料是在不停加料的情况下进行。大约加入 60t 炉料排一次渣，每次排渣量 25～30t，每次排渣时间 15～25min。在排渣过程中，氧枪始终在烧通炉口。钛渣排入渣包车，渣包车内衬高铝砖，并垫有钛渣粒。每排放 2 次钛渣排放一次铁水，每次排铁量 50～60t。每天排渣 4～6 次，排铁 2～3 次。排完渣或铁后，用泥炮堵眼机堵眼。

E 钛渣的冷却和破碎

渣包车隔成两室，每室可容纳钛渣15t，每次排放钛渣25～30t。钛渣车先在冷却站喷水冷却，然后推到室外露天喷水冷却4～5h，当钛渣凝固成块，便用叉车将钛渣从车中叉出，最后让其在室外自然冷却至室温。喷水冷却目的，一方面是为了加快冷却速度；另一方面是可防止高温钛渣与空气接触而发生氧化生成不溶性金红石型 TiO_2。后者对于生产硫酸法钛白使用的钛渣是十分重要的。冷却后的钛渣破碎成粒状，最大直径为1.8cm。钛渣成品堆放在露天，散装船运至用户。

F 铁水的炉外处理

电炉每次出铁50～60t，排入已预热的铁水包。出炉铁水温度约1530℃，铁水含C 2.5%～3.0%、S 0.13%、Si 0.05%、Mn 0.01%、P 0.025%。出炉铁水在铁水包中进行炉外处理。

起初QIT使用碳氮化钙作为脱硫剂，因产生新生态 N_2 溶于铁水中，使铁锭含有大量气泡，所以从1953年开始用碳化钙作为脱硫剂。增碳剂是石油焦，并加入铁合金调节铁水成分。脱硫过程铁水降温25～30℃，增碳时铁水升温，加入铁合金使铁水降温200℃左右。所以，铁水完成炉外处理后的温度约为1350℃。铁水浇铸温度1315～1370℃，在连续铸锭机中铸成生铁锭，每块质量18kg，称为“索雷尔金属”出售。

索雷尔金属有多种产品规格，其中有低碳产品D－1含碳2.85%和高碳产品F－1含碳4.3%。索雷尔金属是高纯度生铁，不仅硫、磷含量很低，而且硅、锰和钛等金属杂质含量也很低，在钢铁工业中有着特殊用途，世界上三十多个国家都使用索雷尔金属。

经炉外脱硫、增碳处理铁水，除一部分加入合金元素加工成铸造生铁外，另一部分供QMP（魁北克金属粉末有限公司）作为制造铁粉的原料，还有一部分供QIT钢铁厂作为炼钢的原料。

G 煤气的净化和利用

每冶炼1t精矿约产生227m^3煤气，煤气含CO 85%、$H_2$15%，热值11.179MJ/m^3。每天冶炼厂冶炼约5.0～5.5kt精矿，每1min约产生850m^3煤气，所以密闭电炉就像一个煤气发生炉，是一个重要热源。

煤气采用湿法净化，经喷水冷却、除尘，废水排入河中，但后来要求对废水进行处理，全厂废水处理工程约需花5000万元。炉中气压为3333Pa，经泵加压后煤气压力为20kPa，这种压力的煤气可以送到回转窑中使用。QIT电炉煤气的50%用于回转窑焙烧矿石，其余50%用于干燥煤、加热铁水包、发生蒸汽和其他窑炉使用。煤气经净化后立即使用，不大量储藏，这样可避免煤气爆炸事故。

H 钛渣的应用

索雷尔钛渣是一种高钙镁的钛渣，原含 $TiO_2$70%～72%，1984年后含 $TiO_2$80%，主要用作硫酸法钛白的原料。美国、西欧、日本等的钛白厂使用索雷尔钛渣与钛铁矿的混合料为原料。原来在索雷尔工厂附近的加拿大二氧化钛有限公司特雷西钛白厂和加拿大颜料有限公司瓦伦尼斯钛白厂，则全部以索雷尔钛渣为原料经硫酸法生产钛白。据加拿大二氧化钛有限公司介绍，索雷尔钛渣的品位由70%～72%提高到80%，没有给钛白厂造成困难，而且降低了硫酸用量，提高了设备的生产能力，但使用品位较高的钛渣时需使用更浓的硫酸才能使其酸解。

4.3.4.5　南非 RBM 熔炼工艺

南非理查北湾矿业公司（简称 RBM），现有 4 台 105MV · A 矩形密闭电炉，熔炼砂状钛铁矿生产含 $TiO_2$85% 的钛渣。这种钛渣既可用作生产钛白的原料，也可用作氯化法生产钛白的原料。RBM 的工艺流程与 QIT 索雷尔工厂熔炼基本相同，不同之处只有两点：

（1）南非的钛精矿是一种砂矿，经选矿所得的精矿含 $TiO_2$47% 左右，其中含 Cr_2O_3 0.3%。如用这种矿直接熔炼所获钛渣中的 Cr_2O_3 含量太高而影响其应用，所以在入炉之前进行氧化焙烧（730 ~ 800℃），焙烧在流态化床中进行。矿石经焙烧，其中钛铁矿的磁化率提高了，而铬铁矿的磁化率不变，这样便可采用磁选的方法将铬铁矿从钛铁矿中分离除去，所获的磁选精矿 TiO_2 含量提高到 49.5%，Cr_2O_3 含量降至 0.09%，磁选精矿作为电炉冶炼的原料。表 4 – 14 列出了南非钛精矿和钛渣的典型分析。

表 4 – 14　南非 RBM 所用的原料和钛渣化学组成（质量分数）　　（%）

组　分	原　料			
	矿　物	焙烧精矿	焙烧磁选精矿	钛　渣
ΣTiO_2	47.0	46.4	49.5	85.5
Ti_2O_3				25.0
FeO	34.4	22.4	22.5	9.4
Fe_2O_3	12.4	25.0	25.0	
Fe^0				0.2
SiO_2	2.3	2.3	0.6	1.5
Al_2O_3	0.96	0.95	0.73	2.0
MgO	0.80	0.80	0.60	0.90
CaO	0.30	0.30	0.05	0.14
MnO	1.30	1.30	1.20	1.40
Cr_2O_3	0.30	0.30	0.09	0.22
V_2O_5	0.27	0.27	0.27	0.40
C				0.07
S				0.06

（2）还原剂是经焦化处理的无烟煤，原无烟煤中含有较高的挥发分，经焦化处理使其挥发分降低，以减少电炉熔炼过程中的气体逸出量，从而有利于炉况的稳定。

4.3.4.6　直流空心电极电炉熔炼钛渣

20 世纪 90 年代，南非 Anglo – American 公司与南非 Mintek 公司合作，采用 Mintek 公司的直流转移等离子弧（dc transferred plasma arc）专利技术熔炼钛渣。先在 3200kW 电炉中进行了试验，试验制取的钛渣含 $TiO_2$86%，电耗比交流电炉低，并且可使加料与功率平衡的控制更为简单。1995 年南非纳马克瓦砂矿公司（NSL）利用此项技术建成第一台 40000kV · A 电炉，2001 年建设了第二台电炉，年产钛渣能力达到 2.35×10^5t。这是世界上首家将直流电弧炉和空心电极技术应用于钛渣生产。另外，南非 Iscor 公司建设的年产

2.0×10^5t 钛渣工厂和计划在莫桑比克建设的年产 4.0×10^5t 钛渣工厂也采用这种熔炼技术。这种空心电极直流电炉也称为转移弧等离子电炉，与 ABB 公司的直流炼钢电炉基本相同，如图4-20 所示。我国云冶公司已引进了这项技术。

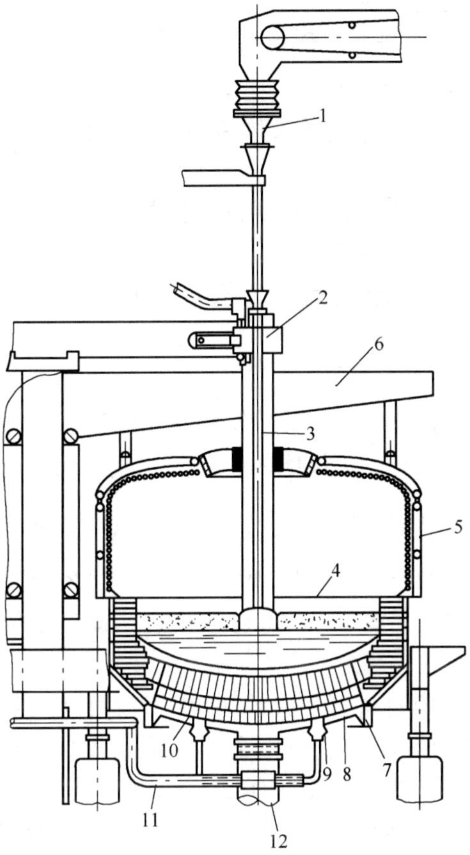

图 4-20 空心电极加料的直流矿热电炉

1—加料系统；2—电极把持器；3—空心石墨电极；4—敞开熔池；5—水冷挂渣炉壁；6—炉盖吊挂臂；7—绝缘环形槽；8—阳极炉底铜板；9—阳极接线端子；10—镁炭砖；11—阳极短网；12—冷风管

4.4 人造金红石的工业生产方法

4.4.1 电热法

电热法是我国特有的一种生产人造金红石的方法，首先在电炉中还原熔炼钛铁矿获得高钛渣，然后在回转窑中焙烧高钛渣成人造金红石。这种人造金红石主要用作电焊条的涂料。高钛渣的生产已在前面介绍，本节主要介绍高钛渣的氧化焙烧过程。

高钛渣的氧化焙烧有两方面的目的：一是将高钛渣中不同价态的钛氧化物氧化焙烧转变成金红石型 TiO_2；二是脱去高钛渣中部分硫、磷、碳，使这些元素在产品中的含量达到电焊条涂料的要求。

4.4.1.1 高钛渣在氧化焙烧过程中的化学变化

高钛渣含有许多变价元素，如钛、锰、铁、钒、铬、硫、磷、碳等，其中一些处于低价状态。在焙烧过程中这些低价物被氧化成高价。

A　硫、磷、碳的氧化过程

高钛渣中的硫主要是以金属硫化物形式存在，例如 FeS、MnS 和钛的硫化物等。在焙烧过程中这些硫化物被氧化生成 SO_2：

$$FeS + O_2 = FeO + SO_2 \uparrow$$

500℃左右开始发生脱硫反应，650℃时脱硫反应加快。高钛渣在 750 ~ 850℃下停留 1h，脱硫率便达到 90% 左右。影响脱硫的因素有物料的粒度、窑内温度和气氛、料层厚度和窑的转速等。

高钛渣中的磷以磷化物和磷酸盐形式存在，脱磷比脱硫困难，幸而钛精矿的磷含量一般不高，因此产品中的磷一般不超标。

高钛渣中的碳以金属碳化物和游离形式存在，焙烧时发生氧化生成 CO 或 CO_2 逸出。但因有些金属碳化物（如 TiC）比较稳定，这部分碳不容易脱去。

B　高钛渣中低价钛的氧化反应

高钛渣中的低价钛含量较高，因此低价钛的氧化反应是焙烧过程中的主要反应，也是焙烧过程中的主要热量来源之一。其反应为：

$$Ti_2O_3 + \frac{1}{2}O_2 = 2TiO_2 \qquad \Delta H_{1073K} = -383kJ/mol$$

假定高钛渣（含 $\sum TiO_2$ 92%）中含有 40% Ti_2O_3，那么 1t 高钛渣中的 Ti_2O_3 在 800℃下完全氧化为金红石型 TiO_2 的放热量为 982kJ。可见，低价钛的氧化放热为焙烧过程提供大约 50% 的热量。

低价钛的氧化反应比较容易进行，大约在 400℃就可观察到，温度高于 600℃时反应速度加快，在 850℃下停留 5h 便可使渣中全部低价钛氧化成金红石型 TiO_2。在低温下（<700℃）低价钛的氧化产物为锐钛型 TiO_2，高温度下氧化生成金红石型 TiO_2。在低温下生成的锐钛型 TiO_2 在高温下转化为金红石型 TiO_2，高钛渣焙烧产品中的 TiO_2 主要是以金红石型存在。因为低价钛容易氧化，焙烧产品中一般不含有低价钛。

C　金属铁和 FeO 的氧化反应

高钛渣中存在的少量金属铁在焙烧时容易氧化成 FeO，但 FeO 较难氧化成高价的，这是因为存在低价铁的缘故。由图 4-21 可见，FeO 的氧化比低价钛的氧化要困难得多。温度超过 700℃时，FeO 才开始氧化，在 850℃下也不容易氧化完全，所以在焙烧人造金红石产品中仍然残留少量 FeO。

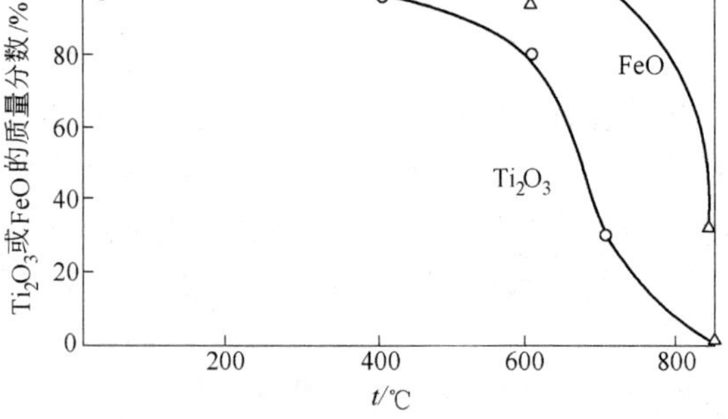

图 4-21　钛渣氧化时渣中 Ti_2O_3 和 FeO 随温度的变化情况

D 其他杂质的氧化反应

高钛渣中的锰、钒和铬等低价物在焙烧过程也发生氧化，氧化生成相应的高价氧化物。

4.4.1.2 高钛渣在焙烧过程中的物理变化

高钛渣的主相是以 Ti_3O_5 为基的黑钛石固溶体（或称 M_3O_5 型固溶体），它含有 Ti_3O_5、$FeTi_2O_5$、$MgTi_2O_5$、$MnTi_2O_5$、$Al_2O_3 \cdot TiO_2$ 等矿物，这些矿物相互溶解形成复杂的固溶体。固溶体可表示为：

$$m[(Fe、Mg、Ti)O \cdot 2TiO_2] \cdot n[(Al、Ti)_2O_3 \cdot TiO_2]$$

其中，$m+n=1$。在氧化焙烧过程中，黑钛石固溶体逐渐受到破坏。最终的氧化焙烧产品的主相是金红石型 TiO_2，但仍然残留着晶格发生了畸变的黑钛石固溶体结构。

高钛渣中存在较多的低价钛，它的颜色呈黑色，随着焙烧过程的深入进行，其中低价钛发生氧化，其颜色也相应发生变化。尽管焙烧的最终产品中不含低价钛，但因含有一些有色杂质如铁、锰、钒和铬等氧化物，所以产品仍呈现不同的颜色。产品的颜色不仅与这些有色杂质的含量有关，还与它们氧化完全程度有关，一般电热法人造金红石的颜色为褐色。

4.4.1.3 产品质量

人造金红石产品的质量取决于高钛渣的质量。由高钛渣的组成分析可以计算出人造金红石的组成。如果将表 4-4 所列的高钛渣焙烧成人造金红石，其组成经计算如表 4-15 所示。中国人造金红石标准列于表 4-16。

表 4-15 不同矿源生产的人造金红石组成（计算值）（质量分数） （%）

高钛渣和人造金红石		钛精矿产地				
		北 海	海 南	攀枝花	承 德	富 民
高钛渣的 TiO_2 品位/%		94.35	92.40	82.63	90.6	94.00
人造金红石组成	TiO_2	90.10	88.30	80.05	86.42	90.61
	FeO	0.96	0.96	0.97	0.95	0.96
	Fe_2O_3	4.27	2.82	4.07	2.81	2.53
	CaO	0.27	1.35	1.08	1.40	0.39
	MgO	0.38	0.34	7.17	2.65	3.08
	SiO_2	0.84	0.88	3.76	2.13	0.98
	Al_2O_3	1.19	1.79	1.98	2.13	0.43
	MnO	1.81	3.37	0.76	1.32	0.82

表 4-16 中国人造金红石标准（2BH31002—87）

品 级	主要成分（质量分数）/%			
	TiO_2	P	S	C
优级品	≥90.0	≤0.03	≤0.03	≤0.04
一级品	≥87.0	≤0.04	≤0.04	≤0.05
二级品	≥85.0	≤0.04	≤0.05	≤0.06

由表4－15和表4－16可见，广西氧化砂矿和广东、广西的钛铁矿可由电热法生产出优级人造金红石。

电热法生产人造金红石的优点是三废少，工艺技术容易掌握；主要缺点是用电量大，人造金红石品位较低，生产过程中的劳动强度大，劳动条件差等。

4.4.2　钛渣的进一步富集处理

加拿大QIT公司早在50年代就开始致力于将索雷尔钛渣加工成符合氯化法使用的高品位富钛料的研究，直到90年代才研究成功可用于工业生产的工艺技术。该公司现已建年产 6.0×10^5 t富集高钛渣（称为UGS，含 $TiO_2\geqslant95\%$）工厂。

钛渣是一种化学稳定性很高的物质，要选择性地将其中杂质分离出来是个难题。从QIT发表的专利看，主要研究了两种方法：（1）钛渣—高温氧化—还原—盐酸加压浸出；（2）钛渣—部分氯化—盐酸加压浸出。QIT公司很有可能采用了第一种方法。

QIT公司所用的矿源是加拿大魁北克省圣皮埃尔以北的克拉太欧阿拉德地区的原生钛铁矿，该矿是一种特有的富矿，原矿含钛铁矿75%。露天开采后原矿（TiO_2 34.5%，$FeO+Fe_2O_3$ 52.7%）直接水运至索雷尔工厂，经重选获得重选精矿（TiO_2 36.6%，$FeO+Fe_2O_3$ 52.7%），重选精矿经高温（950～1100℃）氧化焙烧，氧化焙烧提高了钛铁矿的磁化率，然后磁选获得焙烧磁选精矿（TiO_2 37.7%，$FeO+Fe_2O_3$ 57.7%），焙烧磁选精矿入密闭电炉熔烧炼获得含 TiO_2 80%的钛渣和铁产品。含 TiO_2 80%的钛渣破碎至75～850μm，用电炉煤气进行高温（950～1100℃）氧化焙烧和还原焙烧（900～950℃）；经氧化—还原焙烧的钛渣再用盐酸二段加压浸出（150℃），浸出产品若 SiO_2 含量高再经碱浸出处理除硅，经煅烧后获得最终产品UGS（TiO_2 95%）。从原矿到UGS各工序产品组成列于表4－17。

表4－17　QIT制造UGS各工序产品化学组成（质量分数）　　（%）

工序产品名称	原　矿	重选精矿	焙烧磁选精矿	钛　渣	酸浸产品	碱浸产品
TiO_2	34.3	36.6	37.7	80.0	93.93	95.98
FeO	27.5	29.5	28.8	9.6		
Fe_2O_3	25.2	26.5	28.9		1.09	1.09
FeO				0.6		
Ti_2O_3				17.0		
SiO_2	4.5	2.5	0.6	2.5	2.77	1.04
Al_2O_3	3.5	3.0	1.0	2.9	0.69	0.65
MgO	0.16	3.2	2.9	5.3	0.74	0.73
CaO	0.10	0.5	0.1	0.6	0.12	0.12
MnO	0.27	0.16	0.2	0.25	0.05	0.04
Cr_2O_3	0.25～0.3	0.10	0.10	0.17	0.06	0.01
V_2O_5		0.36	0.36	0.56	0.35	0.32
S		0.25～0.3	0.02～0.03	0.1		
C				0.03～0.1		

钛渣需要经过氧化—还原后再浸出，氧化—还原的目的是为了改变钛渣的物相结构，以利于选择性浸出杂质。钛渣是由 Me_3O_5型固溶体（假板钛矿固溶体）和硅酸盐相组成，其中固溶体相占 95% 左右。QIT 钛渣中 Me_3O_5 型固溶体组成可表示为：$(Ti_3O_5)_{0.31}(FeTi_2O_5)_{0.31}(MgTi_2O_5)_{0.30}(Al_2TiO_5)_{0.06}(MnTi_2O_5)_{0.008}(V_2TiO_5)_{0.012}$；硅酸盐相可表示为：（Ca、Al、Mg、Fe、Ti）SiO_3。经过氧化—还原后，硅酸盐相被破坏，Me_3O_5型固溶体部分受到破坏。对于氧化—还原的 QIT 钛渣相组成如下（以摩尔分数计）：金红石 65% ~70%，钛铁矿—镁钛矿 5% ~10%，残留 Me_3O_5型固溶体 20% ~25%，分解了的硅酸盐3% ~5%。

QIT 所用钛铁矿含钛低而含铁高，直接采用酸浸法制造人造金红石可以说是不经济的，因此采用钛渣—酸浸法制造 UGS 工艺路线。该工艺流程很长，能耗很高，但 QIT 公司具有如下优势条件，因此生产的 UGS 产品仍然具有较高的利润。

（1）所用的是一种特有的富矿，采矿和选矿成本低，又有廉价的水电，因此制造的钛渣成本也低。

（2）密闭电炉生产钛渣的规模很大，有大量的电炉煤气可供钛渣氧化、还原工序使用。

（3）由于原矿经氧化焙烧—磁选处理，入电炉的精矿中 SiO_2 含量只有 0.6%，钛渣中 SiO_2 含量 2.5%，经酸浸后的产品中 SiO_2 含量 2.77%，再经碱浸后的产品中 SiO_2 含量 1.04%，因而最终获得的 UGS 产品品位可达 95% 以上。如果钛渣中 SiO_2 含量太高，很难获得品位高的最终产品。

4.4.3 还原锈蚀法

Becher 法在我国称为"还原—锈蚀法"，它是澳大利亚 CSIRO 研究成功的一种特有的制造人造金红石的方法。它是以风化的高品位钛铁矿为原料（$TiO_2 \geq 54\%$），以廉价的褐煤为还原剂和燃料，在回转窑中于 1100 ~ 1180℃ 高温下将钛铁矿中的铁氧化物全部还原为金属铁（这种还原称为强还原），还原料在冷却筒中在缺氧的保护气氛下冷却至 80℃ 以下出窑。还原钛铁矿在含有少量盐酸或氯化氨的水溶液中，用空气将矿中金属铁"锈蚀"为水合氧化铁（称为赤泥）；然后用旋流分离器将赤泥从 TiO_2 富集物中分离出来；TiO_2 富集物再用稀硫酸（浓度 5% 左右）常压浸出其中的可溶性杂质（如残余的铁和锰等杂质）；最后经流态化床干燥为人造金红石产品。该产品是褐黑色的，其中还含有少量低价钛氧化物。最初研究的方法中，在强还原之前还有一个强氧化工序，后来因为以风化钛铁矿为原料，强氧化对改善还原的效果不大而被取消了。最初研究的方法中是没有硫酸浸出工序的，后来为了将产品品位由 92% 提高到 93% ~94%，同时也为了降低产品中铀和钍放射性元素含量，而增加了一个酸浸工序。原来生产中产生的赤泥没有利用，运回采矿场填坑，最近几年来将赤泥制成球团作为高炉炼铁的原料。

4.4.3.1 还原锈蚀法工艺

还原锈蚀法生产人造金红石的工艺流程如图 4 –22 所示。

（1）氧化焙烧。钛铁矿氧化生成高铁板钛矿（Fe_2TiO_5）和金红石：

$$2FeTiO_3 + \frac{1}{2}O_2 = Fe_2TiO_5 + TiO_2$$

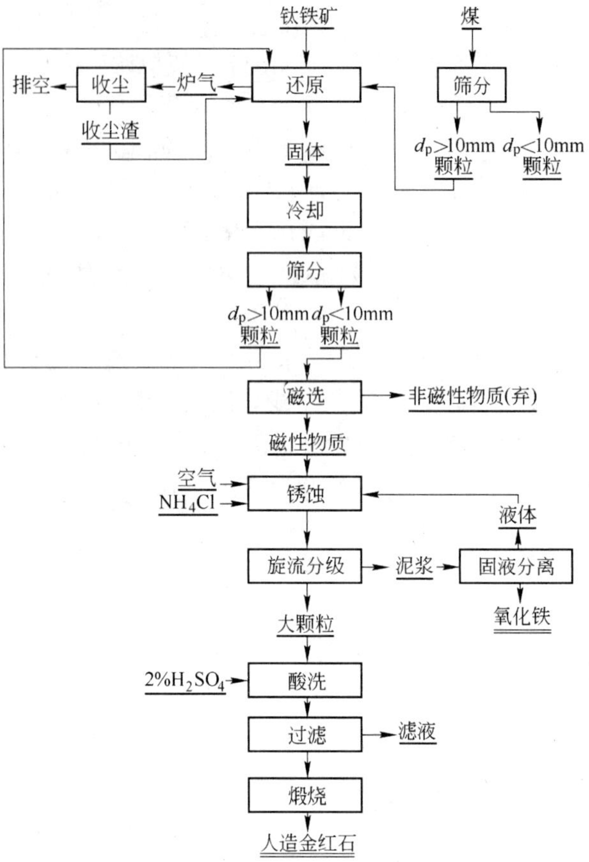

图 4－22　锈蚀法制取人造金红石工艺流程框图

澳大利亚在研究和工业化初期，还原之前进行预氧化处理。澳大利亚所用原料是半风化的钛铁矿（TiO_2 54% ~55%，$Fe^{3+}/Fe^{2+}=0.6\sim1.2$）。预氧化的主要目的是为了减少在固相还原过程中矿物的烧结，但现在工业生产中已取消了预氧化工序。

国内实践表明，对于氧化砂矿（TiO_2 58% ~60%，$Fe^{3+}/Fe^{2+}\approx5$）可不经预氧化而直接进行还原。但未风化的钛铁矿（即淡水矿，TiO_2 50% ~53%，$Fe^{3+}/Fe^{2+}=0.1\sim0.3$）如不经预氧化处理就直接进行还原，其还原温度要比氧化砂矿的还原温度高，且还原矿的锈蚀困难，完成锈蚀的时间特别长。可见，未风化的钛铁矿进行预氧化处理有如下好处：1）可改善还原过程，有利于降低还原温度和提高金属化率，并减少还原过程中矿物的烧结倾向；2）有利于锈蚀过程，可缩短锈蚀时间。

澳大利亚的氧化焙烧在回转窑中进行，以重油为燃料，窑内最高温度为 1030℃，氧化矿由铁板钛矿（以 Fe_2TiO_5 为主，有少量的 $FeTi_2O_5$）和金红石的混合物组成。试验发现，在空气中进行氧化焙烧，钛铁矿的氧化是不完全的，氧化矿中含有 3% ~7% 的 FeO。氧化矿冷却至 600℃ 左右进入还原窑。

（2）固相还原。固相还原是锈蚀法的关键步骤。表面上看来钛铁矿的还原剂是固体碳，但研究表明，在温度超过 1030℃ 时，主要是碳气化反应产生 CO 的还原作用。钛铁矿的还原过程是复杂的，已在前面讨论过，大致可分为两个阶段，第一阶段是 $Fe^{3+}\rightarrow Fe^{2+}$：

$$Fe_2Ti_3O_9 + CO \longrightarrow 2FeTiO_5 + TiO_2 + CO_2$$

$$Fe_2TiO_5 + TiO_2 + CO = 2FeTiO_3 + CO_2$$

还原的第二阶段是 $Fe^{2+} \rightarrow Fe$ 并伴随 TiO_2的部分还原：

$$2FeTiO_3 + CO = FeTi_2O_5 + CO_2 + Fe$$

$$nTiO_2 + CO = Ti_nO_{2n-1} + CO_2 \qquad (n>4)$$

$$FeTi_2O_5 + CO \longrightarrow Fe_{3-x}Ti_xO_5 + Fe + CO_2 \qquad (2 \leqslant x \leqslant 3)$$

还原钛铁矿是由金属铁、Me_3O_5型固溶体（$FeTi_2O_5 - Ti_3O_5$）和还原金红石三相组成。

钛铁矿的还原在回转窑中进行，采用煤作为还原剂和燃料，澳大利亚利用廉价的次烟煤。还原温度在1180～1200℃，当温度超过1200℃则会发生矿物的严重烧结使窑结圈，窑内温度是通过调节加煤速度和通风速度控制的。实践表明，严格控制窑温是十分重要的，所以要求测温和控温要准确。

为了减少锰杂质对还原过程的干扰，澳大利亚在还原过程中采用了加硫技术，使矿中的MnO优先生成硫化物，减少它对钛铁矿还原的影响，而所生成的锰的硫化物可在其后的酸浸过程中溶解而除去，从而可提高产品的品位。

从还原窑卸出的还原矿温度高达1140～1170℃，必须冷却至70～80℃方可进行筛分和磁选脱焦，分离出煤灰和余焦便获得还原钛铁矿。

（3）还原钛铁矿的锈蚀。锈蚀过程是一个电化学腐蚀过程，在电解质溶液（含1%的NH_4Cl或盐酸水溶液）中进行。还原钛铁矿颗粒内的金属铁微晶相当于原电池的阳极，颗粒外表面相当于阴极。在阳极，Fe失去电子变为Fe^{2+}离子进入溶液：

$$Fe \longrightarrow Fe^{2+} + 2e^-$$

在阴极区，溶液中的氧接受电子生成OH^-离子：

$$O_2 + 2H_2O + 4e^- \longrightarrow 4OH^-$$

颗粒内溶解下来的Fe^{2+}离子沿着微孔扩散到颗粒外表面的电解质溶液中，如溶液中含有氧则进一步氧化生成水合氧化铁细粒沉淀：

$$2Fe^{2+} + 4OH^- + \frac{1}{2}O_2 = Fe_2O_3 \cdot H_2O \downarrow + H_2O$$

所生成的水合氧化铁粒子特别细，根据它与还原矿的物性差别，可将它们从还原矿的母体中分离出来，获得富钛料。

（4）富钛料的酸浸。采用4%的稀硫酸在常压80℃下浸出锈蚀后获得的富钛料，其中残留的一部分铁和锰等杂质溶解出来，经过滤、干燥则可获得人造金红石产品。

澳大利亚的锈蚀法工厂以含$TiO_2$54%～55%的钛精矿为原料，生产的人造金红石含$TiO_2$89%～94%（见表4－18）。国内以广西氧化砂矿和藤县钛精矿为原料可制取含TiO_2 87%～88%的人造金红石（见表4－18）。

与其他方法相比，还原锈蚀法生产人造金红石具有如下主要优点：

1）人造金红石产品粒度均匀，其中含有少量低价钛氧化物，是沸腾氯化制取四氯化钛的优质原料。

2）用电量和化学试剂量均少，主要原料是煤，并可利用廉价的褐煤，因此产品生产成本较低。

表 4-18　还原锈蚀法生产产品典型分析（质量分数）　(%)

成　分	澳大利亚			中　国	
	原料钛精矿 1	原料钛精矿 2	人造金红石	氧化砂矿人造金红石	藤县矿人造金红石
ΣTiO_2	53.85	55.03	92.0	88.04	87.05
Ti_2O_3			10.0		
FeO	22.10	22.2	4.63		
Fe_2O_3	18.45	18.8		6.35	8.7
SiO_2			0.07	0.84	0.81
CaO			0.03	0.12	0.31
MgO	1.06	0.18	0.15	0.12	0.22
Al_2O_3			0.7	1.29	0.10
MnO	1.84	1.43	2.0	1.17	1.04
S			0.15	0.005	0.009
P				0.018	0.019
C			0.15	0.028	0.029

3）“三废”容易治理，在锈蚀过程中排出的废水接近于中性（pH 值为 6 ~ 6.5），赤泥可经干燥作为炼铁的原料，也可进一步加工成铁红。

该工艺方法的局限性在于必须以风化的高品位钛铁矿为原料，固相还原要求的温度高、技术难度大。

我国也有几个采用还原锈蚀法生产人造金红石车间，但存在还原窑结圈严重、还原窑的开工周期短（20 ~ 30 天）等问题。

4.4.3.2　还原锈蚀法的新进展

（1）降低产品中的钍含量。RGC 矿砂公司对 Becher 工艺进行改进研究称为 SREP 工艺，该工艺的特点是在还原炉料中加入一种硼酸盐熔剂，在高温还原过程中由于硼酸盐的作用使钛铁矿表面形成玻璃相，各种杂质包括钍在内被富集在玻璃相中，玻璃相所吸收的杂质在随后的稀酸浸出过程中被除去，从而提高了产品品位和降低了产品的钍含量。另外，有一种称为 RUTILE 工艺，与 SREP 工艺相似，所生产的人造金红石产品的 TiO_2 含量可达 96%。

（2）赤泥的合理利用。原来生产中产生的赤泥没有利用，运回采矿场填坑，最近几年来将赤泥制成球团作为高炉炼铁的原料。

（3）处理未风化低品位矿的新工艺。NewGenSR 法是属于 Becher 法的改进方法。针对 Becher 法的局限性，为了能用于处理澳大利亚大量的未风化的品位较低的钛铁矿资源，如 Murray Basin 的钛铁矿，1996 年 CSIRO 与 Iluka 合作开始研究新的工艺技术，现已完成试验工厂的试验，并决定用新工艺建设新厂。该工艺流程是强氧化—强还原—锈蚀—硫酸常压浸出，与 Becher 法不同的主要有两点：一是因为以未风化钛铁矿为原料，所以在强还原之前增加了一个强氧化工序；二是强还原不再采用回转窑，而是应用循环流化床反应器（称为 CFB）。CFB 技术可降低还原温度、提高还原效率。

4.4.4 盐酸浸出法

在国外，盐酸浸出制取人造金红石原有两种方法：一种是美国华昌（Hua Chang）公司研究成功的华昌法；另一种是美国毕尼莱特（Benilite）公司研究成功的 BCA 盐酸循环浸出法。在美国、印度建有 BCA 盐酸浸出法生产人造金红石的工厂。

近年来国外对盐酸浸出法进行了许多改进研究，其中有两种方法值得重视，一种是澳大利亚 Austpac 资源公司研究的 ERMS · SR 法，另一种是加拿大 Tiomin 资源公司研究的 TSR 法。

在国内，对攀枝花钛精矿采用盐酸浸出法制造人造金红石进行了大量研究。

虽然盐酸浸出法的工艺多种多样，但其基本原理是相同的，即钛铁矿在稀盐酸中选择性浸出铁和钙、镁、锰等杂质而使 TiO_2 达到富集。主要的反应有：

$$FeO \cdot TiO_2 + 2HCl = TiO_2 + FeCl_2 + H_2O$$

$$CaO \cdot TiO_2 + 2HCl = TiO_2 + CaCl_2 + H_2O$$

$$MgO \cdot TiO_2 + 2HCl = TiO_2 + MgCl_2 + H_2O$$

$$MnO \cdot TiO_2 + 2HCl = TiO_2 + MnCl_2 + H_2O$$

在浸出过程中 TiO_2 也被部分溶解，而当溶液的酸浓度降低时，溶解生成的 $TiOCl_2$ 又发生水解析出 TiO_2 的水合物：

$$FeO \cdot TiO_2 + 4HCl = TiOCl_2 + FeCl_2 + 2H_2O$$

$$TiOCl_2 + (x+1)H_2O = TiO_2 \cdot xH_2O + 2HCl$$

矿中 TiO_2 的溶解和水解是浸出过程中造成矿物细化的根本原因。

4.4.4.1 BCA 盐酸循环浸出法

BCA 法是 20 世纪 70 年代初由美国 Benilite 公司研究成功的盐酸循环浸出法，工艺流程如图 4－23 所示。它是以风化的高品位钛铁矿砂矿（TiO_2 54% ~65%）为原料，以重油

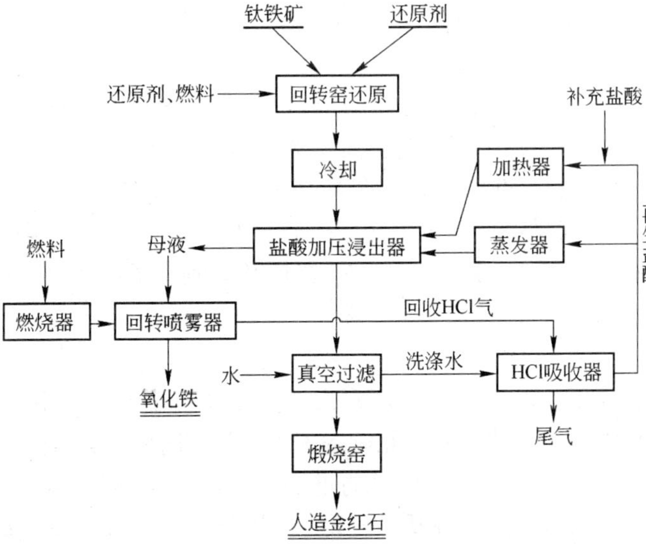

图 4－23 BCA 盐酸循环浸出法制取人造金红石工艺流程

为还原剂和燃料，在回转窑中于870℃高温下将钛铁矿中的Fe^{3+}还原为Fe^{2+}（这种还原称为弱还原），还原料在冷却筒中在缺氧的保护气氛下冷却至80℃以下出窑。还原钛铁矿在旋转的加压浸出球中用18%～20%盐酸于140℃（压力0.25MPa）下浸出矿中的铁等可溶性杂质，浸出物经过滤洗涤，于870℃下煅烧成产品。浸出母液含有残留盐酸和浸出的铁等杂质氯化物，先预浓缩除去大约1/4的水分，然后采用喷雾焙烧法回收盐酸，再生盐酸返回浸出工序重用。喷雾焙烧法回收盐酸的反应方程式为：

$$2FeCl_2 + \frac{1}{2}O_2 + 2H_2O \longrightarrow Fe_2O_3 + 4HCl\uparrow$$

$$MgCl_2 + H_2O \longrightarrow MgO + 2HCl\uparrow$$

其他氯化物$FeCl_3$、$CaCl_2$、$MnCl_2$等有类似上述的反应。在喷雾焙烧时生成的铁氧化物用水打浆作废料排放。在浸出过程中矿物中的TiO_2部分被溶解而后水解产生细粒产品，细粒产品用作为钛白的代用品（称为Hitox）。

在国外，20世纪70年代中期BCA法的应用出现一个高潮，采用BCA法在美国、马来西亚、日本、印度、澳大利亚和我国台湾建立了一批工厂，总计年产能力达4.0×10^5t。在这些工厂中，美国Kerr－McGee的年产1.1×10^5t工厂曾长期运转。印度在20世纪70～80年代共建了4个盐酸法人造金红石工厂，总计年产能力达1.6×10^5t，但产量远未达到设计能力。其中最大的是印度稀土公司（IREL），该公司采用不同技术来源，大部分设备由国内制造，于1986年建成年产1.0×10^5t工厂，投产后出现了各种技术和设备问题，生产一直不正常。后来被迫重新进行试验研究和工艺设备改进，特别是研究成功了在浸出液中加入添加物的技术，采用一段浸出便可使产品品位达到92%，他们认为这是一项十分重要的进展，形成了专利技术，从而使该厂达到了较高水平。印度克拉拉邦矿业金属公司（KMML）于1985年建成了年产3.0×10^4t人造金红石工厂，经过改进工艺后计划扩建至年产1.0×10^5t。

BCA法在浸出过程中产生一部分细粒产品，使用粒度较粗的砂矿为原料时产生的细粒产品量占4%～6%，加入少量硫酸或硫酸盐可减少细粒产品至2%～4%。

1980年Benilite公司将细粒产品加工成米色的Hitox颜料（国内称之为钛黄粉），公司改名为美国Hitox公司，2000年又更名为TOR矿物国际公司（TOR Mineral International，简称为TORM）。TORM公司在美国得克萨斯州的Corpus Christi工厂将购入的人造金红石加工成Hitox颜料，年产量16400t。1999年给予马来西亚钛公司生产Hitox颜料许可证。Hitox颜料是一种低价、高质量、浅黄色颜料，它是有色颜料和钛白颜料的替代品，广泛用于涂料、油漆、油墨、塑料、造纸、橡胶、瓷釉及其他需要着色的产品，产品用户遍布美国等30多个国家，它的售价大约是钛白粉价格的2/3。

盐酸浸出法具有除杂质能力强（不仅除铁，还可除钙、镁和锰等杂质）的特点，可获得高品位的人造金红石；BCA盐酸循环浸出法实现了盐酸的再生和循环，产生废料较少。由于盐酸是一种强腐蚀性的酸，因此设备需用专门的防腐材料制造。

BCA法存在一些缺点，例如要以昂贵的重油为还原剂和燃料，而且还原所需要的时间也比较长（约6h）；加压浸出设备投资较大，特别是美国Kerr－McGee公司将进口矿用该法生产人造金红石比直接进口的人造金红石还贵，所以该公司2005年决定关闭Mobile的BCA法人造金红石工厂。

4.4.4.2 ERMS · SR 法（强氧化—弱还原—盐酸常压浸出法）

ERMS 法是由澳大利亚 Austpac 资源公司研究的，是属于盐酸浸出法的一种改进方法。它的工艺流程是钛铁矿—精选—强氧化—弱还原—流态化常压浸出—固液分离—烘干煅烧—后磁选和浸出母液焙烧回收盐酸循环使用。该工艺技术经过长期研究已完成试验工厂试验，据称已对世界上几十种钛矿进行了试验都取得了较好结果，2000 年就宣布在印度 IREL 公司建设年产 1.0×10^4t 的示范工厂，然后建设年产 1.0×10^5t 工厂，但该计划并未实现。现正在澳大利亚筹建年产 3.0×10^4t 人造金红石的示范工厂。

该工艺主要有四方面的特点：一是强调作为浸出的原料矿必须精选；二是氧化、还原、浸出和母液焙烧均采用流态化技术；三是产品是超高品位的人造金红石（TiO 质量分数 >96%）；四是改进了回收盐酸的技术（称为 EARS 法）。

A 钛铁矿的焙烧和精选

Austpac 资源公司研究两种钛铁矿磁化焙烧方法，分别叫作 ERMS 焙烧法和 LTR 焙烧法。

ERMS 焙烧法是高温（750 ~ 950℃）下控制氧分压焙烧钛铁矿 60min 左右，焙烧矿在缺氧条件下冷却。焙烧使钛铁矿磁化率增加，矿中 TiO_2 被金红石化具有酸不溶性，焙烧矿易于磁选除去脉石矿物提高钛精矿质量。这种焙烧精矿适用于制造人造金红石或熔炼钛渣。

LTR 焙烧法是在低于 650℃ 的低温下焙烧钛铁矿 20 ~ 30min，焙烧使钛铁矿磁化率增加，矿中 TiO_2 未被金红石化具有酸溶性，焙烧矿也易于磁选除去脉石矿物提高钛精矿质量。这种焙烧精矿适用于硫酸法生产钛白。

ERMS SR 焙烧法是强氧化—弱还原焙烧，焙烧矿用于盐酸浸出法制造人造金红石。

ERMS 和 LTR 两种焙烧法和磁选的试验结果列于表 4 - 19。

表 4 - 19 ERMS 和 LTR 焙烧法的原料矿和磁选精矿化学组成（质量分数）（%）

成 分	ERMS 焙烧法				LTR 焙烧法			
	1 号		2 号		1 号		2 号	
	原料矿	磁选精矿	原料矿	磁选精矿	原料矿	磁选精矿	原料矿	磁选精矿
TiO_2	54.9	63.5	60.2	68.3	55.0	61.5	59.1	63.0
Fe_2O_3	28.5	34.2	28.5	30.4	28.6	35.4	31.8	34.3
Cr_2O_3	1.10	0.18	1.14	0.09	1.17	0.28	1.30	0.24
SiO_2	4.66	0.98	3.11	0.93	4.03	0.82	0.61	0.63
Al_2O_3	3.15	0.84	2.02	0.97	2.99	0.72	1.17	0.84
P_2O_5	0.25	0.09	0.29	0.06	0.30	0.09	0.13	0.12

B 制造人造金红石

以钛铁矿砂矿为原料经过磁选精选，精矿经过强氧化—弱还原焙烧处理后采用流态化浸出，浸出原酸浓度为 25%，浸出时间 4 ~ 5h，浸出物经沉降、过滤和洗涤，然后煅烧，煅烧品再经磁选除去未反应矿物和脉石矿物获得超高品位人造金红石产品。试验的原料和产品的化学组成及粒度分析分别列于表 4 - 20、表 4 - 21。从表 4 - 21 可见，钛铁矿砂矿的粒度较粗且比较均匀，因而可采用流态化浸出。

表 4－20　制造人造金红石原料和产品的化学组成（质量分数）　　（%）

成　分	TiO_2	Fe_2O_3	SiO_2	Cr_2O_3	Al_2O_3	MnO	MgO	U + Th
原　矿	51.0	48.6	1.48	0.05	0.75	0.35	0.86	$<4.5\times10^{-3}$
产　品	97.9	0.74	0.47	0.03	0.06	0.03	0.09	$<1.1\times10^{-3}$

表 4－21　制造人造金红石原料和产品的粒度分析

粒径/μm	63	90	125	180	250	355	500
原　矿	0.8	8.0	33.5	38.3	17.1	1.7	0
产　品	0.6	5.9	41.6	40.2	10.9	0.8	0

C　EARS 法回收盐酸

BCA 法浸出母液浓度比较低，含有大量水分，这种稀母液直接喷雾高温焙烧，焙烧产生的氯化氢气体被大量水蒸气和燃烧气中的氮气所稀释，体积大膨胀，热损失大，热效率低，因此能耗高，回收的盐酸浓度低。Austpac 公司的强化酸再生系统（EARS），对从浸出母液中回收盐酸技术进行重大改进，浸出母液（$FeCl_2$浓度 310g/L）经过低温（130℃左右）预蒸发浓缩，使浓缩液 $FeCl_2$浓度达到 500g/L；然后在旋转干燥器中进一步蒸发水分，最终获得含水只有 12% ~14% 的氯化物固体球粒；固体球粒进入沸腾床中焙烧产生氯化氢气，吸收成为再生盐酸，回收酸的浓度最高可达 33%。这种方法避免了大量水分在高温下蒸发而造成的大量热损失，而焙烧产生的过热气体用于预蒸发，使热量得到充分利用。另外，焙烧时不仅可用气体和液体燃料，也可以用固体（如煤）燃料。据称，这种回收盐酸的方法，与 BCA 法的喷雾方法比较，设备投资可减少 1/2，操作成本可降低 1/3。

4.4.4.3　TSR 法（强氧化—弱还原—盐酸常压浸出法）

加拿大 Tiomin 资源公司从新西兰获得制造人造金红石的专利技术，称为 TSR 法。这种方法也是属于盐酸浸出法的一种改进方法，它与 ERMS 法具有许多相似之处，据称这种方法可用于处理许多低品位钛矿。它的工艺流程是钛铁矿经强氧化—弱还原—流态化常压浸出—固液分离—烘干煅烧—后磁选和浸出母液焙烧回收盐酸循环使用。

Tiomin 公司采用五段流态化逆流浸出，其中第五段是产品的洗涤段；第四段加入 20% 浓度的新酸（含 Fe3 ~5g/L）；2 ~3 段酸浓度由 18.8% 降低 2% ~6%，这两段中设有浸出液的浓缩装置，以保证有较高的酸浓度；第一段是新加入的矿与低浓度酸（2% ~6%）接触，最终浸出液酸浓度降至 0.03% 左右，而其中铁氯化物浓度很高（Fe 含量达 180 ~184g/L），这种高浓度母液不经预浓缩可直接进行焙烧回收盐酸，无疑可降低盐酸回收系统的能耗。

TSR 法已完成试验工厂试验和建设大型化工厂的可行性评估，据称这种方法可用于处理许多低品位钛矿，产品人造金红石品位可高达 96% 以上。

4.4.4.4　盐酸浸出攀枝花钛精矿制取人造金红石的研究

我国对盐酸浸出法处理攀枝花钛精矿制取人造金红石进行长期大量的试验研究，试验了多种方案，进行了多次（半）工业试验。分别按加压浸出和流态化常压浸出两种工艺路线进行试验。

A 加压浸出法

在加压浸出试验中，按钛精矿预处理方法不同，分为原矿浸出、原矿—磁选精矿浸出、弱氧化—磁选精矿浸出、氧化—还原—磁选精矿浸出等多种方案。试验应用的原则工艺流程如图4-24所示，所用攀枝花钛精矿典型组成如表4-22所示。

预处理和前磁选

为了获得高品位的产品和减少矿物在浸出过程中的细化，一般要在浸出前对原矿进行预处理（预氧化或预还原或预氧化—还原等）。因攀枝花钛精矿品位较低，特别是硅铝杂质含量较高，因此需对原矿或预处理矿进行前磁选，选出非磁性脉石矿物为尾矿，磁性部分为磁选精矿作为浸出的原料。前磁选的典型试验结果列于表4-23。在镜下观察，尾矿中主要是长石、钛辉石以及它们与含有少量钛铁矿的连生体，钛铁矿单体很少。通过前磁选，除去了矿中约25%～30%的SiO_2。

加压浸出和后磁选

对原矿和三种不同预处理矿（原矿—磁选精矿、弱氧化—磁选精矿、氧化—还原—磁选精矿）在不同条件下浸出典型试验结果列于表4-24中。表中弱氧化矿的氧化温度为700℃。氧化—还原矿是强氧化—弱还原（即将矿中Fe^{3+}还原为Fe^{2+}），氧化温度为950℃，还原温度为900℃。

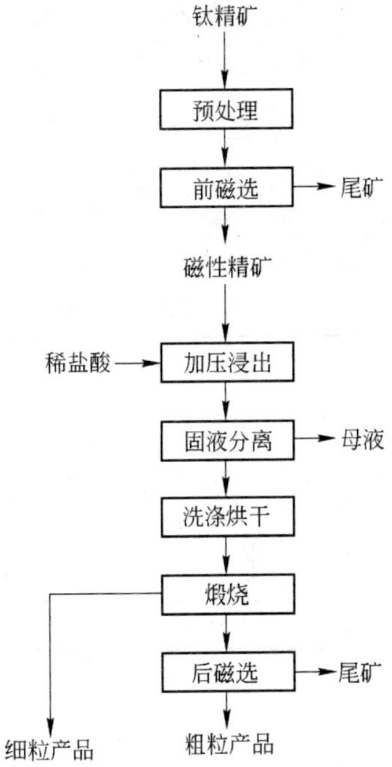

图4-24 盐酸浸出法原则工艺流程图

表4-22 攀枝花钛精矿化学组成分析（质量分数） （%）

矿 样	TiO_2	ΣFe	FeO	Fe_2O_3	CaO	MgO	Al_2O_3	MnO	SiO_2
粗粒矿	47.50	29.95	34.48	4.05	1.42	6.22	1.56	0.61	4.16
细粒矿	47.2	31.05	35.38	4.57	1.01	6.42	1.15	0.65	3.13

表4-23 前磁选精矿和尾矿的典型分析（质量分数） （%）

矿种类		TiO_2	ΣFe	SiO_2
原 矿	精 矿	48.90	30.49	3.10
	尾 矿	5.07	9.01	45.56
弱氧化矿	精 矿	48.09	30.15	3.33
	尾 矿	26.11	19.75	23.55
氧化—还原矿	精 矿	49.03	32.36	2.70
	尾 矿	28.37		20.3

对浸出产品煅烧后的粗粒产品进行后磁选（表4-25），选出弱磁性的钛辉石等脉石矿物。从粗粒金红石中，一般可选出4%～6%的磁性物尾矿，尾矿中TiO_2含量20%～30%。经过后磁选，粗粒产品的品位一般可提高3%～5%。

表 4-24 原矿和三种不同预处理矿的加压浸出实验室扩大试验结果

矿种类		原　矿	原矿—磁选精矿	弱氧化—磁选精矿	氧化—还原—磁选精矿	原矿—磁选精矿
浸出条件	浸出液酸浓度/%	20	20	20	20	28
	液固比/mL: g	3.75:1	3.75:1	3.75:1	3.75:1	2.33:1
	浸出温度/℃	135	135	135	135	115
	浸出时间/h	6	6	8	6	8
粗粒产品产率/%		86	89	98	95	39
细粒产品产率/%		14	11	2	5	61
粗粒产品品位（TiO_2）/%		90.39	92.72	93.81	94.18	94.7

表 4-25 煅烧产品后磁选典型试验结果

试验号	磁场强度/T	非磁性金红石质量分数		磁性尾矿质量分数		非磁性产品回收率（TiO_2）/%
		%	（TiO_2）/%	%	（TiO_2）/%	
1	0.88	96.10	93.81	3.90	19.56	99.16
2	0.88	96.30	92.72	3.70	24.33	99.00

从表 4-24 数据的比较可见，氧化—还原矿最易浸出，原矿次之，氧化矿略微难浸出；而浸出过程中矿物的细化率最大的是原矿浸出，氧化矿在浸出中的细化率最小。浸出液的酸浓度对浸出速率和细化率影响很大，采用浓酸（28%～31%）浸出，浸出速率比稀酸浸出快，浸出温度可降低，矿物细化率大幅增加。

试验结果讨论

a　原矿直接浸出方案

由于攀枝花钛精矿在盐酸中的易溶性，采用原矿直接加压浸出就可比较容易地将矿中可溶性杂质溶解出来。矿中 SiO_2 不溶于酸，它会在产品中成倍地富集，因此在浸出前后用磁选方法将含 SiO_2 的脉石矿物分离出来，以获得较高品位的产品。在原矿直接浸出时，由于矿中 TiO_2 易溶于酸而后水解出来，造成矿物的细化（或称粉化）。

曾采用原矿浸出方案进行过（半）工业试验，浸出试验是在直径 3m 的加压浸出球中进行，浸出过程中所产生的细粒产品作为钛黄粉出售。以强磁选攀枝花钛铁精矿（含 TiO_2 49%）为原料，可获得含 TiO_2 94% 的人造金红石（表 4-26）。

表 4-26 强磁选攀枝花钛精矿和人造金红石、钛黄粉组成分析

品　名	成分（质量分数）/%							
	TiO_2	CaO	MgO	SiO_2	Al_2O_3	ΣFe	S	P
强磁钛精矿	49.18	0.63	4.88	1.90	0.61	31.48		
粗粒金红石	94.13	0.31	0.21	3.03	0.52	1.71	0.021	
钛黄粉	94.81	0.27	0.60	0.89	0.23	1.40	≤0.03	0.007

原矿直接浸出方案的最大缺点是浸出产物难过滤，过滤一锅含细粒产品浸出母液的

时间高达十几小时，有时高达二十多小时，严重阻碍该法的工业应用。难过滤的原因，除了矿物细化严重产生细粒产品多的原因外，最主要的原因可能是溶解的钛化合物水解不完全或者因为水蒸气加热造成水解，生成胶体状 TiO_2 有关。在实验室试验中，原矿浸出产物较易过滤，但在（半）工业试验中却遇到了难过滤问题。这种差别可能是浸出过程的加热方式不同。在实验室试验中采用外加热，而半工业试验的浸出球中是水蒸气加热。

b 弱氧化矿浸出方案

钛铁矿低温氧化生成 $FeTiO_3-Fe_2O_3$ 的 Me_2O_3 型固溶体和金红石微晶：

$$m\mathrm{FeTiO_3}+\frac{1}{2}\mathrm{O_2}\longrightarrow(m-2)\mathrm{FeTiO_3}-\mathrm{Fe_2O_3}+2\mathrm{TiO_2}$$

在低温氧化过程中钛铁矿的氧化程度不高，矿中高价铁增加不多，矿中铁仍以 Fe^{2+} 为主，但矿中 TiO_2 却部分金红石化。因此，在盐酸浸出弱氧化矿时，浸出速率比原矿浸出只有轻微下降，但矿中 TiO_2 的溶解率却大为降低，即矿物细化率大幅降低。但如果提高氧化温度或氧化程度增加，矿中 Fe^{3+} 含量增加，则浸出速率降低，最终浸出效果会大幅降低。

试验表明，攀枝花钛精矿经过弱氧化处理（在温度700℃左右进行短时间焙烧），可以提高前磁选分离出脉石矿物的效果，并且可以有效地减少在浸出过程中的粉化现象。从试验结果看，700℃氧化矿的浸出速度比800℃氧化矿快，所以弱氧化处理应在700℃左右的低温下进行，以减少氧化矿中 Fe^{3+} 含量，增加浸出效果。在与原矿相同的浸出条件下，要获得相同品位的产品，700℃氧化矿的浸出时间要比原矿浸出增加约1~2h。

曾采用弱氧化矿浸出方案进行过（半）工业试验，这次试验是全流程试验，试验的工艺流程如图4-25所示。浸出试验也是在直径3m的加压浸出球中进行，浸出母液在引进的喷雾焙烧炉（Ruthner炉）中进行焙烧。（半）工业试验取得了较好的结果。试验产品的分析结果列于表4-27中。

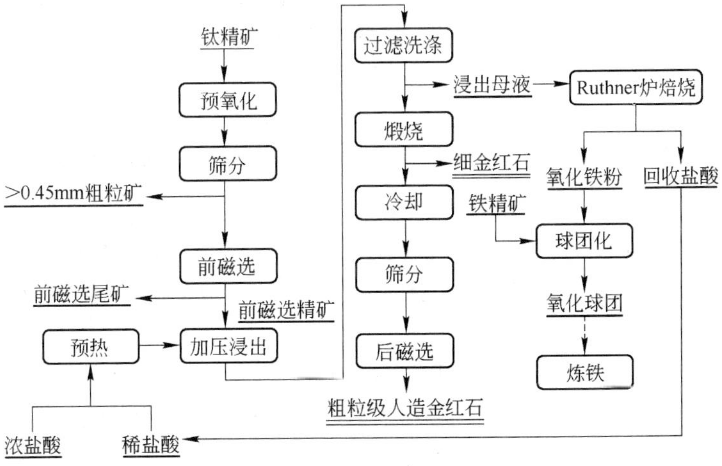

图4-25 攀枝花钛精矿盐酸法制取人造金红石工艺流程

浸出产品中细粒金红石占12%左右，细化率比原矿浸出方案低10%左右。浸出产物的过滤比原矿浸出产物要容易一些，但有些锅次还是比较难过滤。工业试验表明，与原矿

表 4－27　弱氧化矿浸出方案工业试验产品分析（质量分数）　(%)

品名	成分							
	TiO_2	CaO	MgO	SiO_2	Al_2O_3	Fe_2O_3	MnO	V_2O_5
粗粒金红石	92.60	0.16	0.19	3.18	0.13	3.03	<0.03	<0.1
细粒金红石	94.32	—	—	3.39	—	2.23	—	—

浸出方案比较，弱氧化浸出方案产品的细化率大幅降低，浸出物的难过滤问题也减轻许多，但过滤问题仍是妨碍其工业应用的主要问题。另外，浸出温度较高，浸出初始反应最高温度有时高达145～148℃（压力高达0.35～0.45MPa），与浸出球相关的管道和阀门的使用寿命短，这也是妨碍工业应用的主要问题。

c　氧化—还原矿浸出方案

攀枝花钛精矿经过强氧化（920℃以上完全氧化），再经弱还原（Fe^{3+}还原为Fe^{2+}）处理，可以大幅提高浸出速度，即使在较低的温度下也有较快的浸出速度和较高的浸出率，且浸出产品细化率比原矿浸出方案低，但现未采用此方案进行过工业试验。

d　原矿浓酸浸出方案

攀枝花钛精矿具有较好的酸溶性，特别是在较浓的盐酸（>28%）中特别易溶解，即在低温下（>80℃）的溶解速度也较大。采用浓酸（≥28%）浸出原矿，在低温下开始反应，依靠反应热逐渐升温至120℃左右，最后加热至125～130℃完成反应。浸出过程中矿物细化率60%以上，但浸出产物却很容易过滤，完全不存在稀酸（18%～20%）浸出原矿存在的难过滤问题。原矿不经任何预处理就可获得含$TiO_2$92%～94%的人造金红石（或称钛黄粉），如果煅烧产品经后磁选则可获得TiO_2含量≥95%的人造金红石或钛黄粉，产品颜色为淡黄色。这是自贡东升金红石厂的一个重要发现，该厂用直径3m压煮浸出球浸出原矿生产钛黄粉近30年。实验室试验获得类似的结果。

B　流态化常压浸出法

为了解决盐酸浸出过程中的粉化问题，使产品基本保持原矿粒度，对攀枝花钛精矿低温（750℃左右）预氧化，然后用流态化塔进行多段逆流浸出的方法进行了长期研究，并曾建立一个年产5000t规模的试验工厂。

这种方法要求使用粗粒矿，需将钛精矿中的细粒筛出，因为细粒矿容易在浸出的输送过程中发生堵塞问题。

在（半）工业试验中，以攀枝花钛精矿（TiO_2 47%左右）为原料，可获得含TiO_2 90%左右的人造金红石（表4－28）。但在试生产中，一般只能获得含$TiO_2$85%～88%的产品，如要提高产品品位则需进一步浸出处理。

表 4－28　攀枝花矿和盐酸法人造金红石典型分析

品名	成分（质量分数）/%									
	TiO_2	FeO	Fe_2O_3	MgO	CaO	SiO_2	Al_2O_3	S	P	C
攀枝花矿	47.06	33.53	8.15	4.93	0.81	2.41	0.94			
人造金红石	91.07		1.93	0.54	0.57	4.16	0.36	0.14	0.008	0.012

4.4.5 硫酸浸出法

4.4.5.1 *石原法*

日本石原产业利用硫酸法生产钛白排出的废酸（浓度22% ~23%）浸出钛铁矿生产人造金红石，所以又称为石原法。该公司建成的人造金红石工厂的年产能力达 1.0×10^5t。工艺流程如图 4 –26 所示。

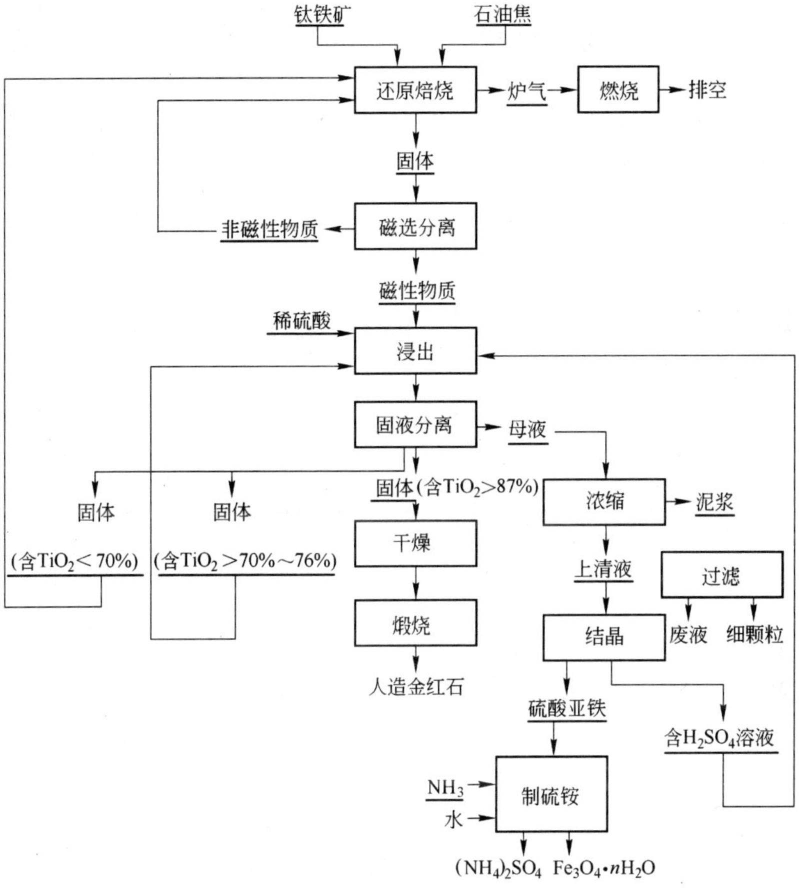

图 4 –26 石原法制取人造金红石工艺流程框图

日本石原法采用印度高品位钛精矿（氧化砂矿），矿中的铁主要是以 Fe^{3+}($Fe_2Ti_3O_9$) 形式存在，先将矿中的 Fe^{3+}还原为 Fe^{2+}，然后用稀硫酸加压浸出溶解矿中的铁等杂质而使 TiO_2富集，主要包括还原、加压浸出、过滤和洗涤、煅烧等作业。

A 还原

以石油焦为还原剂在回转窑中将矿中的 Fe^{3+}还原为 Fe^{2+}:

$$2C + O_2 = 2CO$$

$$Fe_2Ti_3O_9 + CO = 2FeTiO_3 + TiO_2 + CO_2$$

还原温度为 900 ~1000℃，还原产物中的 Fe^{2+}应占总铁的 90% 以上。还原料在冷却窑中冷却至 80℃出料，除去残焦的还原矿作为下步浸出的原料。

B　加压浸出

还原矿在稀硫酸（浓度22%左右）中加热至120~130℃（压力0.2MPa左右），矿中的Fe^{2+}被溶解生成$FeSO_4$进入溶液，而TiO_2留在固相中。反应为：

$$FeTiO_3 + H_2SO_4 = FeSO_4 + TiO_2 + H_2O$$

在酸浸过程中TiO_2也部分被溶解而后又沉淀析出，加入TiO_2水合胶体溶液作为晶种可扩大固液两相间的浓度差，从而可加速铁的浸出速度和增加浸出率，也有助于控制产品的粒度，减少细粒产品。因为硫酸的浸出效果较盐酸差，一次浸出物中含有部分浸出不完全的矿物，这部分矿物返回还原或浸出作业重新处理。

C　过滤和洗涤

浸出后的产物经固液分离，分出的固相经洗涤即为富钛料，分出的液相是含有$FeSO_4$的滤液，用作制取硫酸铵和氧化铁红：

$$3FeSO_4 + 6NH_3 + (n+3)H_2O + \frac{1}{2}O_2 \longrightarrow 3(NH_4)SO_4 + Fe_3O_4 \cdot nH_2O$$

D　煅烧

煅烧是除去富钛料中的水分和脱硫，煅烧温度900℃左右，煅烧品经冷却，包装为产品。

日本石原产业所用的钛精矿原料和人造金红石产品的典型分析列于表4-29。

表4-29　石原法的原料和产品的典型成分（质量分数）　　（%）

成　分	原　料	产　　品	
	印度钛精矿	普通人造金红石	焊条用人造金红石
TiO_2	59.62	96.1	95.9
FeO	9.47		
Fe_2O_3	24.62	1.7	1.85
Al_2O_3	1.32	0.46	0.35
Cr_2O_3	0.16	0.15	0.18
CaO	0.09	0.01	0.01
MgO	0.28	0.07	0.05
MnO	0.48	0.03	0.03
P_2O_5	0.14	0.17	0.05
V_2O_5	0.2	0.20	0.21
SiO_2	0.7	0.50	0.48
ZrO_2	0.86	0.15	0.16
SO_3		0.03	0.03

石原法可除去矿中的铁，还可以部分除去钙、镁、锰、铝等可溶性杂质，因此可以获得高品位的产品。该法利用硫酸法生产钛白厂的废酸，既使产品的成本降低，又解决了钛白生产厂的“三废”治理问题。浸出的副产物$FeSO_4$被用来加工成硫酸铵肥料和铁红，使该法的“三废”问题得到解决。但日本石原产业所用的原料是高品位的风化钛精矿，如

果使用未风化的品位较低的钛精矿为原料，则会使工艺过程变得复杂，并会降低产品的质量。

4.4.5.2 硫酸浸出攀枝花钛精矿

对硫酸浸出攀枝花钛精矿进行了实验室小试和扩试。试验表明，原矿需经过氧化和弱还原（$Fe^{3+} \rightarrow Fe^{2+}$）预处理，浸出酸浓度要求 >30%，才能取得较好的浸出效果，典型试验结果列于表 4－30 中。试验获得了含 TiO_2 >90%、钙镁氧化物合量 <1.2% 的粗粒人造金红石，其粒度与原矿粒度基本相同。

表 4－30 硫酸浸出攀枝花氧化—弱还原矿的试验结果

编号		1	2	3
浸出条件	加入矿量/g	400	400	4500
	浸出液硫酸浓度/%	30	35	35
	液固比(mL∶g)	3.75∶1	3.75∶1	3.75∶1
	浸出温度/℃	140	140	140
	浸出时间/h	10	10	10
未反应完全矿占原矿比例/%		11.6	5.5	5.2
粗粒产品产率/%		91.4	44.2	93.0
细粒产品产率/%		8.6	55.8	7.0
粗粒产品品位（TiO_2）/%		92.27	92.72	93.81
细粒产品品位（TiO_2）/%		83.07	95.55	85.70

参考文献

[1] 邓国珠. 富钛料生产的发展趋势和钛铁矿资源的合理利用 [J]. 稀有金属增刊（二），1997，129.
[2] 邓国珠. 富钛料生产现状和今后的发展 [J]. 钛工业进展，2000，(4).
[3] Деннhсов СИ. Электротермия Титановых щлаков. Издательство《металлргия》，Москв，1970.
[4] Васютинский НА. Титановые щлаки，Издательство《металлргия》，Москв，1972.
[5] РеэничекоВА. ЭлектротермияТитановых щлаков，Издательство《Наука》，Москв，1969.
[6] 马慧娟. 钛冶金学 [M]. 北京：冶金工业出版社，1982，102.
[7] Guimond R. Canadan Mining lournal. 1964，(11)：47.
[8] Guimond R. Titanium and QIT，Reprinted From the November 1964 Issue of Mining in Canada Magazine.
[9] 杨绍利，盛继孚. 钛铁矿熔炼钛渣与生铁技术 [M]. 北京：冶金工业出版社，2006，(10).
[10] 邓国珠. 由原生钛铁矿制取酸溶性钛渣的研究 [J]. 涂料工业，1981（3），19.
[11] 邓国珠. 国外密闭电炉冶炼钛渣概况 [J]. 国外钒钛，1983，(5)：57.
[12] 邓国珠，徐济民. 密闭电炉冶炼钛渣有关问题的初步探讨 [J]. 稀有金属，1984，(1)：13.
[13] 王东升，邓国珠，祝立祥. 攀枝花钛铁矿密闭电炉冶炼钛渣 [J]. 稀有金属，1984，(4)：1.
[14] 邓国珠. 密闭电炉冶炼攀枝花矿钛渣有关问题的探讨 [J]. 钒钛，1996，(3～4)：17.
[15] 邓国珠. 关于高钛渣冶炼技术改进方案的探讨 [C]. 中国有色金属学会第三届学术会议论文集，1997，长沙，科学技术论文部分，223，中南工业大学出版社.
[16] 邓国珠，等. 钛渣氧化过程的研究 [J]. 钢铁钒钛，1984，(2)：41.

[17] 美国专利 5595347 (1997), 5635152 (1997), 5885324 (1999), 5830420 (1998), 5389355 (1995).

[18] Cassidy P W, Proceeding of the First International Conference On the Metallurgy and Materials Science of W, Ti, Re, Sb, 1988, Changsha China, International Academic Publisher, V. 1, 282.

[19] Grey, I E, et al. Trans. Inst. Min. Metall., sect C, 1974, 1, 39, 105, 151, 186, 193.

[20] 邓国珠，王雪飞. 攀枝花钛精矿制取高品位富钛料的途径 [J]. 钢铁钒钛，2002，(4).

[21] 邓国珠，余文华. 利用攀枝花钛精矿的两条流程 [J]. 钢铁钒钛，2003，(2).

[22] 邓国珠，王雪飞，刘水根等. 以低品位原生钛铁矿为原料制造高品位人造金红石的方法 [P]. 专利号 ZL03136052.1，2006.

[23] 邓国珠，黄北卫，王雪飞. 制取人造金红石的新进展 [J]. 钢铁钒钛，2004，(1).

[24] 王铁明. 制约我国钛渣生产和应用的原因和对策 [J]. 钛工业进展，2002 (1)：10.

[25] 邓国珠，王铁明. 承德钛精矿的利用途径探讨 [J]. 河北工业科技，2004 (4).

5 氯化制取四氯化钛

氯化冶金是将原料与氯化剂反应使欲提取的成分转变为氯化物，后者再与还原剂反应制取纯金属的冶金方法。

氯化冶金有下列特点：

（1）对原料的适应性强，甚至能用于处理成分复杂的贫矿；

（2）作业温度较其他火法冶金低；

（3）物料中的有价组分分离效率高，综合利用好。它的缺点是氯化剂腐蚀性强，易侵蚀设备，并易造成环境污染。

目前工业生产金属钛采用氯化冶金的方法是基于下列三方面的原因：

（1）只有以钛的氯化物（主要是四氯化钛）为原料才能制取低氧含量的可锻金属钛；

（2）四氯化钛在常温下是液体并容易提纯；

（3）氯在冶金过程中容易实现循环使用。

5.1 富钛料氯化的理论基础

5.1.1 氯化反应热力学

目前用于氯化生产四氯化钛的原料主要有高钛渣或钛渣、天然金红石、人造金红石、UGS、高品位钛铁矿等，或上述两种或几种原料的混合料。这些原料的含钛化合物主要是 TiO_2，而在钛渣、还原—锈蚀法的人造金红石和 UGS 中还含有低价钛氧化物（Ti_3O_5、Ti_2O_3、TiO）以及少量碳化钛和氮化钛。上述所有原料中都不同程度的含有多种杂质氧化物，如 FeO、Fe_2O_3、CaO、MgO、SiO_2、Al_2O_3、MnO 等。讨论含钛原料氯化的热力学问题，即是对含钛原料中的各种化合物在氯化过程中的行为进行热力学分析。

5.1.1.1 无碳氯化反应

氯化原料的主要有价成分为钛的氧化物，它们的直接氯化反应为：

$$TiO_2 + 2Cl_2 \xlongequal{} TiCl_4 + O_2 \tag{5-1}$$

$$\Delta G_T^{\ominus} = 183800 - 59.4T$$

$$(1/3)Ti_3O_5 + 2Cl_2 \xlongequal{} TiCl_4 + (5/6)O_2 \tag{5-2}$$

$$\Delta G_T^{\ominus} = 58615 - 28.85T$$

$$(1/2)Ti_2O_3 + 2Cl_2 \xlongequal{} TiCl_4 + (3/4)O_2 \tag{5-3}$$

$$\Delta G_T^{\ominus} = -628 - 17.63T$$

$$TiO + 2Cl_2 \xlongequal{} TiCl_4 + (1/2)O_2 \tag{5-4}$$

$$\Delta G_T^{\ominus} = -241578 - 26.25T$$

$$2Ti_3O_5 + 2Cl_2 \xlongequal{} TiCl_4 + 5TiO_2 \tag{5-5}$$

$$\Delta G_T^{\ominus} = -566474 + 127.5T$$

$$2Ti_2O_3 + 2Cl_2 = TiCl_4 + 3TiO_2 \quad (5-6)$$

$$\Delta G_T^{\ominus} = -553914 + 109.8T$$

$$2TiO + 2Cl_2 = TiCl_4 + TiO_2 \quad (5-7)$$

$$\Delta G_T^{\ominus} = -625090 + 112T$$

$$TiC + 2Cl_2 = TiCl_4 + C \quad (5-8)$$

$$\Delta G_T^{\ominus} = -574848 + 110.5T$$

$$TiN + 2Cl_2 = TiCl_4 + 1/2N_2 \quad (5-9)$$

$$\Delta G_T^{\ominus} = -424123 + 27.3T$$

上述反应式（5－1）～式(5－9）是以2摩尔 Cl_2 为基准计算，得到的 $\Delta G_T^{\ominus} - T$ 数据示于图5－1中。

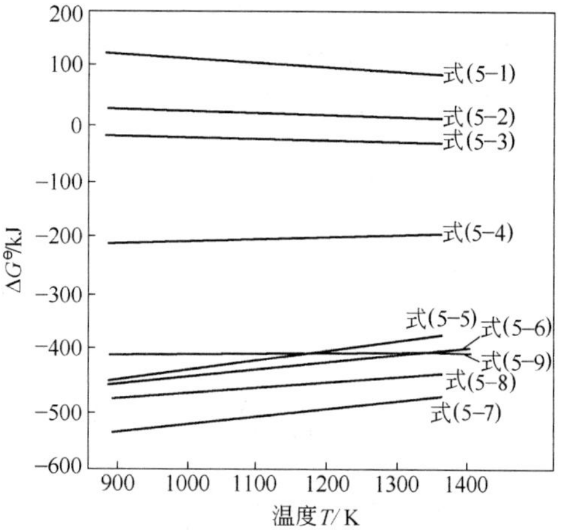

图5－1　无碳存在时钛的氧化物、碳化物和氮化物氯化反应的 $\Delta G^{\ominus} - T$ 关系

由图5－1可得到如下三点结论：

（1）TiO_2 的直接氯化反应不能自发进行。在900～1400K的温度范围内，式（5－1）的反应 $\Delta G_T^{\ominus}$ 为正值，表明 TiO_2 与 Cl_2 的反应在标准状态下不能自发进行，事实上，该反应是一个可逆反应，逆反应（即 $TiCl_4$ 氧化生成 TiO_2 的反应）的趋势很大。欲使该反应正向顺利进行，必须改变状态。在标准状态下则有：

$$\Delta G_T = \Delta G_T^{\ominus} + RT\ln\frac{p_{TiCl_4}p_{O_2}}{p_{Cl_2}^2} \quad (409 \sim 1940K)$$

此时，为降低反应自由能，使 $\Delta G_T^{\ominus} < 0$，必须向系统里不断地通入氯气和不断地排出 $TiCl_4$ 和氧气，直接氯化方能实现。这在经济上是不可取的。

同样，式（5－2）的反应 $\Delta G_T^{\ominus}$ 为正值，表明 Ti_3O_5 按该式氯化也不能自发进行。

（2）低价钛氧化物（Ti_3O_5、Ti_2O_3、TiO）的直接氯化反应可自发进行。在900～1400K的温度范围内，式（5－3）～式（5－7）反应的 $\Delta G_T^{\ominus}$ 为负值，表明这些反应均可自发进行。式（5－5）、式（5－6）反应的 $\Delta G_T^{\ominus}$ 比相应的式（5－3）、式（5－4）反应的 $\Delta G_T^{\ominus}$ 要负得多，这说明从热力学观点，在无还原剂存在条件下，Ti_2O_3、TiO与氯的反应可分别优先按式（5－5）、式（5－6）反应生成 $TiCl_4$ 和 TiO_2，而不是按式（5－3）、式（5－4）进行反应。同理，式（5－2）反应的 $\Delta G_T^{\ominus}$ 值为正，而式（5－7）$\Delta G_T^{\ominus}$ 却为负值，表明 Ti_3O_5 也可按式（5－7）反应生成 $TiCl_4$ 和 TiO_2。虽然低价钛氧化物可直接氯化，但生成的中间产物 TiO_2 不能直接氯化，因此低价钛氧化物直接氯化率低，即TiO氯化率为50%，Ti_2O_3 氯化率为25%，Ti_3O_5 氯化率仅为16.7%。

（3）TiC和TiN的直接氯化反应容易进行。在900～1400K的温度范围内，式（5－8）和式（5－9）的 $\Delta G_T^{\ominus}$ 均为负值，且其绝对值较大，表明TiC和TiN容易直接氯化生成 $TiCl_4$。

5.1.1.2 加碳氯化反应

A TiO_2加碳氯化反应

由前面讨论可见，在没有还原剂存在下，TiO_2不发生氯化反应，低价钛氧化物也只能部分氯化。造成 TiO_2不能直接氯化的原因是该系统里氧分压（p_{O_2}）太高的缘故，需加入还原剂如碳或 CO 来降低系统的氧分压。常用的还原剂是碳，在氯化反应温度（<1100℃）下，碳的直接还原几率甚微。但存在布多尔反应：

$$C + CO_2 = 2CO \tag{5-10}$$

$$\Delta G_T^{\ominus} = 170820 - 174.6T$$

此时固体碳转变为 CO，并改变了还原剂的状态，使加碳氯化反应顺利进行。

在还原剂碳存在条件下，TiO_2的氯化可用如下 3 个反应式表示：

$$TiO_2 + 2Cl_2 + C = TiCl_4 + CO_2 \tag{5-11}$$

$$\Delta G_T^{\ominus} = -209970 - 62.1T$$

$$TiO_2 + 2Cl_2 + 2C = TiCl_4 + 2CO \tag{5-12}$$

$$\Delta G_T^{\ominus} = -37422 - 239T$$

$$TiO_2 + 2Cl_2 + 2CO = TiCl_4 + 2CO_2 \tag{5-13}$$

$$\Delta G_T^{\ominus} = -382531 - 114.8T$$

上述式（5-11）、式（5-12）和式（5-13）三个反应的 $\Delta G_T^{\ominus} - T$ 示于图 5-2 中。从图可见，上述三个反应的 $\Delta G_T^{\ominus}$ 均为负值，表明 TiO_2 加碳氯化反应是可以进行的。三个氯化反应的 $\Delta G_T^{\ominus} - T$ 直线相交于一点 P，与 P 点对应的温度约为 980K。当氯化温度小于 980K 时，主要按式（5-13）、式（5-11）反应进行氯化，生成的碳氧化物主要是 CO_2；当氯化温度大于 980K 时，主要按式（5-12）反应进行氯化，生成的碳氧化物主要是 CO。

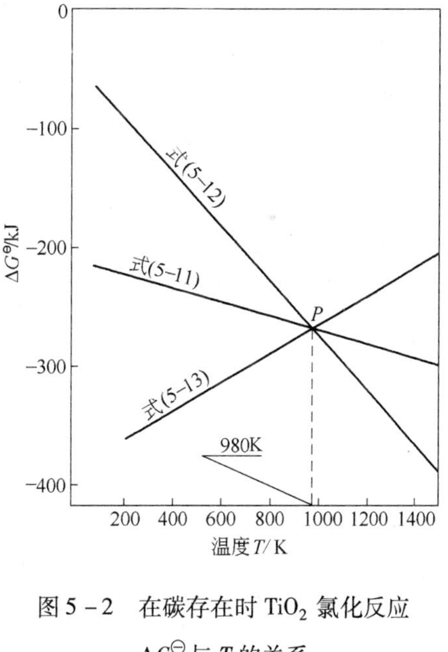

图 5-2 在碳存在时 TiO_2 氯化反应 $\Delta G^{\ominus}$ 与 T 的关系

为了表征加碳氯化反应中 CO 和 CO_2之间的比例关系，假定生成 CO 反应（即按式（5-12）反应）的几率为 η，生成 CO_2反应（即按式（5-11）反应）的几率则为（$1-\eta$），$1 \leqslant \eta \leqslant 0$。因而，式（5-11）、式（5-12）两式可以统一表述为：

$$TiO_2 + (1+\eta)C + 2Cl_2 = TiCl_4 + 2\eta CO + (1-\eta)CO_2 \tag{5-14}$$

式（5-14）表达了 TiO_2加碳氯化反应各成分间的数量关系。

B 低价钛氧化物加碳氯化反应

在还原剂碳存在条件下，低价钛氧化物的氯化可用如下 6 个反应式表示：

$$TiO + 2Cl_2 + (1/2)C = TiCl_4 + (1/2)CO_2 \tag{5-15}$$

$$\Delta G_T^{\ominus} = -438467 - 25.1T$$

$$TiO + 2Cl_2 + C = TiCl_4 + CO \tag{5-16}$$

$$\Delta G_T^{\ominus} = -352189 - 63.6T$$

$$(1/2)Ti_2O_3 + 2Cl_2 + (3/4)C = TiCl_4 + (3/4)CO_2 \tag{5-17}$$

$$\Delta G_T^{\ominus} = -296174 - 19.3T$$

$$(1/2)Ti_2O_3 + 2Cl_2 + (3/2)C = TiCl_4 + (3/2)CO \tag{5-18}$$

$$\Delta G_T^{\ominus} = -166543 - 152.1T$$

$$(1/3)Ti_3O_5 + 2Cl_2 + (5/6)C = TiCl_4 + (5/6)CO_2 \tag{5-19}$$

$$\Delta G_T^{\ominus} = -269391 - 30.7T$$

$$(1/3)Ti_3O_5 + 2Cl_2 + (5/3)C = TiCl_4 + (5/3)CO \tag{5-20}$$

$$\Delta G_T^{\ominus} = -125604 - 178.5T$$

上述式（5-15）~式（5-20）6个反应的 $\Delta G^{\ominus} - T$ 示于图5-3中。从图5-3可见，低价钛氧化物的加碳氯化反应规律与 TiO_2 加碳氯化反应是相同的。每一种低价钛氧化物可能发生的两种反应（即生成CO和生成 CO_2 的反应）仍在约980K相交，即也是当氯化温度小于980K时，生成的碳氧化物主要是 CO_2；当氯化温度高于980K时，生成的碳氧化物主要是CO。

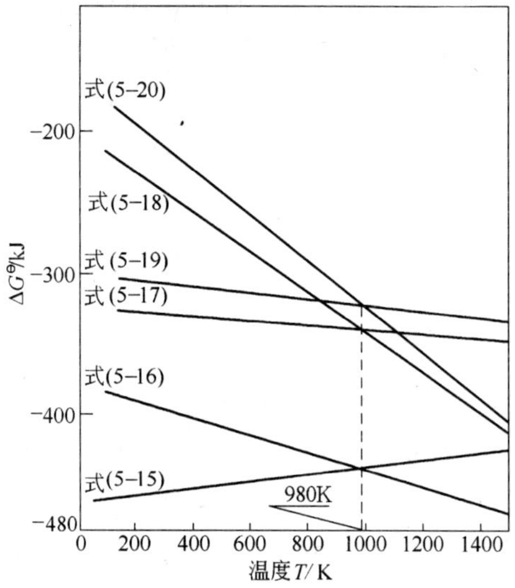

图5-3　在碳存在下，低价钛氧化物氯化 $\Delta G^{\ominus}$ 与 T 的关系

C　杂质氧化物加碳氯化反应

富钛料中含有多种杂质，如FeO、Fe_2O_3、CaO、MgO、Al_2O_3、SiO_2、MnO等。与 TiO_2 类似，这些杂质均能发生类似式（5-11）和式（5-12）的反应。

$$(2/3)FeO + Cl_2 + (2/3)C = (2/3)FeCl_3 + (2/3)CO \tag{5-21}$$

$$(2/3)FeO + Cl_2 + (1/3)C = (2/3)FeCl_3 + (1/3)CO_2 \tag{5-22}$$

$$FeO + Cl_2 + C = FeCl_2 + CO \tag{5-23}$$

$$FeO + Cl_2 + (1/2)C = FeCl_2 + (1/2)CO_2 \tag{5-24}$$

$$(1/3)Fe_2O_3 + Cl_2 + C \longrightarrow (2/3)FeCl_3 + CO_2 \tag{5-25}$$

$$(1/3)Fe_2O_3 + Cl_2 + (1/2)C = (2/3)FeCl_3 + (1/2)CO_2 \tag{5-26}$$

$$CaO + Cl_2 + C = CaCl_2 + CO \tag{5-27}$$

$$CaO + Cl_2 + (1/2)C = CaCl_2 + (1/2)CO_2 \tag{5-28}$$

$$MgO + Cl_2 + C = MgCl_2 + CO \tag{5-29}$$

$$MgO + Cl_2 + (1/2)C = MgCl_2 + (1/2)CO_2 \tag{5-30}$$

$$MnO + Cl_2 + C = MnCl_2 + CO \tag{5-31}$$

$$MnO + Cl_2 + (1/2)C = MnCl_2 + (1/2)CO_2 \tag{5-32}$$

$$(1/3)Al_2O_3 + Cl_2 + C = (2/3)AlCl_3 + CO \tag{5-33}$$

$$(1/3)Al_2O_3 + Cl_2 + (1/2)C = (2/3)AlCl_3 + (1/2)CO_2 \tag{5-34}$$

$$(1/2)SiO_2 + Cl_2 + C = (1/2)SiCl_4 + CO \quad (5-35)$$

$$(1/2)SiO_2 + Cl_2 + (1/2)C = (1/2)SiCl_4 + (1/2)CO_2 \quad (5-36)$$

TiO_2和其他杂质加碳氯化反应的$\Delta G_T^{\ominus}$计算值绘制成图5-4的$\Delta G_T^{\ominus}-T$关系图。从中看出，各种成分加碳氯化反应的$\Delta G_T^{\ominus}<0$，说明反应均可自发进行。但各种成分氯化反应的$\Delta G_T^{\ominus}$各不相等，其负值越大，越易氯化；反之则越难氯化。富钛料中各组分在800℃下优先氯化顺序为：CaO > MnO > MgO > Fe_2O_3 > FeO > TiO_2 > Al_2O_3 > SiO_2。其中如有低价钛氧化物，氯化优先顺序为：TiO > Ti_2O_3 > Ti_3O_5 > TiO_2。实践表明，TiO_2和主要杂质在800℃的相对氯化率分别为：$Fe_2O_3$100%，CaO > 80%，MgO > 60%，Al_2O_3 4%，SiO_2 1%，TiO_2处于中间状态。当控制反应使TiO_2达到全部氯化时，剩余物（残渣）主要是SiO_2和Al_2O_3。

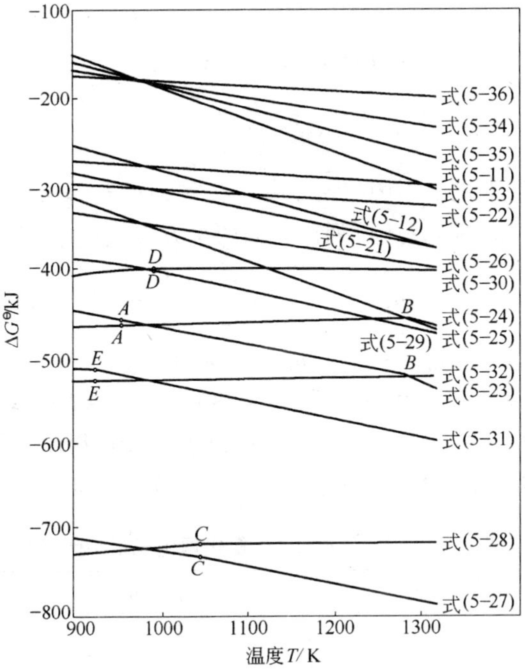

图5-4 有碳存在时氧化物氯化反应的$\Delta G_T^{\ominus}-T$关系

A—$FeCl_2$ 熔点950K；*B*—$FeCl_2$ 沸点1285K；*C*—$CaCl_2$ 熔点1045K；*D*—$MgCl_2$ 熔点987K；*E*—$MnCl_2$ 熔点923K

D 氯化反应中的副反应

原料中存在的水、硫、磷、碳化合物及有机物，也会发生氯化生成相应的氯化物，例如生成 HCl、SCl_2、CS_2、COS、$POCl_3$、$COCl_2$、CCl_4、$CHCl_2$、COCl、$CH_2ClCOCl$、CH_3COCl、$CHCl_3$ 等等。例如：

$$H_2O + Cl_2 + C = 2HCl + CO \quad (5-37)$$

$$CO + Cl_2 = COCl_2 \quad (5-38)$$

5.1.1.3 TiO_2 加碳氯化反应的气相平衡组成

在加碳氯化过程中，炉气成分复杂。但从主反应方程式可见，关联的主要气相成分是

CO、CO_2、$TiCl_4$、Cl_2 和 $COCl_2$。当反应达到平衡时，彼此间存在着某种定量关系，称为气相平衡组成。

曾有研究者按下列方法，对 TiO_2 加碳氯化反应的气相平衡组成进行了计算。

按 TiO_2 加碳氯化反应式（5-11）：

$$TiO_2 + 2Cl_2 + C = TiCl_4 + CO_2$$

可以写出该反应的平衡常数 K_{11}：

$$K_{11} = \frac{p_{TiCl_4} p_{CO_2}}{p_{Cl_2}^2} \qquad (5-39)$$

除了上述反应外还应考虑碳的气化反应（5-10）（布多尔反应）和生成光气的反应：

$$C + CO_2 = 2CO$$

$$K_{10} = \frac{p_{CO}^2}{p_{CO_2}} \qquad (5-40)$$

$$CO + Cl_2 = COCl_2$$

$$K_{38} = \frac{p_{COCl_2}}{p_{CO} p_{Cl_2}} \qquad (5-41)$$

除上面表示平衡条件的三个方程式外，以气相产物摩尔分子比和体系总压力为 0.1MPa（1 个标准大气压）时，还可列出下面两个方程式：

$$p_{TiCl_4} = p_{CO_2} + \frac{p_{CO}}{2} + \frac{p_{COCl_2}}{2} \qquad (5-42)$$

$$p_{TiCl_4} + p_{Cl_2} + p_{CO} + p_{CO_2} + p_{COCl_2} = 1 \qquad (5-43)$$

通过上面五个方程式（5-39）~式（5-43）联立求解可得出在碳存在时，TiO_2 氯化反应的气相平衡组成。表 5-1 列出了一些通过理论计算得出的气相平衡组成数据（将压力单位标准大气压转换成 MPa，1 标准大气压 = 0.101325MPa）。

表 5-1　存在碳时 TiO_2 氯化理论气相平衡组成

反应温度/℃	平衡分压/MPa				
	CO	CO_2	$TiCl_4$	Cl_2	$COCl_2$
600	0.0172	0.0377	0.0463	4.43×10^{-11}	5.71×10^{-13}
700	0.0425	0.0196	0.0402	1.15×10^{-9}	5.05×10^{-12}
800	0.0596	0.061	0.0358	2.44×10^{-9}	6.45×10^{-11}
900	0.0662	0.0015	0.03	10.1×10^{-9}	1.07×10^{-10}

由表 5-1 可以看出，平衡气相中氯气分压 p_{Cl_2} 很小，表明 TiO_2 加碳氯化能够进行完全。

由于存在布多尔反应，氯化反应处在平衡态时，p_{CO}/p_{CO_2} 仅取决于温度。它们的关系与正常的碳的气化反应曲线吻合。当 $T = 980K$ 时，$p_{CO_2} = p_{CO}$；当 $T < 980K$ 时，$p_{CO_2} > p_{CO}$；当 $T > 980K$ 时，$p_{CO_2} < p_{CO}$。

5.1.1.4　氯化反应热效应

加碳氯化反应的 $\Delta H_T^{\ominus}$ 可用下式求出：

$$\Delta H_T^{\ominus} = \Delta H_{298}^{\ominus} + \Delta(H_T^{\ominus} - H_{298}^{\ominus}) \tag{5-44}$$

上式中各物质的 $\Delta H_{298}^{\ominus}$ 和 $H_T^{\ominus} - H_{298}^{\ominus}$ 可在热力学手册中查到，因而可以计算在不同温度下各反应的 $\Delta H_T^{\ominus}$。对于 TiO_2 加碳氯化的两个反应式（5－11）和式（5－12）以及 Ti_2O_3 加碳氯化的两个反应式（5－17）和式（5－18）在 800K、1000K 和 1200K 温度下的 $\Delta H_T^{\ominus}$ 计算值（生成 1mol $TiCl_4$）列于表 5－2 中。TiC 和 TiN 可直接氯化（在无碳条件下）生成 $TiCl_4$，在 600K、800K 和 1000K 温度下的 $\Delta H_T^{\ominus}$ 计算值（生成 1mol $TiCl_4$）列于表 5－3 中。

表 5－2　TiO_2 和 Ti_2O_3 加碳氯化反应的 $\Delta H_T^{\ominus}$ 值的比较

反应类型	TiO_2 加碳氯化反应		Ti_2O_3 加碳氯化反应	
反应式	5－11	5－12	5－17	5－18
$\Delta H_{800}^{\ominus}$/kJ · mol^{-1}	－213.7	－41.2	－302.7	－173
$\Delta H_{1000}^{\ominus}$/kJ · mol^{-1}	－215.4	－44.72	－305.6	－177.6
$\Delta H_{1200}^{\ominus}$/kJ · mol^{-1}	－217.1	－48.4	－308.9	－182.4

表 5－3　TiC 和 TiN 氯化反应的 $\Delta H_T^{\ominus}$ 值

反 应 类 型	TiC 氯化			TiN 氯化		
反应温度/K	600	800	1000	600	800	1000
$\Delta H_T^{\ominus}$/kJ · mol^{-1}	－576.4	－576.0	－575.7	－420.1	－424.6	－425.5

加碳氯化反应的热平衡可按下式估计：

$$Q_T = \Delta H_T^{\ominus} + Q_{T吸} \tag{5-45}$$

式中　Q_T——绝热过程中反应的余热，kJ/mol；

$Q_{T吸}$——反应物由加料温度（假定 298K）加热至反应温度的吸热量，kJ/mol。

假定氯化温度 800K、1000K 和 1200K 时，TiO_2 加碳氯化按式（5－12）反应（即生成 CO）的几率分别为 0.1、0.6 和 0.7，这时按式（5－11）反应（即生成 CO_2）的几率则分别为 0.9、0.4 和 0.3。对 Ti_2O_3 加碳氯化反应，也同样的假定。按式（5－45）计算的 TiO_2 和 Ti_2O_3 加碳氯化的反应热平衡结果列于表 5－4 中。

表 5－4　TiO_2 和 Ti_2O_3 加碳氯化的反应热平衡（以生成 1mol $TiCl_4$ 为基准）

反 应 类 型	TiO_2 加碳氯化			Ti_2O_3 加碳氯化		
反应温度/K	800	1000	1200	800	1000	1200
η	0.1	0.6	0.7	0.1	0.6	0.7
$\Delta H_T^{\ominus}$/kJ · mol^{-1}	－196.5	－113	－99.01	－289.7	－228.8	－220.4
$Q_{T吸}$/kJ · mol^{-1}	75.3	106.7	138.4	73.0	103.5	134.4
Q_T/kJ · mol^{-1}	－121.2	－6.3	39.3	－216.7	－125.3	－86

从表 5－2～表 5－4 的计算结果可获得如下结论：

（1）TiO_2 加碳氯化按式（5－11）反应生成 CO_2 的反应热（$\Delta H_T^{\ominus}$），远大于按式

（5－12）反应生成 CO 的反应热（$\Delta H_T^\ominus$）。对 Ti_2O_3 加碳氯化反应也类似，即按式（5－17）反应生成 CO_2 的反应热（$\Delta H_T^\ominus$），远大于按式（5－18）反应生成 CO 的反应热（$\Delta H_T^\ominus$）。

（2）Ti_2O_3 加碳氯化的反应热（$\Delta H_T^\ominus$），大于 TiO_2 加碳氯化反应热（$\Delta H_T^\ominus$）。即低价钛加碳氯化的放热量大于 TiO_2 加碳氯化放热量。

（3）TiO_2 和 Ti_2O_3 加碳氯化的反应，随着氯化反应温度的提高，反应生成 CO 的比例增加，氯化反应热减少。

（4）沸腾氯化的氯化温度一般较高（900～1100℃），氯化反应生成 CO 的比例高，氯化反应热较少。对于金红石（TiO_2）的氯化，在小型沸腾氯化炉维持自热比较困难。对于高钛渣的氯化，由于存在低价钛氧化物的氯化反应热大，即使是小型沸腾氯化炉也可实现自热，对于大型沸腾氯化炉就可能存在热量过剩问题，因此一般不单独使用高钛渣，而是使用高钛渣与金红石的混合料。

（5）熔盐氯化的氯化温度一般较低，氯化反应生成 CO_2 的比例高，氯化反应热较多，因而对高钛渣的熔盐氯化一般要采取强制散热措施。

（6）TiC 和 TiN 可直接氯化生成 $TiCl_4$，从表 5－3 可见，氯化反应热很大，在工业规模的氯化炉内进行碳氮化钛的氯化反应过程中需将大量反应热移出炉外，否则将会使氯化温度逐渐升高，可见要工业上实现碳氮化钛的低温氯化是较困难的。

5.1.2　氯化反应动力学

5.1.2.1　氯化反应机理

TiO_2 加碳氯化反应机理有多种观点。

（1）还原反应机理。这种观点认为，TiO_2 先被碳还原为低价钛氧化物，低价钛氧化物再被氯化成 $TiCl_4$。在通常采用的氯化温度下，TiO_2 被碳还原的反应速率较慢，无法解释 TiO_2 加碳氯化反应速率较快这一事实。

（2）降低氧分压机理。这种观点认为，还原剂碳与体系中的氧反应，降低了体系的氧分压，使 TiO_2 与氯的反应式（5－1）偏离标准状态，促进这一反应能够朝生成 $TiCl_4$ 的方向进行。

（3）形成中间化合物机理。这种观点认为，Cl_2 首先与体系中的 CO 反应生成中间产物 COCl 或 $COCl_2$，然后 TiO_2 被形成的中间产物氯化生成 $TiCl_4$。氯化反应历程可表示如下：

$$Cl_2 \rightarrow 2Cl + CO \rightarrow COCl \quad 或 \quad COCl_2 + TiO_2 \rightarrow TiCl_4 + CO_2$$

（4）自催化机理。早已发现，当通入反应器的气体中含有 $TiCl_4$ 时，可以加速 TiO_2 的氯化反应，因此提出了自催化反应机理。这种观点认为，尽管 TiO_2 与 Cl_2 反应的标准自由焓变化 $\Delta G_T^\ominus$ 为正值，但当反应达到平衡时体系内还是会有极少量的 $TiCl_4$。正是这极少量的 $TiCl_4$ 诱发了 TiO_2 的氯化反应，即可在 TiO_2 表面生成 $TiOCl_2 \cdot TiCl_4$ 中间产物，中间产物与还原剂碳和 Cl_2 反应成最终产物：

$$TiOCl_2 \cdot TiCl_4 + C + Cl_2 = 2TiCl_4 + CO$$

上述各种反应机理都不是很完整，但可以说是相互补充的。

5.1.2.2　影响固定床氯化反应的动力学因素

以 TiO_2 加碳团块的固定床氯化，研究影响氯化反应的因素有如下结果：

（1）氯化温度的影响。氯化温度对氯化比速度［单位时间内在单位表面积上的氯化量，单位为 $g/(cm^2 \cdot s)$］的影响和对氯化率的影响，分别示于图5－5和图5－6。

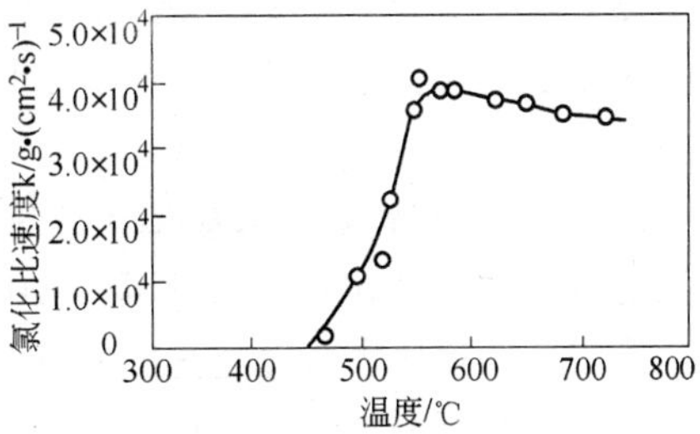

图5－5 TiO_2 氯化比速度与温度的关系

从图5－5可见，在低于550℃的低温下，氯化过程处于反应动力学区域内，即氯化反应比速度随温度升高而提高。550～600℃温度区间属于过渡范围。在高于600℃的温度下，氯化过程处于扩散区域内，此时氯化速度受温度影响不大，主要由反应物和产物的扩散控制。

从图5－5和图5－6可见，在低温时，氯化率和氯化速度随温度升高而大幅增加；但当温度高于600℃之后，氯化率和氯化速度随温度升高而增加的幅度降低，以致600℃、700℃、900℃时的氯化率曲线几乎相差不大。

（2）氯气流速的影响。TiO_2 加碳氯化在高于600℃之后进入扩散区，此时氯化比速度与氯气流速的关系如图5－7所示，在对数曲线图上呈直线关系，该直线可用如下方程式表示：

$$\lg k = \lg A + n\lg u$$

则

$$k = Au^n$$

式中 k——氯化比速度，$g/(cm^2 \cdot s)$；

A——与温度有关的常数；

u——氯气线速度，cm/s；

n——气体动力学指数；对 TiO_2 加碳氯化在600℃时 $n=0.431$。

上式建立了氯化比速度与温度、气体动力学指数之间的关系。

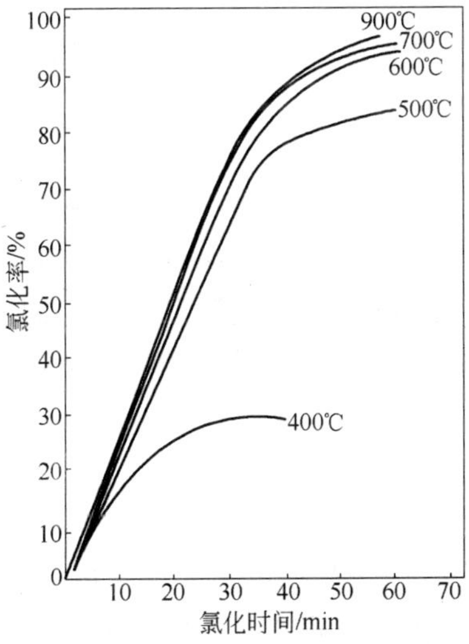

图5－6 TiO_2 氯化率与温度的关系

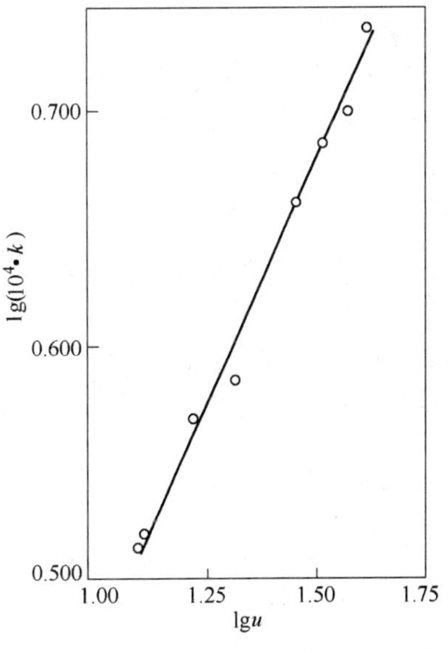

图5－7 在600℃下 TiO_2 氯化比速度与氯气流速的关系

（3）物料粒度的影响。物料粒度的大小表明参与反应界面积的大小，对于多相反应，反应界面积越大，反应速度也越大。因此，从反应速度角度考虑，物料越细与氯气接触表面积就越大，反应速度也越大。

5.1.2.3　影响流态化氯化反应的动力学因素

富钛料加碳氯化通常在高温（900℃以上）下进行，限制氯化速度的环节是扩散过程，采用流态化床进行氯化是对氯化过程的强化，因为流态化极有利于加速反应物和产物的扩散，因而有利加速氯化反应。

对流态化氯化反应的动力学研究的相关数据和资料较少，缺乏相关的基础资料。不过，上述 TiO_2 加碳团块的固定床氯化的一些规律，如温度、氯气流速和物料粒度对氯化速度的影响，也基本上适用于 TiO_2 加碳的流态化氯化过程。下面就影响流态化氯化的动力因素作定性描述。

（1）氯气的浓度和流速。氯化反应速率随氯气分压提高而增加，提高氯的浓度和加大氯气流速有利于增加炉中氯气分压，因而有利于提高氯化速率。气流速度需满足流化床的要求，选择较大的流化速度是强化流态化氯化的措施之一。

（2）反应温度。在流态化氯化中，流态化段（即氯化反应主反应段）的气流速度较大（0.1～0.3m/s），固体颗粒和氯气在流态化段平均停留时间很短（数秒至十几秒），因此只有在较高的温度下，氯化反应才能较快进行，在高温（1000～1100℃）和物料的流态化状况的共同作用下使氯化反应在瞬间完成。否则，因反应温度低，造成炉料氯化不完全和氯气利用率低。

（3）富钛料的特性。氯化反应的动力学与富钛料的成分、粒度、粒形等特性有关。原料中的低价钛氧化物、MgO、CaO 等碱性金属氧化物具有催化作用，而 SiO_2 等酸性氧化物却具有毒化作用。原料的粒度越小，其表面积越大，越有利于提高反应速率，但细粒料允许的流态化速度低，氯化产能低。流态化氯化宜使用粒度均匀且粒径略大（0.1～0.4mm）的原料。

（4）配碳比。配碳比对氯化过程有重要影响，配碳不够，氯化温度低，物料氯化不完全，这是必须避免的；配碳过多，造成 CO_2 还原为 CO 使气体量增加，因而可能增加粉尘量和不利于其后四氯化钛的冷凝。

综上所述，较高的氯气浓度和较高的温度，可使氯化反应有较快的速度，在正常流态化状态条件下，物料氯化率高，氯气利用率也高，使氯化残渣减少，出炉气体中自由氯含量降低。并且，在高温和高气速的条件下，氯化反应生成的一些高沸点氯化物杂质（如 $CaCl_2$、$MgCl_2$、$MnCl_2$ 等）就有可能随高速气流从炉顶逸出，防止它们在筛板上累积而发生堵塞或减少炉底排渣量，以保持流态化氯化的连续进行。

5.1.3　氯化产物的分离原理

从氯化炉顶逸出的氯化产物是温度较高（一般高于 500℃）的气、固、液复杂混合物，其中主要是 $TiCl_4$ 蒸气，但含有许多气、固、液杂质（包含表 5－5 中列出的杂质）。炉后系统根据 $TiCl_4$ 与杂质的熔点、沸点及蒸气压的差别（图 5－8 和表 5－5），采用收尘、淋洗、冷凝、沉降过滤和气液分离等方法，将氯化产物分离成固体、液体、气体和泥浆四部分，其中的液体就是氯化的产品粗四氯化钛，固体、气体和泥浆是分离出来的杂

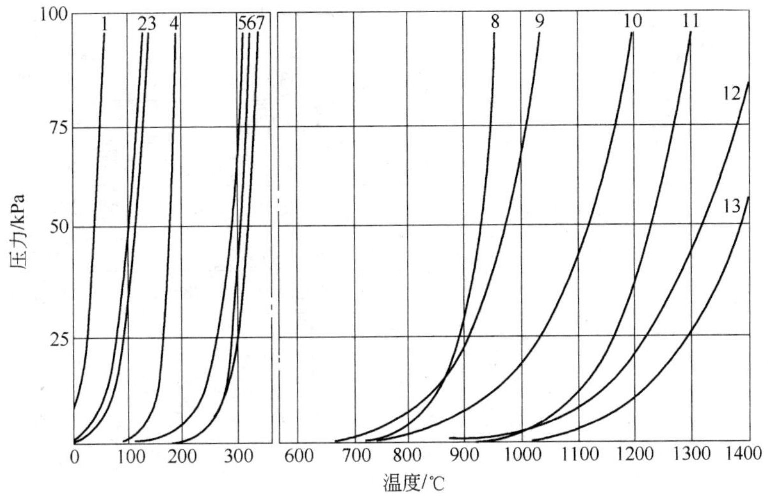

图 5－8 氯化物蒸气压曲线

1—$SiCl_4$；2—$VOCl_3$；3—$TiCl_4$；4—$AlCl_3$；5—C_6Cl_6；6—$FeCl_3$；7—$ZrCl_4$；8—$CrCl_3$；9—$FeCl_2$；10—$MnCl_2$；11—$CrCl_2$；12—$MgCl_2$；13—NaCl

表 5－5 制取 $TiCl_4$ 时伴随产生的各种化合物的蒸气压

化合物	压力/kPa						
	0.133	1.333	5.333	13.333	26.666	53.332	101.325
	温度/℃						
Cl_2	－118.0	－101.6	－84.5	－71.7	－60.2	－47.3	－33.8
HCl	－150.8	－135.6	－123.8	－114.0	－105.2	－95.3	－84.8
O_2	－219.1	－210.6	－204.1	－198.8	－194.0	－188.8	－183.1
N_2	－226.1	－219.1	－214.0	－209.7	－205.6	－200.8	－195.8
CO	－222.0	－215.0	－210.0	－205.7	－201.3	－196.3	－191.3
CO_2	－134.3	－119.5	－108.6	－100.2	－93.0	－85.7	－78.2
COS	－132.4	－113.3	－98.3	－85.9	－75.0	－62.7	－49.9
$COCl_2$	－92.9	－69.3	－50.3	－35.6	－22.3	－7.6	－8.3
SO_2	－95.5	－76.8	－60.5	－46.9	－35.4	－23.0	－10.0
$TiCl_4$	－13.9	21.3	48.4	71.0	90.5	112.7	136.0
$SiCl_4$	－63.4	－34.4	－12.1	5.4	21.0	38.4	56.8
CCl_4	－50.0	－19.6	4.3	23.0	38.3	57.8	76.7
$CH_2ClCOCl$	—	—	—	52.7	69.0	87.2	106.0
$CHCl_2COCl$	—	—	—	56.6	76.1	96.3	108.0
CS_2	－73.8	－44.7	－22.5	－5.1	10.4	28.0	46.5
$POCl_3$	—	2.0	27.3	47.4	65.0	84.3	105.0
$VOCl_3$	－23.2	12.2	40.0	62.5	82.0	103.5	127.2
S_2Cl_2	－7.4	27.5	54.1	75.3	93.5	115.4	138.0

续表 5－5

化合物	压力/kPa						
	0.133	1.333	5.333	13.333	26.666	53.332	101.325
	温度/℃						
$SOCl_2$	－52.9	－21.9	2.2	21.4	37.9	56.6	75.4
SO_2Cl_2	—	－24.8	－1.0	17.8	33.7	51.3	69.2
$AlCl_3$	100.0	123.8	139.9	152.0	161.8	171.6	180.2
$FeCl_3$	194.0	235.5	256.8	272.5	285.0	298.0	319.0
$ZrCl_4$	190.0	230.0	259.0	279.0	295.0	312.0	331.0
$NbCl_5$	106.4	142.5	167.7	186.3	201.2	226.2	249.5
$NbOCl_3$	—	228.1	257.4	280.0	297.1	315.9	334.7
$TaCl_5$	112.5	150.0	173.5	191.2	203.5	216.2	239.7
C_6Cl_6	114.4	166.4	206.0	235.5	258.5	283.5	309.4
$FeCl_2$	—	700.0	779.0	842.0	897.0	961.10	1026.0
$MgCl_2$	778.0	930.0	1050.0	1142.0	1223.0	1316.0	1418.0
$MnCl_2$	固　体	778.0	879.0	960.0	1028.0	1108.0	1190.0

质。如果将过程中产生的泥浆返回氯化炉处理，则氯化产物实际上只分离成固体、液体、气体三部分。分离过程采用的方法、控制条件和分离产物的组成如表 5－6 所示。

表 5－6　氯化产物的分离方法、控制条件和分离产物组成

分离产物	固　体	液　体	气　体	泥　浆
分离方法	收　尘	淋洗、冷凝	气液分离	沉降过滤
温度范围	~500℃→~150℃	~150℃→－10℃		
产物组成	固体：$FeCl_3$、$FeCl_2$、$AlCl_3$、$CaCl_2$、$MgCl_2$、$MnCl_2$、$CrCl_3$、$ZrCl_4$、$NbCl_5$、$TaCl_5$、SiO_2、细矿粉及焦炭粉等 夹带的液体和气体：$TiCl_4$ 等	主成分：$TiCl_4$ 互溶液体杂质：$SiCl_4$、$VOCl_3$、VCl_4 等 溶解的固体杂质：$FeCl_3$、$AlCl_3$ 等；夹带的固体杂质，溶解和残留的气体杂质等	主成分：O_2、N_2、CO、CO_2 气体杂质：HCl、$COCl_2$、Cl_2 等 夹带的液体杂质：$SiCl_4$、$TiCl_4$ 等 夹带的固体杂质：$FeCl_3$、$AlCl_3$、细矿粉及焦炭粉等	固体：$FeCl_3$、$FeCl_2$、$AlCl_3$、$CaCl_2$、$MgCl_2$、$MnCl_2$、$CrCl_3$、$ZrCl_4$、$NbCl_5$、$TaCl_5$、SiO_2、细矿粉及焦炭粉等 夹带的液体：$TiCl_4$ 等

5.2　氯化原料和氯化方法的选择

5.2.1　氯化原料

5.2.1.1　富钛料

含钛的原料原则上都可用于氯化制取四氯化钛，但需根据原料的品位和杂质含量选择氯化方法。氯化选用“精料”，品位高、杂质含量低的原料在氯化时耗氯量少，产生的废料也少，回收率高，炉后系统的设备处理能力加大。例如，日本大阪钛公司氯化采用高品位钛原料（TiO_2 含量≥95%的天然金红石、人造金红石、UGS、或它们的混合料），氯化工序钛收率达98%，每生产1t海绵钛只需补充120kg氯气。但品位高的原料价格高，供应量不足，因此一些地区选用品位较低的原料。目前国内外用于氯化制取四氯化钛的原料大致可分为下列5类。

（1）高品位钛原料：这类原料包括天然金红石（TiO_2 含量≥95%）、人造金红石（TiO_2 含量90%～96%）、UGS（TiO_2 含量≥95%）或它们的混合料，原料中的钙镁杂质含量低（CaO + MgO）质量分数<1%。日本和美国的海绵钛厂和西方一些氯化法钛白厂选用这类原料，采用有筛板流态化氯化炉生产四氯化钛。

（2）低钙镁含量低的钛渣或与金红石的混合料：这类钛渣的 TiO_2 质量分数≥85%，其中（CaO + MgO）质量分数<1%。西方一些氯化法钛白厂选用这类原料，采用有筛板流态化氯化炉生产四氯化钛。

（3）高品位钛铁矿：这类钛铁矿 TiO_2 质量分数≥70%，其中（CaO + MgO）质量分数<1%。美国杜邦公司的氯化法钛白厂选用这类原料，采用有筛板流态化氯化炉生产四氯化钛，氯化生成的大量氯化铁埋入地下深井。

（4）含钙镁杂质较高的高钛渣：我国采用小型电炉生产的高钛渣中 TiO_2 相当量可达90%～94%，但因矿中钙镁杂质高，致使高钛渣中（CaO + MgO）质量分数在2%～3%，以这类高钛渣为原料生产四氯化钛需采用无筛板流态化氯化炉。

（5）含钙镁杂质较高的钛渣：半密闭式电炉生产的钛渣中 TiO_2 相当量85%～90%，因矿中钙镁杂质高，致使钛渣中（CaO + MgO）质量分数>3%，独联体国家以这类钛渣为原料生产四氯化钛需采用熔盐氯化炉。

对用于流态化氯化的钛原料的粒度也有较严格的要求，一般要求0.1～0.4mm（40～160目），小于0.1mm的不大于15%～25%，用于熔盐氯化的钛原料对粒度的要求不太严格，可用粒度较细的原料。

5.2.1.2 还原剂石油焦

氯化还原剂常用石油焦，要求使用固定碳含量高、挥发分、灰分和水分低的石油焦。一般要求固定碳>90%，挥发分<10%，灰分<3%和水分<1%的石油焦。石油焦通常需要经过煅烧，以提高固定碳含量，减少挥发分和水分含量。石油焦的密度比富钛料密度小，因此石油焦的粒度要比富钛料大些。独联体国家用沥青焦作为还原剂。

5.2.1.3 氯气

氯气（Cl_2）是一种有强烈刺激性臭味的气体，呈黄绿色，是一种强氯化剂。它属元素周期表中第三周期第 VII_A 族元素。原子序数：17；原子质量：35.453；核外电子构型：$1s^2 2s^2 2p^6 3s^2 3p^5$，最外层电子数为7。

氯是典型的共价型分子物质，分子之间的相互作用微弱，因而具有较低的熔点和沸点，熔点为-102.4℃，沸点为-34.5℃。氯以单质存在时，形成双原子的气体分子，在常温下是黄绿色的气体，比空气重2.5倍，在0℃时的密度为3.214g/L。氯气的比热为0.48J/g（15℃）。

氯的沸点虽然较低，但比较容易液化。例如，氯在常压下冷却至-34.5℃或在30℃下加压至0.88MPa时，均可将其液化。在工业上采用冷冻和加压相结合的方法将其液化，液化后的液氯贮在槽车或钢瓶内，以便于运输和使用。液氯在0℃时的密度为1.4685g/cm³。液氯在不同温度下的蒸气压和密度列于表5-7。液氯的比热为0.945J/g(0～24℃)，-34.1℃下的气化潜热为282J/g。

表5-7　液氯的蒸气压力（p）和密度（ρ）

t/℃	-34.5	-20	0	10	30	50	70	100	140
p/MPa	0.101	0.194	0.369	0.503	0.881	1.433	2.187	3.745	7.444
ρ/g·cm^{-3}		1.523	1.469	1.440	1.411	1.312	1.242	1.113	0.750

氯的其他物理参数如下：

熔化热：90J/g(-102.4℃)；

导热系数：气体7.78×10^{-3}W/(m·K)；液体：0.0134～0.0167W/(m·K)；

在水中的溶解度：0.997%（10℃）；0.729%（20℃）；溶解热：0.31J/g；

黏度：气体1.56×10^{-5}Pa·s（0℃）；液体　3.85×10^{-4}Pa·s。

氯的化学性质很活泼，它几乎能和所有的金属及其金属的氧化物、氮化物、硫化物起反应，生成相应的金属氯化物。许多金属氯化物遇水发生水解反应。以铁为例，Fe转变成$FeCl_3$后，遇水后发生水解反应：

$$FeCl_3 + 3H_2O \longrightarrow Fe(OH)_3 + 3HCl$$

反应生成的HCl也是一种强烈的腐蚀剂。因此，在潮湿的环境中使用氯时，钢设备特别容易被腐蚀而损坏。为此，最好使用干燥氯气，并保持设备良好的密封性。氯气受热时，能解离成原子。即有：

$$Cl_2 \longrightarrow 2Cl$$

与氮、氧、氢等气体相比，氯更易解离，所需的离解能也较低。

氯与氨水反应生成氯化铵。由于NH_4Cl与空气接触即可冒白烟，可以利用这一特性来检查含氯设备是否密封。

氯与碳反应，在较低温度下生成CCl_4：

$$2Cl_2 + C \longrightarrow CCl_4$$

CCl_4低温下稳定，升温后不稳定，当温度大于475℃时迅速分解。

氯与CO反应，当有阳光照射或催化剂（如活性木炭）存在时，较低的温度下生成光气（$COCl_2$）：

$$Cl_2 + CO \longrightarrow COCl_2$$

光气有剧毒。它在低温下稳定，高温下不稳定，当温度大于500℃时，几乎完全分解。

氯与硫在低温下很快生成S_2Cl_2、SCl_2和SCl_4等化合物，受热时不稳定均易分解。如S_2Cl_2在120℃时分解为SCl_2和S_2，于320℃以上即完全分解为单质分子。

氯与水蒸气的反应随着温度的升高而剧烈。即有：

$$2Cl_2 + 2H_2O \longrightarrow 4HCl + O_2$$

氯是一种非极性分子，它在水等极性溶剂中的溶解度很小，随着温度的升高而变小，易发生水解反应，氯在饱和水溶液中约有1/3被水解，反应生成次氯酸：

$$Cl_2 + H_2O \longrightarrow HOCl + HCl$$

HOCl 也是一种强氯化剂，但它的稳定性很差，易继续分解为 HCl 和 O_2。而氯在一些非极性溶剂中，如酒精、CS、CCl_4、乙醚等的溶解度则比较大。

氯化一般要求使用浓度较高（体积分数 >80%）和水分含量低［小于 0.1%（质量分数)］的氯气。

5.2.2 氯化方法的选择和比较

制取 $TiCl_4$ 有流态化氯化、熔盐氯化和竖炉氯化三种氯化工艺，其中竖炉氯化已被淘汰。流态化氯化是采用氯气为流体将固体颗粒（磨细的富钛物料与还原剂的混合料）悬浮呈流态化状态，在高温下进行氯化反应制取 $TiCl_4$ 的方法。该法具有加速气－固相间的传质和传热，因而具有强化生产的特点。在目前生产中，根据流态化氯化炉底部有或无筛板，又分为有筛板流态化氯化和无筛板流态化氯化两种工艺方法。

熔盐氯化是将磨细的富钛料和石油焦悬浮在熔盐（主要由 KCl、NaCl、$MgCl_2$、$CaCl_2$ 组成）介质中，通入氯气使富钛料氯化制取 $TiCl_4$ 的方法。

与比流态化氯化比较，熔盐氯化是落后的工艺，但流态化氯化现还不能有效地处理含高钙镁的原料，因而熔盐氯化仍然被应用。两种氯化方法的优缺点比较列于表 5－8。

表 5－8 两种氯化工艺的比较

比较内容	流态化氯化	熔盐氯化
炉型结构	炉结构较简单	炉结构较复杂，需要供热系统，炉壁需冷却
供热方式	自 热	启动时需用电供热，反应过程需冷却
生产能力	产能大，25 ~ 40t/(m^2·d)，单台炉 500t/d 或更高	产能小，15 ~ 20t/(m^2·d)，单台炉 120 ~ 140t/d
适用原料	要求原料中（CaO + MgO）质量分数≤1.5%（无筛板≤2.5%）	适用于 CaO、MgO 含量高的原料
原料准备	对原料粒度要求严	对原料粒度要求较流态化宽些
工艺特征	反应在流态化床中进行，操作工艺条件（如料速和气速）要求严格控制，否则流化床受到破坏	反应在熔盐介质中进行，操作工艺条件（如料速和气速）可在较大范围内变化
原料消耗及回收率	碳耗量较高（碳矿比 25% ~ 30%），钛损失较少	碳耗量略低（碳矿比 21% ~ 25%），钛损失较多
三 废	废料较少	废料多，每吨 $TiCl_4$ 产生 240kg 废盐
劳动条件	较 好	排废盐操作麻烦，安全性差，现场环境恶劣

根据目前国内外生产实践的情况，不同的钛原料要选择不同的氯化方法，主要根据其中的钙镁含量加以选择（表 5－9）。

表 5－9 不同氯化方法对原料钙镁含量（质量分数）的要求 （%）

氯化方法	有筛板流态化氯化	无筛板流态化氯化	熔盐氯化
CaO	≤0.3	(CaO + MgO)≤2.5 ~ 3	无限制
MgO	≤1 ~ 1.5		

美国和日本采用低钙镁的含钛矿物作为氯化制取四氯化钛的原料，因而采用有筛板流态化氯化炉，采用高温高气速操作和上排渣方法。

国内主要是应用云南矿或越南矿经小型敞口电炉生产的高钛渣（TiO_2 质量分数≥90%）作为氯化的原料，原料中含有较高的钙镁杂质（CaO 与 MgO 质量分数 2% ~ 3%），因而普遍采用无筛板流态化氯化炉，有筛板氯化炉很少有工厂使用。这是因为使用有筛板氯化炉时，经常发生筛板堵塞现象，不能长时间正常运转。发生筛板堵塞的原因，不仅与原料钙镁杂质含量高有关，也与操作条件有关。在用钙镁杂质含量低的原料时，采用国内的操作方法进行氯化，仍然会发生筛板堵塞现象。这是因为国内是采用较低的氯化温度和较低的气速，氯化反应产生的残渣和高沸点氯化物都下落到筛板上，间歇地从炉底（筛板上）排渣。这种操作方法，在筛板上总会积累一定量的炉渣，这就存在堵塞筛板的可能性。

洛阳双瑞万基钛业公司已采用大型有筛板流态化氯化炉，氯化天然金红石生产四氯化钛获得成功，这是我国在氯化技术的一大进步。

独联体国家的钛矿中钙镁含量一般较高，因而采用熔盐氯化法生产四氯化钛。国内因采用大型半密闭或密闭电炉熔炼的云南矿钛渣，其中 TiO_2 质量分数低（约为 85%），而 CaO 与 MgO 质量分数高达 3% ~4%，因此某些新建的大型海绵钛工厂被迫采用熔盐氯化法生产四氯化钛。

5.3　流态化氯化

5.3.1　流态化概念

5.3.1.1　流态化现象

固体流态化是颗粒物料与流动的流体接触，使颗粒物料悬浮起来呈类似于流体的状态。固体颗粒流态化强化了气 - 固或液 - 固间的接触，因而强化它们之间的反应。这种使固体颗粒具有某些流体特征的技术被称为流态化技术，近年来在化工和冶金过程中得到广泛应用，例如流态化催化、流态化裂化、流态化吸附、流态化干燥、流态化浸出、流态化焙烧和流态化氯化等。流态化技术的优点是连续化操作；温度均匀，容易调节和维持；气—固或液—固间传质、传热速率高。

当流体自下而上通过直立式固体颗粒物料床时，随着流体流速的变化，物料层状态随之发生相应的变化，呈现图 5 - 9 所示的下列 4 种状况：（1）在流体低流速时，固体颗粒不动，床层压降（Δp）随流速提高而增加，此时称为固定床阶段（如图 5 - 9*a*）；（2）流体流速增加到某一临界值，床层开始膨胀，固体颗粒开始松动，此时床层压降开始保持不变，它是临界流态化状态（如图 5 - 9*b*），此状态下的流速称为临界流态化速度 u_{mf}；（3）流速继续增大，床层膨胀。固体颗粒自由流动，床层压降（Δp）保持不变，并存在清晰的床层自由面。固体颗粒和流体强烈的返混和湍动，如同液体的沸腾，此时称为流化床或沸腾床阶段（如图 5 - 9*c*、图 5 - 9*d*）；（4）流体流速继续增大，超过某一流速时，固体颗粒开始带出床层，并处于悬浮状态，床层自由面消失，床层压降（Δp）随着固体带出量增加而下降，这种状态称为稀相流态化床或气体输送床阶段（如图 5 - 9*e*）；该状态的流速称为带出速度或逸出速度（u_t）。

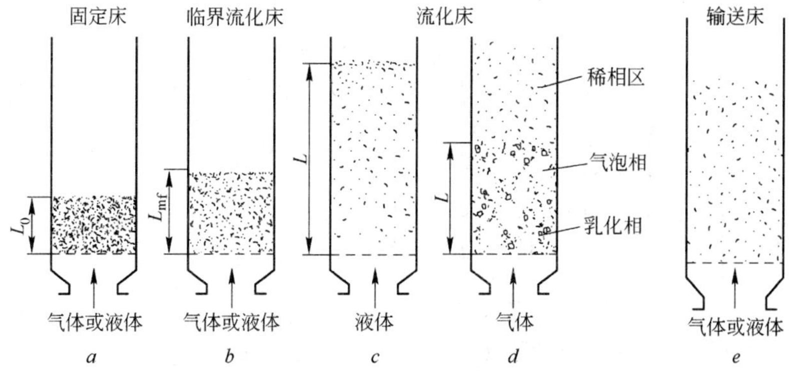

图 5-9 不同流速时床层的变化

a—固定床；*b*—初始或临界流化床；*c*—散式流化床；*d*—聚式流化床；*e*—输送床

5.3.1.2 两种不同流态化形式

流态化状况可以分为两种类型。常用弗劳德准数 Fr 来判断：

$$Fr_{mf} = \frac{u_{mf}^2}{d_p g} \tag{5-46}$$

式中 u_{mf}——临界速度，m/s；

g——重力加速度，9.81m/s²；

d_p——固体颗粒平均粒径，m。

当 $Fr_{mf} < 0.13$ 时，固体颗粒分散，流化平稳，接近理想流态化状态，床层压降不随流速的变化而变化，称为散式流态化（如图 5-9*c*），液-固系流态化属此类型。

当 $Fr_{mf} > 1.3$ 时，固体颗粒成团湍动，流态化不平稳，床层自由面上下波动剧烈，床层压降也随之在一区间内波动着，称为聚式流态化（如图 5-9*d*），气-固系流态化属此类型，富钛料流态化氯化属此类型。

聚式流态化远比散式流态化复杂。当气流通过流态化层时，多余的气体呈气泡的形式逸出，气泡一出床层立即破裂，被夹带的较粗颗粒物料又落回床内，引起床面波动。所以，气泡的形成、长大和崩裂会引进床层物料密度分布的不均匀性和压力的波动，大气泡的产生和运动会导致气体的短路，而破坏气固两相间的接触，故对流态化床层气泡行为的研究具有重要意义。通常用床层压降的波动和流态化层密度的变化、温度的分布、气体停留时间的分布等参数来评价流态化状态的好坏。从本质上看，影响这些参数的主要原因都是由气泡引起的。气泡的大小随气速和床高的增加而增加，此时的流态化床又称为鼓泡床。

床层中出现气泡是聚式流态化的基本特征。较小的气泡呈球形，较大的气泡呈帽形。气泡的中心基本是不含颗粒的空穴；泡底有尾涡区称为尾迹；气泡的外层称为晕，这是渗透着气泡气流的乳化相。尾迹的体积约为气泡体积的 20% ~30%。在气泡上升过程中，尾迹的颗粒不断脱落，并不断引入新的颗粒。气泡上升到床面发生破裂，尾迹中颗粒撒于床面，返回乳化相中。晕和尾迹是和乳化相间发生物质交换的媒介，它们对于流态化床中发生的过程起着重要的作用，如图 5-10 所示。

5.3.1.3 理想流态化床和实际流态化床

理想流态化床（图 5-11）具有下列特点：（1）有明显的临界流态化点和临界流态

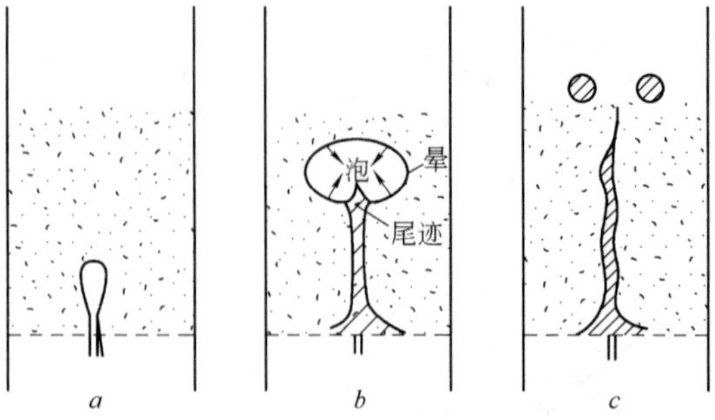

图 5－10　鼓泡流化床中的气体和颗粒流形
a—气泡形成；*b*—气泡上升；*c*—气泡破裂

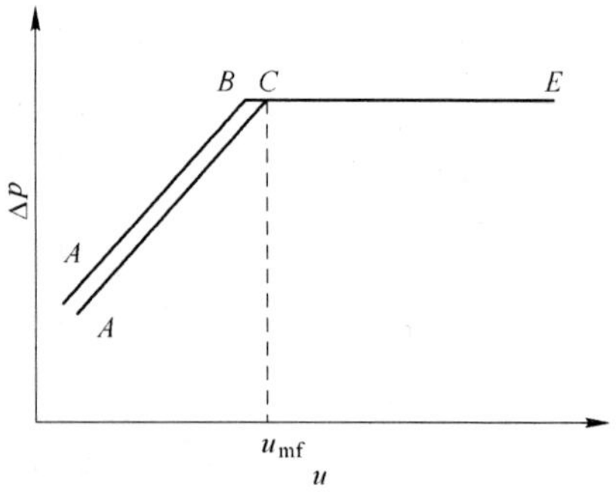

图 5－11　理想流态化床 Δ*p* 与 *u* 关系

化速度；（2）流态化床层的压降为一常数；（3）有平稳的流态化界面；（4）流态化床层的空隙率；（5）在任何流速下，都具有一个代表性的均匀值，不因床层的位置而变化。

实际流态化床与理想流态化床有偏差，如图 5－12 所示。

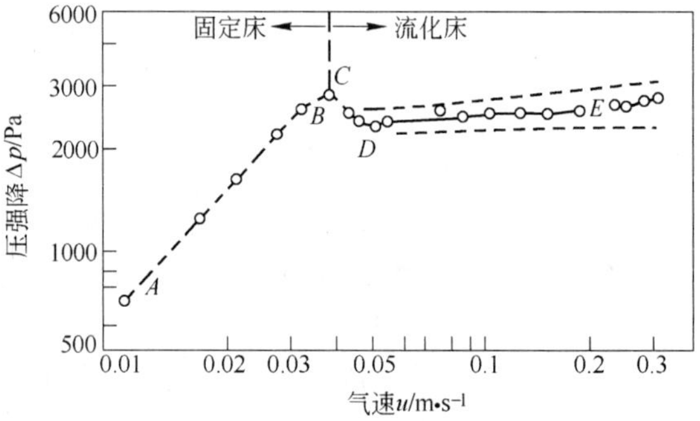

图 5－12　实际流态化床 Δ*p*－*u* 关系图

5.3.1.4　不正常的流化状态

存在着下列两种不正常流态化状态：

（1）腾涌。当流态化层内气泡逐渐汇合长大，甚至气泡直径可能接近小反应器直径时，床层上部物料呈活塞状向上运动，料层达到某一高度的气泡崩裂又坠下，称为腾涌，见图 5－13*a*。

产生腾涌时，床层压降急剧波动，料层不均匀，气—固系接触不良，不少物料被吹跑，气体利用率下降，炉衬因强烈的冲击易脱落。

过大的固体颗粒或过大的气体速度，流态化床直径过小（<0.5m），都是产生腾涌的原因。

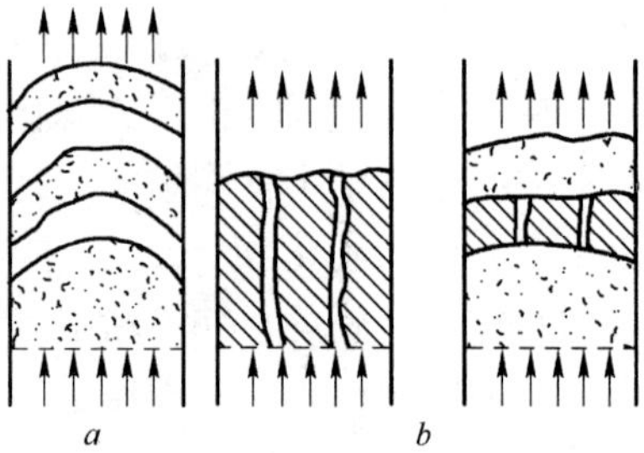

图 5－13　不正常流化状态示意图
a—腾涌；*b*—沟流

（2）沟流。当固体物料颗粒间黏结，使气体在床层的固体黏结块旁通过；或者说，大量气体短路，穿过床层内一些狭窄通道，而其他物料并未流态化，床层内仅部分流态化，称为沟流，见图 5－13*b*。此时床层压降远比物料浮重小，同时上下波动。出现孔道时，压降下降；孔渠坍塌时，压降上升。

产生沟流时，床层径向温度差增大，失流的物料易烧结，气体利用率低，生产率下降，甚至床温不能维持为止。

过细的固体颗粒或没有一定比例的颗粒物料及湿度大的物料，采用高度-直径比大的反应器，都易形成沟流。

在流态化操作中，必须避免产生不正常流态化。一时出现，必须针对产生的原因，采取适当措施，加以克服。

5.3.1.5 影响流态化质量的因素

（1）分布板（筛板）。分布板有直流式分布板（图5-14*a*）、侧流式分布板（图5-14*b*）和填充式分布板（图5-14*c*）。不同形式的分布板的气流分布不同，显然会影响流态化状态。

（2）流态化床的内部结构。床内结构应简单，不宜有复杂结构部件。

（3）颗粒特性。颗粒特性主要包括颗粒的密度、形状、大小及粒度分布。颗粒特性影响流态化速度、床层压强等流态化参数。

（4）流态化速度。适宜的流态化速度是保持良好流态化状态的关键因素。

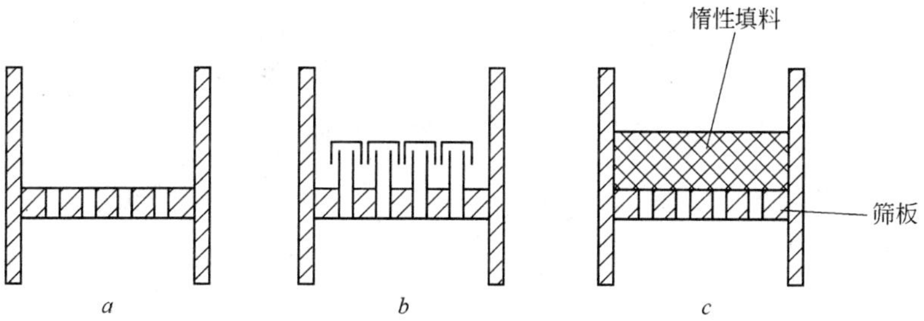

图5-14 分布板类型示意图

a—直流式；*b*—侧流式；*c*—填充式

5.3.1.6 流态化相关计算

A 临界流态化速度 u_{mf}

临界流态化速度 u_{mf} 可用实验测定和采用公式计算。

可采用如图5-15所示的实验装置进行测定。

临界流态化速度 u_{mf} 的计算公式多种多样，每个公式仅能应用于限定的条件。一般来讲，主要是根据雷诺准数的大小来选择计算公式。

对于细颗粒对于细颗粒与粗颗粒的划分可参见图5-16，雷诺准数 $Re<20$ 时，可选用下列各式计算临界流态化速度 u_{mf}：

$$u_{mf}=\frac{\rho_s g}{1650\mu}d_p^2 \tag{5-47}$$

$$u_{mf}=\frac{0.00923d_p^{1.82}\rho_s^{0.94}}{\mu^{0.88}\rho^{0.06}} \tag{5-48}$$

$$u_{mf}=\frac{(\phi_s d_p)^2\rho_s g}{150\mu}\left(\frac{E_{mf}^3}{1-E_{mf}}\right) \tag{5-49}$$

$$Re_{mf} = \frac{d_p u_{mf} \rho}{\mu} \tag{5-50}$$

式中　Re——雷诺准数，无因次；

u_{mf}——临界流态化速度，m/s；

d_p——固体颗粒平均粒径，m；

ρ_s——固体颗粒的密度，kg/m^3；

ρ——流体的密度，kg/m^3；

g——重力加速度，$9.81m/s^2$；

μ——流体黏度，Pa · s（即 kg/m · s）；

E_{mf}——床层临界空隙率；

Re_{mf}——临界雷诺准数，无因次。

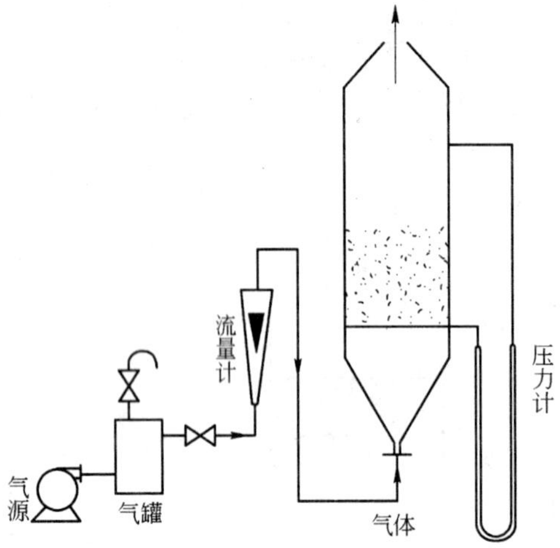

图 5-15　测定 u_{mf} 的实验装置

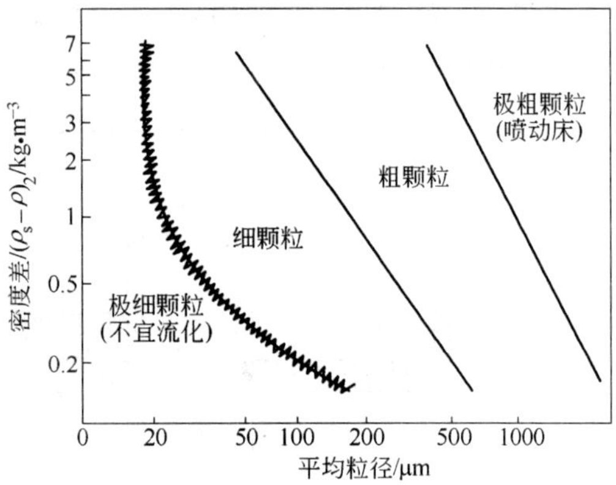

图 5-16　流化颗粒的粒度范围

B　带出速度 u_t

对于直径较小的颗粒，雷诺准数 $0.4 < Re < 500$ 时可用各式计算颗粒带出速度 u_t：

$$u_t = \sqrt[3]{\frac{4\rho_s^2 g^2}{225\rho\mu}}\phi_s d_p \tag{5-51}$$

$$u_t = \sqrt{\frac{4gd_p\rho_s}{3\rho\zeta}} \tag{5-52}$$

式中　u_t——颗粒带出速度，m/s；

ϕ_s——颗粒形状系数，圆球形颗粒 $\phi_s = 1$；实际物料为非圆球形 $\phi_s < 1$，可近似取 $\phi_s = 1$。

ζ——颗粒与物体间的阻力系数。

流体密度 ρ 相对于固体颗粒密度 ρ_s 而言可忽略不计，因此上述各式均把（$\rho_s - \rho$）简化为 ρ_s。

C　流态化床压降 Δp

临界流化状态时：

$$\Delta p=(1-E_{mf})(\rho_s-\rho)gh_0 \tag{5-53}$$

式中 h_0——静止料层高度或料层堆积高度。

在气－固系统中，流体密度 ρ 与固体颗粒密度 ρ_s 相比可以忽略，因此压降 Δp 等于单位面积床层的重力。

D 流态化床的操作范围

流态化床的操作范围，可用带出速度与临界速度之比 u_t/u_{mf} 的大小来衡量，即流态化操作速度是在 u_{mf} 与 u_t 之间选择，u_t/u_{mf} 的上下限在 10～90 之间。

5.3.2 影响流态化氯化的主要因素

流态化的特点是流体和固体颗粒高度混合，这种固体与流体的混合体具有流体的特性，流态化床中的物料处于“沸腾”状态，混合充分，有利于传质；床层内温度均匀，有利于传热。对于伴随有化学反应的床层内，由于固体颗粒强烈湍动，一般其扩散阻力可不计。可见，流态化可大幅强化扩散过程。富钛料氯化动力学表明，在 650～700℃ 以上进行的氯化反应由扩散过程控制，采用流态化床进行富钛料的氯化，可以强化氯化过程，因而流态化氯化是一种高效的氯化方法，氯化效率比固定床氯化大幅提高。所以，目前国内外广泛应用流态化氯化方法生产四氯化钛。

流态化氯化是在如图 5－9*d* 所示的流化床中进行。富钛料颗粒和碳质还原剂（通常采用石油焦）颗粒的混合物加入床中，一定浓度的氯气从床底通过筛板进入床中，把上述混合物颗粒“沸腾”起来形成流态化床，当床中温度达到反应温度时即开始了流态化氯化反应，固体物料和氯气连续不断加入，流态化氯化连续进行。在整个氯化过程中，床中固体颗粒始终保持流态化状态。

流态化氯化是固体炉料颗粒在流态化状态下进行氯化的复杂过程。它同时要受到氯化反应和流态化两方面的制约，它们相互影响，其中建立良好的流态化状态是流态化氯化的关键。影响建立良好流态化状态的因数主要是流态化床的结构、颗粒特性、流态化速度等。

5.3.2.1 炉体的结构

前面已经提到，流态化氯化炉的气体分布板和炉体结构对形成良好流态化状态有很大影响，特别是气体分布板影响流态化床层的均匀性，采用较大阻力的气体分布板（如侧流型或填充型分布板），利于改善流态化状况。流态化床的高度与其直径的比值也影响流态化，当高度与直径比值太大时，容易产生气泡，造成不正常流态化；相反，高度与直径比值太小时，易造成反应不完全。因此，需正确选择适宜的流态化床高度与直径的比值。

5.3.2.2 物料颗粒特性

物料颗粒特性包括颗粒的密度、粒径、粒形、粒径分布及孔隙率等因素。从氯化反应的角度考虑，因为反应是在富钛料颗粒表面上进行，颗粒越小其表面积越大，反应速度就会越大，从此角度考虑应使用细颗粒。但颗粒越小其带出速度 u_t 就越小，要求使用的流态化速度也就越小，这就限制氯化产能提高，因此也就不宜使用过小的颗粒。试验和生产实践表明，40 目～160 目的富钛料比较适合流态化氯化的要求，即粒径大约 0.1～0.4mm 的富钛料颗粒，且应避免过多的细料。最好使用颗粒粒度较大（0.15～0.4mm）且粒度分布窄的富钛料，这样可使流态化的操作范围加大。目前国内在流态化氯化生产中，普遍要求高钛渣的粒度在 40 目～160 目范围内，－160 目的粒度要求小于 20%～30%。

富钛料的密度和石油焦的密度差别较大。富钛料的密度一般在3.5～4.2g/cm³之间，而石油焦的密度一般在1.2～1.5g/cm³之间。富钛料的氯化要求还原剂碳的参与，因此要求富钛料与石油焦在流态化床中能均匀混合，这就要求富料颗粒和石油焦颗粒要具有相近的流态化速度，以避免它们的分离。从固体颗粒的临界流态化速度 u_{mf} 式（5－47）可估算出两种物料的直径比。富钛料颗粒直径 d_1 和石油焦颗粒直径 d_2，分别代入式（5－47），分别求出富钛料和石油焦颗粒的临界流态化速度 u_1 和 u_2，并使 $u_1=u_2$，则有：

$$d_1^2 \cdot \rho_{s1} = d_2^2 \cdot \rho_{s2}$$

即：

$$\left(\frac{d_2}{d_1}\right)^2 = \frac{\rho_{s1}}{\rho_{s2}}$$

则

$$\frac{d_2}{d_1} = \sqrt{\frac{\rho_{s1}}{\rho_{s2}}}$$

设定 ρ_{s1} 为3.85g/cm³，ρ_{s2} 为1.35g/cm³，代入上式求出：$d_2/d_1=1.69$。

因此，当富钛料粒度 d_1 为0.1～0.4mm时，石油焦粒度 d_2 应为0.17～0.6。

在试验中，曾采用0.075～0.18mm高钛渣和0.1～0.25mm石油焦的混合物料，也采用过小于0.18mm高钛渣和小于0.5mm石油焦的混合物料，在常温下以空气作流体进行流态化试验，均未发现明显的分层现象。由此看出，流态化时一般气体流速较大，物料混合强烈，故料层中的分层现象并不显著，两种物料粒径的比例允许保持较宽的范围。

5.3.2.3　流态化速度

选择适宜的流态化速度流速，是实现正常流态化氯化的关键。

流态化适宜速度 $u_{宜}$ 是根据临界速度 u_{mf} 与带出速度 u_t 来选择。临界速度 u_{mf} 与带出速度 u_t 可采用计算方法求出，也可用实验方法测定。在研究流态化氯化初期曾以空气为流体，在常温下测定了不同粒度的高钛渣和石油焦的临界流态化速度如图5－17所示。

要用计算的方法求出临界流态化速度，是依据雷诺准数的大小来选定计算公式。现利用图5－17测定数据来估算高钛渣颗粒流态化的雷诺准数。高钛渣颗粒粒径0.1～0.4mm，由图查出相应的临界流态化速度为2～13mm/s（即0.002～0.013m/s），0℃时氯气密度 ρ 为3.215g/cm³（即3.125kg/m³），0℃时氯气黏度 1.56×10^{-5} Pa · s（即kg/(m · s)），将上述数据代入式（5－50），求出以氯气为流体时直径为0.1mm和0.4mm的高钛渣颗粒流态化的临界雷诺准数 Re_{mf} 分别为0.02和0.26。因临界雷诺准数 $Re_{mf}<20$，因此可选式（5－47）～式（5－49）计算高钛渣颗粒流态化的临界速度。现选式（5－47）为计算 u_{mf} 的公式，设定高钛渣平径颗粒直径 $d_p=0.2\text{mm}=0.0002\text{m}$，高钛渣密度取3500kg/m³，空气密度1.29kg/m³，0℃时空气的黏度为 1.78×10^{-5} Pa · s，把上述相关数据分别代入式(5－47)，即：

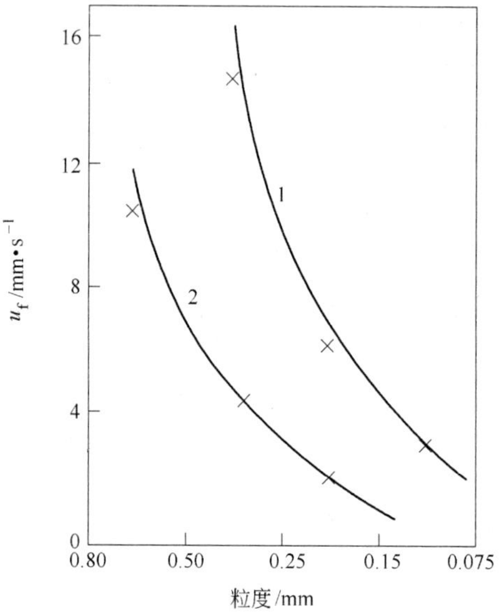

图5－17　临界流速随物料粒径的变化

1—钛渣；2—石油焦

$$u_{mf}=\frac{\rho_s g}{1650\mu}d_p^2=\frac{3500\times9.81}{1650\times1.78\times10^{-5}}\times0.0002=0.047\text{m/s}$$

同样选式（5－53）为计算高钛渣颗粒带出速度的公式，空气密度1.29kg/m³，0℃时空气的黏度为1.78Pa·s，ϕ_s取为1，把上述相关数据分别代入式（5－53）即为：

$$u_t=\sqrt[3]{\frac{4\rho_s^2 g^2}{225\rho\mu}}\phi_s d_p=\sqrt[3]{\frac{4\times3500^2\times9.81^2}{225\times1.29\times1.78\times10^{-5}}}\times1\times0.0002=1.94\text{m/s}$$

分别求出了平均直径0.0002m高钛渣颗粒在以空气为流体时的临界流态化速度u_{mf}=0.047m/s和带出速度u_t=1.94m/s。由图5－17查出直径0.2mm高钛渣颗粒的临界流态化速度u_{mf}约为0.009m/s。可见，计算结果表明，临界流态化速度u_{mf}的计算值（0.047m/s）约为实测值（0.009m/s）的5.22倍。采用现已提出的其他公式计算，临界流态化速度u_{mf}的计算值也比实测值高若干倍。上述计算的颗粒带出速度u_t(1.94m/s）约为实测临界流态化速度u_{mf}(0.009m/s）的215倍，也是偏大的数值。因此，富钛料颗粒的临界流态化速度u_{mf}和颗粒带出速度u_t最好采用实验方法测定。

流态化适宜速度$u_{宜}$是在临界速度u_{mf}与带出速度u_t之间选择，u_t/u_{mf}的上下限在10～90之间，可选择的范围很大。当选用太小的流化速度时（即接近u_{mf}），产能低；选择太大的流化速度时（即接近u_t时），颗粒在反应区停留时间短而容易造成反应不完全，因而降低回收率和增加尾气中的氯含量。

适宜的流化速度究竟如何选择？可通过实际生产中的数据进行评估。如果一个直径为2.4m的流态化炉的产能为100t $TiCl_4$/d的话，那么氯气（假定氯的有效利用率为90%）应为27.8t/d，如果入炉氯气的体积浓度为90%，则需这种浓度的氯气（0℃）10506m³/d。因而可计算出冷态（0℃）下氯气在床中的流速为0.027m/s。如果反应是在1000℃下进行，按气体定律（$p_1V_1/T_1=p_0V_0/T_0$）换算成热态（1000℃）下（假定炉内微正压p_1近似等于p_0），氯气在床中的流速为0.126m/s。氯化按以下反应发生后，氯气转换为$TiCl_4$、CO和CO_2：

$$TiO_2+(1+\eta)C+2Cl_2=\!=\!=TiCl_4+2\eta CO+(1-\eta)CO_2$$

可见，2摩尔氯气反应生成1摩尔$TiCl_4$和（1+η）摩尔碳氧化物气体，即反应后气体摩尔数增加了η摩尔。假定η=0.6，因此在热态下实际的气体流速比上述计算的0.126m/s要增加1.3倍，即为0.164m/s。由图5－17查出颗粒直径0.2mm高钛渣颗粒的临界流态化速度u_{mf}约为0.009m/s，将流体由空气换算成氯气，则颗粒的临界流态化速度u_{mf}约为1.14×0.009=0.0103m/s。可见，实际流态化速度大约是临界流态化速度u_{mf}的16倍。直径为2.4m的流态化炉的较小产能约为70t $TiCl_4$/d，较大产能约为150t $TiCl_4$/d，由此可估算出实际的流态化速度u大约是临界流态化速度u_{mf}的12～24倍。

通过以上分析和计算可以归纳为如下初步结果：

（1）富钛料颗粒的临界流态化速度u_{mf}和颗粒带出速度u_t最好采用实验方法测定。

（2）实际生产中的流态化速度$u_{实}$约为临界流态化速度u_{mf}的10～30倍，即：

$$u_{实}=(10\sim30)u_{mf}$$

（3）实际生产中（氯化温度1000℃）在流态化段的气体流速$u_{实}$在0.1～0.3m/s范围内。

对于国内无筛板流态化氯化采用下排渣方法，采用了较小的流态化速度。在该速度下，对于原料颗粒和反应后形成的细颗粒（包括被氯化后残留的细小残渣颗粒和氯化反应生成的高沸点杂质细小颗粒）均处于正常流态化速度范围内，因而这些细颗粒不会从炉顶逸出，而会在床中累积而凝集成大颗粒沉至炉底，需定期从炉底将其排出。

对于有筛板流态化氯化，美国一些公司采用上排渣方法，避免筛板上堆积炉渣而发生堵塞。实现上排渣的方法大概是采用了较大的流态化速度。在该速度下，对于进料粒度的颗粒仍属于正常流态化速度范围内；而对于被氯化后残留的细小残渣颗粒和氯化反应生成的高沸点杂质细小颗粒则处于带出速度范围内。因此，进料颗粒处于正常流态化状态下被氯化，而细小残渣和生成的细小颗粒则从炉顶排出。所以，对于上排渣的有筛板流态化氯化要选择较大的流态化速度。

5.3.3　工艺流程

目前，国内普遍采用的流态化氯化的原则工艺流程如图 5－18 所示。主要工序步骤由三部分组成，第一部分是原料准备（富钛料和石油焦的准备、混合和加入，氯气蒸发、混合和送入），第二部分为流态化氯化，第三部分为炉后处理系统（氯化产物冷却和收尘，淋洗和冷凝、固液分离，气液分离和尾气处理等）。

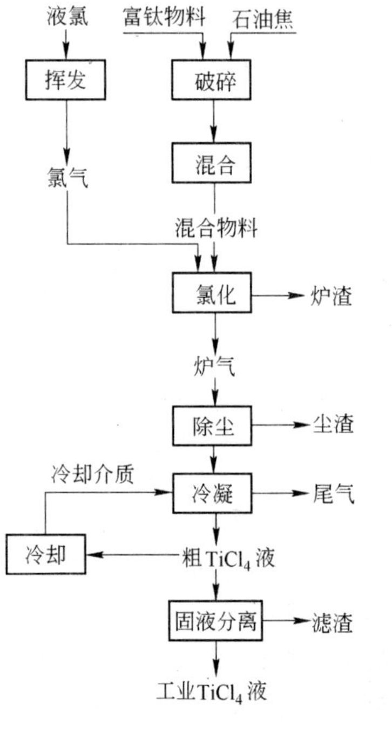

图 5－18　流态化氯化工艺原则流程

国内主要是应用含有较高的钙镁杂质高钛渣作为氯化的原料，因而普遍采用无筛板流态化氯化炉，氯气通过炉底的分布装置布气；富钛料和还原剂的混合料采用螺旋送入炉内进行氯化反应，未反应的残渣和生成的高沸点氯化物（如钙、镁、锰等氯化物）从炉底排出。氯化后的出炉产物经隔板式收尘器冷却收尘，排出收尘渣。除尘后的气体经过用冷四氯化钛淋洗和冷凝器冷凝，将四氯化钛冷凝下来；不凝气体经隔板式气液分离，逸出的气体处理后排放。冷凝的四氯化钛中的固体物经用沉降、过滤方法分离，并排出分离出来的泥浆或滤渣。这种流程排出的废料较多，有炉底排出的氯化残渣、收尘器排出的收尘渣、沉降排出的泥浆和过滤排出的滤渣。这些排出的废料中均含有相当数量的四氯化钛，这些四氯化钛在回收中损失较大，因此氯化过程的回收率低，大约为 90% 左右。

美国和日本应用低钙镁含量的富钛料作为氯化的原料，因而采用有筛板流态化氯化炉，氯气通过炉底的筛板布气，在床中分布比较均匀；富钛料和还原剂的混合料采用气压送入炉内均匀分布，使富钛料与还原剂和氯气能密切接触，氯化反应在炉内能有效的发生，保证了三种物料较完全反应。并且，自控技术保证氯化配料的准确性，这样就可提高金属回收率和氯气利用率，并降低出炉气体的自由氯含量。氯化炉底部不排渣，把氯化后的所有物料（包括反应产物和未反应的残留物）都从炉顶逸出炉外，炉尘和炉渣在收尘器中收集排出。在四氯化钛淋洗和冷凝过程中产生的含固体物泥浆全部返回氯化炉中处理，回收其中的四氯化钛，其中的固体物也在收尘器中收集。因为原料品位高，氯化产生的杂质少，且采用高效的收尘设备（如旋风收尘）收尘效率高，收尘较完全，因此冷凝的四氯化钛不需要经过沉降过滤，固液分离。这种操作方法不仅工艺流程简单，而且回收率高达95%～98%。

美国和日本生产四氯化钛的工艺流程比较简单，例如日本大阪钛公司的氯化—精制一体化流程如图5－19所示。氯化炉的操作温度较高（1050～1100℃），氯气入炉压力高（0.15～0.20MPa），氯化炉（1）出来的炉气经旋流器（2）急冷至200℃，分离出的高沸点氯化物如 $FeCl_2$、$MnCl_2$ 等进入C罐。从收尘器出来的气体，用经－25℃冷冻盐水冷至－10℃的四氯化钛在淋洗塔（3）中淋洗，被液化捕集下来的 $TiCl_4$ 收入A罐。残存的 $TiCl_4$ 蒸气进入冷凝器（4）冷至－10℃，进一步被捕集下来的 $TiCl_4$ 流入B罐，混合气中的雾状 $TiCl_4$ 经旋流器（6）捕集后流入B罐中。A、B二罐的粗 $TiCl_4$ 送到蒸发器（7）处理。为除去粗 $TiCl_4$ 中的杂质 $AlCl_3$、$ZrCl_4$、$NbCl_5$ 等，加入适量水处理使之净化；然后加入除钒剂除去钒及微量Fe。除钒后液体蒸发，经冷却后进入精馏塔（9）的第20～25级塔板（由塔底往塔顶编号），从第4块塔板取出精 $TiCl_4$，通过侧塔（11）活性炭吸附微尘后进入冷凝器（12）冷凝并冷却，进入储罐（13）接收的精 $TiCl_4$ 纯度达99.95%以上。塔底连续排出残渣液。全部工艺参数实行中央集中控制。因不锈钢有应力腐蚀问题，精馏设备用软钢制造。

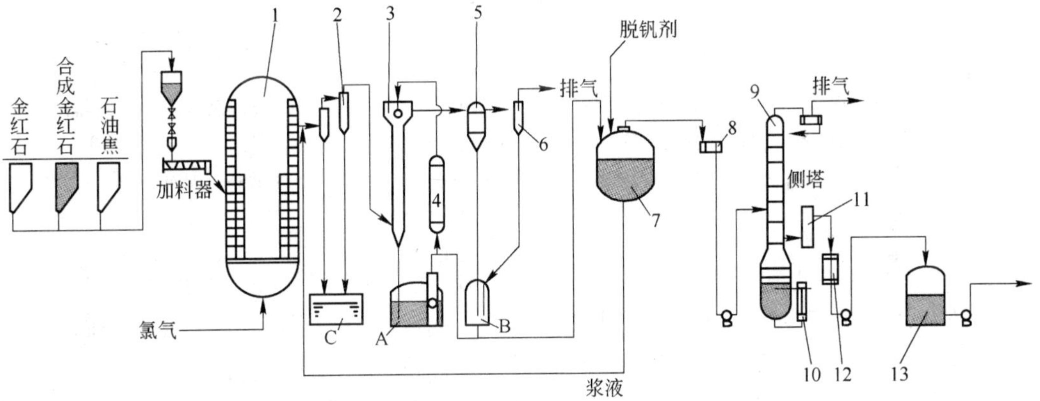

图5－19 日本大阪钛公司四氯化钛生产工艺流程示意图

A，B，C—粗 $TiCl_4$ 储罐；

1—氯化炉；2—旋流器；3—淋洗塔；4—盐水冷却器；5，8，12—冷凝器；6—旋流器；

7—蒸发器；9—精馏塔；10—再沸器；11—侧塔；13—精 $TiCl_4$ 储罐

这个流程的特点是：（1）所用钛原料是 TiO_2 品位很高的天然金红石或人造金红石或UGS的配合料（含 TiO_2 94%以上），石油焦含固定碳99%，灰分只有0.4%，粒度0.175～2mm，因而氯化残渣很少，收尘渣量及粗 $TiCl_4$ 中微尘量都很少，碳耗、氯耗低，氯化炉生产率高；（2）冷却收尘采用高效的旋风收尘器，体积小，效果好；（3）因原料品质好，渣量少，取消了浓密机和过滤器，泥浆返回氯化炉出口接管处或从炉顶喷入炉中处理；（4）实现了流态化氯化—精制作业的一体化、连续化，因而流程短、设备少、产品质量高。如果将3N以上的精 $TiCl_4$ 再精馏一次，产品纯度达到食品药物级，可供制取高纯钛的原料。

5.3.4　主要设备

国内流态化氯化工艺设备示意图如图5-20所示。氯化设备由三部分组成，第一部分是原料准备设备，第二部分为流态化氯化炉，第三部分为炉后处理设备。其中，原料准备和部分后处理设备多数为较简单的标准设备，在此省略。这里主要介绍主体设备如流态化氯化炉等非标设备。

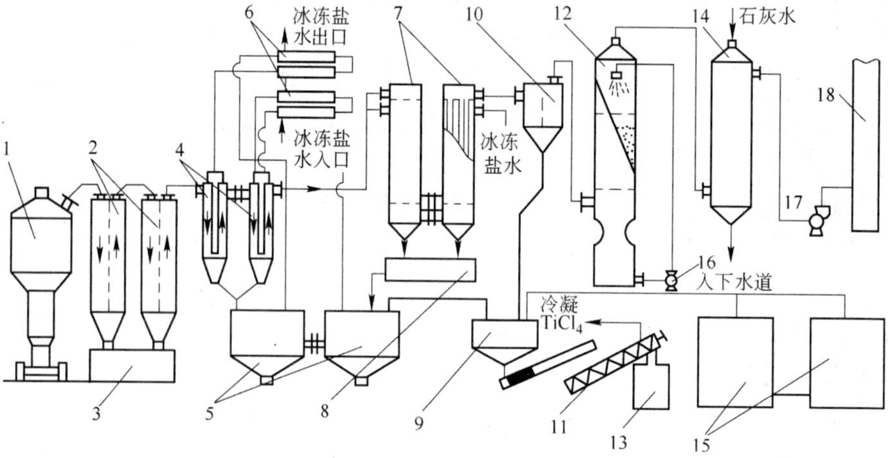

图5-20　沸腾氯化设备流程图

1—沸腾氯化炉；2—隔板除尘器；3—烟尘清理室；4—$TiCl_4$淋洗塔；5—$TiCl_4$循环泵槽；6—冷却器；7—列管冷凝器；8—中间储槽；9—多尔浓密机；10—捕滴器；11—泥浆蒸发器；12—尾气淋洗塔；13—渣桶；14—淋洗塔；15—粗$TiCl_4$贮槽；16—循环泵；17—风机；18—烟囱

5.3.4.1　氯化炉

A　有筛板流态化氯化炉

流态化氯化炉不宜用构造复杂或内部附加构件的床层，为了避免因氯化腐蚀而遭受损坏，常采用单层圆形流化床。目前常见的炉体有直筒形、扩散形和锥形。

直筒形炉结构简单而紧凑，适用于粒度细而流速低的场合，操作流速范围较窄，多用作实验设备。

扩散形炉的炉膛，下部流态化段直径较小，上部段的直径扩大，适用于料粒级较宽的作业条件。操作时物料进入炉膛，颗粒在流态化段内因反应颗粒变小进入扩大段，在扩大段因气流速降低不致被带出，使细颗粒在扩大段继续与气相中的残留氯进行反应，增加物料在炉内的停留时间，使反应更完全，从而提高物料氯化率和降低尾气含氯量。扩散形炉在工业生产中获得较广泛应用，结构简单的扩散流态化氯化炉如图5-21所示。

锥形炉的特点是流态化段呈圆锥形，炉截面积自下而上逐渐地扩大。此炉型流态化段部位的气流速度随高度升高而变小，使流态化段保留较多的细粉，对改善和避免流态化床粒度分层有利。这种炉型适用于小型炉体，大型炉较少采用这种炉型。

流态化氯化炉通常是一个立式反应器，如图5-21是一个有筛板的流态化氯化炉，炉体由炉底、炉身和炉顶三部分组成。炉底有气体分布板（筛板），炉身自下而上分别由锥形段、流态化段、过渡段和扩大段组成。

a 炉体结构

炉外层是用普钢焊成的炉壳，内层是炉壁。炉壁由数层耐火和保温材料砌成，要求其耐高温、耐氯气腐蚀，密封性能好，为此常选用酸性或半酸性耐火材料作为炉衬材料。特别是流态化段，温度高、氯气浓度大、物料对炉壁的冲刷严重，炉壁应适当加厚。

炉壁结构举例：外层为捣固层，用矾土固料混凝土或磷酸盐捣固材捣固成，厚度为185mm。第二层为耐火砖层，用黏土耐火砖或其他半酸性耐火砖砌成。流态化段厚度为165mm，扩大段厚度为120mm，过渡段用异型砖。第三层为熔铸层，用电极糊熔铸而成，厚度为200mm。流态化段内层为预制圈层，它是用磷酸铝矾土骨料混凝土捣固成的预制圈装配成的，便于损坏时更换，厚度约300mm。

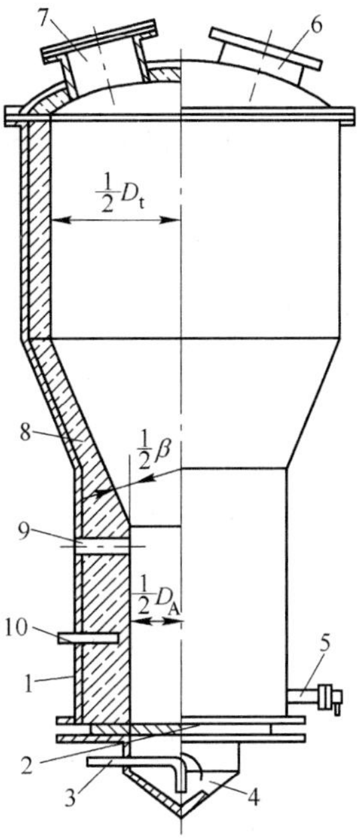

图5－21 流态化氯化炉

1—炉壳；2—气体分布板；3—进气管；4—风箱；5—排渣器；6—炉气出口；7—人孔；8—炉衬；9—加料口；10—测温管

b 炉体的基本尺寸

流态化段直径 D_A。它是按产能来计算，可用经验数据，也可用下式算出：

$$D_A = \sqrt{\frac{4V}{\pi u}}$$

式中 D_A——流态化段直径，m；

V——通过流化床总气体量，m^3/s；

u——选用的操作气速，m/s。

流态化操作气速 u 可参见5.3.2.3节的相关公式计算确定，或用实验方法测定。通过流化床总气体量 V 用下式计算确定：

$$V = \left(\frac{2+\eta}{2}\right)\left(\frac{0.25W}{\psi\varphi\rho C}\right)\left(\frac{p_0 T_1}{p_1 T_0}\right)$$

式中 W——四氯化钛产量，kg/s；

η——按式（5－12）氯化反应生成CO的几率，%；

ψ——四氯化钛回收率，%；

φ——氯气的有效利用率，%；

C——入炉氯气体积浓度分数，%；

ρ——氯气在入炉温度下的密度，kg/m^3；

p_0，T_0——分别为入炉氯气的压力（Pa）和温度（K）；

p_1，T_1——分别为反应段气体的压力（Pa）和温度（K）。

流态化段高度 H_0。它是按处理物料的性质来确定的。经验数据供参考：小型炉体取 $H_0/D_A \approx 2$；大型炉体取 $H_0/D_A \leqslant 1$。

扩大段直径 D_t，常按 $D_t/D_A = 2.5$ 左右选择。

分离空间高度 H_t，它是指从流态化层表面至炉顶的高度，即过渡段高度和扩大段高度之和，一般大于3m。

过渡段锥角β。过渡段锥角的大小直接与过渡段高度有关，也与流态化炉总高度有关。锥角过大，粉尘物料易堆积在锥面上，并可烧结成“死灰”，达到一定厚度时，可能以块状脱落，沉积在分布板上，破坏正常流态化。合理的锥角β应按物料的自然堆积角α_0来确定。实测高钛渣和石油焦混合物料的自然堆积角$\alpha_0 \approx 30°$，应使过渡段锥角$\beta \leqslant 2\alpha_0$，因此，取$\beta \leqslant 60°$为宜。

由于流态化氯化过程的复杂性，目前还很难建立合适的数学模型去准确地描述这一过程，流态化氯化炉的设计通常应用生产经验数据。

c　气体分布装置

气体分布装置一般可分为气体预分布器（风箱及其内件）和气体分布板两部分。

为使氯气进入分布板前形成一个较好的布气流形，并减轻分布板均匀布气的负荷，配置了气体预分布器，其结构有多种形式。风箱的作用是使进入的氯气静压均匀分布，基本消除从风管进入风箱的气体动压，使之变成静压。因此风箱的容积要大。氯化工艺采用的最简单一种是如图5－21中3和4所示的弯管式预分布器，气体加入管端呈90°夹角。

气体分布板是形成良好流化的关键性部件。它的作用是支承物料、均匀分布气体和创造一个良好初始流态化条件，并能抑制聚式流态化不稳定性的恶性引发，使之长期保持良好流态化状态。一般要求分布板阻力较小、不漏料、不易堵、结构简单、便于制造和维修等。

气体通过气体分布板时，具有一定阻力（压降）。工艺上常选择使分布板能起到均匀布气、同时又具有良好稳定性的最小压降和最大开孔率。这两值相应地称为临界压降和临界开孔率。运用经验数据：临界压降常取床层压降的10%左右，临界开孔率常取1%左右。

气体分布板的形式很多，主要有直流型、侧流型和填充型，它们的结构示意图如图5－14所示。其中，侧流型和填充型更适合本工艺。例如图5－14*c*所示填充型筛板，它是在直孔（平）筛板上放置填充料。直孔筛板材质为石墨或磷酸铝矾土骨料混凝土预制件，厚度为50mm，开孔率0.8%；填充料为2～3mm的石油焦，料层厚约200mm。

B　无筛板流态化氯化炉

前述的有气体分布板（又称为筛板）的流态化氯化炉称为有筛板流态化氯化炉（或称为有筛板沸腾氯化炉）。因为气体分布板在氯化过程中常有发生筛孔堵塞的情况，特别是在处理含高钙镁原料更易被黏稠的钙镁氯化物堵塞，出现故障，生产周期短。为了克服有筛板炉的这种缺点，因此出现了一种没有气体分布板（即无筛板）的流态化氯化炉，被称为无筛板流态化氯化炉（或无筛板沸腾氯化炉）。

无筛板流态化氯化炉的结构与有筛板流态化氯化炉基本相同，不同之处在于前者不设气体分布板，而是采用别的氯气分布方法，例如图5－22所示的喷嘴式，即在靠炉底上方的圆锥体周围分布了多个喷嘴，氯气通过这些喷嘴进入炉内分布。分布氯气的结构方式多种多样，例如发明了一种环缝式氯气分布的专利方法，这种方法以环缝替代了上述喷嘴式的多个喷

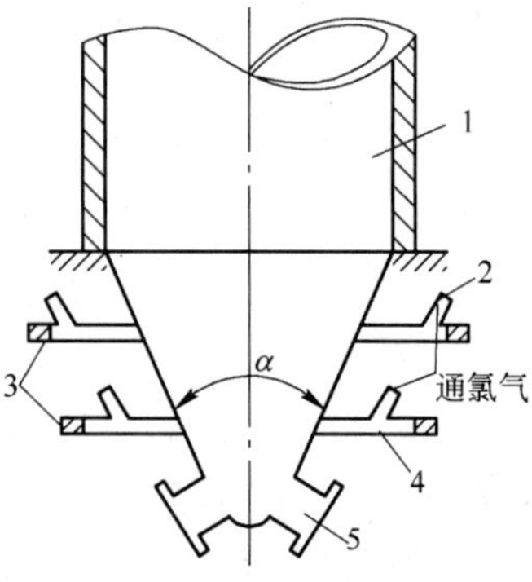

图5－22　无分布板氯化炉炉底示意图
1—炉体；2—清理孔；3—塞子；
4—喷嘴（2排）；5—排渣口

嘴，环缝相当于无数个喷嘴，从而使氯气分布更为均匀。环缝相当于一个环形暗沟，炉内的固体物料无法进入，因此不会发生堵塞。长期生产实践表明，这种环缝式炉底结构，能长时间保持正常的流态化状况，操作简便，生产稳定，已有多个厂家使用，但仅适用于小型炉。

无筛板流态化氯化炉可以用于（CaO + MgO）质量分数≤2.5% ~3%的高钙镁原料的氯化，在中小型氯化炉中应用较成功，放大后可能存在氯气在炉中分布不均匀的问题。

5.3.4.2 加料装置

氯化的固体炉料（富钛料与石油焦混合料）加入炉内的方法，目前国内采用螺旋加入的方法。螺旋加料器适用于输送干燥的固体粉料，具有加料均匀、结构简单，可以采用物料密封等特点，加料量可通过调节螺旋的转速来控制。选择适宜的加料口位置很重要，一般选在流化床层自由面稍高处。

螺旋加料的方法属于点加料，炉料在炉中分布不均匀影响流态化质量，可能造成炉料氯化不完全，氯气未充分利用，尾气含氯高。国外普遍采用气压布料法，用气压将炉料喷入炉中，使炉料在炉中均匀分布，改善流态化质量，克服上述螺旋加料的缺点。

5.3.4.3 排渣装置

目前国内采用炉底排渣的方法，已有多种类型的排渣器。要求排渣器结构简单、密封良好、操作方便。一般采用三个排渣口，等均分排列在炉壁上。每个排渣口与水平面呈15°倾斜引至炉外，与排渣器相连接。排渣器由两个相互间用螺丝连接的筒形钢管构成。正常生产时，排渣口和出料口密封不通；排渣时，将排渣器钢管向下旋转180°，使排渣口和出料口相通，即能排渣操作。

5.3.4.4 除尘设备

国内采用的隔（挡）板收尘器，图5-23所示为一种隔板收尘器的示意图。这是一种带锥底的长筒形钢设备，中间有一块隔板（或称挡板）。设置挡板的目的，在于增加炉气的流动路径和阻力，以延长固体粒子的沉降时间，利于高沸点杂质冷凝成固体，以提高除尘效率。为了达到良好的除尘效果，常把2~3台除尘器串联使用。

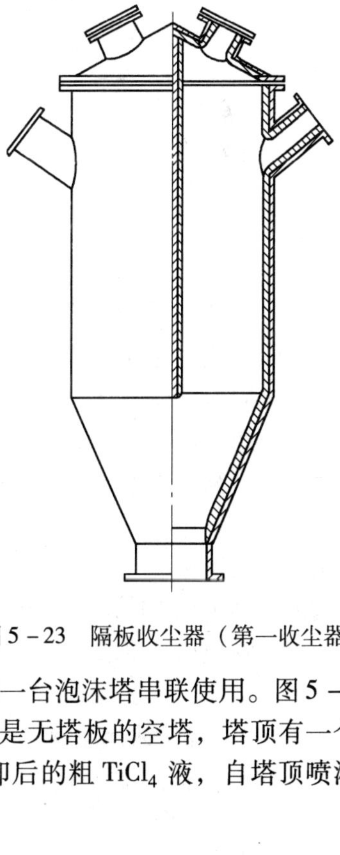

图5-23 隔板收尘器（第一收尘器）

这种隔板收尘器收尘效率低，设备体积庞大，造价高。美国大部分公司采用高效旋风收尘，收尘效率高，设备体积小，因收尘较完全可省去后续的沉降和过滤工序。

5.3.4.5 冷凝设备

氯化气体的冷凝一般需要同时使用直接冷凝和间接冷凝两种冷凝方式。

常用的直接冷凝设备有喷洒塔和挡板塔、泡沫塔。如图5-24所示的$TiCl_4$冷凝设备是把两台喷洒塔和一台泡沫塔串联使用。图5-24*a*所示是一种喷洒塔（也称淋洗塔）的示意图。实际上它是无塔板的空塔，塔顶有一个喷嘴（大型的喷洒塔可采用数个喷嘴）。冷凝液是采用冷却后的粗$TiCl_4$液，自塔顶喷淋而下，和底部上升的炉气逆向接触，炉气中的 $TiCl_4$ 和杂质凝集成液体，流入循环泵槽。图 5－24*b* 所示是一种挡板塔的示意图。这是将喷洒塔改进后的，在喷洒塔内安装若干块无筛孔塔板，塔板间距为 100～200mm，使气—液两相的接触面积增加，这种挡板塔比喷洒塔有更高的冷凝效果。图 5－24*c* 所示是泡沫塔示意图。这种泡沫塔兼有冷凝和降尘双重功能。其外形呈圆筒形或方筒形，中间有一块筛板隔开，分为上下两室。$TiCl_4$ 冷凝液由上室一侧靠近筛板外进入，被下室上升的炉气冲击、产生泡沫，在筛板上形成一层流动的泡沫层，此时气—液两相间便进行热交换和物质交换。炉气中的 $TiCl_4$ 和固体杂质微粒被泡沫层截留，由上室另一侧溢流而出，经净化的炉气由顶端逸出。

间接冷凝设备通常采用蛇管冷凝器或列管冷凝器。

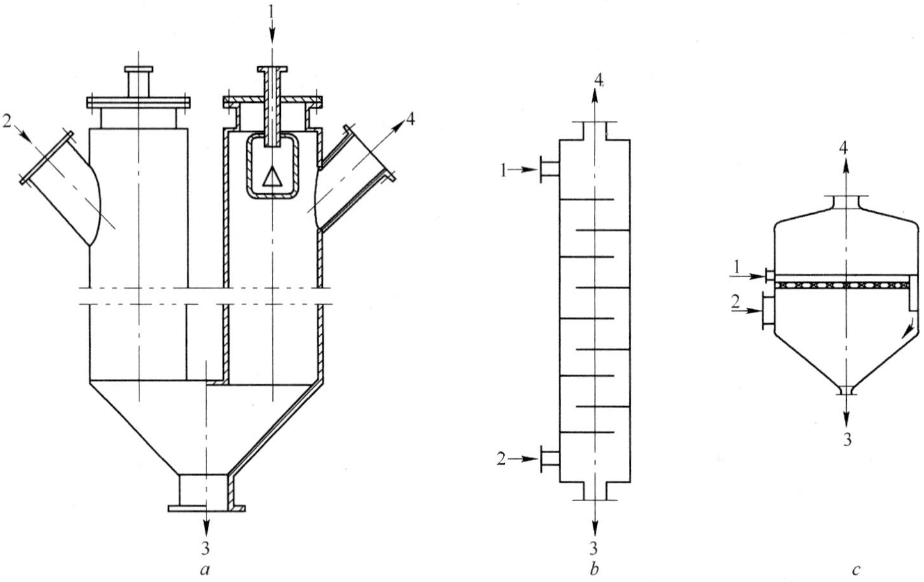

图 5－24　冷凝 $TiCl_4$ 设备

a—喷洒塔；*b*—挡板塔；*c*—泡沫塔

1—$TiCl_4$ 冷却液进口；2—炉气进口；3—$TiCl_4$ 液出口；4—炉气（尾气）出口

5.3.4.6　固液分离设备

国内的氯化工艺流程中，经过冷凝获得的粗四氯化钛通常还含有许多成分复杂的悬浮物，需经过固液分离加以去除。固液分离设备包括沉降槽（又称浓密机）和过滤器。两者可同时使用，也可单独使用沉降槽或过滤器。

浓密机是利用流体低速流动和重力作用下固体沉降的原理，从四氯化钛中分离固体物的设备。前苏联使用的多尔浓密机示意图如图 5－25 所示。含有泥浆的 $TiCl_4$ 经过分布在浓密机中心的连接管 5 均匀而连续进入浓密机，澄清了的四氯化钛经过排料连接管 10 排出。借助于刮板机 2 使沉积在圆锥形底上的固体颗粒转移到螺旋运输机 16，并用螺旋运输机使固体物质以泥浆的形式从浓密机中排出。浓密机的处理量根据下式确定：

$$Q = 0.785Dv\gamma$$

式中　Q——四氯化钛处理量，t/h；

　　　D——浓密机直径，m；

v——颗粒的平均沉降速度，m/h；

γ——$TiCl_4$ 的密度，t/m^3。

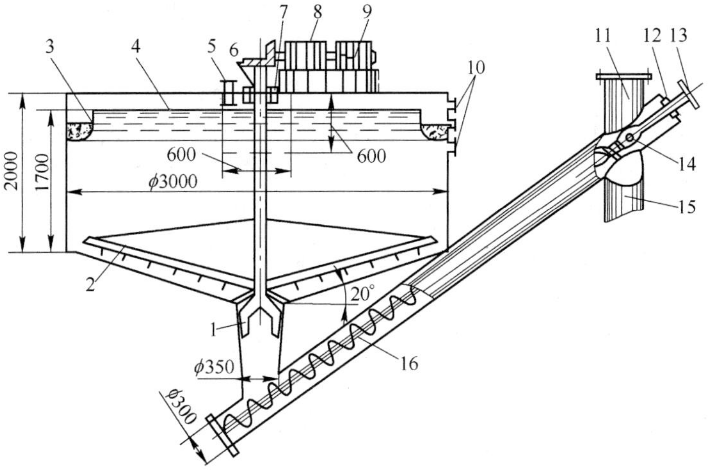

图 5-25 多尔（ДОРР）浓密机

1—净化铲；2—刮板机；3—溢流槽；4—缓流槽；5—泥浆连接管；6—轴；7—密封填料；8—减速器；9—电动机；10—溢流管；11—清除孔盖；12—密封盖；13—传动齿轮；14—活接头（铰链）；15—卸料连接套管；16—螺旋运输机

因为颗粒直径一般小于 0.5 ~ 10μm，它们的沉降速度一般小于 2 ~ 5cm/h。为了使浓密机正常运转，原始泥浆必须加至中心位置的 200 ~ 250cm 深处，即在澄清液层以下。为了避免浓密机中的对流，泥浆的初始温度应与增浓的泥浆温度保持相同。为了消除刮板机的过载和堵塞，泥浆必须连续排出，刮板被卡住时，一般用干燥的压缩空气除泥浆的方法来消除。

过滤常用陶瓷过滤器、金属陶瓷过滤器和滤布过滤器等。如图 5-26 所示为一直立式滤布过滤器的示意图。这种过滤器内装有多根过滤管，其上包裹有涤纶布。这是一种间隙性作业设备，过滤操作一段时间后，还可进行反吹操作，清除过滤布上的滤饼，并应定期将泥浆排出。为了提高过滤液的传质推动力，常配置一个高位槽，使具有高位能的粗 $TiCl_4$ 液通过过滤器，过滤后获得氯化产品（粗）四氯化钛液体。

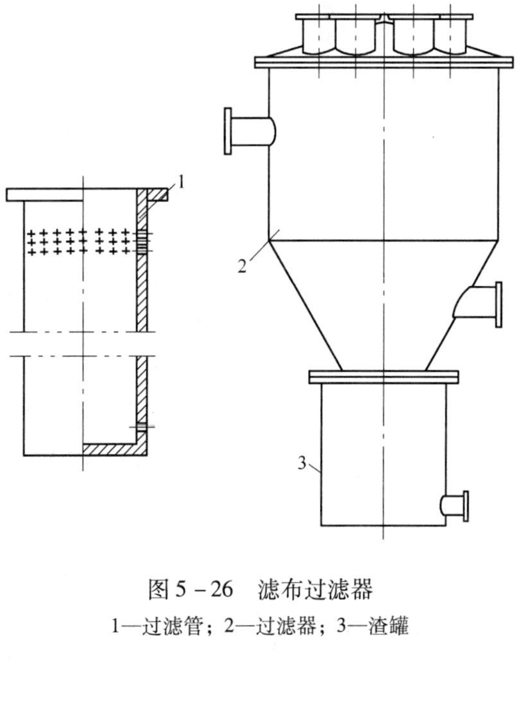

图 5-26 滤布过滤器

1—过滤管；2—过滤器；3—渣罐

当沉降与过滤同时使用时，沉降后的清液进入过滤器过滤，滤液为成品粗四氯化钛，滤渣层用清液反冲形成的泥浆再进入浓密机沉降分离，沉降槽底流返回氯化系统处理。这种方式可大大减轻过滤器的负担。

5.3.5　操作方法

5.3.5.1　氯气准备

氯化一般要求使用浓度较高（体积浓度 > 80%）和水分含量低［< 0.1%（质量分数）］的氯气。使用电解返回的氯气，一般需要补充一定量的液氯。使用液氯时必须将其挥发，变成氯气才能使用。一般用蛇管式、列管式或套管式换热器来使液氯挥发。如使用沉浸式蛇管换热器，当液氯通过蛇管时，水浴加热汽化成氯气，再经缓冲罐缓冲，加入氯化炉。换热器水浴温度一般维持在70℃左右。缓冲罐压力控制在0.29～0.39MPa。

5.3.5.2　混合物料的准备

配碳量是富钛料中 TiO_2 按氯化反应式（5－14）并考虑杂质氯化所需碳量计算的，或者根据生产经验数据确定。当采用高钛渣作原料时，由于其中含有一定量的低价氧化钛，配碳量应随其含量相应减少。实际配碳比还必须考虑碳的机械损失这一因素。一般情况下，实际配碳量是富钛料的25%～30%。实践中可以用排出炉渣的颜色来检验配碳比是否准确。当炉渣颜色呈灰色时，说明采用的实际配碳比合适；当炉渣呈黄色时，说明采用的实际配碳比小了；当炉渣呈黑色时，说明采用的实际配碳比大了。石油焦经破碎后，用机械筛分出所需的粒径颗粒与富钛料混合，并按预定的配碳比计量配料，然后经混合器混合作为氯化的炉料。

5.3.5.3　氯化炉启动和运行

氯化炉启动前必须经过烘烤。目的是为了使氯化炉干燥脱水，避免在正常生产中 $TiCl_4$ 发生水解；二是使氯化炉预先升温，启动后就达到氯化所需温度，马上进入正常操作。烘烤时间应按检修时间和所用炉壁材料的不同而异。新炉体和大修的烘烤时间稍长，小修及正常停炉时间则短些。烘烤最后达800～900℃时，可加入炉料和通入氯气开始进行氯化操作。在操作中要控制炉料和氯气的加入速度、床层压降、反应温度和尾气含氯量等参数。在有自动控制系统的情况，这些调节是根据设定的参数自动调节。

A　混合物料的加料速度

在正常氯化条件下，炉料加入速度是按要求的炉产量确定。在实际操作中，炉料加入速度要与氯气流量配比，同时根据床层压降、炉况（包括反应温度、尾气含氯量、炉渣含钛量）等综合因素加以调整。

B　氯气流量的确定

氯气流量要与炉料加入速度相配比，并与选用的流态化速度比较是否适宜。在实际操作中，还要根据反应温度和尾气含氯量等因素加以调整。

C　反应温度

控制好反应温度是正常氯化的关键。在流态化氯化中，炉料和氯气在反应段停留时间很短，要求氯化反应瞬间完成，因此控制较高的反应温度是关键，一般要求反应温度控制在1000～1100℃.

D　排渣量

在国内的下排渣方法中，为了保持正常流态化，及时排出炉内积集的炉渣是很必要的。特别是当物料含有较多的钙镁盐时，因流态化层钙镁盐的富集易破坏流态化，必须及时排除。排渣量和次数是根据富钛料组成和炉况确定。排出的炉渣中 TiO_2 含量的高低可判断炉况是否正常，一般渣中 TiO_2 质量分数小于5% ~7%属正常炉况。

E 炉气含氯量

炉气含氯量是判断氯化是否正常的重要指标。炉气自由氯含量高，可能由于氯气流量偏大，也可能由于氯化反应或流态化不正常，需要找出原因加以解决。正常状态一般要求炉气自由氯含量低于 $0.25\times10^{-2}\%$。

F 炉后系统温度控制

第一收尘器温度低于350℃，第二收尘器维持在140~160℃。第一喷洒塔淋洗液温度控制在10~15℃，第二喷洒塔或泡沫塔控制在-10~-15℃。

G 流态化质量判断和异常现象处理

在流态化氯化过程中建立良好的流态化乃是流态化工艺的基础，因此需要随时判断氯化炉的流态化质量。因为只有迅速及时地发现不正常的流态化状态，并及时找出原因，采取相应措施排除故障，方可使其保持正常流态化状态，以免产生沟流或腾涌而被迫停炉。

流态化质量的判断有多种方法，大多是借助于仪器仪表测量并建立相应的计算式来完成的。也可根据床层压降、温度均匀程度和炉气自由氯含量判断，下列状态属于正常状态：（1）床层压降的脉动振幅小而频率高；（2）流态化层中轴向和径向温度均匀一致，温度偏差小；（3）炉气中自由氯含量低于要求值。

氯化炉出现的异常现象和处理见表5-10。

表5-10 氯化炉异常现象和处理

序号	异常现象	原因	处理	序号	异常现象	原因	处理
1	床层压降高	加料过多	减少加料量	3	炉气含氯高	流态化不正常	找出原因，及时处理
		筛孔被堵塞	停炉清理			氯气流量太大	降低氯气流量
		配碳量不适宜	调整配碳比			加料少	加大加料量
		残渣堆积	排渣			反应温度低	提高氯气流量
2	炉温降低	配碳量少	加大配碳量	4	系统压力高	管道或设备堵塞	疏通管道，及时排渣
		氯气流量低	加大氯气流量			尾气吸收塔淹塔	减少吸收塔水量

5.4 熔盐氯化

熔盐氯化工艺虽然比流态化氯化落后，但流态化氯化现还不能有效地处理含高钙镁的原料，因而熔盐氯化仍然被应用。独联体国家和我国某些工厂应用熔盐氯化工艺。

5.4.1 特点

熔盐氯化是将富钛料和石油焦悬浮在熔盐（主要由KCl、NaCl、$MgCl_2$、$CaCl_2$ 组成）介质中与氯气反应制取 $TiCl_4$ 的方法。该法的主要特点如下：

（1）能处理含高钙镁的原料，因为在氯化过程中生成的 $CaCl_2$ 和 $MgCl_2$ 能溶于熔盐介质中，不会对氯化过程发生破坏作用。

（2）氯化反应以生成 CO_2 的反应为主，因而还原剂碳消耗量较低：

$$TiO_2 + 2Cl_2 + C = TiCl_4 + CO_2$$

（3）在熔盐氯化中，SiO_2 的氯化率很低，由该法制备的粗四氯化钛中 $SiCl_4$ 含量可小于0.01%，即 $SiCl_4$ 在熔盐氯化中可被氧化生成 SiO_2，精制工序的低沸点馏出液可返回氯化炉处理：

$$SiCl_4 + O_2 = SiO_2 + 2Cl_2$$

（4）在熔盐氯化中生成的 $TiCl_4$ 气体通过熔盐逸出时，熔体对 $TiCl_4$ 有净化作用，因而获得的粗四氯化钛的杂质含量较少。

（5）在熔盐氯化中，由于碳的氧化产物主要是 CO_2，与其他氯化方法比较，熔盐氯化反应的热效应较大，尤其是处理高钛渣时，低价钛氧化物氯化放出大量反应热，使热量过剩问题更为突出，因而氯化过程需要采取冷却措施，也限制了氯化炉的扩大，单炉产能受到了限制。通常采用将四氯化钛泥浆喷入炉内使之冷却降温，同时处理了泥浆。

（6）熔盐氯化的进程中，熔体中的固体杂质（如 SiO_2、Al_2O_3 等难氯化组分）和其他氯化产物（如 $CaCl_2$、$MgCl_2$ 等）逐渐富集，使熔体的物化性质变坏，因而需定期排出废盐和补加新盐。每生产1吨 $TiCl_4$ 大约要产生240kg废盐，这是熔盐氯化最大的缺点。

（7）熔盐炉启动麻烦，需附属化盐炉等设备，氯化过程中要排废盐和补加新盐调整熔盐成分，操作繁琐。

（8）可使用浓度变化范围较大的氯气，因为氯气浓度对熔盐氯化影响较小（图5-27），氯化产能可在较大范围内变化，因而有利于与电解镁工序衔接。熔盐氯化可使用氯化法钛白生产中的氧化工序产生的低浓度氯气。

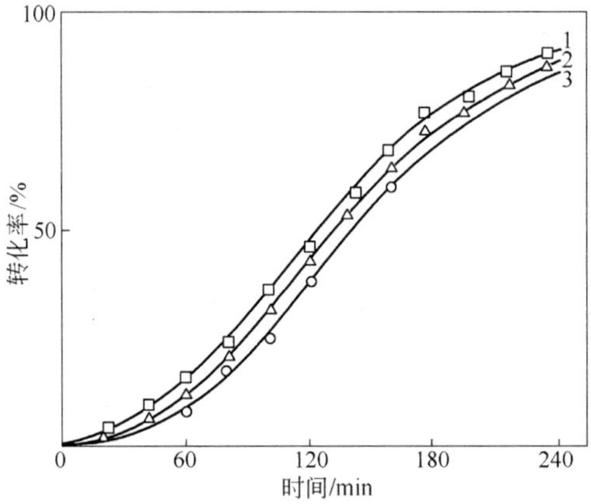

图5-27　氯气浓度（体积分数）对反应的影响

1—100% Cl_2；2—80% Cl_2；3—60% Cl_2

（9）$FeCl_3$ 和 $AlCl_3$ 是 TiO_2 熔盐氯化的催化剂。在 TiO_2 熔盐氯化的反应过程中，熔盐中不同价态的离子间存在交换反应。当熔盐中 TiO_2 浓度 >0.4%（质量分数）时，$FeCl_3$ 几乎全部转化为 $FeCl_2$。随着体系中 TiO_2 的浓度降低，熔盐中 $FeCl_3$ 浓度逐渐升高，最后趋于稳定（图5-28）。反应初期在熔盐中 $AlCl_3$ 的浓度较高，随着反应的进行，$AlCl_3$ 部分地转化为 Al_2O_3，反应后期 $AlCl_3$ 浓度再增高（图5-29）。

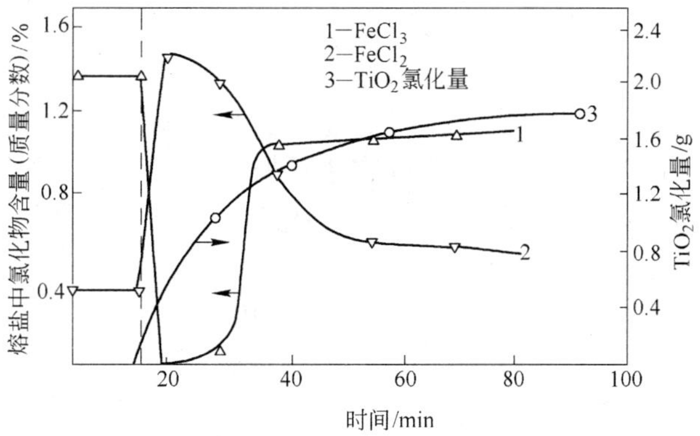

图 5-28　融盐中 $FeCl_2$ 和 $FeCl_3$ 质量分数随反应时间变化情况

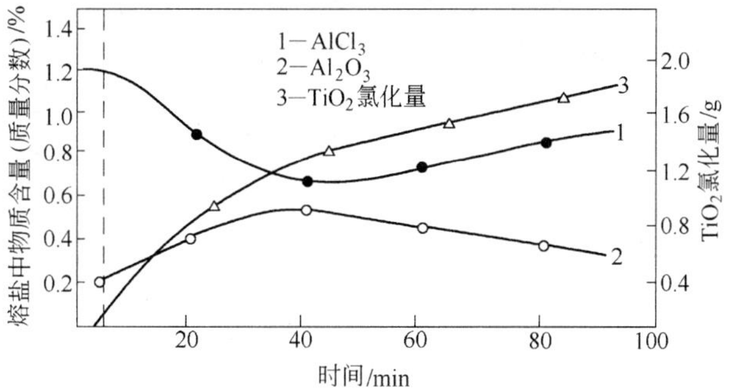

图 5-29　氯化体系中 $AlCl_3$ 和 Al_2O_3 量随反应时间变化情况

5.4.2　工艺流程和设备

熔盐氯化工艺流程如图 5-30 所示。其中，炉后系统与流态化氯化基本相同。炉前系统除富钛料和石油焦的破碎、分级和混合外，还需要有化盐炉等设备。

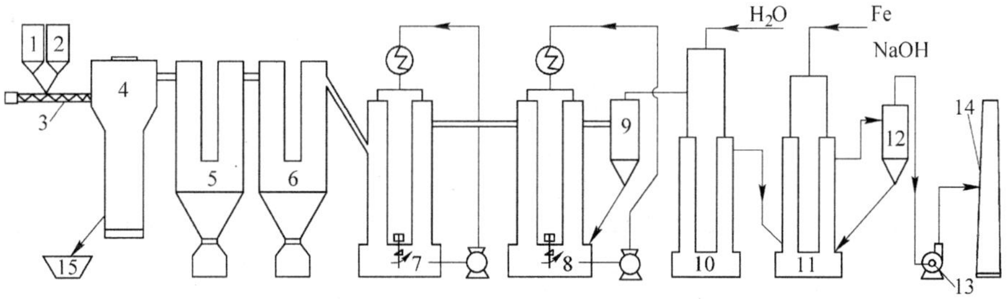

图 5-30　熔盐氯化工艺流程

1—高钛渣；2—煅后焦料；3—计量、加料设施；4—氯化炉；5，6—收尘器；7，8—$TiCl_4$ 淋洗冷凝器；9—气液分离器；10—HCl 洗涤器；11—氯气洗涤器；12—除沫器；13—风机；14—烟囱；15—放盐包

熔盐氯化炉如图 5-31 所示。

5.4.3　熔盐氯化的操作

熔盐氯化炉的启动有一个盐的熔化过程。先把在炉外熔化的熔盐加入炉内使电极淹

没，送电升温后逐渐补加干燥的固体盐，直至熔盐液位达到反应要求的高度，升温至750℃左右则可向炉内加入炉料，并通入氯气进行氯化反应。在氯化过程中需较严格控制反应温度，如果炉温过高会造成熔盐升华，并常有$NaFeCl_4$和$NaAlCl_4$等低熔物生成，容易造成炉气出口堵塞和后续设备结疤。需要定期排出部分熔盐，并添加新盐保持反应液面。其他操作与流态化氯化基本相同。

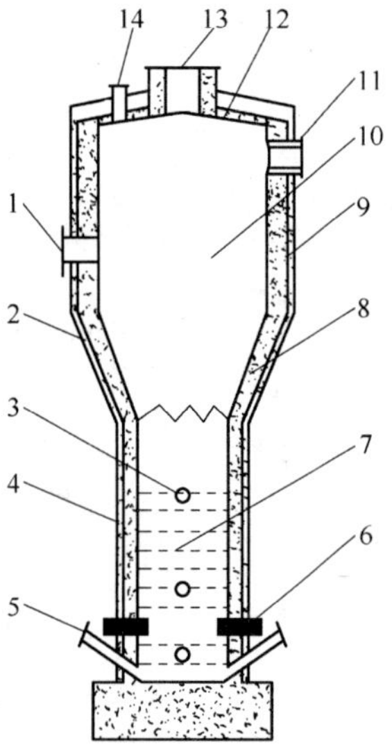

图5－31　熔盐氯化炉结构

1—加料孔；2—过渡段冷却水套；3—排熔盐孔；4—反应区冷却水套；5—通氯管；6—石墨电极；7—炉缸反应区（即熔盐区）；8—耐火炉衬；9—扩大段冷却水套；10—扩大段；11—炉气出口；12—炉盖；13—加盐孔兼防爆孔、人孔；14—加盐孔

5.5　氯化技术经济指标

国内外氯化的技术经济指标比较列于表5－11。从表中数据可见，美国的有筛板流态化氯化技术水平高，技术经济指标先进。氯化是我国海绵钛生产中最薄弱的工序，使用含（CaO + MgO）质量分数 < 2.5%的高钛渣（TiO_2相当量≥90%）为原料，采用小型或中型无筛板沸腾氯化炉生产四氯化钛，氯化的技术经济指标，与国外先进水平比较，还有相当的差距。

从表5－11可见，我国氯化技术经济指标的主要差距是金属回收率和氯有效利用率偏低。造成偏低的原因：一是使用杂质含量较高的富钛料，杂质要消耗一部分氯并产生较多的废料，处理废料造成$TiCl_4$损失，降低回收率；二是流态化氯化炉的操作方法与国外差别较大；三是炉后系统的工艺和设备较落后。美国工厂的氯化炉和炉后系统只有一个排渣口，即所有的固体产物和残渣都集中在收尘器收集排出。而国内氯化系统多处排渣，即炉底排氯化残渣，收尘器排收尘渣，沉降、过滤系统也排渣。多处排渣不仅操作麻烦，而且四氯化钛损失增加。

表5－11　国内外氯化工序技术经济指标比较

比较指标	美国	独联体	中国	中国
炉　型	有筛板流态化炉	熔盐氯化	无筛板流态化炉	无筛板流态化炉
炉直径/m	2.4	5	1.2	2.4～2.6
炉产能/$t \cdot d^{-1}$	约150	约150	约30	约70
富钛料（换算成$TiO_2$90%计）单耗（吨$TiCl_4$）/t	约0.49	约0.49	约0.5	约0.52
金属回收率/%	>95	约95	约93	约90
氯单耗［吨$TiCl_4$（95%）］/t	约0.85	约0.88	约0.9	约0.95
出炉气体自由氯含量	$<25\times10^{-6}$	微　量	微　量	微量～10^{-3}

国内流态化氯化的改进措施如下：

（1）氯化炉大型化。

（2）需要改进加料和布气方法，使炉料和氯气在炉中更均匀分布，为氯化反应更完全创造条件，提高回收率和氯气利用率。

（3）改进工艺条件和操作方法：适当提高氯化温度和流态化速度，以减少炉底排渣量。

（4）改进控制技术：研究采用计算机自动控制技术，以使配料更准确，反应更完全。新建氯化系统已配备了自动控制，还需要进一步完善。

（5）采用高品位原料和高效收尘设备，简化或省去沉降过滤工序。

（6）改进炉后系统减少三废处理量：采用将泥浆返回氯化炉的方法，减少随渣带出的四氯化钛量，提高四氯化钛回收率。

（7）加强工厂环境治理和安全管理：提高系统的密闭性，解决跑冒滴漏，建立厂区和周围环境在线检测装置及控制系统；建立工厂安全管理和事故应急处理系统，达到文明安全生产。

5.6 氯化废料治理

氯化工序是海绵钛生产中废料最多的工序。该工序的气体废料有氯化尾气，液固废料有炉渣、收尘渣、冷凝、沉降和过滤产生的泥浆等。这些固液废料中都含有相当量的$TiCl_4$，在处理时应尽可能回收$TiCl_4$。治理这些固液废料的方法很多，最有发展前景的方法，是将这些固液废料返回氯化炉或炉气出口管道中，利用氯化炉和炉气的热量，使废料中含的$TiCl_4$蒸发回收。

5.6.1 炉渣

从氯化炉底排出的氯化残渣，主要成分是未被氯化的富钛料和过量的还原剂石油焦，其次还有高沸点氯化物（如$CaCl_2$、$MgCl_2$、$MnCl_2$等）。石油焦与残留的富钛料的比重差别较大，可采用重力选矿法将它们分离并分别回收利用。也可将氯化残渣加入炉中进行再次氯化，直接利用其中的TiO_2和石油焦。

5.6.2 收尘渣

收尘渣的主要成分是高沸点氯化物，如$FeCl_3$、$AlCl_3$、$MnCl_2$、$CaCl_2$、$MgCl_2$等，还有被炉气带出的氯化残渣等固体物。如果富钛料含有铀、钍等放射性元素，在氯化中生成的放射性元素的氯化物则富集在收尘渣中。一般来讲，收尘渣是不能再返回氯化炉中处理，必须单独处理。

处理收尘渣通常采用水法，让渣中的氯化物水解，然后用石灰中和，经固液分离后的水循环利用，残渣堆放在渣场。如果收尘渣含有放射性，则必须按照放射性物质管理办法处理。

5.6.3 泥浆

在冷凝、沉降和过滤等过程中产生的含$TiCl_4$的泥浆，其中的固体物是一些在收尘器未收集的高沸点氯化物和其他细粒固体物。处理这些泥浆最好的方法，是将它们返回氯化炉中，使其中的$TiCl_4$蒸发回收，而其中固体杂质收集在收尘器中。

如果泥浆不能返回氯化系统，则可采取泥浆蒸发器来处理。但目前用过的多种泥浆蒸发器都存在一些问题，需要进一步研究解决。

5.6.4　氯化尾气

从氯化炉逸出的炉气经过收尘、淋洗、冷凝后的尾气中，主要成分是 N_2、O_2、CO、CO_2，但还含有一定量的 Cl_2、HCl、$SiCl_4$ 等低沸点氯化物以及少量未冷凝下来的 $TiCl_4$。

尾气处理中最主要是如何消除 Cl_2，采用的方法有水吸收法、碱液吸收法和 $FeCl_2$ 溶液吸收法等。其中，最经济的方法是水吸收法，Cl_2、HCl、$SiCl_4$、$TiCl_4$ 都可被水吸收或水解产生盐酸，盐酸可以回收利用。但水吸 Cl_2 不完全，还需进一步采用碱液或石灰乳消除 Cl_2。

参 考 文 献

[1] 马慧娟．钛冶金学［M］．北京：冶金工业出版社，1982，59.

[2] 莫畏，邓国珠，罗方承．钛冶金［M］．（第 2 版）．北京：冶金工业出版社，1998，198.

[3] 叶大伦．高钛渣氯化的热力学，国外钒钛（第五辑）．重庆：科技出版社重庆分社，1975，51.

[4] 孙康．钛提取冶金物理化学［M］．北京：冶金工业出版社，2001，66.

[5] 陈朝华，刘长河．钛白粉生产及应用技术［M］．北京：化学工业出版社，2006，317.

[6] 中南矿冶学院．氯化冶金［M］．冶金工业出版社，1978.

[7] 王军，邵宝顺，周荣会．环缝式无筛板氯化炉，专利号 CN2690374，申请日 2003 年 12 月 29 日，授权公告日：2005 年 4 月 6 日.

[8] 邓国珠．我国海绵钛生产技术现状和改进措施［J］．钢铁钒钛，2009，(2).

[9] 邓国珠．促进技术进步是保持海绵钛生产持续发展的关键［J］．钛工业进展，2007，(2).

[10] 吴全兴．海绵钛的供求及生产技术和质量［J］．钛工业进展，2006，(3)，9.

6 四氯化钛精制

6.1 精制的任务和要求

精制工序的任务是要把氯化工序制造的粗四氯化钛提纯（精制）为精四氯化钛，供还原工序使用或作为氯化法制取钛白的原料。

6.1.1 粗四氯化钛的组成

粗四氯化钛是一种红棕色或深黄色的浑浊液，其中含有少量固体物，它的颜色与其组成有关，它的组成与氯化使用的原料、氯化方法和氯化工艺流程有关。粗四氯化钛的成分十分复杂，氯化使用的原料富钛料（高钛渣、金红石或其他富钛料）、还原剂（石油焦）、氯气中的杂质和氯化过程中的反应产物都可能进入粗四氯化钛中。尽管在氯化工序中已对从氯化炉逸出的四氯化钛进行了一些净化处理，但氯化的产品粗四氯化钛中的杂质种类仍然繁多，杂质数量达数十种，其中一些杂质含量很少，而 $SiCl_4$、$FeCl_3$、$VOCl_3$、$TiOCl_2$ 和一些有机杂质的含量较高，而且这些杂质对四氯化钛及其后续产品的性能危害最大，因此它们是分离提纯的主要对象。

粗四氯化钛的一般组成列于表 6－1 中，表中同时列出了独联体国家采用熔盐氯化制造的粗四氯化钛的组成。

表 6－1 粗四氯化钛的组成（质量分数） （%）

成 分	沸腾氯化产品	独联体熔盐氯化产品
$TiCl_4$	≥98	≥98
$SiCl_4$	0.05～0.6	0.006～0.12
$FeCl_3$	0.02～0.15	
V	0.06～0.07	0.10～0.15
$AlCl_3$	0.02～0.4	<0.1
Cl_2	0.05～0.3	0.07～0.15
$TiOCl_2$	0.2～0.5	约 0.5
光气＋氯乙酰氯	—	0.03～0.25
固体/$g \cdot m^{-3}$	1.0～<8.7	2.0～4.0

粗四氯化钛中的杂质对于用作制取海绵钛的 $TiCl_4$ 原料而言，几乎都是程度不同的有害杂质，特别是含氧、氮、碳、铁、硅等杂质元素。例如 $VOCl_3$、$TiOCl_2$ 和 Si_2OCl_6 等是含有氧元素的杂质，它们被还原后，氧即被钛吸收，相应地会增加海绵钛的硬度。例如，如果原料中含 0.2% $VOCl_3$ 杂质，可使海绵钛含氧量增加 0.075%，使产品的硬度 HB 增加 40。可见，作为制取海绵钛的原料四氯化钛中的杂质必须除去，否则将以其中的杂质的 4

倍富集在制取的产品海绵钛中。

对于制取颜料钛白的原料而言，特别要除去使 $TiCl_4$ 着色（也就是使 TiO_2 着色）的杂质，如 $VOCl_3$、VCl_4、$FeCl_3$、$FeCl_2$、$CrCl_3$、$MnCl_2$ 等，但 $TiOCl_2$ 则不要求除去。

随着色杂质的种类和数量不同，粗 $TiCl_4$ 液的颜色呈黄绿色至暗红色。

6.1.2　精四氯化钛标准

粗四氯化钛经过精制提纯获得工业纯四氯化钛，通常称为精四氯化钛。精四氯化钛是无色透明的液体，不同的用途对它的纯度和其中杂质含量有不同的要求。下面列出的精四氯化钛标准，通常是根据制取海绵钛要求制定的。

6.1.2.1　中国有色金属行业标准（YS/T655—2007）（表 6-2）

表 6-2　四氯化钛的化学成分和色度规定

级别	化学成分（质量分数）/%				色度（≤）
	$TiCl_4$（≥）	杂质（≤）			
		$SiCl_4$	$VOCl_3$	$FeCl_3$	
一级	99.96	0.01	0.0012	0.001	5mg$K_2Cr_2O_7$/L
二级	99.94	0.01	0.0024	0.002	5mg$K_2Cr_2O_7$/L
三级	99.92	0.03	0.0024	0.003	8mg$K_2Cr_2O_7$/L

注：四氯化钛的质量分数为 100% 减去表中杂质实测值总和的余量。

外观：四氯化钛为无色透明液体，日光灯照射下应无目视可见悬浮物。

6.1.2.2　独联体国家的精四氯化钛标准（表 6-3）

表 6-3　精四氯化钛标准（质量分数）　（%）

组成	$TiCl_4$（≥）	V（≤）	Si（≤）	Fe（≤）	O（$TiOCl_2$ 中 O）（≤）	光气+氯乙酰氯（≤）
OTT-0	99.9	0.0002	0.0002	0.0002	0.0001	0.0002
OTT-1	99.9	0.0006	0.001	0.001	0.0005	0.0003
组成	CS_2（≤）	CCl_4（≤）	ΣC（≤）	Al（≤）	色度	
OTT-0	0.00004	0.0005	0.001	（0.002）	无色	
OTT-1	0.00006	0.0020	0.001	（0.002）	无色	

6.1.2.3　日本精四氯化钛产品质量规格（表 6-4）

表 6-4　精四氯化钛标准

厂商	成分（质量分数）/%				颜色
	$TiCl_4$	$SiCl_4$	$VOCl_3$	$FeCl_3$	
大阪钛公司 OTC 标准	>99.9	<0.009	<0.0003	<0.006	无色透明
东邦钛公司 TCT-1	>99.9	<0.003	<0.003	<0.003	
东邦钛公司 TCT-2	>99.9	<0.01	<0.01	<0.01	

6.1.2.4 美国精四氯化钛中杂质允许最大含量（表6-5）

表6-5 精四氯化钛标准 （%）

成 分	Al	Cl_2	Fe	Si	V	Cu
含量（质量分数）/%	0.0005～0.001	0.0002～0.0005	0.001～0.003	0.001～0.003	0.0005～0.002	0.0002～0.0005
成 分	Sn	Sb	Ni	As	Pb	∑O
含量（质量分数）/%	0.001～0.0025	0.0005～0.001	0.0002～0.0005	0.001～0.0015	0.0001～0.0005	<0.005

6.2 粗四氯化钛中杂质分类及其分离方法

粗四氯化钛中杂质，按杂质在粗四氯化钛中存在的相态分类，可分为气体杂质、液体杂质和固体杂质；按杂质与四氯化钛的沸点差别，可分为低沸点杂质、沸点相近的杂质和高沸点杂质。从四氯化钛中分离这些杂质，主要依据它们与四氯化钛的熔点、沸点和蒸气压的差别，以及它们在四氯化钛中溶解度的差别。

分离杂质的分离系数是平衡的蒸气相和液相中相对浓度的比值：

$$\alpha=\frac{y_A}{y_B}:\frac{x_A}{x_B}$$

式中 y_A，y_B——分别是A、B在平衡蒸气相中的浓度（摩尔分数）；

x_A，x_B——分别是A、B在平衡液气相中的浓度（摩尔分数）。

分离系数也被称为相对挥发度。相对挥发度α，是在相同条件（温度、压力）下纯易挥发组分A的蒸气压与纯难挥发组分B的蒸气压的比值表示：

$$\alpha=\frac{p_A^0}{p_B^0}$$

在这种定义下，α是一个大于1的数。对于低沸点杂质的相对挥发度α，易挥发组分A是低沸点杂质，难挥发组分B是四氯化钛，它们的相挥发度是在相同条件下纯低沸点杂质的蒸气压与纯四氯化钛蒸气压的比值。而对高沸点杂质的相对挥发度α，易挥发组分A是四氯化钛，难挥发组分B是高沸点杂质，它们的相挥发度是在相同条件下纯四氯化钛蒸气压与纯高沸点杂质蒸气压的比值。

6.2.1 气体杂质

在粗四氯化钛中的气体杂质及其某些性质列于表6-6中。从表中可见，含量较多的气体杂质是Cl_2、$COCl_2$和HCl，因为它们在四氯化钛中的溶解度较大；其他气体杂质在四氯化钛的溶解度不大，因而它们的含量较小。这些气体杂质在四氯化钛中的溶解度随温度升高迅速降低（表6-7），因此分离这些气体杂质就是采用加热升温的方法。在粗四氯化钛精馏和除钒的加热过程中，这些气体杂质随着被分离出去。

气体杂质对海绵钛的质量危害极大，必须分离完全。精制后的精四氯化钛必须与空气隔绝，严格地在氩气保护下储存。如果在保存和输送过程中与空气接触，不仅是空气中的氧、氮等气体杂质会溶解在四氯化钛中，更严重的是四氯化钛会水解生成$TiOCl_2$，后者溶入四氯化钛中对生产海绵钛极为有害。

表 6－6　在粗四氯化钛中的气体杂质及它们的某些性质

杂质名称	化学式	熔点/℃	沸点/℃	密度 /$g \cdot cm^{-3}$	常温下在 $TiCl_4$ 中溶解度/%	在粗 $TiCl_4$ 中近似含量/%	分离系数 (α)	在常温下的状态
氯　气	Cl_2	－101.3	－34.7	0.0032	11.5	≤0.1	>>1	黄绿色气体
氯化氢	HCl	－112	－83.7	0.00164	0.108	≤0.06	>>1	无色气体
二氧化碳	CO_2	－56.6	－78.5（升华）	0.002	0.144	≤0.01	>>1	无色气体
一氧化碳	CO	－205	－191.5	0.00125	0.0094	≤0.001	>>1	无色气体
氧　气	O_2	－218.8	－183	0.00143	0.016	≤0.0015	>>1	无色气体
氮　气	N_2	－210	－195.8	0.00125	0.007	≤0.005	>>1	无色气体
二氧化硫	SO_2	－72.7	－10.1	0.00293	10.5	≤0.04	>>1	无色气体
光　气	$COCl_2$	－104	8.2	0.00442	65.5	≤0.3	>>1	有毒气体
硫氧化碳	COS	－138.0	－47.5	0.00272	9.5	≤0.004	>>1	无色气体

表 6－7　气体杂质在四氯化钛中溶解度（%）与温度的关系

杂质名称	温　度/℃										
	0	20	30	40	50	60	70	80	90	100	136
Cl_2	11.5	7.60	—	4.10	—	2.4	—	1.80	—	1.10	0.03
HCl	—	0.108	—	0.078	—	0.067	—	0.059	—	0.05	—
$COCl_2$	—	65.50	—	24.80	—	5.60	—	2.00	—	0.01	—
O_2	0.0148	0.0131	0.0128	0.0119	0.0113	0.099	0.0085	0.0072	0.0038	—	—
N_2	0.0070	0.0063	0.0059	0.0054	0.0050	0.0046	0.0042	0.0034	0.0019	—	—
CO	0.0094	0.0082	—	0.0072	0.0069	0.0063	0.0052	—	0.0025	—	—
CO_2	—	0.140	—	0.092	0.076	0.056	0.049	—	0.030	—	—
COS	9.5	5.7	—	3.5	—	2.2	—	1.4	—	1.10	—
SO_2	25.6	8.9	—	4.8	—	3.4	—	2.0	—	1.5	—

6.2.2　固体杂质

粗四氯化钛中的固体杂质及它们的某些性质列于表 6－8。这些固体杂质是氯化工序未分离完全而残留在粗四氯化钛中的。固体杂质中的金属氯化物杂质（如 Zr、Nb、Ta、Mo、Mn、Cr、Co、Cu 等的氯化物）的含量取决于氯化所用富钛料的组成，这些金属氯化物杂质沸点较高，它们在粗四氯化钛中的含量一般较低。

表 6－8　在粗四氯化钛中的固体杂质及它们的某些性质

名　称	化学式	熔点/℃	沸点/℃	常温密度 /$g \cdot cm^{-3}$	在粗 $TiCl_4$ 中的近似含量/%	常温下特征
碳	C	3652	4200	1.8～2.1	—	黑色粉末
钛矿物	—	>1800	>4000	约 4	—	黑色粉末

续表 6－8

名　称	化学式	熔点/℃	沸点/℃	常温密度 /g · cm^{-3}	在粗 $TiCl_4$ 中的近似含量/%	常温下特征
二氧化钛	TiO_2	1842	2670	4.18～4.25	—	白色固体
氯化钙	$CaCl_2$	772	>1600	2.512	—	白色结晶
氯化镁	$MgCl_2$	714	1410	2.316	0.005	无色片状结晶
二氯化铁	$FeCl_2$	674	1030（升华）	2.98	—	白色结晶
二氯化锰	$MnCl_2$	650	1190	2.98	0.001	玫瑰色结晶
二氯氧化钒	$VOCl_2$	370	—	2.88	—	草绿色结晶
五氯化铌	$NbCl_5$	194	240.5	2.75	0.06	黄色结晶
三氯化钛	$TiCl_3$	840	—	2.69	0.001	紫红色结晶
五氯化钼	$MoCl_5$	194	268	2.928	0.57	紫黑色结晶
氯化亚铜	CuCl	430	1366	3.53	—	白色结晶
三氯化铬	$CrCl_3$	1150	1300（升华）	2.76	—	紫红色结晶

除了表 6－8 中列出的固体杂质外，还有一些高沸点杂质固体物，如 $FeCl_3$、$AlCl_3$，以及钛、铝和铁的氧氯化物或水合物如 $TiOCl_2$、AlOCl、FeOCl、$Ti(OH)_nCl_{4-n} \cdot nH_2O$ 等，这些杂质是氯化收尘时未除去而残留的或四氯化钛冷却过程中沉淀出来的，呈悬浮状态存在于四氯化钛中。这些固体悬浮物杂质随四氯化钛进入精制工序是有害的，因为它们在四氯化钛中都有一定的溶解度，且溶解度随温度升高而增加（表 6－9），在精制加热时这些固体悬浮物杂质就会部分或全部溶解在四氯化钛中，从而增加精制难度。因此，氯化制造的四氯化钛最好在储槽中存放几天，让固体物充分沉降后再进入精制工序。

表 6－9　一些固体杂质在 $TiCl_4$ 液中的溶解度　　（%）

杂质名称	温　度/℃									
	0	25	50	60	70	90	100	120	130	136
$FeCl_3$	—	0.0008	0.001	—	0.0018	0.005	0.006	0.013	0.015	>0.03
$AlCl_3$	—	0.07	0.13	约 0.2	0.24	0.56	1.5	3.6	4.6	>7
$TiOCl_2$	0.26	0.54	约 0.9	约 1.0	约 1.25	约 1.6	约 1.8	约 2.4	约 2.9	3.6
$HgCl_2$	—	—	0.06	—	0.17	0.36	0.73	—	—	—
$CrCl_3$	—	—	—	0.0008	—	0.005	0.0052	—	—	—
$MnCl_2$	—	—	0.008	—	—	—	—	—	—	—
$MgCl_2$	—	—	约 0.03	—	约 0.036	—	—	—	—	—
$NbCl_5$	—	1.5	3.0	—	5.4	14.0	—	—	—	—
$TaCl_5$	—	1.6	2.9	—	约 5		14.0	—	—	—
$MoCl_5$	—	0.04	0.8	—	2.0	3.8	10.3	—	—	—

分离固体杂质的方法是沉降和过滤的方法，一般放在氯化工序进行，在精制工序一般

不单独除固体杂质，而是在精馏和除钒过程中，使这些固体杂质残留在釜残液中排出。

6.2.3　高沸点杂质

在粗 $TiCl_4$ 中的高沸点杂质及它们的某些性质分别列于表 6－10。在粗 $TiCl_4$ 中的高沸点杂质主要是 $FeCl_3$、$AlCl_3$ 和 $TiOCl_2$。

表 6－10　在粗 $TiCl_4$ 中的高沸点杂质及它们的某些性质

名　称	化学式	熔点/℃	沸点/℃	密度 /g·cm^{-3}	常温下在 $TiCl_4$ 中溶解度/%	在粗 $TiCl_4$ 中近似含量/%	分离系数（α）	常温下特征
三氯化铁	$FeCl_3$ （Fe_2Cl_6）	282	315（分解）	2.804	0.0018（70℃）	约 0.005	>>1	棕褐色结晶
三氯化铝	$AlCl_3$ （Al_2Cl_6）	190	182.7（升华）	2.44	0.08（25℃）	<0.5	约 27	无色结晶
二氯氧化钛	$TiOCl_2$	—	180 分解		0.26（0℃）	约 0.5	>>1	亮黄－白色结晶
氯　苯	C_6Cl_6	227.5	309	2.044	1.0（20℃）	<0.05	>>1	白色结晶
四氯化锆	$ZrCl_4$	437	331 升华	2.8	—	—		白色结晶
五氯化铌	$NbCl_5$	194	240.5	2.75	—	0.06	>>1	黄色结晶
五氯化钽	$TaCl_5$	221	242	3.68	—	—		黄色结晶
五氯化钼	$MoCl_5$	194	268	2.928	—	0.57	>>1	紫褐色结晶

$FeCl_3$ 使四氯化钛呈棕红色，铁杂质严重影响海绵钛质量。$AlCl_3$ 虽然对制造海绵钛无多大影响，但在室温下如果 $AlCl_3$ 含量超过 0.05% 会使四氯化钛呈浅黄色，并析出结晶使四氯化钛浑浊；如果采用铜除钒，$AlCl_3$ 会使铜表面钝化，降低铜除钒效果。$TiOCl_2$ 在四氯化钛中的溶解度较大，且溶解度随温度升高而迅速增加（图 6－1），$TiOCl_2$ 使四氯化钛呈淡黄色，其中的氧会严重影响海绵钛质量。因此，这些高沸点杂质都需分离除去。

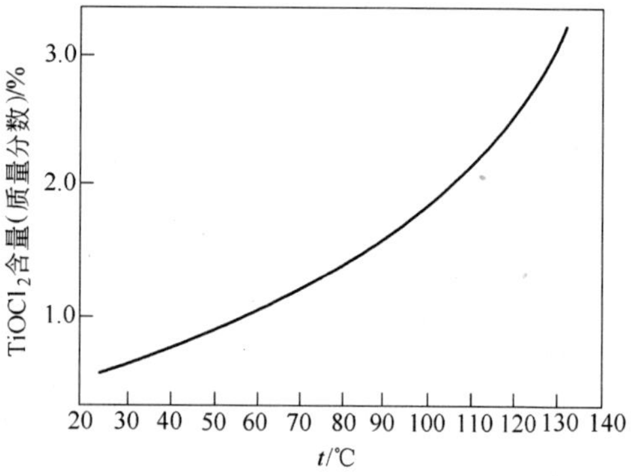

图 6－1　$TiOCl_2$ 在 $TiCl_4$ 中的溶解度

$FeCl_3$ 在低温下挥发时为二聚分子 Fe_2Cl_6，Fe_2Cl_6 的蒸气压（Pa）与温度的关系式：

$$\lg P = -10754T^{-1} - 12.64\lg T + 57.933 + 1.355 \times 10^5 T^{-2} \quad (298 \sim 575\text{K})$$

$AlCl_3$ 熔化时则转变为二聚分子 Al_2Cl_6，挥发后的蒸气也呈二聚分子。Al_2Cl_6 在 298 ~ 453K 的温度范围内的蒸气压（Pa）与温度的关系式：

$$\lg P = -6360T^{-1} + 3.77\lg T - 6.12 \times 10^{-3} T + 11.785 \quad (298 \sim 453\text{K})$$

$TiOCl_2$ 在 136℃ 时的蒸气压为 133.3Pa。

从表6－11可见，Fe_2Cl_6、Al_2Cl_6、$TiOCl_2$三个高沸点杂质的相对挥发度（$p_{TiCl_4}/p_{杂质氯化物}$）或分离系数都较大。按照这些数据分析，采用简单的蒸馏方法就可将它们与四氯化钛分离。但生产实践表明，要将这些高沸点杂质分离完全，还是需要采用精馏的方法。造成理论与实践的差别是因为上述相对挥发度是用这些杂质的纯物质的蒸气压数据计算的，而合理的计算，应该用这些杂质溶解在四氯化钛中后的蒸气压来计算。在这三个高沸点杂质中，Al_2Cl_6是最难分离的。

表6－11 几种氯化物在不同温度下的蒸气压和相对挥发度 α

氯化物名称	Pa(136℃)	α(136℃)	Pa(142℃)	α(142℃)
$TiCl_4$	101325	1	116742	1
$Fe_2Cl_6(FeCl_3)$	0.28	362000	0.52	225000
$Al_2Cl_6(AlCl_3)$	3784	26.8	6165	18.9
$TiOCl_2$	133.3	760	—	—

在除高沸点杂质的操作中，高沸点杂质逐渐在釜液中富集，即使间歇从釜底排出部分釜残渣液，也改变不了这种富集现象，这种富集状况直至高沸点杂质在釜液中达到该沸腾温度下的饱和溶解度为止。这也是除高沸点杂质要采用精馏塔的原因之一。

除高沸点杂质的工艺与采用的除钒方法有关。如果是采用铜除钒法，则必须预先比较完全地除去Al_2Cl_6，在这种情况下，应该先用精馏法除高沸点杂质，同时较完全地除去$TiOCl_2$。但如果是采用铝粉除钒法，则可以不要求预先除高沸点杂质，这是因为$AlCl_3$是铝粉除钒的催化剂，并在铝粉除钒过程中可有效除去$TiOCl_2$，并可在除钒后的除铝过程中将其他高沸点杂质分离出去。

6.2.4 低沸点杂质

在粗四氯化钛中的低沸点杂质及它们的某些性质列于表6－12中。粗四氯化钛中的低沸点杂质很多，除了无机氯化物杂质外，还有有机氯化物杂质。其中含量最多的是$SiCl_4$，其他低沸点杂质含量均较低。但在采用有机物除钒时会生成许多有机氯化物杂质，其中氯乙酰氯生成量可能最多，因为它们的沸点（106～118℃）与四氯化钛的沸点相近，分离系数较小，是难分离的有机杂质。

表6－12 在粗四氯化钛中的低沸点杂质及它们的某些性质

杂质名称	化学式	熔点/℃	沸点/℃	密度 /g·cm^{-3}	常温下在$TiCl_4$中溶解度/%	在粗$TiCl_4$中近似含量/%	分离系数 (α)	在常温下的状态
四氯化硅	$SiCl_4$	−70.4	57.6	1.48	无限互溶	0.1～1.0	9.1±0.2	无色液体
三氯硅烷	$SiHCl_3$	−134	33.0		无限互溶	0.005	16	无色液体
四氯化碳	CCl_4	−23.8	76.6	1.595	无限互溶	0.05	5.3	无色液体
三氯乙酰氯	CCl_3COCl	−72.7	118	—	无限互溶	≤0.005	1.79	无色液体
二氯乙酰氯	$CHCl_2COCl$	—	108	—	无限互溶	微量	1.6	无色液体
一氯乙酰氯	$CH_2ClCOCl$	−21.8	106	1.41	无限互溶	微量	3.8	无色液体

续表 6 - 12

杂质名称	化学式	熔点/℃	沸点/℃	密度 /g · cm^{-3}	常温下在 $TiCl_4$ 中溶解度/%	在粗 $TiCl_4$ 中近似含量/%	分离系数 (α)	在常温下的状态
氯　仿	$CHCl_3$	-63.55	61.15	—	—	≤0.01	>>1	无色液体
二氯乙基氯烷	1，1，2 - $C_2H_3Cl_3$	-36.6	113.8	—	—	—	2.2	—
二氯乙烷	1，2 - $C_2H_4Cl_2$	-35.87	83.5	—	—	—	8.6	无色液体
二硫化碳	CS_2	-108.6	46.25	—	无限互溶	—	>>1	无色液体
硫酰氯	SO_2Cl_2	-54	69	1.667	无限互溶	≤0.005	10.1	无色液体
亚硫酰氯	$SOCl_2$	-105	75.6	—	无限互溶	≤0.002	7.1	无色液体
二氯化硫	SCl_2	-78	59	—	无限互溶	≤0.002	>>1	红色液体

一般情况下，选择 $SiCl_4$作为代表性的低沸点杂质。$SiCl_4$与四氯化钛无限互溶，它的含量取决于氯化所用富钛料中的 SiO_2含量及采用的氯化方法，$SiCl_4$在粗四氯化钛中的含量通常在 0.05% ~0.6% 范围内。

$SiCl_4$的蒸气压（Pa）随温度变化的关系式为：

$$\lg p = -1572T^{-1} + 9.769 \quad (273 \sim 333\text{K})$$

在 $SiCl_4$的沸点温度下，它对 $TiCl_4$的相对挥发度约为 15；在 $TiCl_4$沸点温度下，$SiCl_4$对 $TiCl_4$的相对挥发度约为 9。根据 $SiCl_4$对 $TiCl_4$的相对挥发度的差别，采用精馏方法分离 $SiCl_4$。在精馏分离 $SiCl_4$的同时，其他低沸点杂质和气体杂质通常也就被分离。在 $TiCl_4$中，已证明有硅的氧氯化物混入，如六氯二硅氧烷 Si_2OCl_6、八氯三硅氧烷 Si_3OCl_8和聚氯硅氧烷 $Si_nO_{n-1}Cl_{2n+2}$，它们在粗四氯化钛中的含量 $10^{-6} \sim 10^{-5}$。

6.2.5　沸点相近杂质

在粗四氯化钛中的沸点相近杂质及它们的某些性质列于表 6 - 13。与 $TiCl_4$沸点相近的杂质较多，它们的分离系数都较小，是很难分离的杂质。在这类杂质中，最重要的是 $VOCl_3$，其中含有氧原子，是必须要除去的杂质。

表 6 - 13　在粗四氯化钛中的沸点相近杂质及它们的某些性质

杂质名称	化学式	熔点/℃	沸点/℃	密度 /g · cm^{-3}	在 $TiCl_4$ 中溶解度/%	在粗 $TiCl_4$ 中近似含量/%	分离系数 (α)	在常温下的状态
三氯氧化钒	$VOCl_3$	-77	126.8	1.836	无限互溶	0.1 ~0.3	1.22	黄色液体
四氯化钒	VCl_4	-28	148.5	1.816	无限互溶	—	—	棕红液体
四氯化锡	$SnCl_4$	-33	114	2.232	—	≤0.005	1.68	无色液体
铬酰氯	CrO_2Cl_2	-96.5	116.7	—	—	≤0.001	1.2	红色液体
三氯化砷	$AsCl_3$	-18	130.2	2.163	—	—	1.45	无色液体
六氯氧二硅	Si_2OCl_6	-29	135.6	—	无限互溶	0.0005 ~0.02	1.47	无色液体
二氯化二硫	S_2Cl_2	-80	136	1.69	无限互溶	≤0.002	约 1.0	淡黄液体
三氯氧磷	$POCl_3 \cdot TiCl_4$	105.7	143.2	1.68	0.45（20℃）	0.01	1.28	无色固体

$VOCl_3$是黄色液体，极易吸湿，容易溶解其他金属氯化物，本身与$TiCl_4$无限互溶，少量$VOCl_3$存在就会使四氯化钛呈黄色。$VOCl_3$在20℃下的密度为1.836g/cm^3，密度与温度的关系式为：

$$\rho = 1/(0.5393 + 4.35 \times 10^{-4}t + 7.66 \times 10^{-7}t^2)$$

$VOCl_3$的蒸气压（Pa）随温度T变化的关系式为：

$$\lg p = -1921T^{-1} + 9.825 \quad (297 \sim 400\text{K})$$

$VOCl_3$黏度μ(Pa·s）与温度t的经验式：

$$\mu = 1/(1043.9 + 13.76t)$$

$VOCl_3$的沸点与$TiCl_4$沸点很相近，它们的组成沸点图中的气相线与液相线非常接近（图6－2）。在$VOCl_3$的沸点温度下，$VOCl_3$对$TiCl_4$的相对挥发度为1.29。$TiCl_4$－$VOCl_3$系的气－液平衡图（图6－3）中，气－液平衡曲线非常接近对角线，若采用精馏法分离$VOCl_3$则需要的塔板数很多，且不容易分离完全。因此，在工业上一般采用化学法除钒。

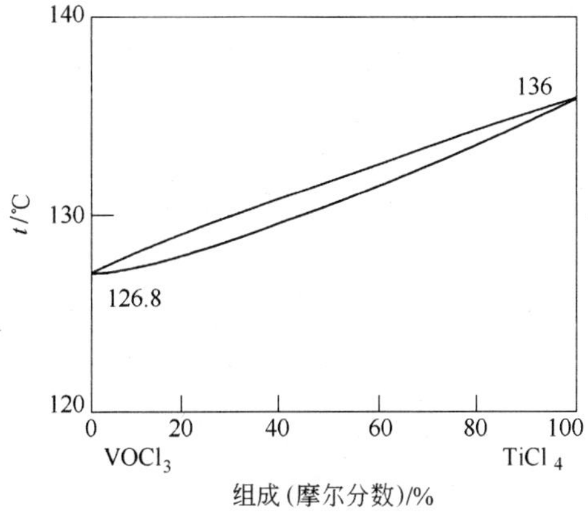

图6－2　$TiCl_4$－$VOCl_3$系组成沸点图

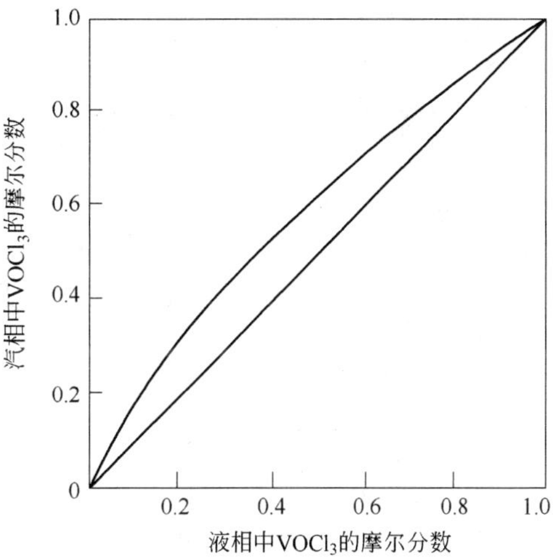

图6－3　$TiCl_4$－$VOCl_3$系的气－液平衡状态图

6.3　精馏原理及相关计算

$SiCl_4$是粗$TiCl_4$中含量较大的低沸点杂质，也是较难分离的低沸点杂质。因此，把$SiCl_4$看成是粗$TiCl_4$中代表性的低沸点杂质，除硅就意味着除低沸点杂质。$FeCl_3$、$AlCl_3$和$TiOCl_2$是粗$TiCl_4$中最主要的高沸点杂质，其中$AlCl_3$是较难分离的。

6.3.1　精馏除硅原理

依据$SiCl_4$与$TiCl_4$的沸点差别，或它们挥发度的差别，从$TiCl_4$中除去$SiCl_4$采用精馏方法。精馏装置主要是由精馏塔、蒸馏釜和冷凝器等组成。除硅是在如图6－4所示的精馏装置中进行。原料粗$TiCl_4$由塔中部的加料板连续加入塔内，沿塔向下流向蒸馏釜。蒸馏釜中液体被加热而部分汽化，蒸气中易挥发组分$SiCl_4$的组成y大于液相中易挥发组分$SiCl_4$的组成x，即$y > x$。蒸气沿塔向上流动，与下降液体逆流接触，因气相温度高于液相温度，气相进行部分冷凝，同时把热量传递给液相，使液相进行部分汽化。因此，难挥发

组分 $TiCl_4$ 从气相向液相传递，易挥发组分 $SiCl_4$ 从液相向气相传递。结果，上升气相的易挥发组分 $SiCl_4$ 逐渐增多，难挥发组分 $TiCl_4$ 逐渐减少；而下降液相中易挥发组分 $SiCl_4$ 逐渐减少，难挥发组分 $TiCl_4$ 逐渐增多，在塔底（或蒸馏釜）获得除去了易挥发组分 $SiCl_4$ 的四氯化钛产品。由于在进料板以下（包括进料板）的塔段中，上升的气相从下降液相中提出了易挥发组分，故称为提馏段。

提馏段的上升气相经过进料板继续向上流动，到达塔顶冷凝器冷凝为液体。冷凝液的一部分回流入塔顶，称为回流液，其余作为塔顶产品（馏出液）排出。塔内下降的回流液与上升气相逆流接触，气相进行部分冷凝，而同时液相进行部分汽化。难挥发组分 $TiCl_4$ 从气相向液相传递，易挥发组分 $SiCl_4$ 从液相向气相传递。由于塔的上半段（进料板以上）上升气相中难挥发组分 $TiCl_4$ 被部分除去，即易挥发组分 $SiCl_4$ 得到了精制，故称为精馏段。

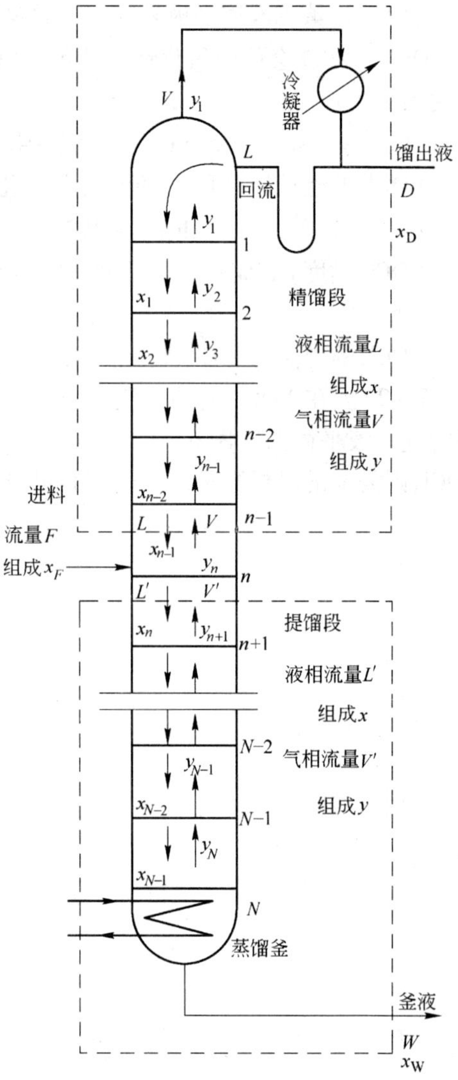

图 6－4　精馏装置及参数符号

6.3.2　精馏塔的相关计算

6.3.2.1　计算公式

精馏过程和精馏塔的计算，需要确定精馏的物料平衡、回流比、塔板数、精馏塔尺寸、精馏塔和蒸馏釜热平衡、蒸馏釜加热功率、冷凝器热平衡等。

A　回流比

全回流时的回流比 R_∞ 为 ∞，是回液比最大值；最小回液比 R_{min} 是回流比的最小值，此时塔板数为无穷多。因此，适宜回流比 R 是在 R_∞ 与 R_{min} 之间选择。最小回流比 R_{min}，是选择适宜回流比 R 的基准。最小回流比 R_{min} 可由下式计算：

$$R_{min} = \frac{x_D - y_F}{y_F - x_F} \tag{6-1}$$

$$x_F = \frac{A_F/M_A}{(A_F/M_A + B_F/M_B)} \tag{6-2}$$

$$x_D = \frac{A_D/M_A}{(A_D/M_A + B_D/M_B)} \tag{6-3}$$

$$y_F = \frac{\alpha x_F}{1 + (\alpha - 1)x_F} \tag{6-4}$$

式中 x_F——原料液中易挥发组分 A 的摩尔分数；

y_F——与原料液的液相平衡的蒸气相中易挥发组分 A 的摩尔分数；

x_D——馏出液中易挥发组分 A 的摩尔分数；

A_F，A_D——分别为原料液和馏出液中易挥发组分 A 的含量（质量分数），%；

B_F，B_D——分别为原料液和馏出液中难挥发组分 B 的含量（质量分数），%；

M_A，M_B——分别为易挥发组分 A 和难挥发组分 B 的摩尔质量；

α——易挥发组分 A 的相对挥发度。

实际回流比

$$R = KR_{\min} \tag{6-5}$$

式中 K——回流过量系数，取 1.2 ~2.5。

B 塔板数

若塔顶上升蒸气冷凝后全部回流至塔内，称为全回流。在指定的分离程度条件下，全回流时所需理论板数为最小，称为最小理论板数 $N_{\min}$，可用芬斯克方程式计算：

$$N_{\min} = \frac{\lg\left[\left(\frac{x_D}{1-x_D}\right)\left(\frac{1-x_w}{x_w}\right)\right]}{\lg \alpha} \tag{6-6}$$

$$x_w = \frac{A_w/M_A}{(A_w/M_A + B_w/M_B)} \tag{6-7}$$

式中 $N_{\min}$——全回流时所需最小理论板数（包括蒸馏釜）；

x_w——塔釜产品中易挥发组分 A 的摩尔分数；

A_w——塔釜产品中易挥发组分 A 的含量（质量分数），%。

理论板数也可用简捷计算法，查吉利兰关联图 6 -5 求出。

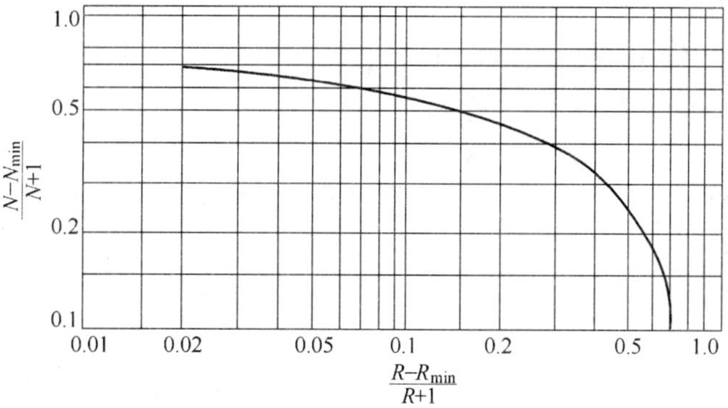

图 6 -5 吉利兰关联图

另外，理论板数也可用图解法和逐板法计算。逐板法是用相平衡方程式和操作线方程式逐板计算。

相平衡方程式为：

$$y = \frac{\alpha x}{1 + (\alpha + 1)x} \tag{6-8}$$

精馏段操作线方程式为：

$$y = \frac{R}{R+1}x + \frac{x_D}{R+1} \tag{6-9}$$

提馏段操作线方程式为：

$$y = \frac{R'+1}{R'}x - \frac{x_w}{R'} \tag{6-10}$$

式中　R'——塔釜气相回流比，按下式求出：

$$R' = (R+1)\frac{x_F - x_w}{x_D - x_F} + (q-1)\frac{x_D - x_w}{x_D - x_F} \tag{6-11}$$

式中　q——进料热状态参数，对于饱和液体（沸点温度液体）$q=1$，对饱和蒸气进料 $q=0$，气液混合物进料 $0<q<1$，冷液进料 $q>1$，过热蒸气进料 $q<0$。

$$总塔板数\ N = [(N_{jing}/E_{jing})+2] + [(N_{ti}/E_{ti})+2] \tag{6-12}$$

式中　N_{jing}，N_{ti}——精馏段和提馏段的理论塔板数；

E_{jing}，E_{ti}——精馏段和提馏段塔板的效率。

C　塔内径

塔内径的计算公式为：

$$D_T = \sqrt{\frac{4V_s}{\pi u}} \tag{6-13}$$

其中

$$V_s = \frac{(R+1)DM}{\rho_V} \tag{6-14}$$

$$M = X_D M_A + (1-X_D)M_B \tag{6-15}$$

$$\rho_V = \frac{pM}{8.314T} \tag{6-16}$$

式中　D_T——塔径，m；

V_s——塔内气相的体积流量，m^3/s；

u——蒸气的空塔速度，m/s；

D——馏出液体积流量，kmol/h；

M，M_A，M_B——分别为馏出液、易挥发组分和难挥发组分的摩尔质量；

ρ_V——塔内蒸气相的密度，kg/m^3；

p——塔顶压力，kPa。

D　塔高

塔的高度 H 的计算公式为：

$$H = H_T(N_{jing} + N_{ti}) + \delta N + h_1 + h_2 \tag{6-17}$$

式中　H_T——塔板间的距离，m；

δ——塔板厚度，m；

N——总塔板数，即 $N = N_{jing} + N_{ti}$；

h_1——上塔板到塔顶盖的距离，m；

h_2——下塔板到塔底的距离，m。

E　釜功率

釜功率 P(kW) 的计算公式：

$$P = KQ/3600 \tag{6-18}$$

式中 Q——从蒸馏釜进入蒸馏塔的热量（根据热平衡确定），kJ；

K——功率的安全系数，取1.25。

F 冷凝器热交换面

冷凝器所需要的热交换面 $F(m^2)$ 计算公式：

$$F = K'Q\Delta t/K'' \tag{6-19}$$

式中 K'——安全系数；

Q——冷凝回流时放出的热量，kJ/h；

K''——冷凝传热系数，W/(m² · K)；

Δt——冷却水和被冷凝回流液之间的平均温度差,℃。

6.3.2.2 精馏法除四氯化硅的计算

假定已知条件：处理量3100kg/h原料液，饱和原料液（沸点温度液）进塔中，原料含 $SiCl_4$0.3%（质量分数），产品中要求 $SiCl_4$ 含量不大于0.01%（质量分数），要求馏出液含 $SiCl_4$30%（质量分数）。假定原料液是 $TiCl_4-SiCl_4$ 二元系，无其他杂质。

A 物料平衡

精馏物料平衡见表6-14。

表6-14 精馏物料平衡表

收入			支出		
名称	数量/kg · h⁻¹	%	名称	数量/kg · h⁻¹	%
原料液	3100	100	产品（釜液）	3070.03	99.033
其中：			其中：		
$TiCl_4$	3090.7	99.7	$TiCl_4$	3069.72	99.023
$SiCl_4$	9.3	0.3	$SiCl_4$	0.307	0.01
			馏出液	29.97	0.967
			其中：		
			$TiCl_4$	20.98	0.677
			$SiCl_4$	8.99	0.29

B 回流比

按公式：$x_F = \dfrac{A_F/M_A}{A_F/M_A + B_F/M_B} = \dfrac{0.3/169.9}{0.3/169.9 + 99.7/189.7} = 0.003349$

按公式：$x_D = \dfrac{A_D/M_A}{A_D/M_A + B_D/M_B} = \dfrac{30/169.9}{30/169.9 + 70/189.7} = 0.3236$

取 $\alpha=9$，由公式：$y_F = \dfrac{\alpha x_F}{1+(\alpha-1)x_F} = \dfrac{9\times 0.003349}{1+(9-1)\times 0.003349} = 0.02936$

按公式 $R_{\min} = \dfrac{x_D - y_F}{y_F - x_F} = \dfrac{0.3236-0.02936}{0.02936-0.003349} = 11.31$

由公式 $R = KR_{\min}$，取 $K=2.0$，求出 $R=2.0\times 11.31=22.62$

C　塔板数

按公式 $x_w = \dfrac{A_w/M_A}{A_w/M_A + B_w/M_B} = \dfrac{0.01/169.9}{0.01/169.9 + 99.99/189.7} = 0.0001117$

按公式 $N_{\min} = \dfrac{\lg\left[\left(\dfrac{x_D}{1-x_D}\right)\left(\dfrac{1-x_w}{x_w}\right)\right]}{\lg\alpha} = \dfrac{\lg\left[\left(\dfrac{0.3236}{1-0.3236}\right)\left(\dfrac{1-0.0001117}{0.0001117}\right)\right]}{\lg 9} = 3.81$

用简捷计算法求理论板数，计算：$\dfrac{R-R_{\min}}{R+1} = 0.48$，从查吉利兰关联图 6－5 得出：$\dfrac{N-N_{\min}}{N+1} = 0.27$，将已求出的 $N_{\min}=3.81$ 代入上式，求出理论板数 $N=5.59\approx6$。

理论板数也可用图解法和逐板法计算。逐板法是用相平衡方程式和操作线方程式逐板计算。

求出相平衡方程式为：

$$y = \frac{\alpha x}{1+(\alpha+1)x} = \frac{9x}{1+(9-1)x} = \frac{9x}{1+8x} \tag{6-20}$$

求出精馏段操作线方程式为：

$$y = \frac{R}{R+1}x + \frac{x_D}{R+1} = \frac{22.62}{22.62+1}x + \frac{0.3236}{22.62+1} = 0.9577x + 0.0137 \tag{6-21}$$

已知饱和液体进料 $q=1$，按公式 $R' = (R+1)\dfrac{x_F - x_w}{x_D - x_F} + (q-1)\dfrac{x_D - x_w}{x_D - x_F} = (22.62+1)\dfrac{0.003349-0.0001117}{0.3236-0.003349} + (1-1)\dfrac{0.3236-0.0001117}{0.3236-0.003349} = 0.23$

求出提馏段操作线方程式：

$$y = \frac{R'+1}{R'}x - \frac{x_w}{R'} = \frac{0.23+1}{0.23}x - \frac{0.0001117}{0.23} = 5.35x - 0.0004857 = 5.35x \tag{6-22}$$

用以上求出的相平衡方程式（6－20）、精馏段操作线方程式（6－21）和提馏段操作线方程式（6－22），逐板计算理论板数如下：

$y_1 = x_D = 0.3236$→相平衡方程式（6－20）→$x_1 = 0.0598$→精馏段橾作方程式（6－21）

→$y_2 = 0.07097$→相平衡方程式→$x_2 = 0.008417$→精馏段操作线方程式

→$y_3 = 0.02176$→相平衡方程式→$x_3 = 0.002466$→精馏段操作线方程式

→$y_4 = 0.01606$→相平衡方程式→$x_4 = 0.001810$→提馏段操作线方程式

→$y_5 = 0.009199$→相平衡方程式→$x_5 = 0.001031$→提馏段操作线方程

→$y_6 = 0.005030$→相平衡方程式→$x_6 = 0.0005614$→提馏段操作线方程式

→$y_7 = 0.002518$→相平衡方程式→$x_6 = 0.0002804$→提馏段操作线方程式

→$y_8 = 0.001015$→相平衡方程式→$x_6 = 0.0001129 \sim x_w$

计算结果为 8 块理论板，其中精馏段为 4 块，提馏段为 4 块。这比简捷法计算要多 2 块。即精馏段理论塔板数 $N_{\mathrm{jing}} = 4$，提馏段理论塔板数 $N_{\mathrm{ti}} = 4$。

取精馏段塔板效率 E_{jing} 为 0.4，则精馏段实际塔板数为 $(N_{\mathrm{jing}}/E_{\mathrm{jing}}) + 2 = (4/0.4) + 2 = 12$。

取提馏段塔板效率 E_{ti} 为 0.2，则提馏段实际塔板数为 $(N_{ti}/E_{ti})+2=(4/0.2)+2=22$。

所以，全塔总塔板数 $N=N_{jing}+N_{ti}=34$ 块。加料板为第 13 块（从塔顶向下数）。

D 塔内径

塔顶温度 100℃，压力为微正压 0.1kPa，即 $p=101.4\text{kPa}$，馏出液 $X_D=0.3236$

$M=X_DM_A+(1-X_D)M_B=0.3236\times169.9+(1-0.3236)189.7=182.29$，因此蒸气密度按公式 $\rho_V=\dfrac{pM}{8.314T}=\dfrac{101.4\times182.29}{8.314\times(273+100)}=5.96\text{kg/m}^3$

馏出液流量 $D=29.97/182.29=0.1644\text{kmol/h}$，塔内气相体积流量按公式 $V_s=\dfrac{(R+1)DM}{\rho_V}=\dfrac{(22.62+1)\times0.1644\times182.29}{5.96}=118.8\text{m}^3/\text{h}$

取气相空塔速度 u 为 0.3m/s，因此塔直径按公式：

$$D_T=\sqrt{\frac{4V_s}{3600\pi u}}=\sqrt{\frac{4\times118.8}{3600\times3.1416\times0.3}}=0.374\text{m}$$

E 塔高

塔板数为 34 块，取塔板间距离 H_T 为 0.3m，塔板厚度 δ 为 0.004m，上塔板到塔盖距离 h_1 取 0.55m，从下塔板到塔底距离 h_2 取 0.8m，因此，塔高 $H=H_TN+\delta N+h_1+h_2=0.3\times34+0.004\times34+0.55+0.8=11.69\text{m}$。

F 热平衡计算

热量收入：

热量收入包括原料带入的热量 Q_F、回流液带入的热量 Q_R。

原料液温度 136℃，$TiCl_4$ 液体的比热容 c(kJ/(kg · K)) 按下式计算：

$$c=0.751+4.58\times10^{-5}T-85.85T^{-2}\qquad(298\sim409\text{K})$$

由上式求得 $c=0.769\text{kJ/(kg}\cdot\text{K)}$

$$Q_F=m_Fc_t=3100\times0.769\times136=324210.4\text{kJ/h}$$

假定回流液温度为 50℃，回流液组成为 $TiCl_4$ 70%（质量分数,%）、$SiCl_4$ 30%（质量分数,%）。50℃ $SiCl_4$ 液的比热容为 0.826kJ/(kg · K)，50℃ $TiCl_4$ 液体的比热容为 0.765kJ/（kg · K），因此 50℃回流液的比热容 c 为：

$$c=0.765\times0.7+0.826\times0.3=0.783\text{kJ/(kg}\cdot\text{K)}$$

回流液量 $m_R=29.97R=29.97\times22.62=677.92\text{kg/h}$

$$Q_R=m_Rc_t=677.92\times0.783\times50=26540.6\text{kJ/h}$$

总热量收入为 $Q_F+Q_R=324210.4+26540.6=350751\text{kJ/h}$

热量支出：

热量支出包括冷凝塔顶蒸气（100℃）带出的热量 Q_C，釜液产品带走的热量 Q_w，塔散热量 Q_T 和蒸馏釜散热量 Q_f。

回流液和馏出液总量为 $677.92+29.97=707.89\text{kg/h}$

$TiCl_4$ 的冷凝潜热为 188.7kJ/kg，$SiCl_4$ 的冷凝潜热为 167.6kJ/kg

70% $TiCl_4$ 和 30% $SiCl_4$ 的冷凝潜热 r_C 为：

$$r_C=188.7\times0.7\div167.6\times0.3=182.4\text{kJ/kg}$$

因此，$Q_C = 707.89 \times 182.4 + 707.89 \times 0.770 \times 100 = 183626.7$kJ/h。

釜液产品温度为148℃，其比热容 c_w 计算为0.772kJ/(kg·K)，所以产品带走热量 $Q_w = m_w c_t = 3070.03 \times 0.772 \times 148 = 350769.3$kJ/h。

塔散热量 Q_T、釜散热量 Q_f分别估算为总热量的2%和5%。

即 Q_T为11492.4kJ/h，Q_f为28731.0kJ/h。

总热量支出为 $Q_C + Q_w + Q_T + Q_f = 183626.7 + 350769.3 + 11492.4 + 28731 = 574619.4$kJ/h。

精馏热平衡计算结果列入表6－15。

表6－15　精馏热平衡计算结果

热量收入			热量支出		
项　目	kJ/h	%	项　目	kJ/h	%
原料液带入	324210.4	56.42	冷却剂带走	183626.7	31.96
回流液带入	26540.6	4.62	釜液产品带走	350769.3	61.04
蒸馏釜加热量	223868.4	38.96	塔散热量	11492.4	2.0
			釜散热量	28731.0	5.0
总　计	574619.4	100		574619.4	100

由热平衡计算出蒸馏釜加热量 Q_B为223868.4kJ/h，取电功率安全系数为 $k = 1.25$，因为蒸馏釜加热功率 p 为：

$$p = 223868.4 \times 1.25/3600 = 77.7\text{kW}$$

由热平衡计算可见，由于原料液是沸点温度的饱和液，为精馏塔带入了将近57%的热量，因而蒸馏釜加热功率只需77.7kW 如果是冷进料，则蒸馏釜加热功率约需180kW。

6.3.3　精馏法除铝的计算

$AlCl_3$属于高沸点杂质，它在低温下挥发的蒸气相呈二聚分子 Al_2Cl_6。在前面已经提到，在$TiCl_4$沸点温度下，$TiCl_4$对Al_2Cl_6的相对挥发度为26.8，这是$TiCl_4$在136℃下的饱和蒸汽压与136℃下固体氯化铝的饱和蒸汽压（蒸气相为Al_2Cl_6）之比。这个分离系数数据说明，Al_2Cl_6应该比较容易从$TiCl_4$中分离出来。但在试验中发现，从$TiCl_4$中分离Al_2Cl_6是比较困难的，需采用精馏法才能分离比较完全。

在$TiCl_4$沸腾温度下，Al_2Cl_6的溶解度较大（>10%），作为杂质的Al_2Cl_6，在上述温度下是完全溶解在$TiCl_4$中。要确定Al_2Cl_6的分离系数，需研究$TiCl_4-Al_2Cl_6$二元系的溶液的气－液相平衡关系。试验数据表明，当Al_2Cl_6在$TiCl_4$液中的浓度为0.1%～5%（质量分数）范围内，在溶液的沸腾温度下，Al_2Cl_6在蒸气相中的浓度（将蒸气相冷凝为液相后测定）是与其平衡的液相中浓度的1/4左右。把这些试验测定的 x、y 值代入气－液平衡方程式 $y = \dfrac{\alpha x}{1 + (\alpha + 1)x}$ 中，求出相对挥发度 $\alpha \approx 4$。

下面按照$TiCl_4$对Al_2Cl_6的相对挥发度 $\alpha = 4$，进行精馏的相关计算。

假定条件：原料液是$TiCl_4-Al_2Cl_6$二元系，无其他杂质，原液连续加入蒸馏釜中进行精馏操作，在一定回流比下连续取出产品，Al_2Cl_6在釜中逐渐富集，定期排出釜液。这是属于间歇精馏，只有精馏段而无提馏段；在回流比不变的情况下，馏出液组成会改变。为了确保产品质量，精馏塔的设计按釜液中Al_2Cl_6浓度的最大值设计。

计算的已知条件：120℃原料液（含Al_2Cl_6为0.25%）按流量3100kg/h连续加入釜中，釜液中Al_2Cl_6最大浓度5%，产品馏出液中Al_2Cl_6最大浓度要求≤0.003%。

6.3.3.1　物料平衡

精馏物料平衡见表6－16。

表6－16　精馏物料平衡表

收　入			支　出		
名　称	数量/kg·h⁻¹	%	名　称	数量/kg·h⁻¹	%
原料液	3100	100	馏出液	2937.459	94.76
其中：			其中：		
$TiCl_4$	3092.25	99.75	$TiCl_4$	2937.45	94.76
Al_2Cl_6	7.75	0.25	Al_2Cl_6	0.009	0.0003
			釜残液	132.54	5.24
			其中：		
			$TiCl_4$	154.8	4.99
			Al_2Cl_6	7.741	0.25

6.3.3.2　回流比

按公式：$x_w = \dfrac{A_w/M_A}{A_w/M_A + B_w/M_B} = \dfrac{95/189.7}{95/189.7 + 5/266.8} = 0.9639$

按公式：

$$x_D = \frac{A_D/M_A}{A_D/M_A + B_D/M_B} = \frac{99.997/189.7}{99.997/189.7 + 0.003/266.8} = 0.999979$$

取$\alpha=4$，由公式：$y_w = \dfrac{\alpha x_w}{1+(\alpha-1)x_w} = \dfrac{4\times0.9639}{1+(4-1)\times0.9639} = 0.9907$

按公式 $R_{min} = \dfrac{x_D - y_w}{y_w - x_w} = \dfrac{0.999979-0.9907}{0.9907-0.9639} = 0.345$

由公式$R=KR_{min}$，取$K=2.25$，求出$R=2.25\times0.345=0.78$

6.3.3.3　塔板数

按公式 $N_{min} = \dfrac{\lg\left[\left(\dfrac{x_D}{1-x_D}\right)\left(\dfrac{1-x_w}{x_w}\right)\right]}{\lg\alpha} = \dfrac{\lg\left[\left(\dfrac{0.999979}{1-0.999979}\right)\left(\dfrac{1-0.9639}{0.9639}\right)\right]}{\lg 3} = 6.81$

用简捷计算法求理论板数，计算：$\dfrac{R-R_{min}}{R+1} = 0.24$，从查吉利兰关联图6－5查出：

$\dfrac{N-N_{min}}{N+1} = 0.43$，将已求出的$N_{min}=6.81$代入上式，求$N=12.7$。

理论板数也可用图解法和逐板法计算。逐板法是用相平衡方程式和操作线方程式逐板计算。

求出相平衡方程式为：

$$y=\frac{\alpha x}{1+(\alpha+1)x}=\frac{4x}{1+(4-1)x}=\frac{4x}{1+3x} \tag{6-23}$$

求出精馏段操作线方程式为：

$$y=\frac{R}{R+1}x+\frac{x_D}{R+1}=\frac{0.78}{0.78+1}x+\frac{0.999979}{0.78+1}=0.4382x+0.5618 \tag{6-24}$$

用求出的相平衡方程式（6－23）和精馏段操作线方程式（6－24）逐板计算理论板数如下：

$y_1=x_D=0.999979$→相平衡方程式（6－23）→$x_1=0.999916$→精馏段操作方程式（6－24）

→$y_2=0.999963$→相平衡方程式→$x_2=0.99985$→精馏段操作线方程式

→$y_3=0.999935$→相平衡方程式→$x_3=0.99974$→精馏段操作线方程式

→$y_4=0.99989$→相平衡方程式→$x_4=0.99956$→精馏段操作线方程式

→$y_5=0.99981$→相平衡方程式→$x_5=0.99924$→精馏段操作线方程式

→$y_6=0.99966$→相平衡方程式→$x_6=0.99865$→精馏段操作线方程式

→$y_7=0.99941$→相平衡方程式→$x_7=0.99976$→精馏段操作线方程式

→$y_8=0.99897$→相平衡方程式→$x_8=0.99589$→精馏段操作线方程式

→$y_9=0.99820$→相平衡方程式→$x_9=0.99284$→精馏段操作线方程式

→$y_{10}=0.99686$→相平衡方程式→$x_{10}=0.98756$→精馏段操作线方程式

→$y_{11}=0.99455$→相平衡方程式→$x_{11}=0.97855$→精馏段操作线方程式

→$y_{12}=0.99060$→相平衡方程式→$x_{12}=0.9634<x_w$

计算结果为12块理论板，与简捷法计算一致。

取塔板效率E为0.4，全塔总塔板数$N=12/E=12/0.4=30$块。

6.3.3.4　塔内径

塔顶温度136℃，压力为微正压0.1kPa，即$p=101.4$kPa，馏出液$X_D=0.999979$，M取纯$TiCl_4$摩尔量189.7，因此蒸汽密度按公式$\rho_V=\frac{pM}{8.314T}=\frac{101.4\times189.7}{8.314\times(273+136)}=5.657\text{kg/m}^3$，馏出液流量$D=2937.459/189.7=15.485$kmol/h，塔内气相体积流量按公式：

$$V_s=\frac{(R+1)DM}{\rho_V}=\frac{(0.78+1)\times15.485\times189.7}{5.657}=924.3\text{m}^3/\text{h}$$

取气相空塔速度u为0.6m/s，因此塔直径按公式：

$$D_T=\sqrt{\frac{4V_s}{3600\pi u}}=\sqrt{\frac{4\times924.3}{3600\times3.1416\times0.6}}=0.738\text{m}$$

6.3.3.5　塔高

塔板数为30块，取塔板间距离H_T为0.3m，塔板厚度δ为0.004m，上塔板到塔盖距离h_1取0.55m，从下塔板到塔底距离h_2取0.8m，因此，塔高$H=H_TN+\delta N+h_1+h_2=0.3\times30+0.004\times30+0.55+0.8=10.47$m。

6.3.3.6 热平衡计算

A 热量收入

热量收入包括原料带入的热量 Q_F、回流液带入的热量 Q_R。

原料液温度 120℃，$TiCl_4$液体的比热容 $c = 0.768kJ/(kg \cdot K)$

$$Q_F = m_F c_t = 3100 \times 0.768 \times 120 = 285696kJ/h$$

假定回流液温度为 50℃，回流液组成为 $TiCl_4$99.997%（质量分数），50℃ $TiCl_4$液体的比热容为 0.765kJ/(kg · K)。

回流液量 $m_R = 2937.459R = 29.97 \times 0.78 = 2291.2kg/h$

$$Q_R = m_R c_t = 2291.2 \times 0.765 \times 50 = 87638.4kJ/h$$

总热量收入为 $Q_F + Q_R = 285696 + 87638.4 = 373334.4kJ/h$

B 热量支出

热量支出包括冷凝塔顶蒸汽（136℃）带出的热量 Q_C，釜残液带出热量 Q_w、塔散热量 Q_T和蒸馏釜散热量 Q_f。

回流液和馏出液总量为 = 2291.2 + 2937.459 = 5228.7kg/h

$TiCl_4$的冷凝潜热 r_c为 188.7kJ/kg

因此，$Q_c = 5228.7 \times 188.7 + 5228.7 \times 0.772 \times 136 = 1535627.4kJ/h$。

釜残液（95% $TiCl_4$和 5% $AlCl_3$）温度为 148℃，$AlCl_3$比热容为 0.656kJ/(kg · K)，釜残液比热容 c_w计算为 0.766kJ/(kg · K)，所以釜残液带走热量 $Q_w = m_w c_t = 132.54 \times 0.766 \times 148 = 15025.8kJ/h$。

塔散热量 Q_T、釜散热量 Q_f分别估算为总热量的 2% 和 5%，即 Q_T为 31013.1kJ/h，Q_f为 77532.7kJ/h。

总热量支出为 $Q_c + Q_w + Q_T + O_f = 1535627.4 + 15025.8 + 33347.4 + 83368.5 = 1667369.0kJ/h$。

精馏热平衡计算的结果列入表 6-17。

表 6-17 精馏热平衡计算结果

热量收入			热量支出		
项 目	kJ/h	%	项 目	kJ/h	%
原料液带入	285696	17.1	塔顶蒸气带走	1535627.4	92.1
回流液带入	87638.4	5.26	釜残液带走	15025.8	0.9
蒸馏釜加热量	1294034.6	77.64	塔散热量	33347.4	2.0
			釜散热量	83368.5	5.0
总 计	1667369.0	100		1667369.0	100

由热平衡计算出蒸馏釜加热量 Q_B为 1294034.6kJ/h，取电功率安全系数为 $k = 1.25$，因此蒸馏釜加热功率 P 为：

$$P = 1294034.6 \times 1.25/3600 = 449.3kW$$

6.3.4 化学法除钒

粗 $TiCl_4$中的钒杂质除了少量的 VCl_4外，主要是以 $VOCl_3$形式存在，使 $TiCl_4$呈黄色。

除钒的目的，不仅为了脱色，更重要的是因为 $VOCl_3$ 中含有氧原子，因此除钒的主要目的是为了除氧。除钒是精制工序作业极为重要的环节。

$TiCl_4$ 和 $VOCl_3$、VCl_4 间的沸点差较小，$TiCl_4$ 与 $VOCl_3$ 的沸点差为 10℃，$TiCl_4$ 与 VCl_4 的沸点差为 14℃。$VOCl_3$ 对 $TiCl_4$ 相对挥发度 $\alpha = 1.22$；$VOCl_3 - TiCl_4$ 系气－液相平衡曲线图 6－3 中的气相线非常接近对角线，需采用高效精馏塔才能分离 $VOCl_3$。高效精馏的设备制造费和操作费用均较高，能量消耗大，因此目前尚未工业上应用。

另外，依据 $VOCl_3$（熔点 －77℃）与 $TiCl_4$（熔点 －23℃）熔点的差别，可采用冷冻法除钒。当粗 $TiCl_4$ 被冷冻到 －20℃ 时，其中的 $VOCl_3$ 呈固体沉淀出来。冷冻法仅适用于小量生产，常用于实验室。

基于物理法除钒的困难，在工业生产中通常采用化学除钒法。

化学法除钒是在粗 $TiCl_4$ 中加入一种化学试剂，$VOCl_3$（或 VCl_4）杂质选择性还原或选择性沉淀，生成难溶的钒化合物；或选择性吸附 $VOCl_3$（或 VCl_4）；使钒杂质与 $TiCl_4$ 相互分离。

可使用的化学试剂达数十种，除了铜、铝粉、硫化氢和有机物四种已在工业上广泛应用外，还有活性炭、硅粉、各种金属（铅、锌、锑、镍、钠、钙、镁、钛）粉、低价钛氯化物、$Fe - AlCl_3$、熔盐、氢、天然气、肥皂、水等。这些试剂在适当的操作条件下，都具有除钒效果，具有各自的优缺点。

6.3.4.1　铜除钒法

A　铜粉除钒法

铜去除 $TiCl_4$ 中的 $VOCl_3$ 的机理，一般认为 $TiCl_4$ 先与铜反应生成中间产物 $CuCl \cdot TiCl_3$，后者还原 $VOCl_3$ 生成不溶性 $VOCl_2$ 沉淀，$VOCl_2$ 具有很高的沸点。无论反应机理如何，铜除钒的总反应式为：

$$VOCl_3 + Cu = VOCl_2 \downarrow + CuCl$$

铜也可将铁、铬、锡等高价氯化物杂质还原为相应的低价氯化物。铜还可与溶于粗 $TiCl_4$ 中的 Cl_2、$AlCl_3$ 进行反应，当 $AlCl_3$ 在 $TiCl_4$ 中的含量大于 0.01% 时，则会使铜表面钝化，阻碍除钒反应的进行。为了排除 $AlCl_3$ 的这种不良影响，前苏联采用的铜粉除钒工艺中，预先进行脱铝处理，用水或增湿的活性炭（或增湿的食盐）使 $AlCl_3$ 转化为 $AlOCl$ 沉淀：

$$AlCl_3 + H_2O = AlOCl \downarrow + 2HCl$$

加入的水也可以使 $TiCl_4$ 发生部分水解生成 $TiOCl_2$，在有 $AlCl_3$ 存在时，可将 $TiOCl_2$ 重新转化为 $TiCl_4$：

$$TiCl_4 + H_2O = TiOCl_2 + 2HCl$$

$$TiOCl_2 + AlCl_3 = AlOCl \downarrow + TiCl_4$$

由此可见，在进行脱铝时加入水量要适当，并应有足够的反应时间（5～10min），以减少 $TiOCl_2$ 的生成量。

前苏联的铜粉除钒工艺是连续操作的，串联几个带有搅拌的除钒反应器，在第一个反应器中连续加入铜粉，在最后一个反应器中排出除钒产物（除了钒的 $TiCl_4$、未反应铜粉

及 $VOCl_2$），然后进行沉降或过滤分离。铜粉除钒反应温度大于 80～136℃，反应时间为 2～3h。铜粉耗量与四氯化钛中的杂质含量、铜粉比表面积有关，一般为每吨 $TiCl_4$ 2.5～5kg。

采用铜粉除钒精制四氯化钛的工艺流程如图 6－6 所示。采用铜粉除钒精制四氯化钛的产品中杂质的平均含量（%）如下：Si 0.0015，Al 0.004，Fe 0.0012，V 0.0012，CCl_4 0.016，COS 0.003，C_6Cl_6 0.043，（$CCl_3COCl + COCl_2$）0.005。

铜粉除钒法存在许多缺点：要使用较贵的电解铜粉，铜粉耗量大，随气体和滤饼带走的 $TiCl_4$ 损失大，因铜钒滤饼有自行硬化特性而造成管道和设备堵塞，劳动强度大，操作环境恶劣等；并因为在除钒以后的处理过程中，$VOCl_2$ 容易氧化成 $VOCl_3$，所以净化深度不够。另外，在预先水解除铝时，不可避免会产生 $TiOCl_2$，前苏联学者说除去了氧氯化钒杂质，却又产生了另一种氧氯化钛。因此，前苏联海绵钛厂用铝粉除钒替代了铜粉除钒。

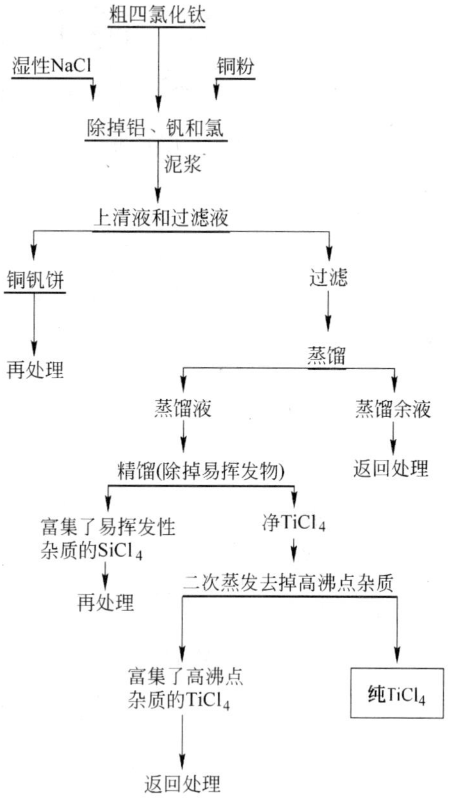

图 6－6　铜粉除钒精制四氯化钛流程示意图

B　铜丝除钒法

我国在生产海绵钛的初期，曾采用过铜粉除钒法。在 20 世纪 60 年代对铜除钒法进行了改进研究，研究成功了铜屑（或铜丝）气相除钒法，后来在工厂中应用。将铜丝卷成铜丝球装入除钒塔中，气相 $TiCl_4$（136～146℃）连续通过除钒塔与铜丝球接触，使钒杂质沉淀在铜丝表面上。当铜表面失效后，从塔中取出铜丝球，用酸水洗涤方法将铜表面净化，经干燥后返回塔中重新使用。在酸洗过程中，沉淀在铜丝表面的钒杂质进入酸洗液，并有部分铜溶入酸洗液中。现已研究了从酸洗液中回收铜和钒的工艺技术。

铜丝除钒法精制 $TiCl_4$ 的工艺流程如图 6－7 所示。采用该流程，因 $TiCl_4$ 中可与铜反应的 $AlCl_3$ 和自由氯等杂质已在除钒前除去，所以可减少铜耗量。如果采用两塔流程，即省去第 1 塔除高沸点杂质，则在除钒时的铜耗量会增加。

铜丝耗量主要与原料含钒量有关，也与铜丝比表面积有关。每处理 1 吨含 0.06%（质量分数）$VOCl_3$ 的 $TiCl_4$，铜丝耗量 2kg 左右；每处理 1 吨含 0.2%（质量分数）$VOCl_3$ 的 $TiCl_4$，铜丝耗量 4kg 左右。随着铜丝耗量的增加，铜丝塔的使用周期随之降低。

铜对产品不会产生污染，除钒同时还可以除去含硫化合物和一些有机物等杂质。但铜丝除钒存在许多严重缺点：（1）间歇操作，铜丝表面积小，除钒效率低，一个直径 1m 装入 5t 铜丝的蒸馏塔，每天的产量只有 10～12t，一个年产 1 万 t 海绵钛工厂需建 28 个直径 1m 的铜丝塔；（2）铜丝耗量大，除钒成本高；（3）铜丝失效后，需从塔中卸下来洗涤、干燥再装入塔中重新使用，洗涤操作的环境恶劣，劳动强度大，产生大量含铜含钒废酸水，造成严重污染。所以，铜丝除钒法仅适合于处理含钒量低的原料和小规模生产中使用。

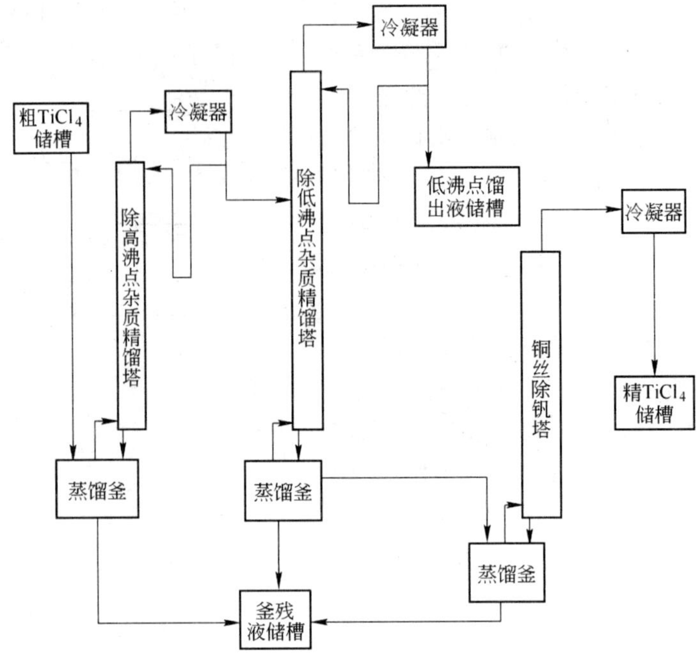

图 6－7　铜丝除钒精制四氯化钛工艺流程示意图

6.3.4.2　硫化氢除钒法

在低温下硫化氢与四氯化钛反应生成磺酰氯化钛，当温度高于四氯化钛沸点时则反应生成硫化钛。在 －20～130℃温度范围内，硫化氢在四氯化钛中的溶解度（摩尔分数,%）可用经验公式表示：

$$N = 0.142 - 6.84 \times 10^{-4} T + 8.1910^{-7} T^2$$

硫化氢是一种强还原剂，在加热条件下它将 $VOCl_3$ 还原为 $VOCl_2$：

$$2VOCl_3 + H_2S \xlongequal{\quad} 2VOCl_2 \downarrow + 2HCl + S$$

硫化氢也可与 $TiCl_4$ 反应生成钛硫氯化物 $TiSCl_2$，后者也可将 $VOCl_3$ 还原为 $VOCl_2$：

$$2VOCl_3 + TiSCl_2 \xlongequal{\quad} 2VOCl_2 \downarrow + TiCl_4 + S$$

硫化氢是综合净化四氯化钛的试剂。它在除钒的同时，也可除去粗四氯化钛中的其他杂质，如 Cl_2、$COCl_2$、CCl_4、硫酰和亚硫酰氯化物等。但是，与此同时，$TiCl_4$ 又被新生成的杂质（如 S_2Cl_2）所污染，并有部分未反应的硫化氢溶解在四氯化钛中。

为避免 H_2S 与溶于 $TiCl_4$ 中的自由氯反应生成硫氯化物 S_2Cl_2，在除钒前对粗 $TiCl_4$ 进行脱气处理以除去其中的自由氯。将含钒的四氯化钛加热至 110～137℃，在搅拌下通入硫化氢气体进行除钒反应，并严格控制硫化氢的通入速度和通入量，以提高硫化氢的有效利用率和减少它与 $TiCl_4$ 的副反应。硫化氢除钒效果好，并可同时除去 $TiCl_4$ 中的铁、铬、铝等有色金属杂质和分散的悬浮固体物。采用这种方法除钒精制四氯化钛较合理的流程如图 6－8 所示。除钒反应后，可用过滤方法进行固液分离，也可用蒸发方法。除钒残渣（滤渣或泥浆）含有硫化物，因而不宜返回氯化系统处理，应单独处理。固液分离的清液经 1 塔除去低沸点杂质，塔底产品再经 2 塔除高沸点杂质后获得产品。在日本某些工厂中，没有除高沸点精馏塔，在除低沸点杂质精馏塔底取出产品，经侧塔活性炭过滤除去产品中微量固体物。

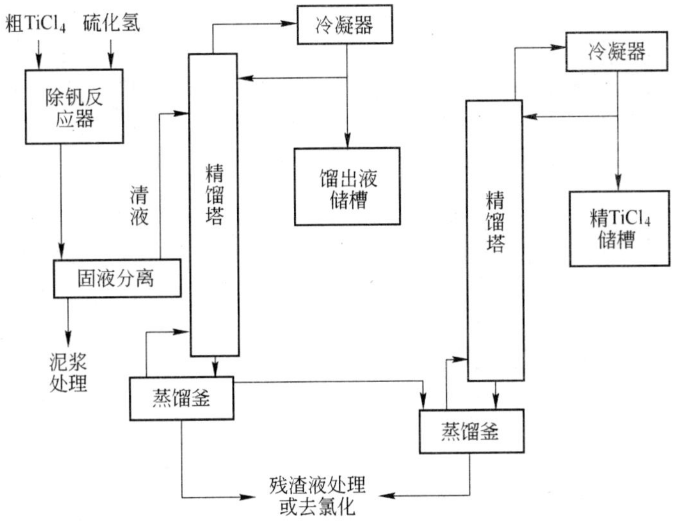

图6-8 硫化氢除钒精制 $TiCl_4$ 流程示意图

硫化氢的耗量与被处理的 $TiCl_4$ 中杂质含量和除钒条件有关，一般净化 1t $TiCl_4$ 消耗 1~2kgH_2S。除钒残渣可用过滤或沉降方法从 $TiCl_4$ 中分离出来。不过这种残渣的粒度极细，沉降速度小，沉降后底液的液固比较大。除钒干残渣量一般是原料 $TiCl_4$ 质量的0.3%~0.35%，其中含钒量可达4%；残渣中的钛量占原料 $TiCl_4$ 中钛量的0.25%~0.30%。

硫化氢除钒成本低，但硫化氢是一种具有恶臭味的剧毒和易爆气体，恶化劳动条件。因此，国外只有个别工厂仍在应用这种除钒方法。当原料 $TiCl_4$ 含钒量较高且附近又有硫化氢副产品时，可考虑选用硫化氢除钒法。

6.3.4.3 有机物除钒法

可用于除钒的有机物种类很多，但一般选用油类（如矿物油或植物油等）。将少量有机物加入 $TiCl_4$ 中混合均匀，将混合物加热至有机物碳化温度（一般为120~150℃）使其碳化，新生的活性炭将 $VOCl_3$ 还原为 $VOCl_2$ 沉淀，或认为活性炭吸附钒杂质而达到除钒目的。有机物除钒精制 $TiCl_4$ 的一种工艺流程如图6-9所示。

粗 $TiCl_4$ 与适量有机物连续加入带有搅拌的混合槽中混合均匀，混合物按一定流速连续加入预热器预热后进入1塔的蒸馏釜中，在釜中除钒和1塔精馏除高沸点杂质，塔顶蒸气经冷凝后，部分冷凝液回流，部分冷凝液进入储槽作为除低沸点杂质的原料；定期从釜中排出除钒残渣液送至氯化收尘器的合适位置，处理回收其中的四氯化钛，除钒残渣混入收尘渣。除钒和精馏除高沸点杂质的过程同时进行。如果除钒釜残渣液不返回氯化系统，则需将其蒸发回收其中的四氯化钛。

除钒后的四氯化钛中含有低分子低沸点有机物杂质（在除钒时有机物碳化分解生成的）。这些低沸点有机杂质可能主要是氯乙酰氯，如 $CH_2ClCOCl$、$CHCl_2COCl$、CCl_3COCl 等，它们的沸点（表6-12）虽与 $TiCl_4$ 有差别，但 $TiCl_4$ - CCl_3COCl 二元气-液平衡图（图6-10）中的气相线非常接近对角线，分离系数小，较难将它们从四氯化钛中分离出去，需经过在除硅的精馏2塔中将它们与 $SiCl_4$ 一起作为低沸点杂质分离出去。除低沸点

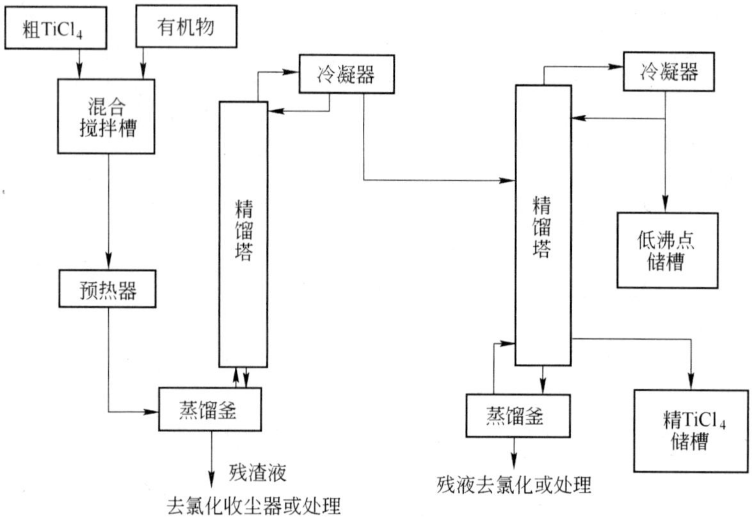

图 6－9　有机物除钒精制 $TiCl_4$ 流程示意图

杂质后，产品从塔底取出。但有时产品中仍含有少量有机物，需再次加热和精馏除低沸点有机物杂质。

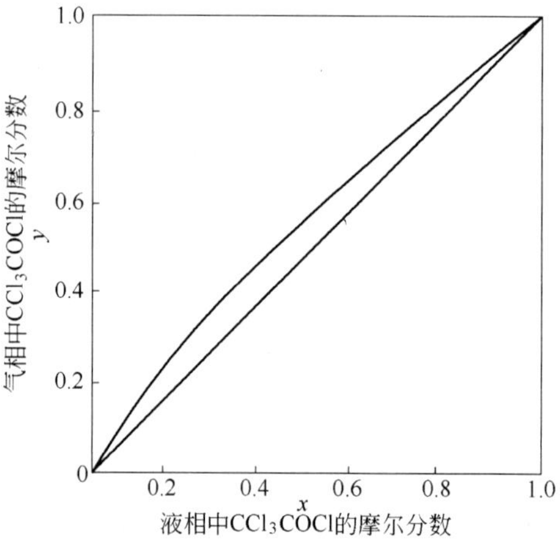

图 6－10　$TiCl_4$ － CCl_3COCl 系的气－液相平衡状态图

在国外，经过除钒和除低沸点杂质后的四氯化钛便是精制工序的产品，也有的工厂从精馏塔下部的塔板中引出产品，再通过填充活性炭的侧塔滤去产品中可能存在的固体物。为确保产品中不含有机杂质，可将上述除钒除低沸点后的产品再增加一次加热和精馏。

有机物除钒操作中有如下问题需要采取措施解决：

（1）除钒残渣易在加热壁上结疤。试验发现，用于除钒的有机物种类不同，所生成的除钒残渣的性质也不一样。某些有机物如矿物油作为除钒试剂时，尽管它的加入量只有被处理的 $TiCl_4$质量的0.1%，但在除钒时却生成大量体积庞大的沉淀物。这种沉淀物呈悬浮状态，很难沉淀和过滤，将其蒸浓后的残液呈黏稠状，易在加热器壁上黏结成疤。这种疤不仅严重影响传热，而且难以清除。这是因为这类有机物与 $TiCl_4$反应生成了聚合性的残渣。使用这类有机物除钒，不仅会给操作带来许多困难，并因生成渣量多而降低 $TiCl_4$的回收率。

由于矿物油除钒的上述缺点，美国从 1985 年开始改用某种植物油除钒。植物油除钒与矿物油除钒的差别，主要是产生的除钒残渣性质不同。植物油除钒产生的残渣是悬浮在四氯化钛中，残渣液不黏稠，不易在加热壁上结疤。

为解决除钒过程有机物碳化在加热壁上结疤的问题，国外发表了许多专利，其中最有效的是四氯化钛通过强制循环的加热装置进行预热的方法，预热后的四氯化钛再进入蒸馏釜除钒和精馏。

（2）除钒后的 $TiCl_4$ 在冷凝时，有时会析出沉淀物，使冷凝器和管道发生堵塞。这是由于在除钒过程中生成的氯乙酰氯化合物（$CHCl_2COCl$，$CH_2ClCOCl$、CCl_3COCl）、光气（$COCl_2$）与 $TiCl_4$ 反应生成一种固体加成物的缘故。在工艺和设备方面采取适当措施，便可防止这种固体加成物的生成。

（3）有机物除钒精制的四氯化钛，如在存放时受光线照射后会呈淡黄色，表明产品中还残留少量有机物杂质不符合用于生产海绵钛的要求，需将其返回除低沸点杂质精馏塔重新处理。

有机物廉价无毒，使用量少，除钒成本低，美国和日本广泛应用这种方法。我国对这种方法的研究还不充分，还有许多问题需研究解决。国内已有工厂已应用植物油（从美国进口专用除钒的植物油）除钒，不过仍然有设备堵塞、产品含少量有机物等问题出现。

6.3.4.4 铝粉除钒法

铝粉除钒法目前有两种工艺，一种是独联体国家海绵钛厂使用的“两步法”，另一种是我国研究成功的“一步法”。

A “两步法”铝粉除钒

独联体国家海绵钛厂使用的“两步法”铝粉除钒的工艺流如图 6－11 所示。

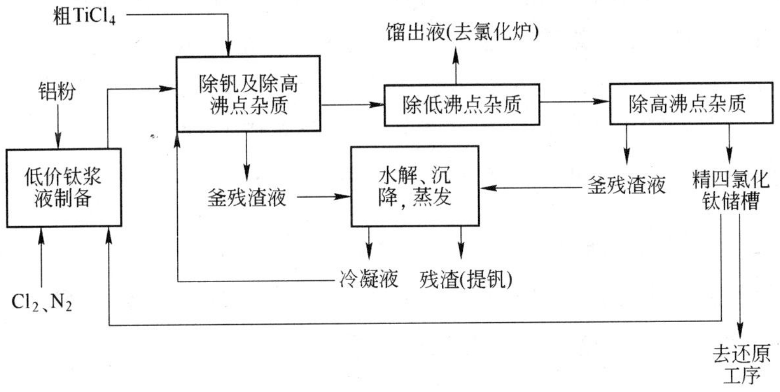

图 6－11 “两步法”铝粉除钒精制 $TiCl_4$ 流程示意图

除钒过程分为两步：

第一步：制造三氯化钛浆液。将铝粉加入精四氯化钛中，在氮气保护下加热至一定温度，通入氯气使部分铝粉氯化生成三氯化铝；在氯化铝的催化作用下，铝粉与四氯化钛反应生成三氯化钛；反应最终形成四氯化钛液体与三氯化钛、三氯化铝固体的固液混合物，称为三氯化钛浆液：

$$2Al(s)+3Cl_2(g)=\!=\!=2AlCl_3(s、l)$$

$$3TiCl_4(l)+Al(s)=\!=\!=3TiCl_3(s)+AlCl_3(l、s)$$

第二步：三氯化钛浆液加入粗四氯化钛中除钒。

$$VOCl_3(l)+TiCl_3(s)=\!=\!=VOCl_2\downarrow(s)+TiCl_4(l)$$

三氯化钛浆液是在一个带有搅拌的反应罐中进行，加入精四氯化钛和铝粉，并通入氯气与部分铝粉反应生成三氯化铝作为催化剂，反应生成的三氯化钛浆液通入氮气保护。三氯化钛浆液的制造是一个间歇过程，每天需多次制造。

精制四氯化钛工艺流程：第一塔除钒和除高沸点固体杂质，第二塔除低沸点杂质，第三塔除高沸点杂质。

在第一蒸馏塔的蒸馏釜中加入粗四氯化钛、三氯化钛浆液，在釜中进行除钒，釜液蒸发物经过精馏塔除去三氯化铝等高沸点固体杂质，在塔顶冷凝为四氯化钛液体，其中一部分回流到塔中，另一部分作为第二塔的中部进料。第一塔蒸馏釜残液间歇排放，每班排几次，排放的釜残液量占加入釜中粗四氯化钛的10%左右。排出的釜残液（与第三塔釜残液合并），经水解使 $AlCl_3$ 转化为 AlOCl 沉淀，水解物经沉降分离，澄清液返回除钒蒸馏釜，沉降底流经蒸发回收其中的四氯化钛返回除钒蒸馏釜，蒸发残渣中加入石灰形成石灰铝钒饼用于提钒。第一精馏塔直径1.2m，高15m。塔体分两段：下半段为填料塔，上半段为盘式塔。塔产能7t/h。

第二精馏塔除硅，塔顶获得的低沸点馏出液返回氯化炉，使其中的 $SiCl_4$ 转化为 SiO_2。

第三精馏塔（保险塔）除高沸点（通入氩气保护），塔顶冷凝液部分回流，部分入精四氯化钛储槽。除部分精四氯化钛用于制造三氯化钛浆液外，其余为生产海绵钛的原料。

原料粗四氯化钛含钒0.06%、含 Cl_2 0.08%、含固体物1g/L，除钒后的四氯化钛含钒0.0002%～0.0006%，含铝0.0002%。每处理1t四氯化钛消耗铝粉约1～2kg左右。

独联体的铝粉除钒方法虽然应用多年，但仍然存在许多缺点：第一步制造三氯化钛浆液是一个间歇过程，反应控制不好容易发生事故，因此制造三氯化钛浆液的反应器不宜大，每次制造浆液量有限，每天需要制造多次，操作麻烦；整个过程较复杂、设备较多、三氯化钛浆液的计量和输送困难；铝粉耗量大，为理论量的5～10倍；除钒残渣量较多。

B　“一步法”铝粉除钒

“一步法”铝粉除钒工艺，是利用反应本身生成的 $AlCl_3$ 作为催化剂，让两步反应在蒸馏釜中同时进行，实现完全连续除钒。在“两步法”中，第一步制造三氯化钛浆液是一个间歇操作，第一锅用完了再做一锅，每做一锅都需要通入氯气与部分铝粉反应制造催化剂三氯化铝。在“一步法”中，是将铝粉直接加入到蒸馏釜中，在反应引发后则依靠反应自身生成的三氯化铝作为催化剂，使除钒反应连续进行下去，不需要制造或外加催化剂三氯化铝。“一步法”铝粉除钒精制四氯化钛，若采用后除钒方案，其工艺流程如图6－12所示。

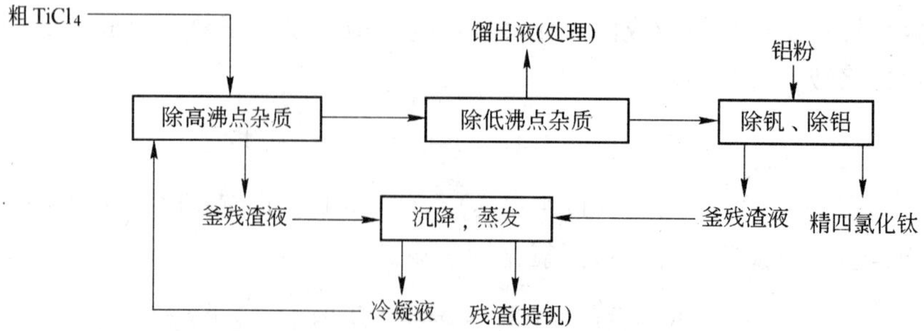

图6－12　“一步法”铝粉除钒精制 $TiCl_4$ 工艺流程示意图

该流程采用三塔流程，即第 1 塔除高沸点杂质和固体杂质，第 2 塔除低沸点杂质，第 3 塔除钒和除铝。经第 2 塔除低沸点杂质后的半成品四氯化钛与铝粉混合进入第 3 塔的蒸馏釜，在蒸馏釜中发生除钒反应并生成副产物三氯化铝（在气相中以二聚分子 Al_2Cl_6 存在）。蒸馏釜蒸发的四氯化钛与部分 Al_2Cl_6 进入精馏塔，在塔中除去了 Al_2Cl_6 的 $TiCl_4$ 从塔顶逸出，经冷凝后部分回流塔中，部分入精四氯化钛储槽。在除钒和精馏过程中，$AlCl_3$ 和 $VOCl_2$ 逐渐在蒸馏釜中富集，采用定期间歇排放釜液方法使它们在釜中的浓度保持在一定范围内。排出的釜液经沉降分离，澄清液返回蒸馏釜，沉降底流经蒸发回收其中的四氯化钛再返回蒸馏釜，蒸发残渣用于提钒。在该流程中，除高沸点杂质的 1 塔可省去。

"一步法"铝粉除钒工业试验获得的精四氯化钛产品质量高于铜丝除钒产品，并与独联体"两步法"除钒工艺产品质量相当（表 6 – 18）。用工业试验产品精四氯化钛制造的海绵钛产品，全部为优级品 MHT – 100（表 6 – 19）。

表 6 – 18 "一步法"铝粉除钒工业试验产品与独联体"两步法"产品指标（质量分数） （%）

成 分	$TiCl_4$ 不小于	V 不大于	Al 不大于	Si 不大于	Fe 不大于	C 不大于	O 不大于
一步法	99.9	0.0003	0.0009	0.002	0.001	0.002	—
铜丝除钒	99.9	0.0003	0.004	0.002	0.002	0.002	—
独联体两步法	99.9	0.0006	0.002	0.001	0.001	0.001	0.0001

表 6 – 19 "一步法"铝粉除钒工业试验产品精四氯化钛制造的海绵钛的质量指标

批 次	化学成分（质量分数,%），杂质元素，不大于							硬度 HBW
	Fe	Si	Cl	C	N	O	H	
XH – 08139	0.06	0.016	0.053	0.016	0.009	0.058	0.004	97
XH – 08140	0.054	0.014	0.052	0.016	0.005	0.054	0.002	98
XH – 08141	0.06	0.012	0.052	0.018	0.005	0.055	0.003	99

需要强调，基于下列原因，铝粉除钒的产品精四氯化钛质量高，杂质含量低，是制造高质量海绵钛的原料保证。

（1）四氯化钛经过强还原剂 $TiCl_3$ 处理，许多杂质（如 V、Fe、Cr 等）均被还原为低价留在釜残液中，这些杂质在精四氯化钛中含量均在 $(1 \sim 3) \times 10^{-4}\%$ 范围内。

（2）因为蒸馏釜中存在大量 $AlCl_3$，四氯化钛中 $TiOCl_2$ 均被除去，精四氯化钛中的氧含量低：

$$TiOCl_2 + AlCl_3 = TiCl_4 + AlOCl \downarrow$$

（3）还因为蒸馏釜中存在大量 $AlCl_3$，四氯化钛中的有机物均被分解，所以精四氯化钛中碳含量低，产品中总碳含量可达 0.001%，这是比有机物除钒优越之处。

与"两步法"铝粉除钒工艺比较，"一步法"铝粉除钒工艺具有如优点：

（1）工艺流程短，操作简便，省去了制造 $TiCl_3$ 浆液的间歇过程，实现了除钒过程的完全连续，不用氯气，避免了 $TiCl_3$ 浆液的输送及计量困难；避免了因制造 $TiCl_3$ 浆液而消耗精四氯化钛等缺点。

（2）"一步法"省去了制备 $AlCl_3$ 催化剂消耗的铝粉，两步反应同时进行提高了铝粉的利用率，因此，"一步法"的铝粉耗量大幅减少。

（3）因“一步法”的铝粉耗量少，$AlCl_3$生成量减少，因而减少了除钒渣量。

（4）操作安全性提高。“一步法”是在铝粉浓度很低的情况下进行反应，反应平稳，操作安全，避免了因制造 $TiCl_3$浆液时可因激烈反应发生冒槽等危险性事故的发生。

6.3.4.5　四种工业除钒方法的比较

四种工业除钒方法的比较的优缺点比较列于表 6－20。

表 6－20　四种工业除钒方法的比较表

比较指标	有机物除钒	铜丝除钒	硫化氢除钒	“两步法”铝粉除钒	“一步法”铝粉除钒
除钒试剂	矿物油或植物油	铜　丝	硫化氢	铝　粉	铝　粉
除钒试剂物性	无毒液体	无毒固体	剧毒易爆气体	粉　末	粉　末
每吨 $TiCl_4$ 试剂数量/kg	1～2	2～4	1～2	1～2	0.4～0.6
除钒试剂价格/元 · kg^{-1}	10～20	40～50	—	35～40	35～40
辅助原料	无	盐　酸		Cl_2　N_2	N_2
操作环境	一　般	不　好	不　好	一　般	较　好
是否腐蚀设备	残渣粘壁	洗涤酸腐蚀	可腐蚀	不腐蚀	不腐蚀
产生渣液数量，占原料重量的比例	约 10%	产生酸废水	约 5%	约 8%	约 5%
分离残渣的难易程度	难	操作麻烦	较　难	较容易	较容易
可否综合回收钒	较难回收	较难回收	可回收	可回收	可回收
可能污染产品杂质	有机物	无	硫化物	无	无
$TiCl_4$ 回收率	高	低	高	高	高
过程连续性	连　续	间　歇	连　续	存在间歇过程	连　续
适用范围	含钒高原料的大氯化法钛白和海绵钛厂	含钒低原料的小海绵钛厂	含钒高原料的大氯化法钛白和海绵钛厂	海绵钛厂	海绵钛和氯化法钛白厂
现应用国家	美国、日本、中国	中　国	日　本	独联体国家、中国引进	中国（试验）

上述四种工业应用除钒方法中，硫化氢除钒，因硫化氢恶臭，现有很少应用。铜丝除钒，因属间歇操作、成本高、产生大量废酸水、不适应规模化生产等严重缺点，将会逐渐被淘汰。矿物油除钒，在国内海绵钛厂应用中发现许多问题有待研究解决。植物油除钒，成本低，美国已广泛应用氯化法钛白厂和海绵钛厂，但需选择合适的植物油。铝粉除钒可获得用于制造高质量海绵钛的四氯化钛特别适用于海绵钛生产。“两步法”铝粉除钒，操作麻烦，过程不能完全连续，铝粉耗量较大。“一步法”铝粉除钒，克服了“两步法”存在的缺点，操作简单，生产过程可实现完全连续操作。

6.4　精制工艺流程和设备

6.4.1　精制工艺流程

粗四氯化钛的精制流程已在前面除钒一节叙述。精制四氯化钛包括除高沸点杂质、除低沸点杂质及除钒三道工序，通常除钒可与除高沸点杂质同时进行。精制流程的安排主要与选择的除钒方法有关，其次也与氯化工艺有关。

若选用铜丝除钒，最好把除钒安排在最后，这样可节省铜丝耗量。若选用有机物和硫化氢除钒，则应先除钒。选用铝粉除钒时，根据原料杂质含量确定采用先除钒或后除钒方案。

精制四氯化钛流程的改进，除除钒方法的改进外，一个重要改进方向是如何降低能耗。降能耗最有效的方法是热料入塔或入釜，例如，除高沸点杂质后的热四氯化钛可直接加入除低沸点塔，除低沸点杂质后的热四氯化钛半成品又可直接加入除钒精馏釜。这种流程安排可节省大量能耗。

乌克兰专家来华介绍的铝粉除钒法精制四氯化钛的工艺设备流程示意图如图 6－13 所示。

6.4.2 精制的主要设备

精制四氯化钛的方法主要是精馏和化学法除钒，而化学除钒又往往在蒸馏釜中进行。因此，精制的主要设备就是精馏装备，包括蒸馏釜、精馏塔和冷凝器等。

6.4.2.1 蒸馏釜

蒸馏釜是将液体蒸发以便进行精馏分离，作为除钒的蒸馏釜还兼有除钒反应器的作用。小型蒸馏釜可直接安装在塔底部，但它的横截面积要略大于塔体的截面。对于较大型的塔，蒸馏釜一般安装在塔外的下方，用导管与塔连接。蒸馏釜有立式和卧式两种，目前在四氯化钛生产中常采用立式。

蒸馏釜是热交换设备，根据加热面安排的需要，蒸馏釜的构造可以是夹套式、蛇管式或列管式，电加热管插入式等；加热方式可以是间接加热或直接加热。

对于设计精制四氯化钛使用的蒸馏釜，关键在于传热介质和加热方式的选择，有如下几种方案可供选择。

A 蒸汽加热

四氯化钛生产中可采用蒸汽间接加热的方法，因为在精馏时蒸馏釜内的温度一般在 140～150℃之间，这就要求使用高压蒸汽。美国广泛应用这种加热方法，国内也有工厂开始应用这种加热方法。但国内的绝大部分工厂还未应用这种加热方法，认为一旦蒸汽加热管发生泄漏将造成严重事故，采用严格自控方法可以避免这种事故的发生。

B 导热油加热

导热油间接加热的优点是传热壁温度较低，传热壁上不易结疤，适用于采用有机物除钒的反应器或蒸馏釜的加热。导热油间接加热有夹套外加热和传热列管插入式内加热两种方式。蒸馏釜夹套外加热方式，由于受到传热面积的限制，仅适用于试验或小规模生产使用。将导热油加热列管或蛇管从釜侧部插入蒸馏釜的内加热方式，可以设计较大功率的蒸馏釜，但蒸馏釜的容积较大。因此，对于大功率蒸馏釜，使用导热油加热方式较困难。这种加热方式在我国应用较少。

C 电加热

电加热一般是内加热法，因为外加热会使热损失增加。内加热法有直接加热和间接加热两种。

因为四氯化钛本身不导电，可将低电压大电流的加热板（或棒）直接插入釜中加热。因为加热板的温度较高，仅适用于不发生化学反应和无易结疤杂质的四氯化钛的加热，例如除高沸点和除低沸点蒸馏釜的加热。

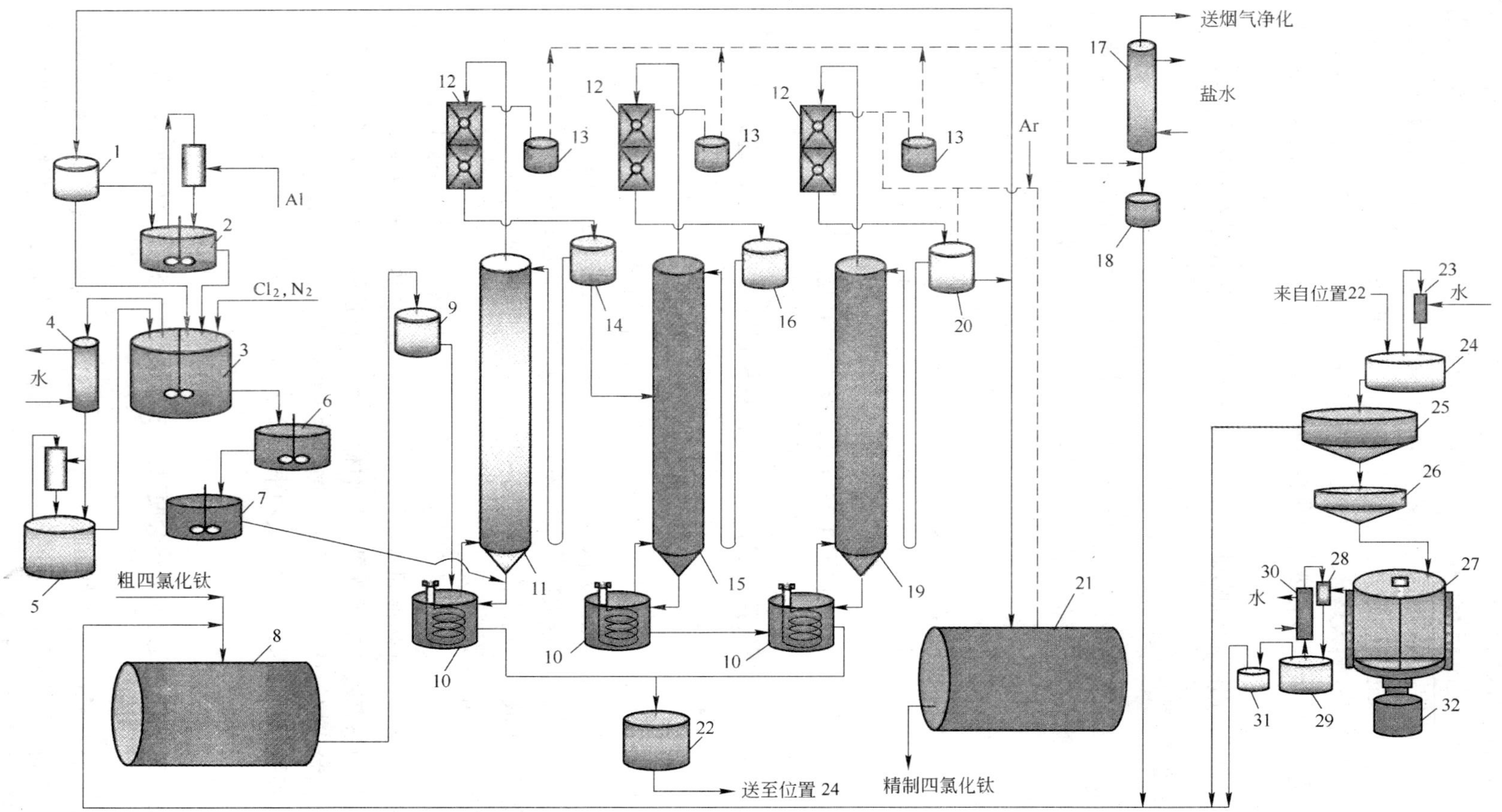

图 6-13 乌克兰铝粉除钒精制四氯化钛工艺设备流程图

1—$TiCl_4$ 槽；2—混合槽；3—反应器；4—冷却器；5—冷凝槽；6—低价氯化钛收集槽；7—低价氯化钛供应槽；8—储槽；9—高位槽；10—蒸馏釜；11—预蒸馏塔；12—空气冷却设备；13—液封；14— 一次馏出物槽；15— 一次精馏塔；16—低沸点馏出物槽；17—盐水冷却器；18—冷凝液槽；19—二次精馏塔；20—精制四氯化钛中间槽；21—精制四氯化钛储槽；22—残液收集槽；23，28—喷射泵；24—水解槽；25—沉降槽；26—料浆槽；27—料浆蒸发浓缩炉；29—冷凝液槽；30—冷却器；31—泵槽；32—运料箱将电加热元件放入不锈钢套筒内，再将这种套管式加热器插入蒸馏釜加热的方式，较适合用于大功率加热釜，目前已在设计 1200kW 的蒸馏釜。电加热元件有硅碳棒，电热丝、棒、板等多种形式。

另外，还有一种远红外电加热的方法，这种方法可外加热，也可内加热，还可内外同时加热。但经试验表明，这种加热方法仅适合用于保温和小功率的场合。

对于有机物除钒或铝粉除钒的反应器的蒸馏釜，需带有搅拌装置。这样，蒸馏釜盖上要安装搅拌器、加热套筒、测温口、测压口、液位口、检修人孔等。

蒸馏釜的容积大小是根据最大产能和加热面积来确定的。实践证明，要使生产稳定，分离效果好，釜的装料量不能过多，这样才能保证釜内液面上有较大的空间，使汽化产生的蒸气有充分的机会和液体分离。装料容积一般占釜容积的 60% ~67%。

6.4.2.2 浮阀精馏塔

从四氯化钛除去低沸点杂质（主要是 $SiCl_4$）和高沸点杂质采用精馏法。目前国内外海绵钛厂使用的精馏塔主要有浮阀塔、筛板塔和填料塔。国内普遍使用浮阀塔，也有工厂使用填料塔来除高沸点杂质。

浮阀塔是近 30 年来发展起来的一种新型板式塔。浮阀塔板是在泡罩塔板和筛孔塔板的基础上发展起来的，它吸收了两种塔板的优点。主要的改进是取消了泡罩塔的升气管，并以可浮动的浮阀代替泡罩。它与其他板式塔比较具有如下特点：

（1）操作弹性大：浮阀可以自由升降，根据气体的流量自行调节开度，可使气体在缝隙间的速度稳定在一定范围内。这样，在气量小时可避免过多的漏液，而气量大时又不致压降太大，使浮阀塔板具有优良的操作性能，在较宽的气液负荷变化范围内均可持较高的板效率。

（2）处理能力大，比泡罩塔大 20% ~40%，但比筛板塔略小。

（3）气体为水平方向吹出，气液接触良好，雾沫夹带量小，塔板效率高，一般比泡罩塔高 15% 左右。

（4）干板压降比泡罩塔小，但比筛板塔大。

（5）结构简单，安装方便，制造费用约为泡罩塔的 60% ~80%，为筛板塔的 120% ~130%。

（6）生产实践表明，在精制四氯化钛使用效果较好。

前面已讨论的精馏塔设计也适用于浮阀塔，下面补充只补充浮阀塔板结构和塔板压降。

A 浮阀塔板结构

浮阀塔板上有浮阀和溢流装置，溢流装置包括降液管、溢流堰和受液盘等部件。

a 浮阀

浮阀由阀片和支架组成，目前广泛应用的主要有 F1 型（V－1 型）和十字架型两种浮阀，它们的结构和尺寸如图 6－14 和表 6－21 所示。

F1（V－1）型浮阀结构简单，制作方便，节省材料；有轻阀（25g）和重阀（33g）两种，我国已有标准（JB1118）。十字架型与 V－1 型无显著区别，对处理污垢或易聚合物料较好，制造与安装较复杂。

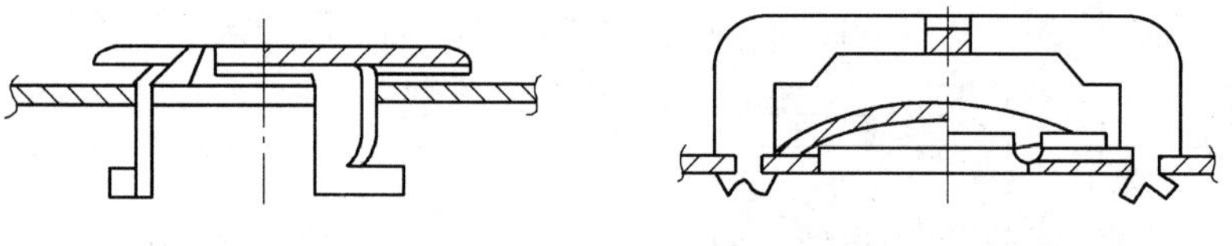

图 6－14　常用的两种浮阀的结构

表 6－21　F1 和十字架型浮阀的规格

阀　型	阀重/g	阀片厚/mm	阀径/mm	阀片最小开度/mm	阀片最大开度/mm
F1 重阀	32.4 ~ 33.2	2	39	2.5	8.5
F1 轻阀	24.3 ~ 24.9	1.5	39		
十字架重阀	30 ~ 32	2	32 ~ 40 常用 39	1 ~ 2	8 ~ 8.5
十字架轻阀	22 ~ 24	1.5			

浮阀的直径通常为 39mm，浮阀按正三角形在板上排列。板上浮阀的数目由开孔率 ψ 确定：

$$\psi = 0.785nd^2/A_0$$

式中　d——阀孔直径；

A_0——塔板开孔区面积；

n——浮阀个数。

对于常压精馏塔，开孔率一般为 9% ~ 11%。

b　溢流装置

四氯化钛生产中使用的浮阀精馏塔的直径较小，一般采用弓形降液管、单溢流、不设进口堰，采用类似于图 6－15 所示的筛板塔的塔板结构。

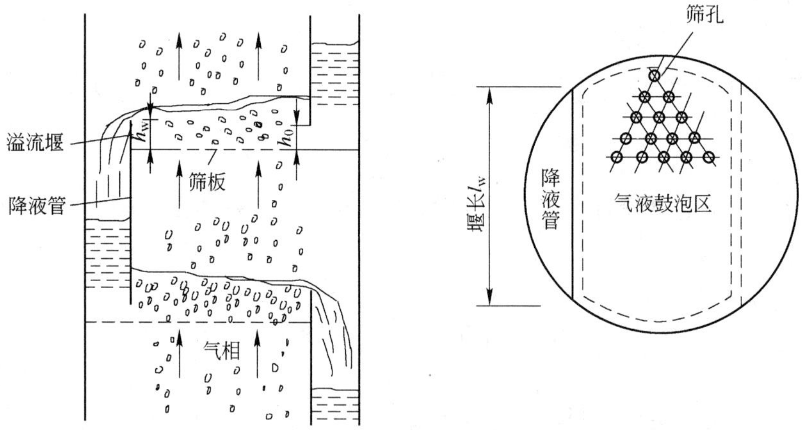

图 6－15　筛孔塔板

c　降液管

降液管是塔板间液体流动的通道，也是溢流液中夹带的气体得以分离的场所。从形状上来看，降液管可分为弓形降液管和圆形降液管。弓形降液管，堰与壁之间的全部截面区域均作为降液空间，适用于直径较大的塔中，塔板面积利用率最高，但塔径小时制作焊接不便。圆形降液管对于小塔制作较容易，但降液管流通截面较小，没有足够空间分离溢流中的气泡，气泡夹带严重，不适用于流量大极易起泡的物料。

降液管的设计，一般应遵守下列原则：

（1）降液管中的液体线速度，宜小于0.1m/s；

（2）降液管的容积与液相流量之比，有时也称为液体在降液管中的停留时间，一般应大于5s，个别情况下，可小至3s。停留时间是板式塔设计中的重要指标之一，停留时间太短，容易造成板间的液体夹带，气相返混，降低效率，还增加淹塔的机会。

停留时间 =（降液管截面积 × 降液管中液体高度）/液体体积流量

降液管中清液层高度，一般为塔板间距的一半。

（3）降液管底部与下一块塔板间的间隙（降液管底隙高度）h_0应尽可能比外堰高 h_w 小6mm以上（参见塔板的结构参数图6－16），液相通过此间隙时的流速一般不大于降液管内的线速度，如果必须超出时，最大间隙流速亦应小于0.4m/s。此外，h_0一般不宜小于25mm，以避免锈屑和其他杂质堵塞，或因安装偏差而使液流不畅，造成液泛。

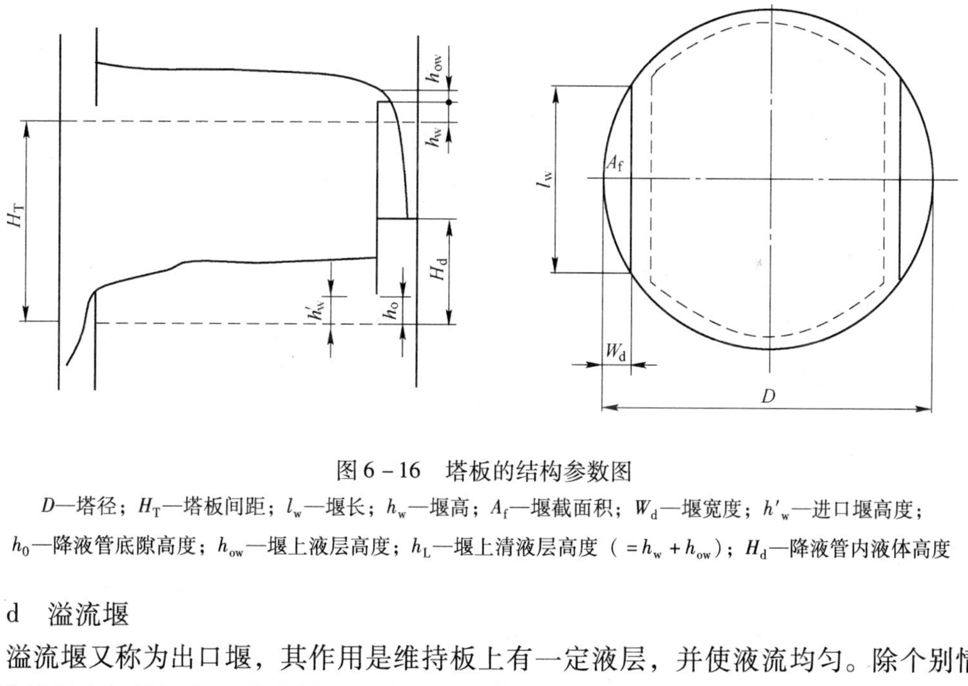

图6－16　塔板的结构参数图

D—塔径；H_T—塔板间距；l_w—堰长；h_w—堰高；A_f—堰截面积；W_d—堰宽度；h'_w—进口堰高度；h_0—降液管底隙高度；h_{ow}—堰上液层高度；h_L—堰上清液层高度（$=h_w+h_{ow}$）；H_d—降液管内液体高度

d　溢流堰

溢流堰又称为出口堰，其作用是维持板上有一定液层，并使液流均匀。除个别情况（如塔径很小的塔）外，均应设置溢流堰。对单流型塔板，一般堰长 l_w与塔径 D 的比 l_w/D 为0.6～0.8；对于双流型，l_w/D 为0.5～0.7。根据经验，对于筛板塔和浮阀塔，最大的堰上液流量不宜超过100～130m³/h，也可按此原则确定堰长。外堰的高度与塔板形式和板上的液层高度有关。对于筛板塔和浮阀塔板，外堰高 h_w 可按下列要求来确定。一般应使塔板上的清液层高度 $h_L=50\sim100$mm，而清液层高度 h_L为溢流堰高 h_w与堰上液流高度 h_{ow}之和，因此有：$50-h_{ow}\leqslant h_w\leqslant 100-h_{ow}$。

e　受液盘

受液盘有平形受液盘和凹形受液盘两种形式，如图6－17所示。

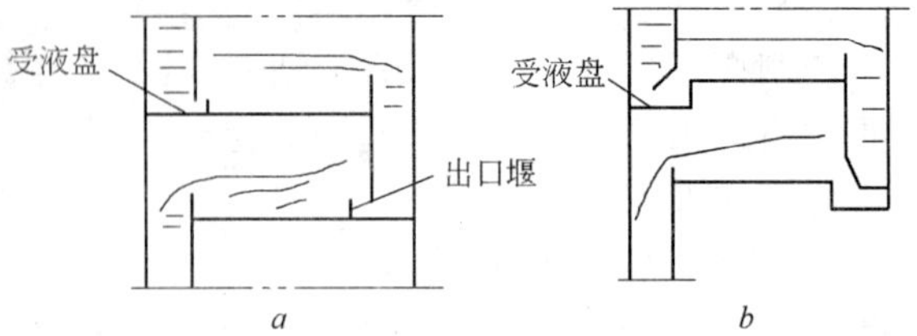

图6－17　受液盘示意图

a—平形受液盘；b—凹形受液盘

平形受液盘一般需在塔板上设置进口堰，以保证降液管的液封，并使液体在板上分布均匀。设置进口堰既占用板面，又易使沉淀物淤积此处造成阻塞。采用凹形受液盘不需设置进口堰。凹形受液盘既可在低液量时能形成良好的液封，又有改变液体流向的缓冲作用，并便于液体从侧线抽出。对于ϕ600mm以上的塔，多采用凹形受液盘。凹形受液盘的深度一般在50mm以上，有侧线采出时宜取深些。凹形受液盘不适于易聚合及有悬浮固体的情况，因易造成死角而堵塞。

B　塔板压降

气体通过塔板时，需克服塔板本身的干板阻力、板上液层的阻力及液体表面张力造成的阻力，这些阻力即形成了塔板压降，以相当的液柱高度表示为：

$$h_p = h_c + h_l + h_\sigma$$

式中　h_p——气体通过塔板压降相当的液柱高度，m液柱；

h_c——气体通过塔板的干板压降相当的液柱高度，m液柱；

h_l——气体通过板上液层的压降相当的液柱高度，m液柱；

h_σ——克服液体表面张力的压降相当的液柱高度，m液柱。

干板阻力在阀片全开前：　$h_c = 19.9\dfrac{u_o^{0.175}}{\rho_L}$

在阀片全开后：　$h_c = 5.34\dfrac{\rho_V u_o^2}{2\rho_L g}$

式中　ρ_V，ρ_L——分别为气相和液相密度，kg/m^3；

u_o——蒸气通过阀孔速度，m/s；

g——重力加速度，9.81m/s^2。

通过液层阻力　$h_l = 0.5h_L = 0.5(h_o + h_{ow})$

式中　h_L——塔板上清液层高度，m液柱；

h_o，h_{ow}——溢流堰高度和堰上液层高度，m液柱。

克服液体表面张力的阻力h_σ可用下式估算：

$$h_\sigma = \frac{4\sigma_L}{\rho_L g d_o}$$

式中　σ_L——液体表面张力，N/m；

d_o——阀孔直径，m。

6.4.2.3　填料精馏塔

填料塔是以塔内的填料作为气液两相间接触构件的传质设备。填料塔的塔身是一直立式圆筒，底部装有填料支承板，填料以乱堆或整砌的方式放置在支承板上。填料的上方安装填料压板，以防被上升气流吹动。回流液体从塔顶经液体分布器喷淋到填料上，并沿填料表面流下。气体从塔底送入，经气体分布装置（小直径塔一般不设气体分布装置）分布后，与回流液体呈逆流连续通过填料层的空隙，在填料表面上气液两相密切接触进行传质。填料塔属于连续接触式气液传质设备，两相组成沿塔高连续变化，在正常操作状态下，气相为连续相，液相为分散相。

当液体沿填料层向下流动时，有逐渐向塔壁集中的趋势，使得塔壁附近的液流量逐渐增大，这种现象称为壁流。壁流效应造成气液两相在填料层中分布不均，从而使传质效率下降。因此，当填料层较高时，需要进行分段，中间设置再分布装置。液体再分布装置包括液体收集器和液体再分布器两部分，上层填料流下的液体经液体收集器收集后，送到液体再分布器，经重新分布后喷淋到下层填料上。

填料塔具有生产能力大、分离效率高、压降小、持液量小、操作弹性大等优点。填料塔也有一些不足之处，如填料造价高；当液体负荷较小时不能有效地润湿填料表面，使传质效率降低；不能直接用于有悬浮物或容易聚合的物料；对侧线进料和出料等复杂精馏不太适合等。

填料塔的填料有散堆填料、规整填料和混合填料三种。散堆填料如鲍尔环，可用陶瓷、金属和塑料制作。规整填料是丝网制成的波纹填料，由薄板片冲压折叠和组装而成，它改变了液相在填料表面上稳定流过较长距离的传统模式，通过曲折而不断改变方向的丝网，促进液相与气相的良好接触，提高传质效率。

我国曾用填料塔（散装填料）作为四氯化钛除低沸点杂质的精馏塔，因精馏效果不好，后来改用浮阀精馏塔。目前有的工厂用填料塔（散装填料）作为四氯化除高沸点杂质的精馏塔。在从四氯化钛中分离 $AlCl_3$ 的试验中，曾用规整填料（板波纹填料层 3m 和丝网填料层 3m）填充的填料塔进行过试验，试验表明分离效果不如浮阀塔。

在四氯化钛生产中使用填料塔，一旦填料发生堵塞或填料损坏，不便清洗和更换。因此，目前大部分工厂无论是除高沸点杂质还是除低沸点杂质，都全部应用浮阀精馏塔。

目前在生产使用的铜丝除钒塔，与填料塔类似，铜丝球相当于填料。

6.4.2.4　冷凝器

冷凝器的任务是冷凝离开塔顶的蒸气，以便为分离提供足够的回流。部分冷凝的优点是未冷凝的产品富集了轻组分，冷凝器为分离提供了一块理论板。当全凝时，部分冷凝液作为回流液返回，另一部分冷凝液作为产品，冷凝器没有分离作用。

在小型精馏塔中，冷凝器可采用蛇管式，对大型设备一般采用列管式。为了提高冷却介质的流速，使其传热系数提高，常采用逆流操作，一般安排冷却介质在管内流动，蒸气在管外冷凝。

对于小型精馏塔，冷凝器一般安装在塔顶，冷凝液靠重力作用回流入塔，但缺点是回流量较难控制。冷凝器距塔顶回流口的高度，可根据管道阻力损失进行估算。

对于大型精馏塔，往往将冷凝器安装在离地面约 5m 的支架上，以保证泵在输送回流液时，不会出现气蚀现象。采用泵进行强制回流时，回流属冷回流，其回流比容易控制，且对安放冷凝器的支座要求不高，安装与检修都比较方便。

冷凝器可分为水冷（或其他液体冷却剂）和气冷。进行选择时通常考虑的是：气冷设备大、投资成本高，但操作费用较低；对较小的冷凝器，水冷更具有吸引力。所以设计时，应从总费用为最小的原则出发。对于冷凝四氯化钛，采用气冷更为安全，但目前大部分工厂仍采用水冷。

6.5　精制过程的控制

精制四氯化钛过程要控制许多工艺条件，其中主要的有原料液加入速度、蒸馏釜温度和压力、精馏塔顶温度和压力、回流比、蒸馏釜加热功率等。

6.5.1　原料加入速度

在精馏过程开始时，向蒸馏釜加入约釜总容量的 2/3 的原料液，蒸馏釜加热启动后，向釜中或塔中加入原料液的速度是以保持釜中液面为准。加料速度取决于釜中料液的蒸发速度，也即取决于釜加热功率的大小。在釜加热功率维持恒定的情况下，加料速度也基本上维持不变。

6.5.2　蒸馏釜的温度和压力

蒸馏釜的温度取决于釜液组成和釜压力。釜压力主要取决于精馏塔的结构参数和操作参数，主要是塔板数（塔高）和蒸气流速。塔板数越多，即塔越高，蒸气通过塔的流速越大，气流通过塔的压降也就越大，釜压也就越高，釜温随釜压上升而提高。在正常操作条件下，对于浮阀精馏塔，釜压力在 10 ~ 30kPa 范围内变化，釜温变化范围为 139 ~ 150℃。填料精馏塔的压降较小，约在 5 ~ 20kPa 范围内，釜温变化范围为 138 ~ 145℃。对于已确定的塔釜装置，在正常操作条件下，釜温和釜压可控制在小范围内变化；对于 25 块塔板的浮阀精馏塔，釜压约在 26kPa 左右，釜温约在 148℃左右。

6.5.3　塔顶温度和压力

正常情况下，塔顶压力一般较低（2kPa 以下），因此塔顶温度主要取决于塔顶气液相组成。对于除高沸点杂质精馏塔，塔顶馏出液是产品，塔顶温度反映了产品的纯度，因此塔顶温度接近于 $TiCl_4$沸点，在 136 ~ 137℃之间。对于除低沸点杂质精馏塔，塔顶温度反映了馏出液中低沸点组分（主要是 $SiCl_4$）的含量，塔顶温度较低，表明馏出液中低沸点组分含量较高；如果塔顶温度较高，表明馏出液中低沸点组分含量较低；塔顶温度变化范围为 70 ~ 130℃。

6.5.4　回流比

回流比是控制精馏过程的重要参数。回流比影响到分离效率；回流量大，分离效果提高，但产量降低或能耗增加。在设计中已经确定了适宜的回流比，在操作时要加以验证。对于除低沸点杂质的精馏塔，一般回流比较大（一般大于 20），其目的是为了提高馏出液中低沸点组分的含量和减少馏出液数量。对于除高沸点杂质的精馏塔，一般回流比较小，以降低蒸馏釜的加热功率。

6.5.5 蒸馏釜加热功率

蒸馏釜加热功率取决于处理量和回流比，在处理量相同的情况下，回流比越大，则要求釜加热功率增加。釜加热功率的大小，决定了釜液蒸发量的多少。釜液蒸发量决定了气相通过塔的速度，蒸发量过大会使气速过高；反之蒸发量过小，则气速过小。这两种不正常情况都会造成精馏塔出现异常情况，影响精馏分离效果。因此，操作已经正常的情况下，应尽量保持釜加热功率的稳定。

上述工艺条件都是相互影响的。研究解决适合在四氯化钛中使用的各项参数（温度、压力、液位、流量等）的探测元件、测量仪表及操作执行机构之后，采用计算机控制四氯化钛精制过程会获得更好效果，也是许多工厂追求实现的目标。

6.6 三废治理

四氯化钛精制工序有许多排出物，如釜残液、低沸点馏出液、精馏塔废气和呼吸器排出的气体等。这些排出物必须进行适当处理，回收其中的有价成分，最终排出物达到排放标准。

6.6.1 釜残液

除高沸点杂质和除低沸点杂质的蒸馏釜残渣液中，主要杂质是不溶的固体物、可部分溶解的高沸点杂质（$FeCl_3$、$AlCl_3$、$TiOCl_2$等）等。处理这种釜残液最好的方法，是将釜残液返回氯化炉。在氯化炉中，残液中的可挥发的四氯化钛和杂质挥发出来，随氯化产物从炉中逸出，其中四氯化钛得到了回收，大部分高沸点杂质在收尘器中收集。

如果这些釜残液无条件返回氯化炉，则需要进行过滤或蒸发回收其中的四氯化钛，过滤渣或蒸发残渣可与氯化的收尘渣合并处理。

除钒蒸馏釜的残渣含 $VOCl_2$，这种釜残液不能返回氯化炉，但可返回氯化收尘系统的适当部位处理，在收尘器中适当温度下使其中的四氯化钛挥发回收，而除钒渣（$VOCl_2$）进入收尘渣中，如图 6－18 所示。但如果返回位置的温度过高，则会使其中的 $VOCl_2$ 氧化成 $VOCl_3$，造成钒在粗四氯化钛中的不断富集。如果这些釜残液无条件返回氯化收尘系统，则需要根据使用的不同除钒方法，采用不同方法处理，这已在除钒一节中叙述。

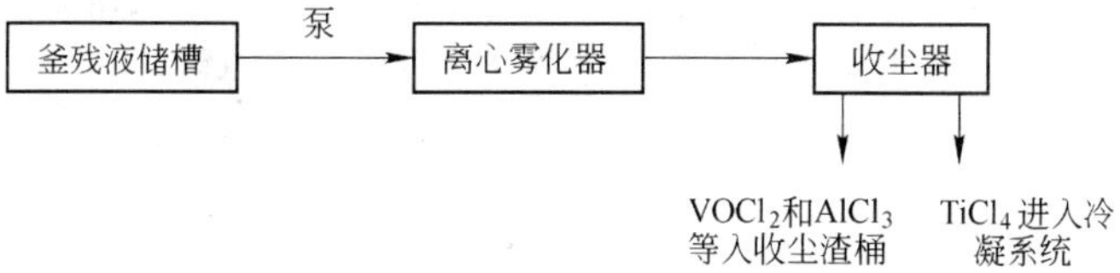

图 6－18 釜残液的处理流程示意图

6.6.2 低沸点馏出液

低沸点馏出液的组成随原料中 $SiCl_4$ 含量与回流比的变化而变化，一般 $SiCl_4$ 含量在 10%～30%（质量分数）范围内。如果采用熔盐氯化工艺，低沸点馏出液可以返回氯化炉，其中的 $SiCl_4$ 会在炉中被氧化为 SiO_2。如果采用沸腾氯化工艺，低沸点馏出液返回氯化炉，在什么条件下 $SiCl_4$ 在炉中会被氧化为 SiO_2，其氧化的比例多少，还需试验研究。如果不返回氯化炉，则需采用常压精馏或减压精馏方法，将 $SiCl_4$ 与 $TiCl_4$ 分离。分离出来的 $SiCl_4$ 可用于制造有机硅产品，例如可将 $SiCl_4$ 与乙醇反应制造硅酸乙酯，这是比较简单的工艺，产品有较广泛的应用。

6.6.3　精馏塔废气

精馏塔排出的废气主要含有低沸点氯化物（$SiCl_4$、HCl、$COCl_2$ 等）、少量 Cl_2 和少量四氯化钛，可经碱液或石灰乳液洗涤后排放。废气处理工艺流程有多种，图 6－19 是其中的一种。废气处理的基本反应如下：

（1）水吸收 $SiCl_4$ 和 $TiCl_4$：

$$SiCl_4 + 3H_2O = H_2SiO_3 + 4HCl$$

$$TiCl_4 + 3H_2O = H_2TiO_3 + 4HCl$$

（2）碱液吸收氯气：

$$2NaOH + Cl_2 = NaClO + NaCl + H_2O$$

（3）污水用 $Ca(OH)_2$ 处理消除酸性：

$$2HCl + Ca(OH)_2 = CaCl_2 + H_2O$$

（4）$Na_2S_2O_3$ 消除废液中的 NaClO。

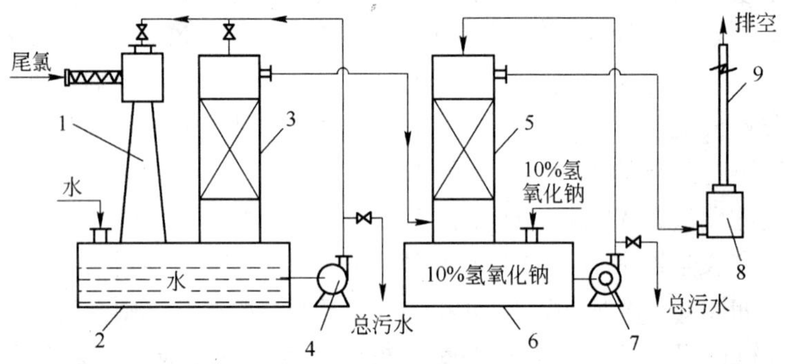

图 6－19　精制系统的尾氯处理工艺流程

1—文丘里洗涤塔；2—水槽；3—水洗填料塔；4—清水泵；5—碱洗塔；6—10% 碱液罐；7—碱液泵；8—风机；9—排气筒

参 考 文 献

［1］Родякин В В，и др．镁热法生产海绵钛［M］．冶金部贵阳铝镁设计院工艺三科译．国外钒钛，第七辑（1975），科学技术文献出版社重庆分社．

［2］Гаибеков М Г，и др．Производство Четыреххлористого Титана．Издательство《металлргия》，Москва，1980.

［3］莫畏，邓国珠，罗方承．钛冶金［M］．第 2 版．北京：冶金工业出版社，1998.

［4］中南矿冶学院．氯化冶金［M］．北京：冶金工业出版社，1978.

[5] 王志魁. 化工原理[M]. 第3版. 北京：冶金工业出版社，2005.
[6] 邓国珠. 刘水根. 一种以铝粉为直接还原剂除去四氯化钛中钒杂质的方法[P]. 专利号 ZL200610012209.5，2008.
[7] 邓国珠. "一步法"铝粉除钒精制四氯化钛工业试验取得圆满成功[N]. 稀有金属快报，2008，(6).
[8] 邓国珠. 我国海绵钛生产技术现状和改进措施[J]. 钢铁钒钛，2009，(2).
[9] 邓国珠. 去除 $TiCl_4$ 中钒杂质各种方法的比较评价[J]. 稀有金属，1993(3)：218.
[10] 陈朝华，刘长河. 钛白粉生产及应用技术[M]. 北京：化学工业出版社，2006.
[11] 邓国珠. 从四氯化钛中除去大量有机物杂质的方法[P]. 专利号 ZL98101540.9，2002.
[12] 李日辉，张碧田. $TiCl_4$ 除钒新方法研究[J]. 稀有金属，1990(1)：7.

7 镁还原法制取海绵钛

7.1 导论

镁还原—真空蒸馏法是目前国际上工业生产海绵钛的唯一方法。该方法的原则流程如图7－1所示。

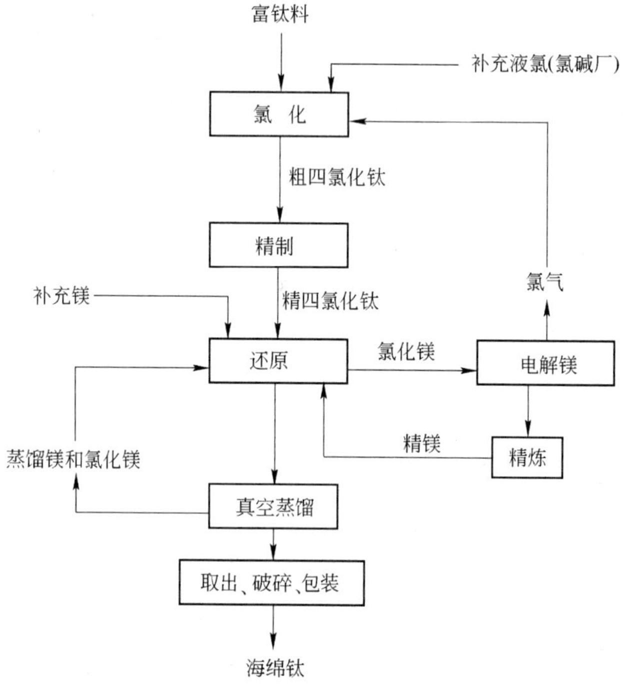

图7－1 镁还原法制取海绵钛生产工艺流程图

从图7－1可见，该工艺包括镁还原—真空蒸馏、产品后处理、镁电解三个主要工序。工艺特点是实现了氯、镁的循环利用：用金属镁还原$TiCl_4$制取海绵钛，还原反应的副产品$MgCl_2$用于电解制取金属镁，电解获得的金属镁返回还原工序使用，而电解产生的氯气返回氯化工序用于制造四氯化钛。

镁还原—真空蒸馏法制造海绵钛的工艺方法，有非联合法和联合法两种。

非联合法是原来的方法，在还原完成并冷却之后，拆开还原反应器并组装连接冷凝器，然后再进行真空蒸馏，蒸馏完成后从冷凝器中取出冷凝物，并从冷凝物中回收利用其中的镁和氯化镁。非联合法存在许多缺点，目前国际上已不使用，在我国还有少数小厂用这种方法。

还原—蒸馏联合法，又称为还原—蒸馏一体化，还原完成之后即可乘热进行真空蒸馏。还原反应器（也作蒸馏器用）经所谓“过渡段”与冷凝器连接，它们可在还原之前连接好，或者还原完成后不需冷却趁热连接；在蒸馏时冷凝了镁和氯化镁的冷凝器使用作下炉次的还原反应器。按还原反应器（蒸馏器）与冷凝器连接时间不同，又分为“联合法”和“半联合法”，在还原之前就将两者连接的称为“联合法”，在还原完全之后才将两者连接的称为“半联合法”。一般来讲，I 形炉是在还原完成之后，才将还原反应器（蒸馏器）与冷凝器连接；而倒 U 形炉，既可在还原之前或还原之后连接均可。从提高设备的利用率考虑，还原之后才将还原反应器（蒸馏器）与冷凝器连接，是比较合理的。因此，本书将上述“联合法”和“半联合法”统称为“联合法”。

目前联合法有两种不同的工艺，即所谓“倒 U 形联合法”和“I 形联合法”。倒 U 形联合法又称为并联法，日本和美国采用这种方法。I 形联合法又称为串联法，独联体国家应用这种方法。我国上述两种方法都在应用。

独联体国家海绵钛厂是应用炉产 4t 的 I 形炉，国内有炉产 2t、3t 和 4t 的 I 形炉。乌克兰已研究成功炉产 7.5t 的 I 形联合法工艺。国内的 I 形联合法与独联体工艺稍有不同，独联体国家使用的还原反应器是下排氯化镁结构，国内是采用上排氯化镁。日本和美国海绵钛厂主要使用炉产 10t 的倒 U 形联合炉，也有 5t、7t 炉；国内现有炉产 5t、8t、10t 和 12t 的倒 U 形联合炉。

上述两种联合法工艺各有其优缺点，但目前仍有争论。两种工艺的先进性都有充分的理论依据和工程实践给予支持，并且各自都形成了比较完善的工业化生产体系。但事实上，倒 U 形装置更有利于设备的大型化。

I 形工艺是联合法发明时早期成功应用的装置，它最大的关键点是设计了紧凑、多功能的“过渡段”，既实现了还原反应器—冷凝器的机械连接，又有效、顺畅地结合了还原—蒸馏的工艺过程。因此“过渡段”既是联合法制钛的关键部位。“过渡段”集中体现了联合法制钛工艺省时、省力、节能、提高产品质量等技术进步的精髓。

倒 U 形装置是设备大型化过程中，I 形装置受限厂房标高、吊车吨位、冷凝物负荷极限等因素而转型为倒 U 形结构的。其实质在于，不仅设备上使 I 形紧凑的“过渡段”变形成相对较长的“过道”，并且蒸馏期蒸馏物的传输方向、路线长度、蓄热量维持等工艺发生了较大的变化。与 I 形装置相比，倒 U 形工艺的关键点在于，如何在结构上保证“过道”在蒸馏期不发生冷凝物堵塞，并尽可能地达到节能、省力。

显然，联合法 I 形、倒 U 形的设备、工艺参数本质上没有太大区别，并且都强有力地推动着海绵钛生产的技术进步，具体采用哪种工艺形式，很大程度上与投资者、设计者的主观判断和偏爱有关。I 形联合炉和倒 U 形联合炉的优缺点比较见表 7－1。

表 7－1　I 形联合炉和倒 U 形联合炉的优缺点比较

对比项目	I 形炉	倒 U 形炉
占地面积	少	多
天车吨位	大	小
厂房高度	高	低
过渡段管道	不需加热	需要加热
操　作	操作较麻烦	操作较简单
产能扩大	难	易

7.2　镁和氯化镁的性质

7.2.1　镁的基本性质

镁是元素周期表第三周期第二主族的元素，原子序数为 12，原子核外电子排列为 $1s^22s^22p^63s_2$，原子半径 0.16nm，离子（Mg^{2+}）半径 0.074nm。自然界中镁有三种同位素，其相对分子质量分别为 23.985（^{24}Mg）、24.986（^{25}Mg）和 25.983（^{26}Mg），其原子的相对丰度（%）分别为 78.7、10.1 和 11.2。镁的相对原子质量为 24.305。

镁的主要物理性质如下：

颜色：银灰色

晶型：六方密排晶格，$a=0.3203$nm，$c=0.5200$nm

密度（g/cm³）（表 7－2）：1.745（20℃），1.61（650℃，固态），1.57（650℃，液态）

表 7－2　金属镁在不同温度下的密度

温度/℃	20	400	500	600	650	650	700	800
密度/g·cm^{-3}	1.783	1.692	1.676	1.622	1.61(固)	1.58(液)	1.575	1.555

熔点：650℃

沸点：1103℃

熔化热（kJ/mol）：8.94

汽化热（kJ/mol）：128.1（沸点时）

燃烧热（kJ/mol）：608

热容（J/(mol·K)）：32.6～33.5（液态）

固态热容与温度关系式：

$$c_p=22.28+10.241\times10^{-3}T-4.305\times10^{4}T^{-2}\qquad(298\sim923\text{K})$$

蒸气压（Pa）：220（627℃），1158（727℃）

表面张力（N/m）：0.556（650℃，液态），0.542（700℃）

黏度（Pa·s）：1.24×10^{-3}（652℃），1.04×10^{-3}（700℃）

电阻率（μΩ·cm）：4.46

热导率[W/(m·K)]：155（20℃）

电阻率（μΩ·cm）：4.18（0℃）

电化当量：0.454g/(A·h)

标准电极电位：－2.38V

固态收缩率：2%（20～650℃）

液态凝固时的收缩率：3.97%

结晶初始温度（最小）：150℃

熔体表面张力（N/m）：0.556（650℃，液态），0.542（700℃），0.502（894℃），$(0.721-0.149)\times10^{-3}T$(液体镁)

线膨胀系数：$19.9\times10^{-6}+1.88\times10^{-8}T$（20～550℃）

凝固收缩率：4.20%（液体体积）

布氏硬度：300

蒸气压（表7-3）：蒸气压（Pa）与温度的关系式：

$\lg P=5.395-2.95\times10^{-3}T-7.64\times10^{3}T^{-1}+8.74\times10^{-7}T^{2}+2.501\lg T$（570～923K）

$\lg P=13.735-7.61\times10^{3}T^{-1}-1.021\lg T$（923～1380K）

表7-3 金属镁在不同温度下的蒸气压

温度/℃	327	427	527	627	650	700	800	900	1000	1107
蒸气压/Pa	0.0014	9.44	19.7	221	350	731	3539	13119	38628	103491

金属镁的化学活性与它的存在形态和温度有关。细镁粉在空气中极易燃烧，而致密镁在干燥的常温下是稳定的。温度升高，镁的化学活性迅速增加，温度低于350℃时氧化（或氮化）速度缓慢；高于400℃反应速度加快；在接近熔点温度或液态时很易燃烧，用熔剂覆盖或在惰性气体保护下可防止燃烧。

在常温下，镁与煤油、汽油和矿物油不起反应，能在许多酸中溶解。镁在高温下具有很高的化学活性，能将许多金属氯化物、氟化物和氧化物等还原为金属，在冶金工业中是常用的制造钛、锆、铪、铀等金属的还原剂。

镁还能与铝、锰、锌、钙、硅等金属生成合金。

7.2.2 氯化镁的基本性质

氯化镁的主要物理性质如下：

颜色：白色固体

密度（表7-4）：2.325g/cm³（20℃），液体密度计算公式：$\rho_t=1.686-2.9\times10^{-4}(t-752)$，1.686g/cm³（752℃液体）

熔点：714℃

沸点：1418℃

分解电压：2.51V（700℃）

熔化热：43.12kJ/mol

汽化热：156.34kJ/mol（沸点时）

热容：92.5J/(mol·K)（714℃，液态）

固态热容［J/(mol·K)］与温度关系式：

$c_p=79.0+5.936\times10^{-3}T-8.611\times10^{5}T^{-2}$ （298～987K）

表面张力：0.138N/m（714℃，液态），0.127N/m（800℃）

熔体黏度：4.12×10^{-3}Pa·s（808℃）

熔体黏度表面张力：0.138N/m（熔点），0.127N/m（800℃）

电导率（S/m）：10.5（729℃），11.8（800℃），13.9（900℃）

蒸气压（Pa）（表7-4）与温度的关系式：

$$\lg p=-10840T^{-1}-5.03\lg T+27.655 \quad (987\sim1691\text{K})$$

表 7－4　氯化镁在不同温度下的密度和蒸气压

温度/℃	20	752	800	850	900	1000	1107	1418
密度/$g \cdot cm^{-3}$	2.325	1.686	1.672	1.658	1.643	1.614	1.583	1.493
蒸气压/Pa	1.8×10^{-22}	85.5	202	452	937	3310	10090	101325

无水氯化镁易溶于水，在空气中易潮解，水解生成水合物（$MgCl_2 \cdot H_2O$，$MgCl_2 \cdot 2H_2O$，$MgCl_2 \cdot 4H_2O$，$MgCl_2 \cdot 6H_2O$）。

海绵钛中存在氯化镁，对海绵钛质量危害极大，它与空气接触时潮解生成水合物，在海绵钛其后的熔铸过程中会使钛的氧含量增加，因为水合氯化镁可能发生下列分解反应：

$$MgCl_2 \cdot H_2O \longrightarrow MgOHCl + HCl$$

$$MgOHCl \longrightarrow MgO + HCl$$

因此，在蒸馏过程中要尽量将氯化镁分离出来，使产品中 Cl^- 含量达到标准要求。但海绵钛产品中总还会残留着微量的氯化镁，为防止因氯化镁潮解而使海绵钛变质，海绵钛需充氩包装出售。

7.3　镁还原反应热力学和动力学

7.3.1　反应热力学分析

7.3.1.1　还原反应的标准自由焓变化

镁还原 $TiCl_4$ 制造海绵钛的总反应式为：

$$(1/2)TiCl_4 + Mg = (1/2)Ti + MgCl_2 \tag{7-1}$$

$$\Delta G_T^{\ominus} = -231100 + 68T \quad (987 \sim 1200K)$$

钛是典型的过渡金属元素，具有变价特性；在还原过程中存在稳定的中间产物 $TiCl_2$ 和 $TiCl_3$。因此，镁还原四氯化钛生成金属钛的反应可分步进行，即先生成低价钛氯化物（$TiCl_3$ 或 $TiCl_2$），后者再进一步还原到金属钛。式（7－1）是一个总反应式，它的反应历程可能经过下列一连串反应：

$$2TiCl_4 + Mg = 2TiCl_3 + MgCl_2 \tag{7-2}$$

$$TiCl_4 + Mg = TiCl_2 + MgCl_2 \tag{7-3}$$

$$\Delta G_T^{\ominus} = -364000 + 148T \quad (987 \sim 1200K)$$

$$2TiCl_3 + Mg = 2TiCl_2 + MgCl_2 \tag{7-4}$$

$$(2/3)TiCl_3 + Mg = (2/3)Ti + MgCl_2 \tag{7-5}$$

$$TiCl_2 + Mg = Ti + MgCl_2 \tag{7-6}$$

$$\Delta G_T^{\ominus} = -98200 - 11T \quad (987 \sim 1200K)$$

式（7－1）～式（7－6）反应的标准自由焓变化（$\Delta G^{\ominus}$）与温度（T）的关系示于图 7－2。从图可见，上述镁还原反应的标准自由能变化 $\Delta G^{\ominus}$ 都有很大的负值，各主要反应均能自发进行，而且自发进行的倾向性很大。说明在一定温度下均可按式（7－1）反应直接生成金属钛；也可按式（7－2）～式（7－4）反应生成低价钛氯化物，在反应区存在镁的条件下，反应生成的低价钛氯化物可继续按式（7－5）、式（7－6）进一步还原生成金属钛。从热力学观点来看，温度越低，还原反应自发进行的倾向性越大。

除上述反应外，当还原过程镁量不足，或者反应温度低时，还可能发生反应物与产物或产物之间的“二次”反应：

$$TiCl_4 + TiCl_2 = 2TiCl_3 \quad (7-7)$$

$$\Delta G_T^{\ominus} = -153000 + 155T \quad (409 \sim 1200K)$$

$$3TiCl_4 + Ti = 4TiCl_3 \quad (7-8)$$

$$TiCl_4 + Ti = 2TiCl_2 \quad (7-9)$$

$$\Delta G_T^{\ominus} = -266000 + 159T \quad (409 \sim 1200K)$$

$$2TiCl_3 + Ti = 3TiCl_2 \quad (7-10)$$

式（7-7）~式(7-10）反应不同温度下的标准自由焓变化值（$\Delta G^{\ominus}$）与温度关系列于表7-5中。

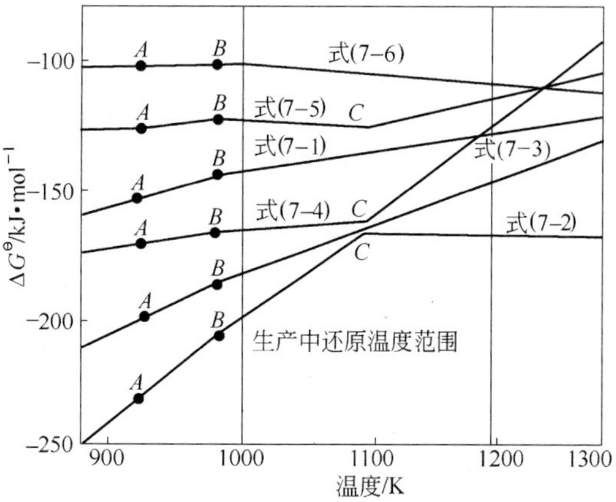

图7-2 标准自由焓变化与温度的关系

A—Mg 的熔点；*B*—$MgCl_2$ 的熔点；*C*—$TiCl_3$ 升华点

表7-5 镁还原过程中二次反应在不同温度下的 $\Delta G^{\ominus}$ 值 (kJ)

反应式	温度/K				
	900	1000	1100	1200	1300
(7-7)	-27.6	-14.2	-1.26	-15.9	-32.7
(7-8)	-141.9	-96.3	-52.3	-64.5	-79.1
(7-9)	-82.5	-67.8	-42.7	-32.7	-13.8
(7-10)	-50.0	-53.6	-48.6	-16.8	+18.8

从表7-5可见，这些二次反应式（7-7）~式（7-10）在一定温度下的 $\Delta G^{\ominus}$ 为负值，表明这些二次反应均可发生。但这些二次反应和前面的主要反应式（7-1）~式（7-6）相比，$\Delta G_T^{\ominus}$ 的负值要小得多，说明二次反应的自发倾向性也小得多，它们仅是还原过程的副反应。只有在镁量不足的情况下，二次反应才有机会发生。

上述还原反应的副产物 $MgCl_2$，不存在与 Ti、$TiCl_2$、$TiCl_3$、$TiCl_4$之间的化学反应，因此还原反应不存在逆反应。

总之，镁还原可能发生的反应很多，随着反应条件的变化，可能发生的反应也发生变化。在反应物 $TiCl_4$ 过量的条件下，有利于生成低价钛氯化物的反应式（7-2）~式（7-4）、式(7-7）~式（7-10）；在还原剂镁过量的条件下，则有利于生成金属钛的反应式（7-1）、式（7-5）、式（7-6）。可见，反应的最终产物取决于反应条件。在反应物 $TiCl_4$过量的条件下，最终产物中必然存在低价钛氯化物；在还原剂镁过量的条件下，最终产物中存在低价钛氯化物的几率减少。镁还原 $TiCl_4$ 制造海绵钛，要避免产物中存在低价钛氯化物，就必须过量镁。

在还原过程中，四氯化钛中的微量杂质，如 $AlCl_3$、$FeCl_3$、$SiCl_4$、$VOCl_3$ 等均被镁还原生成相应的金属，这些金属混杂在海绵钛中。混杂在镁中的杂质钾、钙、钠等也是还原剂。它们分别将 $TiCl_4$还原并生成相应的杂质氯化物，但因含量甚少，不会引起反应的热力学本质变化，故可以忽略不计。

7.3.1.2　还原反应的平衡常数

反应的完全程度可用反应平衡常数 K_p 衡量。对镁还原 $TiCl_4$ 制造海绵钛的总反应式：

$$TiCl_4 + 2Mg = Ti + 2MgCl_2$$

$$\Delta G_T^{\ominus} = -RT\ln K_p \tag{7-11}$$

存在过量镁的条件下，式（7－11）反应式中的 Mg、Ti 和 $MgCl_2$ 看作纯凝聚态物质，则式（7－11）中的平衡常数 K_p 可表示为：

$$K_p = \frac{1}{p_{TiCl_4}} \tag{7-12}$$

由式（7－11）和式（7－12）计算出的平衡常数 K_p 和达到平衡时 $TiCl_4$ 的分压 p_{TiCl_4} 列于表 7－6 中。

表 7－6　式（7－11）反应在不同温度下的 K_p 值、p_{TiCl_4}

温度/K	900	1000	1100	1200	1300
$\Delta G_{T_p}^{\ominus}$/kJ	－339.8	－326.2	－312.6	－299	－285.4
K_p	5.26×10^{19}	1.09×10^{17}	6.98×10^{14}	1.03×10^{13}	2.93×10^{11}
p_{TiCl_4}/Pa	1.9×10^{-20}	9.17×10^{-18}	1.43×10^{-15}	9.71×10^{-16}	3.41×10^{-12}

从表 7－6 可见，镁还原 $TiCl_4$ 生成钛反应的平衡常数 K_p 值较大，达到平衡时 $TiCl_4$ 的平衡分压 p_{TiCl_4}很小，表明该反应可以进行得很完全。

7.3.1.3　还原反应的反应热

镁还原的主反应：

$$TiCl_4(g) + 2Mg(l) = Ti(s) + 2MgCl_2(l)$$

$$\Delta H_T^{\ominus} = \Delta H_{298}^{\ominus} + H(H_T^{\ominus} - H_{298}^{\ominus}) \tag{7-13}$$

上式中各物质的 $\Delta H_{298}^{\ominus}$和 $H_T^{\ominus} - H_{298}^{\ominus}$ 可在热力学手册中查到，因而可以计算在不同温度下各反应的 $\Delta H_T^{\ominus}$。

镁还原反应是一个放热反应，在绝热条件下，对生成 1mol 钛反应的热平衡计算：

$$Q_T = \Delta H_T^{\ominus} + Q_{T吸} \tag{7-14}$$

式中　$Q_{T吸}$——物料吸热量；

　　　Q_T——反应余热。

在 1000K 的温度下进行镁还原反应式（7－11），按式（7－13）反应计算出生成 1mol 钛的 $\Delta H_{1000}^{\ominus}$为－436.6kJ。镁还原制造海绵钛的工艺是先在反应器中加入液体镁，再逐步向反应器加入 $TiCl_4$进行还原反应。现假定在 1000K 的温度下进行反应，就是说在反应器中的 Mg 的温度已是 1000K，加入冷（298K）$TiCl_4$到反应器中进行反应，那么 $TiCl_4$ 从 298K 升至 1000K 需要吸热量为 140.3kJ。因此，在绝热条件下，在 1000K 的温度进行反应生成 1mol 钛的净放热量（反应余热）为 296.3kJ：

$$Q_{1000} = \Delta H_{1000}^{\ominus} + Q_{T吸} = -436.6 + 140.3 = -296.3\text{kJ}$$

上述计算表明，镁还原反应热效应很大，在绝热过程中除去物料吸热外，还释放出相当多的热量。在工业用的反应器中，不仅完全可以靠自热维持反应，而且还必须控制适宜的反应速度，如果要加快反应的进行，则必须采取排出余热的措施，否则会使反应器壁过热，导致产品铁含量超标，或导致产品严重烧结而不利于下工序真空蒸馏的进行。

7.3.1.4 还原过程的相平衡关系

图7－3为Ti－Cl－Mg系在1073K时的等温截面示意图，它揭示了镁还原四氯化钛反应在该温度下达到平衡时各相之间的关系。从图可见，由六个单相区、九个两相区和四个三相区组成。六个单相区为Ti、Mg、$TiCl_2$、$TiCl_3$、$TiCl_4$和$MgCl_2$；九个两相区为$TiCl_4$(g)＋$MgCl_2$(l)、$TiCl_3$(s)＋$MgCl_2$(l)、$TiCl_2$(s)＋$MgCl_2$(l)、Ti(s)＋$MgCl_2$(l)、Ti(s)＋$TiCl_2$(s)、$TiCl_2$(s)＋$TiCl_3$(s)和$TiCl_3$(s)＋$TiCl_4$(g)；四个三相区为(1)Ti(s)＋Mg(l)＋$MgCl_2$(l)、(2)Ti(s)＋$TiCl_2$(s)＋$MgCl_2$(l)、(3)$TiCl_2$(s)＋$TiCl_3$(s)＋$MgCl_2$(l)和(4)$TiCl_3$(s)＋$TiCl_4$(g)＋$MgCl_2$(l)。由于各物质中均溶解有其他组分，所以图7－3中表示各物质的单相区并非一点，而是一个区域。

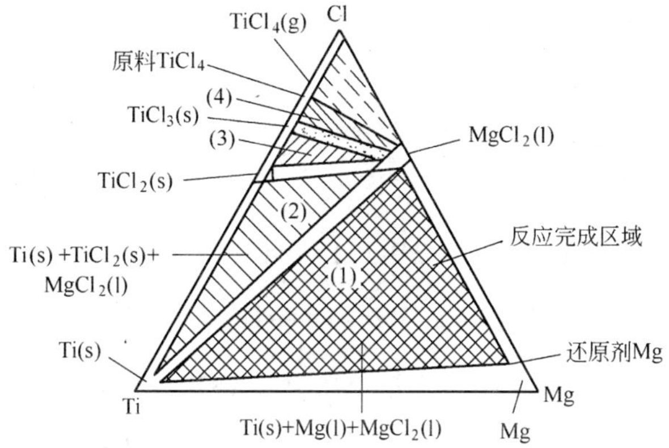

图7－3 Ti－Cl－Mg系等温平衡关系示意图

在还原过程中，各相平衡关系随平衡氯分压变化，平衡相组成随之变化：[$TiCl_4$(g)＋$MgCl_2$(l)]→[$TiCl_3$(s)＋$TiCl_4$(g)＋$MgCl_2$(l)]→[$TiCl_2$(s)＋$TiCl_3$(s)＋$MgCl_2$(l)]→[$TiCl_2$(s)＋$MgCl_2$(l)]→[Ti(s)＋Mg(l)＋$MgCl_2$(l)]→[Ti(s)＋$MgCl_2$(l)]。

7.3.1.5 热力学分析主要结论

通过对镁还原$TiCl_4$制造海绵钛的反应的热力学分析和计算，可有如下结论：

(1) 镁还原$TiCl_4$生成金属钛的反应式（7－1）、生成低价钛氯化物的反应式（7－2）、式（7－3）、式（7－4）以及低价钛氯化物进一步还原生成金属钛的反应式（7－5）、式（7－6）的标准自由焓变化$\Delta G^{\ominus}$，在工业上使用的还原温度下均为负值，故在还原过程中均可自发进行。

(2) 镁还原过程的二次反应式（7－7）～式（7－10）的标准自由焓变化$\Delta G^{\ominus}$，在工业上使用的还原温度下也为负值，也是可以自发进行的反应。但二次反应的$\Delta G^{\ominus}$的绝对值小于一次反应的$\Delta G^{\ominus}$的绝对值，表明二次反应发生的趋势比一次反应小。二次反应是不希望发生的反应，因为它生成低价钛氯化物，反应区存在足量镁是避免二次反应发生的关键。

(3) 分步反应式（7－2）～式(7－4）和二次反应式（7－7）～式(7－10）生成的低价钛氯化物，在有足量镁存在条件下均可按反应式（7－5）、式（7－6）进一步还原为金属钛。如果镁量不足，生成的低价钛氯化物就必然会进入产品中。因此，为使还原反应进行彻底，降低产品中的低价钛氯化物含量，就必须要使用过量镁。

（4）通过对镁还原生成金属钛的总反应式（7－11）的化学平衡计算表明，在工业上使用的温度下还原反应的平衡常数 K_p 较大，达到平衡时 $TiCl_4$ 的平衡分压很小，说明从热力学角度考虑，镁还原生成金属钛的反应可以进行得很完全。

（5）通过对镁还原生成金属钛的总反应式（7－1）的热平衡计算表明，镁还原反应的热效应 $\Delta H_T^{\ominus}$ 很大，在绝热过程中除去物料吸热外，还释放出相当多的余热。在工业用的反应器中，不仅完全可以靠自热维持反应，而且还必须控制适宜的反应速度和采取排出余热的措施。

（6）从镁还原四氯化钛反应体系的相组成中可见，低价钛氯化物 $TiCl_3$ 和 $TiCl_2$ 可溶于 $MgCl_2$ 中，因此只有降低体系的氯位（即还原完成），才有可能减少还原产物中低价钛氯化物的存在。

7.3.2　反应机理

镁还原 $TiCl_4$ 制造海绵钛的反应是很复杂的，是一个典型的多相反应，可用下列反应式表示：

$$TiCl_4(g) + 2Mg(l) = Ti(s) + 2MgCl_2(l) \quad (7-15)$$

$$TiCl_4(g) + 2Mg(g) = Ti(s) + 2MgCl_2(l) \quad (7-16)$$

$$TiCl_4(l) + 2Mg(g) = Ti(s) + 2MgCl_2(l) \quad (7-17)$$

$$TiCl_4(l) + 2Mg(l) = Ti(s) + 2MgCl_2(l) \quad (7-18)$$

其中反应式（7－17），因为液体 $TiCl_4$ 温度低和镁蒸气发生反应的几率不大。反应式(7－18)为液－液反应，可能在还原过程的中期发生，此阶段液态 $TiCl_4$ 加入速度大而来不及全部气化，同时反应器表面又存在大量镁熔体，因而可能发生液态 $TiCl_4$ 和液态镁的反应。

占主导地位的是反应式（7－15）的气态 $TiCl_4$ 与液态镁的气－液反应和式（7－16）的气态 $TiCl_4$ 和气态镁的气－气反应。反应式（7－15）气－液反应主要发生在还原过程初期和中期，因为在这两个阶段反应器表面存在足量的镁熔体。反应式（7－16）的气－气反应，主要发生在还原过程初期和后期，因为还原过程初期反应器中具有较高镁蒸气压，气态 $TiCl_4$ 容易与气态镁发生反应；而在还原过程的后期，镁已进入海绵钛孔隙中，为使反应顺利进行往往需要提高温度使孔隙中的液态镁蒸发，为气－气反应创造了条件。

上述反应发生的机理有许多不同观点，主要有自催化反应机理和电化学反应机理两种。

7.3.2.1　自催化反应机理

$TiCl_4$ 液体加入到还原反应器中被气化，一些气体分子被吸附在反应器壁和裸露的熔体镁表面，被吸附的 $TiCl_4$ 的化学活性增加，便与还原剂镁（液镁或气体镁）发生反应生成新生钛。还原刚开始在反器壁和熔镁表面接触处，一旦有钛颗粒出现，这些钛颗粒便成为活性中心。新生钛的化学活性高，$TiCl_4$ 便被吸附在这新生钛的活性中心处，与镁发生反应生成新的钛颗粒，并沉积在原来的钛颗粒上。由于晶体的突出点和棱角处的活性最强，还原反应便沿着这些最活性处发展，初生枝晶长大时又不断二次成核生长出二次枝晶，它与初生枝晶呈正交垂直，以及继续生成第三次枝晶、第四次枝晶等等，逐渐使钛晶体呈树枝状结构。后来的钛晶体的生长只能在原树枝状枝晶空隙中纵横交叉地生长，逐渐填满空隙。由于还原反应生成了副产物 $MgCl_2$，暂时黏附在某些生成的钛颗粒上，从而阻碍了还原反应在这些被黏附了 $MgCl_2$ 的钛表面上发生，因而形成了某些空隙。这些原始生成物在随后的高温作用下会发生一定程度的烧结，使还原产物失去了树枝状原貌。上述三方面的作用结果，最终产物不是树枝状原貌而呈海绵状。

随着反应的不断进行，生成的海绵状钛数量逐渐增加，活性中心也随着大幅增加，从而大大加快了反应的进程。这种生成的钛颗粒表面成为新的活性中心、新的反应场所，依此类推，使还原反应逐渐加速，在宏观上表现为自催化特征。

7.3.2.2 电化学反应机理

镁还原 $TiCl_4$ 生成金属钛的过程，是 Mg 原子失去电子成为 Mg^{2+} 进入熔体，而 $TiCl_4$ 获得电子还原为金属钛并分离出 Cl^- 进入熔体，即可表示为：

$$Mg - 2e = Mg^{2+} \tag{7-19}$$

$$TiCl_4 + 4e = Ti + 4Cl^- \tag{7-20}$$

反应式（7-19）和式（7-20）分别为阳极反应和阴极反应，电化学反应机理认为它们构成了原电池。发生原电池反应的导电体是反应器壁、熔体镁和生成的海绵钛，即反应沿着反应器壁、镁表面和生成的海绵钛表面发生，反应产物钛沿着这些表面延伸和增厚。随着反应的进行，海绵钛数量增加，可以发生原电池反应的导电体表面积增加，从而使还温反应加速。但某些钛表面会被惰性的副产物 $MgCl_2$ 覆盖，被 $MgCl_2$ 覆盖的表面不会继续生长钛而形成一些空隙。还原反应获得多孔的产物，随后在高温作用下烧结成海绵状。

另外，还有观点认为镁还原 $TiCl_4$ 的反应热效应大，反应区温度较高，足以使初生钛粒发生烧结和晶粒长大，从而形成特有的海绵状结构。

上述反应机理都可以成功地解释海绵钛的生长结构、海绵钛“塔桥”现象和“爬壁”现象。但对镁还原反应的机理的研究还不充分，反应机理的理论还不能完全解释生产中出现的问题。例如，目前在生产中有时会出现的海绵钛坨中部的“硬心”（致密钛）问题，发生“硬心”的程度在不同炉次和不同厂家中差别很大。这种“硬心”现象，目前还没有一种反应机理能成功地解释，也还没有能提出彻底消除“硬心”的方法。

7.3.3 还原反应动力学探讨

7.3.3.1 还原反应的三个阶段

镁还原四氯化钛是一个复杂的多相体系，在还原反应温度下，Ti-Cl-Mg 平衡系统中存在 6 个单相区、9 个二相区和 4 个三相区。可见，还原反应是十分复杂的，在反应过程中不仅各种物质的种类和数量发生变化，也伴随着各种物质相态的变化。

镁还原制造海绵钛的操作方法是先将全部所需镁加入反应器，在镁熔化状态下逐渐加入液体 $TiCl_4$ 进行还原反应。还原过程处于高温、密闭氩气保护状态下，反应器内物质的数量和状态变化很大，还原反应动力学复杂。

按照还原反应速度的差别，还原过程大致可分为三个阶段。

(1) 初期阶段：反应诱导期。还原反应前，由于液镁对铁质反应器壁不浸润，反应器中的镁液面呈凸形；但当反应生成氯化镁后，就改变了液镁的润湿性能，对铁和钛表面浸润了。

四氯化钛加入后在高温作用下变为气态，气态四氯化钛与液体镁、气态镁都会发生反应，反应主要发生在熔池表面和器壁上。生成物的钛（或低价钛氯化物）的一部分黏附在反应器壁上，其余部分呈粉状或颗粒状沉落到反应器底部，在下沉过程中吸附镁液中的杂质，对镁液是一种净化作用，但反应器底部的初期产品杂质含量高。反应副产物 $MgCl_2$ 因其密度大于镁，向下运动经过镁液层沉于底部富集。

反应初期阶段因为缺乏结晶中心，还没有形成产物作为新相产生的基体，反应表观活化能较高，反应速度较慢，动力学特征属于化学反应控制。此阶段，四氯化钛加入速度不宜过快，否则因加入的四氯化钛未能及时反应而造成反应器压力上升。

反应初期属于还原过程的诱导期，大约消耗加入镁量的5%左右后，反应速度加快进入反应中期阶段。

(2) 中期阶段：高速反应期。此阶段由于“镁”量充足，初期阶段形成的钛具有自动催化作用，反应速度加快，激烈的反应和大量反应热的传递会使液镁激烈翻腾，暴露出新鲜镁表面，使还原反应可在“自由镁”表面上快速进行。反应区因反应放热温度逐渐升高，特别是熔体表面反应最激烈因而温度最高，为防止过高温度对产品的烧结作用，需要强制冷却反应区。新生成的钛在原先生成的旧基体上沉积，沿着纵向和横向延伸，在高温作用下烧结形成片状或块状的海绵钛。

在此阶段，化学反应速度已较快，决定还原反应速度的已不是化学反应速度，而是反应物（四氯化钛和镁）进入反应区的速度和还原反应产物（氯化镁和钛）高出反应区的速度，即镁的上升速度和氯化镁、钛的下沉速度是决定因素。

中期还原反应进行一段时间后，发生了两方面的变化。一方面“惰性”的副产物 $MgCl_2$ 逐渐积累，熔体体积增加，熔体液面上升，部分新生的海绵钛表面被淹没或被覆盖，因而减少反应的表面积，对反应起阻滞作用。另一方面，随着还原的进行，海绵体逐渐长大，沿着纵向和横向三位空间发展，它们依赖与反应器壁的黏附力和熔体浮力的支撑，逐渐长大形成片状或块状浮在熔体表面，在小直径（直径 $<1.0m$）反应器中可形成所谓“钛桥”；在大直径反应器中难以形成连接完整的“钛桥”，但也有可能在反应器的周边形成不完整的局部“钛桥”。这些漂浮在熔体表面的海绵钛片、块、乃至完整的或不完整的“钛桥”，它们会阻挡氯化镁的下沉和液镁的上升，使液镁表面积减少。上述两方面的变化都会使反应速度下降，若继续维持加料速度不变，则反应器内压力会上升。此时，则必须采取措施加快物料的迁移，有效的措施就是适时排出 $MgCl_2$。反应器底部累积的氯化镁排出之后，熔体表面随之下降，失去熔体的浮力支撑的海绵钛片、块、或“钛桥”因而塌落到反应器下部，同时暴露出新的液镁表面和新生的海绵钛表面，为下一周期加速反应创造了条件。中期阶段就是这样间断地多次排放氯化镁，以重复上述还原过程。中期阶段持续到液镁自由表面消失为止，大约消耗加入镁量的45%～50%。

适时排出副产物氯化镁不仅为了加快反应还原速度，而且也是提高炉产量的必要手段。在900℃下进行还原反应，每加入室温下的四氯化钛1L，消耗液镁0.142L，生成氯化镁1.002L和0.097L钛，反应器内物料体积增加0.957L。可见，随着还原反应的进行，反应器内物料的体积增加，物料液面上升。适时排出氯化镁可以控制物料液面，以保持主要反应区在反应器的强制冷却段。

在还原过程中期，要控制四氯化钛的加入速度来维持适宜的还温反应速度。如果四氯化钛加入速度过快，反应太激烈，放出的反应热不能及时排出，会造成产品的烧结和致密化，或导致反应器壁超温。

(3) 后期阶段。中期反应生成大量的海绵钛，占住了反应器大部分容积，海绵钛坨已基本成型（图7－4），“自由镁”表面减少或消失，剩余镁的大部分存在海绵钛的毛细孔中，还原过程进入最后阶段。

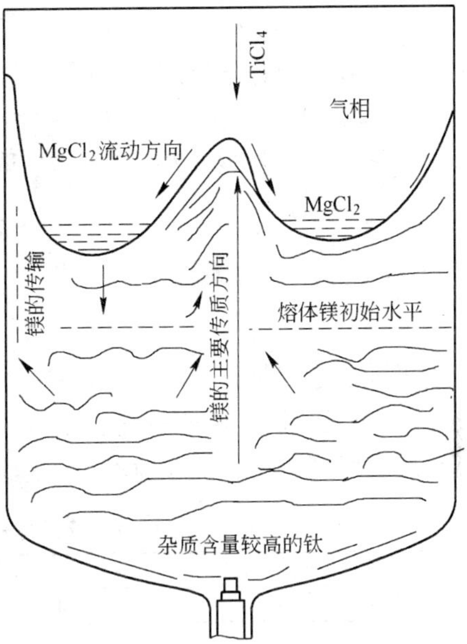

图7－4 在还原反应罐内物料运动与分布情况示意图

在此阶段，还原反应速度取决于镁从海绵钛毛细孔隙中上升扩散到表面的速度，反应速度变慢，反应器内压力逐渐升高。由于镁的扩散速度是决定因素，因此需要适当提高反应温度，以提高镁的扩散速度，达到提高还原反应速度的目的。如果镁扩散到表面的速度小于四氯化钛加入速度，则会生成低价钛氯化物，因此还应根据反应器的压力变化调整四氯化钛加入速度。还原过程进行至反应已很慢，四氯化钛的加入造成反应器压力显著升高，表明已到结束加料的时候。停止四氯化钛加料后，继续保温使已加入的四氯化钛和生成低价钛氯化物进一步还原。

反应后期大约消耗加入镁量的10%左右。

上述分析表明，镁还原四氯化钛生成海绵钛的还原反应，在不同反应阶段的动力学特征是不同的。反应初期是还原反应的诱导期，属于化学反应控制阶段，还原反应速度较慢。反应中期是还原过程的主要阶段，还原反应速度由反应物和产物的迁移速度控制，通过排出副产物氯化镁的措施来加快物料的迁移，从而具有较快的还原反应速度。反应后期，还原反应速度由镁从海绵钛毛细孔上升扩散速度控制，还原反应速度较慢。

7.3.3.2 影响反应的动力学因素

还原反应速率可用一级反应速率方程式表示：

$$v = kC \tag{7-21}$$

式中 v——还原反应速率，kg/(m·h)；

k——常数；

C——反应物浓度（kg/h）或分压，与四氯化钛加入速度 u_{TiCl_4}（kg/h）成正比。

还原反应经过初期诱导后逐渐加速，增速到一定程度后又会衰减，一级反应的半衰期 $t_{1/2}$ 公式为：

$$t_{1/2} = \frac{\ln 2}{k}$$

由上式可见，在一定温度下一级反应的半衰期为常数，其值与反应物的初始浓度无关。

影响还原反应速率 v 的主要因素如下。

A　反应温度

阿累尼乌斯经验公式描述反应速率常数与温度的关系：

$$k = k_0 e^{-\frac{E}{RT^2}} \tag{7-22}$$

式中，k_0和 E 只与化学反应有关而与其他因素（如温度、压力、浓度等）无关的常数，E 称为反应活化能，kJ/mol。

由阿累尼乌斯公式（7－22）两边取对数可得：

$$\ln k = \ln k_0 - \frac{E}{RT^2} \tag{7-23}$$

因此

$$\frac{\mathrm{d}\ln k}{\mathrm{d}T} = \frac{E}{RT^2}$$

对于镁还原四氯化钛的反应，在不同的加料速度下测定的表观活化能列于表 7－7 中。从表 7－7 可见，镁还原四氯化钛的反应的活化能都大于零，所以温度升高时 k 值增大，即随着反应温度升高，反应速率会迅速增大。

表 7－7　镁还原四氯化钛的反应的表观活化能

$TiCl_4$ 加入速度/$cm^3 \cdot min^{-1}$	3	5	10	15
反应表观活化能/$kJ \cdot mol^{-1}$	107.47	65.24	44.96	44.96

对镁还原四氯化钛生成海绵钛的反应速率随温度变化情况如图 7－5 所示。还原反应温度应高于氯化镁的熔点（714℃），否则反应生成的副产物氯化镁固体会覆盖在生成的钛表面，因此会阻止反应继续进行。温度的升高有利于减少熔体黏体，提高熔体的流动性，有利于镁和氯化镁的迁移，即可提高还原反应速度。但反应温度受反应器材质限制，同时随着温度的升高会使液镁中铁含量增加，会造成产品中铁含量增加。因此，比较适宜的是在 850～950℃之间进行还原反应。

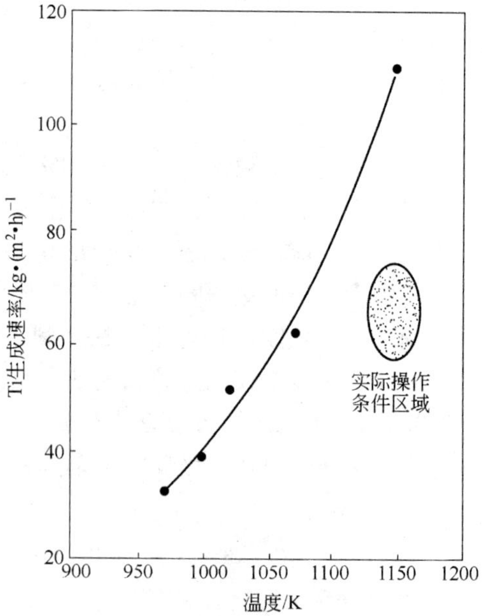

图 7－5　镁热还原 $TiCl_4$ 反应速率随温度变化情况

B　反应面积

按照自催化反应机理或电化学反应机理，还原反应都是发生在海绵钛的活性表面上。因此，参与反应的海绵钛表面积的增加，必然会提高产量。

还原反应单位时间内生成海绵钛的产量 w_{Ti}，显然与反应速率 v 和反应面积 A 成正比：

$$w_{Ti} \propto A、v$$

式中 w_{Ti}——单位时间内还原反应生成钛的产量（简称单位产量），kg/(m^2·h)；

A——反应面积，m^2。

单位产量 w_{Ti} 与反应面积 A 成正比，反应器容积增大，反应面积增加，则单位时间的产量必然提高。特别是大型反应器，在反应表面生成的海绵钛不容易形成完整的“钛桥”，即较难阻挡液镁上升到反应表面，有利于提高还原反应速度。可见，随着反应器容积的增大，单位产量随着增加。

C 加料速度

由公式（7－21），还原反应速率与反应物浓度成正比。对于气－液反应或气－气反应，还原反应速度与反应表面四氯化钛的气相浓度（即分压）成正比。而四氯化钛的气相浓度显然决定其加料速度。所以，单位产量 w_{Ti} 随四氯化钛加入速度 u_{TiCl_4} 的提高而增加。

加料速度控制着还原速度，并影响到反应温度、压力和还原产物海绵钛的结构。因为还原反应速度越高，反应放热量就越大，在散热速度因受到冷却装置的限制条件下，反应速度不宜过高。如果加料速度太快，反应速率过大，导致生成大量细分散的产品；同时因反应放出大量热造成局部高温，使生成的细分散产品严重烧结，形成孔隙率低且闭孔率高的致密产品。细孔中的氯化镁很难蒸馏分离出来，闭孔中的氯化镁则无法蒸出，使最终海绵钛产品氯根含量增加。特别是在还原过程的中期阶段，因为反应速度较快，容易发生过快加料造成反应区的超温，导致生成过度烧结的致密产品。在还原过程的后期，因受液镁扩散控制，反应速度较慢，如果加料过速会导致反应区相对缺镁，因而还原反应不完全，生成低价钛氯化物，这些低价物溶解在 $MgCl_2$ 熔体中，在随熔体下流过程中，与毛细孔内的镁发生反应，生成钛微细粒钛填充在毛细孔内，形成闭孔或使毛细孔径变小，给蒸馏分离过程造成困难。因此，还原过程的后期，需要根据反应器的压力，调节和控制四氯化钛的加入速度，以维持较低的还原反应速度。

总之，四氯化钛的加入速度的控制非常重要，要根据反应区的温度和反应器压力的变化平稳调整，避免时快时慢。生产实践表明，保持平稳而又适宜的加料速度，生成的海绵钛结构有利于真空蒸馏操作，既可降低蒸馏周期，又可获得优质产品。

D 排放氯化镁的制度

在还原过程中，需要定期排放氯化镁才能维持较快的反应速度。制定合理的排放氯化镁制度，有利于提高反应速度和产量。

E 反应压力

还原反应速度随四氯化钛分压增大而提高。反应器中压力主要是 Ar 气分压，约占95%左右；其次才是 $TiCl_4$、Mg、$MgCl_2$ 及低价钛氯化物的分压。在正常情况下，因为还原反应速度较快，气相中四氯化钛分压很小，一般不大于 2.0×10^3 Pa；只有在还原反应速度降低时，才会使四氯化钛分压增加。可见，反应器压力是反映还原反应速率的指示性指标。在还原过程初期，反应器压力上升表明四氯化钛加料过多，需要降低加料速度。在还原过程中期，反应器压力上升，表明反应表面形成的产物已开始阻碍液镁的上升，反应区液镁量不足导致反应速率降低，需要排放氯化镁。如果是刚排放氯化镁而反应器压力上升，表明氩余压太高降低反应速率，需要进行放气操作，放出反应器中因排氯化镁充入的氩气。在还原过程后期，反应器压力上升，表明液镁上升扩散速度降低导致反应速度下降，需要降低四氯化钛加入速度。如果四氯化钛加入速度也很小，而反应器压力仍然上升，表明还原反应速度已很小，应该结束还原过程。

7.4　真空蒸馏分离原理和动力学

7.4.1　真空蒸馏分离原理

还原过程完成后获得的还原产物，除了海绵钛外，还有还原时加入的过量镁和未排尽的氯化物，以及未还原完全的低价钛氯化物。还原产物的大致组成：海绵钛 60% 左右，镁 30% 左右，氯化镁 10% 左右，还有少量 $TiCl_2$ 和 $TiCl_3$。必须除去还原产物中的这些残留物，才能得到海绵钛成品。目前普遍采用真空蒸馏的方法，将海绵钛中的镁和氯化镁等残留物分离出去。

还原产物可看成是 Mg – $MgCl_2$ – Ti 三元系，从海绵钛中分离出 Mg 和 $MgCl_2$ 是基于它们的沸点的差别，即它们在不同温度下的蒸气压的差别。两组分的分离系数可用它们的相对挥发度（α）来衡量（表 7 – 8），也可以简单地把相对挥发度（α）看成是分离系数。从表可见，Mg/Ti、$MgCl_2$/Ti 的相对挥发度都很大，也就是说分离系数很大。而 Mg/Ti 的相对挥发度比 $MgCl_2$/Ti 的相对挥发度大 10 倍以上，可见 Mg 比 $MgCl_2$ 更容易分离。因此，$MgCl_2$ 是蒸馏分离的关键组分，因而该系统可简化为 $MgCl_2$ – Ti 二元系的分离。

表 7 – 8　镁、氯化镁对钛的相对挥发度

温度/℃	Mg 的饱和蒸气压 /Pa	$MgCl_2$ 的饱和蒸气压 /Pa	Ti 的饱和蒸气压 /Pa	Mg/Ti 相对挥发度 （α）	$MgCl_2$/Ti 相对挥发度 （α）
900	13119	937	3×10^{-9}	4.37×10^{12}	3.12×10^{11}
1000	38628	3310	1.5×10^{-8}	2.58×10^{11}	2.21×10^{11}

$MgCl_2$/Ti 的分离系数很大，应该容易分离。但事实上，要从还原产物中比较完全地分离出氯化镁，是比较困难的。这主要是因为部分氯化镁是残留在海绵钛的毛细孔中。

采用常压蒸馏的方法，在反应器允许承受的最高温度下（不小于 1000℃），氯化镁因为沸点高（1418℃）会分离不完全。因此，为了分离完全和提高分离速度，通常采用减压蒸馏即真空蒸馏分离的方法。

减压下镁和氯化镁的挥发速度比常压下要大很多倍（图 7 – 6），这样便可在较低的温度下实现快速分离。

低价钛氯化物在真空下更不稳定，$TiCl_3$ 在 500℃ 左右、$TiCl_2$ 在 800℃ 左右就会发生歧化分解：

$$2TiCl_3 \longrightarrow TiCl_2 + TiCl_4 \qquad (7-24)$$

$$2TiCl_2 \longrightarrow Ti + TiCl_4 \qquad (7-25)$$

可见，在温度 900 ~ 1000℃ 范围内进行真空蒸馏，低价钛氯化物也较容易分离出去。

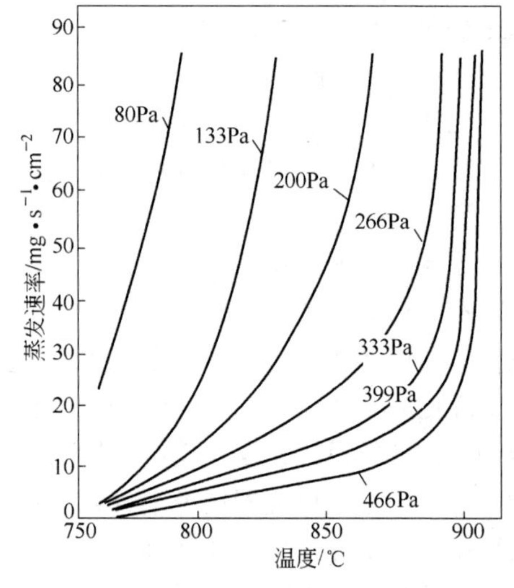

图 7 – 6　不同压强条件下氯化镁的挥发速率

7.4.2　真空蒸馏分离动力学

7.4.2.1　真空蒸馏分离的三个阶段

对于非联合法工艺，真空蒸馏过程可分为三个阶段，初期、中期和后期；而对于联合法工艺，不存在上述的初期阶段。

A　第一阶段——升温脱水阶段

在非联合法工艺中，因拆卸还原装置和安装真空蒸馏设备过程中，残留海绵钛中的氯化镁会吸水潮解，生成水合物 $MgCl_2 \cdot nH_2O$。氯化镁水合物在低温下（<300℃）逐渐发生脱水反应：

$$MgCl_2 \cdot 6H_2O \longrightarrow MgCl_2 \cdot 4H_2O \longrightarrow MgCl_2 \cdot 2H_2O \longrightarrow MgCl_2 \cdot H_2O$$

温度进一步升高易发生如下反应：

$$MgCl_2 \cdot H_2O \longrightarrow MgOHCl(+HCl) \longrightarrow MgO + HCl$$

反应生成的 MgO 残留在海绵钛中，增加产品的氧含量。

初期阶段升温要慢，尽量在低温下完成水合氯化镁结晶水的彻底脱除。此阶段大约在温度升至600℃左右结束。

B　中期阶段——镁和氯化镁大量蒸出阶段

从600℃左右升温到蒸出大部分镁和氯化镁为第二阶段。这一阶段的初期，大部分低价钛氯化物及其歧化产物四氯化钛被蒸发出来。随着温度的上升，镁和氯化镁开始大量蒸发。还原产物中的大部分镁和氯化镁存在于海绵钛表面、海绵钛孔洞和反应器的底部，它们处于“自由状态”，即它们没有被海绵钛的毛细孔所束缚，在蒸馏过程的高温下，蒸发速度较快，因此在较短时间内（图7－7）就可将海绵钛中绝大部分的镁和90%以上的氯化镁蒸出。

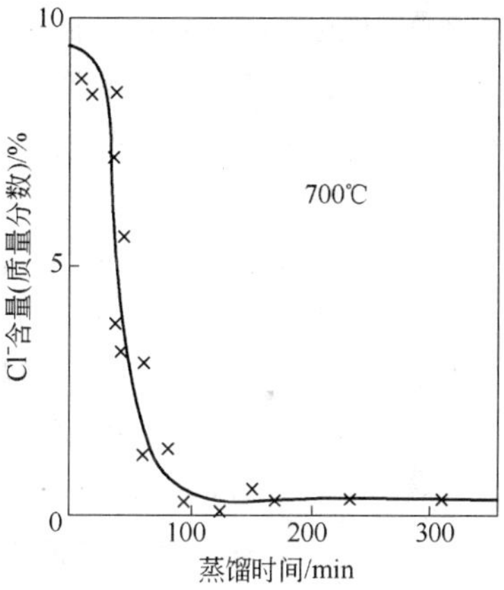

图7－7　蒸馏时间对海绵钛坨中 Cl^- 含量的影响

C　后期阶段——高温恒温阶段

此阶段主要是蒸出海绵钛毛细孔中的镁和氯化镁，由于镁比较容易被蒸出，下面讨论中仅提及氯化镁。

氯化镁的蒸出由下列4个步骤组成：(1) 从海绵钛的毛细孔迁移到表面。(2) 在表面蒸发或扩散。(3) 通过气体扩散到冷凝区。(4) 气体在冷凝区冷凝。第 (3)、第 (4) 步骤不会成为控制环节。在蒸馏后期，表面已不存在蒸发，只是迁移到表面气态氯化镁的解吸和扩散，可见上述的第 (2) 步骤也不会是控制环节。关键取决于第一步骤 (1)，即毛细孔中的氯化镁的蒸发和气态氯化镁通过毛细孔扩散到表面是控制步骤。

氯化镁在毛细孔中的蒸发比在表面要困难，这一点可由以下列公式说明。

蒸发速度可用下面经验公式表示：

$$\omega = 4.38 \times 10^{-4}(p_0 - p_1)F\sqrt{\frac{M}{T}} \tag{7-26}$$

式中　ω——蒸发速度，g/s；

F——蒸发面积，cm^2；

M——被蒸发物的摩尔重量，g；
T——蒸发温度，K；
p_0——被蒸发物的饱和蒸气压，Pa（即 N/m²）；
p_1——被蒸发物在蒸发表面的蒸气压，Pa。

同时，毛细孔中的平衡蒸气压 p 由下式计算：

$$p = p_0 - p' = \frac{2\sigma}{r} \times \frac{\rho_0}{\rho} \qquad (7-27)$$

式中　p_0——自由表面的饱和蒸气压，Pa；
p'——毛细孔中的蒸发表面的饱和蒸气压，Pa；
σ——表面张力，N/m；
r——毛细孔半径，m；
ρ_0——饱和蒸气的密度，kg/m³；
ρ——液体的密度，kg/m³。

由公式（7－27）可见，液体氯化镁在毛细孔中的平衡蒸气压小于毛细孔外同温度下的饱和蒸气压，毛细孔半径越小，则毛细孔 $MgCl_2$ 的平衡蒸气压 p 越低，即相当于公式（7－26）中的（$p_0 - p_1$）越低，液体 $MgCl_2$ 在其中的蒸发越困难。

另一方面，在毛细孔中蒸发的气态氯化镁还要通过毛细孔扩散到表面才能被蒸出。氯化镁在毛细孔中的蒸发和扩散，都与毛细孔的大小、长度和形状有关，即与还原产物海绵钛结构关系密切。孔径较大且弯曲度小的短毛细孔有利于氯化镁的蒸发和扩散，有利于提高蒸馏速度。因此，还原过程获得有利蒸馏的海绵钛结构是十分重要的，特别要防止局部过热而产生闭孔的情况发生，因为闭孔中的氯化镁是无法蒸出的。

提高温度和增加真空度，可提高气体在毛细孔中的蒸发和扩散速度，从而提高蒸出速度。因此，真空蒸馏后期需要在高温高真空下进行，并需经过相当长的时间，这一阶段大约占整个蒸馏时间的70%。

7.4.2.2　影响真空蒸馏分离的动力学因素

A　真空度

在真空蒸馏过程中，真空是蒸馏分离的推动力，真空度越高，越有利于易挥发组分（Mg 和 $MgCl_2$）的挥发（图7－6）；而真空度对难挥发组分（Ti）的挥发影响可忽略不计；因而蒸馏速率就越大，分离效果也就越好。所以，还原产物的真空蒸馏分离是在高真空下进行，但研究也发现，当真空度≤0.07Pa 时，再提高真空度已对蒸馏速率影响甚微。

B　蒸馏温度

提高蒸馏温度可显著增加被分离组分（$MgCl_2$）的蒸发速度（图7－8），因而有利提高蒸馏速率，降低蒸馏时间。但因受反应器材质的限制，蒸馏温度以不大于1000℃为宜。蒸馏温度

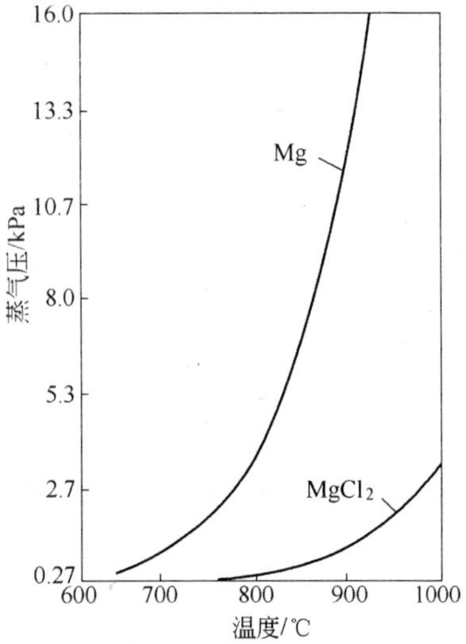

图7－8　镁与氯化镁的蒸气压随温度变化

在不同蒸馏阶段有所不同，蒸馏初期因为大量自由 Mg 和 $MgCl_2$蒸发，宜采用低温（650～850℃）操作；中期阶段宜采用中温（850～980℃）操作；只有蒸馏过程后期才采用高温操作。如果过早地采用高温（980～1000℃）操作，会使海绵钛过早发生烧结使毛细孔缩小或封闭，反而不利于降低蒸馏周期。

C 还原产物结构

还原产物海绵钛是一种非均匀的物质，其各部位的结构、孔隙率、毛细孔的孔径、长度、弯曲程度各不相同。如果海绵钛内的毛细孔弯曲、细长、并孔径大小不齐，扩散阻力大，蒸馏速率则低；反之，则蒸馏速率高。影响还原产物结构的因素很多，其中关键是还原过程中控制的条件。如果还原过程控制准确，加料平稳，反应区没有严重超温现象，获得了比较均匀的海绵状产物，这就为顺利进行真空蒸馏分离提供了重要前提条件。

D 蒸馏时间

在真空蒸馏过程中，$MgCl_2$的蒸出速度差别很大（图 7－7）。在蒸馏初期，蒸馏速率很大，但随着 $MgCl_2$残留量的减少，蒸馏速率逐渐下降。而且，当产品中氯根含量降至一定值时，继续延长蒸馏时间不会进一步降低氯根含量。产品中残留的氯根含量主要取决于还原产物的结构。蒸馏时间，除与其他蒸馏条件有关外，也主要取决于还原产物的结构。

7.5 倒 U 形还原—蒸馏联合法工艺和设备

7.5.1 工艺方法简述

该工艺采用还原—蒸馏一体化设备，将还原反应器（蒸馏罐）和冷凝器之间用带阀门的管道连接而成，连接段称为过渡段，设专门的加热装置，整个系统设备在还原前或后组装好，如图 7－9 所示。还原—蒸馏整套装置的形状是∩形，因此，这种工艺称为倒 U 形还原—蒸馏联合法。还原—蒸馏一体化工艺属循环作业，还原反应器、蒸馏器和冷凝器是相同的设备，只是在不同工艺阶段的名称不同，在还原阶段称为还原反应器，在蒸馏阶

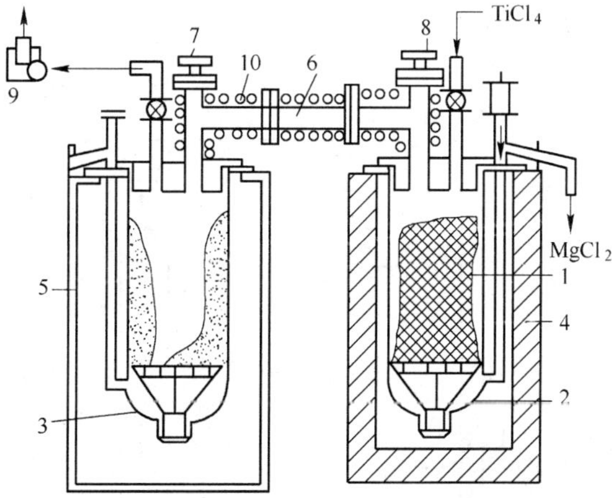

图 7－9 倒 U 形联合法装置示意图

1—还原产物；2—还原反应器；3—冷凝器；4—加热炉；5—冷却器；6—连接管；7，8—阀门；9—真空机组；10—通道加热器

段原来还原阶段的还原反应器就变成了蒸馏器，从蒸馏器中取出产品后就用作冷凝器，冷凝了镁和氯化镁的冷凝器就用作为下一次还原的还原反应器。可见，还原反应器、蒸馏器和冷凝器三者在工艺过程中交替循环使用。

在预先加入了液体镁的还原反应器中，在氩气保护下逐渐加入四氯化钛在高温下进行还原反应生成海绵钛。蒸馏出来的镁和氯化镁冷凝在冷凝器中，该冷凝器作为下一炉的还原反应器，实现了蒸馏镁和氯化镁的直接回收利用。大部分还原副产品 $MgCl_2$ 在还原过程中排放出来，它是电解法炼镁的优质原料，可直接用真空抬包将其送往电解车间电解。同时又将经过精制的液镁用真空抬包从电解车间直接输入还原反应器，供还原使用。镁电解车间产出的氯气直接输往氯化车间供氯化制造四氯化钛使用，实现了镁和氯的循环利用。还原—蒸馏产品经冷却、取出和破碎包装成海绵钛产品。

7.5.2　主要设备

7.5.2.1　还原反应器（还原—蒸馏器）

还原反应器既是还原期间的还原反应器，又是蒸馏期间的蒸馏器，还用作为真空蒸馏期间的蒸馏物冷凝器。它要在高温下承受正压和负压，并不被海绵钛、镁和氯化镁腐蚀，真空条件下密封性能好。该设备由椭圆封头、直筒段、大法兰组成的缸体和大盖组合而成。大盖上分布有放气管、抽真空管、加四氯化钛管、及倒 U 形连接过渡管。在大盖下部设有气流导向、隔热保温等设施。为了防止罐壁局部超温和钛坨形状不正，$TiCl_4$ 加料管必须安装在大盖中心。大盖法兰和罐体法兰要求平整，并设有密封槽和真空胶垫冷却水套，保护密封胶垫在高温下不被损坏，以保证还原和蒸馏过程顺利进行。国内采用上排氯化镁工艺，为了降低上插排氯化镁管对产品质量的危害，采用双法兰式反应器，如图 7－10所示。所谓双法兰式反应器，即适当延长原反应器长度，并增加一道法兰，上法兰用来连接大盖，下法兰用来承重。在反应器内壁焊一根半圆管作排氯化镁管，下端伸到反应器底部筛板下面。上端从两道法兰之间引出，氯化镁管成为反应器不可分割的一部分，受热变形程度减小，其寿命可与反应器一样。同时，氯化镁管在反应器渗钛处理时也渗了钛，因而避免了铁质氯化镁管对产品的影响。

苏联某研究院从抗高温氧化性、耐镁、四氯化钛和氯化镁的腐蚀性等方面对还原蒸馏

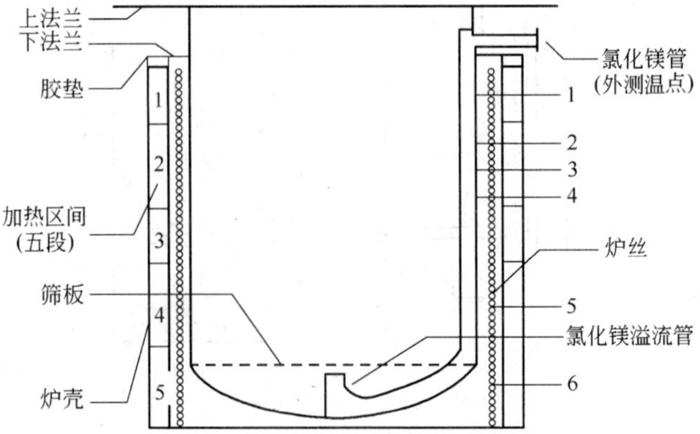

图 7－10　双法兰式还原反应器

反应器的材质进行了广泛研究，一种牌号为12X18H10T的钢是制作还原蒸馏反应器的最经济材料。在国产耐热钢中，只有ZG35Cr24Ni7SiN和ZG35Cr28Ni16适用于制作还原反应器。

7.5.2.2 还原—蒸馏炉

还原—蒸馏炉按加热源分为气体或液体加热炉和电加热炉两种。电加热炉为井式电阻炉（图7－11），由炉壳、炉衬和电热体三部分组成，中间为放置还原反应器的炉膛。炉壳一般采用钢结构，作为加固炉衬用。炉衬由耐火砖和保温材料两层组成，按炉膛最高温度约1000℃，炉壳表温要求不超过40～60℃。电热体为镍铬电阻丝，安装在炉膛内托盘砖上。它既是还原加热炉，又是真空蒸馏加热炉。在真空蒸馏期间，蒸馏器（还原反应器）处于高温高真空状态，为防止蒸馏器变形，还原反应器与蒸馏器之间要维持低真空（通常称为反真空），一般为90kPa左右。

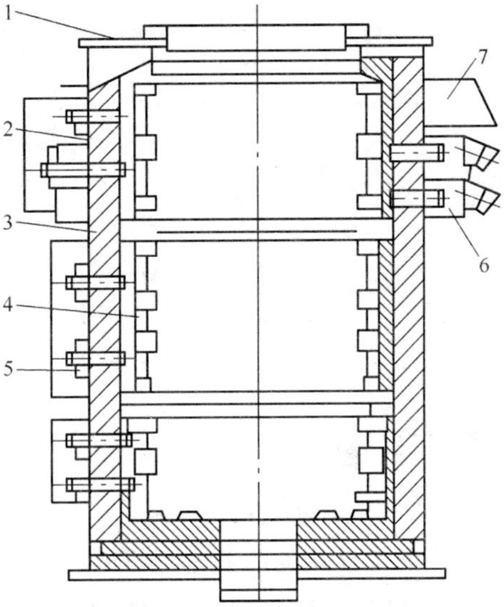

图7－11　还原加热炉结构示意图
1—圆圈；2—外壳；3—炉衬；4—电热体；5—馈电线；6—集气管；7—炉耳

为满足还原期间工艺要求，炉壁上设有用于排出还原反应热的冷却风带，根据散热要求有自然通风和强制通风两种选择。炉顶法兰设有真空密封槽和冷却水套。为满足工艺过程不同阶段对不同温度要求，设有多段加热、多点测温、多点控制措施。

7.5.2.3 过渡段

过渡段是实现还原—蒸馏一体化的关键部件。在还原过程中，过渡段将还原反应器与冷凝器分开；在蒸馏过程中，过渡段使两者沟通，即从蒸馏器蒸出的镁和氯化镁蒸气，必须通过过渡段进入冷凝器冷凝为固体。因此，过渡段必须维持高温（850～900℃），使镁和氯化镁蒸气在真空作用下顺利通过过渡段，而不能让它们冷凝在过渡段，否则发生过渡段的堵塞。

过渡段包括连接管道、阀门和加热装置。目前国内采用管道外部电加热方式，容易出现堵塞现象。据介绍，国外采用管道内外同时加热方法，可以彻底避免过渡段出现堵塞现象发生。管道如何实现内加热是值得研究的问题。

7.5.2.4 真空设备

真空系统是镁热还原法生产海绵钛蒸馏分离镁及氯化镁的重要设备之一。综合分析海绵钛还原—蒸馏的特点及各种真空泵的特性，海绵钛蒸馏真空系统可采用如下组合：用水环式真空泵作初真空泵，可防止蒸馏初期低价钛氯化物对泵体的腐蚀。水环式真空泵在蒸馏过程中还可兼作炉壳泵使用。用滑阀泵作初真空和高真空的前级泵，用KZ系列油增扩泵作高真空泵，用ZJP罗茨泵作ZK油增扩泵的增压泵。图7－12所示真空机组是Kroll法生产海绵钛真空蒸馏较好的真空机组。

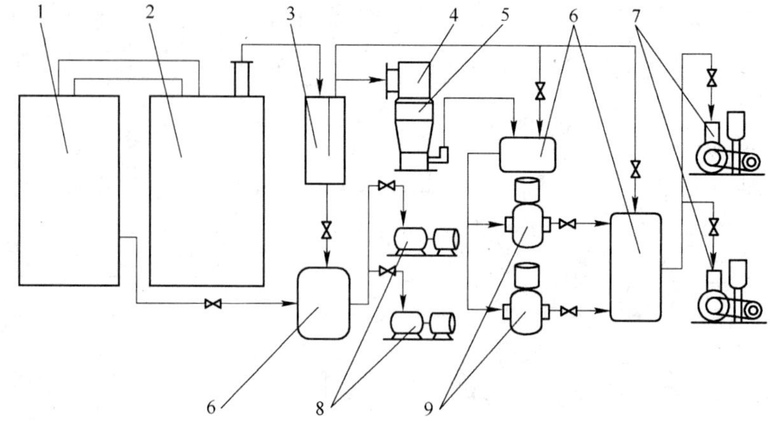

图 7－12　海绵钛蒸馏真空机组示例

1—加热炉；2—冷凝罐；3—除尘器；4—高真空阀；5—ZK 油增压泵；6—缓冲罐；7—滑阀泵；8—水环泵；9—ZJP 罗茨泵

7.5.3　主要原料

7.5.3.1　四氯化钛

生产海绵钛用的原料是精 $TiCl_4$。海绵钛质量在很大程度上取决于 $TiCl_4$ 的纯度，因此，在还原前必须对精制出来的 $TiCl_4$ 进行严格的检验分析，使其中杂质含量达到质量标准时才能使用。表 7－9 中列出了精四氯化钛的质量要求。

表 7－9　精四氯化钛化学成分

名　称	化学成分/%				色度 $K_2Cr_2O_7$/mg·L^{-1}（不大于）
	$TiCl_4$（不小于）	杂质（不大于）			
		$SiCl_4$	$FeCl_3$	$VOCl_3$	
精四氯化钛	99.9	0.01	0.002	0.0024	5

7.5.3.2　金属镁

用镁还原法生产海绵钛，作为还原剂镁的纯度直接影响海绵钛的质量。因为镁中的杂质都转到海绵钛中。因此，要生产高质量的钛，必须使用高质量的镁。镁作为生产海绵钛的还原剂，预先要经过精炼处理，严格进行检验、分析，其杂质含量符合要求时，才能用于生产。若采用固体镁锭，如外表有油污或氧化层或其他杂质，必须加以除去。除去方法可用稀盐酸洗涤，水洗再经干燥。镁锭质量要符合表 7－10 的指标。

表 7－10　镁锭质量指标

牌号	化学成分（质量分数）/%											
	Mg（不小于）	杂质元素不大于										
		Fe	Si	Ni	Cu	Al	Mn	Cl	Ti	Pb	Zn	其他单个杂质
Mg99.95	99.95	0.003	0.01	0.001	0.002	0.01	0.01	0.003	—	—	0.01	0.005

表面要清洁，无溶剂、渣、油渍及氧化皮等。

7.5.3.3 氩气

质量要求（体积分数/%）：Ar > 99.99%，O_2 < 0.0015%，N_2 < 0.01%。

7.5.4 工艺过程和操作方法

7.5.4.1 工艺操作流程

工艺操作流程图如图7-13所示。

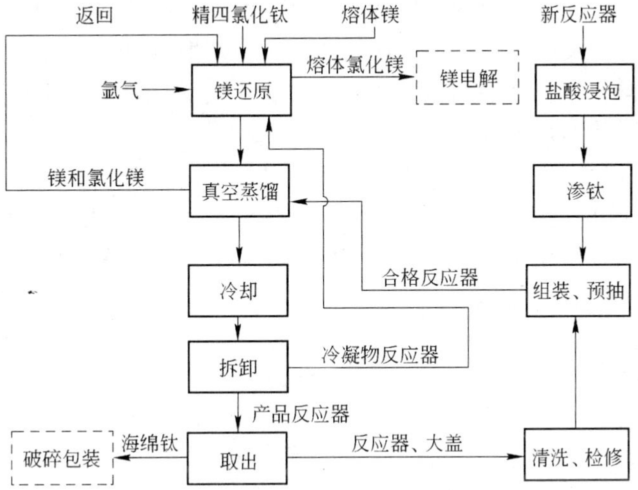

图7-13 工艺操作流程图

7.5.4.2 还原过程的操作

A 反应器清洗

新反应器，需经打压检漏合格后才能使用。使用前，除清洗干净外，为了减少铁壁对产品的污染，内壁还应经渗钛处理。渗钛方法：将钛粉与水调和均匀，涂覆反应器内壁，吹干后抽真空、充氩，升温至950~980℃恒温一段时间，在惰性气体保护下冷却至室温。

用过的反应器必须预先清理干净，内壁残留有氯化镁或铁锈时须经酸洗、水洗并干燥后才能使用。反应器在使用数次后，为了安全生产和保证产品质量，使用前需进行探伤并加固焊接，检查合格后方能使用。在接近使用寿命期限时，应进行厚度和变形情况检查，及时进行报废。

B 反应器组装

检查反应器、大盖及过道电热器件，高温阀门，符合生产条件后再进行组装；将检查合格后的反应器、大盖、放$MgCl_2$管、热偶管、高温阀等配件按标准方位组装。

C 抽真空和充氩

组装好的反应器进行预抽真空，关闭检漏。检漏完毕，反应器充氩气至正压，其中一台反应器用天车吊入还原—蒸馏炉内，另一台吊入冷却器内作为蒸馏冷凝器使用。

D 金属镁熔化和输送

用于补充的镁锭放入熔化坩埚，充氩加热熔化。

真空抬包预热至750℃左右，再抽真空达到一定真空度，从熔化坩埚中或精炼炉中吸取液镁，再充氩至正压，计量后送至还原反应器上面。

E　加液体镁

当反应器内各点温度达到400～500℃时，从真空抬包向反应器内加入液体镁，加镁过程中严防空气进入反应器并准确计量。镁加入量，按理论量过量60%左右。加镁完毕后安装高温阀使还原反应器与蒸馏冷凝器隔断。

F　加料还原过程

当还原反应器各点温度达到750～800℃开始加入四氯化钛，还原过程需要控制反应器温度、四氯化钛加入速度和反应器内压力。反应温度一般控制在850～950℃下进行。

四氯化钛的加入速度随反应经历的阶段而变化，初期阶段由小到大，主要依据反应器压力调节；中期阶段稳定在适宜的最大速度，主要依据反应带温度调节；后期阶段由大到小，主要依据反应器压力调节。如果反应带温度过高，则启动排风机进行通风冷却，并降低料速。人工加料料速不稳定，波动较大，而计算机控制加料，减少了流量波动，能保证加料均衡（如图7－14所示）。均衡加料有助于改善海绵钛的结构以及减少爬壁钛的生成量。四氯化钛的加入速度，是控制还原过程的关键参数，它直接影响其他参数，事实上是通过调节加料速度来控制反应温度。

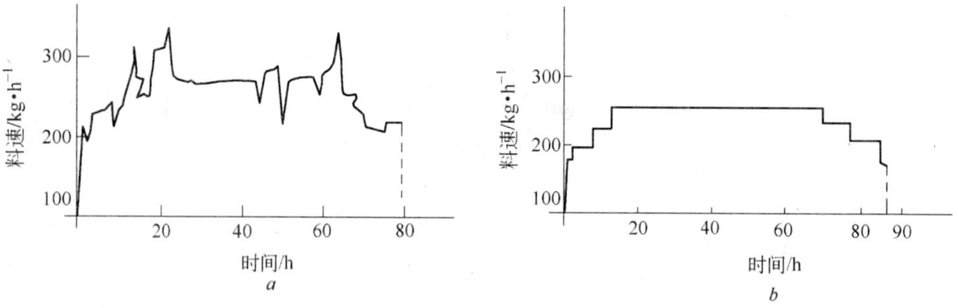

图7－14　人工控制和计算机控制的加料曲线

a—人工手动控制；*b*—微机自动控制

反应器内压力要始终保持略高于大气压，以防止吸进空气。在加料过程中，如反应器内压力过高，需要适当排气以降低反应器的压力。如果反应带温度过高，则启动排风机进行通风冷却。

总之，还原过程要求加料平稳，罐内压力平衡，严防超温、超压、严禁负压操作。

G　排放氯化镁

随着四氯化钛的加入，生成氯化镁量的增加，为了提高反应速度和提高反应器的容积利用系数，要定期放出氯化镁，按预先制定的排放氯化镁制度操作。先放气降低反应器压力，拆开氯化镁管盲板，平稳充氩放出氯化镁，准确称量记录，并将高温下的液体氯化镁送往镁电解车间。

H　还原过程结束

还原反应结束停止加入四氯化钛，为了使低价钛氯化物还原完成和使氯化镁熔清，反应器需在900℃下保温1h。最后一次排放氯化镁，应尽可能将氯化镁排尽。

7.5.4.3 还原过程控制的主要工艺条件

A 反应温度

还原温度下限不能低于氯化镁的熔点（714℃），反应区温度850～930℃，上限温度一般不超过950℃，反应器底部温度控制在840～880℃。

B $TiCl_4$的加料制度

还原过程的关键操作是控制四氯化钛的加入速度。因为四氯化钛加入速度不仅影响反应速度、温度和压力，而且影响海绵钛的生长方向、海绵钛结构和孔隙率。在一定加料速度范围内，反应速度与料速成正比。但是，因为反应热很大，必须严格控制料速，以防反应带过热生成钛铁合金甚至烧穿反应器壁而造成事故。

$TiCl_4$的加料制度因不同的炉型和大小，随着其他工艺条件的建立。不同工艺和炉型可以制定出各种工艺加料制度。

加料速度还与还原过程的不同阶段有关，还原反应中期料速可以适当加大，但散热速率限制了加料速度。在还原的各个加料段，保持一定的加料速度，对稳定操作、使反应均衡进行、改善海绵钛结构是很重要的。实验证明（表7－11），加料速度过大，晶粒生长无规律，易发生局部激烈反应，反应温度随之升高，海绵钛易烧结，产品中残留氯多，影响产品质量；料速过小，反应温度较低，易生成钛的低价氯化物，使反应不完全，特别是后期镁量相对不足，反应速度降低，产品中低价氯化钛易进行二次反应，生成的细钛粒填充了海绵钛孔隙，使产品孔隙减小，不利于蒸馏过程中氯化镁的馏出。

表7－11 四氯化钛加料速度与产品氯含量的关系

$TiCl_4$的加料速度 /kg·(m²·h)⁻¹	海绵钛的含Cl^-量/%		
	底部	上部	平均
150	0.05	0.07	0.06
230	0.07	0.10	0.08
320	0.09	0.10	0.09

C 氯化镁的排放制度

在还原过程中，随着四氯化钛加入量的增加，还原反应生成的氯化镁累积越来越多，液面不断升高，将淹没到海绵钛反应表面，有碍四氯化钛和镁的反应，使还原反应速度降低。同时液面上升，也会使反应点脱离反应带，不利于散热及稳定加料速度。为防止液面上升对还原反应产生阻碍作用和防止生成钛的低价氯化物，必须对反应器内的液面进行控制。实际生产中，主要通过定期排放氯化镁来控制。氯化镁排放合理能使还原反应平稳进行，获得良好的海绵钛结构。

排放氯化镁制度是根据计算和实践经验制定。

由反应式（7－1）可计算出每加入100kg四氯化钛后消耗的镁量M_{Mg}、生成的钛量M_{Ti}和氯化镁量M_{MgCl_2}：

$$M_{Mg}=2\times24.3\times100/189.9=25.6\text{kg}$$
$$M_{Ti}=47.9\times100/189.9=25.2\text{kg}$$

$$M_{MgCl_2} = 2 \times 95.3 \times 100/189.9 = 100.4\text{kg}$$

在 800℃ 时镁、钛和氯化镁的密度分别为：$d_{Mg} = 1555\text{kg/m}^3$，$d_{Ti} = 4505\text{kg/m}^3$，$d_{MgCl_2} = 1672\text{kg/m}^3$。

因此，消耗的镁生成的钛和氯化镁的体积分别为：$V_{Mg} = 25.6/1555 = 0.01646\text{m}^3$，$V_{Ti} = 25.2/4505 = 0.00559\text{m}^3$，$V_{MgCl_2} = 100.4/1672 = 0.06005\text{m}^3$。

ϕ1.8m 反应器的横截面积 $S = 2.545\text{m}^2$，所以每加入 100kg 四氯化钛，将使液面上升：

$$\Delta_{升} = (V_{MgCl_2} + V_{Ti} - V_{Mg})/S = 19.3\text{mm}$$

每放 100kg 氯化镁将使液面降低：$\Delta_{降} = 100/[d_{MgCl_2} \cdot S] = 23.5\text{mm}$

故
$$\Delta_{升} : \Delta_{降} = 19.3 : 23.5 \approx 0.8 : 1$$

以上计算表明以 1∶0.8 的比例加入四氯化钛和排出氯化镁，可以使还原过程中的反应带相对稳定。生产中在计量准确的情况下，还原期可采用每加入 2000kg 四氯化钛后排放 1600kg 氯化镁的工艺制度，对于 ϕ1.8m 反应器的反应带在 376mm（23.5 ÷ 100 × 1600）的范围内波动，反应维持在 2200 ~ 2600mm 的散热带内。

对于炉产 8t 炉，还原周期内一般排氯化镁 22 次。

D　反应器内压力

在镁还原四氯化钛过程中，还原速率随四氯化钛的分压增加而增大。但实际反应器的空间压力（表压）主要是氩气的分压，并不是反应物的真正蒸气压力。反应器的总压力为：

$$p = p_{Ar} + p_{TiCl_4} + p_{Mg} + p_{TiCl_3} + p_{TiCl_2}$$

一般情况下，$p_{Ar} = (93 \sim 98)\% p$，其余都比较小，$p_{TiCl_4} \approx 660 \sim 4000\text{Pa}$。而在四氯化钛加料速度过大的特殊情况下，$p_{TiCl_4}$才能急剧上升。所以，反应压力对动力学虽有影响，但影响较小。在正常的加料过程中，反应压力的增高主要由于反应器空间容积逐渐减少，剩余氩气膨胀造成的。剩余氩气压力太大，往往会降低反应速度，应适时采取放气操作，排除多余的氩。另外，加料不匀，或者料速太大，有单一的反应物过剩变成了蒸气，也可能使压力增高，此时必须及时调整加料速度。

7.5.4.4　蒸馏过程的操作

A　组装过渡段

还原过程结束前，按预定时间将反应器和冷凝器间的过渡管盲法兰取掉，在反应器正压下，密封连接两过渡管，再将过渡管加热器安装于过渡管上并送电升温，冷却器送冷却水，并对炉壳进行检漏。

B　升温和蒸馏

过渡管温度达到要求，启动真空泵，开启高温阀使蒸馏器（还原反应器）与冷凝器相通。反应器内的镁、氯化镁等蒸气随真空气流通过过渡管到达冷凝器中，并冷凝于内壁。

真空蒸馏过程中，主要是控制蒸馏温度、真空度、冷凝温度和蒸馏时间。

蒸馏初期（即由还原过渡进入蒸馏的过渡期）温度 700 ~ 950℃，蒸馏后期恒温温度控制在 950 ~ 1000℃。温度过高会使钛坨表面生成钛铁合金，并会造成蒸馏器的损坏。蒸馏初期温度要低一些，以利于除去氯化镁吸附的水分（对非联合炉）。升温时要避免升温过快引起产品烧结，产品的毛细孔因烧结成闭孔而造成氯化镁在孔内蒸不出来。

真空度的控制包括蒸馏反应器内真空度的控制和蒸馏加热炉壳真空度的控制。蒸馏加热炉壳真空度称之为“反真空”，其作用是防止在高温下反应器（蒸馏器）的变形。蒸馏器的真空度越高，蒸馏效率越高，蒸馏周期缩短，真空度高低主要取决于真空系统，蒸馏后期一般在0.01～3Pa范围内。

蒸出的镁和氯化镁蒸气到冷凝器上冷凝是一个放热过程，需用冷却水间接冷却冷凝器，降低冷凝器温度，使镁和氯化镁冷凝下来。如果冷凝不好，不仅会造成真空管道堵塞影响真空度，而会使冷凝物回流，即造成氯化镁的气—液循环，从而影响蒸馏效果和产品质量。所以，要严格控制冷却水的进出口温度。

真空蒸馏结束后，关闭真空阀并向还原反应器（蒸馏器）充氩至正压，真空系统停止运转。还原—蒸馏加热炉和过渡段加热器停止供电。

准确地判断蒸馏终点，即时停止蒸馏是十分重要的。当蒸馏进行到一定时间，海绵钛中残留的$MgCl_2$越来越少，且其大部分已处于微细孔或闭孔中，其蒸发速度已越来越小，产品中的Cl^-含量已接近不变，继续再进行蒸馏降低Cl^-已不明显或已无效果。试验表明，已蒸馏好的海绵钛，在960℃下再蒸馏40h，产品中Cl^-含量减少甚微。这就说明，蒸馏除氯化镁是有限度的，产品中最终残留的Cl^-取决于海绵钛的结构。不适当地延长蒸馏时间，不但不会取得降低Cl^-的效果，反而会引起产品中铁和氧等杂质含量的增加和使海绵钛坨过度收缩，使产品致密化和硬度增加，并增加不必要的电耗。因此，正确地确定蒸馏时间，即时准确地判断蒸馏终点，是蒸馏操作的一个重要环节。

C 蒸馏终点的判断方法

真空蒸馏终点的判定的方法有多种，每种方法都有其局限性，主要是根据体系的失真空度和经验判断。

a 根据失真空度判断

当蒸馏系统已经达到高真空度，并且已经持续较长时间，可根据失真空度数值判断是否达到蒸馏终点。在不同时间，切断真空系统，分别测定体系的失真空度，若两者相差甚微，即表明已经达到蒸馏终点。定期检查两次合格就可停止蒸馏。

b 根据统计规律判定

根据大量炉次的蒸馏时间与海绵钛中残留的Cl^-含量的统计规律作为判断依据。目前还原—蒸馏已实现计算机控制，特别是根据长期生产实践，已实现还原—蒸馏的标准化操作，每炉的蒸馏时间预先已经确定。当达到预先确定的时间，综合生产过程其他参数的情况就可停止蒸馏。

D 拆卸反应器

反应器充氩气至正压后，拆开过道加热器，在微正压条件下，断开过道连接并迅速用盲板堵死反应器与冷凝器连接口。

E 反应器冷却

带有海绵钛的反应器（蒸馏器）在冷却器间接冷却10h后，再直接通水冷却30h，外壁接近室温时，即可拆卸。冷却过程中反应器内氩气压力始终维持正压。

7.5.4.5 蒸馏过程控制的主要工艺条件

A 蒸馏温度

在真空蒸馏过程中，保持适宜的蒸馏温度是蒸馏期间的必要条件，在其他条件相同的情况下，采用的蒸馏温度越高，蒸发速度越快，蒸馏周期也越短。但是蒸馏温度控制太高，会生成钛铁合金，产品过度收缩，不但使产品变硬，给破碎带来困难，而且会影响产品质量，并且会造成设备的损坏。所以应在产品中氯根含量达到要求的前提下，尽可能将蒸馏温度控制低一些。

B　冷却水温度

从高温区蒸馏出的镁和氯化镁蒸气到冷凝器上冷凝是一个放热过程。通常在冷凝器中，用冷却水间接冷却的方法进行热交换，降低冷凝器内温度，使镁和氯化镁冷凝，冷凝温度是通过冷却水温控制的。冷凝负荷一般选择为每平方米冷凝面积上冷凝物约为80～90kg。为获得良好的冷凝效率，控制冷却水温度在35～50℃。

C　蒸馏真空度

蒸馏反应器的真空度越高，蒸馏效率越高，蒸馏周期缩短，减少气体杂质对海绵钛的污染。真空度高低主要取决于真空系统，一般在0.01～3Pa。

D　蒸馏时间

蒸馏时间的长短受产量、海绵钛生成结构、蒸馏温度、蒸馏真空度等因素的影响。在生产过程中，真空蒸馏过程的结束是依据蒸馏终点的判断而确定的。蒸馏终点是根据蒸馏器内真空度的稳定情况和失真空值，以及根据统计规律经验来确定。对8t/炉规模来说，蒸馏时间一般为120～140h。

蒸馏过程中，80%～90%的蒸馏时间用于蒸馏海绵钛毛细孔中的镁和氯化镁。在长时间1000℃高温下海绵钛烧结收缩将很严重，这点从表7－12的统计数据得以证明。从表7－14的实测数据可以看出，还原结束时海绵钛毛细孔粗大且疏松，它的整体结构很好，但在长时间的蒸馏高温及自重影响下，海绵钛内部结构不断的收缩挤压，而且蒸馏时间越长其收缩挤压越严重，这一物理变化使海绵钛的结构变得致密。表7－12、表7－13数据显示蒸馏恒温时间长，烧结收缩严重，产品切压高；蒸馏恒温时间短，产品切压低。因此，蒸馏恒温时间长短，与海绵钛结构致密有密切联系。

表7－12　还原至蒸馏过程中海绵钛收缩尺寸统计

炉　次	还原结束后海绵钛高度/mm	蒸馏结束后海绵钛高度/mm	海绵钛收缩高度/mm
1	2000	1300	700
2	2100	1380	720
3	2150	1450	700
4	2200	1500	700
5	2210	1480	730

表7－13　不同蒸馏恒温时间炉次海绵钛切压变化统计

平均恒温时间/h	上部/MPa	中部/MPa	下部/MPa
正常时间	2.1	5.2	8.5
正常时间＋10	2.18	6.02	8.91

7.5.4.6 还原—蒸馏过程的物料衡算和热量衡算

A 物料衡算

假定还原—蒸馏—破碎工序钛的回收率为98.5%，产品合格率为93.6%，根据反应式 $TiCl_4 + 2Mg = Ti + 2MgCl_2$ 计算，生产1t合格海绵钛所需的四氯化钛为4.293t，镁量理论值为1.1t，在实际生产时还原剂必须过量，生产1t成品海绵钛，需液体镁1.733t（其中补充镁40kg），其多加的镁，蒸馏时呈冷凝物分离出来。图7－15是镁热还原生产海绵钛过程的物料衡算，该计算过程是以8t炉为例，以生产1t成品海绵钛为计算基准。还原—蒸馏—破碎工序的镁、钛的平衡列于表7－14中。

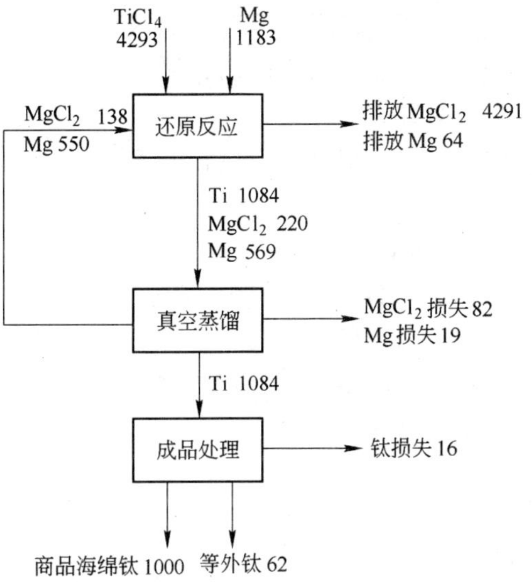

图7－15 镁热还原生产海绵钛过程的物料平衡图

表7－14 还原—蒸馏—破碎工序钛镁物料平衡表

分类	收入项		支出项	
	物料名称	物料量/kg	物料名称	物料量/kg
钛	加入四氯化钛折合钛	1084	合格钛	1000
			废品钛	68
			损失	16
	合计	1084	合计	1084
镁	加入液体镁	1183	回收氯化镁折合镁	1079
			排氯化镁带走镁	64
			损失	40
	合计	1183	合计	1183

根据表7－15可以计算出钛的实收率为98.5%，每吨钛镁净耗为40kg。

B 热量衡算

以8t还原—蒸馏炉为例，以生产1t合格钛为基准，进行还原过程的能量衡算，计算时的技术条件和物化数据如下：

表 7－15　镁和氯化镁的热容、熔点和熔化热

物　种	$c_p = a + b \times 10^{-3} T + c \times 10^5 T^{-2}$ 单位：$J \cdot K^{-1} \cdot mol^{-1}$			温度范围/℃	熔点/K	熔化热/kJ
	a	*b*	*c*			
Mg(s)	21.389	11.778		298～922	922	8.7864
Mg(l)	32.635			922～1130		
$MgCl_2$(s)	79.078	5.941	8.619	298～987	987	43.095
$MgCl_2$(l)	92.466			987～1691		

液体镁温度 983K，加入四氯化钛温度 298K，循环镁和氯化镁的加入温度 298K，还原反应温度 1123K，蒸馏温度 1223K。

镁还原过程中反应器内热收入：包括反应热和加热炉电热两部分，热支出包括物料吸热、加热炉散热、封口散热等。

a　还原过程中反应放出的热量

用 HSC 软件计算反应 $TiCl_4 + 2Mg = Ti + 2MgCl_2$ 在 1123K 温度下，反应放出的热量为 425.95kJ/mol，则生产 1t 合格钛放出的热量为：

$$Q_1 = 1084 \times 10^3 \times 425.95/47.9 \text{kJ} = 9.639 \times 10^6 \text{kJ}$$

折合电量 2677.5kW · h。

b　还原过程热支出

（1）加热循环镁。

$$Q_2 = \frac{550}{24.305}\int_{298}^{922}(21.389 + 11.778 \times 10^{-3} T)\mathrm{d}T + \frac{550}{24.305}\int_{922}^{1123} 32.635\mathrm{d}T + \frac{550}{24.305} \times 8.7864 \times 10^3 = 750741.5\text{kJ}$$

吨钛折合电耗 208.5kW · h。

（2）加热循环 $MgCl_2$。

$$Q_3 = \frac{138}{95.211}\int_{298}^{987}(79.078 + 5.941 \times 10^{-3} T - 8.619 \times 10^5 T^{-2})\mathrm{d}T + \frac{138}{95.211}\int_{987}^{1123} 92.466\mathrm{d}T + \frac{138}{95.211} \times 43.095 \times 10^3 = 160544.6\text{kJ}$$

吨钛折合电耗 44.6kW · h。

（3）加热液体镁。

$$Q_4 = 1183 \times 10^3 \times 32.635 \times (1100 - 983)/24.305\text{kJ} = 222382.6\text{kJ}$$

吨钛折合电耗 61.8kW · h。

（4）加热四氯化钛。

$$Q_4 = \frac{4293}{189.712}\int_{298}^{1123}(107.15 + 0.46 \times 10^{-3} T - 10.54 \times 10^5 T^{-2})\mathrm{d}T = 1953783.5\text{kJ}$$

吨钛折合电耗 542.7kW · h。

加热物料所需总电量（吨钛）：208.5 + 44.6 + 61.8 + 542.7 = 857.6kW · h。

释放的余热量（吨钛）：2677.5 − 857.6 = 1819.9kW · h。

通过计算可知，由于镁热还原反应过程是一个强烈的放热过程，热效应很大，在绝热过程中除去物料吸热外，释放的余热量相当多（吨钛折合电耗 1819.9kW · h）。在工业用的反应器中不仅可以靠自热维持反应，而且还必须排除余热，否则会使反应器壁超温烧坏反应器。只是在反应器下部为了保持适宜的熔体温度，便于定期排放氯化镁，才需补充一部分热量。

镁还原生产海绵钛过程的热量衡算见图 7−16。

图 7−16 镁还原生产海绵钛过程的热量衡算图

7.5.4.7 反应器大型化对产品质量的影响

还原反应器大型化的方向是正确的，从日本大阪钛公司的生产实践表明，随着炉产能的提高，从容器壁的 Fe、Ni、Cr 等杂质的混入比例降低，从容壁外气体杂质 O_2、N_2 的混入减少，因而产品质量随之提高（表 7−16）。但随着反应器产能的增加，蒸馏时间也随着延长，海绵钛处于高温时间延长，海绵钛坨收缩率增加，导致产品致密化（产品变硬变脆删除）。且因散热问题限制了反应器的直径，提高炉产能单靠增加反应器的长度受到限制，因此炉产能 5 ~ 10t 都是可用的，可根据生产规模进行选择。日本大阪钛公司炉产 10t 的反应器直径 2m（图 7−17），其海绵钛实际产品规格见表 7−17。

表 7−16 海绵钛产品质量与炉产能的关系 （%）

性能		炉产量/t			
		2	5	7	10
硬度	BHN < 80	0	2	2	5
	BHN80 ~ 85	7	14	19	26
	BHN86 ~ 90	20	30	33	45
氧含量	$0 < 200 \times 10^{-4}\%$	1	3	4	6
	$0 < 250 \times 10^{-4}\%$	6	17	30	35
	$0 < 300 \times 10^{-4}\%$	20	37	50	55
铁含量	$Fe < 50 \times 10^{-4}\%$	0	1	2	5
	$Fe < 10 \times 10^{-4}\%$	2	3	5	30
	$Fe < 200 \times 10^{-4}\%$	5	10	15	35

海绵钛(10t/炉)
高×直径(2.5~3)m×2m

图 7－17　日本大阪直径 2m 的 10t 海绵钛坨图

表 7－17　日本大阪海绵钛实际产品规格

产　品	规格	JIS	Ti/% ≥	杂质/%，≤									硬度 BHN，≤
				Fe	Cl	Mn	Mg	Si	N	C	H	O	
软海绵钛	S－90		99.8	0.03	0.08	0.002	0.04	0.02	0.006	0.01	0.003	0.05	90
	S－95		99.7	0.04	0.08	0.002	0.04	0.02	0.006	0.01	0.003	0.06	95
普通海绵钛	M－100	JIS1	99.6	0.08	0.10	0.005	0.05	0.02	0.010	0.02	0.004	0.07	100
	M－120	JIS2	99.5	0.12	0.12	0.010	0.06	0.02	0.015	0.02	0.005	0.10	120

7.6　I 形还原—蒸馏联合法工艺和设备

I 形还原—蒸馏联合法，还原反应器（蒸馏器）和冷凝器的安放位置与倒 U 形联合法不同，冷凝器是安装在还原反应器（蒸馏器）的上方，两者之间的通道中安放了一片易熔金属片（镁片或铝片），过渡段不设加热装置，如图 7－18 所示。还原—蒸馏整套装置的形状是英文的 I 字，因此，这种工艺称为 I 形还原—蒸馏联合法。还原反应器（蒸馏器）与冷凝器相同，可以互换交替使用。

I 形还原—蒸馏联合装置，一般是在还原完成之后才组装冷凝器，因此又被称为半联合法。上排氯化镁的 I 形还原—蒸馏联合法的还原和蒸馏的工艺流程和操作方法参见图 7－19；与倒 U 形还原—蒸馏联合法不同之处在于，I 形还原—蒸馏联合法的反应器用作冷凝器使用时，需进行翻转才能组装到还原反应器（蒸馏器）上。其他操作和控制与倒 U 形还原—蒸馏联合法基本相同。

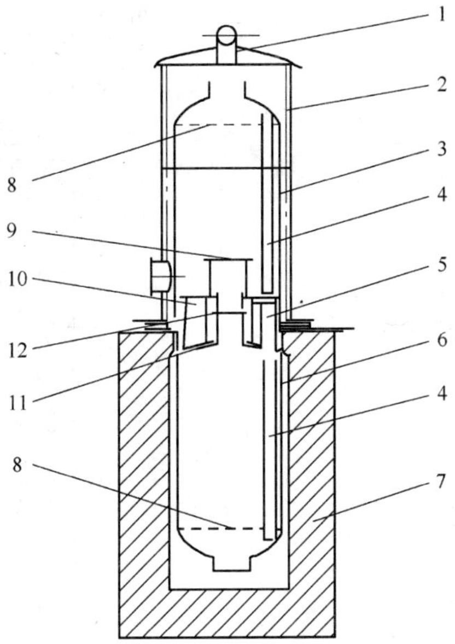

图 7-18　I 形镁还原—蒸馏联合法设备组装示意图

1—冷凝套筒盖；2—冷凝套筒；3—蒸馏器；4—氯化镁套管；5—氯化镁排放管；6—反应器；7—电炉；8—筛板；9—隔热板；10—保温屏；11—反应器大盖；12—镁片

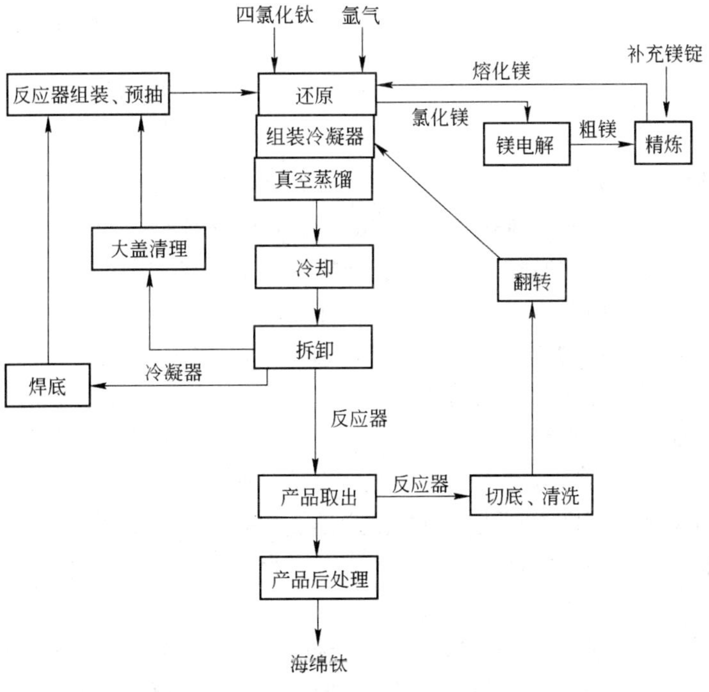

图 7-19　上排氯化镁的 I 形联合法工艺操作流程图

7.7　氯化镁排放方法

在还原过程中需要从反应器排出副产物氯化镁，目前在工业应用的有下排氯化镁反应器（图7－20）和上排氯化镁反应器（图7－21）两种。

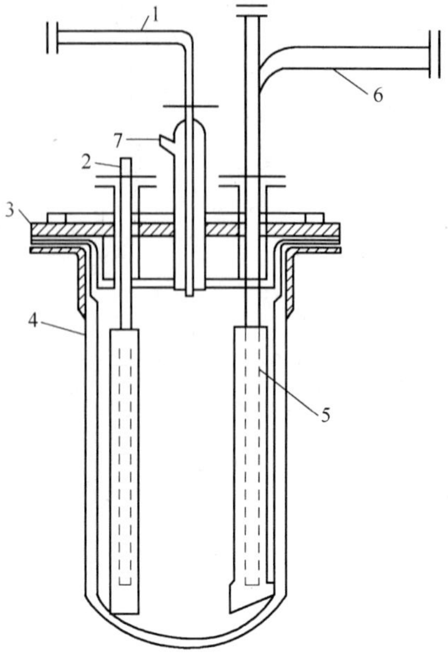

图7－20　上排 $MgCl_2$ 不带内坩埚型还原反应器
1—$TiCl_4$ 加料管；2—测温管；3—大盖；4—反应器；
5—马蹄罩；6—排 $MgCl_2$ 管；7—充氩管

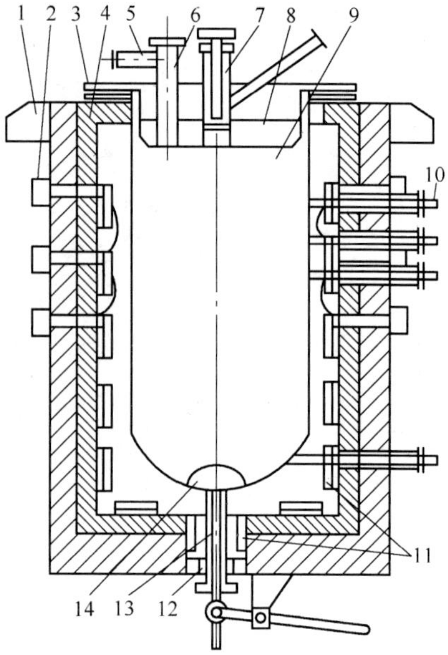

图7－21　下排 $MgCl_2$ 型还原装置示意图
1—炉子支架；2—空气进出集风管；3—大盖；
4—炉衬；5—抽真空和充氩管；6—加熔体镁管；
7—$TiCl_4$ 加料管；8—遮热板；9—还原罐；
10—热电偶；11—电热元件；12—炉壳；
13—连接杆；14—假底

独联体的海绵钛厂采用下排氯化镁反应器，在还原完成之后将反应器用天车从还原炉中吊出来，对反应器下部的排氯化镁管进行处理，放空氯化镁，经组装冷凝器后再吊入到蒸馏炉中进行真空蒸馏。还原和蒸馏分别在两个不同的加热炉中进行。

国内的海绵钛厂采用上排氯化镁反应器，在还原完成之后不从炉中吊出，原地让反应器冷却至700℃左右，在反应器正压条件下从反应器盖上拆除四氯化钛加料管，并迅速将一片易熔金属片（镁片或铝片）盖住加料管入口，再经组装冷凝器后进行真空蒸馏。还原和蒸馏在同一加热炉内进行。

两种排放氯化镁的方法各有优缺点。下排式是早期镁还原工艺采用的方式，由于生成物氯化镁的重力作用，下排式不用单独再设置排氯化镁管，且氯化镁排放较为干净，不但节省后续蒸馏能耗和时间，更重要的是，简化了联合设备的大盖及过渡段的结构。虽然下排氯化镁的方法具有许多优点，但需从炉中将处于高温下的反应器吊出，需在热态下对反应器底部的排氯化镁管进行处理，排氯化镁管打开、再封堵时的安全性、可靠性要求较高。早期的下排式，由于反应器底座出口与针形塞头密封不严或过紧，氯化镁泄漏的安全事故和产品质量恶化的事例都有发生。目前独联体国家的下排式技术、工艺应用较为成熟，但操作十分麻烦。国内20世纪50年代，曾在上海第二冶炼厂对氯化镁下排式进行过尝试，但终因设备的安全性、可靠性达不到要求中断试验。时至今日我国一直采用上排式工艺。上排氯化镁的方法，还原和蒸馏在同一炉内进行，不需吊出反应器，组装冷凝器的操作比较简单；但排氯化镁时反应器需充氩气，最后一次排放氯化镁不易完全排尽，特别是反应器底部可能残留少量氯化镁，相应会增加蒸馏热负荷。

7.8 镁电解和粗镁精炼

镁还原生产海绵钛的工艺中生成副产物氯化镁，需要采用电解法回收金属镁和氯气，以实现海绵钛生产过程的镁氯循环使用。世界镁电解的技术进步，也推动了海绵钛生产过程的镁电解的进步。

自18世纪开始采用电解法炼镁，19世纪末期已广泛应用于工业生产。初期的镁电解槽是一种简单的无隔板电解槽。它的结构简单，且不能密封，氯气不能回收，电流效率和电能效率很低。30年代后被有隔板槽取代，各项指标得到明显改善。60年代后，又出现了新型无隔板镁电解槽，将镁工业推向了一个新水平。

自20世纪70年代开始，积极致力于节能降耗的研究试验工作，尤其在多极电解槽和无隔板镁电解槽的研究上取得了重大突破，广泛应用于工业生产替代了传统的有隔板槽，电解槽容量扩大，能耗降低，氯气浓度提高。

目前国内外海绵钛厂已广泛采用多极电解槽和无隔板镁电解槽，最大电解槽的容量已达200kA，吨直流电耗最低已降至10000kW·h，氯气浓度（体积计）最高已达97%。

7.8.1 基本原理

氯化镁电解生产金属镁工艺的实质是用直流电流通过熔融电解质把镁离子还原为金属镁的过程。在海绵钛厂生产中，镁电解是以海绵钛生产的副产物氯化镁为原料。在工业上常用的是NaCl、KCl、$MgCl_2$和$CaCl_2$的四成分电解质。在直流电的作用下，阴极析出镁，阳极产生氯气等。电解过程中的两极反应为：

阴极： $$Mg^{2+} + 2e = Mg$$

阳极： $$2Cl^- = Cl_2 + 2e$$

总反应： $$MgCl_2 = Mg + Cl_2$$

阴极上产生的液态镁，因比电解质的密度小而上浮于表面。阳极产生的氯气则通过氯气罩排出。

电解生产出来的粗镁含有较多的杂质，粗镁必须经过精炼工序进行精炼，才能制得符合用于生产海绵钛使用的质量要求。我国镁精炼工序普遍采用熔剂精炼法，使用坩埚炉进行精炼，同时也引进了连续精炼法。

工业生产上，采用熔剂精炼法除去杂质的原理如下：

（1）对非金属杂质（主要是氧化物），利用熔剂的物理化学吸附作用而除去：

$$MgO(CaO) + MgCl_2 = MgO(CaO) \cdot MgCl_2$$

或 $$5MgO + MgCl_2 = 5MgO \cdot MgCl_2$$

（2）对钾、钠等金属杂质，则通过发生如下反应除去：

$$2Na(K) + MgCl_2 = 2NaCl(KCl) + Mg$$

其他金属一般不和熔剂反应，而对精镁危害最大的杂质铁，可以通过向熔剂中添加化合物精炼除去。

7.8.2　工艺流程操作

电解工艺操作主要包括加料、出镁、出渣、排废电解质等。

7.8.2.1　加料

随着电解过程的进行，电解各成分不断变化，氯化镁浓度随着镁的析出越来越低，降到一定值以后，阴极会同时析出钠。因此，必须经常向电解槽补充氯化镁，将熔融氯化镁注入电解槽的阴极室；并根据电解质成分变化情况，适当添加其他成分以维持电解过程的继续。

7.8.2.2　出镁

用真空抬包从电解槽中吸出熔融金属镁，真空抬包的工作原理是利用真空吸出熔融镁，并利用电解质密度的不同进行分离。出镁时电解温度不应低于 690℃。用天车把装有粗镁的抬包吊往精炼工段进行精炼。

7.8.2.3　出渣

随着电解过程的进行，在电解槽的底部会逐渐积累起黑色或黑褐色黏性沉淀物，这就是槽渣。形成槽渣的主要原因是，随着加料带了一部分氧化镁以及氯化镁水解生成物，另外还有碳阳极渣以及一些电解质中的杂质和副反应产物沉降到槽底。沉积在槽底的渣，如果不定期排出，会引起电解槽发生短路现象，造成电解质和电极的局部过热。另外由于电解槽中电解质的循环，把槽渣中的氧化镁微粒带到阴极表面积存起来，从而影响了镁在阴极表面的附着，这就是所谓“阴极钝化”，使电流效率降低。因此，槽渣必须经常定期地从电解槽中排出。槽底上积聚的渣层不得超过 8 ~ 10cm，通常可根据渣层的厚度每隔3 ~ 7 天出渣一次。出渣操作应在出镁后进行，以减少镁混入渣中的损失。

7.8.2.4　氯气处理

电解法镁产生的氯气，需要用管道将氯气输送到氯气压缩室，进行过滤净化，用 98% 浓硫酸进行干燥处理，然后用氯气压缩机输送到氯化车间使用。

7.8.3　粗镁的精制

检查合格的坩埚放在坩埚炉上，通电加热。用真空抬包将粗镁加入经预热的精炼坩埚内，在液镁表面撒上一层熔剂（每吨镁约需 15 ~ 17kg），机械搅拌 5 ~ 10min，然后取出搅拌器，澄清 20 ~ 30min。在液镁浮到表面前，撒上一层硼酸（每吨镁约需 300 ~ 350g）或硼酸和硫黄（各半）的混合物，以防止镁的燃烧。温度达 700 ~ 720℃时，用抬包从坩埚吸取镁送至还原工序使用或铸成锭。

7.8.4　设备

7.8.4.1　电解槽

镁电解槽可分为有隔板槽、无隔板槽、道屋型电解槽和双极型电解槽四大类型。有隔板槽又称为埃奇（IG）电解槽，按插阳极方式不同，又分为上插阳极、侧插阳极和底插阳极三种。无隔板槽是 20 世纪 60 年代研制成功的新型槽，按集镁方式不同分为电解质循环集镁的无隔板槽和导镁槽集镁的阿尔肯无隔板槽两种。

无隔板槽的阳极和阴极之间没有隔板，但电解室和集镁室之间仍有隔墙把析出的镁与氯气隔离。道屋型电解槽是使用低水氯化镁为原料的无隔板槽。

美国的罗莱镁厂和独联体的一些镁厂，电解过程采用了流水作业，将许多台电解槽与一台 $MgCl_2$ 熔解槽、一台镁电解质分离槽和一台电解质调节槽串联起来组成一个作业组，实现电解槽的集中照管和集中加料及出镁。

目前国内外的海绵钛厂的电解镁都是采用无隔板槽。日本和美国的一些海绵钛厂，还采用了阿尔肯双极性电解槽（又称为多极槽）。

目前我国已在生产中应用的有循环集镁型无隔板电解槽和双极性电解槽，同时引进了流水线无隔板连续电解槽。

A 循环集镁型无隔板电解槽

循环集镁型无隔板电解槽如图 7－22 所示。电解槽主要由下列主要部件和零件组成：金属外壳、黏土砖内衬、排氯系统和集镁室盖等组成。电解槽分两部分：电解室和集镁室。电解室设有阴极和阳极。集镁室收集从电解室随电解质循环带来的金属镁。集镁室和电解室之间用隔板隔开，镁和氯被分离。在循环集镁的无隔板槽中，电解质在电解室和集镁室之间循环流动。随着循环流动，镁从电解室进导镁槽后，在电解质浮力的作用下顺着导镁槽流入集镁室。另外阴极是双面工作的，是固定的。因此，电解室中没有阴极室和阳极室之分，结构较紧凑。阴极是从纵墙插入槽内的；阴极为框式结构，以增加有效工作面。电解室是全密闭的，加料、出镁、出渣电解室都是全密闭的，加料、出镁、出渣都在集镁室内进行。

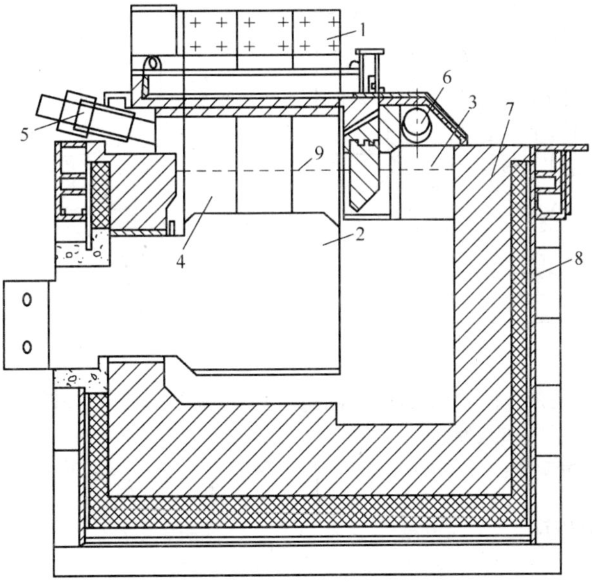

图 7－22 集镁室沿一侧纵墙配置的单排电极上插阳极无隔板

1—阳极；2—阴极；3—集镁室；4—电解室；5—阳极氯气出口；6—集镁室卫生排气口；7—隔墙；8—槽壳；9—电解质水平

B 双极性电解槽

双极性电解槽是由众多双极性电极组成的电解槽，因此又称为多极槽。与单极性电解槽相比，双极性电解槽具有电耗低、氯气浓度高、单位槽底面积产能高等优点。日本大阪钛公司和美国钛金属公司，应用加拿大铝业公司研制的阿尔肯双极性电解槽，吨镁直流电耗突破 10000kW · h。但双极性电解槽也有其缺点，如双极性电极要求高、电极周围容易漏电等。

图 7 – 23 所示的阳极为钢阴极包围的双极性电解槽，克服了电极周围漏电问题。阴极 2 及中间极 3 不但对着阳极 1 的主工作面，而且也对着阳极的端面及底面。阳极完全被钢阴极包围，阳极周围的高极性化区完全封闭了，故没有漏电及绝缘耐火材料磨损的问题。

7.8.4.2　精炼设备

镁的精炼过程是在精炼炉中进行的。精炼炉有不同的结构，可以是用电加热的，也可以是用煤气、重油或煤进行加热的。图 7 – 24 是用电加热的坩埚精炼炉结构示意图，分为炉壳、炉膛与坩埚三部分。炉壳用 8mm 的钢板焊制而成，炉壳上有加固筋；炉膛用黏土耐火砖与轻质耐火砖砌筑，炉膛内有固定电阻丝的耐热槽沟黏土板；坩埚用铸钢板焊制。大型精炼炉坩埚容量可达 8 ~ 10t，加热功率约 500kW，单炉熔化精炼时间 8 ~ 10h，并且易于实现自动控制。

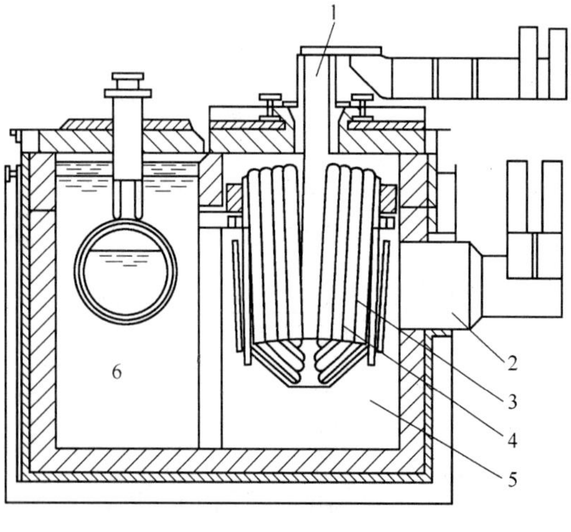

图 7 – 23　阳极完全为钢阴极包围的双极性电解槽
1—阳极；2—阴极；3—双极性电极；
4—极间空间；5—电解室；6—集镁室

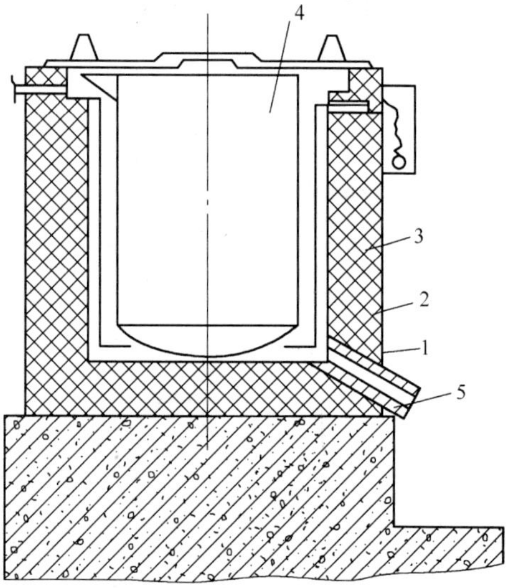

图 7 – 24　精炼镁用的坩埚电炉示意图
1—炉壳；2—内衬；3—加热电阻丝；
4—坩埚；5—排出口

7.8.5　物料及能量衡算

7.8.5.1　物料衡算

根据对 110kA 无隔板电解槽进行测试及计算，获得了物料平衡数据表 7 – 18。日 816kg，电流效率 $\eta = 83.98\%$。

7.8.5.2　能量衡算

根据热平衡测试及计算结果，获得槽热平衡数据列于表 7 – 19。

通过以上计算，每吨粗镁直流电单耗为 14365kW · h。对于大型精炼炉（10t），平均吨镁电耗为 735kW · h，每吨精镁粗镁单耗为 1.06t。因此，每吨精镁总电耗为 16000kW · h。

表 7-18 镁电解物料平衡

收入			支出		
物料名称	kg/h	t/t 粗镁	物料名称	kg/h	t/t 粗镁
氯化镁	135.42	3.98	粗镁	34	1.00
氯化钠	1.06	0.03	槽渣	5.1	0.15
氯化钾	0.56	0.016	升华物	2.38	0.07
氯化钙	1.04	0.031	氯气	98.47	2.896
合计	138.08	4.057	合计	139.95	4.116

表 7-19 电解槽热平衡数据

收入项			支出项		
序号	项目	热量 /kJ·h^{-1}	序号	项目	热量 /kJ·h^{-1}
1	外界供给电能	17.3285×10^5	1	电化反应热效应	8.3722×10^5
	其中		2	加热固体物料	0.0296×10^5
	制得金属镁自由能	6.7828×10^5	3	镁产出热焓	0.5653×10^5
	二次反应自由能	1.2939×10^5	4	槽渣产出热焓	0.0219×10^5
	极化超电压电能	0.7522×10^5	5	集镁室开盖热损失	0.1093×10^5
	母线损失	-0.1679×10^5	6	集镁室废气带走热	1.1547×10^5
	槽内焦耳热	8.6675×10^5	7	电解大母线损失	-0.1679×10^5
2	氯化镁带入显热	-0.0120×10^5	8	各表面散热	7.643×10^5
3	氯气利用热	0.2154×10^5			
4	升华物利用热	0.0182×10^5			
	合计	17.5501×10^5		合计	17.7281×10^5

110kA 无隔板电解槽的主要技术指标列于表 7-20 中。

表 7-20 前几年国内无隔板槽镁电解槽主要技术指标

指标名称	无隔板槽
容量/kA	110
槽电压/V	4.95
吨镁直流电耗/kW·h	16000
吨镁回收氯气/t	2.8
回收氯气浓度/%	80
极距/cm	6~8
阴极电流密度/A·cm^{-2}	0.267
阳极电流密度/A·cm^{-2}	0.2932
电解槽寿命/月	28
吨镁耗硫酸/kg	50

7.8.6 工艺参数的选择

7.8.6.1 电解质成分的选择

采用四元系高钙电解质成分时，系列电解槽槽温大都偏高（>730℃）。逐步下调 $CaCl_2$ 含量，提高 KCl 含量，热槽状况有一定的改观。这种改观在 $CaCl_2$ 含量相对较低（10%以下）、KCl 含量相对较高（30%左右）以及 $MgCl_2$ 含量控制在 10% ~18%范围的电解槽上较明显，电流效率增加了约 8 ~ 10 个百分点，并且吨粗镁直流电耗由 17000 kW · h以上逐步下降到 15000kW · h 以下，如表 7 -21 所示。

表 7 -21 含 15%$MgCl_2$ 左右时不同电解质成分下的直流电耗、电流效率变化

电解质成分/%			粗镁直流电耗 /kW · h	电流效率/%
NaCl	KCl	$CaCl_2$		
38 ~45	3 ~10	35 ~45	17000 ~18000	60 ~65
40 ~48	10 ~25	20 ~35	16000 ~17000	66 ~72
40 ~48	5 ~10	5 ~10	14500 ~15500	75 ~81

$MgCl_2$ 对钢阴极的湿润性大而使镁在阴极上较容易汇集长大。由于 $MgCl_2$ 表面张力较小，$MgCl_2$ 含量高的电解质对电解质表面的镁层起着良好的保护作用。这时镁在电解质中的溶解度也随之增大，因电解质水解严重会使导电性降低，挥发性增大。若 $MgCl_2$ 浓度过低，碱金属离子放电，也会使电流效率降低。根据电解原料和电解槽型不同，前苏联研究者伊万诺夫认为氯化镁电解槽最佳 $MgCl_2$ 浓度为 15% ~18%，光卤石电解槽 $MgCl_2$ 浓度为5% ~15%。目前工业电解槽中 $MgCl_2$ 含量的波动范围较大，从加料前的5% ~6%（电解光卤石）或7% ~8%至加料后的 15% ~16%左右。

通过生产实践，认为控制 $MgCl_2$ 10% ~18%、NaCl 40% ~48%、KCl 25% ~33%、$CaCl_2$ 5% ~10%、CaF_2 0.2% ~3%的范围，110kA 无隔板镁电解槽生产指标大有改善。

7.8.6.2 电解质温度

电解槽的操作温度是电解操作的重要技术参数。工业试验表明，有隔板电解槽正常操作温度为680 ~740℃，温度每升高 10℃，电流效率降低0.183%；无隔板电解槽正常的电解温度应为 680 ~720℃，温度每升高 10℃，电流效率降低 1.67%。如采用 Na - Ca 电解质的电解槽 Ca 含量在30%时，温度在680 ~710℃，电流效率为78% ~83%，当温度每升高 10℃，电流效率降低 1.66%。要调节槽温可以调节极距、改变阴极气体的排气量。

7.8.6.3 极距

无隔板电解槽采用钛返回氯化镁为原料，当阳极工作高度 1000mm，极距为 70mm，Na - Ca 电解质，阴极电流密度为 0.2 ~0.25A/cm^2 时，电流效率最高为 85%左右。无隔板槽在不同极距下的电流效率见表 7 -22。

表 7 -22 不同极距的电流效率

极距/mm	电流效率/%	阴极电流密度/A · cm^{-2}
70	84.15	0.28
50	82.18	0.30
40	64.16	0.31
30	39.7	0.30

7.8.7 镁电解技术经济指标

国内外电解镁技术经济指标比较见表 7 – 23。

表 7 – 23 国内外电解镁技术经济指标比较

比较项目	美国、日本	独联体		国 内
槽 型	多极槽	无隔板槽	流水作业无隔板槽	无隔板槽
电流强度/ka	165	175	200	110
槽电压/V	10 ~ 12	约 5	约 4.6	5.05
日产镁量/t · 槽$^{-1}$	3.65	1.525		0.95
电流效率/%	≥80	78 ~ 80	>80	>74
吨镁直流电耗/kW · h	10500	13250	13300	14800
吨镁交流电耗/kW · h	1350	550		
吨镁总电耗/kW · h	11850	13800		16000 ~ 18000
吨镁氯产量/t	2.9	2.8	2.8	2.75
氯气浓度/%	95	89	89	>70
槽寿命/月	24	24	>30	28

注：表中数据为设计数据。

7.9 海绵钛取出、破碎和分级

7.9.1 工艺流程

海绵钛取出、破碎和分级工艺流程见图 7 – 25。还原反应器中的海绵钛经长期高温作用，已烧结成一个整体，并与反应器壁紧密相连。从反应器中取出海绵钛坨，经过破碎、筛分、磁选、人工挑选、混合均匀后装桶、充氩包装作为商品海绵钛出售。

7.9.1.1 取出

人工或者机械从器壁上取出爬壁钛，然后打通器壁黏结产品，取出钛坨。人工取出是用风镐打通钛坨与器壁黏结，然后用天车将钛坨吊出。

随着设备的大型化，倒 U 形联合法的还原反应器的炉产能已达 8 ~ 12t，人工取出法已越来越困难。国内外都在研究机械取出方法。机械取出的关键环节是如何去掉钛坨与器壁的粘连，拟研究类似于车床原理的具有专用刀具的专用车床。

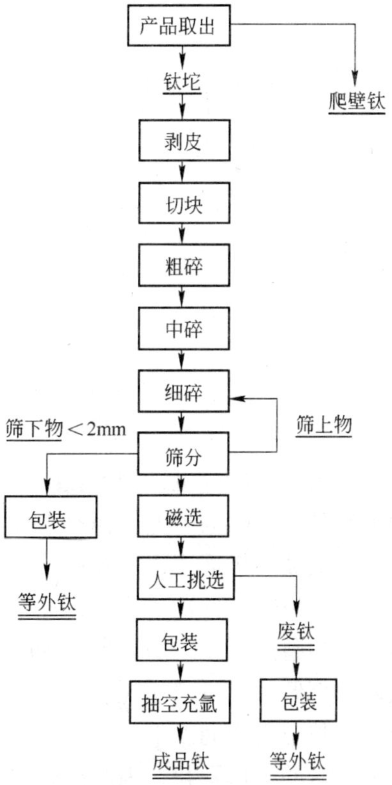

图 7 – 25 海绵钛取出、破碎和分级工艺流程

7.9.1.2 扒皮及切块

钛坨在油压机上剥离出上部、侧部、底部和边部钛，分别堆放。再将剥离边部后的钛坨在压机上切成块，供下一步破碎。

7.9.1.3　破碎

破碎是将油压机切成的海绵钛块加工成粒度为 0.83～25.4mm 和 0.83～12.7mm 的产品。海绵钛是硬而带韧的金属，采用锤打的方法，会将其打扁，破碎效率低；采用剪切方法，破碎效率高。

海绵钛在破碎过程中易产生氧化氮化变色，变色程度随产品致密程度的增加、破碎时间的延长和温度的升高而增加。破碎中产生的变色产品，增加了挑选的难度，产品的外观质量也难以保证。如果破碎设备效率低，产品经反复摩擦和相互撞击挤压形成的致密球钛粒多，给下一步的加工带来影响。因此，破碎必须选择合适的高效设备，以避免产品过热而发生氧化、氮化现象。

海绵钛破碎采用多级破碎工艺，需经过粗碎、中碎和细碎三级至四级破碎才能达到要求的粒度。常用破碎设备有颚式破碎机粗碎、齿辊破碎机中碎和剪切式细碎机，其工作原理如图 7－26 所示。

颚式破碎机（图 7－26*a*）。动颚板按图示方向往返运动，与定颚板间形成变化的间隙，间隙缩小时物料被挤压破碎，间隙增大时物料排出。

齿辊破碎机（单辊或对辊）（图 7－26*b*）。齿辊沿图示的方向转动，使物料受到齿刀的冲击和齿辊的挤压力作用破碎排出。

剪切式破碎机。如图 7－26*c* 所示，齿轮向固定刀方向转动，物料受到固定刀与转动齿刀的剪切作用破碎。

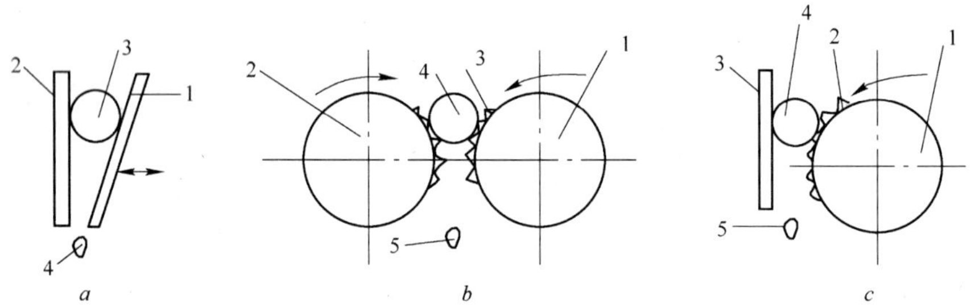

图 7－26　破碎机工作原理

a—颚式破碎机：1—动颚板；2—定颚板；3—加入料；4—排出料；

b—齿辊破碎机：1，2—齿辊；3—齿刀；4—加入料；5—排出料；

c—剪切式破碎机：1—齿轮；2—齿刀；3—固定刀；4—加入料；5—排出料

采用颚式破碎机，物料在破碎腔中停留时间短，设备产能大，但由于物料在挤压力作用下破碎，破碎效果差，而动、定颚板间的间隙不断变化，导致排出物料的粒度均匀性差。颚式破碎机适用于海绵钛的粗、中级破碎。

采用齿辊破碎机，物料在冲击力和挤压力的作用下破碎，由于海绵钛硬且具有韧性，对齿刀的磨损严重，随设备使用时间的延长，冲击力减弱，产品主要受挤压力作用破碎，破碎效率低，设备产能低；另一方面，挤压力作用使部分钛粒呈片状或长条状，钛料之间、钛粒与齿辊间发生反复摩擦和碰撞，使产品温度升高，氧化程度增加，同时部分产品变成致密的球形颗粒，因此破碎产品的外观质量差。齿辊破碎机适用于脆性物料的中、细碎，而不适用于海绵钛的破碎。

采用剪切式破碎机，剪切力克服了海绵钛的耐压性，这已被刀切式油压机长期的生产实践所证明。破碎机中固定刀与齿刀同时对物料进行剪切，破碎效率高，产品升温小，吸气程度低，排出料粒度均匀，外观质量好，所以剪切式破碎机适用于海绵钛的破碎。

破碎的通常流程为：切块经颚式破碎机粗碎→颚式破碎机或齿辊破碎或剪切式破碎机中碎→剪切式破碎机细碎。

7.9.1.4 筛分

破碎后的产品经振动筛筛分，筛上物返回破碎，筛下物再去磁选。破碎和筛分过程也是粒度分级过程，最终分成大粒度（0.83~25.4mm）、小粒度（0.83~12.7mm）和钛粉末三种产品。

7.9.1.5 磁选

磁选是选出带有磁性的含铁杂质。

7.9.1.6 人工挑选

人工挑选是选出变色产品和其他杂物。目前国内外都有人工挑选这道不可缺少的工序，现还没有机械挑选方法来替代。

7.9.1.7 混合和包装

产品需用专用混料器混合均匀后包装充氩保护。

7.9.2 产品中杂质来源及其对产品质量影响的分析

7.9.2.1 杂质来源与分布规律

从还原反应器取出的海绵钛坨，其中的杂质在各部位的分布是不均匀的（表7-24）。对海绵钛质量影响最大和含量较多的杂质主要是铁、氯、氧，其次是氮、碳、硅等。杂质氧、氮、碳、铁、硅等会显著地增高钛的硬度，并使钛的加工塑性变坏。杂质氢对钛硬度、强度影响不大，但由于在钛金属晶界面上形成氢化钛网状畸变裂纹，会大大降低钛材的冲击韧性和机械加工性能。杂质氯根的残留，意味着海绵钛中强吸潮的氯化物 $MgCl_2$、$TiCl_2$、$TiCl_3$ 等伴存，海绵钛中的有害物质氧、氮、氢也会相应增加。20世纪末到21世纪初，由于钛冶炼技术进步和现代工业对高质量钛的需求，金属锰、镁、氢、铬杂质也成为了关注范围，其中锰、镁、氢目前已明确列入各国海绵钛新标准。锰、铬和铁杂质作用一样，会使钛塑性加工能力变坏，而镁会吸潮使钛中氧、氮、氢伴随升高。因此，研究这些杂质的来源和分布规律，对于如何采取措施降低海绵钛的杂质含量，以及如何取样和产品分级都具有指导意义。

表7-24 杂质在产品的中部和边部分布举例

炉 次	产品部位	硬度 HB	杂质（质量分数）/%						等 级
			Fe	Cl	O	N	C	Si	
1	中部	101	0.022	0.056	0.043	0.016	0.014	0.010	1
	边部	121	0.063	0.130	0.061	0.028	0.011	0.010	3
2	中部	97.1	0.013	0.047	0.058	0.015	0.003	0.010	0
	边部	118	0.081	0.130	0.067	0.025	0.013	0.010	3
3	中部	96.5	0.029	0.030	0.046	0.015	0.003	0.010	0
	边部	122	0.180	0.027	0.063	0.029	0.015	0.010	3

A　铁

海绵钛坨的边部、底部和上部铁含量高，特别是靠近反应器铁壁的产品铁含量最高，中心部位铁含量最低。铁杂质的来源有下列几方面。

来源于原料：$TiCl_4$ 和还原剂 Mg 中带入的铁杂质，以及盛镁容器壁铁溶解于液镁中，这些铁杂质几乎全部转入海绵钛中，分布在各个部位。

器壁污染：由于还原和蒸馏是在高温下进行的，如果出现局部超温时（达到钛铁合金共熔温度1100℃左右），粘壁部位的产品会生成 Ti - Fe 合金。在真空蒸馏长期高温作用下，反应器壁的铁会向钛坨渗透。这部分铁主要分布于靠近器壁部分和底部。

另外，高温下四氯化钛对器壁的腐蚀作用，生成的三氯化铁被镁还原生成铁进入海绵钛中：

$$TiCl_4 + Fe \longrightarrow FeCl_3 + TiCl_3$$

$$FeCl_3 + Mg \longrightarrow Fe + MgCl_2$$

铁锈和水分的影响：如果反应器清理不净有铁锈存在时，在还原过程中可能发生下列反应：

$$Fe_2O_3 + TiCl_4 \longrightarrow FeCl_{2\sim3} + 3TiO_2$$

上述反应生成的铁的氯化物被镁还原生成铁转入海绵钛中。

此外，水蒸气的存在会使氯化物水解生成 HCl，而 HCl 与反应器壁作用可以生成 $FeCl_3$，同样会发生上述反应。由此可见，当体系中有水存在时，不仅使海绵钛中氧含量增大，也使铁含量增大。这部分铁杂质分布在各部位。

机械夹杂物：海绵钛在破碎、筛分和混合过程中机器磨损的铁粉和含铁夹杂物混入，虽然后续的磁选工序会将其中大部分选出，也会有少部分残留在产品中。

B　氯根

Cl^- 含量，海绵钛坨中的上表面最高，中部次之。如果中部有硬芯则 Cl^- 含量高。氯杂质的来源有下列几方面。

残留 $MgCl_2$：真空蒸馏未能除去的残留的 $MgCl_2$，这主要与海绵钛的结构有关，海绵钛的微细孔及闭孔越多，则残留 Cl^- 含量越高。在还原过程中加料速度过快，造成局部过热，导致产品严重烧结形成大量闭孔；或者蒸馏初期升温过快，导致海绵钛过早烧结使毛细孔闭合，都有可能使最终产品 Cl^- 含量超标。

镁中高沸点氯化物：还原剂镁中的高沸点杂质 KCl、NaCl、$CaCl_2$ 等，在真空蒸馏过程中很难被除去而进入产品中。

表面吸附：海绵钛的比表面积很大，且其缺陷很多，表面吸附 Cl^- 作用不可忽略。

C　氧

氧含量，海绵钛坨的上表面、底部及边部最高，中部最低。氧杂质来源如下几方面。

原料带入：溶于 $TiCl_4$ 中含氧化合物（$TiOCl_2$、$VOCl_3$ 等）和溶解的含氧物（O_2、CO_2 等）等，在还原过程中全部转入海绵钛中。这部分杂质氧在海绵钛坨中均匀分布。

由镁带入的杂质氧，主要是镁锭表面的氧化膜。在还原反应初期，与新生成的海绵钛作用，沉积于海绵钛坨底部。

氩气带入，以及在操作过程中空气进入，导致海绵钛被氧化。前者均匀分布在海绵钛坨中，后者则集中在海绵钛坨表面。

某些氯化物水解造成：残留的 $MgCl_2$ 和钛低价氯化物水解，使氧进入海绵钛中。

破碎氧化：海绵钛在破碎时发热而氧化，选择适宜的破碎设备避免和减少氧化的发生是十分重要的。

前苏联学者对海绵钛中氧来源进行过统计研究，列于表 7－25 中。

表 7－25　海绵钛在生产过程中氧杂质来源及其平衡

编　号	进　入		支　出	
	氧杂质来源	氧含量（质量分数）/%	产　品	氧含量（质量分数）/%
1	从四氯化钛中	0.0008	海绵钛	0.0566
2	从镁中	0.0219	氯化镁	0.0104
3	镁循环冷凝物	0.0047		
4	氯化镁循环冷凝物	0.0044		
5	氩　气	0.0001		
6	空气水分	0.0078		
7	设备渗漏	0.026		
8	破碎氧化	0.0060		
9	非控制来源	0.0187		
	合　计	0.067	合　计	0.067

D　氮

氮含量，海绵钛坨的上表皮和边皮较高，其余部位大致均匀分布。主要来自两方面，一是氩气和漏入反应器内的空气污染，特别是在蒸馏的高温下，如果反应器漏入空气，会使海绵钛表面氮化生成金黄色 TiN；二是在产品取出和破碎过程中因机械作用导致局部高温引起表面氮化。

E　硅与碳

硅与碳在产品各部位基本上是均匀分布。硅主要来自 $TiCl_4$ 和还原剂 Mg。碳则主要来自 $TiCl_4$ 中的有机物杂质，特别是采用矿物油或植物油除钒的四氯化钛，如残留在 $TiCl_4$ 中的有机物杂质未除尽，容易造成海绵钛碳含量增加。新近的研究发现，海绵钛蒸馏过程的真空返油也是碳含量增加的重要因素。

F　锰、镁和铬

锰和铬的来源除 $TiCl_4$ 和还原剂 Mg 外，含锰、铬的不锈钢反应器也会是锰进入海绵钛的重要途径，它们的进入方式和铁类似。杂质镁一般由蒸馏时 Mg 和 $MgCl_2$ 残留而致。

7.9.2.2　杂质对布氏硬度的影响

产品硬度是质量的综合指标。产品硬度取决于产品中杂质种类和其含量，特别与气体杂质含量密切相关。从公式 $HB = 196\sqrt{w(N_2)} + 158\sqrt{w(O_2)} + 45\sqrt{w(C)} + 20\sqrt{w(Fe)} + 57$、图 2－4 可以看出，海绵钛产品的布氏硬度（HB）受氮、氧、铁的影响最大，而且具有加和性。残留的氯化镁吸水潮解也会使氧含量增加，间接影响布氏硬度。凡是氮、氧、铁高的部位，产品的布氏硬度也高。因此，钛坨的中心部硬度最低，质量最好；边部和底部粘壁钛硬度最高。

为了降低产品硬度，必须防止杂质，特别是氮、氧、铁的污染。表皮和边部粘壁产品被铁、氧、氮等污染是不可避免的，关键是获得中心部位海绵钛的产品质量。

从对海绵钛硬度的影响分析来看，前苏联学者研究表明，以原料对硬度的影响最大（表 7－26）。

表 7－26　各种因素对海绵钛硬度的影响

编号	影响因素	HB 增加单位
1	原料（$TiCl_4$、Mg 和 Ar）	15～40
2	处理水平（还原、蒸馏和设备准备）	5～14
3	钛块破碎时的大气环境	1～3
4	非控制源	7～15
	合　计	28～72

根据大量数据统计，影响海绵钛硬度最主要杂质是 Fe、O、N，布氏硬度与它们的含量有如下近似关系式：

$$HB = 79.20 + 194.83w(N) + 356.82w(O) + 117.30w(Fe)$$

产品质量还与单炉产量有关，随着单炉产量的增加，硬度降低；氧含量有降低趋势，等外钛所占比例下降。

另外，产品硬度还与海绵钛结构有关，随着海绵钛孔隙率增加，其硬度也增加（表 7－27）。因为随着海绵钛的孔隙率增加，比表面积增大，吸附的气体杂质也就越多，残留的 $MgCl_2$ 含量也越多，其含氧、氮、氯根杂质含量随之增加。

表 7－27　海绵钛硬度与孔隙率的关系

总孔隙率/$cm^3 \cdot g^{-1}$	0.0769	0.0920	0.1627	0.1944
HB	79.6	88.4	90.1	91.9

提高海绵钛质量的主要措施：尽量采用先进工艺技术和大型化设备，提高原料（$TiCl_4$、Mg、Ar）的纯度，采用先进的控制技术和操作技术，提高管理水平和员工技术操作水平。

7.10　技术经济指标和产品质量

7.10.1　技术经济指标

国内外还—蒸工序可达到的技术经济指标比较列于表 7－28，全流程可达到的技术经济指标比较列于表 7－29。

表 7－28　国内外还—蒸工序可达到的技术经济指标比较

比较指标	美国、日本	乌克兰、俄罗斯	乌克兰	中　国	中　国
炉　型	倒 U 形	I 形	I 形（试验）	倒 U 形	I 形
炉产能/$t \cdot 炉^{-1}$	10	4	7.5	8	3
吨钛电耗/$kW \cdot h$	3000		6500	4520	5500

续表 7－28

比较指标	美国、日本	乌克兰、俄罗斯	乌克兰	中　国	中　国
占炉周期/h	240	215	240	250	180
吨钛镁耗/kg	11～26	90	90	40	—
金属回收率/%	99.7	99.7	99.4	98.5	

表 7－29　国内外海绵钛生产全流程可达到的技术经济指标比较（每吨海绵钛计）

比较指标	中　国	独联体	日本、美国
富钛料（90% TiO_2）单耗/t	2.18（90% TiO_2 钛渣）	2.06（90% TiO_2 钛渣）	1.8（95% TiO_2 金红石）
金属回收率/%	85	～90	>90～95
镁净耗/kg	40～60	90	<20
氯净耗/t	1.5～2.0	0.65	0.12～0.5
总电耗/kW·h	>30000	<25000	<20000

7.10.2　产品质量

国内产品实际样品质量例子见表 7－30。国外海绵钛厂商产品质量见表 7－31。

表 7－30　国内产品实际样品质量例子

炉　型	Ti/% ≥	质量分数/%，≤						HB
		Fe	Si	Cl	C	N	O	
I 形（3t/炉）	99.7	0.037	0.01	0.052	0.018	0.005	0.065	107
I 形（3t/炉）		0.037	0.001	0.074	0.008	0.007	0.067	105
I 形（3t/炉）		0.05	0.01	0.04	0.03	0.01	0.06	103
倒 U 形（5～8t/炉）		0.040		0.061		0.014	0.053	105

表 7－31　国外海绵钛厂商产品质量可达到的水平

等级	布氏硬度（不大于）	乌克兰产品/%	俄罗斯产品/%	美国产品/%	日本产品/%
0	90	30	10～15	28	40～70
1	100	40	50～60	36	
2	110	10	5～7	26	
3	120	8	3～5	5	
4	>120			5	
5	130	4	4～6		
6	150	1	3～5		
等外		7	6～7		

附录：国内外海绵钛的质量标准

中国海绵钛的质量标准

（1）粒度。海绵钛粒度有两种规格：0.83～25.4mm，0.83～12.7mm。

粒度为 0.83 ~ 25.4mm 的产品，其中粒度为 0.83 ~ 25.4mm 的数量不应小于批产品总量的 90%；粒度大于 25.4mm 的数量不应超过批产品总量的 5%；粒度小于 0.83mm 的数量不应超过批产品总量的 5%。

粒度为 0.83 ~ 12.7mm 的产品，其中粒度为 0.83 ~ 12.7mm 的数量不应小于批产品总量的 90%；粒度大于 12.7mm 的数量不应超过批产品总量的 5%，粒度小于 0.83mm 的数量不应超过批产品总量的 5%。

（2）外观。产品应为浅灰色海绵状金属，表面清洁，无目视可见的夹杂物。产品（5 级品除外）中存在有缺陷的海绵钛块数量不允许超过产品总量的 0.1%。有缺陷的海绵钛块是指：过烧的海绵钛块；具有明显的暗黄色和亮黄色的氧化海绵钛块；带有暗黄色和亮黄色痕迹的氧化和富氮的海绵钛块；带有明显氯化物残余的海绵钛块；带有残渣的海绵钛块；高铁及其伴生元素的海绵钛块。

（3）化学成分及布氏硬度。产品的化学成分及布氏硬度应符合表 7 - 32 中的规定。

表 7 - 32　中国海绵钛标准

产品等级	产品牌号	化学成分（质量分数）/%										布氏硬度 HBW10/1500/30（不大于）
		Ti（不小于）	杂质（不大于）									
			Fe	Si	Cl	C	N	O	Mn	Mg	H	
0_A 级	MHT - 95	99.8	0.03	0.01	0.06	0.01	0.01	0.05	0.01	0.01	0.003	95
0 级	MHT - 100	99.7	0.05	0.02	0.06	0.02	0.01	0.06	0.01	0.02	0.003	100
1 级	MHT - 110	99.6	0.08	0.02	0.08	0.02	0.02	0.08	0.01	0.03	0.005	110
2 级	MHT - 125	99.5	0.12	0.03	0.10	0.03	0.03	0.10	0.02	0.04	0.005	125
3 级	MHT - 140	99.3	0.20	0.03	0.15	0.03	0.04	0.15	0.02	0.06	0.010	140
4 级	MHT - 160	99.1	0.30	0.04	0.15	0.04	0.05	0.20	0.03	0.09	0.012	160
5 级	MHT - 200	98.5	0.40	0.06	0.30	0.05	0.10	0.30	0.08	0.15	0.030	200

部分国外海绵钛标准见表 7 - 33 ~ 表 7 - 35。

表 7 - 33　乌克兰、俄罗斯海绵钛标准（ГОСТ17746—96）

牌　号	w(Ti)/%（不小于）	化学成分（质量分数）/%（不大于）							硬度（不大于）
		Fe	Si	Ni	C	Cl	N	O	
ТГ—90	99.74	0.05	0.01	0.04	0.02	0.08	0.02	0.04	90
ТГ—100	99.72	0.06	0.01	0.04	0.03	0.08	0.02	0.04	100
ТГ—110	99.67	0.09	0.02	0.04	0.03	0.08	0.02	0.05	110
ТГ—120	99.64	0.11	0.02	0.04	0.03	0.08	0.02	0.06	120
ТГ—130	99.56	0.13	0.03	0.04	0.03	0.10	0.03	0.08	130
ТГ—150	99.45	0.20	0.03	0.04	0.03	0.12	0.03	0.10	150
ТГ—Тв（等外钛）	97.75	1.90	—	—	0.10	0.15	0.10	—	—

表 7-34 美国海绵钛标准和美国国家采购标准（P—97—R_6）（仅列出镁还原—真空蒸法）

标准	产品牌号	化学成分（质量分数）/%										布氏硬度 HB10/1500（不大于）
		Ti（不小于）	杂质（不大于）									
			Fe	Si	Cl	C	N	O	H	Mg		
ATM 299—82	MD-120	99.3	0.12	0.04	0.10	0.020	0.015	0.10	0.010	0.08	其他总计 0.05	120
采购标准	1	99.5	0.08	0.04	0.10	0.020	0.010	0.10	0.005	0.08	Ni0.02	100

表 7-35 日本海绵钛标准

牌号	w(Ti)/%（不小于）	化学成分（质量分数）/%（不大于）									硬度
		Fe	Si	C	Cl	N	O	Mg	Mn	H	
TS—105M	99.6	0.10	0.03	0.03	0.10	0.02	0.08	0.06	0.01	0.005	≤105
TS—120M	99.4	0.15	0.03	0.03	0.12	0.03	0.12	0.07	0.02	0.005	106~120
TS—140M	99.3	0.20	0.03	0.03	0.15	0.03	0.15	0.08	0.05	0.005	121~140
TS—160M	99.2	0.20	0.03	0.03	0.15	0.03	0.25	0.08	0.05	0.005	141~160

粒度要求：0.83~12.7mm 占 90% 以上，>12.7mm 占 5% 以下，<0.83mm 占 5% 以下。

参考文献

[1] 孙康. 钛提取冶金物理化学［M］. 北京：冶金工业出版社，2001，120.
[2] 马慧娟. 钛冶金学［M］. 北京：冶金工业出版社，1982，145.
[3] 莫畏，邓国珠，罗方承. 钛冶金［M］. 第 2 版. 北京：冶金工业出版社，1998，281.
[4] РОДЯКИН В В，идр. 镁热法生产海绵钛［M］. 冶金工业部贵阳铝镁设计院工艺三科译. 国外钒钛（第七辑），重庆：科技出版社重庆分社，1975.
[5] 张永健. 镁电解生产工艺学［M］. 长沙：中南大学出版社，2006.
[6] 王武育. 联合法制钛 2t/炉最大冷凝负荷的确定［J］. 稀有金属，1997（S2）：134.
[7] 王武育，等. 联合法制钛小型试验中镁利用率与还原主控条件的线性回归［J］. 稀有金属（S），2006，(30)：46.
[8] 赵以蓉. 海绵钛破碎设备的选择与应用［J］. 钛工业进展，2001，(4)：44.
[9] 邓国珠. 我国海绵钛生产技术现状和改进措施［J］. 钢铁钒钛，2009，(2).
[10] 邓国珠. 促进技术进步是保持海绵钛生产持续发展的关键［J］. 钛工业进展，2007，(2).

8 电解法制取金属钛

由于镁热还原法生产工艺复杂，能耗高，造成生产成本居高不下，使钛的应用受到了一定的限制。因此开发成本低廉、工艺简单、清洁生产的钛冶金新工艺就成为人们一直关注的问题和努力的方向。熔盐电解法生产钛被认为是一种可能替代镁热还原法的方法，镁热还原法的发明者 Kroll 就曾在 20 世纪 50 年代预言，大约需要 15 年的时间，熔盐电解法有可能取代 Kroll 法生产金属钛，虽然直到今天这个预言尚未成为现实，但是经过钛冶金工作者的不懈努力，在熔盐电解生产钛方面取得了一定的成绩，下面介绍几种比较有发展前景的熔盐电解工艺。

8.1 FFC 剑桥法

众所周知，在铝电解时，是把氧化铝原料加入到电解质熔体中，以炭素为阳极进行电解，结果是阴极上得到熔融铝，因此人们从中得到启发，试图采用铝电解类似的方法生产钛。在 20 世纪 50 ~60 年代就熔盐电解二氧化钛进行了大量的研究工作，但都没有取得预期的效果，因为钛与氧有很强的亲和力，如果通过电解还原二氧化钛制取金属钛的方法要想得到与 Kroll 法氧含量相同的钛几乎是不可能的，因此后来研究的热点转向了四氯化钛电解。但是，随着 FFC 剑桥工艺（Fray – Farthing – Chen Cambridge Process）的提出，熔盐电解二氧化钛提取金属钛又一次成为关注的焦点。FFC 剑桥工艺首先是由英国剑桥大学的 Fray 等在 20 世纪末提出的，这种方法不同于过去传统的电解法，其核心是将固态二氧化钛在低于金属熔点的温度和熔盐的分解电压下电解，氧离子进入熔盐并迁移至阳极放电，在阴极则留下纯金属钛直接得到固态金属，FFC 剑桥法成为钛提取工艺中最引人注目的方法。

8.1.1 原理

关于熔盐电解固态化合物制备金属的机理一直存在争议，Fray 等在提出 FFC 剑桥工艺时认为与钙沉积相比，氧的电离能够在相对低的阴极电势下发生，二氧化钛电极发生少量电离，生成的 TiO_{2-x}是高导电性的，然后缺氧的 TiO_{2-x}可以通过电化学直接还原成金属钛，认为发生的反应为式（8－1）~式（8－3）。

阴极 $$TiO_2 + 4e = Ti + 2O^{2-} \qquad (8-1)$$

阳极 $$C + O^{2-} = CO + 2e \qquad (8-2)$$

或 $$C + 2O^{2-} = CO_2 + 4e \qquad (8-3)$$

日本的 Suzuki 等认为 Ti 的还原是通过钙热还原反应来实现的，认为发生的阴极反应为式（8－4）和式（8－5）。

$$Ca^{2+} + 2e = Ca \qquad (8-4)$$

$$TiO_2 + 2Ca = Ti + 2CaO \qquad (8-5)$$

有学者认为 Ti 的还原是氧离子化和钙热还原共同作用的结果，发生的反应为式（8－1）、式（8－4）和式（8－5）。Fray 等在 2005 年的研究中发现，在电解 TiO_2 所必须的电压下进行电解时，由于所用的电解电压高，Ca^{2+} 的还原是不可避免的，但他们认为这是副反应，还原出的 Ca 溶解在 $CaCl_2$ 中增加了熔体的电子导电，从而增大了基底电流。由于熔体中 Ca 的活度要远大于 0，Ca 活度的增加有助于还原反应通过化学反应来实现，但很难区分化学反应和电化学反应在还原过程中所起的作用。

8.1.2 工艺流程

二氧化钛粉末用注浆或模压成型，烧结后作阴极，以石墨为阳极，以氯化钙为熔盐，在石墨或钛坩埚中进行电解，所加电压为 2.8～3.2V，低于氯化钙的分解电压，电解温度为 800～1000℃，电解产品经过洗涤、干燥后可得产品，工艺设备示意图和工艺流程如图 8－1 所示。

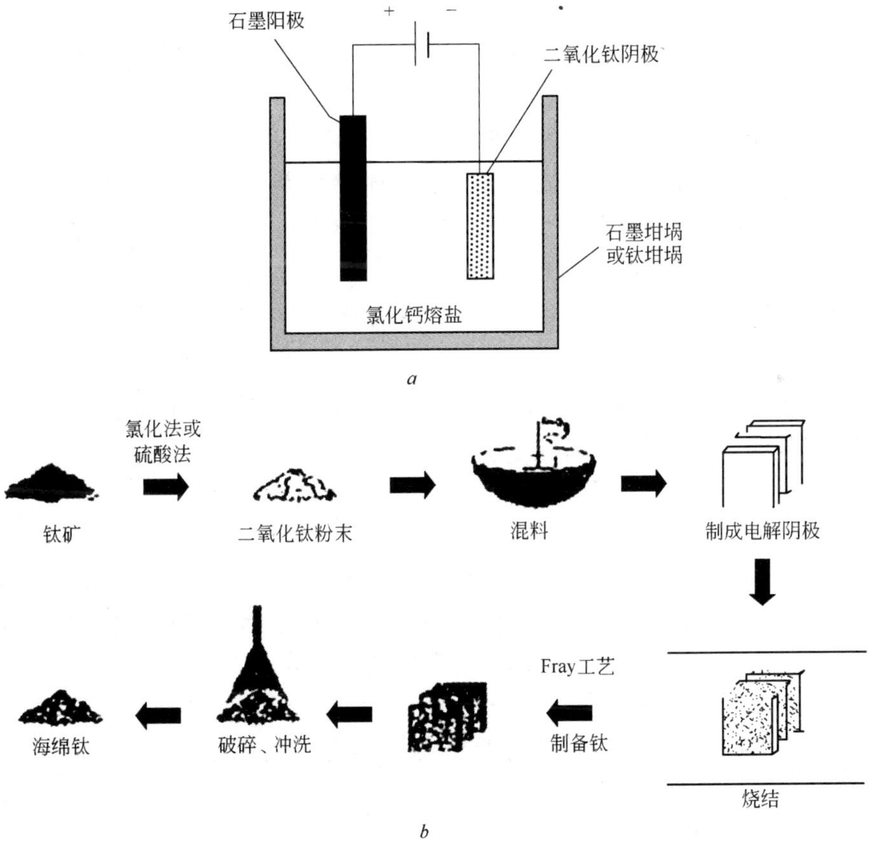

图 8－1　FFC 工艺设备和流程示意图
a—工艺设备；*b*—工艺流程

8.1.3 进展

为了使剑桥大学研制成功的 FFC 工艺得到发展和商业化，英国钛公司（British

Titanium，简称 BTi）与剑桥大学和英国政府资助的 Defense Evaluation and Research Agency（DERA）合作，对该技术进行孵化，开展公斤级规模的试验。2003 年 3 月，美国 Defense Advanced Research Projects Agency（DARPA）投入 1230 万美元，资助由世界最大的金属钛生产企业 Timet 牵头的包括 BTi、剑桥大学、加州伯克利分校等的合作，计划在 4 年内分 3 步逐级放大实现熔盐电解固态二氧化钛工业化生产金属钛。目前国内在这方面也有不少研究机构进行熔盐电解固态二氧化钛提取钛的研究，但多数均处在小型实验阶段。

FFC 剑桥工艺除了可以制备金属 Ti 以外，还可以用来制备其他多种金属及合金，其中采用 FFC 法已经制备出的金属包括 Cr、Nb、Ta、Zr、Hf、V、W 等，已经制备出的合金包括 Nb_3Sn、NiTi、NbTi、Ni_2MnGa、$TbFe_2$、$TbNi_5$、Ti－W 等。虽然采用 FFC 法制备合金的机理还不甚明确，但实验证明采用 FFC 法制备合金是可行的。

8.1.4　前景展望

FFC 法完全不同于过去的熔盐电解提取金属的方法，是一种直接把金属钛与氧分开而得到钛的新方法，该法的优点如下：

（1）流程短、易操作，可以实现连续化生产，减少了冶金过程的能耗和环境污染。

（2）FFC 法可以用于制备其他方法难以生产的金属及合金。以氧化物的混合物为原料经一步电解可直接得到氧含量低且组分结构均匀的合金，由于电解前氧化物的组成易于调控，直接电解可以得到相应组成的合金成分，因此易于通过改变合金组成或掺杂来进一步提高合金的性能，特别适合制备常规工艺难以实现的难熔合金材料，这可解决许多传统合金生产中存在的偏析等问题。

FFC 法作为一种新的提取钛的方法，目前为止只是在实验室获得成功，还远没有实现工业化，这是因为 FFC 法还存在以下问题：

（1）最主要的问题就是电流效率低，反应速度慢，产率低；

（2）电解质（氯化钙）吸水严重，工业应用非常困难；

（3）此外还需解决扩大化生产中遇到的问题。

熔盐电解固态二氧化钛提取钛是当前的一个热点研究领域，虽然目前 FFC 法的研究工作尚处于初期开发阶段，还有许多基础性研究难题需要解决，但 FFC 法给新世纪的材料冶金界带来了新的曙光，FFC 法的优势明显，如果电解速度和电流效率得以提高，电解固态二氧化钛一步制备金属钛将具有很好的工业化前景，当然要最终实现工业化仍有许多工作要做。

8.2　$TiCl_4$ 电解法

8.2.1　原理

四氯化钛电解采用的电解质体系一般是将 $TiCl_4$、$TiCl_2$ 和 $TiCl_3$ 溶于碱金属或碱土金属氯化物组成的溶剂中。常用电解质体系的最低熔点和组成列于表 8－1 中，其中最常用的熔体为 NaCl－KCl 或 NaCl－KCl－LiCl。

表 8-1 某些熔盐系的最低熔点和组成

体系	组成/%	熔点/℃
NaCl - LiCl	27.0 - 73.0	552
NaCl - KCl	50.0 - 50.0	660
NaCl - $CaCl_2$	47.1 - 52.9	494
NaCl - $SrCl_2$	50.0 - 50.0	565
NaCl - $BaCl_2$	48.5 - 51.5	648
KCl - LiCl	58.0 - 42.0	348
KCl - $CaCl_2$	75.0 - 25.0	615
KCl - $SrCl_2$	56.0 - 44.0	575
KCl - $BaCl_2$	55.0 - 45.0	655
NaCl - KCl - LiCl	1.8 - 40.8 - 57.4	357
NaCl - KCl - $CaCl_2$	42.0 - 6.0 - 52.0	504
NaCl - KCl - $BaCl_2$	33.0 - 39.0 - 28.0	542

$TiCl_4$ 在碱金属氯化物体系中的溶解度随着氯化物阳离子半径的增大而增加。如 $TiCl_4$ 在相应氯化盐 LiCl（700℃）、NaCl - KCl（700℃）、KCl（800℃）和 CsCl（700℃）中的溶解度（质量分数）分别为 0.014%、0.4%、1.8% 和 6.5%。这是由于 $TiCl_4$ 与熔体形成离子型络合物的稳定性随氯化物阳离子半径的增大而增加的缘故。同样，气相 $TiCl_4$ 通过熔盐界面向熔体深部熔解扩散能力对于不同盐系也是不同的，见图 8-2。$TiCl_4$ 气体对于前述举例的 4 种盐系熔解扩散能力［mL/(h · cm^2)］相应为 28.2×10^{-2}、11.5×10^{-2}、5.1×10^{-2} 和 1.3×10^{-2}。

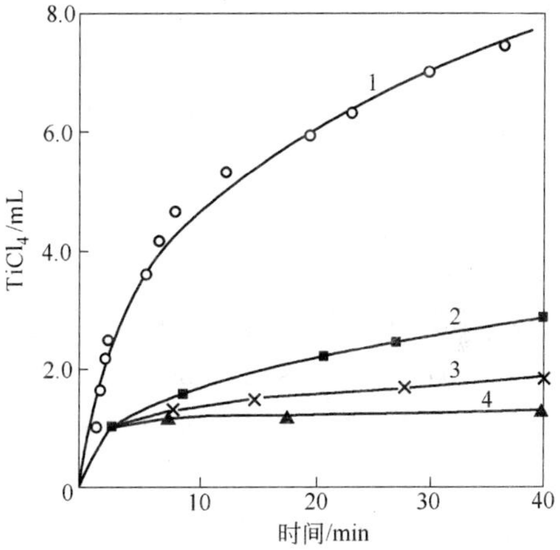

图 8-2 $TiCl_4$ 在不同盐系中的溶解扩散曲线

1—NaCl(44%) - KCl(56%)(740℃)；

2—NaCl(40%) - KCl(50%) - $SrCl_2$(10%)(680℃)；

3—NaCl(35%) - $CaCl_2$(65%)(680℃)；

4—NaCl(27%) - $SrCl_2$(73%)(680℃)

氯化物体系的在熔融电解质中，钛离子和氯离子受电场作用，钛离子趋向阴极，氯离子趋向阳极，形成离子导电，构成一个电解回路。这样在阴极上金属钛不断产出，在阳极上放出氯气，这是由于四氯化钛溶解在熔融电解质中发生电极过程式 (8-6) ~ 式 (8-10)。

阴极电极过程：

$$Ti^{4+} + e \longrightarrow Ti^{3+} \tag{8-6}$$

$$Ti^{4+} + 2e \longrightarrow Ti^{2+} \tag{8-7}$$

$$Ti^{3+} + e \longrightarrow Ti^{2+} \tag{8-8}$$

$$Ti^{2+} + 2e \longrightarrow Ti \tag{8-9}$$

阳极电极过程：

$$2Cl^- - 2e \longrightarrow 2Cl(\text{原子}) \longrightarrow Cl_2 \tag{8-10}$$

8.2.2 工艺流程

四氯化钛电解槽结构有多种形式，如中心阴极式电解槽和中心阳极式电解槽，图8－3给出了中心篮筐式阴极电解槽的结构示意图。

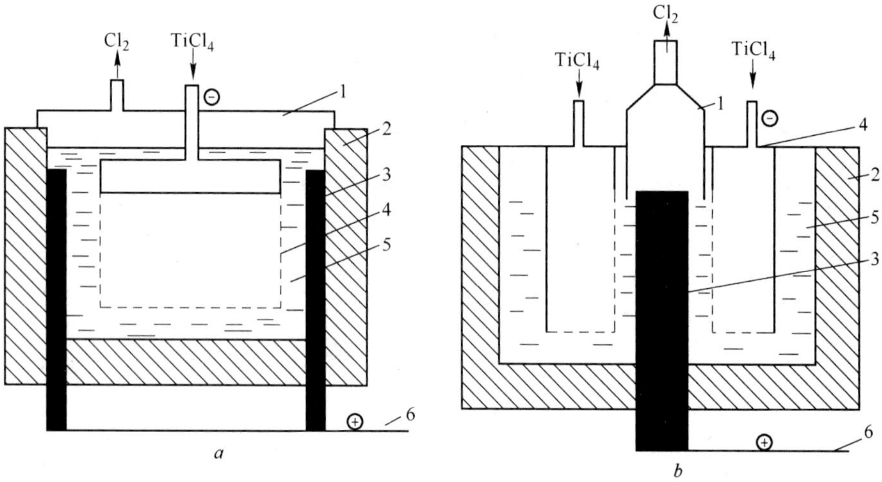

图8－3 中心篮筐式阴极电解槽示意图

a—中心阴极；*b*—中心阳极

a：1—导氯罩；2—耐火砖；3—石墨阳极；4—阴极筐；5—电解质；6—导电板；

b：1—导氯罩；2—耐火砖；3—石墨阳极；4—阴极筐；5—电解质；6—导电板

为了得到结晶粗大的阴极钛，需要使阴极区的钛离子保持比较低的平均价（2.0～2.2），为此 $TiCl_4$ 的加入速度必须严加控制。有时为保证阴极区的钛离子主要以 Ti^{2+} 形式存在，有人采取了辅助阴极结构以选择性地还原 Ti^{3+} 至 Ti^{2+}。$TiCl_4$ 的加入方式可采用加料管插入电解质中的鼓泡加料，亦可采用气相 $TiCl_4$ 通过阴极区熔盐界面溶入电解质的方法。当选用 KCl－NaCl 为主的电解质体系时，电解温度为700℃左右；而当选用 LiCl－KCl－NaCl 体系时，电解温度为550℃左右。电解完毕，可采取氩气保护出筐或直接在空气中出筐，但后一种方式必须是当产品长得相当致密才能保证不被氧化。$TiCl_4$ 电解产品的合格率和金属回收率可达90%以上。对于简单篮筐，电流效率较低，一般可达40%～60%。电解过程中造成电流损失的最主要原因是阴极筐外侧析出的低价钠和金属钠在阳极区进行二次反应，以及当操作不正常时低价钛在阳极区进行的二次反应（氧化成高价）。为提高电流效率，许多研究者曾在篮筐的结构和工艺操作制度上作过许多改革和探索。例如，控制电解过程中篮筐的反电势，使阴极筐内插入棒改变钛层长向或提高加料速度等措施，都可在一定程度上提高电流效率。

精制四氯化钛通过加料泵连续加入电解槽阴极气相室内，通直流电电解，在阳极析出氯气，氯气返回氯化车间生产四氯化钛。阴极上析出海绵钛，经出炉、真空冷却、剥去丝网、破碎后用0.5%～2%的稀盐酸浸洗除去夹盐及低价钛氯化物，然后用水洗至中性，过滤、烘干、磁选除铁。

8.2.3 进展

早在20世纪50年代初期，美国、日本、苏联等国就已先后开始了熔盐电解制钛法的探索性研究工作。到50年代中期，镁还原作为海绵钛的工业生产方法已日益进步，但出于降低海绵钛的生产能耗和成本以及实现连续生产的设想，美国仍继续从事电解法的扩大规模试验。美国历经三十余年的研究，先后发表过几个工业性、半工业性试验结果，也曾作出工业化计划，在四氯化钛电解方面较为成功的成果只有三个。美国新泽西锌公司中心阳极式电解槽，在31000A规模上取得了电流效率90%，钛回收率95%，产品布氏硬度100~115的指标。美国钛金属公司蒂梅特分公司（TIMET）于1967年开始采用5个篮筐式12000A电解槽进行半工业规模生产，吨钛的总能耗是3~3.3万kW·h，1975年该公司宣布已设计一个日产204.3kg（450lb）的4.2万A电解槽的建厂计划，可望节能40%，降低成本25%。电解法中水平最高的是美国道屋化学－豪梅特钛公司（D－H）的隔膜电解法，该公司1980年开始进行工业规模试验工厂的验证试验，预定1984年70个电解槽正式投入工业生产。电解槽为22500A金属隔膜式，电流效率80%，槽端电压6.2V，吨钛直流电耗17400kW·h，该厂生产能力欲达4500t。各国钛业界人士对D－H法正密切关注。我国经十余年的研究，在中小型试验上取得了较为满意的指标，但在扩大的1.2万A规模电解槽上，指标明显下降，出现了所谓“扩大效应”。电流效率50%、回收率90%、直流电耗27700kW·h，总能耗51500kW·h，还不能用于工业生产。表8－2中给出了四种有代表性的电解槽的技术指标。

表8－2　四氯化钛电解槽的技术指标

电解槽型	加料方式	$TiCl_4$ 平均料速 /mL·(A·h)$^{-1}$	电流效率 /%	钛回收率 /%
D－H槽（22500A）	鼓泡式，加料电极	0.833	80	98
新泽西中心阳极槽（31000A）	鼓泡式，坩埚壁作辅助阴极	0.75	70	95
钛金属公司篮筐阴极槽（42000A）	鼓泡式，内篮筐作辅助阴极	0.713	65	93
我国篮筐式阴极槽（12000A）	液面加料，内铁皮作辅助阴极	0.56	50	90

8.2.4 前景分析

$TiCl_4$ 电解还原法是唯一一种曾经被认为是可能取代Kroll工艺的方法，美国、日本、前苏联、意大利、法国、中国等都对其进行了长期和深入的研究，也曾建立了几家小型工厂，但后来由于受钛市场周期性的影响，氯化法研究中断。钛电解法之所以没有实现工业化的主要原因是面对经济指标已十分先进并还在不断强化之中的镁法，现有的钛电解槽尚没有完成重大的技术突破，克服其缺点，因而在经济上不能优于镁法所致。现有大型钛电解槽的缺点概括起来主要有以下3点：

（1）电解槽的关键部件——隔膜尚满足不了四氯化钛高效电解的要求。为了防止低价的钛离子在阳极区被氧化成高价的钛离子，总是需要在阴阳极之间放置不同形式与材质的隔膜。现有钛电解槽采用了钛金属和金属丝网两种隔膜，但都无法满足四氯化钛电解的需要。

（2）加料不足。由于 $TiCl_4$ 在熔盐中的溶解度比较低，难以满足工业化大规模生产的需要，而钛的低价氯化物在熔体中的溶解度比较高，因此，要实现正常的熔盐电解法制取金属钛，首先需要将 $TiCl_4$ 转变为钛的低价氯化物且使之溶解于熔体中。

（3）由于钛是典型的过渡族金属元素，钛离子在阴极的不完全放电以及不同价态的钛离子在阴、阳极之间的迁移可降低电解过程的电流效率。

8.3　熔盐电解精炼法

8.3.1　原理

钛的熔盐电解精炼法是以粗钛作阳极，在一定析出电位下使原料钛溶入电解液中，并在阴极析出纯钛。电极过程的主要反应如下：

阳极　$$Ti - ne \longrightarrow Ti^{n+} \qquad (8-11)$$

阴极　$$Ti^{n+} + ne \longrightarrow Ti\,(n=2\sim3) \qquad (8-12)$$

钛电解时的总反应为　$$Ti_{粗} \longrightarrow Ti_{纯} \qquad (8-13)$$

在氯化物熔盐中，金属钛阳极因电化学过程而溶解，钛进入熔盐中的离子价态取决于阳极电流密度。当阳极电流密度低时，主要是以二价钛离子进入熔盐，当阳极电流密度较高时，阳极钛除以二价钛离子进入熔盐外，还会以三价钛离子进入熔盐，此时熔盐中三价钛离子浓度增加。溶于熔盐中的低价钛离子在阴极上放电被还原为金属钛。其溶出电位比钛高的杂质不溶出而留在阳极或沉积在电解槽底部，溶出电位比钛低的杂质溶出后留在电解液中，这样在阴极析出的就为纯钛，从而达到了提纯的目的。

还原电位为钛接近的金属在电解精炼过程中随钛一起沉积在阴极上，例如Cr、Mn、Zr等，造成钛的污染。实验证明，熔盐电解精炼法去除O、N、Fe、Mo、Al、Sn、Zn元素容易，而除去Mn、V、Zr等元素就有一定的困难。如果熔盐电解法精炼和电子束（EB）炉熔炼或者区域熔炼相结合，可获得6个9以上的高纯钛（除氧、氮、碳之外）。

8.3.2　工艺

电解精炼海绵钛废料时，一般采用NaCl－KCl电解质，生产镁的电解质和易熔的 $NaCl-KCl-MgCl_2$ 电解质（含 $MgCl_2$ 40%）。前两种电解质用于获得大晶粒钛和粉末钛，后一种电解质一般用于制备细粉。

苏联的全苏铝镁研究院1959～1964年在完成半工业规模试验的基础上，制订了在NaCl－KCl（1∶1摩尔比或重量比）电解质中电解精炼海绵钛废料与合金废料的工艺流程，如图8－4所示。

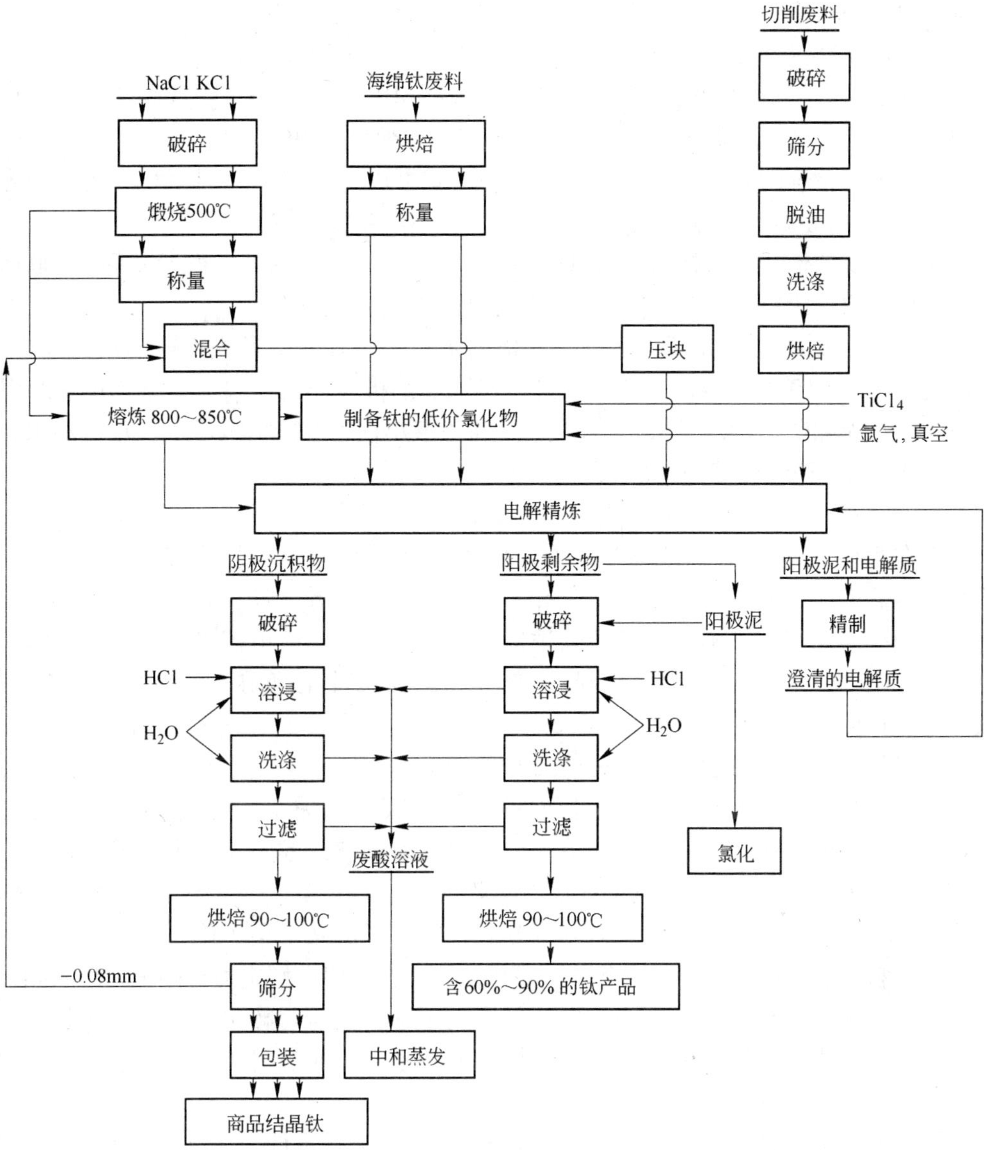

图 8-4 钛电解精炼工艺

该工艺流程的主要参数和指标如下：

电解质中可溶钛浓度	2% ~6%
电解温度	700 ~850℃
阳极电流密度	0. 1 ~0. 5A/m^2
阳极－堆积阳极（阳极工作表面垂直放置）	
阴极电流密度	0. 2 ~1. 0A/m^2
每棒电解时间	2 ~6h
阴极电流效率	0. 35 ~0. 55g/(A · h)
阳极材料回收率	80% ~90%

沉积物中夹盐率　　20% ~80%

阴极金属粒度（mm）	+1	−1 +0.25	−0.25
大晶粒钛	60% ~40%	30% ~45%	10% ~15%
粉末钛	20% ~30%	50% ~30%	30% ~40%

用熔盐电解精炼的方法可以回收钛，钛的形式可以是致密的（当沉积在更正的金属上或非金属上）、粗粒晶体（高纯金属）或是具有不同粒度的粉末。

电解析出钛的形状为树枝状，与电解温度、钛浓度、电流密度有很大关系。苏联研究人员总结出海绵钛废料和合金废料电解精炼过程的基本工艺规律。

（1）温度。提高电解温度可促进钛晶体的生长，并有助于形成牢固的结晶连生物。电解温度在750 ~850℃范围内，对技术经济指标和阴极金属质量没有显著影响。当温度降至700℃，晶粒的粒度变小，结晶连生物变得不甚牢固，并能磨成不同粒度的粉末，而在500 ~600℃时只能得到粉末钛。

电解温度对电解产物的夹盐率有显著影响，850℃条件下，夹盐率波动在10% ~30%之间，而在750℃条件下，则波动在30% ~50%之间，在生产钛粉时（500 ~600℃），电解产物的夹盐率高达70% ~80%。

（2）可溶钛浓度。电解质中可溶钛浓度越高，允许的阴极电流密度越大。电解质中钛浓度提高至2% ~3%时，阴极金属晶粒变大，而当可溶钛浓度在3% ~6%范围变化时，阴极金属的粒度则保持不变。

（3）电流密度。允许通过的阳极电流密度在很大程度上与阳极材料的粒度分布有关。阳极电流密度与电流效率成反比，电流效率随电流密度的增加而降低，晶粒变得更小。

阴极电流密度在0.2 ~1.2A/cm^2 范围内对电流效率和晶粒大小都没有显著影响，当电流密度超过1.2A/cm^2 金属粉的回收率将会降低。

（4）电解时间。随着每棒电解时间的延长，通常电流效率会下降。这是由于新形成和长大的晶粒与阴极连接不牢固引起的。可以认为：在每棒电解中通过的电量增大到每平方厘米阴极表面4A · h以上，即引起电流效率的下降。随着每棒电解时间的延长，结晶颗粒增大，这可能是由于结晶时间变长（每单个晶体生长的时间）和随着阴极表面积扩大电流密度下降而造成的。

如果清除阳极材料和电解质中的杂质积累，防止电解槽零件损坏以及防止电解槽气氛被氧和氮玷污，则电解的总延续时间就不会影响电解精炼的技术经济指标。

电解高纯钛的工艺流程与电解回收废钛类似，需要调整工艺参数以除去产品中的杂质，保证产品纯度。

8.3.3　设备

钛及其合金废料电解精炼工艺的主要特点是：获得与阴极牢固连在一起的、呈晶粒状的沉积物；使用由碱金属和碱土金属氯化物，以及钛的低价氯化物造成的熔融电解质，过程温度为500 ~850℃。而用于电解精炼的电解槽结构具有以下特点：堆积阳极，密封性好，在电解质上部空间保持惰性气氛。电解槽结构应在给定条件保持不变的情况下，使工艺过程连续进行，并且应可靠、准确和较少耗费劳力地去实现各种工序操作。

苏联试验了多种电解槽，如圆盘电解槽、圆筒形电解槽、多孔格电解槽等，在半工业规模条件下，试用了全苏铝镁研究院设计的双坩埚式电解槽，如图 8－5 所示，因为双坩埚式电解槽制定有各种不同的工艺条件，并已运行 5 年之久，且十分完好，下面将详述它的结构。根据功能电解槽结构可分成：进行电解的电解室；原料和电解质的加入装置；从电解质提取沉积物的装置；从阴极刮下沉积物和将沉积物移出电解槽的装置；以及控制和保持过程条件不变的各种装置和仪表，即保持电解质成分、温度和高度以及保持电解槽的密封程度和氩气压力等。

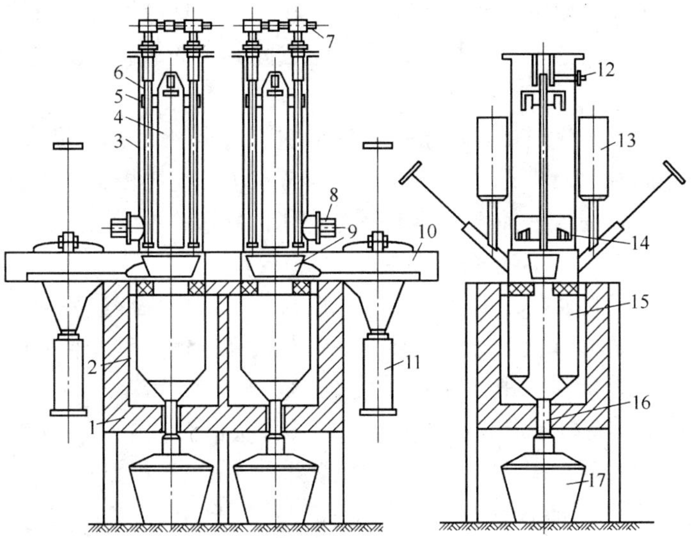

图 8－5 电解精炼钛的双坩埚电解槽全视图

1—炉子；2—罐（熔池）；3—阴极室；4—阴极；5—横臂；6—螺丝杆；7—传动装置；8—阴极电流引线板；9—带可拆底的阴极沉积物小车；10—卸料室；11—阴极沉积物接收槽；12—固定阴极连接杆；13—阴极料贮槽；14—液体电流引线盘；15—阳极装料箱；16—电解质和阳极泥排出口；17—电解质接收槽

电解室主要由电解槽罐 2、阳极装料箱 15 组成，电解槽罐由厚度为 20mm 的不锈钢制成，在罐中装有两个具有平行工作表面的阳极装料箱，在平面之间放置要精炼的材料，精炼材料为海绵钛和不大于 25mm 的钛块和压块。电解室和阴极室之间由法兰连接。

阴极室内安装有：阴极 4、带有刀具的横臂 5、两个平行的螺丝杆 6、固定阴极和向阴极供直流电的装置 8。经过阴极室顶部的油封将螺丝杆 6 的上端引出室外，电动机通过蜗杆减速器和三角皮带传动装置使螺丝杆旋转。

补加阳极料的装置由贮槽 13、进料器、密封闸板、管道和疏松器构成。卸料装置由带可拆底的槽做成，此槽借助链传动沿卸料室内的轨道移动，卸料室焊于坩埚之上。

将电解室装进加热炉开始电解之前，在阳极筐中要装满精炼的阳极原料，电解槽安装好之后注入电解质，在氩气保护下升温至所需的温度，将阴极插入熔盐中，在阴极和阳极之间通直流电，进行电解，电解结束后在密闭阴极室内刮除沉积物，通常每隔 2～5h，刮除一次阴极沉积物。

电解结束后，将阴极连同电解产物提至阴极室，借助于螺旋传动装置阴极沿可伸缩的刀具上下移动，阴极上的电解产物在热状态下由刮刀直接刮下，用转动和翻倒料斗的方式将刮下的电解产物取出，这样沉积物就都落入接收槽，并在接收槽内冷却至室温，然后阴极再插入熔盐继续电解。整个过程电解槽无需打开，可以在不破坏密封的情况下进行操作，实现了连续化生产。

8.3.4　进展

熔盐电解法最初目的是为了回收废钛，美国和苏联在 20 世纪 50 ~ 60 年代对熔盐电解精炼回收废钛进行了深入研究，确立了熔盐电解精炼钛的理论原理，形成了电解精炼钛的成熟工艺，研究表明，熔盐电解精炼可以有效地去除其中的氧、氮、碳等杂质，获得质量接近于碘化法生产的海绵钛。

国内在 20 世纪 60 年代对熔盐电解回收废钛进行过研究，中科院冶金所在 80 年代对熔盐电解回收废钛制取钛粉进行了一系列研究，考察了影响阴极金属中钛粉收得率的各种因素及影响顺序，钛粉的致密纯度实际上是影响其含氧量的主要因素，降低含氧量的关键是制取致密结晶，确定了获得致密结晶的条件。

Minoru Kanda 等研究了在 NaCl - KCl - $TiCl_x$ 盐中电解精炼钛过程中杂质的行为，结果表明盐的净化、设备的材质、阳极钛的纯度都对制取高纯钛有重要影响。使用净化好的熔盐、镍制的设备进行电解时，电沉积钛中的杂质如 Fe、Ni 可降至 $0.1\times10^{-3}\%$，Al、Cr 可降至 $0.1\times10^{-4}\%$，用电子束熔炼的方法进一步除去电解钛中的易挥发的杂质，所制得的钛锭纯度超过 6N（即 99.9999%）（气体元素除外）。

Honeywell 公司是半导体行业的顶级供应商之一。自 1985 年以来，Honeywell 始终致力于为半导体行业生产作为原材料使用的钛，这种钛主要用作集成电路中的金属材料。图 8 - 6 中给出了 Honeywell 公司的高纯钛生产工艺流程，该公司用钠法生产海绵钛，纯度 3N5，经过电解精炼和电子束熔炼后可生产纯度为 4N5 ~ 6N（即 99.995% ~ 99.9999%）的靶材。表 8 - 3 给出了电解前后钛中的杂质含量。

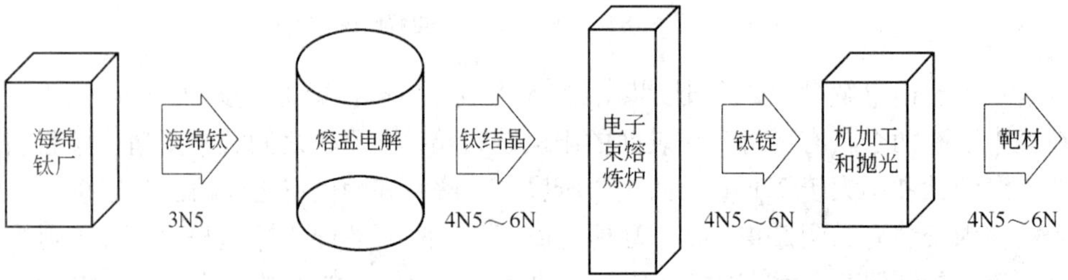

图 8 - 6　Honeywell 公司高纯钛生产工艺流程图

8.3.5　前景分析

熔盐电解精炼技术成熟，是唯一实现工业化生产的钛电解工艺。虽然目前废钛已经不采用该方法进行回收，而是直接用于熔炼新的钛锭，但是熔盐电解精炼的方法已经用于高纯钛的生产。

高纯钛在半导体超大规模集成电路中以钛硅化合物（$TiSi_x$），氮化钛（TiN）、钨钛（W - Ti）等形式用做控制电极、扩散阻挡层、配线等材料。在制作半导体装置表面线路时，由于线路网线路窄，厚度薄，用常规金属铝等会出现材料电阻引起信号迟误、电阻热

表 8-3 电解前后钛中的杂质含量 （×10⁻⁶）

元素	海绵钛	电解钛	元素	海绵钛	电解钛	元素	海绵钛	电解钛
Li	<0.005	<0.005	W	<0.01	<0.01	Ga	<0.05	<0.05
Na	0.5	25	Mn	5	20	In	<0.05	<0.05
K	<0.01	100	Re	<0.01	<0.01	Tl	<0.1	<0.1
Rb	<5	<5	Fe	100	0.4	Si	5	0.1
Cs	<0.01	<0.01	Ru	—	<0.01	Ge	<0.05	<0.05
Be	<0.005	<0.005	Os	—	<0.01	Sn	5	<0.05
Mg	5	0.05	Co	0.1	0.025	Pb	1	<0.01
Ca	5	0.3	Rh	<0.05	<0.01	N	—	<10
Ba	<0.005	<0.005	Ni	5	0.03	P	0.1	<0.01
Sc	<0.05	<0.05	Pd	<0.01	<0.01	As	0.5	<0.01
Y	<200	<200	Pt	<0.05	<0.05	Sb	1	<0.05
La	<0.005	<0.005	Cu	5	1	Bi	<0.02	<0.02
Zr	1	0.25	Ag	<0.05	<0.05	O	200	75
Hf	0.01	<0.01	Au	<0.05	<0.05	S	0.1	0.1
V	0.15	0.15	Zn	0.2	<0.05	Se	<0.05	<0.05
Nb	2	<0.2	Cd	<0.05	<0.05	Te	<0.05	<0.05
Ta	<5	<5	Hg	<0.1	<0.1	U	<0.0005	<0.0005
Cr	10	1	B	<0.01	<0.01	Th	<0.0005	<0.0005
Mo	0.3	<0.05	Al	5	1			

引起材料熔化等问题。金属钛熔点高，电阻低，用作线路网材料，可解决以上问题，而且不需对集成电路的制作方法作任何改进。因此高纯钛对集成电路的发展起着重要作用。由于碱金属离子（Na^+，K^+）易在绝缘层中形成可移动性离子，降低器件性能；放射性元素（U，Th）会释放 α 射线，造成元器件产生软击穿；重金属（Fe，Ni，Cr 等）离子会产生界面漏电及氧元素增加等。因此必须对原材料中该类元素的含量进行控制。与整个钛工业相比，高纯钛的市场很小，但是其经济价值确实非常高，而且电解精炼已经是成熟的工艺。

电解精炼方法不仅用于获得不同形式的产品（大颗粒结晶和金属粉末、高纯金属与合金），而且可应用于许多难熔金属的精炼。苏联一些研究人员和美国矿务局于 1960 ~ 1966 年期间进行的许多研究工作表明：钛、锆、铍、钒、铪、钼、铀、钍和一些其他金属的电解精炼原则上是可能的。试验结果指出，所研究的设备工艺流程不仅用来电解精炼废钛，而且在必要时，也可用来制备一系列其他高纯难熔金属。

8.4 其他电解方法

8.4.1 MER 工艺

MER 公司开发出了一种全新的电解还原工艺。该工艺是以 TiO_2 或金红石和还原剂作阳极，以氯化物的混合物作电解液，工艺流程见图 8－7。该阳极技术曾用于 Mg 和 Al 的电解提取。TiO_2 或金红石粉末与含碳的原料以及黏结剂搅拌均匀后，模压成型制成电极。然后加热处理形成复合阳极，使用钛铁矿作原料可以生产钛铁合金。阳极发生的反应为

$$TiO_2 + C - 3e^- = Ti^{3+} + CO_2 \quad (8-14)$$

或

$$TiO_2 + 2C - 3e^- = Ti^{3+} + 2CO \quad (8-15)$$

Ti^{3+} 进入电解液，在阳极上放出 CO/CO_2 的混合气体。溶解的 Ti^{3+} 在阴极上放电还原为金属钛。沉积出的钛的形态由熔盐的组成和工艺条件决定，可以是粉末、片状或致密的固体。

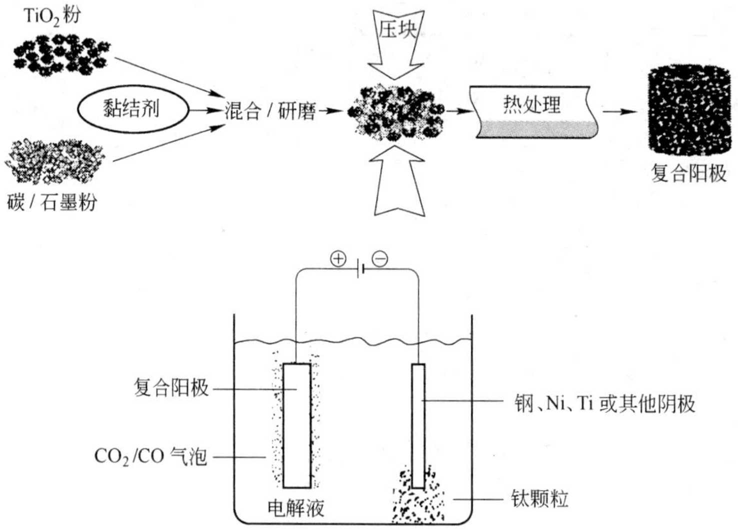

图 8－7　MER 复合阳极组成和工艺示意图

MER 公司与 DARPA 签订合同研究开发此工艺。其中一项目标就是生产氧含量为 0.03% ～0.05% 的适合轧制加工的坯体。该工艺面临的问题还有很多，如所沉积的固体是否适合轧制加工，实验如何进一步放大，工艺是否经济，产品的纯度问题以及产品能否被认可等。

8.4.2　QIT 工艺

加拿大的魁北克铁钛公司是世界著名的钛渣生产公司，该公司提出了一种高温熔盐电解法连续制造金属钛或钛合金锭的方法。图 8－8 是以碳作阳极进行电解的实验装置示意图。在电解槽中注入像熔融钛渣之类的含钛的氧化物熔液，形成熔池作为阴极材料；在该熔液上方是熔融盐电解质或离子导体固体电解质；安装消耗碳阳极或惰性稳定阳极或气体扩散电极在电解槽上；并将直流电源与阳极、阴极连接成电解回路。在电解还原过程中，在电解质（或离子导体固体电解质）与钛渣（或其他含钛化合物）界面上阴极熔液中的氧化钛被电化学脱氧形成钛或钛合金液滴，由于密度差别（1700℃ 液体钛密度 4082 kg/m^3，在 1700℃，85% 钛渣密度 3680kg/m^3）这些金属液滴下沉至电解槽底部形成液体钛或钛合金熔池；而从氧化钛脱氧中释放出来的氧阴离子通过电解质移动到阳极，在此放电并与消耗碳阳极反应放出 CO_2 气体或在惰性阳极上放出 O_2 气体。槽底部的液体钛或钛

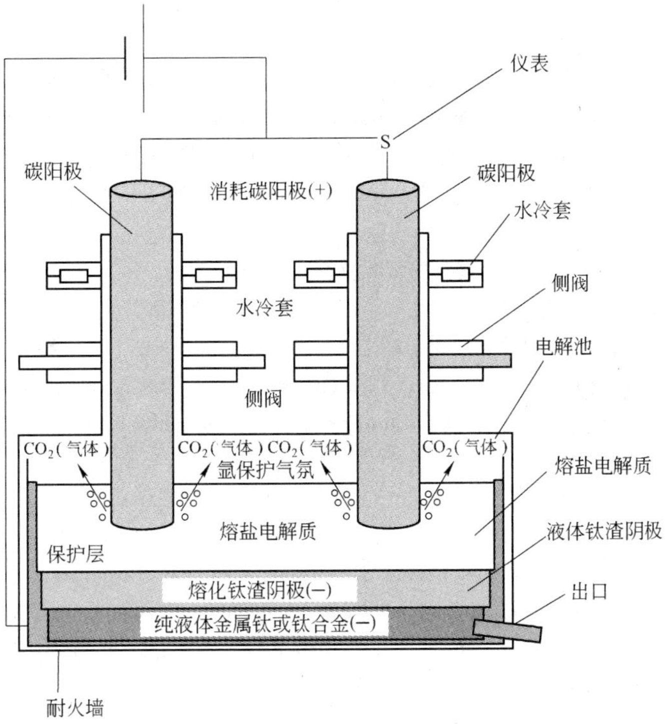

图 8-8　电解实验装置示意图

合金，在惰性气体保护下，可连续虹吸出或排出，铸成金属钛或钛合金锭。

QIT 法的高温熔盐电解法连续制造金属钛或钛合金锭的方法，是一个大幅度降低钛制品成本的方法，主要表现在以下 3 个方面：

(1) 原料成本低。QIT 法以钛渣为原料，比以纯 TiO_2 为原料要廉价得多，目前国内外市场高钛渣价格仅是二氧化钛价格的 1/5 左右，所以 QIT 法可大幅度降低金属钛产品成本。

(2) 高温电解电效高、电耗低。QIT 专利对低温和高温电解进行比较，结果表明高温电解电效高、电耗低，法拉第电效达 90%，电解每千克钛的电耗只有 7kW · h。

(3) 产品是钛锭或钛合金锭。现有 Kroll 法的产品是海绵钛，需要经过破碎—压制电极—真空熔化等过程才能铸成锭。QIT 法产品是钛锭，可大幅度降低能耗和降低钛制品成本。

与其他提取方法一样，该工艺需要解决的问题包括：如何严格控制产品的组成，这还需反复试验；设备的设计及其在高温下的使用寿命是亟待解决的问题。

参考文献

[1] Chen G Z, Fray D J, Farthing T W. Direct Electrochemical Reduction of Titanium Dioxide to Titanium in Molten Calcium Chloride [J]. Nature, 2000, 407: 361 ~ 364.

[2] Chen G Z, Fray D J. Voltammetric Studies of the Oxygen - Titanium Binary System in Molten Calcium Chloride [J]. Electrochem. Soc., 2002, 149 (11): E455 ~ E467.

[3] 刘美凤，卢世刚，阚素荣．熔盐电解固态氧化物制备难熔金属及合金的最新进展．稀有金属，2008，32（5）：668～676.

[4] Suzuki R O, Inoue H. Calciothermic Reduction of Titanium Oxide in Molten $CaCl_2$ [J]. Metallurgical and Materials Transactions B: Process Metallurgy and Materials Processing Science, 2003, 34B: 277～285.

[5] Suzuki R O, Teranuma K, Ono K. Calciothermic Reduction of Titanium Oxide and in－situ Electrolysis in Molten $CaCl_2$ [J]. Metallurgical and Materials Transactions B: Process Metallurgy and Materials Processing Science, 2003, 34B: 287～295.

[6] 曹蓉江．我国 $TiCl_4$ 电解制取金属钛的现状及存在的问题［J］．稀有金属，1981，（2）：74～79.

[7] 孙康．钛提取冶金物理化学［M］．北京：冶金工业出版社，2001. 4～19.

[8] 莫畏，邓国珠，陆德祯．钛冶金［M］．北京：冶金工业出版社，1979，88～96.

[9] Harry Rosenberg, Nigel Winters, Yun Xu. Titanium materials, US 66596228B2, 2003.

[10] Minoru Kanda, Kazusuke Sato, Etsuji Kimura. Production of high purity titanium by electrorefining [J]. Light Metals, 1996: 1087～1093.

[11]（苏）哥宾克 B Γ，等著．钛的熔盐电解精炼［M］．高玉璞译．北京：冶金工业出版社，1981. 23～78.

[12] Summary of Emerging Titanium Cost Reduction Technologies. A study Performed for US Department of Energy and Oak Ridge National Laboratory. http://engine－materials. ornl. gov/ Kraft－Titanium－2. pdf. 2004－1.

[13] Francois Cardarelli. Method for eletrowinning of titanium metal or alloy from titanium oxide containing com pound in the liquid state, US7504017B2, 2009.

[14] 邓国珠．连续化制钛方法（2）［J］．钛工业进展，2007，24（1）：9～11.

9 钛及钛合金粉

9.1 概述

目前生产钛及钛合金部件或制品有两种方法，一种是传统的方法，另一种是粉末冶金法。

所谓传统方法，是由海绵钛或海绵钛加合金元素熔炼铸成钛锭或钛合金锭，先用塑性加工方法将铸锭加工成各种加工材（板材、棒材、管材、丝材、型材和锻件等），再将加工材经机加工成钛及钛合金设备、零部件或制品。如果以 $TiCl_4$ 为原料生产钛或钛合金部件的工艺流程非常长，即精 $TiCl_4$→镁还原→蒸馏→海绵钛→破碎（或添加合金元素）→铸锭（钛合金经 2 ~ 3 次铸锭）→塑性加工→钛或钛合金材→机械加工（经多次加工）→钛或钛合金部件。这种传统方法不仅流程长，操作复杂，而且在塑性加工和机械加工过程中产生许多废钛，钛或钛合金的成材率和利用率很低。因此，传统法生产的钛或钛合金部件的成本很高。

粉末冶金法是以钛粉或钛合金粉经成型和烧结成部件，工艺流程短。以 $TiCl_4$ 为原料经钠还原法生产钛或钛合金部件为例，其工艺流程为 $TiCl_4$（或添加合金元素氯化物）→钠还原→钛或钛合金粉→成型→烧结→钛或钛合金部件。粉末冶金法可实现近净成型加工，钛或钛合粉的成材率和利用率非常高，工艺流程短，因此钛或钛合金部件生产成本低，特别是形状复杂部件采用粉末冶金法生产，其优越性更为明显。另外，粉末冶金法能生产出传统法难以生产的钛合金，如颗粒增强合金。

一般来讲，与传统法比较，粉末冶金法生产纯钛部件的优越性并不大，且纯钛粉末冶金部件的用途也有限。因此，粉末冶金法生产钛合金部件才有更大的竞争力和更具有发展前景。粉末冶金法生产钛合金部件已取得很大的进展，但仍存在一些技术和经济方面的问题。其中优质、廉价的钛合金粉的来源是其中的主要问题之一。因为用粉末冶金法生产钛合金部件时，对钛合金粉的纯度、粒度和粒形等都有着严格的要求，因此目前一般要用高纯度的钛合金锭或材为原料，采用雾化法制取的钛合金粉才能满足要求。采用雾化法制粉在很大程度上已降低了粉末冶金法的优点，还是需要以海绵钛为原料并添加合金元素经过铸锭工序，因而制取的合金粉成本高。可见，要使粉末冶金制取的钛合金部件的性能和成本都能优于传统法产品，首先需要研究开发以廉价的初级产品（如 $TiCl_4$）为原料，制取符合粉末冶金要求的低成本钛合金粉技术，这将成为钛提取冶金的一个研究方向。

钛的粉末冶金法是降低钛制品成本的一种有发展前景的方法。制取符合粉末冶金要求的高质量和低成本的钛合金粉，是发展钛粉末冶金的关键环节。

制取钛和钛合金粉的方法，按所用原料的不同，目前生产中应用的主要是如下 3 种：

（1）四氯化钛还原法。以四氯化钛为原料，可采用镁还原法、钠还原法和熔盐电解法生产钛和钛合金粉，其中以钠还原法为最有发展前景。

（2）二氧化钛还原法。以二氧化钛为原料，可采用氢化钙还原法和熔盐电解法生产钛和钛合金粉，其中以氢化钙还原法的技术较为成熟。

（3）以致密金属钛为原料的方法，其中包括氢化脱氢法和各种雾化制粉方法。

在上述方法中，以雾化法制粉成本最高，但雾化法制取的钛合金粉的纯度、粒度和粒形等质量指标均能满足粉末冶金的要求。氢化脱氢法和氢化钙还原法制取的粉末纯度低、粒度和粒形等质量指标均难以符合制造高质量粉末冶金产品的要求，只能作为低级粉末冶金产品的原料，或作为非粉末冶金产品应用，如制作烟花爆竹的原料。熔盐电解法的产品与钠还原法产品相似，因此钛化合物的熔盐电解法适合用于制取钛及钛合金粉，不过该法目前还处于研究阶段，详见第8章。

钠还原四氯化钛制取钛和钛合金粉是最值得研究的方法。日本成功地采用钠还原法生产纯钛粉，美国国际钛粉末公司（ITP）已成功地采用连续钠还原法生产符合粉末冶金要求的钛和钛合金粉。钠还原法钛粉的氧含量低，烧结性能好，但产品氯根含量高是需要研究解决的重点问题。

9.2　钠还原法制造钛及钛合金粉

尽管钠还原法在生产海绵钛的竞争中已被淘汰出局，但该法用于制造钛及钛合金粉方面具有优势。另一方面，目前制造海绵钛的克劳尔法是一个间歇过程，要实现海绵钛连续化生产是十分困难的。实现钛的连续化生产，有望寄托在钛粉的连续化生产，特别是钠还原法制造钛及钛合金粉的连续化已有了先例。

基于上述两方面的原因，钠还原法有望在生产中重新被应用，有望借助钠还原法实现制造高质量钛及钛合金粉和实现钛连续化生产双重目标。

9.2.1　基本知识

9.2.1.1　钠的基本性质

钠是元素周期表第三周期第一主族元素，原子序数为11，原子核外电子排列为$1s^22s^22p^63s^1$，原子半径0.1572nm，离子（Na^+）半径0.095nm。钠的相对原子质量为22.9898。

钠的主要物理性质如下：

颜色：银白色

密度：0.968g/cm^3（20℃，固态），0.927（97.8℃，液态）

熔点：97.8℃

沸点：882.9～887.5℃

着火点：>115℃

熔化热：113.5kJ/mol

汽化热：103kJ/mol（97.8℃），106kJ/mol（883℃）

比热容：1.277J/(g·℃)(固态)，1.298J/(g·℃)(液态)，0.903J/(g·℃)(气态)

固体：$C_p = 0.642 + 1.922 \times 10^{-3} T$（298～371K）

液体：$C_p = 1.628 - 0.832 \times 10^{-3} T$（371～1156K）

表面张力：0.1922N/m（97.8℃，液态）

黏度：$6.9 \times 10^{-6} Pa \cdot s$（97.8℃）

热导率：142W/(m·K)

电阻率：$4.985 \mu\Omega \cdot cm$

金属钠在不同温度下的密度和蒸气压见表9-1。

表9-1 金属钠在不同温度下的密度和蒸气压

温度/℃	25	100	200	400	600	800	850	880
密度/$g \cdot cm^{-3}$	0.967	0.9265	0.904	0.857	0.809	0.757		
蒸气①压/Pa		1.6×10^{-5}	0.0197	47.73	3277.6	4.49×10^4	7.44×10^4	9.865×10^4

①钠的蒸气能形成二聚体 Na_2。

钠是银白色金属，质柔软，可用小刀切割，熔点低，导电导热性好。它的化学性质非常活泼，可与许多元素和化合物反应。固体钠在空气中迅速被氧化，失去银白色金属光泽变成暗灰色。它在空气中120℃燃烧，发出特征的黄色火焰并产生白色浓烟。钠在干空气或干氧气中氧化的产物是 Na_2O 和 Na_2O_2；在湿空气中除生成氧化钠外，并能与水蒸气和CO气反应生成NaOH和 Na_2CO_3。钠与干冰（固体 CO_2）接触立即爆炸。

钠与水发生激烈反应，生成NaOH并逸出氢气：

$$Na + H_2O = NaOH + 1/2\ H_2 \uparrow$$

该反应十分激烈，发生响声，反应放出热量足以使钠熔化，当与多量水反应时则发生爆炸。钠与水蒸气反应较为缓和，在低温下生成NaOH，在高温下生成氧化钠：

$$Na(l) + H_2O(g) = NaOH + 1/2\ H_2 \uparrow$$

$$2Na(l) + H_2O(g) = Na_2O + H_2 \uparrow$$

在低温下钠不与氮反应，在高于300℃的温度下可与氮反应生成 NaN_3 和 Na_2N，且氮和这些氮化物可溶于液体钠中。

在高于800℃高温下钠可与碳反应生成 Na_2C_2。

钠与卤素反应生成卤化钠。在室温下钠与氟迅速反应并着火，与氯反应较缓慢。低温下钠不与溴、碘反应。

钠与饱和烃不发生反应，也不溶解。但钠与不饱和烃反应，与醇反应生成烷氧基钠并放出氢气：

$$2Na + 2C_nH_{2n+1}OH = 2C_nH_{2n+1}ONa + H_2 \uparrow$$

因此，通常用饱和烃（高沸点、高闪点、低密度的不易分解的饱和烃，例如液体石蜡）作为钠的油封保护剂。

9.2.1.2 氯化钠的基本性质

氯化钠的主要物理性质如下：

密度：$2.168 g/cm^3$（20℃）

ρ_t（液体）$= 1.505 - 6 \times 10^{-4}(t - 850)$

熔点：801℃；

沸点：1465℃

熔化热：28.5～31.0kJ/mol

汽化热：170.8～182.1kJ/mol（沸点时）

比热容：0.868J/(g · ℃)（固体），1.143J/(g · ℃)（液体）

固体：$C_p = 0.785 + 0.279 \times 10^{-3} T$（298 ~ 1074K）

液体：$C_p = 1.328 - 0.129 \times 10^{-3} T$（1074 ~ 1500K）

气体：$C_p = 0.638 + 1.25 \times 10^{-5} T - 2.7 \times 10^{3} T^{-2}$（298 ~ 2000K）

蒸气压（Pa）与温度的关系式：

$$\lg p = -12440 T^{-1} - 0.9 \lg T - 0.46 \times 10^{-3} T + 16.435 \quad (298 \sim 1074℃)$$

$$\lg p = -11530 T^{-1} - 3.48 \lg T + 22.895 \quad (1074 \sim 1738℃)$$

氯化钠在不同温度下的密度和蒸气压见表 9 - 2，在水中的溶解度见表 9 - 3。

表 9 - 2　氯化钠在不同温度下的密度和蒸气压

温度/℃	820	854	915	960	1000	1227	1430
密度/g · cm^{-3}		1.506	1.466	1.439	1.483	1.279	1.157
蒸气压/Pa	5.33	42.67	144.0	465.3	746.6	13773	102264

表 9 - 3　氯化钠在水中的溶解度

温度/℃	0	25	40	60	80	90	100
溶解度(质量分数)/%	26.21	26.54	26.81	27.14	27.65	27.99	28.38

钠可溶于熔融 NaCl 中（表 9 - 4）。

表 9 - 4　钠在氯化钠熔盐中的溶解度

温度/℃	750	784	790	809	820	890	949
溶解度(质量分数)/%	0.03	0.04	0.06	1.12	1.96	4.27	9.64

NaCl 与 $TiCl_2$、$TiCl_3$ 的相互作用参见第 11 章相关章节。

9.2.1.3　钠的制取和净化

A　钠的制取

金属钠可由熔融 NaCl 电解法制取，电极反应：

阴极：　$Na^{+} + e = Na$

阳极：　$Cl^{-} = 1/2\ Cl_2 + e$

总反应：　$NaCl = Na + 1/2\ Cl_2$

国内已引进了先进电解法生产钠的技术，金属钠的生产成本已大幅下降，为钠还原法制钛创造了条件。

B　钠的净化

钠还原法制取金属钛，对金属钠的纯度要求如下（质量分数,%）：Na > 99.9，Cl^{-} < 0.0015 ~ 0.005，SO_4^{2-} < 0.002 ~ 0.005，FeO < 0.001 ~ 0.005，Pb < 0.001 ~ 0.005，SiO_2 < 0.005，Ca < 0.005 ~ 0.1，N < 0.002，PO_4^{3-} < 0.001，O < 0.005 ~ 0.01。

电解法制备的钠含有气体杂质、金属杂质和化合物杂质，需要经过精制后才能用于制取金属钛。分离这些杂质的精制方法有过滤法、冷阱法、热阱法和蒸馏法等。在钛生产工艺中，通常采用过滤法净化钠。大部分杂质在低于 150℃ 低温液钠中的溶解度较小，将低温液钠通过过滤器过滤可以分离不溶杂质。例如含氧的钠化合物在低于150℃的液钠中的溶解度低于0.02%（图9－1），通过过滤就可将大部分含氧杂质除去。过滤应在氩气保护下进行。

如需进一步净化可用冷阱或热阱法。所谓冷阱法是使低温液钠通过不锈钢金属丝填充的温度保持在110～150℃的净化器，使液钠中的杂质在金属丝上析出。所谓热阱法是使液钠通过活性金属丝（如钛或锆丝）填充的温度保持在400～600℃的净化器，使液钠中的杂质（如氧和氮）被活性金属丝吸收而达到净化。

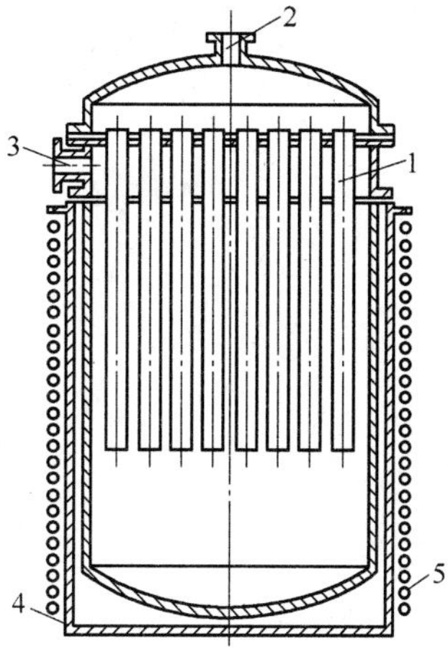

图9－1　钠过滤设备
1—过滤管；2—出料管；3—加料管；4—外套罐；5—电感线圈

C　钠的处理技术

对钠的加热、输送和计量要考虑到钠的特性和操作的安全性。

对钠的加热不宜用水蒸气，通常采用电加热或导热油加热。电加热可用感应加热法、间接加热法和直接加热法。

钠的输送可用真空抽吸法、气体压送法和电磁泵输送等方法。

钠的计量，包括液位测量和流量测量等。钠的液位测量可用接触式（如浮标式、电极式、电阻式或电容式等）或非接触式（如电感应式、超声波式等）两种方法。在钠法工艺中，钠的计量要求准确，液位准确度要求达到±0.1mm。如果液位计的准确度不够，可采用称量法。

钠的流量测量，采用涡流流量计较好，即在管道中安装一个可转动的涡轮，它的转速随液钠的流速而变化。也可采用定量泵或定量阀来控制或计量液钠流量。

9.2.2　钠还原反应热力学分析

9.2.2.1　还原反应的标准自由焓变化

钠还原$TiCl_4$制造海绵钛的总反应式为：

$$TiCl_4 + 4Na = Ti + 4NaCl$$

钠还原四氯化钛生成金属钛的反应也可分步进行，即先生成低价钛氯化物（$TiCl_3$或$TiCl_2$），后者再进一步还原到金属钛，反应历程可能经过下列一连串反应：

$$(1/2)TiCl_4 + 2Na = (1/2)Ti + 2NaCl \tag{9-1}$$

$$\Delta G_T^{\ominus} = -445559 + 118.7T \quad (409 \sim 1073K)$$

$$\Delta G_T^{\ominus} = -446397 + 123.6T \quad (1073 \sim 1178K)$$

$$TiCl_4 + 2Na = TiCl_2 + 2NaCl \tag{9-2}$$

$$\Delta G_T^{\ominus} = -578700 + 198.5T \quad (409 \sim 1073K)$$

$$\Delta G_T^{\ominus} = -579537 + 203.5T \quad (1073 \sim 1178K)$$

$$2TiCl_4 + 2Na = 2TiCl_3 + 2NaCl \tag{9-3}$$

$$\Delta G_T^{\ominus} = -729843 + 353.4T \quad (409 \sim 1073K)$$

$$\Delta G_T^{\ominus} = -730680 + 358.4T \quad (1073 \sim 1178K)$$

$$(2/3)TiCl_3 + 2Na = (2/3)Ti + 2NaCl \quad (9-4)$$

$$\Delta G_T^{\ominus} = -350938 + 45.2T \quad (409 \sim 1073K)$$

$$\Delta G_T^{\ominus} = -282190 - 36.5T \quad (1073 \sim 1178K)$$

$$2TiCl_3 + 2Na = 2TiCl_2 + 2NaCl \quad (9-5)$$

$$\Delta G_T^{\ominus} = -427556 + 42.7T \quad (409 \sim 1073K)$$

$$\Delta G_T^{\ominus} = -428393 + 47.7T \quad (1073 \sim 1178K)$$

$$TiCl_2 + 2Na = Ti + 2NaCl \quad (9-6)$$

$$\Delta G_T^{\ominus} = -312419 + 38.5T \quad (409 \sim 1073K)$$

$$\Delta G_T^{\ominus} = -313256 + 43.5T \quad (1073 \sim 1178K)$$

式（9－1）~式（9－6）反应标准自由能变化（$\Delta G^{\ominus}$）与温度（T）的关系列于表9－5和图9－2。

表9－5　钠还原四氯化钛反应在不同温度下的 $\Delta G^{\ominus}$ 值

反应式	每2molNa的 $\Delta G^{\ominus}$/kJ				
	900K	1000K	1100K	1200K	1300K
9－1	－329.5	－317.0	－306.5	－296.9	－274.7
9－2	－372.6	－350.9	－331.6	－313.2	－281.4
9－3	－400.3	－365.1	－332.9	－329.1	－314.0
9－4	－305.7	－301.0	－297.7	－286.4	－261.3
9－5	－345.0	－336.6	－330.4	－297.3	－248.7
9－6	－286.0	－283.0	－281.8	－280.5	－267.6

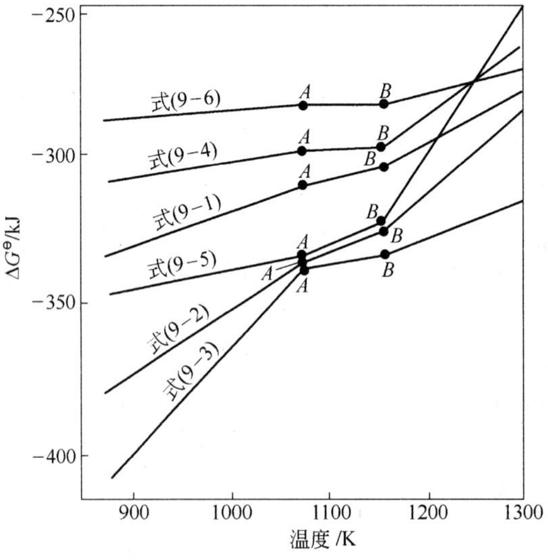

图9－2　钠还原 $TiCl_4$ 反应的 $\Delta G^{\ominus}-T$ 关系

A—NaCl熔点1074K；*B*—Na沸点1156K

从图9-2可见，上述钠还原反应的$\Delta G^{\ominus}$都有很大的负值，各主要反应均能自发进行，而且自发进行的倾向性很大。说明在一定温度下均可按式（9-1）反应直接生成金属钛；也可按式（9-2）、式（9-3）和式（9-5）反应生成低价钛氯化物；在反应区存在钠的条件下，反应生成的低价钛氯化物可继续按式（9-4）、式（9-6）进一步还原生成金属钛。从热力学观点来看，温度越低，还原反应自发进行的倾向性越大。

除上述反应外，当还原过程钠量不足，或者反应温度低时，还可能发生反应物与产物或产物之间的“二次”反应：

$$TiCl_4 + TiCl_2 \xlongequal{} 2TiCl_3 \quad (9-7)$$

$$\Delta G_T^{\ominus} = -153237 + 155.3T \quad (409 \sim 1200K)$$

$$3TiCl_4 + Ti \xlongequal{} 4TiCl_3 \quad (9-8)$$

$$\Delta G_T^{\ominus} = -572754 + 417T \quad (409 \sim 1200K)$$

$$TiCl_4 + Ti \xlongequal{} 2TiCl_2 \quad (9-9)$$

$$\Delta G_T^{\ominus} = -266280 + 159.1T \quad (409 \sim 1200K)$$

$$2TiCl_3 + Ti \xlongequal{} 3TiCl_2 \quad (9-10)$$

$$\Delta G_T^{\ominus} = -110950 + 3.35T \quad (409 \sim 120K)$$

式（7-7）~式（7-10）反应不同温度下的标准自由能变化值（$\Delta G^{\ominus}$）与温度关系见表9-5中。从表9-5可见，这些二次反应式（9-7）~式（9-10）在一定温度下的$\Delta G^{\ominus}$为负值，表明这些二次反应均可发生。但这些二次反应和前面的主要反应式（9-1）~式（9-6）相比，$\Delta G_T^{\ominus}$的负值要小得多，说明二次反应的自发倾向性也小得多，它们仅是还原过程的副反应。只有在钠量不足的情况下，二次反应才有机会发生。

9.2.2.2 钠还原反应的反应热

A 一段法

钠还原法制取金属钛工艺有一段法和二段法之说。所谓一段法就是一步法，即一步还原到金属钛，反应式为：

$$TiCl_4 + 4Na \xlongequal{} Ti + 4NaCl \quad (9-11)$$

按$\Delta H_T^{\ominus} = \Delta H_{298}^{\ominus} + \Delta(H_T^{\ominus} - H_{298}^{\ominus})$，求出$\Delta H_{1000}^{\ominus} = -870kJ/mol$。

现假定在1000K的温度下进行反应（9-11），反应器中的Na的温度已是1000K，加入冷（298K）$TiCl_4$到反应器中进行反应，那么1mol $TiCl_4$从298K升至1000K需要吸热量为140.3kJ/mol。因此，在绝热条件下，在1000K下进行反应（9-11）的净放热量为727.7kJ：

$$Q_{1000} = \Delta H_{1000}^{\ominus} + Q_{T吸} = -870 + 140.3 = -727.7kJ/mol$$

上述计算表明，钠还原反应的热效应，比镁还原的热效应（296.3kJ/mol）要大两倍多。在小反应器进行一段法还原反应，应该能维持自热反应；在大反应器中进行一段法还原反应，则需有排出余热的措施。

B 二段法

所谓二段法就是两步法，即第一步将$TiCl_4$还原到$TiCl_2$，第二步将$TiCl_2$还原为金属钛，反应式为：

$$TiCl_4 + 2Na \xlongequal{} TiCl_2 + 2NaCl \quad (9-12)$$

$$TiCl_2 + 2Na \xlongequal{} Ti + 2NaCl \quad (9-13)$$

将室温下（298K）的 $TiCl_4$ 和 400K 的液钠，同时按比例加入反应器进行第一步反应生成 $TiCl_2$［式（9－12）］，假定反应温度为 800K，此时反应的净放热量 Q_{9-12} 经计算为 423.7kJ/mol（表 9－6）。

第二步反应假定在 1000K 温度下进行，先将钠预先加入反应器并加热至 1000K，再将室温下（298K）的一段反应产物 $TiCl_2 \cdot 2NaCl$ 加入反应器进行第二步反应［式（9－13）］，此反应的净放热量 Q_{9-13} 经计算为 180.4kJ/mol（表 9－6）。

表 9－6　二段钠还原反应的放热量计算

反应式	热量收入（反应 $\Delta H_T^{\ominus}$）	热量支出（反应物吸热）	反应净放热量 Q
9－12	$\Delta H_{800}^{\ominus} = -568.6$kJ/mol	$TiCl_4$ 吸热 = 119.3kJ/mol Na 吸热 = 25.6kJ/2mol	$Q_{800} = -568.6 + 119.3 + 25.6$ $= -423.7$kJ/mol
9－13	$\Delta H_{1000}^{\ominus} = -309.8$kJ/mol	$TiCl_2 \cdot 2NaCl$ 吸热 = 129.4kJ/mol	$Q_{1000} = -309.8 + 129.4$ $= -180.4$kJ/mol

上述计算表明，二段钠还原法制取金属钛反应分两阶段进行，反应热分两阶段放出，第一阶段反应放出了较多的热量，使第二段反应放热量较少，反应易于控制，有利于结晶生长，可提高产品质量。

9.2.2.3　过去钠还原法的应用情况回顾

国外曾经应用钠还原法生产海绵钛的公司有美国活性金属公司、英国帝国金属公司和日本新金属公司（曹达公司），这些钠还原法海绵钛工厂早已关闭。日本新金属公司还应用钠还原法生产钛粉。我国曾在 20 世纪 60～70 年代应用钠还原法小规模生产海绵钛。

A　国外钠还原法生产海绵钛

美国活性金属公司在 1952 年建立了钠还原法生产海绵钛工厂，年产能达到 7000t，采用半连续二段钠还原工艺。

第一段还原反应是在内有搅拌器的连续反应器中进行，$TiCl_4$ 和液钠按摩尔比 1∶2 的比例从反应器顶部连续加入，在 230～300℃下连续反应生成 $TiCl_2 \cdot 2NaCl$ 混合物，反应器用氩气保护维持正压（0.01～0.02MPa）。第二段反应器是间歇式的烧结锅，在锅内预先加入钠，第一段反应产物由螺旋输送器加入锅中，经 8h 第一段反应的产物加入后，与锅内预加钠达到化学计量平衡（即 $TiCl_2$ 与钠的摩尔比为 1∶2），然后将烧结锅放入加热炉中加热进行第二段还原反应，在 900～950℃下还原为金属钛。还原反应完成后，从海绵钛孔隙中压放出 NaCl。

产品冷却后，机械取出产品，经破碎后在连续浸出器中用 0.5% 盐酸水溶液溶出残留的 NaCl，并经水洗涤干净。水洗后的产品经离心脱水，从隧道式连续干燥器的一端加入，由螺旋传送带将产品连续通过加热干燥区，最后由末端出料进入仓库。干燥后产品中含水量小于 0.02%。

该公司的半连续二段还原法的优点：（1）产品中 O、N、C、Fe 杂质含量低（表 9－7），

但产品 Cl^- 和 Na 含量偏高；（2）第一段反应连续操作，生产能力大，一个连续反应器可向多个烧结锅供料。

表 9－7 美国活性金属公司钠法产品与镁法产品比较（质量分数） （%）

杂质元素	Fe	O	N	C	Cl	Na	Mg
钠还原法	0.05		0.01	0.02	0.20	0.19	—
镁还原—真空蒸馏法	0.12		0.015	0.02	0.12	—	0.08
镁还原—酸浸出法	0.1		0.015	0.025	0.15	—	0.40

英国帝国化学公司于 1951 年应用镁还原法生产海绵钛，1955 年改为钠还原法。1962 年成立英国帝国金属公司，是帝国化学公司的分公司，钠法海绵钛年产能达 4000t。该公司采用的工艺类似于美国活性金属公司，是半连续的二段还原法。

B 日本钠还原法生产钛粉

日本新金属公司于 1970 年建成年产 2200t 的钠还原法海绵钛厂，建成后只经过试车未正式生产便关闭。但利用海绵钛生产设备，形成一个年产 200t 的钛粉生产车间，正常生产多年。日本曹达公司采用了一段预加钠法，其工艺为：先在还原反应器内预加钠，再徐徐加入 $TiCl_4$，保持反应温度为 850～880℃，反应按式（9－1）一步生成金属钛和 NaCl。海绵钛在反应器中间，钛坨四周为盐。反应完毕经冷却后，取出产物。产物经破碎、浸出、水洗、真空干燥，再经分级和组批即为海绵钛产品。

生产钛粉是利用生产海绵钛的设备，具体工艺未发表。制取钛粉时，还原反应温度控制偏低，一般控制在 800～820℃，最高不超过 850℃。还原结束冷却后取出产品，分离出不含钛粉的 NaCl，含部分盐的产品（Ti∶NaCl≈1∶1）破碎研磨为细粉，经浸出水洗、真空干燥后获得钛粉产品。钛粉产品质量优于氢化法钛粉（表 9－8～表 9－10），其实 O、N、C、H、Fe 等杂质含量低，流动性好，其性能适合用于粉末冶金。与其他钛粉生产方法比较，钠还原法钛粉的生产成本显著降低。

表 9－8 钠还原法钛粉的化学组成（质量分数） （%）

级 别	O	H	N	C	Fe	其 他	Ti
M－60	≤0.10	≤0.015	≤0.01	≤0.015	≤0.02	≤0.28	余量
M－100	≤0.12	≤0.015	≤0.01	≤0.015	≤0.02	≤0.28	余量

表 9－9 钠还原法钛粉的粒度分布

级 别	0.25～0.15mm	0.15～0.1mm	0.1～0.075mm	0.075～0.04mm	<0.04mm
M－60	(32±3)%	(19±3)%	(17±3)%	(20±3)%	(12±3)%
M－100		(28±4)%	(25±4)%	(29±4)%	(18±4)%

表 9－10 钠还原法钛粉的性能

级 别	松装密度/$g \cdot cm^{-3}$	50g 粉流速/s	硬度 HB
M－60	2.1±0.2	62	120
M－100	2.1±0.2	44	135

C　国内钠还原法生产海绵钛

与镁还原法比较，钠还原法的设备相对比较简单，我国曾在20世纪60~70年代进行过钠还原法制取海绵钛的研究和小规模生产。二段还原法和一段还原法都进行过试验，在生产中主要是应用一段还原法。在一段还原法中又分为预加钠的一段还原法、钠和四氯化钛同时加入的一段还原法。

由于当时钠电解技术落后，钠的生产成本高，导致钠还原法海绵钛生产成本明显高于镁还原法；以及当时国内钛市场问题，钠还原法海绵钛厂在20世纪80年代全部关闭。钠还原法存在的主要问题是生产成本高和产品 Cl^- 含量高两大问题。

当时试验和生产的产品中的 Cl^- 含量差别很大，二段法的结晶产品 Cl^- 含量最低为0.01%，最高也不高于0.1%；而一段法生产的海绵钛产品 Cl^- 含量为0.1%~0.2%。

D　钠还原法生产海绵钛存在的主要技术问题

钠还原法生产海绵钛竞争不过镁还原法，国内外所有工厂全部被关闭，主要原因是产品 Cl^- 含量高，钛加工厂不愿意使用钠法产品。

造成钠法海绵钛 Cl^- 含量高的原因如下：

（1）还原不完全。还原产物中存在低价钛氯化物，在水洗时这些低价钛氯化物发生水解，Cl^- 进入产品中：

$$TiCl_2 + H_2O = Ti(OH)Cl_2\downarrow + 1/2H_2\uparrow$$

$$TiCl_3 + H_2O = Ti(OH)Cl_2\downarrow + HCl$$

尽管在水洗中采用酸化水来抑制上述反应的发生，但仍然会存在上述水解反应的发生。

（2）海绵钛中封闭的毛细孔中 NaCl 无法洗去。开孔的毛细孔吸附 NaCl，以及由于破碎粒度不够使一些毛细孔未打开，造成 NaCl 滞留在毛细孔中。

（3）产品粗糙表面吸附 Cl^-。表面积越大吸附量也越大。过去的生产实践表明，二段还原法制取的结晶状产品的 Cl^- 含量低（0.01%~0.08%）。因此，采用二段还原法并创造生成结晶产品的条件，便可解决产品 Cl^- 含量高的问题。

9.2.3　二段钠还原法制造钛及钛合金粉

采用钠还原法容易获得粒度小和粉末状产品，副产物 NaCl 不易吸水，因此该法适合用于生产钛粉。从经济上考虑，纯钛粉末冶金制品成本与传统法差别不大，制造纯钛粉的经济价值不大。作为粉末冶金使用的钛合金粉，要求低氧低氯根含量。因此，应以制造低氧低氯根含量的高质量钛合金粉（例如 Ti-6Al-4V 合金粉）作为目标。

为使钛合金粉中合金元素的均匀性，以 Ti-6Al-4V 合金粉为例，应以适当比例的 $AlCl_3$、VCl_4 完全溶解于 $TiCl_4$ 的溶液为原料。为使产品的 O_2 与 Cl^- 含量低，还原产物应是结晶状的，因此应该采用二段钠还原法。所以，钠还原法制造 Ti-6Al-4V 合金粉的工艺流程如图 9-3 所示。

工艺流程包括下列主要环节：

（1）$AlCl_3$ 和 VCl_4 的制备。以 V-Al 合金为原料，在隔绝空气条件下氯化，要避免氧氯化物（如 AlOCl、$VOCl_2$、$VOCl_3$ 等）的生成。

（2）$TiCl_4$-$AlCl_3$-VCl_4 混合溶液的制备。上述制备的 $AlCl_3$ 和 VCl_4 用精 $TiCl_4$ 液吸收和溶解成混合物溶液。

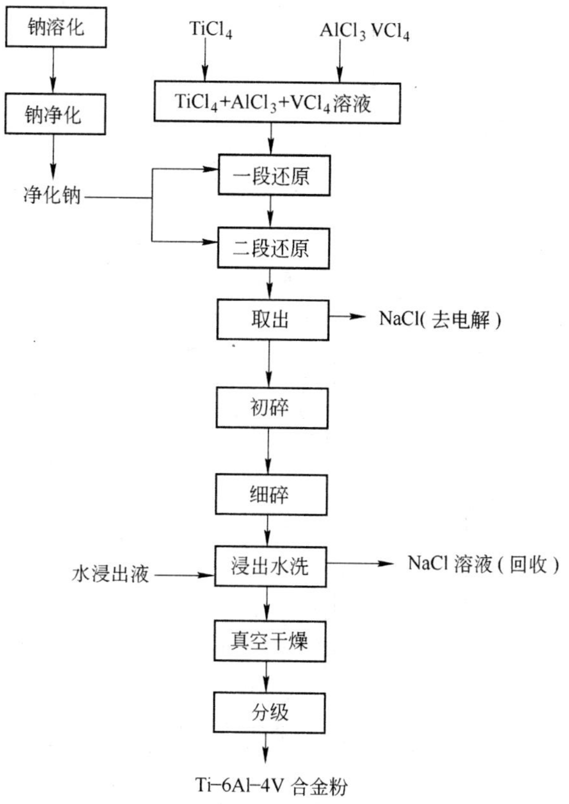

图 9-3 钠还原法制造 Ti-6Al-4V 合金粉工艺流程

(3) 第一段还原。在带有搅拌或转动的反应器中，按比例加入净化钠和 $TiCl_4$ 反应生成 $TiCl_2$，反应温度 300 ~ 400℃，还原过程可连续进行。

(4) 第二段还原。在第二段反应器中预先加入所需要的净化钠，在搅拌条件下，由螺旋输送器加入第一段还原反应产物 $TiCl_2$ - NaCl 与钠混合，当加入的与预加钠达到平衡时停止加料。然后将第二反应器放入炉中加热至 850℃左右进行第二段还原反应。反应温度应控制低一些以免颗粒间的烧结，如果在反应中能进行搅拌更好。在反应后期停止搅拌，以使副产物 NaCl 聚集起来。

(5) 取出。从第二反应器中取出还原产物，产物中钛与 NaCl 之比为 1∶5。为了提高后续的粉碎效率，从产物中分离出块状的 NaCl，以使钛产品中 Ti∶NaCl 为 1∶1 左右。

(6) 粉碎。粉碎是关键步骤。还原产物是钛与 NaCl 的混合物，在钛粒表面上一般覆盖一层 NaCl，在粉碎过程中产生的热量的大部分被 NaCl 吸收，不会使钛粉过热或着火，因而可避免产品的氧化。此外，NaCl 还有促进钛粒粉碎的作用，起着粉碎介质的作用。

(7) 浸出水洗。浸出水洗可在旋转连续浸出器中进行，先用 0.5% 左右盐酸水溶液浸出，然后用水洗涤，最好实行逆流操作，酸洗液循环使用。水洗后进行脱水。

(8) 真空干燥。水洗脱水后的产品在真空滚筒式干燥器中干燥，干燥温度 100 ~ 120℃。

9.2.4　连续化制造钛及钛合金粉

9.2.4.1　工艺方法概述

国际钛粉公司（International Titanium Powder，简称 ITP）公开了一种钠还原法连续化制造钛粉的方法，称为 Armstrong 法，其工艺流程如图 9－4 所示。

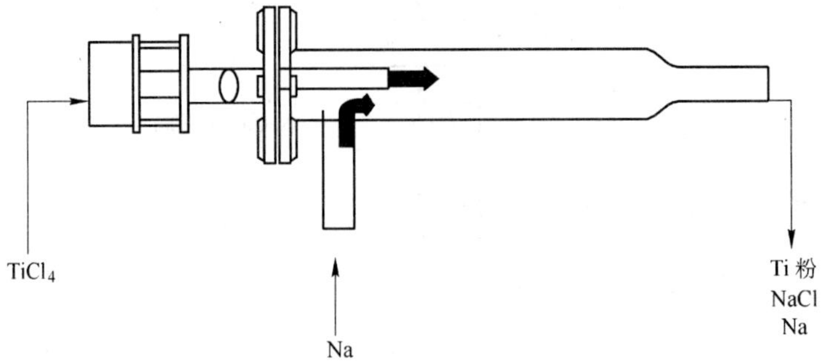

图 9－4　Armstrong 法反应器

Armstrong 法是在一个形成了熔化钠流体回路的反应器（图 9－4）中，连续注入四氯化钛蒸气，在低温下使它们反应生成单颗粒的金属钛和副产物氯化钠，不断流动的钠流体及时将生成的钛颗粒从反应区分离出来，而不致使其颗粒长大，也不致使颗粒被未反应物和副产物包裹而降低产品的纯度和性能。控制反应物流体的流速和反应器的几何尺寸，则可控制颗粒的形状和粒度分布。

夹带反应产物的钠流体通过钠分离过滤器时，过滤器收集钛颗粒和氯化钠，钠流体通过过滤器继续流动。当这个过滤器收集足够量的产品后，将流体切换到另一个过滤器，使钠流体不致被中断，使还原反应能连续进行。

从收集了产品的过滤器中蒸馏出残留的金属钠，将产品分离出来，经过水洗除去氯化钠而获得钛粉，钛粉质量达到工业纯钛的标准。水洗液中的氯化钠经处理、电解分解为金属钠和氯气，实现钠、氯的循环使用。

ITP 的连续制造钛粉方法，可用于直接制造钛合金粉（图 9－5），如以 $TiCl_4$、VCl_4

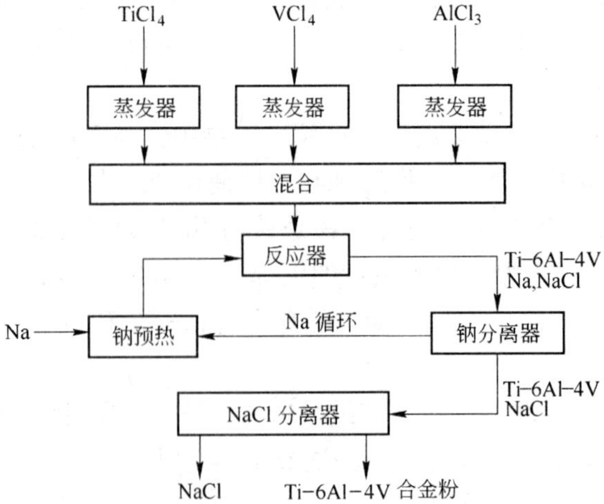

图 9－5　制造钛合金粉流程图

和 $AlCl_3$ 按适当比例混合为原料，可以制造 6Al-4V-Ti 合金粉。用此法可制得合金元素均匀分布的钛合金粉，从而可确保最终钛合金产品性能的均匀性和一致性。ITP 将要建造的工业规模装置除了能制造纯钛粉外，也能制造 6Al-4V-Ti 合金粉。2007 年 ITP 生产 6Al-4V-Ti 合金粉 1820t。

LMC 公司采用绝热压制技术将 Armstrong 法制造的钛粉压制成毛坯，比传统压制法压制得更致密，制成的钛部件在航空航天和生物医疗等领域广泛应用，因而 LMC 公司的压制方法获得了美国国防部 100 万美元的支持。

9.2.4.2 技术分析

A 主反应

金属钠还原四氯化钛生成金属钛的总反应式如下：

$$TiCl_4 + 4Na \xlongequal{} Ti + 4NaCl$$

在反应过程中会生成 $TiCl_3$ 和 $TiCl_2$ 中间产物，因为 Armstrong 法是气相 $TiCl_4$ 在过量钠流体中进行反应，所以还原反应会完全生成金属钛，$TiCl_3$ 和 $TiCl_2$ 中间产物不易出现在最终产品中。Armstrong 法强调还原反应在低温下进行，反应温度可能在 400～800℃ 范围内。由此法制造产品钛及钛合金粉的氧含量小于 0.05%（质量分数）。

B 产物与钠流体的分离

反应混合物（液态钠、钛粉、NaCl）通过过滤器时，处于固态的钛粉和 NaCl 被截留，而液态钠通过过滤器进入循环；并采用蒸发方法从固体产品（钛粉和 NaCl）中分离出残留的钠。

C 钛粉与 NaCl 的分离

反应副产物 NaCl 易溶于水，用水洗法容易从反应产物中将 NaCl 分离出来，获得高质量的钛粉。

D 制造钛合金粉

按合金要求，将合金元素的氯化物与 $TiCl_4$ 按比例蒸发，混合气体加入反应器反应就可获得钛合金粉。

Armstrong 法的技术关键在于反应器的设计和反应条件的控制，以获得粒形和粒度分布符合粉末冶金要求的产品。

9.2.5 经济分析

ITP 称 Armstrong 法是一个大幅度降钛制品成本的方法，最终钛部件的成本，比传统方法降低 50%。降低成本的原因主要是下列三方面：

（1）制粉成本低。与现有的用金属钛为原料的雾化法等制粉法比较，Armstrong 是一步法直接制粉，产品成本大幅度下降。

（2）粉末冶金法成本低。现有制造钛部件的方法，经过 Kroll 法海绵钛—熔化铸锭—轧材—机加工等多道工序，在这系列加工过程中产生大量的钛屑。ITP 说制造每千克最终钛部件，总计大约要产生 10 千克的钛屑，成材率特别低，因此最终钛部件的成本很高。ITP 以优质低价的 Armstrong 法钛粉为原料，采用粉末冶金法一步制造钛部件，所产生的钛屑量很少，成材率很高，因而最终钛部件的成本低。

（3）氯化钠的回收利用。浸出水洗液经浓缩结晶析出 NaCl，NaCl 熔盐电解获得金属钠和氯循环利用。

目前 Kroll 法制造海绵钛是一个间歇生产过程，设备复杂，投资大，产品成本高。研究连续化制钛方法，一直是制钛研究的主要方向。因钠的熔点和沸点都较低，钠还原法更易在较低的温度下实现连续化生产，是一种工程上易实施的实用方法，类似 Armstrong 法的连续化方案值得研究和重视。

9.3　氢化钙还原法

苏联学者 Borok 于 20 世纪 60 年代提出了用金属氢化物还原法（MHR）生产钛粉这一技术构想，并进行了试验研究。目前，俄罗斯和美国采用 MHR 法生产钛粉。这种方法是由 CaH_2 直接还原 TiO_2 制备钛粉，总反应式为：

$$TiO_2 + 2CaH_2 = Ti(粉) + 2CaO + 2H_2$$

CaH_2 还原 TiO_2 制取钛粉的工艺流程如图 9－6 所示。首先将纯度符合要求的金属钙切成小块，放入氢化反应器中通氢气在 400～800℃下氢化，反应式为：

$$Ca + H_2 = CaH_2$$

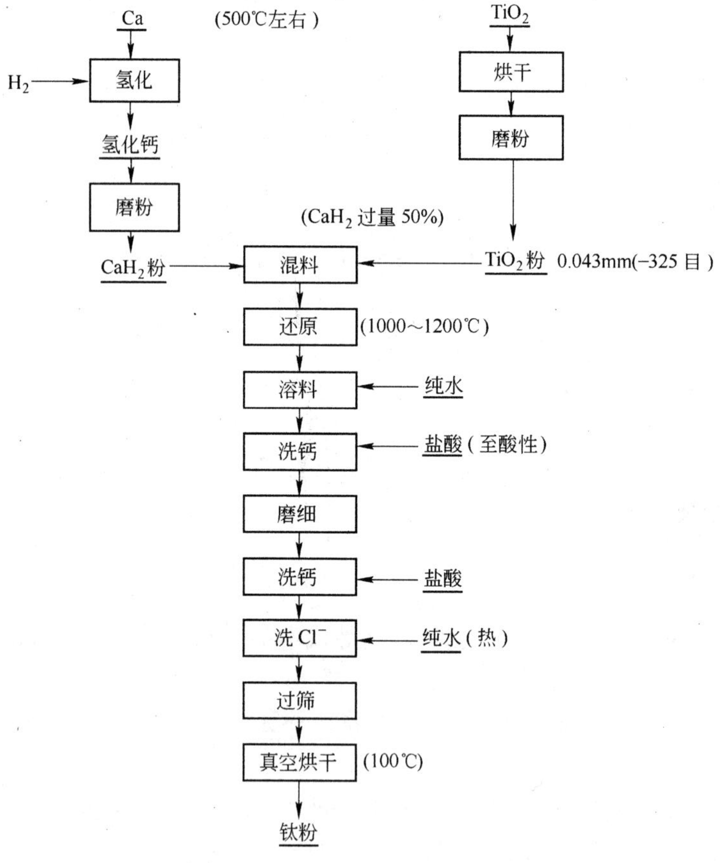

图 9－6　氢化钙还原 TiO_2 制取钛粉流程图

氢化反应完成后冷却，然后取出 CaH_2 磨成粉末。将纯度符合要求的 TiO_2 粉末（如制造合金粉则混入合金元素氧化物）与 CaH_2 粉按 1∶2（摩尔比，CaH_2 需过量）混合并研磨成均匀粉末混合物。把混合好的 TiO_2 与 CaH_2 粉末混合物加入还原反应器中，加热至 1000～1200℃下在氢气保护下进行还原反应。尽管还原反应温度很高，但反应产物均为固体，生成的金属钛因被反应副产物 CaO 所分散而不会发生烧结，仍是处于粉末状。

还原反应完成后冷却取出还原产物放入浸出器中，加入水消化石灰，使 CaO 水解生成 $Ca(OH)_2$。

$$CaO + H_2O = Ca(OH)_2$$

将消化反应生成的氢氧化钙分离除去，获得的粗制钛粉用盐酸溶液浸出并洗涤除去残留的氢氧化钙。洗净的钛粉还需研磨并再次用盐酸溶液浸出和洗涤，以进一步除去残留的氢氧化钙及其他可溶杂质，最后用热水洗涤产品，真空干燥、筛分获得最终产品。

该法制取的钛或钛合金粉的纯度，主要取决于原料钙、TiO_2 的纯度和生产过程的污染。使用高纯钙可获得纯度较高的产品，但高纯钙价格贵会增加产品成本。一般来讲，该法制取的钛粉纯度较差，特别是氧、氮、氢含量较高（表 9－11）。

表 9－11 氢化钙还原法（MHR）与氢化脱氢法（HDH）生产的钛粉的纯度比较

名称	纯度（%），大于	杂质含量（%），小于								
		H	O	Fe	Ni	N	Si	Ca	C	Cl
HDH	99	0.04	0.50	0.12	0.07	0.06	0.03	0.05	0.03	0.05
MHR	99	0.34	0.19	0.11	0.07	0.06	0.05	0.04	0.03	0.004

9.4 氢化脱氢法

氢化法是以金属钛，如海绵钛、钛锭、钛屑、残钛等为原料的一种生产粉末钛方法。它是基于钛氢化后具有很大的脆性，容易粉碎，在高温下氢化钛容易分解转化为金属钛。生产的粉末纯度取决于原料的纯度，即过程中没有净化作用，实际上产品中杂质含量会比原料更高一些。如果把氢化法与湿法冶金相结合，则可以在过程中除去合金元素和其他杂质，这为氢化法开辟了更广阔的道路，可利用大量的残钛及其合金为原料，生产纯度高、成本低的粉末钛。

氢化法生产粉末钛由下列主要过程组成：表面净化处理→氢化→研磨→脱氢→筛分→产品包装。

（1）表面净化处理。金属钛表面，特别是残钛表面存在一层氧化膜，这层表面氧化膜对钛的吸氢速度影响很大，它的影响程度取决于生成氧化膜时的温度。因此，在进行氢化之前，一般需要进行表面净化处理。

为了消除表面氧化膜对吸氢过程的影响，可把钛在真空中或氢气中加热处理，当加热至 700～850℃时钛表面的氧化物开始向金属内部扩散，经过处理后钛的吸氢速度大为增加。但这种方法在加热处理时氧化膜中的氧并未消除，而是进入金属内部，这不仅会降低氢向金属内部的扩散速度，而且氧会进入最终产品中去，从而降低了产品质量；同时加热处理过程中钛的颗粒也会引起某种程度的烧结，降低它的吸氢速度。

比较合理的消除钛表面氧化膜的方法是化学处理法。首先在含有 2% 氢氧化钠的 NaOH 熔化物中加热至 330～425℃，处理 15 分钟，此时钛表面的 TiO_2 被还原为 TiO，生成的 TiO 又同碱反应：

$$TiO + 2NaOH = Na_2TiO_2 + H_2\uparrow$$

经过这样处理的钛表面变为松散的粉末状，它很容易溶于含有 HF 或 NaF 的硝酸或硫酸溶液中。经过酸溶的钛表面氧化膜将完全消除。但是，在进行上述化学处理时，应尽量减少钛的损失，如果表面污染不严重，可不需进行这种处理。

（2）氢化。影响钛氢化过程的主要因素有原料的纯度和粒度（即比表面积）、氢化温度和氢气压力、氢化时间、氢化后的冷却制度等。

钛原料中杂质对氢化影响最大的是氧，氧含量的增加不仅会影响氢化速度，而且会降低氢化钛中的氢含量。钛原料的比表面积越小（例如块状），这对最终产品纯度是有好处的，但比表面积太小不仅会降低氢化速度，减少氢化设备的处理量，而且会氢化不完全，降低粉末的产量。因此氢化的钛料应具有适当的比表面积，一般可以采用车屑、刨花、粉末等形式为原料。

氢化温度范围为 500 ~ 800℃，通常是在 500 ~ 600℃下进行，氢化的压力要高于大气压，氢化时间一般为 1 ~ 10h。

氢化后获得的氢化钛中的氢含量一般为 3% ~4%。

（3）氢化钛的研磨。氢化钛的脆性主要取决于它的氢含量。氢含量小于 1.5% 的氢化钛是很难粉碎的，因此通常要求氢化钛中氢含量要大于 1.8% ~2.0%，对于合金氢化钛要求大于 2.0% ~2.3%。

氢化钛的研磨设备通常采用球磨机，它的转筒和球均用钛制作。

影响氢化钛球磨的主要因素是转速、球与物料重量比、温度、时间和分散介质等。

球磨机的转速可由下式求出：

$$n = 0.75n_{KP} = 0.75 \times 42.4\sqrt{D} = 31.8\sqrt{D}$$

式中　n——合适的转速，r/min；

n_{KP}——临界转速，r/min；

D——球磨机转筒直径，m。

球与氢化钛重量比为 2.5 ~ 3.0，球磨时间为 0.5 ~ 0.7h。为了减少在球磨过程中氧、氮对氢化钛的污染，可用甲苯、水、四氯化碳和乙醇作分散介质，它们可在研磨后加热至 60 ~ 80℃下排出。

（4）氢化钛的脱氢。氢化钛在加热到 300 ~ 400℃时便开始分解：

$$TiH_2 \longrightarrow Ti + H_2$$

在不同温度下，氢在钛中的溶解度见表 9 - 12。

表 9 - 12　氢在钛中的溶解度

温度/℃	300	400	500	600	700	800	900	1000	1100
氢溶解度/$cm^3 \cdot g^{-1}$	400	384	354	320	220	140	90	65	40

由此可见，即使在高温下（1000 ~ 1100℃）脱氢也不完全。因此，通常脱氢过程是在真空中进行，以降低脱氢温度。在真空中 700 ~ 800℃下便可使产品中氢含量小于 0.10%。

因为脱氢过程伴随着钛粒间的烧结，烧结的牢固性取决脱氢温度、时间和颗粒间所承受的压力。为了减少颗粒间的压力，通常氢化钛料层厚度应在 50 ~ 100mm 之间，有时还可在氢化物中加入分散剂（如 NaCl 等）以减少烧结的发生。分散剂可在脱氢后浸出除去。

在选择脱氢温度时，应考虑氢化钛脱氢的滞后现象。所以一般开始脱氢时采取较低的温度（400 ~ 450℃），在脱去大部分氢后提高温度至 750 ~ 850℃。但脱氢温度不应高于钛的晶型转化温度（882.5℃）。为了减少烧结，应采用阶梯式逐渐升温，脱氢时间应尽量减少。脱氢最后过程的真空度不应低于 0.133Pa，温度应降至 600 ~ 700℃，以使粉末中氢含量降至允许的 0.05% ~ 0.10% 范围以下。

脱氢后的钛粉还需在钛球磨机中于氩气保护下进行再破碎，以便把少量已烧结的粉末破碎至合格的粒度。

氢化法可以直接处理各种残钛。由于氢化钛容易破碎，所以可以制取粒度很细的粉末。但脱氢过程时间较长，产品粉末中氧含量较高。目前用这种方法处理残钛和等外海绵钛时，直接利用氢化钛作为粉末冶金原料，把脱氢过程和粉末冶金的烧结过程结合起来，从而可降低生产成本。

参考文献

[1] 莫畏，邓国珠，陆德祯，等. 钛冶金 [M]. 北京：冶金工业出版社，1979，113，300.
[2] 马慧娟. 钛冶金学 [M]. 北京：冶金工业出版社，1982，186.
[3] Grant Crowley. Advanced Meterials & Processes. November 2003，25.
[4] 邓国珠. 连续化制钛方法（2）[J]. 钛工业进展，2007，(1).

10 二氧化钛

二氧化钛（TiO_2）是一个化学名称，纯二氧化钛有固定的物理化学性质，杂质含量越低则越纯，其固有的属性如晶型、密度、熔点、沸点、硬度、折射率、热导率等物理性质是固定的，化学性质也是固有的。钛白是一个商品名称，它与纯二氧化钛的性质有共同之处，也有许多差异。作为白色颜料使用的钛白不是纯二氧化钛，一般要添加盐处理剂、分散剂、表面包膜剂等，因而使钛白中的 TiO_2 含量降低，许多性质也发生了变化；但钛白仍具有二氧化钛的许多固有性质，如高折射率和化学稳定性等基本性质不变。二氧化钛和钛白的应用越来越广泛，因而品种越来越多，特别是出现许多具有特殊性能和特殊用途的品种，如纳米二氧化钛、珠光钛白等。因此，二氧化钛这一章分为普通钛白和特种二氧化钛两部分。

10.1 二氧化钛和钛白的性质

化学纯二氧化钛的性质与颜料钛白的性质，两者存在着内在联系，但又有较大区别。颜料钛白不仅具有纯二氧化钛的性质，而且还具有许多特殊性能。它的这些特殊性能与其颗粒状态（粒度、粒度分布和表面状况等）密切相关。纯二氧化钛的性质是物质本身固有的，而颗粒状态、表面状况是随生产工艺条件而发生变化，这就是为什么一种化学物质 TiO_2 可以生产出数百种不同牌号和不同用途的钛白粉产品的原因。钛白的一些颜料性能不仅与 TiO_2 的物理性质、化学性质、光学性质有关，而且还与它的颗粒状态和表面性质有关。

10.1.1 二氧化钛的物理性质

二氧化钛的主要物理性质归纳于表 10－1 中。

表 10－1 二氧化钛的物理性质

物理性质	板钛型	锐钛型	金红石型
晶　系	斜方	四方	四方
结晶形状	板形	锥形	针形
晶格常数/nm	$a=0.916$，$b=0.545$ $c=0.515$	$a=0.3776$，$c=0.9486$	$a=0.4582$，$c=0.2953$
Ti－O－O 原子间距/nm		0.1946	0.1959
单位晶格中分子数	8	4	2
折射率		2.52	2.71
相对密度		3.8～3.9	4.2～4.3
散重/$kg \cdot m^{-3}$		600～700	700～800

续表 10－1

物理性质	板钛型	锐钛型	金红石型
莫氏硬度		5.5～6.0	7.0～7.5
热导率/$W \cdot cm^{-1} \cdot K^{-1}$		1.80	0.620
熔点/℃	转化为金红石型	转化为金红石型	1850±10
沸点/℃			3200±300
介电常数	78	48	114
比容/$mL \cdot g^{-1}$		0.256	0.328
标准比热容/$J \cdot mol^{-1} \cdot K^{-1}$		56.73	56.4
熔化热/$kJ \cdot kg^{-1}$			811.0
标准热焓/$J \cdot mol^{-1} \cdot K^{-1}$		50.0	51.0
比热容/$kJ \cdot kg^{-1} \cdot K^{-1}$		0.71	0.71

10.1.2 二氧化钛的化学性质

二氧化钛是一种非常稳定的化合物，金红石型 TiO_2 比锐钛型 TiO_2 更为稳定。在常温下几乎呈化学惰性，不与其他元素或化合物发生反应，包括不与氧、二氧化碳、二氧化硫、硫化氢和氯发生反应；只有在高温下才与某些物质发生反应。二氧化钛不溶于水，也不溶于多数无机酸和有机酸，只能溶于氢氟酸和热浓硫酸，与其他白色颜料比较，钛白的化学性质是最稳定的（表 10－2）。

表 10－2 白色颜料的化学稳定性

颜料种类	化学稳定性		
	盐　酸	硝　酸	苛性钠
锐钛型二氧化钛	不溶解	不溶解	不溶解
金红石型二氧化钛	不溶解	不溶解	不溶解
氧化锌	可溶解	可溶解	可溶解
铅　白	可溶解	可溶解	可溶解
硫化锌	可溶解	可溶解	不溶解

10.1.3 二氧化钛的光学性质和钛白的颜料性能

TiO_2 的光学性质与钛白的颜料性能密切相关，钛白的颜料性能是 TiO_2 光学性质的具体体现。诸如反射率、折射率、色调、荧光性、光色互变性等属于光学性质，与钛白颜料的遮盖力、消色力、光泽、白度、耐候性、不透明度、色相、耐光性等息息相关，都是光学作用的结果。

10.1.3.1 二氧化钛的光学性质

二氧化钛的主要光学性质列于表 10－3。

二氧化钛的折射率表示 TiO_2 晶体对光的折射能力，又称折射指数，随其晶型和光波

表 10－3　二氧化钛的主要光学性质

晶　型	光学性质				
	折射率	反射率 (500nm)/%	紫外线吸收率 (360nm)/%	耐光性	荧光性
锐钛型	2.52	94～95	67	倾向粉化	无
金红石型	2.71	95～96	90	优良	强

长不同而发生变化。在可见光蓝光末端，TiO_2 折射率增加，而在黄光和红光区则降低。金红石型的折射率比锐钛型高。

在可见光内，TiO_2 晶体几乎发生等辐散射，使人的视觉为白色感觉。这是因为 TiO_2 的结构稳定，可见光的激发作用并不能使电子获得足够能量引起注目的跃迁，因此具有很低的吸收作用和很高的散射能力。但紫外光则引起了 TiO_2 晶体的强烈吸收。

值得指出的是钛白粉的某些光学性能（如吸收和散射能力）不是固定不变的，它与钛白中的杂质和颗粒状态有关。因此，人们可以通过提高钛白的纯度和改善其颗粒状态，来提高钛白的一些颜料性能。

10.1.3.2　钛白的颜料性能

A　白度

钛白是当今最佳白色颜料。它的光学和颜料性能都优于其他白色颜料（表 10－4），杂质影响 TiO_2 颜色的极限值见表 10－5。

表 10－4　各种白色颜料的主要性能比较

性　质	颜料种类					
	锐钛型 TiO_2	金红石型 TiO_2	锌　白	锌钡白	铅　白	硫化锌
密度/$g \cdot cm^{-3}$	3.88	4.26	5.5	4.3	6.8	6.9
折射率	2.52	2.71	2.05	1.84	1.94	2.37
消色力/雷诺数	1150～1200	1500～1650	210	280	120～220	660
遮盖力/$g \cdot m^{-2}$	40～45	40	110～140	130～140	130～200	35
100g 颜料吸油量/g	30	25	15～25	14～16	8～15	
紫外线吸收率/%	67	90	93	18		

表 10－5　杂质影响 TiO_2 颜色的极限值

杂质氧化物	相应颜色	杂质的极限值/%
Cr_2O_3	褐带微黄	1.5×10^{-4}
CoO	灰带微黄	7×10^{-4}
CeO_2	黄	15×10^{-4}
Fe_2O_3	微黄	30×10^{-4}
MnO	灰	30×10^{-4}
V_2O_5	灰带浅红	70×10^{-4}
PbO	灰	100×10^{-4}

金红石型 TiO_2 比锐钛型 TiO_2 更易吸收波光，对杂质的影响更为敏感，所以对金红石型钛白的杂质含量要求更为严格。表 10－6 列出了国外一些金红石钛白样品的杂质含量分析结果。当锐钛型钛白混有金红石型时，其白度会降低。所以，锐钛型钛白中的锐钛型率越高，其白度也就越好。

表 10－6 国外一些金红石型钛白样品杂质含量分析结果

钛白样品牌号	杂质含量（质量分数）/%						生产方法
	Fe	Mn	Cr	Co	V	Pb	
日本 R－820	36×10^{-4}	$<1\times10^{-4}$	$<3\times10^{-4}$	$<3\times10^{-4}$	3.7×10^{-4}	41×10^{-4}	S 法
联邦德国 R－CL－10	72×10^{-4}	$<1.7\times10^{-4}$	$<3\times10^{-4}$	$<3\times10^{-4}$	5×10^{-4}	$<2.5\times10^{-4}$	C 法
西德 R－KB－2	80×10^{-4}	$<1.5\times10^{-4}$	$<3\times10^{-4}$	3.2×10^{-4}	6×10^{-4}	6.4×10^{-4}	S 法
英国 R－CR－6	72×10^{-4}	$<1.2\times10^{-4}$	$<3\times10^{-4}$	$<3\times10^{-4}$	3.4×10^{-4}	110×10^{-4}	C 法
法国 RL57	75×10^{-4}				5×10^{-4}	30×10^{-4}	S 法
美国 RO－676	45×10^{-4}	$<1\times10^{-4}$			$<1\times10^{-4}$		S 法
美国 R－902	21×10^{-4}	$<1\times10^{-4}$	$<1\times10^{-4}$	2.2×10^{-4}	2.2×10^{-4}	$<1\times10^{-4}$	C 法

白度与颜料对光的吸收系数 K 和散射系数 S 成函数关系。K/S 值越小，即 K 值越小，S 值越大，则颜料的白度就越好。对同一种颜料，其 S 值的大小取决于颜料的粒度、粒度分布和颗粒形状。从理论上讲，颜料颗粒粒径为可见光半波长时，对光的散射率最高。可见光波长为 0.4～0.7μm，因此颗粒粒径为 0.2～0.35μm 时，在可见光中具有最高的散射率。粒径较小的粒子具有大的短波光散射率，粒径较大的粒子具有大的长波光散射率。所以，平均粒径为 0.2μm 的颗粒比平均粒径 0.35μm 的颗粒反射更多的蓝光和绿光（图 10－1），因此给人目视感觉显得更白，并具有更高的遮盖力和消色力。近几十年来，人们一直在设法通过将钛白粉的平均粒径降低至 0.2μm 左右，并尽可能获得最佳粒径比例的办法，来提高钛白的质量。

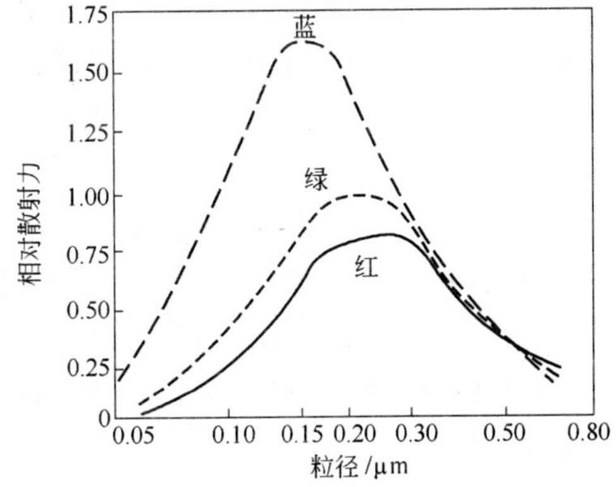

图 10－1 TiO_2 粒径与散射光波长的关系

B 消色力

消色力是指该颜料和另一种颜料混合后，所给予另一种颜料的消色能力。钛白消色力的大小直接取决于它对可见光的散射能力，散射率越大消色力也越大。一般说来，有较大的折射率，就有较高的消色力。在白色颜料中，TiO_2 的折射率最大，因而它的消色力也最高（表 10－4）。

消色力除与颜料的折射率有关外，还与它的粒度和粒度分布有关。不同粒度的钛白粉有不同的消色力和着色底相。图10－2所示为金红石型钛白的消色力与其粒径的关系曲线。当钛白颗粒的平均直径在 0.2～0.23μm 范围内，且粒度分布宽度狭窄时，对可见光蓝波段的散射能力增强，着色底相呈现柔和蓝相。

消色力还与颜料的体积分数有关。在颜料体积分数较低时，入射光的散射取决于单位体积中颜料粒子数。因此，就相同体积分数而言，粒径小的颜料含有较多的粒子数，因而散射光也多，消色力也就大些。但在高体积分数时，由于产生粒子密集现象，降低光的散射能力和消色力。所以，在颜料体积分数较高的情况下，选择平均粒径较大的钛白粉反而能获得较大高的消色力。

C　遮盖力

遮盖力是指颜料能遮盖被涂物体表面底色的能力。颜料遮盖力的大小不仅取决于它的晶型、对光的折射率和散射能力，而且还取决于对光的吸收能力。二氧化钛属遮盖性颜料，因为它有明显的晶体结构和优异的光学性质，所以在白色颜料中，TiO_2 的遮盖力最大，见表 10－4（表中遮盖力是以遮盖每平方米面积所需颜料克数计，此值越小则遮盖力越大）。

遮盖力还与颜料的粒度有关。一般来讲，颜料的粒子越细其遮盖力也越大。平均粒径为 0.2μm 时遮盖力最大；但当粒径小于 0.1μm 时，由于光对晶体的绕射，遮盖力反而下降（图 10－3）。

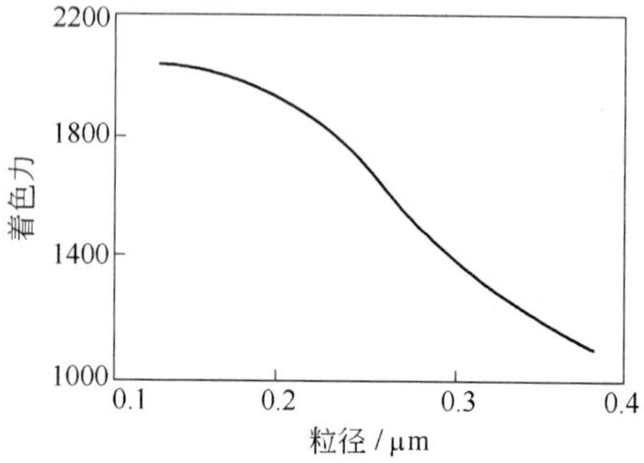

图 10－2　金红石型钛白粒径对消色力的影响

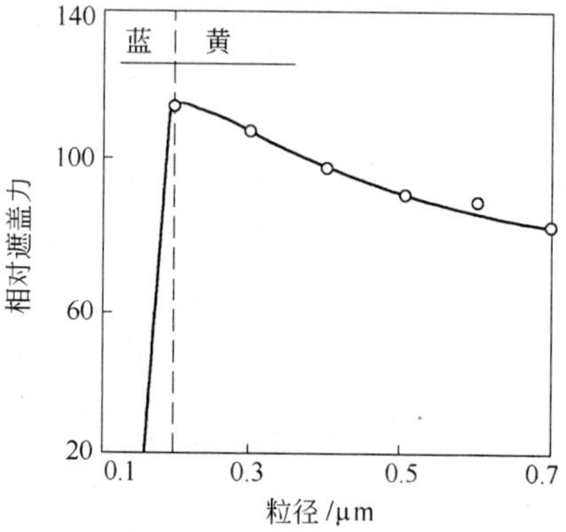

图 10－3　粒径与相对遮盖力的关系

由于颜料总是以凝聚体形式存在，所以分散性的好坏对遮盖力有很大影响。此外，颜料的体积分数也影响遮盖力。当体积分数为 30% 时，遮盖力达最大值，体积分数过高则遮盖力下降。

D　光泽度

光泽度表示某一物质对于投射来的光线的反射能力。反射力越强，则光泽度越大。TiO_2 具有很高的反射率，其光泽度达到氧化镁（以它为标准）的 96%～98%。若 TiO_2 粒子粗糙，不能起到镜面作用，其光泽度也差，并会带有其他底色，着色后色调发暗。光泽度还与粒度和粒度分布有关。粒度分布宽度越窄的钛白粉用其制成的漆膜表面越光滑，光泽度也就越好。

E　色调

前面已经指出，钛白粉粒径越小，散射能力的最大值越转向短波一边；粒径越大，散射能力最大值越向长波一边转移。这就是说，粒径小的钛白粉反射光带蓝色，而粒径大的钛白粉反射光则带红色或黄色。

F　分散性

钛白粉的分散性是它的极其重要的性质。二氧化钛具有亲水疏油的性质，它在合成树脂有机体系中的分散性不良，需要经过表面处理，以提高它的分散性。通常的钛白表面处理剂有硅、铝、锌、钛、锆的水合氧化物，其中以硅和铝的水合氧化物用得最多。包覆有不同的水合氧化物的钛白粉，在不同介质中具有不同的分散性。因此可根据不同的分散介质，选择合适的表面处理剂进行包膜处理，以获得最佳的分散性。为了提高钛白粉在高分子介质中的分散性，必要时还需进行有机包膜处理，以使它具有亲有机物的表面。即在钛白颗粒表面建立高分子吸附层形成空间屏障，使颜料粒子彼此无法靠近，以提高其分散性。

G 耐候性

耐候性是指颜料在日光暴晒下，能抵抗大气的作用，避免发生黄变、失光和粉化的能力。这一性质主要取决于颜料的光化学性质。

由于二氧化钛存在晶格缺陷，在其表面有许多光活化点。这些光活化点吸收来自日光特别是紫外线的能量时，虽然能量的绝大部分转变成热能被辐射出来，但少量的能量却使二氧化钛释放出初生态的氧，造成晶格缺氧，而作为载色体的高分子材料因受释放出来的氧或受氧化催化作用而发生降解、氧化，导致其涂层产生黄变、失光和粉化等变化。为获得耐候性好的产品，对不管是光化学活性高的锐钛型钛白还是较稳定的金红石型钛白，在生产过程中，都要经过特殊处理，如在偏钛酸煅烧前添加少量某些氧化物，或通过表面包膜处理来覆盖某些水合氧化物，以堵塞光活化点，减少其与漆料的接触面以降低光化学作用的破坏力。

金红石型 TiO_2 的晶格比锐钛型 TiO_2 稳定，结构致密，光化学活性低，抗黄变，失光和粉化的能力强。但用氯化法生产的金红石型钛白，其中的氯根含量影响它的耐候性。当钛白的氯根含量小于0.2%时，对其耐候性没有实质性影响，而氯根含量过高时在紫外线的作用下生成活性氯，而使漆膜过早变黄、失光和粉化。

10.1.3.3 钛白的表面性质

二氧化钛在极性大的介质（如水和乙醇）中呈现稳定的分散性；而在极性低的介质中容易发生聚集；在非水有机溶剂中的分散性就更差些。由于钛白粉颗粒细，表面活性大，它的表面往往吸附着气体，从而降低它在各种介质中的分散性。为了提高钛白粉在介质中的分散性，通常需要通过表面处理来提高它对介质的亲和性。钛白粉表面通常带有静电，它与介质接触时会产生界面电位。界面电位越高，引起凝聚的斥力就越大，分散体系也就越稳定。可以通过对钛白粉进行不同的包膜处理，如改变包膜剂的种类或改变硅铝复合包膜中 Al_2O_3 和 SiO_2 的比例，来提高它在不同介质中的分散性。另外，二氧化钛表面往往有光化学活性点，在短波光的作用下能使电子激发，在晶格中产生激发电子和空穴的自由运动，当这种自由运动出现在晶体表面时，就会引起介质的化学变化。这就是漆膜失光、变色和粉化的原因。为了降低 TiO_2 的光化学活性，提高漆膜寿命，也必须对钛白进行表面处理。

10.2 钛白的应用和品种

10.2.1 钛白的应用

钛白具有优异的颜料性能，可以说是一种最好的白色颜料。钛白颜料主要用于涂料、油墨、塑料、造纸、化纤和橡胶等工业部门。世界钛白的消费结构列于表10－7。涂料是钛白的第一大用户，造纸居第二位，第三位是塑料。

10.2.2 涂料

涂料习惯上称为油漆，其实包括油漆和各种树脂漆等。涂料是由基料、颜料、填料和

表 10－7　世界钛白消费结构　　(%)

消费行业	1996 年	1997 年	1998 年	1999 年	2000 年	2001 年	平均
涂　料	51.8	52.3	53.7	53.6	52.4	51.7	52.6
造　纸	19.0	19.0	17.7	17.8	18.0	17.7	18.4
塑　料	16.5	17.4	16.6	16.5	17.3	19.0	17.2
冶　金	2.9	2.9	2.9	2.9	2.9	2.9	2.9
其　他	9.8	8.4	9.1	9.2	9.4	8.7	8.9

助剂等组成的黏稠悬浮液，将它涂布在物体表面，受空气影响和溶剂挥发而形成一层坚韧的涂膜，对物体起到装饰和防护的作用。涂料中的颜料具有一定的遮盖力，遮盖被涂物面原有的颜色，赋予涂膜鲜艳的色彩，达到美观和装饰作用；同时增强涂膜的附着力，防止裂纹，提高涂膜耐老化性能，延长使用寿命。

钛白是涂料生产中必不可少的最佳白色颜料。在涂料生产中，以钛白作为颜料，不仅可大大减少颜料的用量，而且使涂料具有色彩鲜艳、稳定性高、寿命长等优点，广泛用于白漆和色漆的生产中，是室外漆的必需原料。钛白在涂料工业中的应用越来越广泛，逐渐地取代了锌白、锌钡白、铅白等传统的白色颜料。在国外涂料工业中，钛白用量约占涂料总产量的 8% ~9% 。

涂料工业一般使用包膜的钛白。室内涂料可用锐钛型钛白或金红石型钛白，室外涂料一般需要使用金红石型钛白，因为金红石型钛白性质更加稳定和具有耐紫外光照射而不易粉化的优点。添加钛白粉的涂料广泛在汽车、船舶、建筑、家具、家用电器、玩具、建筑涂料等应用。杜邦公司涂料用钛白品种的性能指标见表 10－8。石原公司推荐的涂料用 TiO_2 牌号见表 10－9。

表 10－8　杜邦公司涂料用钛白品种的性能指标

物理性能	牌号					
	R－700	R－706	R－900	R－902	R－931	R－960
TiO_2 最低含量/%	97	93	94	91	80	89
水合氧化铝含量（最大值）/%	2.5	2.5	4.5	4.5	8.0	3.6
二氧化硅含量（最大值）/%	—	3.0	—	1.5	9.5	5.6
颜色（值）(最小值)	97.9	99.1	98.5	98.5	98.5	98.5
密度/$g \cdot cm^{-3}$	4.0	4.0	4.0	4.0	3.6	3.9
挥发分（最大值）/%	0.5	0.5	0.5	0.5	0.5	0.5
中位数粒径/μm	0.27		0.31	0.32	0.77	0.35
100g 颜料吸油量/g	12.5	12.3	16.0	17.0	36.0	18.0
pH 值	7.3	8.0	8.5	8.7	9.1	7.4
电阻（最小值）/kΩ	5.0		4.0	4.0	2.0	4.0
炭黑法底色	14.5		12.5	11.5	8.0	11.0
有机处理剂（以碳计）/%	0.2	未公布	根据用户要求	根据用户要求	0	0

表 10－9　石原公司推荐的涂料用 TiO_2 牌号

牌　号	TiO_2 含量/%	表面处理剂	每 100g 颜料吸油量/g	主要性能	推荐用途
CR－50	95	Al	18	高光泽，良好的遮盖力和消色力，良好的分散性，粒径均匀	装饰性涂料、有光乳胶漆、印刷油墨
CR－50－2	95	Al、有机	17	具有很高的光泽、遮盖力、消色力、分散性	装饰性涂料、有光乳胶漆、粉末涂料、印刷油墨
CR－58	93	Al	19	高光泽，良好的分散性，黄色底色	罐听涂料
CR－58－2	93	Al、有机	18	大粒径，优异的遮盖力	罐听涂料
CR－80	93	Al、Si	20	高耐久性，良好的明度	外用涂料或装饰性涂料
CR－90	90	Al、Si	21	优异的保光性和抗粉化性	粉末涂料、印刷油墨
CR－95	90	Al、Si		优异的保光性和抗粉化性	汽车面漆、卷材涂料
CR－97	93	Al、Zr	19	优异的保光性和抗粉化性	汽车面漆、卷材涂料、粉末涂料
CR－930	93	Al	19	均匀的粒径，极高的光泽、遮盖力和消色力，良好的分散性和耐久性	有光乳胶漆、工业涂料

我国二氧化钛颜料国家标准见表 10－10 及表 10－11。

表 10－10　二氧化钛颜料国家标准（GB 1706—1993）

项　目	指　标								
	BA01－01			BA01－02			BA01－03		
	优等品	一等品	合格品	优等品	一等品	合格品	优等品	一等品	合格品
TiO_2 质量分数/%（≥）		98.0			92.0			90.0	
颜色（与标准样比）	近似	不低于	微差于	近似	不低于	微差于	近似	不低于	微差于
消色力（与标准样比）（≥）	100	100	90	100	100	90	100	100	90
105℃挥发物（质量分数）/%（≤）		0.5			0.8			1.0	
经（23±2）℃及相对湿度（50±5）%预处理 24h 后，105℃挥发物（质量分数）/%（≤）		0.5			0.8			1.5	
水溶物（质量分数）/%（≤）	0.4	0.5	0.6	0.3	0.3	0.5	0.3	0.3	0.5
水悬浮液 pH 值	6.5～8.0	6.5～8.0	6.0～8.5	6.5～8.0	6.5～8.0	6.0～8.5	6.5～8.0	6.5～8.0	6.0～8.5

续表 10 - 10

项　　目	指　　标								
	BA01 - 01			BA01 - 02			BA01 - 03		
	优等品	一等品	合格品	优等品	一等品	合格品	优等品	一等品	合格品
每 100g 颜料吸油量/g　(≤)	22	26	28	22	26	28	20	23	26
筛余物（45μm 筛孔）（质量分数）/%　(≤)	0.05	0.10	0.30	0.05	0.10	0.30	0.05	0.10	0.30
水萃取液电阻率/Ω · m　(≥)	30	20	16	100	50	50	100	50	50

注：优等品标样为选定的同类产品；一等品和合格品标样为评选的同一样品。

表 10 - 11　二氧化钛颜料国家标准（GB/T 1706—2005）

特　　性		要　　求				
		A 型		R 型		
		A_1	A_2	R_1	R_2	R_3
基本要求	TiO_2 含量（质量分数）/%　(≥)	98	92	97	90	80
	105℃挥发物（质量分数）/%　(≤)	0.5	0.8	0.5	商定	
	水溶物（质量分数）/%　(≤)	0.6	0.5	0.6	0.5	0.7
	筛余物（45μm 筛孔）（质量分数）/%　(≤)	0.1	0.1	0.1	0.1	0.1
条件要求	颜色	与商定的参比样相近				
	散射力	商定				
	在（23 ± 2）℃和相对湿度（50 ± 5）%下预处理 24h 后 105℃挥发物（质量分数）/%　(≤)	0.5	0.8	0.5	1.5	2.5
	水悬浮液 pH 值	商定				
	吸油量	商定				
	水萃取液电阻率	—	商定	—	确定	

注：1. 测定时所用的参比样为有关双方商定的样品。
2. 预处理后 105℃挥发物为商定项目，只有当有关方面明确规定或有合同约定时才进行。

10.2.3　塑料

钛白粒子细、耐光、分散性好，适合作塑料的不透明剂或白色、浅色塑料的着色填充剂。钛白和其他颜料配合使用时，可使塑料的色泽鲜艳。由于钛白的白度高，消色力大，若在塑料生产中以钛白替代立德粉，则白色颜料的用量可减少 2/3 ~ 3/4。

由于钛白在塑料中的体积分数很小（一般为 1% ~ 2%），因此要用颗粒细、分散性好的钛白粉，一般需使用无机和有机包膜的金红石型钛白。

近年来研制的超微细 TiO_2，具有透明性和吸收紫外光的性能，用于制造食品包装用的塑料薄膜，可防止塑料老化和保护食品不变质。

塑料的品种繁多，其中最大量的是聚乙烯、聚丙烯、聚氯乙烯、聚苯乙烯和 ABS 等五种。几乎所有热固性和热塑性塑料都使用钛白粉作为着色剂，一般用量为 0.5% ~ 10%，某些特种塑料也有用到 15% 的。

国外一些塑料用钛白粉企业标准见表 10－12。

表 10－12 国外一些塑料用钛白粉企业标准

企业名称	产品牌号	TiO_2 最低含量/%	主要添加剂	相对密度	平均吸油量/g·100g^{-1}	光泽	底色	相对不透明度	平均粒径/μm	相对明度	消色力雷诺数	比表面积/$m^2 \cdot g^{-1}$	体密度/$g \cdot cm^{-3}$
杜邦	R－103	97	Al、有机物	4.2	14	70，优异	中性	很好	0.16	很好			
科美基	CR－834	97	Al	4.2	15		pH 值 6.7		0.17				
亨兹曼	R－FC	95	Zn、Al、Si	4.1	16						1650		
日本石原	R－680	95	Al	4.2	19				0.21			10	0.65
	CR－60－2	95	Al、有机物	4.2	14				0.21			10	0.65

10.2.4 造纸

钛白是高级纸张的重要填料。加有钛白填料的纸薄而不透明，其不透明度比碳酸钙和滑石粉等普通填料纸高约十倍，可使纸的重量减轻 15% ~30%，还具有白色度高、光滑、光泽好、强度大、性能稳定等优点。钛白已广泛用于字典纸、画报纸、造币纸、计算机用纸、卷烟纸、照相纸、装饰纸等高级纸张的制造中。在工业发达国家，造纸工业已成了钛白的第二大用户。美国 1991 年造纸用钛白量达到 2.7×10^5 t。远远超过美国硫酸法钛白的生产能力，所以杜邦公司用氯化法生产适合于造纸使用的金红石型钛白。造纸要用白度高的钛白，一般使用不包膜的锐钛型钛白，特殊纸使用金红石型钛白。日本造纸专用钛白粉企业标准见表 10－13。

表 10－13 日本造纸专用钛白粉企业标准

企业名称	产品牌号	TiO_2 含量/%	粒径	平均粒径/μm	相对密度	比表面积/$m^2 \cdot g^{-1}$	体密度/$g \cdot cm^{-3}$
日本石原	W—10	98	小	0.15	3.9	11	0.53

10.2.5 化纤

钛白是化学纤维的优良消光剂。钛白的折射率高、遮盖力强、颗粒细、分散性好，在纺丝原液中加入 0.5% ~1% 的钛白粉，便可使化纤具有永久的消光作用和增白效果，达到和天然纤维相仿的不透明度，并可提高化纤的强度和韧性。

化纤一般使用粒度细（0.19μm）而柔软的锐钛型钛白粉，以减少化纤制造过程中对设备（特别是喷嘴）的磨损，日本工业标准见表 10－14。

表 10 - 14　化学纤维用钛白粉日本工业标准（JISK 1409—1994）

项　目	品　质	项　目	品　质
白度/%	96 以上	钙/%	0.01 以下
着色力容许极限	与用户商定的标样相比 ±50	粗粒数（长径 5μm 以上）	10 个以下
		硫酸不溶物/%	0.3 以下
水分/%	0.5 以下	灼烧减量/%	0.3 以下
TiO_2 含量/%	98 以上	筛余物（325 目）/%	0.03 以下
pH 值	6.8 ~ 8.0	水分散性/%	90 以上
铁/%	0.008 以下		

注：着色力标样由行业规定确定，雷诺数一般为 1250。

10.2.6　油墨

在油墨生产中，颜料对油墨质量起着关键作用，钛白是高级油墨中不可缺少的白色颜料。油墨使用的钛白，外观要纯白、耐光不泛黄、表面润湿性好、易于分散。根据油墨品种不同，可选择锐钛型钛白或金红石型钛白。

10.2.7　橡胶

钛白的性能稳定，粒子细、不含锰、铜、镉、钴等杂质，不会影响橡胶硫化过程，是橡胶优良的填料、增白剂和补强剂。用钛白作填料制成的白色或浅色橡胶制品具有强度高、伸展率大，老化慢和不易褪色等优点。

橡胶用钛白，要求它具有较好的耐热性，硫化加热时（110 ~ 170℃）不泛黄，对硫黄和其他配合剂不起反应，铜、锰、钴、硅、钙、镁等杂质含量低。

非颜料钛白的应用参见第 11 章 TiO_2 的应用。

钛白的应用越来越广泛，它已逐渐深入人类生产的各个领域，它的新用途正在不断地扩展。

10.2.8　钛白的品种和规格

根据钛白的用途对其有不同的要求，同一种用途的钛白也有多种规格型号，所以钛白的品种牌号繁多。国外 35 家主要钛白商推出了 600 多种牌号的各类通用型和专用型钛白，其中涂料用的品种就有 300 多种牌号。表 10 - 8 和表 10 - 9 分别列出了杜邦公司，石原产业公司部分品种牌号的性能和技术规格。

我国钛白品种牌号不多，颜料级钛白只有三个牌号，即不经后处理的锐钛型钛白 BA01 - 01，经后处理的锐钛型钛白 BA01 - 02 和经后处理的金红石钛白 BA01 - 03。每一种牌号又分一级品和合格品。GB 1706—1993 规定了上述三个牌号的技术规格列于表 10 - 10。另外还有一些非颜料用途的钛白品种。

10.3　钛白的生产方法

工业生产钛白的方法有硫酸法和氯化法两种方法。两种方法的比较列于表 10 - 15。

表 10－15 硫酸法和氯化法的简单比较

比较项目	硫酸法	氯化法
过程的连续性	主要是间歇过程，也有连续作业	主要是连续作业，也有间歇过程
产品品种	可生产金红石型和锐钛型	一般只能生产金红石型
主要原料	（1）可使用钛铁矿或钛渣 （2）浓硫酸等	（1）一般需使用高品位富钛料 （2）氯气，氧气，石油焦等
设 备	普通设备	需要使用由价格较贵的高级材料经专门设计制造的设备和较贵重的控制仪器设备
工艺技术	主要是湿法工艺，难度不大	主要是干法工艺，难度大
操作人员	经过普通训练人员	需经过专门训练的高级人员
排出物和废料	较 多	较 少
意外事故	大量浓硫酸泄漏，造成的危害只涉及局部范围	大量氯气或四氯化钛泄漏造成的危害涉及较大范围

10.3.1 硫酸法

硫酸法是钛白粉生产的传统方法。它是用浓硫酸分解钛矿使矿中钛化合物转变成钛液，钛液经净化后水解转变成水合二氧化钛，再经洗涤、煅烧和后处理后获得成品钛白粉。依照所用原料和生产的产品品种不同，其生产工艺流程有所区别。其中，生产颜料钛白的工艺流程如图 10－4 所示。

生产颜料钛白，包括钛液的制备，钛液的水解、偏钛酸净化、偏钛酸的前处理和煅烧、二氧化钛的粉碎和后处理等六大环节。生产非颜料钛白，如搪瓷钛白、电焊条钛白，冶金钛白和电子陶瓷钛白等，主要是要求 TiO_2 达到一定的纯度，因而偏钛酸不需经过前处理，二氧化钛也不必经过包膜处理。

10.3.1.1 钛液的制备

用硫酸分解钛矿原料制备具有一定纯度和浓度的硫酸钛溶液的过程称为钛液制备。它包括酸解、浸出、还原、沉降、冷冻结晶、过滤分离绿矾、压滤净化和浓缩等作业。

A 酸解

酸解是指用浓硫酸分解钛矿原料，使矿中钛化合物转变成可溶性硫酸盐的过程。酸解方法有固相法和液相法两种。目前国内外大多数工厂均采用固相分解法，只有少数工厂采用液相连续分解法。本书只介绍固相法。钛渣和钛铁矿的化学组成不同，酸解的方法和工艺条件也有所区别。

（1）钛铁矿的酸解。固相酸解法又可分为加热引发和稀释引发等多种方式。一般来讲，难分解的钛矿采用加热引发，易分解的钛矿采用稀释引发。加热引发是指钛矿粉和硫酸混合并加入一定量的稀释水后，再用蒸汽加热引发主反应（指激烈反应）的发生。一般加热 5～10min 就可引发主反应发生。如果使用浓度较高的硫酸，如 96% 的硫酸，与钛矿粉混合后再加入一定量的稀释水放出的稀释热较多，可自然引发主反应的发生，引发时间一般需 30min 左右。一般来说，加热引发时间短，比较可靠。稀释热引发可因各种原因使引发时间延长，导致主反应不够激烈，会使酸解率降低。主反应一般持续 5～10min 后反应物固化。

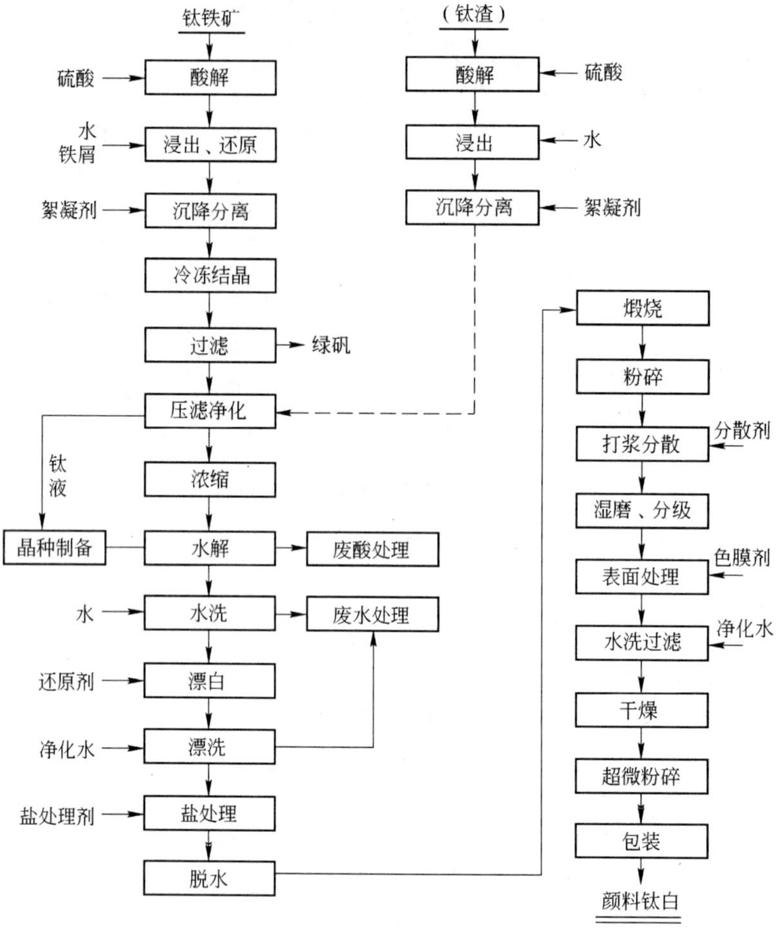

图 10－4　硫酸法生产颜料钛白工艺流程

固化的反应物还需保温熟化一段时间以使反应进行完全，熟化时间一般需要 1～2h。

酸解分解钛铁矿所发生的主要反应可表示如下：

$$FeTiO_3 + 3H_2SO_4 = Ti(SO_4)_2 + FeSO_4 + 3H_2O$$

$$FeTiO_3 + 2H_2SO_4 = TiOSO_4 + FeSO_4 + 2H_2O$$

$$Fe_2O_3 + 3H_2SO_4 = Fe_2(SO_4)_3 + 3H_2O$$

矿中的其他杂质，如 MgO、CaO、Al_2O_3、MnO 等也与硫酸反应生成相应的硫酸盐。在酸解时生成硫酸钛 $Ti(SO_4)_2$ 和硫酸氧钛 $TiOSO_4$ 两种钛的硫酸盐，它们所占比例和酸解条件有关，特别是和酸矿比有关。酸矿比增大，硫酸钛所占比例增加。

(2) 钛渣的酸解。钛渣的结构比钛铁矿稳定，因而钛渣比钛铁矿更难分解。所以，钛渣的酸解一般需要采用加热引发的方式。在攀枝花钛铁矿酸溶性钛渣的酸解试验中，采用了热加料和冷加料两种操作方法。

(3) 热加料操作。浓硫酸加入酸槽中后用蒸汽预热至 100℃左右，再加入磨细的钛渣粉与热硫酸混合，然后再用蒸汽加热引发主反应发生。引发时间 7～10min（图 10－5 曲线 1）。

(4) 冷加料操作法。浓硫酸和钛渣粉在室温下混合后用蒸汽加热引发主反应发生。

引发时间约需 15 ~ 20min（图 10 – 5 曲线 2）。图中曲线 3 是广西钛铁矿的冷加料操作法酸解曲线。

从图 9 – 5 可见，引发酸解钛铁矿主反应发生所要求的温度为 160℃左右，可用压力较低的蒸汽（0.4MPa）加热引发。而引发酸解钛渣主反应发生所要求的温度为 180℃左右，因此需要使用较高压力（0.6 ~ 0.8MPa）的蒸汽来加热引发。否则，引发时间过长，酸解钛渣的主反应不够激烈，反应物难固化，导致酸解率降低。因为钛渣中钛氧化物含量较高，酸解时需要较大的酸矿比，引发主反应的温度和熟化温度要求较高，熟化时间也要求较长，这是与酸解钛铁矿的主要区别（表 10 – 16）。

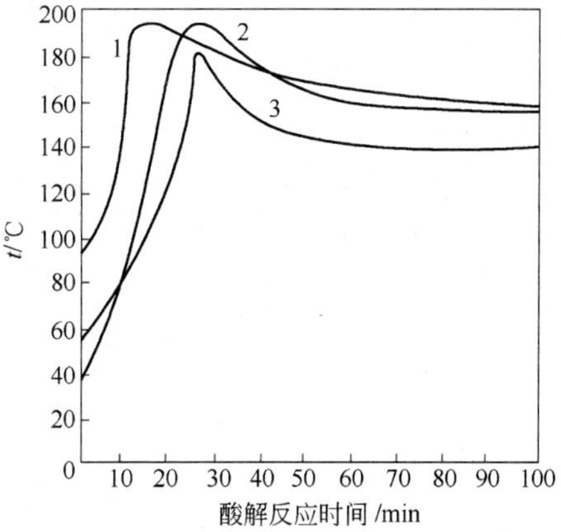

图 10 – 5 酸解反应过程的温度变化曲线
1—钛渣热加料操作酸解曲线；
2—钛渣冷加料操作酸解曲线；
3—广西钛铁矿冷加料操作酸解曲线

表 10 – 16 酸解钛铁矿和钛渣的条件和获得的钛液质量比较

酸解条件和钛液质量指标	钛铁矿（广西矿）	攀枝花钛精矿钛渣	攀枝花铁精矿钛渣
矿中 TiO_2 质量分数/%	50.2	77.3	60.8
矿粉中 –0.04mm 粒级所占比例/%	≥98	≥98	≥98
酸矿比（重量比）	1.55:1	1.7:1	1.9:1
原酸浓度（质量分数）/%	92 ~ 96	92 ~ 98	96 ~ 98
反应酸浓度（质量分数）/%	88	89 ~ 93	>94
加热蒸汽压力/MPa	0.4	0.6 ~ 0.8	0.6 ~ 0.8
反应最高温度/℃	180	190 ~ 200	220 ~ 230
熟化温度/℃	180 ~ 140	200 ~ 160	220 ~ 180
熟化时间/h	1 ~ 2	2 ~ 3	3 ~ 4
浸出时液固比（重量比）	2:1	3:1	3:1
浸出温度/℃	60 ~ 70	60 ~ 70	60 ~ 70
酸解率/%	93 ~ 97	93 ~ 96	92 ~ 94
浸出液中的 TiO_2 浓度/$g \cdot L^{-1}$	120 ~ 130	160 ~ 200	120 ~ 130
浸出液 F 值	1.7 ~ 1.9	1.7 ~ 1.9	1.7 ~ 1.9
浸出液的 Fe/TiO_2	>0.7	<0.1	0.05

酸解钛渣的主要反应表示如下：

$$TiO_2 + H_2SO_4 = TiOSO_4 + H_2O$$

$$TiO_2 + 2H_2SO_4 = Ti(SO_4)_2 + 2H_2O$$

$$Ti_2O_3 + 3H_2SO_4 = Ti_2(SO_4)_3 + 3H_2O$$

$$FeO + H_2SO_4 = FeSO_4 + H_2O$$

B 浸出和还原

浸出是在压缩空气的搅拌下，用水将酸解固相物溶解，使钛及可溶性硫酸盐转变成溶液的过程。在酸解反应过程中，由于始终通入压缩空气，使固相物呈疏松多孔状。在开始浸出时，为防止早期水解，一般需加入部分稀硫酸（如经净化处理的水解母液），然后再加入浸出水。

在以钛铁矿为原料时，在浸出过程中需加入还原剂使钛液中的 Fe^{3+} 等高价杂质离子还原为低价状态，为其后的钛和铁等杂质的分离创造条件。目前普遍使用铁屑作为还原剂。还原是个放热过程，所以铁屑必须逐渐分批加入，以保持浸出温度在适宜范围内（60～70℃）。还原程度以浸出液中 Ti^{3+} 含量符合规定要求为准，一般要求 Ti^{3+} 浓度（以 TiO_2 计）2～3g/L。

C　沉降分离

沉降分离是借助重力的作用，除去浸出钛液中不溶性固体和胶体颗粒杂质，使浸出液得到初步净化。沉降方法有凝聚法、絮凝法和混合沉降法三种。目前普遍采用絮凝法，即在钛液中加入一种高分子絮凝剂，如改性聚丙烯酰胺，使溶液中的固体和胶体微粒絮凝成团而迅速沉降下来。改性聚丙烯酰胺是由聚丙烯酰胺、甲醛、二甲胺按摩尔比 1:0.75:0.75 的比例所制备的。试验发现，适当增加甲醛而减少二甲胺的比例所制备的改性聚丙烯酰胺具有更好的絮凝效果。

D　冷冻结晶和分离绿矾

在以钛铁矿为原料产出的浸出钛液中，有大量的可溶性硫酸亚铁，在钛液水解之前必须将其大部分除去。$FeSO_4$在钛液中的溶解度随温度的下降而减少（表 10－17）。采用冷冻的方法降低钛液的温度，绿矾（$FeSO_4 \cdot 7H_2O$）便从溶液中结晶析出。

表 10－17　硫酸亚铁在不同温度下的溶解度

t/℃	30	20	15	10	5	0	－2	－6
$FeSO_4$溶解度/$g \cdot L^{-1}$	240	190	130	117	95	79	59	38

注：钛液含 $TiO_2$120g/L，有效酸 240g/L。

绿矾结晶析出之后。采用过滤或离心方法将它从钛液中分离出来。一般要求净化后钛液中的铁钛比（以 Fe/TiO_2 计）小于 0.25。

以钛渣为原料制备的钛液不需除铁，因为钛渣中的铁钛比远小于 0.25。如果钛渣的品位较高而含铁量较低时，可在酸解时配入适量钛铁矿，以使浸出钛液中的铁钛比在合适的范围内。

E　压滤净化

经沉降分离固体物和冷冻结晶除去绿矾后的钛液中，仍含有少量胶体和微细固体杂质，它们的表面会吸附一些重金属离子，如不将它们除去，在钛液水解时便成不良的结晶中心，影响水解产物水合二氧化钛粒子的形状和大小。为了除去这些杂质，一般采用板框过滤机在压力作用下使钛液通过有助滤层的滤布反复过滤，使钛液得到进一步净化。

F　浓缩

在生产颜料钛白时，经上述净化处理的钛液还必须浓缩，以使钛液中 TiO_2 浓度达到 200～240g/L，才能用于水解。当钛液温度高于 80℃时就有引起早期水解的危险，所以钛液的浓缩不能采用常压沸腾蒸发浓缩方法，必须在减压蒸发设备中进行，一般以沸腾温度不超过 75℃为宜。目前普遍采用连续式薄膜蒸发器来浓缩钛液。

G　钛液的质量指标

钛液的组成和质量影响水解产物偏钛酸（或称水合二氧化钛）的纯度、微晶体结构和胶粒大小，从而最终影响成品钛白的颗粒形状、粒度和粒度分布。因此，用于水解的钛液必须达到下列 6 项质量指标。

a　钛液浓度

用于制造非颜料钛白时，因对产品无颜料性能要求，多采用低浓度钛液（160g/$LTiO_2$）水解，以获得较高的水解率度使偏钛酸容易水洗。但用于制造颜料钛白时，钛液的 TiO_2 浓度必须达到 200～240g/L，方能获得质量符合要求的产品，这是因为钛液浓度显著影响产品的消色力（图 10－6）。

b　酸度系数（F 值）

钛液中的硫酸一部分与钛化合，另一部分与其他元素化合，第三部分呈游离态。与钛化合和游离态的硫酸的总和称为有效酸。酸度系数（F 值）定义为钛液中的有效硫酸浓度与 TiO_2 浓度的比值。酸度系数是钛液最重要的指标。酸度系数不同的钛液，其组成和性质也不一样，硫酸氧钛（亦称活性钛）所占比例不同，它的聚合程度也不相同。所以，酸度系数不仅明显地影响钛液的水解率（图 10－7），而同时影响产物的空间结构和原级粒子大小。水解原液的 F 值一般控制在 1.7～2.0 范围内。特别是常压水解钛液，若 F 值控制不当，不仅影响水解率，也会使水解原级粒子大小不均匀，直接影响水洗作业的操作和成品的白度。

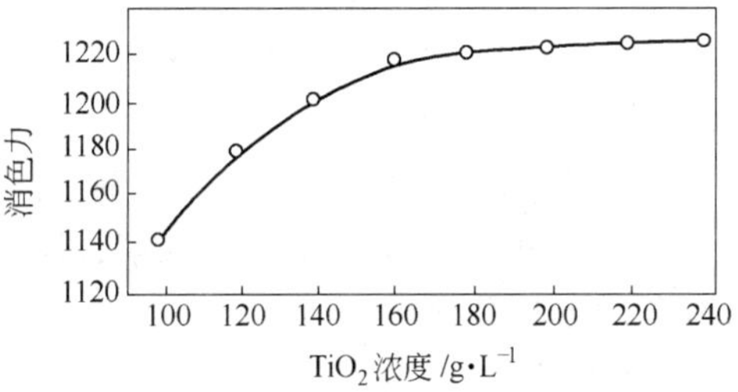

图 10－6　钛液浓度对消色力的影响

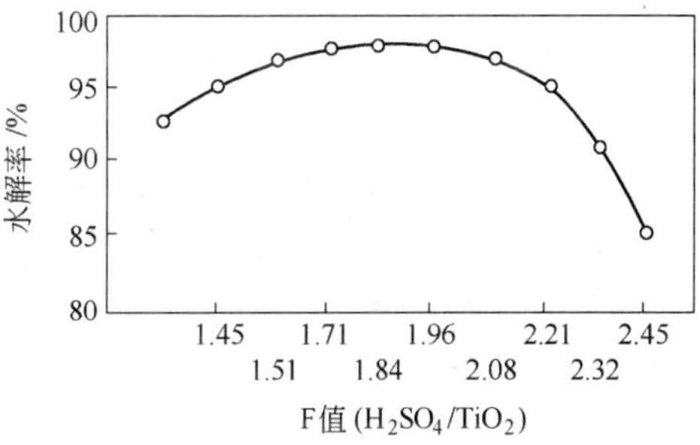

图 10－7　钛液的酸度系数对水解率的影响

c　铁钛比

铁钛比是指钛液中亚铁离子浓度与 TiO_2 浓度的比值。铁钛比高即钛液中硫酸亚铁含量多，钛液的密度和黏度大，总离子浓度也高。在钛液水解时，硫酸亚铁不发生水解。因此，铁钛比高的钛液，水解速度较慢，水解率也较低，水解产物偏钛酸的颗粒较细。此外，由于铁钛比高的钛液的水解母液密度和浓度增加，使后续水洗作业的洗涤速度减慢，影响水洗的质量。所以，水解原液中的 Fe/TiO_2 不宜高于 0.25。铁钛比也不宜太低，因为铁钛比低虽然有利于偏钛酸的洗涤，但偏钛酸颗粒变粗，影响成品的颜料性能。钛液的铁钛比是影响水解产物颗粒大小的一项重要指标。由钛渣制备的钛液，其中的铁钛比较低，一般需提高钛液的 TiO_2 浓度来补偿，以使钛液的总离子浓度达到与铁钛比较高的钛液的总离子浓度相近。

d　三价钛离子的浓度

钛液中 Ti^{3+} 离子的存在能有效地防止 Fe^{2+} 氧化成 Fe^{3+}。Ti^{3+} 离子的存在是钛液水解实现钛和铁分离的重要保证。但 Ti^{3+} 离子不发生水解，因此钛液中 Ti^{3+} 浓度也不宜高，适宜的浓度（以 TiO_2 计）1.5～2.5g/L。

e　稳定性

钛液在贮存放置过程中有陈化而逐渐析出胶状沉淀的倾向，表示这种倾向大小的特性称为稳定性，用稀释法测定。25℃蒸馏水稀释 1mL 钛液，当稀释至刚出现浑浊时所消耗的蒸馏水的毫升数来表示钛液的稳定性。稳定性差的钛液在水解前已产生了胶体结晶中心，其数量和组成不断变化。这些不规则结晶中心的存在，使水解产物粒度不均匀，所得滤饼也难以洗涤；因水解产物吸附较多的杂质，煅烧时 TiO_2 粒子容易烧结，使成品质量下降。通常要求水解原液（TiO_2 浓度大于 200g/L）的稳定性不小于 500。

f　澄清度

钛液的澄清度指标也非常重要，因为钛液中若含有不溶性固体悬浮物杂质，水解时就会混入偏钛酸中，从而降低产品的纯度和白度。

为使钛液达到上述 6 项质量指标，需要精心控制好酸解、浸出、还原、沉降分离、结晶、压滤和浓缩等各个环节，使每个环节的指标都达到要求。

10.3.1.2　钛液的水解

钛液的水解是硫酸法生产钛白的关键环节，因为要求通过水解获得颗粒形状好、粒度和粒度分布符合要求的偏钛酸。水解产物性能的优劣不仅关系到后续水洗作业偏钛酸浆料过滤性能的好坏、洗涤速度的快慢，而且直接影响成品钛白的颜料性能。

将钛液加热使其维持沸腾便发生水解反应生成白色水合二氧化钛（俗称偏钛酸）沉淀：

$$TiOSO_4 + nH_2O = TiO_2 \cdot (n-1)H_2O \downarrow + H_2SO_4$$

水解反应是在较高酸度下进行的，且随水解反应的进行，与钛化合的硫酸逐渐游离出来，增加游离酸浓度。由于杂质金属硫酸盐一般只能在很低的酸度下才发生水解，所以，钛液中绝大部分杂质残留在水解母液中，使 TiO_2 与杂质得到分离。

钛液的水解大致分为晶核的形成和晶核的成长两个阶段。

水解的第一步是从澄清的钛液中析出微小的结晶中心（晶核）。不同的水解条件，得到不同数量和具有不同组成的晶核。晶核的数量和组成决定了水解沉淀物的组成，也影响产品的性能。因此，形成晶核过程是水解最重要的一环。为了获得符合要求的晶核，在水解时先要在钛液中培养出或外加入符合要求的结晶中心，分别称为自生晶种和外加晶种水解法。

当晶核形成后，随着水解的继续进行不断长大，当达到一定大小时便形成沉淀析出晶体继续成长，使溶液中的 TiO_2 浓度逐渐降低，游离酸浓度不断提高，于是部分沉淀粒子局部发生溶解，而后又重新析出新的沉淀，直至水解接近完全时沉淀物才固定下来。

Ti^{3+} 离子只有在酸度很低（pH≥3）时才能发生水解，所以在钛液水解过程中它不会发生水解而留在水解母液中。但在水解条件下，部分 Ti^{3+} 因发生氧化而被水解。所以，残留在母液中的 Ti^{3+} 量要比水解原液少。一般要求水解母液中 Ti^{3+} 浓度大于 0.5g/L，以确保溶液中的杂质离子（Fe^{2+} 等）处于低价状态而不发生水解。

钛液的水解是个吸热反应，提高温度可以增加水解速度。提高钛液的浓度可使其沸点升高，采用加压的方法也可提高钛液的沸腾温度。按照晶种制备方法和水解方式的不同，钛液水解有外加晶种加压水解法，外加晶种常压水解法、自生晶种常压水解法等多种水解的方法。

A 晶种制备

要获得具有适当粒径和组成的偏钛酸，必须在水解钛液中预先培养或加入一定数量的符合要求的结晶中心（晶种），以便正确诱导水解的进行。这样不但可使水解速度加快，水解反应进行得更完全；而且可以确保获得具有优良颜料性能的产品。晶种的数量和组成决定了水解沉淀物的组成，也决定了产品的性能。因此，晶种的制备是硫酸法生产钛白过程中极其重要的环节。

制备晶种的途径和方法很多，通常可归纳为外加晶种（中和法）和自生晶种（稀释法）两大类。生产不同品种的钛白，要求不同种类的晶种，因此又可分为锐钛型晶种和金红石晶种。按照制备晶种所使用的原料不同，又可分为钛液晶种，偏钛酸（纯钛液）晶种和四氯化钛晶种等。各类晶种的制备细节可参见有关专业资料。

B 外加晶种加压水解

加压水解在高压搪瓷釜内进行，加压釜外有蒸汽加热夹套，釜内有蛇管加热器。先加入水解原液升温至80℃左右，然后加入预先制备的晶种，关闭阀门，继续加热升温，当釜内压力达到0.2MPa时，水解反应迅速进行，保温15～20min便可结束水解。

加压水解速度快，周期短，水解率高；但加压釜结构复杂，容易损坏，修复困难。加压釜容积一般2～5m^3，放大受到限制。所以，这种方法仅适用于小规模生产，已逐渐被淘汰。

C 外加晶种常压水解

水解在常压容器中进行，可用蒸汽间接或直接进行加热。先加入水解原液并预热至80℃左右，然后加入预先制备的晶种，继续升温至沸腾使水解反应发生。当沸腾10～20min后，溶液颜色发生变化，逐渐变为乳白色，继续维持沸腾3～4h结束水解。在水解过程中，由于水分蒸发，需要补充水以维持溶液的体积；而在水解行将结束时一般还需加入一定的水量以提高水解率。

此种方法所用设备简单、易于维修、设备容积可根据生产规模选择，适用于大规模生产，且操作较简单，容易掌握。

D 自生晶种常压水解

在水解槽中先加入一定量的沸水，将一定量的钛液在搅拌下注入沸水中制得晶种，然后按一定流速将水解原液加入晶种中，加热沸腾进行水解。在水解过程中和水解行将结束时需加入适量水，以获得符合要求的水解产物和较高的水解率。

这种自生晶种常压水解法，可减少外来杂质的干扰，更有利于提高产品质量，国外已广泛应用，水解槽容积可达200m^3。但该法的技术较难掌握，操作和控制要求较严格。

此外，还有外加晶种微压水解法，此法具有节能、水解率高和产品质量好等优点。

10.3.1.3 偏钛酸的净化

A 偏钛酸的水洗

水解获得的偏钛酸颗粒吸附了大量的水解母液，水解母液的主要成分是游离硫酸和$FeSO_4$等杂质。水洗是利用偏钛酸的水不溶性和杂质的可溶性进行固液分离，以达到净化偏钛酸的目的。

偏钛酸的水洗设备通常采用真空叶滤机和转筒真空过滤机。目前国内主要采用真空叶滤机。将叶滤机片组沉没在偏钛酸浆液中，由于真空吸滤的作用偏钛酸沉积在叶滤片的滤布上，当滤饼达到适当厚度（25～30mm）时，将叶滤片组提出浆液并放入水洗槽中进行水洗。在真空吸力的作用下，洗涤水不断通过偏钛酸滤饼层将其中的可溶杂质洗出。滤布作为过滤介质，理想的状况是只允许洗涤水通过而没有偏钛酸的穿漏。要达到或接近这种理想状况，必须选择合适的滤布，并用木质素或聚丙烯酰胺等有机絮凝剂对滤布进行有效的处理；并使偏钛酸絮凝成疏松状的凝聚体牢固地附在滤布上，使它不致在真空作用下发生变形而堵塞滤布或穿过滤布。

影响水洗产品质量的因素很多，其中水解制备的偏钛酸的质量是内因，如果偏钛酸颗粒大小适宜且比较均匀，则容易水洗；如果偏钛酸颗粒太细且颗粒大小相差悬殊，则较难水洗。洗涤水的质量也很重要，水质不好，不可能获得高质量产品。洗涤水的温度相当重要，因为 $FeSO_4$ 在水中溶解度随温度升高而增大，一般要求水洗在35～45℃的温度范围内进行。水洗温度过低，会造成 $FeSO_4$ 在滤饼中结晶析出，使水洗效率大为降低。水洗温度的上限受水洗设备材质和操作环境的限制。

随着水洗过程的进行，滤饼中的酸度和 Ti^{3+} 离子含量都逐渐降低，滤饼中的部分 Fe^{2+} 离子会氧化成 Fe^{3+} 而水解沉淀下来。当 $pH>4$ 时，Fe^{2+} 离子也会水解沉淀。所以，水洗时间不宜过长。水洗的终点是以偏酸中的铁含量达到要求，一般要求铁含量（以 Fe_2O_3 计）不大于 $10\times10^{-3}\%$。如果经过十几小时的洗涤，仍然达不到上述要求，则在水洗后期采用 $pH=1\sim2$ 的酸化水进行水洗。

四川龙蟒集团公司从国外引进的先进过滤洗涤设备——压滤机，用于过滤和洗涤偏钛酸，与国内普遍使用的叶滤机比较，具有占地面积小、洗涤效率高、产能大等特点。特别是洗涤水量大幅度减少，每吨钛白粉的洗水量只需十几吨，比叶滤机减少好几倍，大大减轻了废水处理量；同时由于洗涤效率高，产品中的铁含量降至 $0.3\times10^{-2}\%$ 以下，这是产品达到高质量的重要保证。

B　偏钛酸漂白和洗涤

有色杂质，如铁、铬、钴、锰、钒等，对钛白的白度影响极大，因为这些杂质不仅本身显色，而且进入 TiO_2 晶格后使晶格变形，严重影响钛白质量。因此，对颜料钛白的杂质含量有着严格的要求。在硫酸法钛白生产中，以铁为代表性杂质，要求金红石型钛白的铁含量（以 Fe_2O_3 计）小于 $30\times10^{-4}\%$，而要求锐钛型钛白的铁含量小于 $50\times10^{-4}\%$。要求成品钛白的杂质含量如此之低，仅依靠上述的偏钛酸水洗是很难达到的。所以，必须对水洗后的偏钛酸需进行漂白并重新洗涤。

水洗后的偏钛酸中的铁主要是以氢氧化铁形式存在，要将它除去，首先必须在酸性介质中将其溶解：

$$2Fe(OH)_3+3H_2SO_4 = Fe_2(SO_4)_3+6H_2O$$

然后加入还原剂（如锌粉、三价钛溶液）将 Fe^{3+} 还原为 Fe^{2+}；

$$2Fe^{3+}+Zn = 2Fe^{2+}+Zn^{2+}$$

或

$$Fe^{3+}+Ti^{3+} = Fe^{2+}+Ti^{4+}$$

经过酸溶和还原处理的偏钛酸，再用净化水（如无离子水）进行洗涤，以除去其中Fe^{2+}离子和其他杂质离子。

我国在生产锐钛型涂料钛白中，曾经省免过漂洗作业，结果产品的白度较差，说明漂洗作业是不可缺的。

10.3.1.4　偏钛酸的盐处理和煅烧

A　偏钛酸的盐处理

偏钛酸不经处理直接煅烧，获得的产品颗粒坚硬，颜料性能差。因此，在生产颜料钛白时，要根据品种的需要，偏钛酸要经过加少量添加剂处理。这种处理称为前处理，亦称盐处理。经过盐处理的偏钛酸，在适宜的条件下进行煅烧，可获得色相、光泽、消色力、吸油量和分散性等指标都达到颜料钛白要求的产品。锐钛型钛白和金红石钛白的盐处理是不相同的。

a　锐钛型钛白的盐处理

在生产锐钛型钛白时，往偏钛酸加入盐处理剂是为了抑制金红石晶态的形成和提高产品的颜料性能，主要添加钾盐和磷酸（盐）。钾盐可以K_2SO_4或K_2CO_3形式加入，添加量（以K_2O计）一般为TiO_2量的0.4%左右。添加钾盐能降低偏钛酸的煅烧温度，提高产品消色力，使产品柔软和保持中性，并且由于钛酸钾的生成还能提高钛白的白度。磷酸能与偏钛酸中残留的氢氧化铁反应生成淡黄色的磷酸铁，以避免棕红色氧化铁对产品色泽的严重不良影响。磷酸铁在煅烧温度下不会分解，可使产品柔软而洁白。此外，磷酸盐也具有稳定锐钛型晶态的作用。磷酸（盐）的添加量（以P_2O_5计）一般为TiO_2量的0.2%～0.3%。

b　金红石型钛白的盐处理

水解制备的偏钛酸为无定型，在煅烧时先转变为锐钛酸，然后再转变为金红石型。如果偏钛酸不经前处理直接进行煅烧，则需要在1000℃左右的高温下和经过长时间的煅烧才能使锐钛型全部转变为金红石型。这样煅烧的结果会造成产品的严重烧结，获得的是性能差的坚硬产品。所以，在生产金红石型钛白时，必须在偏钛酸中加入金红石促进剂和晶型调节剂，使TiO_2在较低的煅烧温度下完成锐钛型向金红石型转化，以获得颜料性能优异的产品。

金红石化促进剂通常是一些能生成白色氧化物的金属化合物，如锌、锑、锡、锂等的氧化物和盐类，以及二氧化钛溶胶。锌盐是一种有效的金红石化促进剂，被广泛应用，可以硫酸锌和氯化锌形式加入。锌盐的添加量（ZnO 计）一般为TiO_2量的0.2%～1.2%。镁盐对锐钛型TiO_2的金红石化有一定促进作用，添加氧化镁有助于煅烧品接近中性。二氧化钛溶胶（称为煅烧晶种）也是常用的金红石化促进剂，它可由四氯化钛或钛酸盐为原料制备，添加量一般为TiO_2量的2%左右。添加TiO_2溶胶还有利于提高产品消色力，改善煅烧物初级粒子外形，使产品松软易于粉碎。

为使产品在煅烧时形成圆滑规则、性能优良的颜料粒子，以及满足对不同品种钛白的特殊要求，常需在偏钛酸中添加晶粒调节剂。最常用的有钾盐、磷酸（盐）和Sb_2O_3，它们相应的添加量分别为TiO_2量的0.25%～0.7%（以K_2O计），0.1%～0.25%（以P_2O_5计）和1%左右（以Sb_2O_3计），这些调节剂的加入，可使产品变得疏松、柔软而易于粉碎，并可使产品白度、色相、光泽和耐候性变得更好。

B　偏钛酸的煅烧

偏钛酸通过煅烧除去其中的水分和二氧化硫，并达到使二氧化钛的晶型转化和晶粒成长的目的。偏钛酸的煅烧反应可表示为：

$$TiO_2 \cdot xSO_3 \cdot yH_2O = TiO_2 + xSO_3\uparrow + yH_2O\uparrow$$

偏钛酸的煅烧是个吸热过程。初期升温时，水分开始蒸发，到650℃左右开始有 SO_3 气体挥发逸出，随着温度的升高无定形的偏钛酸凝聚粒子开始变为锐钛型晶体，温度达到850℃左右锐钛型开始向金红石型转化，并伴随晶粒长大。

偏钛酸的煅烧是钛白生产中非常重要的环节，因为钛白的晶型和它的颜料性能在很大程度上取决于煅烧作业的好坏。一般要求煅烧品具有单一的晶型（锐钛型或金红石型）、较高的白度、消色力和遮盖力，较低的吸油量和易粉碎性。

偏钛酸的煅烧一般是在回转窑中完成的。回转窑的温度从窑尾至窑头是逐渐升高的，这正符合偏钛酸脱水、脱硫、晶粒成长和晶型转化的需要。煅烧品的质量除受偏钛酸本身的质量和盐处理的影响外，还取决于煅烧条件控制的好坏。煅烧条件包括煅烧温度、窑内温度分布、回转窑转速、窑内气氛、进料量和物料含水量等。窑头温度过高，即煅烧高温区温度过高；回转窑转速过低，物料在温度区停留时间过长；回转窑进料量过少，窑内料层过薄或进窑偏钛酸含水量低；在窑内干燥区脱水脱硫过分，物料以粉末状态进入高温区；上述几种情况都会发生烧结或金红石晶型增多而使落窑品颗粒变硬，色泽变黄变灰。窑尾温度低，偏钛酸在干燥区脱水脱硫不完全；回转窑转速过快，物料在高温区停留时间过短；回转窑进料量过多；窑内料层过厚或进窑偏钛酸含水量高，在窑内干燥区脱水、脱硫不完全；物料以团状或大颗粒通过高温区，不能充分完成晶型转化和晶粒成长；这几种情况都容易使落窑品中夹带生料，同样影响成品钛白粉的白度。

目前，用于偏钛酸煅烧的回转窑在设计上大多存在两个缺陷：一是温度高达1300℃的火焰直接接触物料，容易造成物料烧结和二氧化钛晶格脱氧，使成品钛白粉变黄变灰；二是窑内晶粒成长区、晶型转化区和干燥区的温度梯度控制还不够准确。为此，偏钛酸煅烧回转窑应该设置燃烧室，不让高温燃烧气体直接接触物料，而是用空气稀释使之降低到一定温度后再进入窑体，使燃烧气体温度和物料温度的温差不超过200℃。同时，为回转窑配用的风机应该由现在的1台改为3台，1台风机供燃烧喷嘴使用，通过调节燃料和空气比例使燃料充分燃烧，1台风机把经过燃烧室预热的空气鼓入窑内以节省能源；第3台风机则向窑内鼓入二次风，在保持窑内良好燃烧气氛的同时，调整和控制窑内温度梯度。

10.3.1.5　二氧化钛的粉碎

煅烧品大都是颜料粒子的聚集物，需要通过粉碎使其分散为颜料粒子。在前面已经指出，对颜料钛白的颗粒形状、大小和粒度分布等都有严格的要求，这些要求必须在粉碎过程中得以满足。

工业上粉碎钛白的方法可分为湿法和干法两类。湿法粉碎是在水介质中进行，如球磨和砂磨等。干法粉碎设备包括雷蒙磨、锤式磨、离心磨、气流粉碎等。钛白的粉碎往往需要两种或两种以上的粉碎设备组合使用才能达到预期目的。

10.3.1.6　二氧化钛的后处理

未经表面处理的二氧化钛就直接用于制漆有许多弊病，例如在很多介质中不能很好地分散；制成的漆膜不耐日晒和雨淋，漆膜易粉化，甚至脱落。二氧化钛经过粒度分级和表面改性处理就可以消除这些弊病，称这些处理为二氧化钛的后处理。表面处理分为无机包膜和有机包膜。无机包膜是在 TiO_2 表面沉积一层水合金属氧化物，以降低它的光化学活性，提高耐候性。有机包膜即表面活性处理，主要是为了提高钛白在不同介质中的分散性。

A 无机包膜

TiO_2 的光化学活性是颜料钛白的一个重要缺陷。当在阳光特别是紫外光的作用下，TiO_2 晶格中的氧离子吸收光能释放出电子引起一系列的氧化还原反应，造成漆膜的失光，变色和粉化。为了降低 TiO_2 的光化学活性，通常用一种金属离子和氧形成的化学键比 TiO_2 更牢固的白色金属氧化物，如 Al_2O_3、SiO_2、ZnO 和 ZrO_2 等，对 TiO_2 进行包膜处理。

无机包膜分湿法和干法两种。湿法是在水介质中进行，在一定条件下使包膜剂以水合氧化物形式沉积在 TiO_2 粒子表面。干法是用喷雾的方法使 TiO_2 粒子表面吸附一种金属卤化物，如 $AlCl_3$、$ZnCl_2$、$ZrCl_4$ 或 $TiCl_4$ 等，然后经过煅烧使这些金属卤化物发生氧化而沉积在 TiO_2 颗粒表面。目前常用湿法包膜。

为了提高表面处理的效果，常常同时使用两种或多种包膜剂，这就是所谓复合包膜。现以硅铝复合包膜为例说明包膜操作过程，其工艺流程如图 10－8 所示。

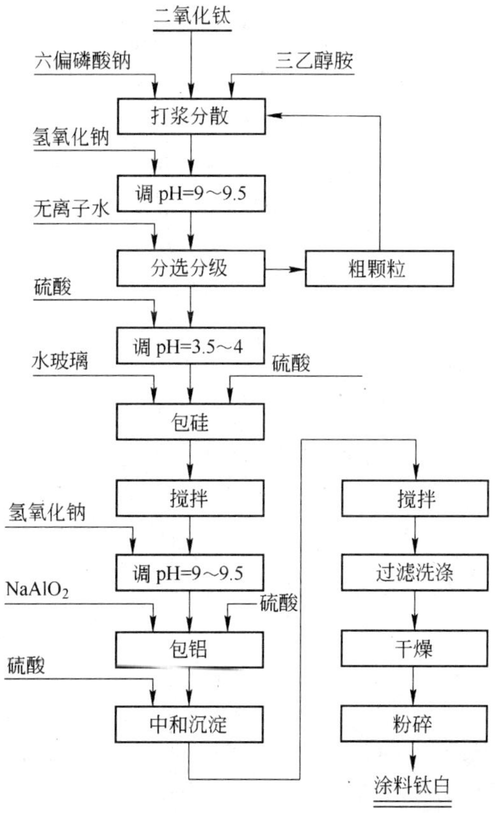

图 10－8 硅铝复合包膜工艺流程图

无论是硫酸法还是氯化法所生产的中间产品（初制）TiO_2，都是 TiO_2 晶体的聚集颜料粒子。因此，在包膜之前必须进行分散和研磨，使之成为具有最佳粒径的颜料粒子。

a　打浆分散

TiO_2 在水中分散的好坏是进行粒度分级的关键，它直接影响包膜的质量。因为分散不好，意味着一些 TiO_2 颗粒量聚集状态，在包膜时就会膜层不均匀，甚至有的颗粒表面包覆不上，起不到包膜作用。

TiO_2 通常是亲水的，可在水中分散成比较稳定的悬浊液，但 TiO_2 的粒度、水质和浆料的 pH 值都会影响它在水中的分散程度。通常用无离子水与 TiO_2 按一定比例（$H_2O:TiO_2=3\sim9$）混合，并加入无机分散剂（如六偏磷酸钠、磷酸三钠、磷酸二氢铵等）和有机分散剂（三乙醇胺、丙醇胺、多元醇等），控制 $pH=8.5\sim11$，搅拌 1h 左右，就能使 TiO_2 颗粒充分分散在水中。

b　水选分级

TiO_2 浆料的粒度分级一般采用重力沉降，即水选的方法。利用大小不同的颗粒在介质中沉降速度不同的原理，选出最佳粒度（$0.15\sim0.35\mu m$）的颗粒，除去不符合要求的颗粒。较粗的颗粒可经过湿磨再返回水选。采用静置水选法，或用水力旋流器之类的水选设备进行分级。

c　包硅

包硅通常采用硅酸钠与酸中和沉淀法，反应为：

$$Na_2SiO_3+H_2SO_4+(x-1)H_2O = SiO_2\cdot xH_2O+Na_2SO_4$$

一般选择在酸性区域凝胶的条件进行二氧化硅包膜。即用含 H_2SO_4 约 0.75mol/L 的溶液将钛白浆料的 pH 调整至 $3.5\sim4$，加热至 $80\sim85$℃，加入硅酸钠（加入 SiO_2 量为 TiO_2 量的 1% 左右），同时加入 H_2SO_4 来维持浆料的 pH 值。包膜剂加完之后，继续搅拌 1h 左右，使二氧化硅沉淀完全，便可以在 TiO_2 颗粒表面获得较均匀的包膜。

d　包铝

包铝方法可分为三种。一种是以氢氧化钠中和铝盐的方法（正加法）；另一种是以酸中和偏铝酸钠的方法（反加法）；第三种是并流连续中和法，即在中和成胶过程中采用等 pH 投料方法。第二种包铝方法优点较多，因为在碱性条件下有利于 TiO_2 的分散。用浓度为 2mol/L 的 NaOH 的溶液将 TiO_2 浆料的 pH 调节至 $9\sim9.5$，并加热至 60℃ 左右，加入已制备的偏铝酸钠（加入 Al_2O_3 量为 TiO_2 的 2% 左右），加完包膜剂之后继续搅拌 0.5h，以使水合氧化铝沉淀完全。

e　过滤洗涤

经包膜处理的钛白浆料常含有许多水溶性杂质，如煅烧时加入的盐处理剂和包膜过程中加入的试剂。因此，必须采用过滤和水洗的方法将它们除去。为了防止污染，通常需用无离子水进行洗涤。

f　干燥

滤饼的干燥温度不宜过高，因为温度高会损坏包覆的氧化铝膜层，造成钛白凝结，降低其分散性。一般干燥温度以控制在 $120\sim150$℃ 为宜。

g　粉碎

经包膜处理的产品，通常需用气流粉碎方法再一次进行粉碎，使絮凝的微粒迅速分开，以提高产品的颜料性能。

B 有机包膜

有机物可通过物理吸附和化学吸附方法附着在 TiO_2 颗粒表面，以提高钛白在介质中的分散性。可用于钛白包膜的有机处理剂种类很多，包括胺类（三乙醇胺、三苯胺、异丙醇胺等）、含活性亚甲基化合物（如乙酰丙酮等）、多元醇、有机硅化合物和表面活性剂等。其中最常用的是三乙醇胺。有机处理剂的用量通常为 TiO_2 量的 0.2% ~0.6%，用量过多反而会引起颗粒的凝集。

在无机包膜之后，在颗粒的最外层包上一层有机涂层。其方法是在无机包膜并洗涤后，再加入有机处理剂进行打浆，或在浆料干燥时加入有机处理剂，因为有机处理剂通常又是一种表面活性剂，具有粉碎助剂的作用，因此也可在气流粉碎时加入有机处理剂。此时由于钛白颗粒的强烈运动和碰撞，能使有机物均匀地分布在钛白颗粒表面。

10.3.2 氯化法

氯化氧化法（简称氯化法）是生产钛白的一种先进方法，它是用氯气分解含钛原料，使其中钛化合物被氯化转变为四氯化钛，经过提纯的四氯化钛在高温下氧化生成二氧化钛和氯气，生成的氯气返回氯化钛原料，生成的二氧化钛经后处理成为产品钛白粉。

氯化法生产金红石型颜料钛白的工艺流程如图 10 -9 所示。以钛铁矿为原料时，生产工艺过程包括钛铁矿的富集、富钛料的氯化、四氯化钛精制、四氯化钛气相氧化和初制 TiO_2 后处理等 5 大环节。若以天然金红石为原料，则不需富集环节。上述的前 3 环节已分别在本书的第 4 ~6 章中论述，TiO_2 后处理与硫酸法 TiO_2 后处理基本相同，不再重复。本节仅论述四氯化钛的气相氧化环节。

10.3.2.1 四氯化钛气相氧化反应热力学和动力学

A 四氯化钛气相氧化反应热力学

四氯化钛和氧可能发生下列反应：

$$TiCl_4(g) + O_2(g) = TiO_2(s、R\ 型) + 2Cl_2(g) \qquad (10-1)$$

$$TiCl_4(g) + O_2(g) = TiO_2(s、A\ 型) + 2Cl_2(g) \qquad (10-2)$$

热力学计算结果（表 10 -18）表明，在 900 ~1900K 热力学温度范围内，$TiCl_4$ 气相氧化生成 TiO_2（R 型）和 TiO_2（A 型）的式（10 -1）、式（10 -2）反应的 $\Delta G^{\ominus}$ 均为负值，表明它们都是能自发进行的反应。$TiCl_4$ 氧化反应是不可逆的，其逆反应即 TiO_2 与 Cl_2 气的反应，已在第 5 章讨论过，在不存在还原剂的条件下，TiO_2 是不能被氯化生成 $TiCl_4$ 的。

因为金红石型 TiO_2 比锐钛型 TiO_2 更稳定，所以按式（10 -2）反应生成的锐钛型 TiO_2 在一定温度下会转化为金红石型 TiO_2：

$$TiO_2(s、A\ 型) = TiO_2(s、R\ 型) \qquad (10-3)$$

另外，$AlCl_3$ 与 O_2 的反应为：

$$4/3AlCl_3(g) + O_2(g) = 2/3Al_2O_3(s) + 2Cl_2(g) \qquad (10-4)$$

热力学计算结果（表 10 -18）表明，在相同温度下，式（10 -4）反应的 $\Delta G^{\ominus}$ 值比式（10 -1）、式（10 -2）反应的 $\Delta G^{\ominus}$ 值更负些，说明在 $TiCl_4$ 和 $AlCl_3$ 同时存在进行氧化时，$AlCl_3$ 将优先氧化生成 Al_2O_3，这就是 $AlCl_3$ 作为 $TiCl_4$ 气相氧化反应的成核剂的热力学依据。

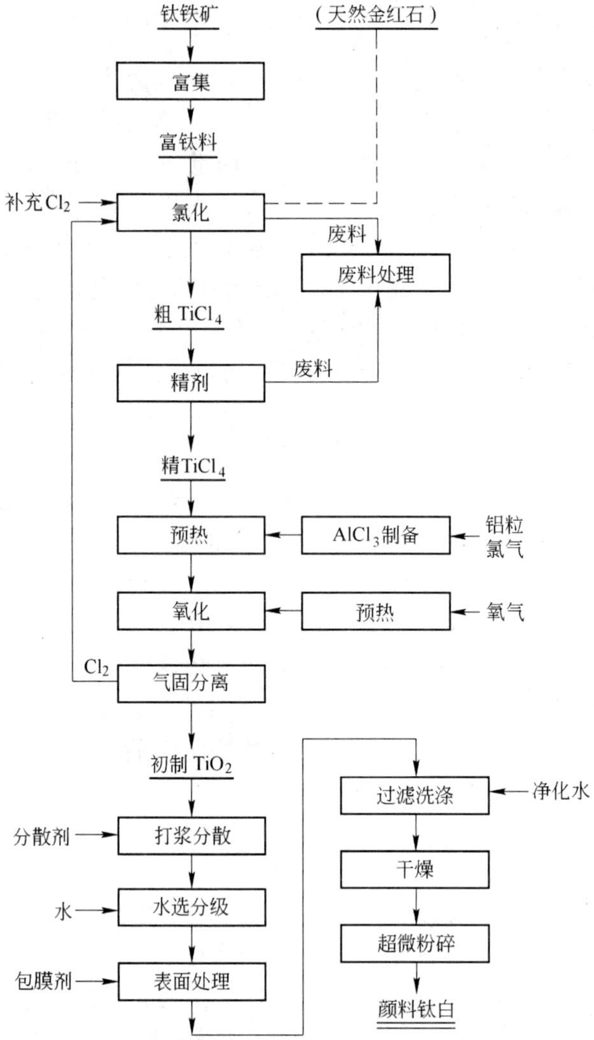

图 10－9　氯化法生产颜料钛白工艺流程

表 10－18　不同温度下式（10－1）～式（10－4）反应的 $\Delta G^{\ominus}$ 值　　（kJ）

反应式	*T*/K					
	900	1100	1300	1500	1700	1900
10－1	－124.8	－112.6	－100.7	－89.1	－77.8	－66.7
10－2	－113.7	－102.0	－90.6	－79.3	－68.2	－57.1
10－3	－11.10	－10.62	－10.18	－9.82	－9.60	－9.56
10－4	－211.1	－184.6	－158.9	－135.7	－112.9	－90.6

四氯化钛和氧反应生成二氧化钛是一个放热反应：

$$TiCl_4(g) + O_2(g) \xlongequal{} TiO_2(s) + 2Cl_2(g)$$

$$\Delta H_{298}^{\ominus} = -181.6\text{kJ/mol}$$

$$\Delta H_T^{\ominus} = -1000\,\Delta H_{298}^{\ominus} + 4.184\int_{298}^{T}\Delta C_p \mathrm{d}T\ (\text{J/mol}) \qquad (10-5)$$

式中

$$\Delta C_p = (C_{p,TiO_2} + 2C_{p,Cl_2}) - (C_{p,TiCl_4} + C_{p,O_2})$$

$$= -0.113 + 1.722 \times 10^{-3}T - 0.818 \times 10^{5}T^{-2} \qquad (10-6)$$

由式（10－5）、式（10－6）可以计算出不同温度下 $TiCl_4$ 与 O_2 反应生成 TiO_2 的焓值（表 10－19）。

表 10－19　$TiCl_4$ 气相氧化生成 TiO_2 反应的焓值

焓　值	T/K				
	298	1000	1300	1600	1900
$\Delta H_T^{\ominus}$ /kJ · mol^{-1}	－181.6	－179.7	－178.1	－175.8	－172.9

虽然 $TiCl_4$ 气相氧化生成 TiO_2 是一个放热反应，但其放热量不足以维持反应在高温下进行。因此在工业上实施 $TiCl_4$ 气相氧化反应生产 TiO_2 时需外加补充热量。

B　四氯化钛气相氧化反应动力学

$TiCl_4$ 气相氧化反应生成 TiO_2 是个多相复杂反应，其特征是在相变过程中成核。反应过程大致包括下列步骤：

（1）气相反应物相互扩散和接触；

（2）进行氧化反应析出 TiO_2 晶核；

（3）晶粒长大，可表示为 $n\mathrm{TiO_2(s)} \rightarrow (\mathrm{TiO_2})_n\mathrm{(s)}$；

（4）发生晶型转化，可表示为 TiO_2(A 型)→TiO_2(R 型)；

（5）生成物移出反应区。

这类反应有均相成核和非均相成核两种情况。均相成核需要克服相当大的表面位能，即需要更高的反应活化能方能反应。非均相成核是由于体系中存在异质微粒或容器壁等，非均相成核可有效地降低反应表面能，有利于成核的进行。$TiCl_4$ 气相氧化反应非均相成核的典型例子是优先在反应容器壁上成核，随着反应的进行，新相 TiO_2 颗粒不断黏附在反应容器壁上，而新生的 TiO_2 颗粒又成为新的活性中心，因此 TiO_2 产物不断地在反应容器上生长形成疤层。在生产中，应设法避免和减少 TiO_2 在反应容器壁上结疤的情况。

从动力学角度考虑，影响反应和产品性能的主要因素是反应温度、反应时间、成核剂和晶型转化剂。

a　反应温度

四氯化钛和氧在 550～600℃ 开始反应，但在此温度下反应速度较慢；随着温度的升高，反应速度成幂次函数增加。在 600～1100℃ 温度范围内反应从受化学反应控制变为受动力学控制。在高于 1100℃ 时，已达到很高的反应速度，反应时间小于 10^{-2}s，反应的活化能力 138kJ/mol。

研究表明，该反应产品的晶型结构主要决定于反应物的起始温度（即反应的引发温度）和化学反应时间。当反应引发温度为 500 ~ 1100℃时，反应产品主要是锐钛型 TiO_2；当引发温度提高到 1200 ~ 1300℃时，反应产品的金红石率可达 65% ~70%。因为由锐钛型 TiO_2转化为金红石型 TiO_2的活化能较高（460kJ/mol），反应生成的锐钛型产品在反应区内不容易转化成金红石型。因此，要提高反应产品的金红石率，就必须提高反应引发温度，即需要提高反应物的起始温度。同时，初始引发反应在较高温度下进行时，活化分子的比例较大，大部分分子有相近的反应成核几率，因而有利于生成粒度小而均匀的产品。为了获得具有优异颜料性能的产品，必须预热反应物 $TiCl_4$和 O_2，使反应引发温度高于 1200℃，最好 1400 ~ 1600℃。

b　反应时间

$TiCl_4$气相氧化反应需要在高温下进行，反应温度的提高虽然有利于生成粒子的长大，但生成粒子在高温区停留时间过长会使其过分长大，只能获得粗粒而不是颜料级粒子产品。为了防止晶粒的过分长大，必须缩短生成粒子在反应高温区的停留时间。

从反应历程看，反应停留时间应包括 $TiCl_4$和 O_2混合成核时间、化学反应时间、晶粒长大和晶型转化时间。一些研究者通过对实验数据的数理统计处理，得出了 TiO_2平均粒度与宏观停留时间的关系，经验公式：

$$\bar{d} = A\lg t + C$$

式中　$\bar{d}$——TiO_2平均粒度，μm；

t——停留时间，s；

A，C——实验经验常数。

试验结果表明，当 $TiCl_4$预热温度为 450 ~ 500℃、O_2预热温度在 1700℃，反应温度 1300℃，反应停留时间控制在 0.05 ~ 0.08s，可获得平均粒径为 0.2μm 的产品。如果引发温度提高，相应的停留时间还应进一步缩短。随着反应温度的提高和反应停留时间的缩短，产品的粒度分布宽度 Δd 也相应变窄，有利于提高产品质量。

c　成核剂和晶型转化剂的影响

锐钛型 TiO_2在高温条件下虽然可向金红石型 TiO_2转化，在转化过程中自由能降低，晶体表面收缩，体积缩小，结构致密，稳定性变好。但已经指出，由于晶型转化所需要的活化能高，晶型转化的动力学速度是十分缓慢的，即使在反应高温区停留数秒钟，其转化率也不大。停留如此长的时间或继续延长时间是不允许的，因为生成粒子因停留时间长会过分长大而完全失去颜料性能。因此，为了提高晶型转化率，必须引入晶型转化促进剂。前面已经提到，$AlCl_3$比 $TiCl_4$能更优先氧化生成 Al_2O_3，Al_2O_3微晶核可成为诱导 $TiCl_4$氧化反应的核心。试验表明，$AlCl_3$不仅是有效的成核剂，同时也是有效的晶型转化剂。加入适量的 $AlCl_3$晶型转化剂，能使锐钛型 TiO_2的晶型转化速度显著提高，并有利于获得粒度均匀的产品。晶型转化率与反应温度、停留时间和晶型转化剂的添加量有关。在目前氯化法钛白生产中，$AlCl_3$的添加量一般为 $TiCl_4$重量的 1% ~2%。

10.3.2.2　氧化反应器

通过上述反应热力学和动力学的讨论，为制取具有优良颜料性能的金红石型 TiO_2产品，必须在下列条件下进行 $TiCl_4$的气相氧化反应：

（1）在高于 1200℃的高温下引发反应，即需要将反应物（$TiCl_4$、$AlCl_3$、O_2）预热至较高温度后才能引入氧化反应器进行加热、混合和反应；

(2) 需要加入适量 $AlCl_3$ 作为成核剂和晶型转化促进剂；

(3) 反应停留时间要控制在毫秒范围内；

(4) 要采用结构合理的装置以及采取有效防止结疤和除疤的措施，来确保氧化反应的连续进行。

上述条件在很大程度上要靠氧化反应器的结构合理化来实现。可见，氧化反应器的设计是极其重要的。

A 反应物的预热和混合

$TiCl_4$ 气相氧化反应要在极短时间内完成，这就需要把反应物预热温度尽可能提高些，并尽可能减少它们之间的温差，以缩短热交换时间。由于 $TiCl_4$ 和 O_2 在高温下的腐蚀性极强，因而预热器材质和结构的选择显得特别重要。一般选用石英、石墨或高级镍基合金材料预热器，在器壁外用燃料或电进行加热，或用等离子体直接对反应物进行加热。

$TiCl_4$ 与 O_2 的热气流快速有效的混合，完成传质传热过程，是保证反应正常进行的基础。采用径向反应器（图 10－10）可以使 $TiCl_4$ 与 O_2 实现有效的混合。即把一种反应物从轴向送入反应器，另一种反应物以径向方向引入圆筒反应器，通过调节 α、β 角的大小和高度 h 尺寸，使两种反应物尽可能接近，达到两者充分混合均匀，使反应瞬间完成。

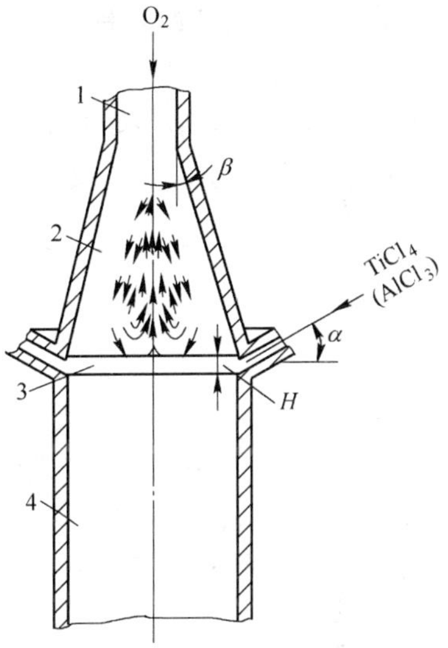

图 10－10 $TiCl_4$ 与 O_2 反应的径向反应器

1—热氧进口；2—回流室；3—环缝 H（$TiCl_4$ 进口）；4—筒形反应室

B 氧化反应器内的加热

尽管 $TiCl_4$ 气相氧化反应是一个放热反应，且反应物在进入反应器前已经预热至较高温度，但由于反应放热量不大，而反应又需要在高温（1400～2000℃）下进行，因此在反应物进入反应器后还要对它们进行加热，才能维持高的反应温度。反应器内的加热，一般采用内加热方式，因为如果采用外加热，反应器壁的腐蚀和结疤问题会变得更加严重而难以解决。反应器内的加热，在将反应物送入反应器的同时也把某种燃料送入反应器，常用的燃料是一氧化碳、甲苯等。目前最为普遍使用的是甲苯燃烧二次预热氧气的方式，使氧气预热温度提高到 1800℃。使由于燃料的燃烧产物会稀释反应生成的氯气，给后续作业带来困难，因此燃料的用量要尽可能少。为克服使用燃料加热的缺点，出现了采用等离子体加热的方法，但这种方法并未获得工业应用。

C 氧化反应器和除疤方法

氧化反应器是 $TiCl_4$ 气相氧化制取钛白的核心设备，它决定了氧化反应产品的质量。反应器的结构设计应与反应机理密切结合。按照氧化反应机理，氧化反应器应有相应的成核区、晶粒生长和晶型转化区。成核区要有利于反应物在瞬间的扩散和混合。晶粒生长和晶型转化区要尽量保持气流稳定，温度场和速度场均匀，使晶粒成长和晶型转化条件稳定，并需要不产生严重的返流和死角现象。设计氧化反应器需要考虑的另一个重要因素是反应器的结疤和除疤问题。$TiCl_4$氧化反应容易在器壁上进行；初生的气溶胶状的TiO_2黏性很大，极易黏附在器壁上。如不及时消除器壁上的产物，会逐渐聚积并被高温气流烧结成硬块疤层。结疤最严重的地方是反应最激烈的区段，因为这里气相TiO_2的过饱和度最大，非均相成核的几率最大，温度也最高，结疤的条件最充分。由于反应速度极快，结疤会迅速长大，从而引起反应器内尺寸和形状的迅速改变，破坏设定的反应条件，使生成产物质量变坏，严重时会堵塞反应器使操作无法继续进行下去。所以，防止反应器内壁的结疤和除疤就成了设计反应器和工艺操作必须考虑和解决的问题。已有不少防止结疤和除疤的专利。最早使用机械刮刀除疤，这种方法已很难适应工业规模生产的要求，后来被无刮刀除疤方法所取代。有人将国外有关无刮刀除疤专利归纳为下列几种类型。

a 喷砂式除疤反应器

这种反应器的典型结构如图10－11所示。经过预热的石英砂，用氧气作为载气，在喷嘴出口以高速连续喷入氧化反应器内，靠其对$TiCl_4$环缝口及反应器内壁的强烈冲刷作用，使疤料无法形成。喷入的石英砂在其后的设备中被分离出来，供循环使用。这种除疤方法效果好，可以连续进行工业规模的生产，但也存在石英砂对喷嘴、反应器和管道的磨损等问题。

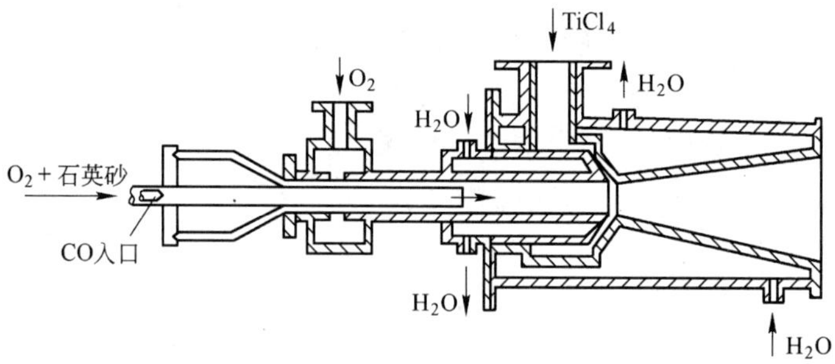

图10－11 喷砂式反应器

b 多孔壁除疤反应器

图10－12所示为一种典型的多孔壁除疤反应器。其下部为多孔壁反应室，通过多孔壁在反应器内形成一层遮蔽气体，以防止TiO_2颗粒在器壁上黏结。这种方法虽有一定的除疤效果，但$TiCl_4$喷口处的疤层不能除去，且多孔壁微孔的加工较困难，操作要求严格，一旦出现波动，除疤效果就会变坏。

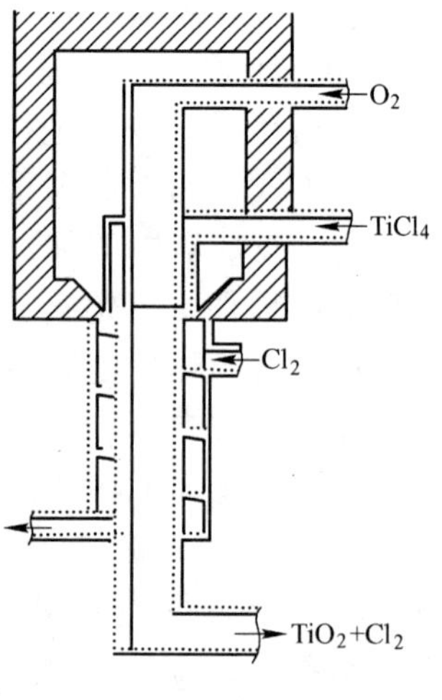

图10－12 多孔壁除疤反应器

c 料幕和气幕除疤反应器

图10－13所示为一种料幕除疤反应器。其上部是

一氧化碳燃烧室，下部为氧化反应室。在反应室内以氧化反应尾气为载气，携带经预热的粗颗粒 TiO_2 以一定速度沿壁喷下形成料幕，以阻止氧化产物在壁上结疤。

图 10－14 所示为一种典型的气幕除疤反应器。它的原理是用一种气流在反应器内壁形成一层气幕，使反应器壁与反应热气流隔开。一方面可降低反应器壁的温度而避免在壁上反应；另一方面防止 TiO_2 在器壁上沉积，达到除疤的目的。

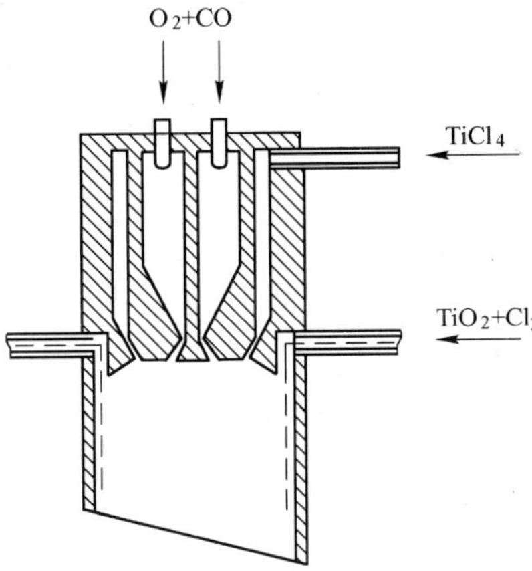

图 10－13 料幕式反应器

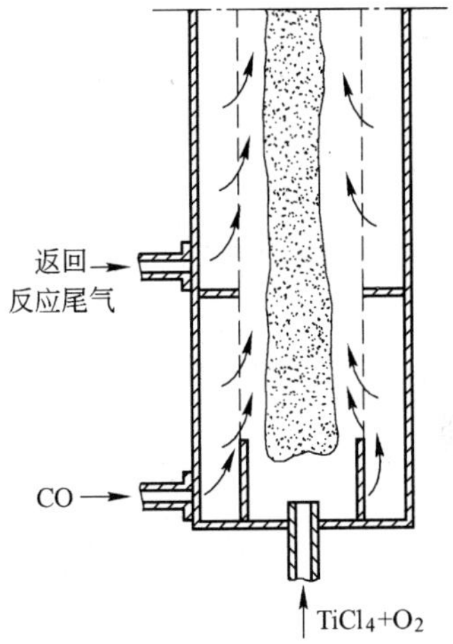

图 10－14 气幕式反应器

d 喷砂超声除疤反应器

这是一种采用超声波的聚焦效应和高速气流喷砂冲刷作用相结合的除疤反应器，如图 10－15 所示。

在炉身部分利用外加的氯气通过超声波发生器（该发生器是炉身的一部分），在炉内轴向沿内壁形成一层振动的气流所产生的超声波，而该超声波的存在，就在炉内径向形成无数个指向圆内的同样大小的力，这种现象称之为聚焦效应。这种聚焦效应可把 $TiCl_4$ 和 O_2 压缩到炉中心区进行反应，这就避免了物料或反应产物在器壁上结疤；同时超声波还具有清洗除疤的作用。在反应器上部采用高速气流喷粒除疤方法，是用两支喷枪，以一定速度将压缩空气或氧气为载气携带适量的人造疤料固体粒子喷入反应器内，把反应器内 $TiCl_4$ 喷口及反应器上部的疤层冲扫干净。经试验表明，这种反应器除疤效果较好。

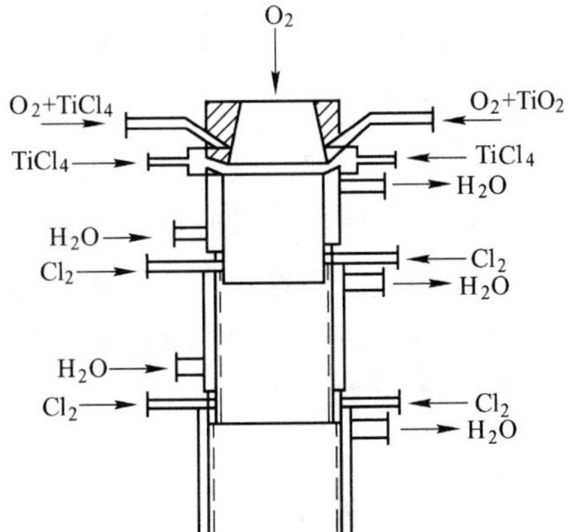

图 10－15 喷砂超声式反应器

10.3.2.3　氧化作业工艺流程、操作和控制

氧化作业的工艺流程如图 10－16 所示。它包括反应物预热、氧化反应、产物淬冷和气固分离反应产物等几个步骤。

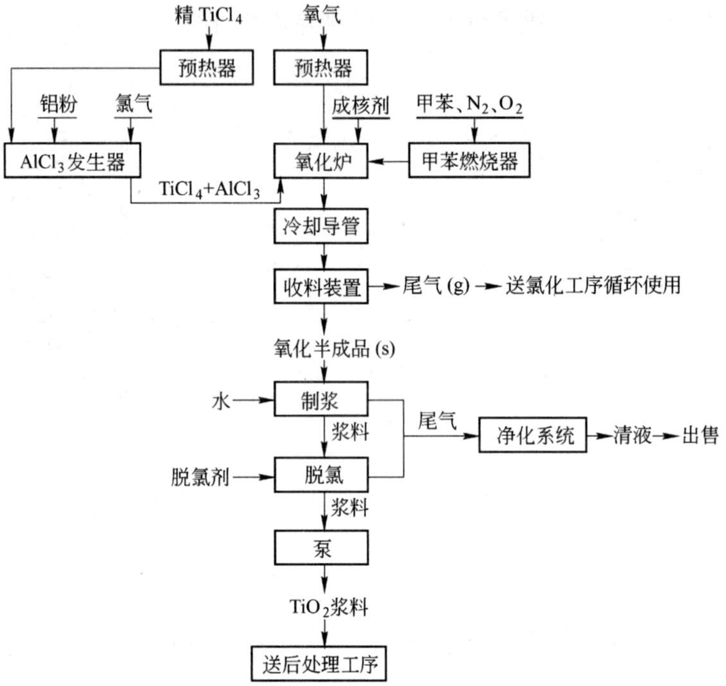

图 10－16　四氯化钛气相氧化工艺流程

精制的液态 $TiCl_4$在蒸发器中蒸发为气体，蒸发温度一般为 180～200℃，压力 0.2MPa 左右。蒸发出来的 $TiCl_4$在预热器中预热。高温下的 $TiCl_4$具有极强的腐蚀性，常规的金属和稀有金属都会被它腐蚀。一般选用高级镍基合金和刚玉、石英、石墨、陶瓷等非金属材料作为 $TiCl_4$的预热容器材料。因受预热容器材料的限制，通常 $TiCl_4$的预热温度为 450～650℃。一种四氯化钛预热器的结构如图 10－17 所示。但许多研究者认为，有必要进一步提高 $TiCl_4$的预热温度，如预热至 1000℃左右，以提高氧化反应的起始引发温度。因为 $TiCl_4$的热容较大，如果它的预热温度低，即使氧气预热温度较高，两者混合后的温度仍然会偏低。例如 $TiCl_4$预热至 600℃，氧气预热至 1800℃，两者混合后的温度仍然只有 900℃左右。可见，进一步提高 $TiCl_4$的预热温度对提高氧化反应的起始引发温度具有重要意义。

A　氧气的预热

一般需将氧气预热至 1600～2000℃，以弥补 $TiCl_4$预热温度偏低的不足，使它与 $TiCl_4$混合后达到较高的混合温度。通常采用两段式加热：第一段预热器把氧气预热到 850～920℃；第二段在氧化炉内用甲苯燃烧产生的热量再把流入的预热氧流加热到 1800℃。一种氧气预热器的结构如图 10－18 所示。

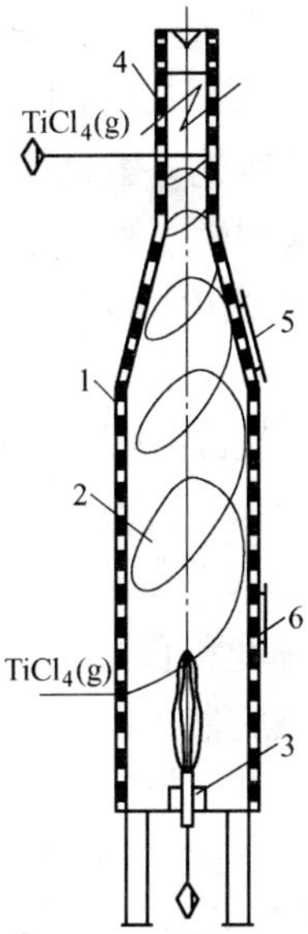

图 10－17 四氯化钛预热器的结构

1—炉壳耐热钢焊制，内衬绝热材料；2—$TiCl_4$ 加热蛇形管（节能型 $TiCl_4$ 先在上部预热气化，再到高温区加热升温，蛇形管的材料要求耐高温、耐腐蚀）材料 Incon600）；3—燃烧器（燃料重柴油）；4—烟道（排出燃料燃烧产生的 H_2O、CO_2）；5—防爆孔（当有意外时，可以崩开泄压）；6—视孔

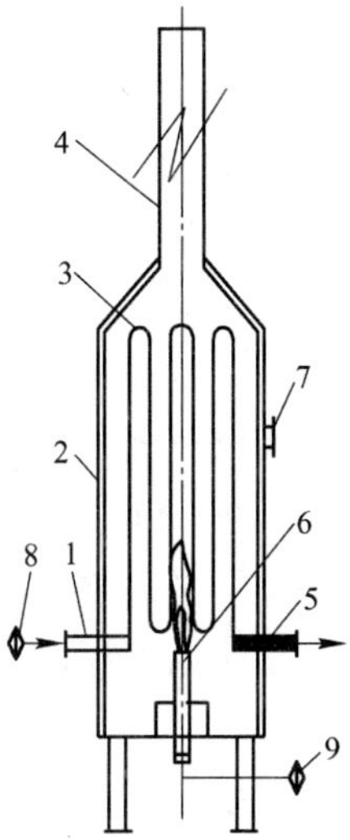

图 10－18 氧气预热器的结构

1—冷氧气进管（材料 Incon601）；2—炉壳（外层为钢板，内衬耐火绝热板）；3—蛇形管加热器（材料 superthemalloy，上部有吊架，底部有支架，防止倾斜）；4—烟道；5—热氧出口管（引入氧化炉）；6—加热用重柴油燃烧器；7—视孔；8—冷氧入口；9—流量切换系统和柴油流量雾化控制系统（接入 DCS）

B $AlCl_3$的制备和加入方式

$AlCl_3$与$TiCl_4$混合的方法有液相溶解法和气相混合法两种。液相溶解法是一种比较简单的方法，从 $TiCl_4$－$AlCl_3$ 二元相图（图 10－19）和不同温度下$AlCl_3$在液体$TiCl_4$中的溶解度（表 6－7～表 10－20）可见，常温下 $AlCl_3$ 在 $TiCl_4$ 中的溶解度较小，但随温度升高 $AlCl_3$的溶解度增加。当将 $TiCl_4$加热至 100℃时可溶解 1.2% 的 $AlCl_3$，但溶解过程达到平衡所需要的时间较长。将固体 $AlCl_3$溶解于液体 $TiCl_4$ 中的方法在技术上是可行的，但试验表明，$AlCl_3$溶解过程中会产生固体物沉淀，从而增加废料处理量和造成 $TiCl_4$的损失。这是因为 $AlCl_3$易吸潮，当吸潮的 $AlCl_3$加入 $TiCl_4$中时会使 $TiCl_4$水解产生沉淀。

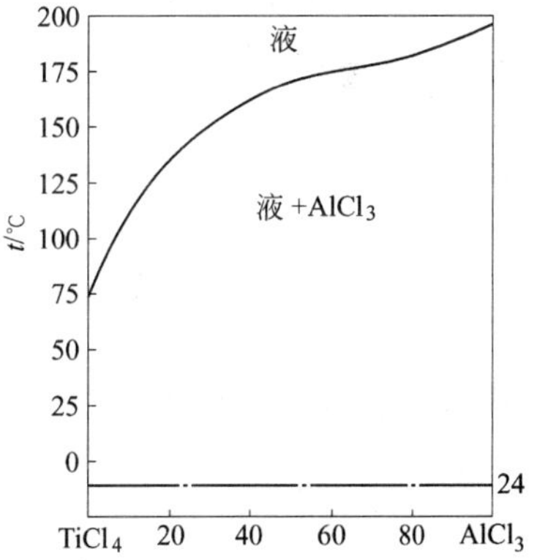

图 10－19 $TiCl_4$－$AlCl_3$ 二元相图

表 10－20 不同温度下 $AlCl_3$在 $TiCl_4$中的溶解度

t/℃	$AlCl_3$ 溶解度（质量分数）/%	溶解达到平衡时间/h
70	0.24	40
105	1.86	24
127	7.24	5

将一定量的 $AlCl_3$ 气体加入至 $TiCl_4$ 气体中进行混合的方法，是一种比较先进的方法。这种方法可有两种实施方案，一种是使预先制备好的固体 $AlCl_3$ 升华，再把升华的 $AlCl_3$ 与气体 $TiCl_4$ 混合，但这种方案较难恒定 $AlCl_3$ 的升华量。另一种实施方案是使金属铝粒与氯气直接反应生成气相 $AlCl_3$，然后将它与气体 $TiCl_4$ 相混合。采用后一种方案时，只要控制好氯气或铝粒加入量便可恒定 $AlCl_3$ 的生成量，这是国外普遍采用的方法。

C　氧化反应

预热的反应物（$TiCl_4 + AlCl_3$、O_2）分别经保温管道导入各自的喷嘴，由喷嘴喷出的反应物在氧化反应器内的加热装置或燃料燃烧火焰下进一步加热、混合、反应。反应器温度通常高达 1400 ~ 2000℃，在这里完成 $TiCl_4$ 与 O_2 的反应、晶粒长大和晶型转化等过程。进行氧化反应的关键是需要控制好反应物的预热温度，加入速度和它们的配比，以确保达到所要求的引发反应温度和停留时间；同时还必须及时清除反应器上的疤料，使氧化过程能连续平衡地进行。

氧化反应通常维持正压操作，这就要求设备有好的密封性，此时尾气中的氯气浓度通常达 80% 以上，可返回氯化作业使用，实现闭路循环。如果氧化反应在负压下操作，系统会吸入空气，使尾气中氯气浓度偏低而不便循环使用。在尾气净化之后将其中的氯气液化为液氯，则更便于贮存或返回氯化工序使用，使氧化—氯化工序间的衔接更为灵活。

因为物料在氧化反应器中的停留时间很短，所以反应物和产物以极高的速度通过反应器。以年产 1.5 万 t 产品的生产线为例，反应器每小时通过 5000kg$TiCl_4$、100kg$AlCl_3$ 和 60m^3 氧气并产生 2100kgTiO_2 和 3500kg 氯气。要完成这么多物料的输入、反应和输出，这就要求 $TiCl_4$ 蒸发和预热，$AlCl_3$ 制备和加入、氧气的制备和预热、反应器的加热系统、除疤系统等都要同步连续运行。上述系统的各项工艺参数（温度、压力、流量等）的测量和控制系统，以及反应生成物（TiO_2、Cl_2）的质量控制系统都要能连续正常运转，一旦出现故障或偏离要求值时能及时反馈到控制中心，对过程作出相应的调节，使整个系统迅速恢复正常状态。可见，这是一个要求十分精密的控制反应过程。$TiCl_4$ 气相氧化过程是在高温、高压和高腐蚀介质中进行，过去试验实践表明手工操作已不能适应控制该过程，目前国内外都完全是计算机自动控制，即 DCS 控制系统。

前面已提到多种形式的除疤方法，目前应用最普遍和较先进的是高速气流、加盐除疤的方式。图 10 - 20 是一个高速气流、加盐除疤式氧化反应器。$TiCl_4$（$TiCl_4$ 与 $AlCl_3$ 混合气体）与 O_2 成 90°交叉混合，由于推动力压力很大，在氧化反应器高温区停留时间很短（≤0.10s），形成很高的流速（10 ~ 15m/s）。反应新生态的 TiO_2 粒子还来不及在器壁上结疤，就已进入骤冷段；与此同时，以 N_2 作载体加入岩盐冲刷器壁上结疤，可实现长周期稳定运行，目前国产能高的装置都采用这种氧化炉。其中，喷入的岩盐不仅具有除疤作用，还具有提高产品性能的作用。图 10 - 21 是一个 $TiCl_4$ 双喷口节能型氧化反应器。

D　反应物的淬冷和气固分离

氧化反应物离开反应室的温度一般在 1000℃ 以上，为了抑制 TiO_2 粒子的继续长大，必须迅速将含有 TiO_2 的气体悬浮物淬冷至 700℃ 以下。通常在氧化器的出口处导入经冷却的一部分氧化尾气将反应物淬冷至 550 ~ 700℃ 之间，然后再通过冷却器继续冷却至 70℃ 左右。采用气固分离设备，如旋风分离器和脉冲式袋滤器等，将尾气流中的 TiO_2 产品分离出来。尾气中的氯气经洗涤净化后送氯化作业利用或液化为液氯贮存。

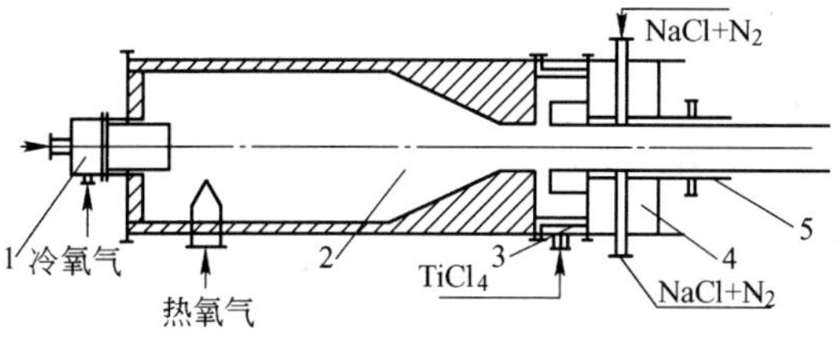

图 10-20 高速气流、加盐除疤式氧化反应器的结构
1—甲苯燃烧器；2—燃烧室；3—$TiCl_4$-$AlCl_3$ 混合气体喷口；
4—加 NaCl+N_2 除疤系统；5—冷却导管

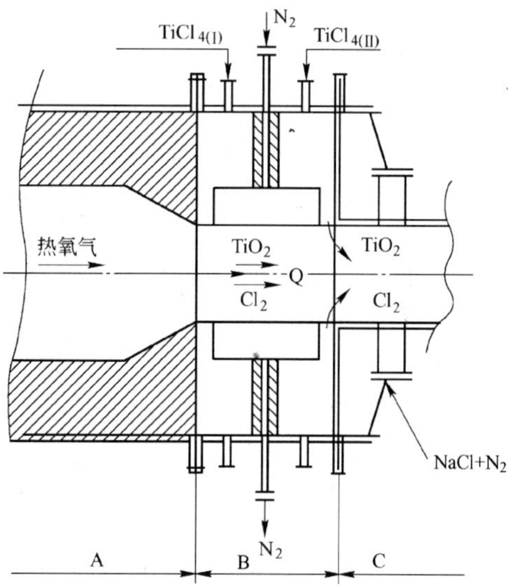

图 10-21 $TiCl_4$ 双喷口节能型氧化反应器的结构
A—燃烧室（氧气被预热到≥1800℃）；B—混合段（$TiCl_4$ 分别由Ⅰ、Ⅱ两个狭缝喷口喷入与轴向的热氧流交叉混合，喷口间管段可用 N_2 冷却防结疤）；C—反应段（$TiCl_4$ 与 O_2 充分反应并生成 TiO_2 和 Cl_2 并快速移出）

从反应产物气流中分离出来的初级 TiO_2 产品，往往吸附了一定量的氯或含有未反应完全的氧氯化钛，需要经过脱氯处理后才能送入表面处理系统。

10.4 复合钛白和钛黄颜料

复合钛白和钛黄颜料都属于钛白代用品。目前 90% 以上的钛矿用于生产钛白。全球钛白的年生产量和用量达到近 5.0×10^6t，年钛矿（按含 50% TiO_2 的钛铁矿计算）消耗量达 1.2×10^7t。我国钛白年产量和用量很快将增至 1.5×10^6t，每年钛矿需求量约为 4.0×10^6t，国内钛矿年生产量 2.0×10^6t，每年需进口 2.0×10^6t。除攀西地区外，我国其他地区的钛矿资源分散，经多年无序开采后剩下可开采资源已有限，且钛矿的开采所造成的环境问题较严重，因此钛矿生产量的增长已十分困难。由此可见，寻找钛白代用品，减少钛白消费量，减少钛矿消耗，应是值得思考的问题。

10.4.1 复合钛白

复合钛白就是一种节省钛白消耗的产品，值得大力研究、开发、生产和推广应用。复合钛白品种很多，就目前已应用的可归纳为复合颜料和包核钛白两类。

10.4.1.1 复合颜料

用另一种颜料作为增量剂将钛白颜料稀释，但又不降低涂料的性能，这种稀释后的颜料就是 TiO_2 代用颜料。TiO_2 代用颜料的种类很多，主要有以无机颜料作为增量剂的无机体质颜料、以有机聚合物为增量剂的塑性颜料和中空微球不透明颜料等。

A　体质颜料

作为体质颜料（或称增量剂、或填料）需具有较大的遮盖力，其粒径应与 TiO_2 颜料粒径相匹配。这种微细化的体质颜料的空间位隔作用，将 TiO_2 颜料粒子均匀整齐地分布于涂膜中，不发生群集效应，使更多的 TiO_2 粒子能起到入射光的散射中心作用，从而增加了 TiO_2 颜料的遮盖力，起到了少用 TiO_2 而达到相同遮盖力的目的。

能够替代 TiO_2 的无机体质颜料很多，例如瓷土、碳酸钙、重晶石粉、硫酸钡、滑石粉、白云石粉、硅藻土、白硅石粉、铝硅酸钠等。为了有效地替代，无机体质颜料的粒径必须微细化，平均粒径 3 ~5μm，以便能与 TiO_2 粒径相比较。另外，为了使这些增量剂充分分散并能与溶剂型基料相容，有的要进行有机表面处理。

无机增量剂不仅可以降低涂料成本，而且还可改进涂料或涂膜的某些性能，如改善涂料流变性、防沉淀性、防结块性和防止霉菌生长繁殖等，并提高涂膜的物理力学性能。

无机增量剂与颜料 TiO_2 之间的匹配性，随涂料系统的不同而有很大差异，在一种配方中被证明替代 TiO_2 有效的增量剂，不一定能适用于另一种涂料配方。因此，取代时必须根据具体情况进行可行性试验。

无机增量剂种类很多，一种无机增量剂能替代 TiO_2 的涂料种类也可有几种，下面仅以微细级硫酸钡作为增量剂取代一些涂料中的 TiO_2 数据（表 10 -21）作为典型说明。

表 10 -21　微细级硫酸钡在一些涂料中替代 TiO_2 的数据

涂料名称	基料种类	TiO_2 颜料体积分数/%	替代 TiO_2 量/%
白色装饰性涂料	亚麻油醇酸	16.5	最大 10
白色装饰性涂料	豆油醇酸	24.1	最大 17
白色装饰性涂料	脂肪酸改性醇酸	15.8	最大 15
工业烘烤型涂料	醇酸/脲醛树脂	24/22	最大 10
高固体分工业烘烤型涂料	脂肪酸改性醇酸/三聚氰胺树脂	17.7	40
灰色汽车漆	椰子油醇酸/三聚氰胺树脂	10	最大 12
白色工业冷固化面漆	异氰酸脂固化的丙烯酸酯	16.5	最大 10
彩色自干工业面漆	不饱和脂肪酸改性醇酸	10.5	最大 33
白色有光乳胶建筑涂料	纯丙烯酸酯分散体	18.1	最大 12

B　塑性颜料

以有机聚合物为增量剂的塑性颜料是通过乳液聚合法制备的亚微米、不成膜的聚苯乙烯聚合物粒子，是以 54.2% 固体分数的乳液形式存在的。其平均粒径为 0.24μm，比乳胶漆专用型 TiO_2 的粒径还要小。由于这种聚合物粒子微细而又呈球形，它在涂膜中的规则填充排列形成微孔，达到空气微泡遮盖之目的，可替代 TiO_2 30% 左右。

10.4.1.2　包核钛白

用另一种颜料作为内核，在内核表面用 TiO_2 颜料包覆，所形成的复合颜料就称为包核钛白。作为内核的主要是一些具有遮盖力的无机物，如高岭土、碳酸钙、硫酸钡、白炭黑等。

钛白粉作为白色颜料，发挥作用的只是粒子的外表面，而粒子的内核并不发挥应有作用。因此，可用低价格的具有干遮盖力的高岭土、硅灰石、碳酸钙、硫酸钡、白炭黑等体质颜料作为内核，核外再包覆颜料 TiO_2，这种包核钛白提高了颜料的利用率。

制造包核钛白有湿法和干法之分。湿法是将硫酸氧钛溶液煮沸，让其水解生成偏钛酸沉淀在内核表面，再经水洗、煅烧、粉碎而制得；也可直接将内核颜料与 TiO_2 颜料混合湿磨制备。干法有物理法、化学法和化学物理综合法三种方法。目前以干法为主。

物理法是俄罗斯高效工艺材料研究院开发的一项技术，是采用离心振动磨等设备，使碳酸钙、高岭土等无机材料内核与 TiO_2 颜料之间产生分子间力和静电引力等而相互吸附成为包核钛白。

化学法包核是用专用的包覆剂使内核与 TiO_2 颜料牢固相互吸附。包覆剂的分子必须至少有两个或两个以上的官能团，其中一个官能团可以与内核材料作用，使包覆剂能牢固地吸附在内核材料上，另一个基团可与 TiO_2 反应并吸附在 TiO_2 表面上，从而使内核材料与外层 TiO_2 牢固地相互吸附。

化学物理综合法包核，是利用上述物理法与化学法两种方法的包覆原理，通过工艺和配方的调整，巧妙地将物理法与化学法有机地结合起来，既可克服物理法包覆不牢的缺点，又可克服化学法包覆剂用量多的缺点。

云母珠光颜料也是一种包核钛白颜料。

10.4.2 钛黄颜料

在国外有两种类型的钛黄颜料：一类是在 TiO_2 中添加发色金属元素（如镍和铬）进入晶格使其产生颜色，即采用合成法制造的钛黄颜料，一般是在偏钛酸中加入着色金属元素镍或铬化合物和作为调整剂的锑或钨化合物制造的钛黄颜料；另一类是利用钛铁矿中的着色元素铁进入 TiO_2 晶格使其产生颜色，例如盐酸浸出钛精矿制取人造金红石经加工制造的钛黄颜料。

德国拜尔公司和日本石原公司生产经营前一类钛黄颜料，称为“钛镍黄”、“钛铬黄”颜料。这类钛黄颜料主要用于制造油漆、涂料、油墨和塑料。用于制造汽车的面漆，称为“轿车黄”。“钛镍黄”、“钛铬黄”颜料的价格比钛白粉还贵，3500 ~ 4000 美元/t。

美国 TOR 矿物国际公司生产经营后一类钛黄颜料，其商品名称为 Hitox 颜料，这类钛黄颜料的性能和用途与“钛镍黄”“钛铬黄”颜料相似，而 Hitox 颜料的制造成本要比“钛镍黄”、“钛铬黄”颜料低得多。

Hitox 钛黄颜料，是由美国 Benilite 公司首先开发的。最初这种 Hitox 产品起源于盐酸浸出法制造人造金红石过程中产生的细粒产品，1980 年研究开发成功 Hitox 颜料，将人造金红石提纯和粉碎加工成 Hitox 颜料，公司改名为美国 Hitox 公司，1988 年又更名为 TOR 矿物国际公司（简称为 TORM）。TORM 公司在美国得克萨斯州的 Corpus Christi 工厂，将购入的人造金红石加工成 Hitox 颜料，年产量 1.6×10^4t；1999 年给予马来西亚钛公司生产 Hitox 颜料许可证。

Hitox 颜料是一种低价、高质量的浅黄色颜料，它是有色颜料和钛白颜料的替代品，广泛用于涂料、油漆、油墨、塑料、造纸、橡胶、瓷釉及其他需要着色的产品，产品用户遍布美国等三十多个国家，它的售价大约是钛白粉价格的 2/3。Hitox 颜料的性能及与钛白颜料的比较见表 10 - 22。

表 10-22 Hitox 颜料与钛白颜料的性能比较

	品名		
性能	Hitox STD	Hitox ULX	钛白粉
颜色	米色	淡米色	白色
晶型	金红石型	金红石型	金红石型
TiO_2含量/%	95	95	94
折射率	2.73	2.73	2.73
Fe_2O_3/%	1.7	1.7	微量
Al_2O_3/%	0.4	0.4	2.0~4.5
SiO_2/%	1.25	1.25	0~3.0
平均粒径/μm	1.5	0.75	0.2~0.3
比重	4.1	4.1	4.1
松装密度/$g \cdot cm^{-3}$	0.72~1.2	0.72~1.2	
吸油量 ASTM D-281	23~28	26~28	13~20
水分含量/%	<0.5	<0.5	0.5~1.0
0.043mm(325 目)筛余/%	<0.01	<0.01	0.01
Hegman Grind	7.0	7.0	7.0
pH 值	6.5~7.5	6.5~7.5	6.5~8.5

Hitox 颜料与钛白颜料有下列主要区别：

（1）未进行表面包膜处理。从表 10-22 数据可见，Hitox 颜料是一种未包膜处理的产品，而钛白颜料是包膜产品，钛白中的 SiO_2 和 Al_2O_3 含量较高，因而两者的 TiO_2 含量相近。

（2）Fe_2O_3含量较高，具有天然的浅黄色。Hitox 中含有一定量的 Fe_2O_3，一般是 2% 左右，这是因为钛铁矿在浸出时不可能将矿中氧化铁全部浸出的缘故。正是因为 Hitox 中残留的 Fe_2O_3，使它具有天然的浅黄色，这种颜色是存在于晶格内部，因而是不会发生褪色现象的。金红石型钛白的含铁量很低，一般为 $40 \times 10^{-4}\%$ 左右，所以是白色的。Hitox 与钛白在可见光中的反射性能是不同的，钛白对可见光几乎等比例反射，而 Hitox 具有颜色可吸收部分可见光。

（3）粒径较大，吸油量较高。Hitox 的平均粒径为 0.75~1.5μm，而钛白的平均粒径一般要求在 0.2~0.3μm 范围内。Hitox 的吸油量比钛白高。

Hitox 颜料具有优良的遮盖力、耐候性、耐热性和天然色彩，以及它的颜色的一致性和粒度均匀性（粒度分布窄），使它在涂料工业中具有广泛的应用。它可用在有色的（如蓝色、绿色、橙色、灰色和乳白色）涂料、油漆和塑料中，部分或全部替代更贵的着色剂和钛白粉，可减少贵重颜料的用量，因而可使产品的颜料成本降低 20%~30%。Hitox 可在 30 多种颜色的工业产品中应用。

TORM 公司还有一种钛灰粉颜料，其化学组成为：$TiO_2 \geq 90\% \sim 91\%$，$Fe_2O_3 \leq 3.3\%$，$SiO_2 \leq 1.5\%$，$Al_2O_3 \leq 0.4\%$；其他指标与钛黄粉相同。

国内在 20 世纪 80 年代，对攀枝花钛精矿盐酸浸出法制造人造金红石过程中产生的细粒产品研制成钛黄粉，这种细粒产品的化学组成（TiO_2 94.81%，Fe_2O_3 2.0%，SiO_2 0.89%，Al_2O_3 0.23%）基本上达到了美国 TORM 公司钛黄粉的指标的要求。将这细粒产品经气流粉碎制造的钛黄粉，作为内外墙涂料进行了应用试验，配成米色、浅绿、浅黄、浅蓝等色涂料的装饰效果好，附着力、遮盖力和耐候性等各项性能均达到规定的指标。还用这种钛黄粉试剂制造了淡蓝醇酸磁漆、宝绿氨基烘漆，产品质量达到要求。

自贡东升金红石厂长期采用浓盐酸（≥31%）加压浸出攀枝花钛铁矿制造钛黄粉的小规模生产，所制造的产品质量符合用于制造电焊条的要求。经小型试验反复研究，要把攀枝花钛铁矿制成钛黄颜料还存在一些问题，主要是攀枝花钛铁矿中的 SiO_2 太高，导致产品中 SiO_2 含量很难达到≤1.25%要求。产品中的 SiO_2 是以钛辉石等杂质矿物相存在，这种杂质矿物相存在钛黄粉中会影响其颜料的性能。所以，要制造类似于美国 TORM 公司的钛黄颜料，必须采用优质钛铁矿为原料，并在浸出前需经氧化-还原预处理，以使浸出产品的化学组成达到钛黄颜料的要求。

钛黄颜料除外观颜色外，基本性能与钛白颜料相同，可应用于各种涂料、塑料、油墨、橡胶、陶瓷和搪瓷等领域。钛黄颜料适用于各种涂料体系的着色，尤其是对耐候性和耐化学品性要求很严格的涂料，如外用工业涂料、外用建筑涂料和工业防腐涂料。钛黄颜料可单独应用或与有机黄颜料相配应用，以弥补钛黄色泽的不足，获得既有高遮盖力、高耐候性又具有各种鲜艳色彩的涂料产品。钛黄颜料可替代逐渐被环保所淘汰的铅铬黄系颜料，用于各种安全的涂料体系。由于钛黄颜料的耐化学品性和耐候性很强，在汽车涂装、卷材涂装、油田和桥梁工程涂装等领域中的应用前景广阔。

10.5 特种二氧化钛

10.5.1 纳米二氧化钛

10.5.1.1 特性

纳米尺寸（0.1~100nm）的 TiO_2 具有普通颜料 TiO_2（粒径200~400nm）的共性，也具有许多特殊性能，其中最具有应用价值的主要是下列特性：（1）对可见光的透射能力很强，因此呈现透明而失去遮盖力，但可反射短波光；（2）对紫外光具有极强的吸收能力；（3）具有随角异色效应：纳米 TiO_2 的尺寸（粒径20~30nm）满足可见光谱(350~750nm）的光波干涉条件，干涉光谱作用于人眼后便形成了异色效应；（4）具有光催化特性。

10.5.1.2 制造方法

日本、美国、德国和意大利等进行了纳米二氧化钛的研究，有的已实现了工业化。其中，$TiCl_4$ 氢氧焰水解法最早由德国 Degussa（德固萨）公司开发成功，生产的纳米二氧化钛粉体（P25）是当前著名牌号之一。还有美国的卡伯特公司和日本的 Aerosil 公司等也采用该法生产超细二氧化钛粉体。该法是目前国外制造纳米二氧化钛最主要的方法。

国际市场上能购得的性能最好、销售量最大的纳米二氧化钛光催化产品是德国德固萨（Degussa）P25、美国的 Pc105 和 Pc500。

国内对纳米二氧化钛的研究十分重视，自20世纪90年代以来，已形成和申报的专利达近千件，成了最热门的研究课题，几乎研究了下面列举的所有制造纳米二氧化钛的制造方法。

A 气相法

a $TiCl_4$ 氢氧焰水解法

该法与气相法生产白炭黑的原理类似，是将气体 $TiCl_4$ 导入高温（700~1000℃）的氢氧火中进行气相水解，化学反应为：

$$TiCl_4(g) + 2H_2(g) + O_2(g) \longrightarrow TiO_2(s) + 4HCl(g)$$

该法制备是锐钛型和金红石型的混晶型粉体，产品纯度高（99.5%）、粒径小(20nm)、表面活性大、分散性好、团聚程度小，主要用于电子材料、功能陶瓷、催化剂和防晒霜等。该工艺特点是工艺流程短、自动化程度高、产品性能好，但对设备材质要求高、控制要求精确、像氯化法生产工艺一样技术难度大。该工艺最早由德国 Degussa（德固萨）公司开发成功，生产的纳米二氧化钛粉体（P25）是当前著名牌号之一。还有美国的卡伯特公司和日本的 Aerosil 公司等也采用该法生产超细二氧化钛粉体。该法是目前国外制造纳米二氧化钛最主要的方法。

国内武汉大学和华东理工大学在研发这种工艺。其中，武汉大学现有一种每小时产 5kg 产品的试验装置，产品可供化妆品使用。

b　$TiCl_4$气相氧化法

该法原理与氯化氧化法生产钛白工艺相同：

$$TiCl_4(g) + O_2(g) \longrightarrow TiO_2(s) + Cl_2(g)$$

采用该法制造纳米二氧化钛比制造钛白工艺更复杂，工艺条件控制要求更高和更精确。

国内中科院过程研究所和华东理工大学研发过这种工艺。

c　钛醇盐气相水解法

该法原理的总反应式简单表示：

$$Ti(OR)_4(g) + H_2O(g) \longrightarrow TiO_2(s) + ROH(g)$$

该工艺最早由美国麻省理工学院开发成功，用来制造单分散的纳米二氧化钛。日本曹达和出光兴产公司利用氮气、氦气或空气作为载体，把钛醇盐蒸气和水蒸气分别导入反应器的反应区，进行瞬间混合和快速反应，通过改变工艺条件来调节产品的形状和粒径。用该法可制备粒径为 10～150nm 的非晶型纳米二氧化钛。该法的操作温度低、能耗小、设备材质要求不高、可连续化生产，缺点是需使用成本较高的钛醇盐为原料。

d　钛醇盐气相分解法

该工艺将钛醇盐（如钛酸丁酯）加热气化，用氮气、氦气或氧气作载体把钛醇盐蒸气导入炉中进行热分解反应：

$$Ti(OC_4H_9)_4(g) \longrightarrow TiO_2(s) + H_2O(g) + C_4H_8(g)$$

日本出光兴产公司利用该法制造球状非晶型纳米二氧化钛，可用于吸附剂、光催化剂和化妆品等。

B　液相法

a　$TiCl_4$加碱中和水解法

以精制 $TiCl_4$为原料制成水溶液，将其稀释后加碱液中和水解，水解产物水合二氧化钛经洗涤、干燥、煅烧和后处理获得纳米二氧化钛。其反应式如下：

水解：$TiCl_4 + 4H_2O = Ti(OH)_4\downarrow + 4HCl$

煅烧：$Ti(OH)_4 = TiO_2 + 2H_2O$

控制不同的工艺条件可以获得锐钛型、金红石型或混型的纳米二氧化钛。这是目前国内外普通应用的制造纳米二氧化钛的方法。

英国 Tioxide 公司利用该法制造针状金红石型纳米二氧化钛产品。

b　硫酸氧钛溶液水解法

将硫酸氧钛制成一定浓度的溶液，加碱液中和水解，水解产物水合二氧化钛经解聚、洗涤、干燥、煅烧和后处理获得纳米二氧化钛。其反应式如下：

水解：$TiOSO_4 + 2NaOH + H_2O = Ti(OH)_4 \downarrow + 4Na_2SO_4$

煅烧：$Ti(OH)_4 = TiO_2 + 2H_2O$

控制不同的工艺条件可以获得锐钛型、金红石型或混合型的纳米二氧化钛。该法原料成本低，但难获得高性能的产品。

c　钛醇盐水解法

该法为溶胶—凝胶法（简称 S—C 法）的一种，以钛醇盐为原料，通过水解和缩聚反应制得溶胶，再进一步缩聚成凝胶。凝胶经干燥、煅烧获得纳米二氧化钛。其反应式如下：

水解：$Ti(OR)_4 + nH_2O = Ti(OR)_{4-n}(OH)_n + nROH$

缩聚：$Ti(OR)_{4-n}(OH)_n = TiO_2 + (4-n)ROH + (n-2)H_2O$

该法的原料纯度高，工艺过程不引入杂质，可制备纯度高、粒径小、粒度分布窄的质量稳定的产品。缺点是原料成本高，干燥和煅烧时凝胶体积收缩大，易造成纳米颗粒间的团聚。

d　水热合成法

该法的原理与液相水解法相似。将纳米二氧化钛的前躯体加入密闭高压釜中，加热至所需温度并恒温一段时间，所获产品经洗涤、干燥即可获得纳米二氧化钛。该法制备的产品具有晶粒发育完整、粒径小、粒度分布均匀、颗粒团聚少等特点，是一种具有发展前景制造纳米二氧化钛的方法。该法的关键设备需能承受高温（220℃）高压（约 2MPa），对材质要求严。

e　溶胶—萃取法

该法包括水解沉淀、溶胶、萃取和热处理四个步骤。在硫酸氧钛溶液中加入碱液生成二氧化钛水合物沉淀，再加入酸使其转变成带正电荷的透明溶胶，接着加入阴离子表面活性剂使溶胶胶粒转化成亲油性的聚集体，然后用有机溶剂萃取胶体粒子，有机相经回流、减压蒸馏和干燥热处理获得纳米二氧化钛粉体。此法制备的产品分散性好、透明度高，但流程长、成本高。

f　W/O 微乳法

由水、油和表面活性剂组成热力学稳定的微乳液，其中水被表面活性剂单层包裹形成微水池，分散于油相中，纳米二氧化钛在微水池生成。通过控制微水池的尺寸来控制纳米微粒的大小。该法有望制备单分散的纳米二氧化钛微粉，但还需解决降低成本和减少团聚两大难题。

较好的制备纳米二氧化钛的方法应满足：纯度高及表面清洁度高、粒子的粒径大小和分布可控，粒子几何形状规一，晶型稳定性好，团聚程度低即分散性好，成本低，便于大规模生产。

气相法反应速度快，连续化生产，产品纯度高、分散性好、团聚少、表面活性大，特别适用于精细陶瓷、催化剂材料和电子材料，但设备材质要求高、控制要求精确。

液相法的成本相对较低，但液相法易造成局部浓度高，使生成的粒子大小、形状不均，而且由于粒子小、比表面积大、表面能极高，干燥和煅烧过程引起粒子间的团聚，特别是硬团聚，使产品分散性变差，影响产品的使用效果和应用范围。为解决上述问题，出现了均相沉淀、微乳法和高温水热技术，但使用这些技术后又使产品成本增加。

纳米二氧化钛的优异性能很大程度上取决于其粒径大小，如何克服因粒径微细化而导致的颗粒团聚，无疑是纳米二氧化钛成功工业化的关键。一般人认为气相法难度大、成本高，其实目前看来唯有气相法可获得团聚少、分散性好的产品，且气相法规模化生产的产品会比液相法低，因为气相法流程短、可实现连续化生产。

目前国外有十几家公司生产纳米 TiO_2，年产量估计 1.0×10^4t。国内也有几家公司建立了纳米 TiO_2 中试线，年产量估计 1.0×10^3t。

10.5.1.3　应用

纳米二氧化钛问世于20世纪80年代后期，由于纳米材料的表面效应、体积效应和量子尺寸效应，以及纳米二氧化钛独特的颜色效应、光催化作用和紫外线屏蔽等功能，使纳米二氧化钛备受青睐。在精细功能陶瓷、半导体、光催化材料、汽车工业、防晒化妆品、废水处理、抗菌、环保等方面有着广泛的应用。其中，最主要和最重要应用概括如下四方面：

A　在涂料中的应用

由于纳米 TiO_2 的粒径小，在涂料中添加纳米 TiO_2，可使涂料具有更优异的性能，使涂料的附着力、柔韧性、抗冲击性和抗老化等性能大幅提高。

纳米 TiO_2 的随角异色效应在汽车面漆中获得最为成功的应用。当纳米 TiO_2 与云母珠光颜料或铝粉颜料拼用时，会产生双色效应。这种效应颜料所具备的变幻色彩和独特的光学性能，使之成为最高档的颜料，用于豪华汽车的面漆。从1987年首次使用后，到1991年世界上已有11种含有纳米二氧化钛的金属闪光轿车面漆被应用，目前世界上有一半以上的轿车使用这种金属闪光面漆。目前，我国轿车年产量已居世界前列，因此对含有纳米二氧化钛的金属闪光轿车面漆将有很大的需求量。

纳米 TiO_2 具有对紫外线的屏蔽功能，将其制成防紫外线涂料有着广泛应用。例如，在外墙乳胶漆中添加纳米 TiO_2，可提高涂膜抗紫外线的侵蚀性能、抗老化性能和耐擦洗性能，并可增加涂膜的色彩鲜艳度。

纳米 TiO_2 具有半导体特性，在家用电器、军事隐身涂料中添加纳米 TiO_2，可使涂层具有静电屏蔽性能和抗电磁波的干扰。

锐钛型纳米 TiO_2 具有光催化特性，在内墙涂料中添加纳米 TiO_2，可使涂膜具有抗菌、防霉、除臭、净化空气等功能。

B　在治理废水中的应用

锐钛型纳米 TiO_2 具有光催化特性，在紫外光的照射作用下，纳米 TiO_2 能够自行分解出自由移动的带负电的电子 e^- 和带正电的空穴 h^+，它们与 TiO_2 表面的氧和水等反应，生成具有极强化学活性的原子氧和氢氧自由基，原子氧能与多数有机物反应，使有机物氧化分解为 CO_2、H_2O 和无毒的无机物。因而，纳米 TiO_2 在含有有机物的废水处理中，例如处理染料废水、农药废水和含油废水等有重要的应用。

另外，纳米通过光催化形成的高活性电子 e^- 具有极强的还原能力，可使废水中的重金属离子还原，例如可用于处理毒性极强的含 Cr^{6+} 的废水。

C　在灭菌、除臭和治病方面的应用

纳米 TiO_2 受光照后生成化学活性极高的自由基可使有机物降解。病菌是由有机物组成的，自由基攻击病菌使其细胞内的有机物降解，以便杀死病菌并使之分解。因此，纳米 TiO_2 可用于灭菌、除臭和治病。日本已将纳米 TiO_2 的杀菌功能应用到餐具上，使得餐具带菌传染疾病的可能性降低；并研究出纳米 TiO_2 牙齿漂白剂。我国学者研究利用纳米 TiO_2 用于杀灭胃癌细胞。

D 在化妆品方面的应用

纳米二氧化钛由于其优异的紫外线屏蔽作用、透明性以及无毒等特点，使其成为生产防晒霜类护肤产品、食品包装材料、农用塑料薄膜、人造纤维等的理想材料。特别是已被广泛应用于防晒化妆品中，用于制造防晒霜、粉底霜、洗发膏等，这是纳米 TiO_2 应用最成功的领域之一。据推算，日本每年用于化妆品的纳米 TiO_2 已达 1.0×10^3t。

此外，纳米二氧化钛还可用作树脂油墨的着色剂、硅橡胶的补强剂、固体润滑剂的添加剂、光敏催化剂、吸附剂等。

纳米 TiO_2 的应用越来越广泛，需求量越来越大。据预测，仅就光催化在涂料、聚氨酯皮革、塑料橡胶、纤维和化妆品行业，对纳米二氧化钛的年需求量就达数万吨。

10.5.2 珠光颜料

云母珠光颜料是以微米级（5 ~ 150μm）云母片为基材，在其表面上包覆一层高折射率的 TiO_2 透明薄膜而成，TiO_2 膜厚度为纳米级（30 ~ 150nm）。入射光在具有不同折射率的多层界面中，通过多次透射和反射或光的干涉，产生出具有不同色彩的柔和闪烁的珠光光泽，类似自然存在的珍珠、贝壳、飞鸟、鱼、昆虫、矿物等神秘光泽的效果，由此而得名。珠光颜料自 17 世纪中叶问世至今，经历了从天然到人工合成、由有毒到无毒的进化过程。1963 年杜邦公司开发出云母珠光颜料，以其优良的耐候性、化学稳定性、无毒性和丰富的色彩而得到迅速发展。由于其卓越的装饰效果和适用性，使其广泛应用于涂料、塑料、化妆品、皮革、壁纸、印刷油墨等许多领域。1979 年成功地被应用于涂装高级轿车之后，更获得长足的发展，成为汽车面漆中应用最广泛的颜料之一，在美国、日本和西欧等发达国家和地区获得普遍应用。现今，综合性能优异的云母 - 二氧化钛珠光颜料几乎全面取代了其他珠光颜料。

10.5.2.1 制造方法

云母钛珠光颜料的制备包括两部分：一是制备片状云母粉，二是云母包膜（包覆 TiO_2 薄膜）。

选择优质的云母通过湿法研磨制备获得微米级片状云母粉，并经过酸煮、过滤、洗涤、干燥等工序的前处理，以除去云母表面的杂质，提高白度和改善表面吸附性能，增加云母表面与 TiO_2 之间的结合力，为下一步包覆 TiO_2 创造条件。

不同品种的珠光颜料，对云母粉的粒径有不同要求（表 10 - 23）。

表 10 - 23 不同粒径的云母粉与相应的珠光颜料产品种类

云母粉粒径/μm	5 ~ 20	10 ~ 60	30 ~ 100	40 ~ 200
应用类别	银白、金黄、金属光泽	银白、干涉、金黄、金属光泽	银白、金黄	银 白
类 型	丝 绸	珠 光	闪 亮	闪 烁

目前常用的包钛工艺以液相法为主，基本过程如下：将经预处理的云母粉用水打浆，在可水解的钛盐存在下升温，使钛盐水解成水合二氧化钛并沉积在云母的表面。然后过滤，烘干滤饼，并在一定温度下煅烧，即制得二氧化钛包膜的云母粉。水解包膜工艺常用的原料有四氯化钛和硫酸钛液，常用的方法有中和法、加热水解法和缓冲法等。

A　四氯化钛加碱中和法

加碱法是将云母的水浆液加热至所需温度，在滴加四氯化钛溶液的同时，用氢氧化钠溶液维持 pH = 2 ~ 3，使水解生成偏钛酸沉淀在云母表面。反应式如下：

$$TiCl_4 + 3H_2O = H_2TiO_3 \downarrow + 4HCl$$

B　硫酸氧钛加热水解法

加热水解法是在云母的水浆液中，加入硫酸氧钛溶液并加热使其水解生成偏钛酸沉淀在云母表面，反应式如下：

$$TiOSO_4 + 2H_2O = H_2TiO_3 \downarrow + H_2SO_4$$

C　缓冲法

缓冲法选择金属（如锌粒）或金属氧化物作为缓冲剂，与硫酸钛水解过程中生成的酸反应，起到除酸剂的作用。反应式如下：

$$Ti(SO_4)_2 + 3H_2O = H_2TiO_3 \downarrow + 2H_2SO_4$$

$$Zn + H_2SO_4 = ZnSO_4 + H_2 \uparrow$$

还有酒石酸缓冲法和尿素缓冲法等。

在水解包膜过程中，通过控制水解条件（钛盐加入量、水解时间等），调节膜层厚度，可获得不同品种或不同颜色的珠光颜料。对于粒径相同的云母片，随着二氧化钛膜层厚度的增大，颜料反射光的色相将由银白色依次转变成金、红、紫、蓝、绿色。在两种色光之间，还可产生一系列过渡色相的珠光颜料。产品的干涉色与光学膜厚度的关系如表 10 - 24 所示。

表 10 - 24　云母珠光颜料的干涉色与 TiO_2 珠光膜的光学厚度的关系

光学厚度/nm	100	140	200	230	250	280	310	370
反射色	蓝相白	黄相白	黄（金）色	金红色	品红色	紫红色	蓝　色	绿　色
透射色	黄相白	蓝相白	蓝　色	蓝绿色	绿　色	黄绿色	黄　色	红　色

包覆偏钛酸的云母钛珠光颜料须经过煅烧。煅烧脱去偏钛酸中的水、硫酸根或氯根等杂质，增强 TiO_2 与云母的黏附力，并使 TiO_2 由无定形状态转化为金红石型。通过控制煅烧条件，提高 TiO_2 珠光膜的金红石转化率，消除其光化学活性。如在包覆二氧化钛时加入金红石转化助进剂（如二氧化锡），则较容易增加金红石转化率。

10.5.2.2　彩色珠光颜料

彩色珠光颜料是在具有干涉色云母珠光颜料的基础上，再沉积一层能吸收光的珠光膜如 Fe_2O_3，形成双层或多层珠光膜的“组合颜料”。这种组合颜料的颜色是光线干涉和光线吸收共同作用形成的，产生了各种各样的双颜色效应。这种加色性珠光颜料具有明亮的金色光泽，着色力强，遮盖力也得到改进，一般称为金色光泽珠光颜料。云母 - TiO_2 - Fe_2O_3 和云母 - TiO_2 - Cr_2O_3 组合珠光颜料称为彩色珠光颜料。除了 Fe_2O_3 和 Cr_2O_3 外，还有炭黑、氧化钴、氧化铜、稀土氧化物等着色剂。经过一系列氧化物包膜处理，可形成色谱齐全的彩色珠光颜料。

彩色云母珠光颜料的发色效果随基体云母种类而异，例如炭黑着色的银白云母钛珠光颜料，其色调深沉，与铝粉无异；用氧化亚铁、三氧化二铁着色的金黄珠光颜料，类似黄金粉等；用氧化铬着色的银白云母钛珠光颜料类似青铜粉。

彩色珠光颜料的制法还有有机着色方法，即在云母钛表面包覆有机着色剂，如酞菁蓝、酞菁绿、咔唑紫、喹吖啶酮红等，可使原有干涉色更鲜艳，或者得到双色调的珠光颜料。

采用还原法也可使珠光颜料的色泽丰富，还原法不是通过外加着色剂，而是通过控制煅烧条件实现的。煅烧时使物料处于还原性气氛下，如在氨气、氢气或烃存在的条件下，则会形成低价钛的氧化物和氧氮化物的灰、黑、蓝等特殊色调。不引入其他着色物质，可以避免因其他物质的耐旋光性、毒性或耐候性差导致珠光颜料性能的下降。

目前，着色云母钛珠光颜料在金属闪光面漆中应用越来越普遍，其遮盖力和光泽都符合漆膜技术要求，并赋予漆膜强烈的金属光泽，能部分或全部替代金粉（锌铜合金粉）、银粉（铝粉）等。

云母钛珠光颜料适用于几乎所有天然和合成树脂。目前，珠光颜料在溶剂型漆，如丙烯酸氨基烘漆、丙烯酸醇酸烘漆及各类聚氨酯漆中的应用已相当普遍。

10.5.2.3　产品质量

粒度是影响珠光颜料性能的重要因素（表 10－25）。粒径越小，颜料的遮盖力提高，但珠光效果差；粒径越大，珠光效果越好，但遮盖力下降。

表 10－25　珠光颜料粒径与其外观和性能的关系

粒径范围/μm	<15	5～25	10～40	30～100	20～200
外观和性能	平光光泽，遮盖力良好	缎光光泽，遮盖力尚好	珠光光泽，遮盖力适度	闪烁珠光光泽，遮盖力低	闪烁性极强，遮盖力差

汽车面漆常用 5～25μm 和 10～40μm 这两个级别，粒径适中且粒度分布窄，漆膜的综合性能较优。

除粒度指标外，其他质量指标参见表 10－26。

表 10－26　10～60μm 银白色云母珠光颜料的质量要求

项　目	指　标	项　目	指　标
外　观	银白色	吸油量/g·$(100g)^{-1}$	≤65
亮　度	相当、接近、低于标样	水浸 pH 值	5～6
白　度	不低于标样	杂质量/%	≤0.3
水分/%	≤1	水溶盐/%	≤0.8

10.5.3　二氧化钛膜料

10.5.3.1　TiO_2 薄膜的制造方法及应用

二氧化钛膜料是用于制造二氧化钛薄膜（膜厚度一般 <1μm）的原料。这种薄膜既具有二氧化钛耐磨损、耐腐蚀、抗氧化等物理化学稳定性，又具备对光反射、透射、干涉、衍射、吸收、色散及电磁波、电子电路、介电绝缘的光电子介质的优点。因此，近半

个世纪以来，以二氧化钛或二氧化钛混合料（$TiO_2 + ZrO_2$、$TiO_2 + BaO$ 等）制备的薄膜在光传输、太阳能利用、滤光片、电子电路绝缘、光电转换电容器等领域都有了广泛的应用。2004 年全球用于薄膜用途的二氧化钛估计约 300t，到 2007 年已猛增至 900t。

目前二氧化钛成膜主要有 3 种方法：（1）真空热蒸发镀膜。真空热蒸发是在大于 10^{-3}Pa 真空下，用钨、钼或钽电阻发热至 2000℃左右，使二氧化钛膜料气化，并获得足够分子自由程及能量而沉积在被镀工件上形成不大于 1μm 厚度的 TiO_2 薄膜的过程；（2）电子束镀膜。电子束镀膜是用加速电子束轰击阳极二氧化钛膜料，使二氧化钛获得电子动能的动量，转化为热能而真空气化（真空度不低于 5×10^{-2}Pa）并获得足够分子自由程及能量沉积凝结于被镀工件上，形成厚度不大于 1μm 的均匀 TiO_2 薄膜的过程；（3）磁控溅射镀膜。该方法是相对复杂而技术比较先进的成膜方式，定尺寸的、高密度二氧化钛阴极靶材，受到高速阳离子气体的动能、动量撞击传输，溅射高能的 TiO_x 分子或分子团，这种获能粒子在电场作用下飞奔并沉积在阳极基板（被镀工作）上。

以上三种方式中，磁控溅射工艺形成的 TiO_2 薄膜的均匀度、牢固度、工件的适应性等综合性能最好，电子束镀膜次之。

10.5.3.2 TiO_2 膜料的性能要求

二氧化钛膜料通常做成片状或颗粒状，这种膜料除具有普通二氧化钛的通性外，还应达到与镀膜工艺、薄膜应用相关的下列技术指标的要求：

形状规格：片状 $\phi(8 \sim 30)$mm × 5mm，或按用户要求形状；

表观颜色：黑灰色；

纯度：$TiO_2 > 99.9\% \sim 99.99\%$；

杂质含量：Fe、Co、Cu、Ni、Mo、Pb、Na、K 分别 < 0.008%；

密度：≥3.43g/cm^3；

放气量：本底真空 2×10^{-4}Pa 时，3min 预熔真空降至不低于 1×10^{-3}Pa 为合格；

镀膜喷溅指数：ϕ60mm 石英基片，按正常镀膜工艺成膜后，在 50 倍光学显微镜下，直径≥8μm 的崩点小于 50 个；

成膜后光电指数：薄膜消光系数 $< 5 \times 10^{-2}$；折射率在 2.2 ~ 2.4 之间有良好的重复性、稳定性；

透光波段：透光波段 0.35 ~ 12μm。

10.5.3.3 TiO_2 膜料的制备工艺

二氧化钛膜料通常应是以高纯超细二氧化钛（或添加其他添加料）为原料，经过粉末成型、烧结、真空脱气、高温再结晶和表面导电化处理等工序制作，原则工艺流程如图 10 – 22 所示。

10.5.4 高纯超细二氧化钛

用于制造热敏电阻、压敏电阻、半导体电容器、晶界层陶瓷电容器、多层陶瓷电容器等陶瓷介质材料和微波介质材料的二氧化钛称为电子级二氧化钛。电子级二氧化钛要求高纯超细（表 10 – 27）。高纯 TiO_2 一般以 $TiCl_4$ 为原料制造，原则工艺流程如图 10 – 23 所示。

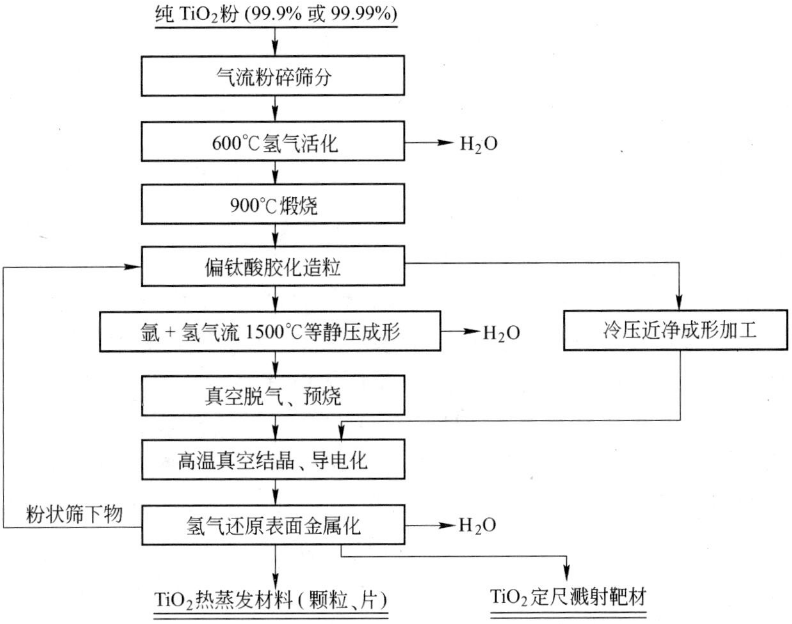

图 10-22 二氧化钛膜料制备工艺原则流程图

表 10-27 高纯超细二氧化钛商品规格

产品名称	纯度/%	TiO_2/%	平均粒径/μm	晶 型	水 分 (120℃) /%	高温减量 (950℃) /%	
高纯 TiO_2	≥99.9	≥99.5	1.0~3.0	R 型≥99.5	≤0.1	≤0.2	
高纯超细 TiO_2	≥99.9	≥99.5	0.6~0.8	R 型≥99.5	≤0.2	≤0.2	
杂质含量/% (≤)	Ca	Mg	Fe	Sr	Na	K	Cl
高纯 TiO_2	0.005	0.003	0.002	0.005	0.002	0.002	0.01
高纯超细 TiO_2	0.003	0.003	0.001	0.002	0.001	0.001	0.01

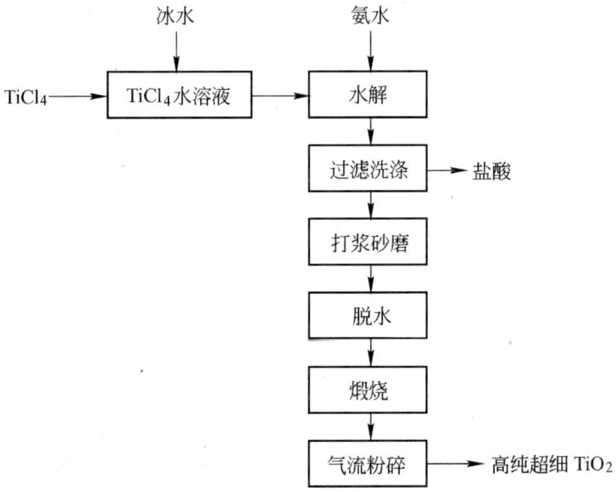

图 10-23 制造高纯超细 TiO_2 原则流程

10.6 钛白生产中的“三废”治理

10.6.1 概述

硫酸法和氯化法两种生产钛白的方法，最主要的区别在于生产过程中产生废料量的不同，前者产生的废料量多，后者产生的废料较少。这主要是由于使用不同原料和生产工艺的差别引起的。

第一，使用不同的原料。硫酸法一般以钛铁矿为原料，矿中铁的氧化物在酸解时转变成硫酸亚铁，所以产生大量的绿矾废料。采用钛渣原料可避免大量绿矾的产生，其他废料也可相应减少一些。所用钛渣的品位越高，废料量也就越少。目前国外硫酸法使用的钛渣，主要是加拿大魁北克铁钛公司（QIT）和南非理查兹湾矿业公司（RBM）生产的钛渣，其 TiO_2 含量分别为 80% 和 85%。钛渣的品位受硫酸法工艺的限制，看来 85% 的品位已达到了最高限。这是因为硫酸法使用的钛渣，要求其中含有一定量的助溶杂质（FeO 等），并限制钛渣中的低价钛含量。若渣中低价钛含量过高，会给生产过程带来麻烦。而氯化法一般使用高品位的富钛料（如天然金红石、人造金红石或高钛渣），且富钛料的品位不受工艺限制，品位越高越好。由于氯化法所用钛原料的品位比硫酸法高，因此氯化法产生的废料便会相对少一些。至于目前国外有些氯化法钛白厂，使用含 $TiO_2$85% 的钛渣，或者使用含 $TiO_2$70% 左右的钛铁矿为原料，在这种情况下氯化法产生的废料量必然相应增加。可见，无论是硫酸法还是氯化法，采用不同的原料时所产生的废料量也不一样（表 10－28）。

表 10－28　使用不同矿源时生产 1t TiO_2 产生的废料量比较　　(kg)

硫酸法	废料		
	绿矾	重金属硫酸盐	硫酸（以 100% 计）
采用挪威钛铁矿（45% TiO_2）	3400～4000	30～35	1800～2000
采用西澳钛铁矿（54% TiO_2）	3000～3600	75～85	1500～1700
采用加拿大钛渣（80% TiO_2）	0	35～40	1000～1300
氯化法	废料		
	氯化铁（以 $FeCl_3$ 计）	重金属氯化物	
采用天然金红石（96% TiO_2）	12～18	30～35	
采用盐酸法人造金红石（94% TiO_2）	50～55	7～10	
采用锈蚀法人造金红石（92% TiO_2）	70～75	35～40	
采用钛铁矿或白钛石（70% TiO_2）	940～970	45～53	

第二，生产工艺的差别。硫酸法用浓硫酸分解钛矿，硫酸是一种难挥发性酸，实现硫酸在生产过程中的循环使用相当困难。氯化法使用易挥发性氯气来分解矿物，在生产中容易实现氯的循环使用。

在硫酸法中由于硫酸分解钛矿制备的钛液，尽管也经过净化除去了部分杂质，但仍然不是纯钛液，偏钛酸是从含大量杂质的钛液中沉淀出来，由于表面吸附和共沉淀等原因使偏钛酸沉淀物含有大量杂质，其后需使用大量水来洗涤除去这些杂质，因此就产生大量的酸性废水。硫酸法生产1t钛白，一般要产生7～8t含20%硫酸的废酸和150～250t酸性废水。而氯化法用氯气分解钛原料，在TiO_2转变成$TiCl_4$的同时，尽管原料中的其他杂质也会部分被氯化生成相应的氯化物，但这些氯化物杂质易从$TiCl_4$中分离出来，从而可获得高纯度的$TiCl_4$。由这种高纯$TiCl_4$氯化生成的TiO_2产物含杂质极少，不需要经过复杂的提纯过程，因而也就不像硫酸法那样产生那么多液体废料。

在硫酸法中，分解钛矿所消耗的大部分硫酸也可在钛液水解时再生出来，但它却在水解母液中，其中不仅含有大量杂质，且硫酸浓度一般只有20%左右，这种废酸的提纯和浓缩都比较困难。在氯化法中，氯化钛原料所消耗的大部分氯，在氧化作业时以较纯的氯气形式再生出来，可以直接返回氯化作业使用。

基于上述两方面的原因，氯化法产生的废料量要比硫酸法少得多。但必须指出，硫酸法产生的废料和氯化法产生的废料的危害性是不相同的。因此，欧盟在其关于钛白生产中废料处理的89－428指令中规定，每生产1t钛白，允许氯化法工厂排出废料中的氯离子量仅为130～450kg，而允许硫酸法工厂排出的废料中的硫酸盐离子量为800kg。

10.6.2 “三废”对生态环境的危害

在钛白生产中直接排放废料，会危害环境。硫酸法生产中排出的含硫氧化物和氯化法生产排出的含氯物质，在周围大气中达到一定浓度后便会形成酸雨。酸雨危害植物生长，使树木落叶，影响周围居民的健康。产生的废酸或氯化物废料直接排至江河，会使水体突然酸化，杀死水中的浮游生物和鱼类。可溶性硫酸亚铁在江河中通过化学反应会变成不溶性氢氧化铁，从而使水中的氧含量大大下降，会危害水生物。

值得指出的是，氯化法生产中的物料和产物大都是些具有一定毒性和腐蚀性的物质，如Cl_2、$TiCl_4$、$AlCl_3$、$FeCl_3$、$SiCl_4$及其他杂质氯化物。生产过程中排出的含有上述物质的废气、废液、废渣和泄漏物会毒化周围环境和危害附近居民的身体健康。当发生大量氯气或$TiCl_4$泄漏的意外事故时，其危害性尤为严重。因此，国内外一些专家建议把氯化法钛白厂建在远离稠密居民区，并有紧急疏散人员的措施。

由于钛白生产对环境污染严重，为此许多国家都制定了专门的环保法规。我国虽然还未对钛白生产行业制定专门的环保法规，但国家的环保法已经实施，钛白生产直接排放废料是完全不符合国家环保法的。所以，钛白生产的三废治理势在必行。

10.6.3 硫酸法产生的废料及其治理

以钛铁矿为原料，生产1t钛白产生如下主要废料：（1）废渣0.2t。（2）绿矾3～3.5t。（3）浓废酸（20%硫酸）7～8t。（4）酸性废水150～250t。（5）含硫氧化物废气15000m^3。

上述废料的治理和利用方法简述如下：

（1）废渣。废渣主要是指酸解残渣，其主要组成是未反应的矿物、不溶性硫酸盐和矿中不溶成分等。经过洗涤除去可溶性物后用掩埋法处理。

（2）硫酸亚铁。国外一些工厂将$FeSO_4$按一定比例掺入黄铁矿中作为生产硫酸的原料。结晶状的$FeSO_4$可在市场上出售，用作水处理剂，土壤改良剂及其他添加剂使用。硫酸亚铁经氧化处理聚合成的聚合硫酸铁，是一种新型的无机高分子净水剂，已广泛用于废水和污水处理。也可将 $FeSO_4$ 加工成铁红颜料或磁性氧化铁。

（3）废酸。含 H_2SO_4 20% 左右的废酸，一般采用浓缩净化方法返回酸解使用；也可中和生产石膏，或转化成硫酸铵肥料；日本石原公司利用此种废酸浸出钛铁矿生产人造金红石。

（4）酸性废水。主要采用中和法处理后排放。

（5）废气。主要是酸解废气和煅烧废气。

酸解废气主要含有 SO_3、SO_2 和水蒸气等，用大量水喷淋使其中的水蒸气冷凝下来，然后用碱液喷淋吸收其中的 SO_3 等后排放。

煅烧尾气主要含有 SO_3、SO_2、TiO_2 粉尘和水蒸气等，每生产 1t 钛白要产生 15000m^3 左右的这种废气。这种废气可采用水喷淋吸收，然后经碱液洗涤处理后排放。

德国拜耳公司经过 30 多年的努力，已实现了硫酸法钛白生产无公害化。该公司的废料处理流程如图 10－24 所示。

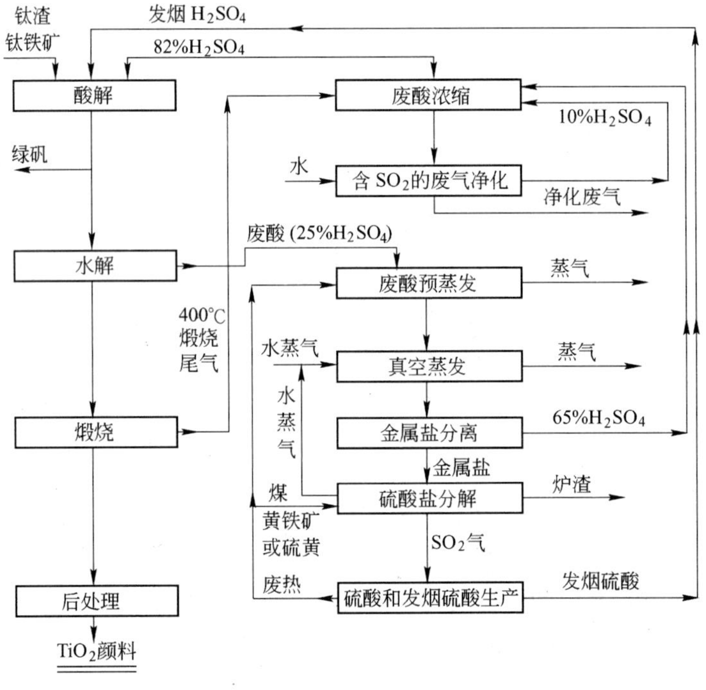

图 10－24　拜耳公司钛白生产中废料治理流程

具体处理过程简述如下：

（1）废水。废水经处理后，变成可以接受的水。

（2）废气。酸解废气经过特殊的过滤系统过滤达到标准后排空。含有 SO_3 的煅烧尾气温度约 440℃，含有大量热量，用于水解废酸的浓缩。之后通入水，吸收其中的高浓度 SO_3，使其变成可浓缩回收的废酸（浓度 10%）。净化后的这种废气只含有水蒸气和 CO_2，可达到排放标准。

（3）酸解废渣。不溶性的酸解废渣大多数是未酸解的尾矿以及硅酸盐等，经过一定的处理后，变成不溶性，对环境无害，可用掩埋贮存法处理。用于这种不溶性固体废弃物掩埋的深坑是很大的，能完全保证废副不泄露，坑址和设计情况均得到环保当局的批准。

（4）硫酸亚铁。采用钛渣作原料，不直接生成绿矾；采用钛渣与钛铁矿混合矿作原料时，生成的绿矾一部分可用作水处理剂，另一部分用于生产氧化铁颜料。水解废酸浓缩生成的硫酸亚铁，与黄铁矿或硫黄掺烧生产硫酸，所副产的氧化铁可用于作为有价值的含铁原料。

（5）水解废酸。经预浓缩后，分离出硫酸亚铁，再进一步浓缩，变成浓度为65%的硫酸，再用煅烧尾气的余热进行中间浓缩到82%的硫酸，返回酸解作业，与一定量的发烟硫酸混合进行钛矿酸解。

10.6.4 氯化法产生的三废及其治理

氯化法是一种生产钛白的先进方法，但要求使用高品位富钛料原料。国外大多数工厂都以天然金红石（含 $TiO_2$96%）和高品位人造金红石（含 $TiO_2$90% ~96%）为原料，在生产过程中实现氯的循环使用，整个生产过程产生的废料较少。这是氯化法最主要的优点。我国缺乏天然金红石资源，用氯化法生产钛白要以钛铁矿为原料，首先要将它富集成高钛渣和人造金红石。这就要求富钛料生产产生较少废料，获得高品位的富钛料。否则，便会失去氯化法最主要的优点。

目前我国主要是以电炉法冶炼钛铁矿生产的高钛渣作为氯化法生产钛白的原料。这就要求选择优质的钛铁矿作为生产高钛渣的原料，否则所生产的高钛渣品位太低使钛白生产过程产生的废料量增加。因为高钛渣中的杂质，在氯化时消耗氯气生成相应的杂质氯化物。所生成的这些杂质氯化物又与 $TiCl_4$ 混在一起，需要根据它们各自的性质，在氯化－$TiCl_4$精制过程中逐个将它们从 $TiCl_4$ 中分离除去，形成各种形式的废料，如氯化残渣、收尘器残渣、沉降和过滤泥浆、精馏釜残液和低沸点馏出液以及废气等。这些废料往往因含有大量 $TiCl_4$，在处理过程中造成 $TiCl_4$ 损失降低回收率，如用湿法处理将会产生大量酸性废水和废气。

表10－29列出了使用不同品位的高钛渣为原料生产钛白时，杂质耗氯量和产生的杂质氯化物废料量的比较。从表可见，使用低品位钛渣作为氯化的原料，耗氯量和杂质氯化物废料量也都大量增加。这不仅会增加废料处理量，而且还会恶化操作环境，降低钛的回收率。由此可见，氯化法只有在吃“精料”的情况下，才会充分显示出其优越性。

表10－29 用不同品位的钛渣生产钛白时杂质耗氯量和产生的废料量比较（计算结果）

序 号	钛渣的 TiO_2 品位（质量分数）/%	钛渣中杂质总量（质量分数）/%	生产1tTiO_2的杂质耗氯量/kg	生产1tTiO_2的杂质氯化物废料量/kg
1	94.6	7.4	154	281
2	91.9	10.1	220	377
3	90.9	11.1	220	393
4	89.1	12.9	275	484
5	83.7	18.3	437	723

氯化法生产钛白过程产生如下主要废料：

（1）固体废料。有氯化残渣、收尘残渣、除钒残渣、精馏残渣等。

（2）液体废料。有沉降和过滤泥浆、精馏残液、低沸点液及各种废水。

(3) 废气。包括氯化、精制、氧化作业产生的含氯及氯化物废气，钛白干燥、粉碎过程中产生的含尘废气等。

上述废料的治理方法参见本书第5章和第6章相关废料治理有关部分。

参考文献

[1] 陈朝华，刘长河．钛白粉生产及应用技术［M］．北京：化学工业出版社，2006.

[2] 莫畏，邓国珠，罗方承．钛冶金［M］．第2版．北京：冶金工业出版社，1998.

[3] 裴润，等．硫酸法钛白生产［M］．北京：化学工业出版社，1982.

[4] 邓国珠．电炉熔炼攀枝花钛铁矿生产酸溶性钛渣［J］．钢铁钒钛，1980，(2~3)：76.

[5] 邓国珠．由原生钛铁矿制取酸溶性钛渣的研究［J］．涂料工业，1981 (3)：19.

[6] 邓国珠，解云飞．攀枝花钛铁矿制取酸溶性钛渣的研究．见：中国金属学会．中国金属学会1978~1980年优秀论文选集（第二分册上册）［C］．1981. 14.

[7] 邓国珠，等．硫酸分解攀枝花新流程钛渣制取钛白工艺技术研究［J］．稀有金属，1989，(1)：15.

[8] 邓国珠，等．Extraction of TiO_2 from Low - Titania Slag by Salphate Process. 钒钛磁铁矿开发利用国际会议论文集［C］．北京：冶金工业出版社，1989，194.

[9] 马慧娟．钛冶金学［M］．北京：冶金工业出版社，1982.

[10] 魏绍东．纳米二氧化钛的现状与发展［J］．中国涂料，2005，10 (2)：9.

[11] 解宪英．纳米二氧化钛的制备及其应用（上）［J］．上海化工，2001，(3、4)：37.

[12] 解宪英．纳米二氧化钛的制备及其应用（下）［J］．上海化工，2001，(5)：16.

[13] 宁艳春，蒲文昌．纳米二氧化钛的制备及其光催化应用进展［J］．化工环保，2004，24卷增刊：117.

[14] 杨宏昀，李春忠．一次氧气对氢氧焰水解制备纳米二氧化钛颗粒的影响［J］．华东理工大学学报，2003，29 (5)：484.

[15] 张健，吴全兴．纳米二氧化钛的研究进展［J］．稀有金属快报，2005，24 (3)，1~5.

[16] 杜剑桥，王兰武．用 $TiCl_4$ 制备纳米 TiO_2 的研究状况［J］．钛工业进展，2005，22 (2)：17.

[17] 王武育，王溪晶．TiO_2 薄膜的光电性能及应用［J］．稀有金属，2008，(6)：781.

[18] 顾培夫．薄膜技术［M］．杭州：浙江大学出版社，1991.

[19] 田民波，等．薄膜科学与技术手册（上、下册）［M］．北京：机械工业出版社，1991.

[20] 邓国珠，刘水根，郭伟，等．钛和钛白生产大型化面临的问题［J］．钛工业进展，2001，(6)：1.

[21] 邓国珠．钛铁矿质量和生产钛白的原料选择［J］．钒钛，1994，(1)：44.

11 钛化合物

钛与其他元素化合时，最容易失去4个电子成为稳定的四价化合物。但因为钛是3d电子亚层未充满的过渡元素，显示出变价的特征。因此，钛也存在三价和二价的化合物。它们的稳定性较差，而一价钛化合物就更不稳定了。

价态不同的钛化合物，其性质是不相同的。如四价钛的氧化物和氢氧化物是两性的，三价钛的氧化物及氢氧化物是弱碱性的，而二价钛的氧化物和氢氧化物是典型的碱性化合物。四价钛的卤化物具有酸化物的特征，在水中完全水解生成钛酸；三价钛的卤化物尽管具有盐的特征，但也能在水中部分水解生成三价钛酸；而二价钛卤化物是典型的盐类。所有低价钛化合物都容易被氧化，并容易发生分解。

钛具有两性，既能以 Ti^{4+} 等阳离子形式存在，又以 TiO_3^{2-}、TiO_4^{4-} 阴离子形式存在。因此钛的化合物种类很多，一般可划分为钛的简单化合物和钛的络合物两大类。

钛的简单化合物又可分为三类：

第一类称为酸化物，其原子间键的性质具有共价键特征，在这类化合物中一般钛为四价，如 TiF_4、$TiCl_4$。

第二类称为盐类，其原子间键的性质具有离子键特征，在这类化合物中一般钛为三价和二价，可在水溶液中或熔融盐中离解出 Ti^{3+}、Ti^{2+} 离子，如 $TiCl_3$、$TiCl_2$。

第三类称为金属间化合物，其原子间键的性质具有金属键特征，它们是钛与其金属及氢生成的化合物。

但上述三类钛化合物及其原子间键的性质并不存在严格的界限，有的钛化合物是介于这三类化合物之间的中间化合物。

钛的络合物可分为两类：

一类是各种价态的钛阳离子与络阴离子结合而成的络合物，这类钛络合物的性质与简单钛化合物的性质相似，其中钛为低价时具有盐类特征，钛为高价时则具有酸化物特征。

另一类是钛本身是络离子形成体，它可与其他元素结合而生成络合物。在钛络离子形成体中，除了共价键外，还含有配价键，所以这类钛化合物又称为钛配位化合物。钛是周期表中的过渡元素，具有形成配位化合物的强烈倾向，特别具有形成以它为中心的八面体构型的倾向。在这种结构中，钛原子的配位数为6，除了分子中的4个共价键外，形成八面体结构满足钛原子的配位数为6，还需要两个配价键。这两个配价键往往可以由邻近分子中的氧、氮、卤素、硫、磷等原子提供。除了配位数为6的配位化合物外，还有配位数为5、7、8的配位化合物。所以，钛的配位化合物种类很多。除了 Me_2TiX_6、$MeTiX_5$、$MeTiX_4$、Me_2TiX_4、$MeTiX_3$（Me 为一价金属元素，X 为卤素元素）属于这类外，还有 TiX_4 与含有 O、N、P、S 等原子的基团有机化合物形成钛配位化合物。例如，醇、醛、酸、酮、醚、酯、胺、偶氮、硝基、酰胺、肟、硫醇、硫醚等类的有机化合物与 $TiCl_4$ 等卤化物形成的配位化合物。如果钛与含有两个官能基的有机化合物（如二元醇、二元羧酸、羟基酸、醇胺、酮酯等）反应则形成钛的螯合物。除了上述的四价钛配位化合物外，低价钛也有形成配位化合物的倾向。这一类络合物既有无机物也有有机物。

随着科学技术的发展，钛的有机化合物得到了广泛的应用。本章简要地介绍几种常用的钛有机化合物。这样本文从无机化合物开始依序介绍钛的卤化物、氧化物、氢氧化物、硫化物、碳化物、氮化物、硼化物、氢化物和无机钛盐，最后介绍有机钛化合物。

11.1 卤化钛

钛的氯化物常见的有四氯化钛（$TiCl_4$）、三氯化钛（$TiCl_3$）、二氯化钛（$TiCl_2$）、氯氧化钛（$TiOCl_2$、TiOCl 等），以及混合卤化钛如 TiF_2Cl_2 等。其他卤化钛品种与氯化钛相似。

11.1.1 四氯化钛

11.1.1.1 制取方法

$TiCl_4$ 的制取方法很多，一般是用氯或其他氯化剂（如 $COCl_2$、$SOCl_2$、CCl_4 等）氯化钛及其化合物（如氧化钛、氮化钛、碳化钛、硫化钛、钛酸盐及其他含钛化合物）而制得。

在工业生产中，均采用氯化金红石和高钛渣等富钛物料的方法来制取 $TiCl_4$。在加入还原剂时，TiO_2 便可十分容易进行下列反应：

$$TiO_2 + C + 2Cl_2 = TiCl_4 + CO_2$$

$$TiO_2 + 2C + 2Cl_2 = TiCl_4 + 2CO$$

$$2FeTiO_3 + 3C + 7Cl_2 = 2TiCl_4 + 2FeCl_3 + 3CO_2$$

11.1.1.2 物理性质

常温下四氯化钛是无色透明液体，在空气中冒白烟，具有强烈的刺激性气味。$TiCl_4$ 分子是正四面体结构，钛原子位于正四面体的中心，顶端为氯原子。Ti－Cl 间距为 0.219mm，Cl－Cl 间距为 0.358nm。$TiCl_4$ 呈单分子存在，偶极距为零，不导电。$TiCl_4$ 不能离解为 Ti^{4+} 离子，在含有 Cl^- 离子的溶液中可形成［$TiCl_6$］$^{2-}$ 络阴离子，这说明 $TiCl_4$ 是共价键化合物。四氯化钛固体是白色晶体，属于单斜晶系。其主要物理参数为：

晶格常数：$a=0.97$nm，$b=0.648$nm，$c=0.975$nm，$\beta=102°40'$

熔点：－23.2℃

沸点：135.9℃

汽化热（蒸发潜热）：35.74kJ/mol

临界温度：365℃

临界压力：4.57MPa

临界密度：0.565g·cm^{-3}

固体密度：2.06g·cm^{-3}

液体密度（g·cm^{-3}）与温度的关系式：

$$\rho = 1.7588 - 1.591 \times 10^{-3}t - 9.8 \times 10^{-7}t^2 \quad (21.8 \sim 135.9℃)$$

或 $$\rho = 1.7606 - 1.69 \times 10^{-3}T - 7.3 \times 10^{-7}T^2 - 2 \times 10^{-9}T^3 \quad (21.8 \sim 135.9℃)$$

液体黏度（Pa·s）与温度的关系式：

$$\eta = \frac{0.1}{98.64 + 1.101T}$$

膨胀系数：$9.5\times10^{-4}K^{-1}$（273K），$9.7\times10^{-4}K^{-1}$（293K）

导热系数：0.085W/(m·K)（293K），0.0928W/(m·K)（323K），0.108W/(m·K)(373K)，0.116W/(m·K)（409K）

磁化率：-2.87×10^{-7}

折射指数：1.61（293K）

介电常数：2.83（273K），2.73（297K）

比热容（J/(mol·K)）与温度的关系式：

液体：$c_p = 142.65 + 8.703\times10^{-3}T - 0.163\times10^{5}T^{-2}$ （298 ~409K）

气体：$c_p = 107.08 + 0.4723\times10^{-3}T - 10.542\times10^{5}T^{-2}$ （298 ~2000K）

$252.6 + 142.9\times10^{-3}T + 8.717\times10^{5}T^{-2} - 1.622\times10^{7}T^{-3}$ （298 ~409K）

$c_p = 106.55 + 1.005T - 9.88T^{-2}$ （409 ~2500K）

液体蒸气压（Pa）与温度的关系式：

$\lg p = 27.254 - 5.788\lg T - 2.919\times10^{3}T^{-1}$ （298 ~409K）

液体 $TiCl_4$ 的其他主要物理性质列于表 11－1。

表 11－1 液体 $TiCl_4$ 的主要物理性质

温度 t /℃	密度 ρ /g·cm^{-3}	黏度 η /Pa·s	表面张力 γ /N·m^{-1}	蒸气压 p /kPa	温度 t /℃	密度 ρ /g·cm^{-3}	黏度 η /Pa·s	表面张力 γ /N·m^{-1}	蒸气压 p /kPa
-10	1.778	1.140×10^{-3}	36.54×10^{-3}	0.129	70	1.643	0.516×10^{-3}	26.78×10^{-3}	12.076
0	1.761	1.012×10^{-3}	35.28×10^{-3}	0.410	80	1.625	0.478×10^{-3}	25.62×10^{-3}	17.542
10	1.745	0.912×10^{-3}	34.03×10^{-3}	0.738	90	1.608	0.449×10^{-3}	24.48×10^{-3}	24.964
20	1.727	0.826×10^{-3}	32.79×10^{-3}	1.272	100	1.590	0.422×10^{-3}	23.37×10^{-3}	34.846
30	1.711	0.756×10^{-3}	31.56×10^{-3}	2.118	110	1.572	0.395×10^{-3}		47.880
40	1.694	0.702×10^{-3}	30.34×10^{-3}	3.411	120	1.554			64.638
50	1.677	0.645×10^{-3}	29.14×10^{-3}	5.333	130	1.535			85.918
60	1.660	0.583×10^{-3}	27.95×10^{-3}	8.126	135.9	1.525			101.325

11.1.1.3 化学性质

$TiCl_4$ 是共价键化合物。它的热稳定性很好，在 2500K 下仅有部分分解，只有在 5000K 高温下才能完全分解为钛和氯。但是，$TiCl_4$ 是很活泼的化合物，它可与许多元素和化合物发生反应。但铁在四氯化钛介质中是稳定的，铁在赤热状态下也不与四氯化钛反应，当温度高于 850 ~900℃时，四氯化钛与铁才有明显的反应。

A 与金属的反应

依据还原剂的种类和还原条件的不同，许多金属都能把 $TiCl_4$ 还原成 $TiCl_3$、$TiCl_2$ 和金属钛。

镁、钠和钙在高温下都能把 $TiCl_4$ 还原为金属钛。

铝与 $TiCl_4$ 在200℃时便可进行反应，在136～400℃下存在 $AlCl_3$ 时生成 $TiCl_3$：

$$3TiCl_4 + Al = 3TiCl_3 + AlCl_3$$

在约1000℃下可还原为金属钛：

$$3TiCl_4 + 4Al = 3Ti + 4AlCl_3$$

由于钛与铝生成金属间化合物，所以铝还原产物为 Ti－Al 合金。

$TiCl_4$ 在低于300℃时几乎不与金属钛反应，在400℃时可反应生成 $TiCl_3$，500～600℃时反应生成 $TiCl_3$、$TiCl_2$ 的混合物，700℃时主要反应产物为 $TiCl_2$。若金属钛过量时主要生成 $TiCl_2$，$TiCl_4$ 过量时主要生成 $TiCl_3$。

铜可把 $TiCl_4$ 还原为 $TiCl_3$，有氧存在时，铜与 $TiCl_4$ 反应生成 $Cu[TiCl_4]$：

$$TiCl_4 + Cu = Cu[TiCl_4]$$

在加热时银能部分把 $TiCl_4$ 还原为 $TiCl_3$：

$$TiCl_4 + Ag = TiCl_3 + AgCl$$

在大于100℃时，汞也能与 $TiCl_4$ 反应生成 $TiCl_3$。

B　与气体和硫的反应

在500～800℃下氢把 $TiCl_4$ 还原为 $TiCl_3$：

$$2TiCl_4 + H_2 = 2TiCl_3 + 2HCl$$

在高于800℃时，过量氢可将 $TiCl_4$ 还原为 $TiCl_2$：

$$TiCl_4 + H_2 = TiCl_2 + 2HCl$$

在更高的温度下（2000℃以上），和大量过量氢则可还原为金属钛：

$$TiCl_4 + 2H_2 \rightleftharpoons Ti + 4HCl$$

$TiCl_4$ 与氧在550℃开始反应生成 TiO_2：

$$TiCl_4 + O_2 = TiO_2 + 2Cl_2$$

此时也有可能生成氯氧化钛：

$$4TiCl_4 + 3O_2 = 2Ti_2O_3Cl_2 + 6Cl_2$$

$TiCl_4$ 与氧的反应在800～1000℃下可反应完全，生成 TiO_2。

在通常条件下，$TiCl_4$ 不与氮发生反应。

在存在氯化铝时，$TiCl_4$ 与硫反应生成 $TiCl_3$：

$$2TiCl_4 + 2S \xrightarrow{AlCl_3} 2TiCl_3 + S_2Cl_2$$

C　与卤素及卤化物的反应

氟与 $TiCl_4$ 发生取代反应：

$$TiCl_4 + F_2 \longrightarrow TiFCl_3 \longrightarrow TiF_2Cl_2 \longrightarrow TiF_3Cl \longrightarrow TiF_4 + Cl_2$$

$TiCl_4$ 与液氯可按任意比例混合，也可溶解气体氯。在 $TiCl_4－Cl_2$ 系统（图11－1）中有一个低共熔点（－108℃），其组成（摩尔分数）为77.8% Cl_2。

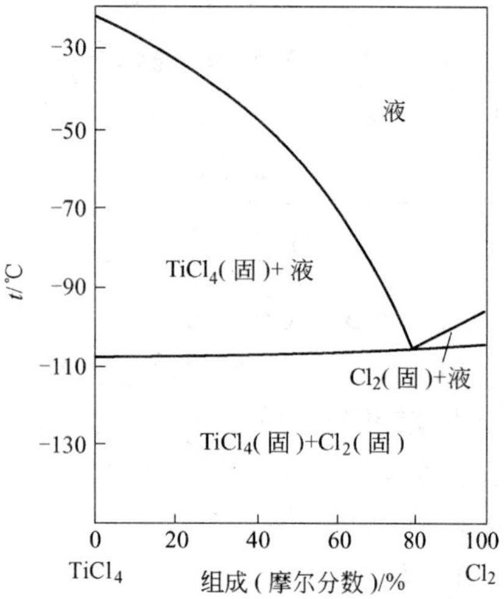

图11－1　$TiCl_4－Cl_2$ 系统状态图

在0.1MPa压力下，氯气在$TiCl_4$中的溶解度如表11-2所示。

表11-2 氯气在$TiCl_4$中的溶解度

温度 t/℃	-20	0	20	40	60	80	100	120
溶解度（摩尔分数）/%	56.7	28.1	16.3	10.1	6.75	4.71	3.27	2.27

$TiCl_4$与溴可按任意比例混合，其混合物为亮红色。在$TiCl_4$与Br_2共存的系统中生成$TiCl_4Br$和$TiCl_4Br_4$两个化合物，并有三个低共熔点。

$TiCl_4$能很好地溶解碘，混合物为紫色。$TiCl_4$不与碘生成化合物。

$TiCl_4$能与气体氟化氢发生激烈的反应生成TiF_4：

$$TiCl_4(l)+4HF(g) = TiF_4(s)+4HCl(g)$$

$TiCl_4$与液体氟化氢反应生成TiF_4和TiF_3Cl混合物的固体沉淀，在适当条件也可生成TiF_2Cl_2。

液体$TiCl_4$与液体氯化氢可按任意比例混合，也能溶解气体氯化氢。固体$TiCl_4$也可溶解在液体氯化氢中，$TiCl_4-HCl$系统有三个低共熔点，生成相应的$TiCl_4 \cdot 2HCl$（即H_2TiCl_6）和$TiCl_4 \cdot 6HCl$（即H_6TiCl_{10}）两种化合物。六氯钛酸H_2TiCl_6的熔点为-30.8℃，它仅在小于0℃时稳定，大于0℃时则分解为$TiCl_4$和HCl。H_2TiCl_6在温度小于0℃下可溶于浓盐酸中，此时可存在$[TiCl_6]^{2-}$络阴离子，当溶液稀释或加热时络阴离子则发生水解。

在通常条件下，$TiCl_4$与HBr和HI可发生交换反应：

$$TiCl_4+4HBr = TiBr_4+4HCl$$

$$TiCl_4+4HI = TiI_4+4HCl$$

$TiCl_4$与碱金属、碱土金属氟化物，仅在高温下才反应生成TiF_4，在一定条件下也可生成六氟钛酸盐$Me_2[TiF_6]$。

$TiCl_4$与碱金属氯化物反应生成六氯钛酸盐$Me_2[TiCl_6]$，这种盐是一种不稳定的化合物。$TiCl_4$在碱金属和碱土氯化物熔融盐中的溶解度不大，就是因为在高于700℃时六氯钛酸盐不稳定的缘故。

$TiCl_4$在NaCl熔盐中的溶解度不大，在830℃约0.5%（摩尔分数）。$TiCl_4$在$MgCl_2$熔盐中的溶解度更小。

$TiCl_4$能溶解无水的氯化铝，但不发生任何化学反应。

$TiCl_4$与气体$TiCl_2$反应生成$TiCl_3$：

$$TiCl_4+TiCl_2 = 2TiCl_3$$

$TiCl_4$与四氯化硫反应生成$2TiCl_4 \cdot SCl_4$、$TiCl_4 \cdot SCl_4$和$TiCl_4 \cdot 2SCl_4$三种化合物。

$TiCl_4$与PCl_3可按任意比例互溶，在$TiCl_4-PCl_3$系统中形成化合物$TiCl_4 \cdot PCl_3$。$TiCl_4$与PCl_5反应生成分子化合物$TiCl_4 \cdot PCl_5$。

$TiCl_4$与$SiCl_4$可按任意比例互溶，其混合物的熔点和沸点随组成而变化。

$TiCl_4$与$SOCl_2$可按任意比例互溶，并可生成化合物$TiCl_4 \cdot 2SOCl_2$。

$TiCl_4$与SO_2Cl_2所形成的混合物呈淡红色，在$TiCl_4-SO_2Cl_2$系统中形成化合物$TiCl_4 \cdot 2SO_2Cl_2$。$TiCl_4$与$POCl_3$反应生成两种化合物$TiCl_4 \cdot POCl_3$和$TiCl_4 \cdot 2POCl_3$。

D　与水的反应

$TiCl_4$ 与水接触便发生激烈反应，冒白烟，生成淡黄色或白色沉淀，并放出大量热。水和液体 $TiCl_4$ 间的反应是复杂的，它与温度和其他条件有关。在水量充足时生成五水化合物 $TiCl_4 \cdot 5H_2O$，在水量不足时和低温时生成二水化合物 $TiCl_4 \cdot 2H_2O$，然后它们继续发生水解。在水解过程中，$TiCl_4$ 中的 Cl^- 逐渐被（OH）$^-$ 所取代，其过程可表示如下：

$$TiCl_4 \cdot 5H_2O \longrightarrow Ti(OH)Cl_3 \cdot 4H_2O + HCl \longrightarrow Ti(OH)_2Cl_2 \cdot 3H_2O + HCl \longrightarrow$$

$$Ti(OH)_3Cl \cdot 2H_2O + HCl \longrightarrow Ti(OH)_4 \cdot H_2O + HCl$$

在低温下反应较慢，可分离出中间产物；在高温时上述水解反应很快。$TiCl_4$ 水解的最终产物，在水量充足时，是正钛酸的胶体溶液。长期放置或加热后，可得到更稳定的偏钛酸。沸腾的水与 $TiCl_4$ 迅速反应生成偏钛酸：

$$TiCl_4 + 3H_2O = H_2TiO_3 + 4HCl$$

在 300 ~ 400℃下气体 $TiCl_4$ 与水蒸气反应生成 TiO_2：

$$TiCl_4 + 2H_2O = TiO_2 + 4HCl$$

该反应 550℃开始，800℃完成反应，可获得结晶的 TiO_2。

E　与硫化氢和硫酸的反应

液体 $TiCl_4$ 与液体 H_2S 混合生成褐色 $2TiCl_4 \cdot H_2S$ 沉淀，低温反应生成黄色化合物 $TiCl_4 \cdot H_2S$ 和 $TiCl_4 \cdot 2H_2S$ 沉淀，生成产物进一步反应为：

$$TiCl_4 \cdot 2H_2S \longrightarrow TiCl_2(SH)_2 + 2HCl \longrightarrow Ti(SH)_4 + 2HCl$$

加热的 $TiCl_4$ 与气体 H_2S 可发生还原反应生成 $TiCl_3$ 或 $TiCl_2$：

$$2TiCl_4 + H_2S = 2TiCl_3 + 2HCl + S$$

$$TiCl_4 + H_2S = TiCl_2 + 2HCl + S$$

沸腾的 $TiCl_4$ 与 H_2S 反应生成硫氯化钛：

$$TiCl_4 + H_2S = TiCl_2S + 2HCl$$

$TiCl_4$ 与浓 H_2SO_2 反应生成硫酸氯钛：

$$TiCl_4 + H_2SO_4 = TiCl_2SO_4 + 2HCl$$

$TiCl_4$ 与稀 H_2SO_4 反应时，生成硫酸氧钛：

$$TiCl_4 + H_2SO_4 \cdot H_2O = TiOSO_4 + 4HCl$$

F　与氧化物和硫化物的反应

$TiCl_4$ 与炽热的金属氧化物发生交换反应，生成 TiO_2 和相应的金属氯化物，如：

$$3TiCl_4 + 2Fe_2O_3 = 3TiO_2 + 4FeCl_3$$

气体 $TiCl_4$ 与加热的 TiO_2 反应可生成氯氧化钛：

$$TiCl_4 + TiO_2 = 2TiOCl_2$$

$$TiCl_4 + 3TiO_2 = 2Ti_2O_3Cl_2$$

$TiCl_4$ 与加热的金属硫化物反应生成 TiS_2，如：

$$TiCl_4 + 2ZnS = TiS_2 + 2ZnCl_2$$

$TiCl_4$ 与 TiS_2 反应生成硫氯化钛：

$$TiCl_4 + TiS_2 = 2TiCl_2S$$

G　与含氢化合物和有机物的反应

$TiCl_4$ 能迅速地吸收干燥的 NH_3，并放出大量热，氨饱和时生成 $TiCl_4 \cdot 4NH_3$。气体

$TiCl_4$ 与气体氨反应生成粉末状的 $TiCl_4 \cdot 6NH_3$。

在 420℃时氢化钠可将 $TiCl_4$ 还原为金属钛：

$$TiCl_4 + 4NaH \xlongequal{} Ti + 4NaCl + 2H_2$$

在氢气压力较高的情况下，同时生成氢化钛。

$TiCl_4$ 与甲烷（乙烷、丙烷）在常温下不发生反应，在 800 ~ 1400℃下并有催化剂存在时，反应生成 TiC：

$$TiCl_4 + CH_4 \xlongequal{} TiC + 4HCl$$

液体 $TiCl_4$ 可溶解烃类化合物，但不发生反应。

$TiCl_4$ 与一卤代烃反应生成浑浊溶液。$TiCl_4$ 与二氯甲烷、三氯甲烷、四氯甲烷、二氯乙烷可按任意比例混合。

$TiCl_4$ 与乙烯在 100℃发生聚合，也可与丙烯、丁烯发生聚合反应。

$TiCl_4$ 与氯乙烯发生聚合反应，与氯丙烯开始反应生成沉淀，当 $TiCl_4$ 浓度提高时沉淀消失，呈黄色溶液。

$TiCl_4$ 与环烷烃可混合，不发生反应；但可与环戊烷发生激烈的反应。

$TiCl_4$ 与苯可按任意比例混合，混合液呈黄色。在 $TiCl_4 - C_6H_6$ 系统中形成化合物 $3TiCl_4 \cdot C_6H_6$。$TiCl_4$ 与甲苯、二甲苯反应生成黄色化合物（1∶1 的分子化合物）。

$TiCl_4$ 可与氯苯、二氯苯混合，不发生反应；也能溶解三氯苯、六氯苯。

$TiCl_4$ 与醇类化合物（如甲醇、乙醇、丙醇、丁醇）开始反应生成分子化合物，然后 $TiCl_4$ 中的三个氯原子逐渐被烷氧基所取代，其过程顺序如下：

$$TiCl_4 + 3ROH \longrightarrow TiCl_4 \cdot 3ROH \longrightarrow TiCl_3(OR) \cdot 2ROH + HCl$$
$$\longrightarrow TiCl_2(OR)_2 \cdot ROH + HCl \longrightarrow TiCl(OR)_3 + HCl$$

$TiCl_4$ 与丙酸反应时，开始生成黄色溶液，然后出现油层，同时生成氯丙烯，并析出氯化氢。

$TiCl_4$ 与苯酚发生激烈反应，生成暗红色产物，并析出氯化氢：

$$TiCl_4 + C_6H_5OH \xlongequal{} TiCl_3OC_6H_5 + HCl$$

$TiCl_4$ 与其他芳香醇也有上述类似反应。

$TiCl_4$ 与甲醚、乙醚、丙醚反应生成分子化合物 $TiCl_4 \cdot OR$ 和 $TiCl_4 \cdot 2OR_2$。

$TiCl_4$ 也与苯乙醚反应。

$TiCl_4$ 能分解乙醛及其他醛类。$TiCl_4$ 与苯甲醛反应生成黄色沉淀 $TiCl_4 \cdot 2C_6H_5CHO$。

$TiCl_4$ 与丙酮、二酮及其他酮发生激烈反应，生成化合产物。$TiCl_4$ 与芳香酮反应生成分子化合物，如与乙苯酮生成红色化合物 $TiCl_4 \cdot CH_3COC_6H_5$，与二苯酮反应生成黄色化合物 $TiCl_4 \cdot CO(C_6H_5)_2$。

$TiCl_4$ 与甲酸发生取代反应，$TiCl_4$ 中的三个 Cl^- 逐渐被甲酸基所取代：

$$TiCl_4 + 3HCO_2H \longrightarrow TiCl_3(CO_2H) + HCl \longrightarrow$$
$$TiCl_2(CO_2H)_2 + HCl \longrightarrow TiCl(CO_2H)_3 + HCl$$

$TiCl_4$ 也可与乙酸（醋酸）反应：

$$TiCl_4 + HCH_3CO_2 \xlongequal{} TiCl_3(CH_3CO_2) + HCl$$

$TiCl_4$ 与 CH_3COCl 生成分子化合物 $TiCl_4 \cdot CH_3COCl$。

$TiCl_4$ 与一元酸酯发生交换反应，生成相应四价钛的衍生物。

11.1.1.4　用途

四氯化钛是钛及其化合物生产过程中的重要中间产品，为钛工业生产的重要原料，并有着广泛的用途。

$TiCl_4$ 在工业中的主要用途如下：

（1）制取下列钛产品的原料。海绵钛，钛及钛合金粉末，钛白，珠光颜料，高纯二氧化钛，高纯超细二氧化钛，纳米二氧化钛，三氯化钛，钛酸钡，钛酸酯，钛酸酯偶联剂，有机钛化合物等。

（2）制取聚丙烯、聚乙烯、三聚乙醛及其他烯烃聚合物催化剂的原料或溶剂。

（3）发烟剂。

（4）其他用途。应用于陶瓷玻璃、皮革和纺织印染等工业部门。

11.1.2　三氯化钛

11.1.2.1　制取方法

无水的三氯化钛是用各种还原剂还原 $TiCl_4$ 而制得的。如在 500 ~ 800℃下用氢还原制 $TiCl_3$，反应为：$2TiCl_4 + H_2 = 2TiCl_3 + 2HCl$。但是，这个反应是可逆的，如果不断排出反应产物则还原反应便容易进行。

也可用其他金属还原剂，控制适宜的反应条件还原 $TiCl_4$ 而制取 $TiCl_3$，如：

$$TiCl_4 + Na \xlongequal{270℃} TiCl_3 + NaCl$$

$$2TiCl_4 + Mg \xlongequal{400℃} 2TiCl_3 + MgCl_2$$

$$3TiCl_4 + Ti \xlongequal{400 \sim 600℃} 4TiCl_3$$

$$3TiCl_4 + Al \xlongequal[AlCl_3]{>136℃} 3TiCl_3 + AlCl_3$$

三氯化钛的水溶液，可在氢气氛或惰性气体保护下由金属钛溶于盐酸而制得。

11.1.2.2　物理性质

$TiCl_3$ 存在四种变体，通常在高温下还原 $TiCl_4$ 所制取的是 α 型，它是紫色片状结构，属于六方晶系，晶格常数为 $a = 0.6122nm$，$c = 1.752nm$。烷基铝还原 $TiCl_4$ 得到 β 型 $TiCl_3$，它是褐色粉末，纤维状结构。铝还原 $TiCl_4$ 得到 γ 型 $TiCl_3$，它是红紫色粉末。将 γ 型 $TiCl_3$ 研磨则得到 δ 型 $TiCl_3$，它比其他晶型具有较高催化性能。$TiCl_3$ 的熔点为 730 ~ 920℃，密度（25℃时）的计算值为 $2.69g/cm^3$，测量值为 $2.66g/cm^3$。

固体升华蒸气压计算式：

$$\lg p = 23.595 - 3.27\lg T - 9.62 \times 10^3 T^{-1} \qquad (298 \sim 1104K)$$

固体升华热计算式：

$$\lambda(J/g) = 1175 - 0.1045T - 5.14 \times 10^{-5} T^2$$

11.1.2.3　化学性质

三氯化钛中的钛是中间价态，稳定性差，容易分解。纯 $TiCl_3$ 化学活性强，人体的任何部位与 $TiCl_3$ 接触，吸入和皮肤吸收会引起烧伤。$TiCl_3$ 具有还原剂的特征，容易被氧化为高价钛化合物；但它也可以被还原，不过被氧化的倾向大于被还原的倾向。另外，$TiCl_3$ 既具有盐类的特征，也具有弱酸性的特征，它可形成三价钛酸盐。$TiCl_3$ 不溶于 $TiCl_4$。

A 歧化反应

$TiCl_3$ 在真空中加热至500℃便发生歧化反应：

$$2TiCl_3 \xlongequal{} TiCl_2 + TiCl_4$$

上述歧化反应在各种温度下的平衡压力列于表11－3。

表11－3 $TiCl_3$ 歧化时的平衡蒸气压 (kPa)

蒸气压名称	t/℃				
	530	575	590	625	655
$p_{总}$	2.195	7.049	10.041	23.594	45.087
p_{TiCl_3}	0.559	1.968	2.913	7.528	13.965
p_{TiCl_2}	1.33×10^{-4}	6.65×10^{-4}	1.064×10^{-3}	2.527×10^{-3}	5.187×10^{-3}
p_{TiCl_4}	1.649	5.054	7.076	15.561	30.856

$TiCl_3$ 的歧化反应热在298K时为1.02kJ/g，673K时为0.95kJ/g；歧化时熵变为0.97J/(g·K)。

在氢气流中加热 $TiCl_3$ 时，歧化同时发生还原：

$$2TiCl_3 + H_2 \xlongequal{} 2TiCl_2 + 2HCl$$

B 氧化和还原反应

在氧气中加热 $TiCl_3$ 会发生氧化：

$$4TiCl_3 + O_2 \xlongequal{} 3TiCl_4 + TiO_2$$

在卤素的作用下，$TiCl_3$ 也会被氧化，如：

$$2TiCl_3 + Cl_2 \xlongequal{} 2TiCl_4$$

高温下 $TiCl_3$ 也可被 HCl 氧化：

$$2TiCl_3 + 2HCl \xlongequal{} 2TiCl_4 + H_2$$

加热时碱金属或碱土金属能将 $TiCl_3$ 还原为金属钛，如：

$$TiCl_3 + 3Na \xlongequal{} Ti + 3NaCl$$

C 与水的反应

$TiCl_3$ 在湿空气中或与水接触会发生激烈反应甚至爆炸，反应生成盐酸。如果缓慢地将其溶于水，并慢慢蒸发其水分可得到紫色的 $TiCl_3 \cdot 4H_2O$ 或 $TiCl_3 \cdot 6H_2O$ 结晶。可用碱从 $TiCl_3$ 的水溶液中析出三价钛的氢氧化物沉淀：

$$TiCl_3 + 3OH^- \xlongequal{} Ti(OH)_3 + 3Cl^-$$

如果在 $TiCl_3$ 的水溶液中存在氧化剂，则 $TiCl_3$ 容易被氧化。

$TiCl_3$ 在600 ℃能与水蒸气反应生成氧氯化物：

$$TiCl_3 + H_2O \xlongequal{} TiOCl + 2HCl$$

如果 $TiCl_3$ 中混入其他化合物，即不纯的 $TiCl_3$ 的反应活性大大降低，例如铝粉除钒获得的残渣中的 $TiCl_3$ 与水接触不会激烈反应。

D 络合反应

在盐酸溶液中，$TiCl_3$ 与碱金属氯化物生成水化络合盐 $Me_2[TiCl_5(H_2O)]$，它较难溶于盐酸。

无水的 $TiCl_3$ 溶于碱金属氯化物熔盐生成 $MeTiCl_4$、Me_2TiCl_5、Me_3TiCl_6 三种类型的络合盐。在 $TiCl_3$ - NaCl 系统中（见图 11 - 2）生成一种化合物 Na_3TiCl_6（固液不同成分熔点 553℃）。在 $TiCl_3$ - KCl 系统中（见图 11 - 3）生成两种化合物，即 K_2TiCl_5（固液异成分熔点 605℃）和 K_3TiCl_6（固液同成分熔点 783℃）。$TiCl_3$ 的盐酸溶液与 KCl 混合时，则析出水化五氯钛（Ⅲ）酸钾 $K_2[TiCl_5(H_2O)]$，加热至 112℃时便脱去其水分子。

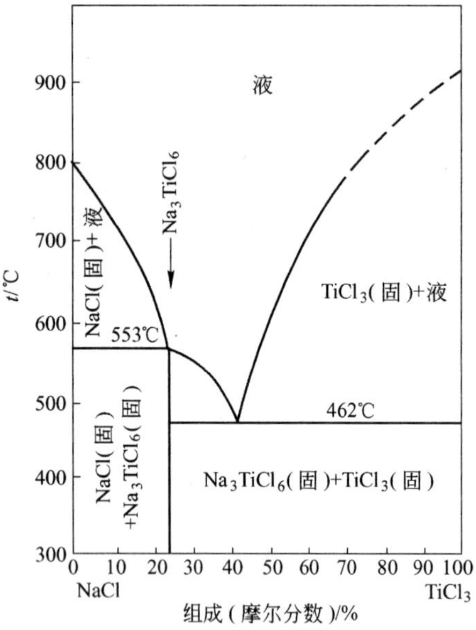

图 11 - 2　$TiCl_3$ - NaCl 系统状态图

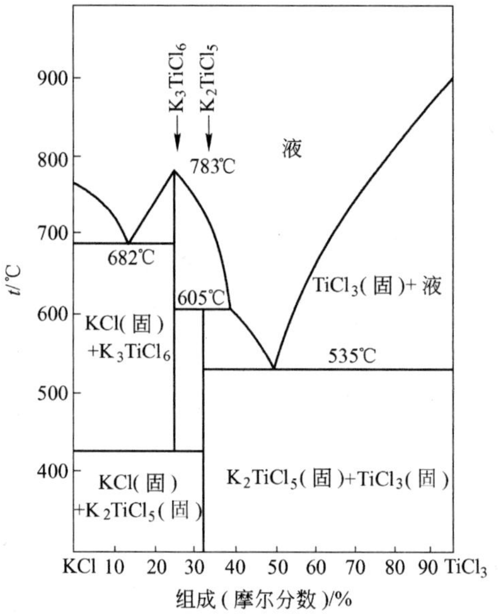

图 11 - 3　$TiCl_3$ - KCl 系统状态图

在 $TiCl_3$ - $TiCl_2$ - NaCl 三元系统（图 11 - 4）中可形成最低共熔点化合物，其组成（摩尔分数）为 40% $TiCl_3$、7% $TiCl_2$、53% NaCl，最低共熔点温度为 443℃。

E　与有机化合物的反应

$TiCl_3$ 与甲酸、乙酸和草酸反应生成相应钛（Ⅲ）甲酸酯、乙酸酯和草酸酯沉淀。

$TiCl_3$ 不溶于饱和烃和芳香烃及它们的卤代烃。但 $TiCl_3$ 能很好地溶于各种醇中，特别能溶于甲醇和乙醇中。在醇溶液中 $TiCl_3$ 能与 $NaOCH_3$ 和 $NaOC_2H_5$ 反应，生成相应的烷氧基钛：

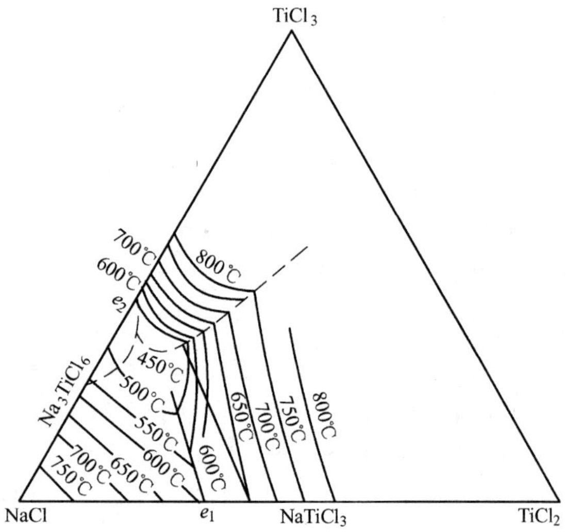

图 11 - 4　$TiCl_3$ - $TiCl_2$ - NaCl 三相状态图

$$TiCl_3 + 3NaOCH_3 = Ti(OCH_3)_3 + 3NaCl$$

$$TiCl_3 + 3NaOC_2H_5 = Ti(OC_2H_5)_3 + 3NaCl$$

$TiCl_3$ 也溶于酮，但不溶于醚和二硫化碳。

11.1.2.4 用途

在化学工业中，$TiCl_3$ 是许多有机化学反应的催化剂，它广泛用作生产聚丙烯的主催化剂。生产聚丙烯的催化剂由 $TiCl_3 \cdot \frac{1}{3}AlCl_3$、$C_2H_5AlCl_2$（二氯乙基铝）、$K_2TiF_6$（氟钛酸钾）和 $CH_2CHCH_2OC_4H_9$（丁基丙烯醚）四种化合物组成。其中的 $TiCl_3 \cdot \frac{1}{3}AlCl_3$，由铝粉还原 $TiCl_4$ 制得。$TiCl_4$ 也作为反应过程的溶剂，加入量为上述反应理论量的 3 倍，以便使铝粉全部进行反应。还原反应完毕后，常压蒸出 $TiCl_4$，以获得约含 1% $TiCl_4$ 的半成品。半成品在 13.3 ~ 1.3Pa 真空下进一步蒸出 $TiCl_4$，以使产品中 $TiCl_4$ 含量降低到 0.1% ~0.2%。然后用振动磨（或球磨）研磨活化，即使 $\gamma-TiCl_3$ 转化为 $\delta-TiCl_3$，最后经过气流分级及筛分获得所需要粒度的产品。产品粒度要求为：小于 44μm 粒级在 53% ~55%，小于 7μm 粒级的少量，其余为大于 44μm 粒级。

11.1.3 二氯化钛

11.1.3.1 制取方法

$TiCl_2$ 通常是用作还原剂，在控制适宜的反应条件下还原 $TiCl_4$ 制得：

$$TiCl_4 + 2Na \xlongequal[\text{（搅拌）}]{270℃} TiCl_2 + 2NaCl$$

$$TiCl_4 + Ti \xlongequal{700 \sim 1000℃} 2TiCl_2$$

也可采用氢还原 $TiCl_4$ 或在真空中（<133Pa）加热 $TiCl_3$ 至 450℃歧化而制取。

然而用上述这些反应方法生成的 $TiCl_2$，一般不容易将它分离出来，因为 $TiCl_2$ 在空气中容易氧化。例如，把金属钛溶于稀盐酸中，开始为无色的 $TiCl_2$ 溶液，过一段时间便产生颜色，即出现了 $TiCl_3$。用干法制取的 $TiCl_2$ 中，一般含有 $TiCl_3$ 和其他反应产物的混合物，需在惰性气氛中或还原性气氛中保存。

11.1.3.2 物理性质

$TiCl_2$ 是黑褐色粉末，属于六方晶系，晶格常数为 $a = 0.3561nm \pm 0.0005nm$，$c = 0.5875nm \pm 0.0008nm$。$TiCl_2$ 熔点 1030℃ ±10℃；沸点 1515℃ ±20℃；密度（25℃）的计算值为 3.06g/cm³，实测值为 3.13g/cm³。其蒸气压（Pa）由下列式计算：

$$\lg p = 9.770 - 8570T^{-1} \text{（固体）}$$

$$\lg p = 4.419 - 7890T^{-1} \text{（液体）}$$

11.1.3.3 化学性质

$TiCl_2$ 是具有离子键特征的化合物，是一种典型的盐类。它的稳定性较差，容易被氧化，是一种强还原剂，加热时分解。

A 歧化反应

在真空中加热至 800℃或氢气中加热至 1000℃，$TiCl_2$ 则发生歧化反应：

$$2TiCl_2 = Ti + TiCl_4$$

B 氧化和还原反应

$TiCl_2$ 在空气中吸湿并氧化。溶于水或稀盐酸时迅速被氧化，并放出氢气：

$$2TiCl_2 + 2HCl \text{（或} H_2O\text{）} = 2TiCl_3 + H_2\uparrow$$

$TiCl_2$ 溶于浓盐酸时，开始溶液呈绿色，逐渐被氧化为紫色。在空气中或氧气中加热

则氧化生成 TiO_2 和 $TiCl_4$：

$$2TiCl_2 + O_2 = TiCl_4 + TiO_2$$

$TiCl_2$ 也可被 Cl_2 和 $TiCl_4$ 所氯化：

$$TiCl_2 + Cl_2 = TiCl_4$$

$$TiCl_2 + TiCl_4 = 2TiCl_3$$

在高温下，$TiCl_2$ 与 HCl 反应生成 $TiCl_3$ 或 $TiCl_4$：

$$2TiCl_2 + 2HCl = 2TiCl_3 + H_2$$

$$TiCl_2 + 2HCl = TiCl_4 + H_2$$

在加热时，$TiCl_2$ 可被碱金属或碱土金属还原为金属钛，如：

$$TiCl_2 + 2Na = Ti + 2NaCl$$

C　络合反应

$TiCl_2$ 溶于碱金属或碱土金属氯化物熔盐中，同这些金属氯化物生成复盐。只有 LiCl 是例外，它与 $TiCl_2$ 形成无限固溶体。在 $TiCl_2$ - NaCl 系统（图 11 - 5）中形成 $NaTiCl_3$ 和 Na_2TiCl_4 两种化合物，并有一个最低共熔点 605℃（NaCl + $NaTiCl_3$）和一个包晶点 628℃（$NaTiCl_3$ + $TiCl_2$）。在 $TiCl_2$ - KCl 系统（图 11 - 6）中，生成 $KTiCl_3$（固液同成分熔点 762℃）和 K_2TiCl_4（固液异成分熔点 671℃）两种化合物，并且有两个最低共熔点 632℃（KCl + K_2TiCl_4）和 730℃（$KTiCl_3$ + $TiCl_2$）。$TiCl_2$ - $MgCl_2$ 系统不生成化合物，包晶点约为 716℃（$MgCl_2$ + 0.3% $TiCl_2$）（图 11 - 7）。

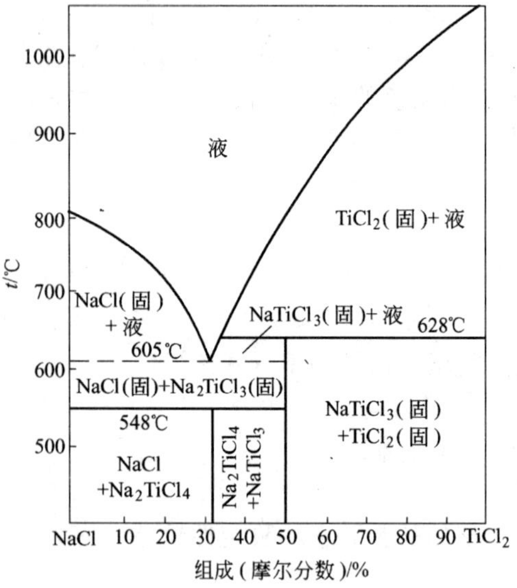

图 11 - 5　$TiCl_2$ - NaCl 系统状态图

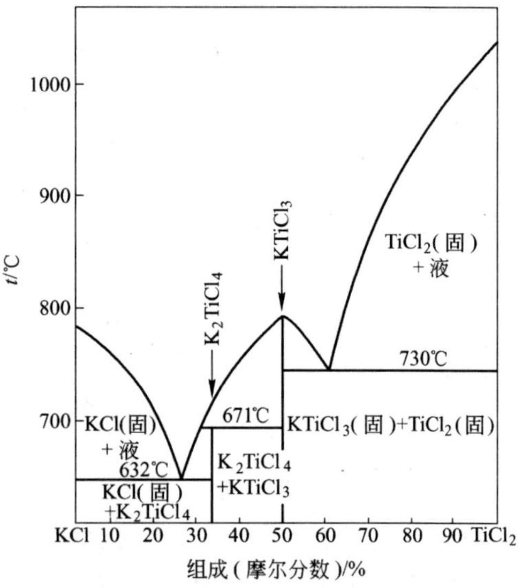

图 11 - 6　$TiCl_2$ - KCl 系统状态图

$TiCl_2$ 能溶于甲醇和乙醇中，并放出氢气，生成黄色溶液。

11.1.4　二氯氧化钛

11.1.4.1　制取方法

可按下列方法制取 $TiOCl_2$：

$$TiO + Cl_2 = TiOCl_2$$

$$TiCl_2 + Cl_2O = TiOCl_2 + Cl_2$$

$$2TiO_2 + MgCl_2 \xlongequal{1500℃} TiOCl_2 + MgTiO_3$$

另外，过量的 $TiCl_4$ 蒸气与 TiO_2 反应时也生成 $TiOCl_2$。

$TiCl_4$ 在水蒸气中的水解产物一般总存在一些 $TiOCl_2$。在 $TiCl_4$ 的生产过程中，很容易产生 $TiOCl_2$，这是因为 $TiCl_4$ 与空气接触或氯化温度低（<600℃）而造成。因此，氯化制得的粗 $TiCl_4$ 中往往含有少量 $TiOCl_2$。

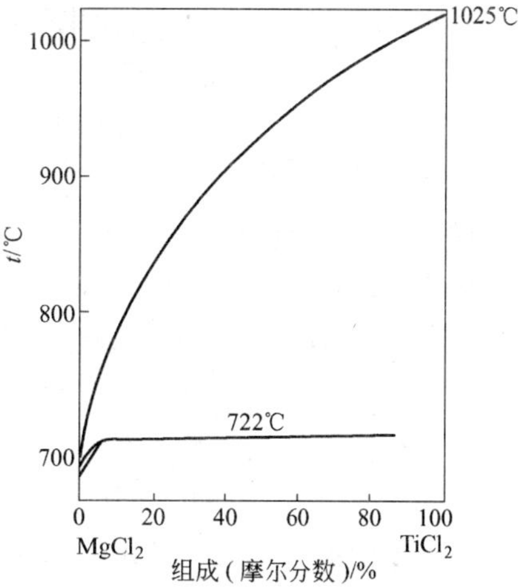

图 11-7 $TiCl_2-MgCl_2$ 系统状态图

11.1.4.2 物理性质

$TiOCl_2$ 是一种具有吸湿性的黄色粉末，属于立方晶系，晶格常数为 $a = 0.451nm \pm 0.001nm$，密度为 $2.45g/cm^3$。蒸气压 137℃时为 140Pa。它在 $TiCl_4$ 中的溶解度 l（质量分数）按下式计算：

$$l = 0.24 + 0.00575t + 1.125 \times 10^{-4}t^2 + 1.3 \times 10^{-24}t^{11} \quad (-20 \sim 136℃)$$

其值如下：

t/℃	25	40	60	80	100	120	136
l/%	0.54	0.83	1.00	1.4	1.83	2.53	3.36

11.1.4.3 化学性质

$TiOCl_2$ 是一个不稳定的化合物，只有在室温下的干空气中才能存在，加热时（180～350℃）便发生分解：

$$2TiOCl_2 = TiCl_4 + TiO_2$$

$TiOCl_2$ 与氟作用生成 TiF_4

$$2TiOCl_2 + 4F_2 = 2TiF_4 + O_2 + 2Cl_2$$

在高温下与氧反应生成 TiO_2

$$2TiOCl_2 + O_2 = 2TiO_2 + 2Cl_2$$

120℃下与液体硫反应生成二硫化钛

$$TiOCl_2 + 2S = TiS_2 + Cl_2O$$

$TiOCl_2$ 在热水中水解生成偏钛酸：

$$TiOCl_2 + 2H_2O = H_2TiO_3 + 2HCl$$

$TiOCl_2$ 能溶于盐酸和硫酸，在盐酸溶液中如果存在 NH_4Cl 则可生成 $[TiOCl_4]^{2-}$ 和 $[TiOCl_5]^{3-}$ 络合离子。

11.1.5 一氯氧化钛

11.1.5.1 制取方法

$TiCl_3$ 与水蒸气作用在 600℃时便生成 TiOCl。

另外，氧化物与 $TiCl_3$ 反应也生成 TiOCl，如：

$$3TiCl_3 + Fe_2O_3 = 3TiOCl + 2FeCl_3$$

$$2TiCl_3 + TiO_2 = 2TiOCl + TiCl_4$$

11.1.5.2　性质

TiOCl 是淡蓝色的针状或长方形片状结晶。密度在 25℃时为 3.14g/cm³。在存在 $TiCl_3$ 的密闭管中加热至 550～700℃时，TiOCl 发生升华。

TiOCl 是一个不稳定的化合物，在真空中加热时发生分解：

$$3TiOCl = Ti_2O_3 + TiCl_3$$

在湿空气中氧化并水解生成偏钛酸：

$$4TiOCl + O_2 + 6H_2O = 4H_2TiO_3 + 4HCl$$

在空气中加热则发生氧化，生成 TiO_2 和 $TiCl_4$：

$$4TiOCl + O_2 = 3TiO_2 + TiCl_4$$

11.1.6　氟化钛

11.1.6.1　四氟化钛

以氟或氟化氢与钛及其化合物反应可制取 TiF_4，如：

$$TiO_2 + 2F_2 = TiF_4 + O_2$$

$$TiC + 4F_2 = TiF_4 + CF_4$$

$$TiCl_4 + 4HF = TiF_4 + 4HCl$$

TiF_4 是白色粉末，为强烈挥发性物质，10℃时密度为 2.84g/cm³，20℃时为 2.80g/cm³。它不经熔化便直接升华，在 284℃时其蒸汽压已达 0.1MPa。

TiF_4 加热至红热温度可被碱金属、碱土金属、铝、铁等还原为金属钛，例如：

$$TiF_4 + 4Na = Ti + 4NaF$$

TiF_4 不与氮、碳、氢、氧、硫及卤素发生反应。

TiF_4 是强的吸湿性物质，它溶于水中时放出大量的热，蒸发其水溶液可析出结晶水化物 $TiF_4 \cdot 2H_2O$。TiF_4 具有酸性，在 KF 溶液中，即在 $TiF_4 - KF - H_2O$ 系中生成络合离子 $[TiF_6]^{2-}$，并可在一定条件下从这溶液中析出无水的六氟钛酸钾结晶。

TiF_4 可用作 HF 氟化 CCl_4 及烯烃异构化等有机反应的催化剂。

11.1.6.2　其他氟化钛

TiF_3 是一种紫色粉末，它的密度为 3.0g/cm³，熔点 1230℃，沸点约为 1500℃。TiF_2 是暗紫色粉末，25℃时密度为 3.79g/cm³，熔点 1280℃，沸点 2150℃。TiF_3 和 TiF_2 的性质分别与 $TiCl_3$ 和 $TiCl_2$ 相似，它们的稳定性都差，加热时发生歧化，容易被氧化。

11.1.7　溴化钛

11.1.7.1　四溴化钛

在高温下以溴蒸气与碳化钛或（$TiO_2 + C$）反应则可生成 $TiBr_4$：

$$TiC + 2Br_2 = TiBr_4 + C$$

$$TiO_2 + 2C + 2Br_2 \xlongequal{650 \sim 700℃} TiBr_4 + 2CO$$

HBr 与沸腾的 $TiCl_4$ 反应也可生成 $TiBr_4$。

$TiBr_4$ 存在两种变体，低于 -15℃时稳定态为 α 型，属于单斜晶系；高于 -15℃时稳定态为 β 型，属于立方晶系。它的熔点为 38.25℃，沸点为 232.6℃。25℃时固体密度为 3.37g/cm³，40℃时液体密度为 2.95g/cm³，40℃时液体黏度为 1.915×10^{-3}Pa · s。

$TiBr_4$ 是吸湿性强的黄色结晶，其化学性质与 $TiCl_4$ 相似。

$TiBr_4$ 在高温下可被氢还原为低价溴化钛和金属钛：

$$2TiBr_4 + H_2 \xlongequal{600 \sim 750℃} 2TiBr_3 + 2HBr$$

$$TiBr_4 + H_2 \xlongequal{800 \sim 900℃} TiBr_2 + 2HBr$$

$$TiBr_4 + 2H_2 \xlongequal[\text{过量氢}]{1200 \sim 1400℃} Ti + 4HBr$$

在 800℃时可与 O_2 反应生成 TiO_2：

$$TiBr_4 + O_2 \xlongequal{} TiO_2 + 2Br_2$$

$TiBr_4$ 可与 F_2、Cl_2 发生取代反应：

$$TiBr_4 + 2Cl_2 \xlongequal{} TiCl_4 + 2Br_2$$

11.1.7.2 其他溴化钛

$TiBr_3$ 是紫红色物质，25℃时密度为 3.94g/cm³，熔点高于 1260℃，600℃时的蒸气压为 13Pa，隔绝空气加热至 400℃时则发生歧化。$TiBr_2$ 是黑色粉末，25℃时密度为 4.31g/cm³，熔点为 950℃，沸点为 1200℃，加热至 500℃时便开始缓慢地发生歧化。

11.1.8 碘化钛

11.1.8.1 四碘化钛

碘蒸气与加热的金属钛反应便生成 TiI_4。钛的碘化反应是个可逆反应，在温度较低时主要生成 TiI_4，温度高时 TiI_4 发生分解。碘化氢与 $TiCl_4$ 在加热沸腾时也生成 TiI_4。

碘与氢的混合物与热的 $TiCl_4$ 反应也得到 TiI_4：

$$TiCl_4 + 2H_2 + 2I_2 \xlongequal{} TiI_4 + 4HCl$$

TiI_4 是一种红褐色晶体，属于立方晶系，其晶格常数 $a = 1.20$nm，106℃时发生晶型转化，转化后晶格常数 $a = 1.221$nm，转化热为 17.8J/g。它的熔点为 155℃，沸点为 377℃。液体 TiI_4 在 160℃的蒸气压为 439Pa，160 ~ 370℃时的蒸气压（Pa）可由下式计算：

$$\lg p = 9.702 - 3054T^{-1}$$

25℃时固体密度为 4.01g/cm³，380℃时液体密度为 3.41g/cm³，它的液体 160 ~ 270℃时的密度可由下式计算：

$$\rho_t = 3.755 - 0.00219t$$

TiI_4 在湿空气中冒烟，在水中发生水解，水解的中间产物为 $Ti(OH)_3I \cdot 2H_2O$，最终产物为正钛酸 H_4TiO_4。TiI_4 可溶于硫酸及硝酸中，并发生分解析出碘，也可被碱溶液所分解。TiI_4 可溶于苯中，在苯中的溶解度由下式计算：

$$\lg n = 11.9\lg T - 31.67$$

式中　n——TiI_4 在苯溶液中的物质的量。

加热时 TiI_4 分解为金属钛和碘，分解开始温度约为 1000℃，1500℃可完全分解。这是碘化法制取高纯钛工艺的原理。

在高温下，TiI_4 可被氢和金属还原为低价钛碘化物或金属钛。它与金属钛的反应存在下列平衡：

$$TiI_4 + Ti \xrightleftharpoons{250℃} 2TiI_2$$

$$TiI_4 + TiI_2 \xrightleftharpoons{250℃} 2TiI_3$$

TiI_4 在高温下与氧反应生成 TiO_2：

$$TiI_4 + O_2 = TiO_2 + 2I_2$$

TiI_4 与 F_2、Cl_2 和 Br_2 均可发生取代反应，如：

$$TiI_4 + 2F_2 = TiF_4 + 2I_2$$

TiI_4 与碘化氢反应生成不稳定的六碘钛酸：

$$TiI_4 + 2HI = H_2[TiI_6]$$

TiI_4 与 $TiCl_4$ 反应生成碘氯化钛：

$$TiI_4 + 3TiCl_4 = 4TiCl_3I$$

TiI_4 溶于液体卤代烃、乙醇及二乙醚中。它与醇（甲醇、乙醇、丙醇、丁醇）在加热时发生反应，其中三个碘原子逐渐被烷氧基所取代，其过程顺序如下：

$$TiI_4 + 3ROH \longrightarrow TiI_3(OR) \longrightarrow TiI_2(OR)_2 \longrightarrow TiI(OR)_3 + 3HI$$

TiI_4 与烷氧基钠反应时，四个 I^- 都被烷氧基所取代：

$$TiI_4 + 4NaOR = Ti(OR)_4 + 4NaI$$

11.1.8.2　其他碘化钛

TiI_3 是一种具有金属光泽的紫黑色晶体，25℃时密度为 4.76g/cm³，熔点约为 900℃。TiI_3 隔绝空气加热至 350℃以上便发生歧化：

$$2TiI_3 = TiI_2 + TiI_4$$

在氧气中加热则被氧化为 TiO_2：

$$2TiI_3 + 2O_2 = 2TiO_2 + 3I_2$$

在含有碘化氢的水溶液中则可析出紫色的六水化合物 $TiI_3 \cdot 6H_2O$，这个化合物相当于 $[Ti(H_2O)_6]I_3$，后者在空气中容易被氧化：

$$4[Ti(H_2O)_6]I_3 + 3O_2 = 4[Ti(OH)_3I(H_2O)_2] + 4I_2 + 10H_2O$$

三碘化钛溶液也容易在氧和其他氧化剂的作用下发生氧化。

TiI_2 是一种具有金属光泽的褐黑色结晶的强吸湿性化合物。20℃时的密度为 4.65g/cm³，熔点约为 750℃，沸点约为 1150℃。TiI_2 在真空中加热至 450℃不发生变化，当温度大于 480℃时则部分蒸发，部分发生歧化：

$$2TiI_2 = Ti + TiI_4$$

TiI_2 在加热时容易被氧化：

$$TiI_2 + O_2 = TiO_2 + I_2$$

TiI_2 在高温下可被氢还原为金属钛：

$$TiI_2 + H_2 = Ti + 2HI$$

TiI_2 在水中溶解时部分发生分解，激烈反应析出氢，生成含有三价钛的紫红色溶液。

在碱和氨溶液中分解生成黑色的二氢氧化钛沉淀：

$$TiI_2 + 2OH^- \longrightarrow Ti(OH)_2 + 2I^-$$

TiI_2 在盐酸溶液中溶解生成浅蓝色溶液。它还与硫酸和硝酸激烈反应，甚至在冷溶液中就析出碘。TiI_2 不溶于有机溶剂（醇、醚、氯仿、CS_2、苯）中。

在钛的卤化物中还有许多混合卤化钛，如 TiF_3Cl、TiF_2Cl_2、$TiFCl_3$、$TiCl_2Br_2$、$TiCl_3I$ 等；还有许多氧卤化钛，如 Ti_2OCl_6、$Ti_2O_3Cl_2$、$TiOBr_2$、$TiOI_2$ 等。

11.2 氧化钛

在钛的氧化物中，主要是二氧化钛，其次还有许多低价钛氧化物，如 TiO、Ti_2O_3、Ti_3O_5。此外，还有钛的高价氧化物，如 TiO_3、Ti_2O_7 等。它们彼此间可形成固溶体。

11.2.1 二氧化钛

11.2.1.1 制取方法

在 Ti－O 系中，TiO_2 在 $TiO_{1.90} \sim TiO_{2.00}$组成范围内稳定。

粉末钛或熔化钛在过量氧气中燃烧生成 TiO_2。

在 800℃下，TiO 等低价氧化钛的氧化也生成 TiO_2：

$$2TiO + O_2 \longrightarrow 2TiO_2$$

TiO_2 可由钛的各种化合物氧化反应制取，如 $TiCl_4$ 的氧化。同时，各种钛酸煅烧时也生成 TiO_2，如：

$$H_2TiO_3 \longrightarrow TiO_2 + H_2O$$

$$H_4TiO_4 \longrightarrow TiO_2 + 2H_2O$$

但 TiO_2 的工业生产方法只有硫酸法和氯化氧化法两种，详见本书第 10 章。

11.2.1.2 晶体结构

TiO_2 在自然界中存在三种同素异形态，即金红石型、锐钛型和板钛型三种，它们的性质是有差异的。其中，金红石型 TiO_2 是三种变体中最稳定的一种，即使在高温下也不发生转化和分解。金红石型 TiO_2 的晶型属于四方晶系，晶格的中心有一个钛原子，其周围有六个氧原子，这些氧原子正位于八面体的棱角处，两个 TiO_2 分子组成一个晶胞。其晶格常数为 $a = 0.4584$nm，$c = 0.2953$nm。

锐钛型 TiO_2 的晶型也属于四方晶系，由四个 TiO_2 分子组成一个晶胞，其晶格常数 $a = 0.3776$nm，$c = 0.9486$nm。锐钛型 TiO_2 仅在低温下稳定，在温度达到 610℃时便开始缓慢转化为金红石型，730℃时这种转化已有较高速度，915℃可完全转化为金红石型。

板钛型 TiO_2 的晶型属于斜方晶系，八个 TiO_2 分子组成一个晶胞，其晶格常数 $a = 0.545$nm，$b = 0.918$nm，$c = 0.515$nm。板钛型 TiO_2 是不稳定的化合物，在加温高于 650℃时则转化为金红石型。

11.2.1.3 物理性质

TiO_2 是一种白色粉末，它的主要物理性能如下：

密度（g/cm^3）：金红石型 4.261（0℃），4.216（25℃）；锐钛型 3.881（0℃），3.849

(25℃)，板钛型 4.135(0℃)，4.105(25℃)。

莫氏硬度：金红石型 7 ~ 7.5，锐钛型 5.5 ~ 6，板钛型 5.5 ~ 6。

熔点：金红石型 1842℃ ±6℃，熔化热 811J/g。

沸点：金红石型 2670℃ ±30℃，气化热（3762 ±313)J/g。

蒸气压（Pa）：固体 $\lg p = 17.217 - 30310T^{-1}$

液体 $\lg p = 10.351 - 15720T^{-1}$

介电常数：金红石型粉末 110 ~ 117；锐钛型粉末 48；板钛型自然晶体 78；金红石单晶，a 轴 170，c 轴 86。

电导率（S/m）：金红石单晶 30℃时 a 轴 10^{-10}，c 轴 10^{-13}；227℃时 a 轴 10^{-7}，c 轴 10^{-6}。

磁化率：$(0.078 \sim 0.089) \times 10^{-6}$。

折光率：金红石型 2.71，锐钛型 2.52。

摩尔热容（200 ~ 1000℃，J/(mol · K)）：金红石型 55.2，锐钛型 54.2。

11.2.1.4　化学性质

TiO_2 是两性化合物，它的碱性略强于酸性。TiO_2 是一个十分稳定的化合物，它在许多无机和有机介质中都具有很好的稳定性。它不溶于水和许多其他溶剂。

A　还原反应

在高温下 TiO_2 可被许多还原剂还原，还原产物取决于还原剂的种类和还原条件，一般为低价钛氧化物，只有少数几种强还原剂才能将其还原为金属钛。

干燥的氢气流缓慢通过 750 ~ 1000℃下的 TiO_2，便会还原生成 Ti_2O_3：

$$2TiO_2 + H_2 = Ti_2O_3 + H_2O$$

在温度 2000℃和 13 ~ 15MPa 的氢气中可还原为 TiO：

$$TiO_2 + H_2 = TiO + H_2O$$

加热的 TiO_2 可被钠蒸气和锌蒸气还原为低价氧化钛：

$$4TiO_2 + 4Na = Ti_2O_3 + TiO + Na_4TiO_4$$

$$TiO_2 + Zn = TiO + ZnO$$

铝、镁、钙在高温下可还原 TiO_2 为低价钛氧化物，在高真空中也能将其还原为金属钛，如：

$$3TiO_2 + 4Al = 3Ti + 2Al_2O_3$$

但由 TiO_2 还原得到的金属钛，一般氧含量较高。

TiO_2 在高温下可被金属钛还原为低价钛氧化物：

$$3TiO_2 + Ti = 2Ti_2O_3$$

$$TiO_2 + Ti = 2TiO$$

铜和钼在加热至 1000℃以上也能还原 TiO_2。

TiO_2 在高温下可被碳还原为低价钛氧化物及碳化钛：

$$TiO_2 + C = TiO + CO$$

$$TiO_2 + 3C \xlongequal{1800℃} TiC + 2CO$$

TiO_2 与 CaH_2 反应生成氢化钛：

$$TiO_2 + 2CaH_2 = TiH_2 + 2CaO + H_2$$

反应生成的 TiH_2，在高温真空中脱氢后可制得金属钛。

B 与卤素及卤化物的反应

TiO_2 容易与 F_2 反应生成 TiF_4，并放出氧：

$$TiO_2 + 2F_2 = TiF_4 + O_2$$

TiO_2 较难与 Cl_2 进行反应，即使在 1000℃下反应也不完全：

$$TiO_2 + 2Cl_2 = TiCl_4 + O_2$$

TiO_2 与氟化氢反应生成可溶于水的氧氟钛酸。TiO_2 也可与气体氯化氢或液体氯化氢反应生成二氯二氧钛酸：

$$TiO_2 + 2HCl = H_2[TiO_2Cl_2]$$

在高于 800℃时 TiO_2 与氯化氢加碳反应生成 $TiCl_4$：

$$TiO_2 + 2C + 4HCl = TiCl_4 + 2CO + 2H_2$$

在高温下，TiO_2 可与其他氯化物反应，生成 $TiCl_4$，如：

$$TiO_2 + 2SOCl_2 = TiCl_4 + 2SO_2$$

在高温下，TiO_2 可与许多金属卤化物反应生成钛酸盐，如：

$$2TiO_2 + 4KF = K_2TiO_3 + K_2[TiF_4O]$$

C 与氮及氮化物的反应

TiO_2 在通常条件下不与氮发生反应，在加热时可与氮及氢的混合物反应生成氮化钛：

$$TiO_2 + N_2 + 2H_2 = TiN_2 + 2H_2O$$

在高温下，TiO_2 可与氨反应生成氮化钛：

$$6TiO_2 + 8NH_3 = 6TiN + 12H_2O + N_2$$

D 与无机酸和碱的反应

TiO_2 不溶于水，但可与过氧化氢反应生成过氧偏钛酸。除氢氟酸外，TiO_2 不溶于其他稀无机酸中，各种浓度的氢氟酸均可溶解 TiO_2 生成氧氟钛酸。TiO_2 可溶于热的浓硫酸、硝酸和苛性碱中，也能很好地溶于碳酸氢钾的饱和溶液中。但金红石型 TiO_2 很难溶于浓硫酸中。

E 与有机化合物的反应

TiO_2 既不溶于大多数有机化合物中，在低温下也不与它们发生反应，仅在高温下才能同有机物反应，如：

$$4TiO_2 + CH_4 \xlongequal{1000℃} 4TiO + CO_2 + 2H_2O$$

$$TiO_2 + CCl_4 \xlongequal{>300℃} TiCl_4 + CO_2$$

$$TiO_2 + C_6H_4(CCl_3)_2 \xlongequal{220 \sim 270℃} TiCl_4 + C_6H_4(COCl)_2$$

在高温下，TiO_2 可被乙醇和丙醇还原为 TiO，甚至可还原为金属钛：

$$TiO_2 + C_2H_5OH = TiO + C_2H_4O + H_2O$$

$$TiO_2 + 2C_2H_5OH = Ti + 2C_2H_4O + 2H_2O$$

11.2.1.5 应用

二氧化钛是重要的化工原料，也是当今最好的白色颜料，关于它作为颜料及其他方面的用途已在第10章中论述。

11.2.2　一氧化钛

11.2.2.1　制取方法

TiO在Ti-O系中形成固溶体，它在$TiO_{0.8}$～$TiO_{1.22}$组成范围内稳定。

TiO可由各种还原剂还原TiO_2制取，如用镁还原时反应如下：

$$2TiO_2 + Mg \xrightarrow[\text{氩气氛}]{1500℃} TiO + MgTiO_3$$

也可用氢气、金属钛和碳等还原剂还原TiO_2制取TiO。

在$CaCl_2$或氟化物熔盐中电解TiO_2时，也可在阴极上析出TiO。

11.2.2.2　物理性质

TiO是一种具有金属光泽的金黄色物质，存在两种变体，转化温度为991℃±5℃，转化热为53.4J/g。小于991℃时稳定态α-TiO是面心立方晶系，晶格常数$a = 0.417nm \pm 0.0005nm$；大于991℃时稳定态β-TiO也是面心立方晶系，晶格常数$a = 0.4162nm \pm 0.018nm$。0℃时密度为4.93g/cm³，25℃时为4.89g/cm³。莫氏硬度为6。熔点为1760℃。液体蒸气压计算式为：

$$\lg p(\mathrm{Pa}) = 12.53 - 2.93 \times 10^4 T^{-1} + 5.81 \times 10^{-4} T$$

沸点为2850℃。20℃时电导率为0.249μS/m，电导随温度升高而减少，这是具有金属性质的一种特征。20℃时磁化率为1.38×10^{-6}。

11.2.2.3　化学性质

TiO是一种碱性氧化物，又是一种强还原剂，容易被氧化，与卤素作用生成卤化钛或卤氧化钛，如：

$$2TiO + 4F_2 = 2TiF_4 + O_2$$

$$TiO + Cl_2 = TiOCl_2$$

在空气中加热至400℃时，TiO开始逐渐被氧化，达到800℃时则氧化为TiO_2。

TiO是一种碱性氧化物，能溶于稀盐酸和稀硫酸中，并放出氢气：

$$2TiO + 6HCl = 2TiCl_3 + 2H_2O + H_2$$

$$2TiO + 3H_2SO_4 = Ti_2(SO_4)_3 + 2H_2O + H_2$$

上述反应说明TiO具有金属性质，可在酸性溶液中离解出金属阳离子：

$$2TiO + 6H^+ = 2Ti^{3+} + 2H_2O + H_2$$

在沸腾的硝酸中TiO被氧化：

$$TiO + 2HNO_3 = TiO_2 + 2NO_2 + H_2O$$

TiO可以作为乙烯聚合反应的催化剂。

11.2.3　三氧化二钛

11.2.3.1　制取方法

Ti_2O_3在Ti-O体系中形成固溶体，它在$TiO_{1.46}$～$TiO_{1.56}$组成范围内稳定。

Ti_2O_3可由各种还原剂还原TiO_2而制取，如采用镁还原时反应为：

$$2TiO_2 + Mg \xrightarrow{750\sim800℃\text{氩气氛}} Ti_2O_3 + MgO$$

11.2.3.2 物理性质

Ti_2O_3 是一种紫黑色粉末，存在两种变体，转化温度为200℃，转化热为6.35J/g。低温稳定态 $\alpha-Ti_2O_3$ 属于斜方六面体，晶格常数 $a=0.524nm$，$c=1.361nm$，$\alpha=56°36'$。高温稳定态 $\beta-Ti_2O_3$，10℃时密度为4.60g/cm^3，25℃时密度为4.53g/cm^3，熔点为1880℃，熔化热为0.78kJ/g。液体 Ti_2O_3 在3200℃时分解。Ti_2O_3 具有P型半导体性质。

11.2.3.3 化学性质

Ti_2O_3 是一种弱碱性氧化物。Ti_2O_3 当蒸发为气态时则发生歧化：

$$Ti_2O_3 = TiO + TiO_2$$

歧化平衡压力（Pa）可由下式表示：

$$\lg(p_{TiO}p_{TiO_2}) = 32.77 - 65357T^{-1} - 0.00132T$$

Ti_2O_3 歧化时，TiO 和 TiO_2 的压力见表11-4。

表11-4 Ti_2O_3 歧化反应的平衡压力 (kPa)

平衡压力名称	t/℃						
	2000	2200	2400	2600	2800	3000	3200
$p_{总}$	20.482×10^{-3}	0.160	0.807	3.471	13.114	37.772	101.880
p_{TiO}	0.532×10^{-3}	8.645×10^{-3}	89.11×10^{-3}	0.611	2.740	12.236	39.235
p_{TiO_2}	19.95×10^{-3}	0.142	0.718	2.873	10.374	25.536	61.845

Ti_2O_3 在空气中仅在很高的温度下才氧化为 TiO_2：

$$2Ti_2O_3 + O_2 = 4TiO_2$$

Ti_2O_3 不溶于水，也不与稀盐酸、硫酸和硝酸反应，溶于浓硫酸时生成紫色溶液：

$$Ti_2O_3 + 3H_2SO_4 = Ti_2(SO_4)_3 + 3H_2O$$

Ti_2O_3 能与氢氟酸、王水反应，并放出热量。它还能溶于熔化的硫酸氢钾并发生氧化：

$$Ti_2O_3 + 4KHSO_4 = K_2[TiO_2(SO_4)] + K_2[TiO(SO_4)_2] + SO_2 + 2H_2O$$

Ti_2O_3 与CaO、MgO等金属氧化物熔融时，反应生成复盐。

11.2.4 五氧化三钛

Ti_3O_5 在Ti-O体系中形成固溶体，它在 $TiO_{1.67}\sim TiO_{1.79}$ 组成范围内稳定。Ti_3O_5 存在两种变体，转化温度为177℃。$\alpha-Ti_3O_5$ 密度为4.57g/cm^3，$\beta-Ti_3O_5$ 密度为4.29g/cm^3。在高钛渣中存在的 Ti_3O_5 是一种蓝黑色粉末。

11.3 氢氧化钛

钛的氢氧化物有二氢氧化钛 $Ti(OH)_2$、三氢氧化钛 $Ti(OH)_3$、正钛酸（又称 α-钛酸）H_4TiO_4、偏钛酸（又称 β-钛酸）H_2TiO_3 和多钛酸等。$Ti(OH)_2$ 是碱性化合物，$Ti(OH)_3$ 是弱碱性化合物，H_2TiO_3 和 H_4TiO_4 是两性氢氧化物。

11.3.1　氢氧化钛（Ⅱ）

11.3.1.1　制取方法

在氢气保护下的二价钛盐溶液中加入氢氧化物或碳酸铵会沉淀生成 $Ti(OH)_2$：

$$Ti^{2+} + 2NH_4OH = 2NH_4^+ + Ti(OH)_2 \text{（黑色沉淀）}$$

$$Ti^{2+} + (NH_4)_2CO_3 + H_2O = 2NH_4^+ + CO_2 + Ti(OH)_2 \text{（褐色沉淀）}$$

11.3.1.2　化学性质

$Ti(OH)_2$ 是一种强还原剂，很容易被氧化。刚制取的 $Ti(OH)_2$ 颜色很暗，但放置时颜色逐渐变浅，最后变为白色，这是由于 $Ti(OH)_2$ 自然氧化为 TiO_2：

$$Ti(OH)_2 = H_2 + TiO_2$$

在空气中加热 $Ti(OH)_2$ 则氧化为偏钛酸：

$$2Ti(OH)_2 + O_2 = 2H_2TiO_3$$

$Ti(OH)_2$ 是一种典型的碱性氢氧化物，它易溶于酸中放出氢气：

$$2Ti(OH)_2 + 6H^+ = 2Ti^{3+} + 4H_2O + H_2$$

当 $Ti(OH)_2$ 在氢气保护下溶于酸中时，便生成二价钛盐：

$$Ti(OH)_2 + 2H^+ = Ti^{2+} + 2H_2O$$

11.3.2　氢氧化钛（Ⅲ）

11.3.2.1　制取方法

在三价钛盐溶液中加入氢氧化铵、碱金属氢氧化物、硫化物或碳酸盐，便生成 $Ti(OH)_3$沉淀：

$$TiCl_3 + 3OH^- = Ti(OH)_3 + 3Cl^-$$

$$2TiCl_3 + 3S^{2-} + 6H_2O = 2Ti(OH)_3 + 6Cl^- + 3H_2S$$

$$2TiCl_3 + 3CO_3^{2-} + 6H_2O = 2Ti(OH)_3 + 6Cl^- + 3H_2CO_3$$

11.3.2.2　化学性质

$Ti(OH)_3$ 也是一种还原剂，容易被氧化。刚制取的 $Ti(OH)_3$ 颜色较深，但放置时颜色逐渐变浅，最后变为白色，这是由于在水的作用下被氧化为正钛酸：

$$2Ti(OH)_3 + 2H_2O = 2H_4TiO_4 + H_2$$

另外，$Ti(OH)_3$ 也容易在空气中氧化生成偏钛酸：

$$2Ti(OH)_3 + \frac{1}{2}O_2 = 2H_2TiO_3 + H_2O$$

$Ti(OH)_3$ 是一种弱碱性氢氧化物，它可溶于酸中生成三价钛盐：

$$Ti(OH)_3 + 3H^+ = Ti^{3+} + 3H_2O$$

11.3.3　正钛酸

11.3.3.1　制取方法

硫酸或盐酸的二氧化钛溶液与碱金属氢氧化物或碳酸盐反应，反应生成物在常温下干燥则可得到正钛酸。

$TiCl_4$ 在大量水中水解时，也生成正钛酸的水化物：

$$TiCl_4 + 5H_2O = H_4TiO_4 \cdot H_2O + 4HCl$$

粉末钛与沸腾水反应也可生成正钛酸。

11.3.3.2 性质

正钛酸通常是无定型的白色粉末。它是一种不稳定的化合物，热水洗涤或加热时或长时间在真空中干燥时便转化为偏钛酸。正钛酸不溶于水和醇中，但易转化为胶体溶液。正钛酸是两性氢氧化物，它在常温下易溶于无机酸和强有机酸中，也能溶于热的浓碱溶液中。

在水溶液中，正钛酸通常以水化物的形式存在，在 $pH = 7$ 时为二水正钛酸，而在 $pH < 7$（即酸性）的溶液中存在下列平衡转化：

$$Ti(OH)_4(H_2O)_2 + OH_3^+ \rightleftharpoons [Ti(OH)_3(H_2O)_3]^+ + H_2O$$

$$[Ti(OH)_3(H_2O)_3]^+ + OH_3^+ \rightleftharpoons [Ti(OH)_2(H_2O)_4]^{2+} + H_2O$$

$$[Ti(OH)_2(H_2O)_4]^{2+} + OH_3^+ \rightleftharpoons [Ti(OH)(H_2O)_5]^{3+} + H_2O$$

在 $pH > 7$（即碱性）的溶液中存在下列平衡：

$$Ti(OH)_4(H_2O)_2 + OH^- \rightleftharpoons [Ti(OH)_5(H_2O)]^- + H_2O$$

$$[Ti(OH)_5(H_2O)]^- + OH^- \rightleftharpoons [Ti(OH)_6]^{2-} + H_2O$$

11.3.4 偏钛酸

11.3.4.1 制取方法

偏钛酸可由金属钛与40%硝酸反应生成：

$$3Ti + 4HNO_3 + H_2O = 3H_2TiO_3 + 4NO$$

金属钛与氨中的过氧化氢反应也生成偏钛酸：

$$Ti + 5H_2O_2 + 2NH_3 = H_2TiO_3 + 7H_2O + N_2$$

$TiCl_4$ 在沸腾水中水解可生成偏钛酸。

$Ti(SO_4)_2$ 和 $TiOSO_4$ 的酸性溶液在沸水中水解生成偏钛酸沉淀。

在140℃或在真空中干燥正钛酸时，也会生成偏钛酸。

11.3.4.2 性质

偏钛酸是一种白色粉末，加热时变黄。25℃时密度为 $4.3g/cm^3$。偏钛酸不导电。

偏钛酸不溶于水，也不溶于稀酸和碱溶液中，却溶于热浓硫酸中。偏钛酸的酸性，表现为在高温下能与金属氧化物、氢氧化物、碳酸盐烧结生成相应的钛酸盐；与金属卤化物反应也生成钛酸盐，并析出卤化氢。

偏钛酸是不稳定化合物，在煅烧时发生分解，生成 TiO_2。

偏钛酸脱水的起始温度为200℃，300℃时已达到较大的脱水速度，但需在高温下才能脱水完全。

11.4 硫化钛

11.4.1 一硫化钛

11.4.1.1 制取方法

粉末钛与熔化硫在400℃下反应生成 TiS。粉末钛还原 TiS_2，或在氢气流中还原 TiS_2、

Ti_2S_3 也可制取 TiS：

$$TiS_2 + Ti = 2TiS$$

$$TiS_2 + H_2 = TiS + H_2S$$

$$Ti_2S_3 + H_2 = 2TiS + H_2S$$

11.4.1.2 性质

TiS 是一种具有金属光泽的暗红色物质，在 1780℃ 时固液异成分熔化；0℃ 时密度为 $4.16g/cm^3$，20℃ 时密度为 $4.05g/cm^3$；20℃ 时比磁化率为 2.3×10^{-6}。

TiS 在空气中是稳定的，加热时发生氧化反应生成 TiO_2：

$$TiS + 2O_2 = TiO_2 + SO_2$$

TiS 不与水、氢氟酸、盐酸和稀硫酸反应，浓、热盐酸和硫酸能溶解 TiS，并析出硫化氢。TiS 难溶于浓硝酸和王水，也不与硫溶液发生反应。

11.4.2 三硫化二钛

11.4.2.1 制取方法

金属钛与相应硫在加热至 800℃ 时可生成 Ti_2S_3。在氮气或氢气气氛中加热 TiS_2 也可生成 Ti_2S_3：

$$2TiS_2 = Ti_2S_3 + S$$

$$2TiS_2 + H_2 = Ti_2S_3 + H_2S$$

往加热的 TiO_2 中通入硫化氢和二硫化碳蒸气生成 Ti_2S_3：

$$2TiO_2 + 2H_2S + CS_2 \longrightarrow Ti_2S_3 + CO_2 + 2H_2O + S$$

11.4.2.2 性质

Ti_2S_3 是一种具有金属光泽的黑色粉末，0℃ 时密度为 $3.67g/cm^3$。它在空气中是稳定的，加热时可氧化为 TiO_2：

$$Ti_2S_3 + 5O_2 = 2TiO_2 + 3SO_2$$

在氢气流中加热则被还原为 TiS。

Ti_2S_3 与水、酸和碱都不发生反应，浓硫酸和浓硝酸能溶解它，与氢氟酸可在高温下发生反应。

11.4.3 二硫化钛

11.4.3.1 制取方法

熔化硫与加热的金属钛反应，或者硫化氢与金属钛在高温下反应都可生成 TiS_2。

硫化氢与 $TiCl_4$ 蒸气的混合物，加热至 480 ~ 540℃ 时，反应分两步进行：

$$TiCl_4 + H_2S = TiCl_2S + 2HCl$$

$$TiCl_2S + H_2S = TiS_2 + 2HCl$$

熔化硫与 $TiOCl_2$ 在 120℃ 下反应生成 TiS_2：

$$TiOCl_2 + 2S = TiS_2 + Cl_2O$$

用氢还原硫酸钛也可制取 TiS_2：

$$Ti(SO_4)_2 + 8H_2 = TiS_2 + 8H_2O$$

11.4.3.2 性质

TiS_2 的颜色取决于制取方法和生成结晶的特征，通常 TiS_2 是一种具有金属光泽的黄色片状结晶。在 147℃时发生晶型转化。25℃时密度为 3.22g/cm³，密度与温度的关系的计算式：

$$\rho_t = 3.332 - 0.00758t + 0.000128t^2$$

隔绝空气（在氮气中）加热 TiS_2 至 300℃便会使其部分脱硫生成 Ti_2S_3：

$$2TiS_2 = Ti_2S_3 + S$$

在氢气中加热至 300℃则发生部分还原生成 Ti_2S_3，在更高的温度下并存在过量氢时可还原为 TiS：

$$2TiS_2 + H_2 = Ti_2S_3 + H_2S$$

$$TiS_2 + H_2 = TiS + H_2S$$

TiS_2 在空气中是稳定的，加热可燃烧生成 TiO_2：

$$TiS_2 + 2O_2 = TiO_2 + 2SO_2$$

TiS_2 可与氯反应生成 $TiCl_4$：

$$TiS_2 + 3Cl_2 = TiCl_4 + S_2Cl_2$$

在加热条件下，TiS_2 可被金属镁、铝等还原为金属钛：

$$TiS_2 + Mg = TiS + MgS$$

$$TiS_2 + 2Mg = Ti + 2MgS$$

TiS_2 与冷水不发生反应，可与热水蒸气反应并析出 H_2S：

$$TiS_2 + 2H_2O = TiO_2 + 2H_2S$$

TiS_2 与稀酸不发生反应，而溶于氢氟酸、盐酸和硫酸中，加热时溶解更快。硝酸加热时能氧化 TiS_2：

$$TiS_2 + 8HNO_3 = Ti(SO_4)_2 + 4NO + 4NO_2 + 4H_2O$$

TiS_2 可在加热的 CO_2 气流中分解：

$$TiS_2 + 2CO_2 = TiO_2 + 2S + 2CO$$

TiS_2 可溶于热的碱金属氢氧化物和氨水溶液中。

TiS_2 与碱金属硫化物和氢氧化物烧结时分别生成硫代钛酸盐和硫氧钛酸盐。TiS_2 与熔化的硝酸盐在加热时可引起激烈的爆炸反应。

11.4.3.3 用途

研究表明，TiS_2 可以用作高效电池的阴极材料，代替石墨作为碱金属或碱土金属元素间反应的容器材料，或用作固体润滑剂。尚未发现其他的重要的工业应用。

此外，还有 TiS_3。粉末钛与硫在 600℃下长时间反应，或用过量硫与 TiS_2 反应都可生成 TiS_3。TiS_3 是一种黑色针状结晶，不与盐酸反应，溶于浓硫酸中，能与硝酸和氢氧化钠溶液反应。

11.5 氮化钛、碳化钛和硼化钛

11.5.1 氮化钛

钛的氮化物很多，如 TiN、TiN_2、Ti_2N、Ti_3N、Ti_4N、Ti_3N_4、Ti_3N_5、Ti_5N_6 等，但其

中比较重要的为 TiN。它们相互能形成一系列连续固溶体。

11.5.1.1　制取方法

TiN 在 Ti－N 体系中形成固溶体，它在 $TiN_{0.37}$～$TiN_{1.2}$组成范围内稳定。在 800～1400℃下钛可直接与 N_2 反应生成 TiN，如粉末钛或熔化钛在过量的氮气中燃烧便生成 TiN：

$$2Ti + N_2 \xlongequal{} 2TiN$$

TiO_2 和碳的混合物在氮气流中加热至高温也生成 TiN：

$$2TiO_2 + 4C + N_2 \xlongequal{} 2TiN + 4CO$$

氮和氢的混合物可在高温金属表面上（如 1450℃的钨丝上）与 $TiCl_4$ 反应，在该金属表面上沉积 TiN 层：

$$2TiCl_4 + N_2 + 4H_2 \xlongequal{} 2TiN + 8HCl$$

在铁表面上沉积 TiN 层可不需用氢：

$$2TiCl_4 + N_2 + 4Fe \xlongequal{} 2TiN + 4FeCl_2$$

11.5.1.2　物理性质

TiN 的外形像金属。它的颜色随其组成而变化，可为亮黄色至黄铜色。它的晶体构造为立方晶系，晶格常数为 $a = 0.4235nm$。25℃时密度为 $5.21g/cm^3$。它的硬度很高，莫氏硬度为 9，显微硬度为 2.12GPa。熔点为 2930℃。TiN 具有很好的导电性能，20℃时电导率为 8.7μS/m。随温度升高，它的导电性降低，表现为金属性质。在 1.2K 时，TiN 具有超导性。在电解质表面上镀上一 TiN 薄层，便成为半导体。

11.5.1.3　化学性质

在常温下 TiN 是相当稳定的。在真空中加热时它可失去部分氮，生成含氮量比 TiN 少的升华物，此升华物可重新吸氮。TiN 不与氢反应，可在氧中或空气中燃烧生成 TiO_2：

$$2TiN + 2O_2 \xlongequal{} 2TiO_2 + N_2$$

在高于 1200℃时，上述反应已有足够的反应速度，但随着时间的延长出现的白色二氧化钛消失，表面变黑，这是因为在 TiN－TiO 系中形成了含氧无限固溶体。

TiN 在加热时可与氯反应生成氯化物：

$$2TiN + 4Cl_2 \xlongequal{} 2TiCl_4 + N_2$$

TiN 不溶于水，在加热时与水蒸气反应生成氨和氢：

$$2TiN + 4H_2O \xlongequal{} 2TiO_2 + 2NH_3 + H_2$$

TiN 在稀酸中（除硝酸）是相当稳定的，但存在氧化剂时可溶于盐酸。TiN 与加热的浓硫酸反应：

$$2TiN + 6H_2SO_4 \xlongequal{} 2TiOSO_4 + 4SO_2 + N_2 + 6H_2O$$

在 1300℃下 TiN 与氯化氢反应生成 $TiCl_4$。TiN 与碱反应析出氨。

TiN 不与 CO 反应，可慢慢与 CO_2 反应生成 TiO_2：

$$2TiN + 4CO_2 \xlongequal{} 2TiO_2 + N_2 + 4CO$$

11.5.1.4　用途

TiN 硬度大，耐磨耐蚀性好，外观呈金黄色，颜色很美。在涂镀工业上常用它代替装饰用镀金和硬质合金表面强化镀层。也可直接应用作硬质合金材料和制造熔融金属的坩埚。

11.5.2 硼化钛

钛的硼化物很多，有 Ti_2B、TiB、TiB_2、Ti_2B_5 等，它们均为灰黑色粉末。硼化钛是一种重要的硼化物材料，它的物理化学性能优异，如 TiB_2 比 ZrB_2 的密度小、硬度大、熔点也低。

11.5.2.1 制取方法

制取硼化钛的方法甚多，常用的方法大多是一步合成法，如：

将 TiO_2、B_4C 和 C 混合经高温合成，反应为：

$$2TiO_2 + B_4C + 3C \xlongequal{} 2TiB_2 + 4CO$$

将 TiO_2、B_4C 和 Mg 粉混合让其自燃燃烧。便会生成 TiB_2：

$$2TiO_2 + B_4C + 3Mg \xlongequal{} 2TiB_2 + 3MgO + CO$$

再将燃烧反应物破碎、筛分和酸洗除去 MgO，就得到 TiB_2。

11.5.2.2 性质

TiB_2 价键结合力强。因此具有熔点高、硬度大、导热性能和导电性能好等特性。

TiB_2 的晶体构造为六方晶格，$a = 0.3026$nm，$c = 0.3213$nm，密度为 4.5g/cm^3，熔点为 2980℃，莫氏硬度为 9，显微硬度为 2.9GPa，电导率常温下为 6.25×10^5S/m，电阻温度系数为正，热膨胀系数为 $4.6 \times 10^{-6}K^{-1}$。TiB 的熔点为 2200℃，$\Delta H_{298}^{\ominus} = -171.4$kJ/mol，$S_{298}^{\ominus} = 30.1$J/(mol·K)。

TiB_2 具有良好的热稳定性能，常温下非常稳定，即使在高温下也具有优异的抗氧化性能。这是因为 TiB_2 表面覆盖一层复合氧化物保护层，故它的使用温度可达 2000 ~ 3000℃。TiB_2 具有良好的耐磨和耐蚀性能，它耐熔融金属的腐蚀性能优异，耐酸性能也好。TiB_2 在碱中或氯气氛中加热到高温时会被侵蚀，与氟在常温下也会反应。

11.5.2.3 用途

硼化钛是一种新型的陶瓷材料，具有极其优异的物理化学性能：高熔点（2980℃）、高硬度（346GPa）、耐磨损、抗酸碱、导电性良好、导热性强（25J/(m·s·K)）、热膨胀系数小（8.1×10^{-6}）、具有极好的化学稳定性和抗热性能。二硼化钛及其复合材料是近十年来引起广泛关注并被公认的极具推广价值和应用前景的高新技术材料。

用途：导电性复合材料。用二硼化钛和氮化硼制作导电氮化硼（蒸发舟）是真空镀铝设备的主要构件，陶瓷切削工具。制造二硼化钛陶瓷用于拉丝模、挤压模、喷砂嘴、密封元件、切削工具等。复合陶瓷材料可作为多元复合材料的重要组元，二硼化钛可与 TiC、TiN、SiC 等材料组成切削工具的复合材料，还可作为一种组分制作装甲车防护材料，是各种耐高温功能器件的最好材料。

铝电解阴极材料：用作铝电解阴极材料，由于 TiB_2 与金属铝液良好的浸润性使电解铝的耗电量降低，电解槽寿命延长，还可以制作成 PTC 发热材料和柔性 PTC 材料，是 Al、Fe、Cu 等金属材料的强化剂。

质量标准：Ti≥67.5%，B≥30.5%，O<1.0%，C<1.5%，Fe<0.2%。

平均粒径 $D50$ 4 ~ 8μm。

11.5.3 碳化钛

钛的碳化物也很多，其中最重要的是 TiC。

11.5.3.1 制取方法

熔化的金属钛（1800～2400℃）直接与碳反应生成 TiC。一般在高温（1800℃以上）真空下用碳还原 TiO_2 制取 TiC。

在高于 1600℃下碳和氢（或 $CO + H_2$）的混合物与 $TiCl_4$ 反应也生成 TiC：

$$TiCl_4 + 2H_2 + C = TiC + 4HCl$$

$$TiCl_4 + CO + 3H_2 = TiC + 4HCl + H_2O$$

11.5.3.2 物理性质

TiC 是一种具有金属光泽的钢灰色结晶，晶型构造为正方晶系，晶格常数 a = 0.4329nm，20℃时密度为 4.91g/cm³。TiC 具有很高的熔点和硬度，熔点为 3150℃ ± 10℃，沸点为 4300℃，升华热为 10.1kJ/g，莫氏硬度为 9.5，显微硬度为 2.795GPa，它的硬度仅次于金刚石。TiC 具有良好的传热性能和导电性能，随着温度升高其导电性降低，这说明 TiC 具有金属性质。它在 1.1K 时具有超导性。TiC 是弱顺磁性物质。

11.5.3.3 化学性质

在常温下 TiC 是稳定的，在真空加热高于 3000℃时会放出含钛量比 TiC 更多的蒸气。在氢气中加热高于 1500℃时它便会慢慢脱碳。高于 1200℃时 TiC 与 N_2 反应生成组成变化的 Ti(C、N) 化合物。致密的 TiC 在 800℃时氧化很慢，但粉末状 TiC 在 600℃时可在氧中燃烧：

$$TiC + 2O_2 = TiO_2 + CO_2$$

TiC 在 400℃时可与氯反应生成 $TiCl_4$。TiC 不溶于水，在高于 700℃时与水蒸气反应生成 TiO_2：

$$2TiC + 6H_2O = 2TiO_2 + 2CO + 6H_2$$

TiC 不溶于盐酸，也不溶于沸腾的碱，但能溶于硝酸和王水。

TiC 在 1200℃下可与 CO_2 反应生成 TiO_2：

$$TiC + 3CO_2 = TiO_2 + 4CO$$

TiC 在 1900℃下与 MgO 反应生成 TiO：

$$TiC + 2MgO = TiO + 2Mg + CO$$

11.5.3.4 用途

碳化钛是已知的最硬的碳化物，是生产硬质合金的重要原料。TiC 与其他碳化物如 WC、TaC、NbC 等比较，它的密度最小，硬度最大，还能与碳化钨和碳化钽等形成固溶体。WC－TiC 合金、WC＋($WC－Mo_2C－TiC$) 固溶体、TiC－TaC 合金等已成为重要的切削材料。

TiC 还具有热硬度高、摩擦系数小、热导率低等特点，因此含有 TiC 的刀具比 WC 及其他材料的刀具具有更高的切削速度和更长的使用寿命。如果在其他材料（如 WC）的刀具表面上沉积一层 TiC 薄层，则可大大提高刀具的性能。TiC 薄层可在高温（1000℃以上）真空中由 $TiCl_4$ 与甲烷反应制得。

11.6 氢化钛

11.6.1 一氢化钛

11.6.1.1 制取方法

$TiCl_4$ 与氢化钠反应生成 TiH：

$$2TiCl_4 + 8NaH \longrightarrow 2TiH + 8NaCl + 3H_2$$

但是，用这种方法制取的 TiH 是无金属光泽的黑色粉末。

11.6.1.2 性质

TiH 是一种具有金属光泽的灰色粉末，晶型属于立方晶系，晶格常数为 $a = 0.311$nm，$c = 0.0502$nm，密度为 3.79g/cm³。TiH 是不稳定的化合物，在加热时分解为钛和氢，在640℃时分解压力已达0.1MPa。TiH 在空气中加热高于350℃时发生熔化，并燃烧析出氢，发出浅蓝色火焰。在800～900℃时则激烈燃烧析出金属钛。

TiH 在水中和非氧化酸中是稳定的，在氧化剂的作用下便氧化为四价钛化合物。在700℃时可与氟化氢反应生成 TiF_3：

$$TiH + 3HF \longrightarrow TiF_3 + 2H_2$$

11.6.2 二氢化钛

TiH_2 在 Ti－H 系中形成固溶体（$TiH_{1.8} \sim TiH_{1.99}$），它仅在高于400℃和大于0.1MPa的氢气氛中才稳定存在。低于400℃时实际上是以 TiH_2－TiH 的固溶体形式存在。在 Ti－H 体系中得到的氢化钛，其含氢量总是小于 TiH_2 中的含氢量。

11.6.2.1 制取方法

TiH_2 可由金属钛在高温下与 H_2 反应生成：

$$Ti + H_2 \longrightarrow TiH_2$$

CaH_2 还原 TiO_2 也可制取 TiH_2。

11.6.2.2 性质

TiH_2 是一种具有金属外观的灰色粉末，存在两种变体，转化温度为37℃。低温稳定态为面心四方晶系，晶格常数为 $a = 0.4528$nm，$c = 0.4279$nm。大于37℃时为正方晶系，晶格常数 $a = 0.4454$nm。在20℃时密度为3.91g/cm³。

TiH_2 在高于400℃下的氢气中稳定，在800～1000℃下几乎完全分解，所以实际上它不能单独存在，而把组成范围在 $TiH_{1.8} \sim TiH_{1.99}$ 的固溶体称作为 TiH_2，属非化学计量化合物。

TiH_2 在水中和非氧化性酸中是稳定的。但存在氧化剂时则氧化为四价钛化合物。

11.6.2.3 用途

氢化钛很脆，因此常利用这一特性来制取粉末钛。氢化钛受热时分解，是一种纯氢源。此外，氢化钛还可用于焊接，因为它在焊接区受热时发生分解，析出新生氢和熔融钛，后者可促进焊接，并可使焊缝强度增加。

11.7 钛的无机盐

钛的盐类种类很多，下面介绍几种常见的钛盐。

11.7.1 钛盐（Ⅳ）

四价钛的硫酸盐有：$Ti(SO_4)_2$、$Ti(S_2O_7)_2$、$TiO(SO_4)$、$Ti_4O_5(SO_4)_3$、$Ti_7O_{13}(SO_4)$、

$Ti_2O_3(SO_4)$ 等。

11.7.1.1 正硫酸钛 $Ti(SO_4)_2$

过量的 SO_3 与 $TiCl_4$ 反应，或用硝酸氧化 TiS_2 均可制取正硫酸钛。

正硫酸钛是一种白色易吸湿性粉末，在加热高于150℃时开始分解：

$$Ti(SO_4)_2 = TiO(SO_4) + SO_3$$

在更高温度下可完全分解。它溶于水时放出热，说明发生了水解，生成硫酸基钛酸，并可溶于醇、醚及丙酮中发生分解。它与活性金属的硫酸盐反应生成三硫酸基钛酸盐。它在氢气流中于100～120℃下被还原生成 TiS_2。

11.7.1.2 硫酸氧钛 $TiO(SO_4)$

正硫酸钛 $Ti(SO_4)_2$ 加热至500～550℃时生成 $TiO(SO_4)$，或者把 TiO_2 溶于浓硫酸并加热至225℃时也生成 $TiO(SO_4)$。浓硫酸 TiO_2 溶液在高于150℃下结晶，也可获得 $TiO(SO_4)$。

SO_3 与金属钛反应生成 $TiO(SO_4)$：

$$Ti + 3SO_3 = TiO(SO_4) + 2SO_2$$

$TiO(SO_4)$ 是白色结晶，具有双重折射性，通常是以无定型粉末形式存在。在加热时，它分解析出 SO_3 蒸气，在450～580℃温度范围内的分解压力（Pa）可由下式表示：

$$\lg p = 25.874 - 17710T^{-1}$$

在579℃时分解压力达到0.1MPa。

$TiO(SO_4)$ 能溶于冷水中，生成硫酸基钛酸，被热水水解时生成偏钛酸。

$TiO(SO_4)$ 溶于硫酸时也生成硫酸基钛酸。它还溶于盐酸，也可被碱和氨液所分解。

$TiO(SO_4)$ 可催化 SO_2 的氧化反应，这是因为 SO_2 与吸收热的 $TiO(SO_4)$ 反应生成三价钛硫酸盐：

$$2TiO(SO_4) + SO_2 = Ti_2(SO_4)_3$$

$Ti_2(SO_4)_3$ 再与 O_2 反应生成 SO_3，并再生 $TiO(SO_4)$：

$$2Ti_2(SO_4)_3 + O_2 = 4TiO(SO_4) + 2SO_3$$

11.7.1.3 硝酸钛 $Ti(NO_3)_4$

由 N_2O_5 和硝酸盐作用可制得无水 $Ti(NO_3)_4$。它的熔点为58℃，具有挥发性。$Ti(NO_3)_4$ 易和有机物激烈反应，常引起燃烧或爆炸，这可能是通过放出很活泼的 NO_3 自由基而起的反应。

无水硝酸钛具有特殊的十二面体结构。

11.7.2 钛酸盐

可把钛酸盐看成是复合氧化物，主要有偏钛酸盐 $MeTiO_3$、正钛酸盐 Me_2TiO_4 和多钛酸盐如 $MeTi_2O_5$ 等（Me 为二价金属元素）三种类型。钛酸盐可由 TiO_2 或水合 TiO_2 与相应的金属氧化物、氢氧化物或碳酸盐混合加热制备。钛酸盐一般都是稳定的化合物，它不溶于水，但可被浓酸分解。

11.7.2.1 钛酸钾

钛酸钾是指化学式为 $K_2O \cdot nTiO_2(n=4、6、8)$，经转靶 X 射线粉末衍射仪测试为结晶态的物质。其中，$n=4$ 时称之为四钛酸钾，$n=6$ 时称之为六钛酸钾（$K_2Ti_6O_{13}$），$n=8$ 时称之为八钛酸钾（$K_2Ti_8O_{17}$）。n 不同，钛酸钾具有不同的结构和特性，用于不同的领域。四钛酸钾（熔点 1114℃）具有离子交换能力和高的化学活性，主要用于离子交换剂，核废料处理等前驱体；六钛酸钾（熔点 1370℃）和八钛酸钾结构类似，力学性能高，化学稳定性、耐热隔热性、耐磨性很好，性价比大，比表面积极大，主要用于复合材料的增强，改性工程塑料，增强陶瓷、金属、摩擦材料，还可用于隔热耐热材料、催化剂载体，热喷涂及红外线反射涂料。但是，由于八钛酸钾的生产工艺更复杂，成本更高，且六钛酸钾的隔热性能和耐摩擦稳定性更好，所以用于摩擦材料增强材料的主要是六钛酸钾。

六钛酸钾，白色单晶体，六钛酸钾的晶体结构属三斜晶系，晶体结构中 Ti 的配位数为 6，以 TiO_6 八面体通过共面和共棱连结而成连锁的隧道状结构，K^+ 离子居于隧道的中间，隧道轴与晶体轴平行。形貌有晶须和鳞片两种，由于晶须状材料容易吸入呼吸道，危害人类健康，所以为了保护生态环境，世界上很多国家和地区对晶须状材料已经提出限用，甚至被禁用，鳞片状六钛酸钾被大量的应用于摩擦材料将成为一种趋势。

11.7.2.2 钛酸锶

钛酸锶是钙钛矿型结构，熔点为 2080℃，密度为 5.12g/cm^3，可用固相法或液相法制备。固相法是将纯 TiO_2 和 $SrCO_3$ 混合烧结而成。液相法是从 $TiCl_4$ 和 $SrCl_2$ 溶液中以草酸复盐形式沉淀出来，经洗涤、干燥而制得。在 $BaTiO_3$ 热敏陶瓷中加入 $SrTiO_3$，可降低其居里点和改变其温度系数。$SrTiO_3$ 的另一个重要用途是制造压敏电阻器，它具有电阻器和电容器的双重功能，在抗干扰电路中有着广泛的用途。$SrTiO_3$ 也是制造电容器的中间材料。

11.7.2.3 钛酸铅

钛酸铅是黄色固体，密度为 7.3g/cm^3，可由 TiO_2 与 PbO 混合烧结制备。钛酸铅在制造功能陶瓷中有重要的应用，也是制造钛酸锆铅铁电陶瓷的重要原料。

11.7.2.4 钛酸锌

正钛酸锌（Zn_2TiO_4）可由 ZnO 和 TiO_2 在 1000℃下烧结而成，为尖晶石结构，呈白色固体状，密度为 5.12g/cm^3。

11.7.2.5 钛酸镍

钛酸镍是鲜黄色固体，密度为 5.08g/cm^3。当 Sb_2O_3 加到 $NiCO_3$ 和 TiO_2 混合物中并加热至 980℃时，就形成钛酸锑镍，它是一种黄色颜料。

11.7.2.6 钛酸镁

在 TiO_2-MgO 体系中可生成正钛酸镁 Mg_2TiO_4（$2MgO\cdot TiO_2$）、偏钛酸镁 $MgTiO_3$（$MgO\cdot TiO_2$）、二钛酸镁 $MgTi_2O_5$（$MgO\cdot 2TiO_2$）、三钛酸镁 $Mg_2Ti_3O_8$（$2MgO\cdot 3TiO_2$）和四钛酸镁 $MgTi_4O_9$（$MgO\cdot 4TiO_2$）五种钛酸盐。其中四钛酸镁是不稳定的。

A 正钛酸镁 Mg_2TiO_4

两份 TiO_2 和一份 MgO 在十份 $MgCl_2$ 溶剂中熔融便可生成正钛酸镁。

正钛酸镁是一种亮白色结晶，属于正方晶系，晶格常数 $a=0.842$nm，固体密度为 3.52g/cm^3，熔点（固液同成分）为 1732℃。它不溶于水，在硝酸、盐酸中长时间加热便发生分解。

B 偏钛酸镁 $MgTiO_3$

TiO_2 和 Mg 的混合物加热至1500℃可生成 $MgTiO_3$。在高温下 TiO_2 与 $MgCl_2$ 反应也生成偏钛酸镁。

偏钛酸镁属六方晶系，晶格常数 $a=0.545nm$，$\alpha=55°$。固体密度为 $3.91g/cm^3$，熔点（固液同成分）为1630℃。

偏钛酸镁在1050℃氢气流中被还原为三价钛酸镁 $Mg(TiO_2)_2$；在与碳混合物加热至1400℃时也发生相应的还原。

偏钛酸镁能缓慢地溶于稀盐酸中，在浓盐酸中溶解速度很快，也溶于硫酸氢氨的熔融液中。

C 二钛酸镁 $MgTi_2O_5$

在 TiO_2-MgO 体系中形成二钛酸镁，这是一种白色结晶，固体密度为 $3.58g/cm^3$，熔点（固液同成分）为1652℃。

$MgTi_2O_5$ 与碳的混合物加热至1400℃被还原为三价钛酸盐：

$$MgTi_2O_5+C\longrightarrow Mg(TiO_2)_2+CO$$

$MgTi_2O_5$ 在水和稀酸中都不溶解。

D 三钛酸镁 $Mg_2Ti_3O_8$

偏钛酸与碳酸镁烧结便生成 $Mg_2Ti_3O_8$。这是一种白色结晶，具有较大的介电常数。

11.7.2.7 钛酸钙

在 $TiO-CaO$ 体系中形成偏钛酸钙 $CaTiO_3(CaO\cdot TiO_2)$ 和正二钛酸钙 $Ca_3Ti_2O_7$。

A 偏钛酸钙 $CaTiO_3$

TiO_2 与相应量的 CaO 加热烧结便生成 $CaTiO_3$。

偏钛酸钙是黄色晶体，属于单斜晶系，晶格常数 $a=0.7629nm$，固体密度为 $4.02g/cm^3$，在1260℃时发生同素异形转化，转化热为4.70J/g，1650℃开始软化，1980℃（固液同成分）熔化。

偏钛酸钙不溶于水，在加热的浓硫酸和盐酸中发生分解，与碱金属硫酸氢化物或硫酸铵熔化时也发生分解。

B 正二钛酸钙 $Ca_3Ti_2O_7$

正二钛酸钙是一种黄色结晶，熔点（固液异成分）为1770℃，熔化析出偏钛酸钙。正二钛酸钙不溶于水，在加热的浓酸或碱金属硫酸氢化物中分解。

11.7.2.8 钛酸钡

A 制取方法

在 TiO_2-BaO 体系中，通过控制不同的钛钡比可制取偏钛酸钡（$BaTiO_3$）、正钛酸钡（Ba_2TiO_4）、二钛酸钡（$BaTi_2O_5$）和多钛酸钡（$BaTi_3O_7$、$BaTi_4O_9$ 等），其中以偏钛酸钡最有应用价值。

制取偏钛酸钡的方法很多，可归纳为固相法和液相法两类。固相法一般是以 TiO_2 和 $BaCO_3$ 按摩尔比1:1混合，并可适当压制成形，放入1300℃左右氧化气氛炉中焙烧，其反应式为：

$$TiO_2 + BaCO_3 = BaTiO_3 + CO_2 \uparrow$$

反应产物经破碎磨细为产品。作为电子陶瓷材料使用的偏钛酸钡，在其生产中不希望有其他几种钛酸钡生成，所以原料的配比必须准确，且混合均匀，这是该法的难点之一。固相法产品因受原料纯度和制备过程的污染，一般纯度较低，活性较差，且较难磨细成超细粉。

液相法是以精制的四氯化钛和氯化钡为原料，使它们与草酸反应生成草酸盐 $Ba(TiO)(C_2O_4)_2 \cdot 4H_2O$ 沉淀，经焙烧获得偏钛酸钡。液相法可获得高纯度、高活性和超细的产品，产品中钛钡比可达到很精确的程度。我国已能用这种方法生产质量较好的适合于功能陶瓷使用的钛酸钡，但有待进一步改进工艺设备以提高产品质量的稳定性。

B 性质

偏钛酸钡有四种不同的晶型，各具有不同的性质。高于122℃稳定的是立方晶型，它不是一种强性电解质。122℃是偏钛酸钡的居里点。5～120℃下稳定的是正方晶型，它是一种强性电解质。+5～-90℃下稳定的是斜方晶型，它也是一种强性电解质。低于-90℃下稳定的是斜方六面体，它会发生极化。

偏钛酸钡是白色晶体，密度为6.08g/cm^3，熔点为1618℃，不溶于水，在热浓酸中分解。偏钛酸钡可与其同素异形体、锆酸盐、铪酸盐等形成连续固溶体，这些固溶体具有强性电解质性质。

C 应用

由于偏钛酸钡具有极高的介电常数、耐压和绝缘性能优异，是制造陶瓷电容器和其他功能陶瓷的重要原料。用偏钛酸钡制造的电子陶瓷元件已在无线电、电视和通信设备中大量使用，使设备的性能提高和小型化，成为高频电路元件中不可缺少的材料。偏钛酸钡的强电性能也广泛被利用来制造介质放大、调频、存储装置等。另外，偏钛酸钡陶瓷具有电致伸缩和压电性能，用它制造的压电晶体质量优于其他晶体，从用作为超声波振子开始，已被广泛地应用于各种声学装置、测量或滤波器等方面。

偏钛酸钡是制造正温度系数（PTC）热敏陶瓷电阻的重要原料。虽然纯 $BaTiO_3$ 是一种良好绝缘体，但加入微量元素（如以三价镧置换二价钡）便具有半导体性质，即它的电阻率具有随温度变化而发生突变的特性，在居里温度以下是一种导体，而在居里温度以上其阻值剧增几个数量级，几乎成为绝缘体，这就是所谓的PTC现象。现已广泛利用 $BaTiO_3$ 这一性质制造PTC热敏陶瓷电阻，它已成为一种重要的功能陶瓷材料，在现代工业中具有广泛的应用。

11.7.2.9 钛酸锰

A 偏钛酸锰 $MnTiO_3$

在自然界的红钛锰矿（$MnO \cdot TiO_2$）中存在偏钛酸锰。偏钛酸与二氯化锰加热熔化生成偏钛酸锰。它属于六方晶系，密度为4.84g/cm^3，熔点（固液异成分）为1390℃。

B 正钛酸锰 Mn_2TiO_4

五份 $MnCl_2$ 和两份偏钛酸混合物加热熔化生成正钛酸锰，无定型 TiO_2 与 $MnCO_3$（摩尔比1:1）混合物在氢气氛中或氮气氛中加热至1000℃烧结得到正钛酸锰。

缓慢冷却制取的是 α 型正钛酸锰，密度为4.49g/cm^3；快速冷却则制得 β 型正钛酸锰，转化温度为770℃，熔点为1455℃。两种正钛酸锰变体在低温下均是铁磁性物质。

11.7.2.10 钛酸铁

在 TiO_2-FeO 和 $TiO_2-Fe_2O_3$ 系中形成各种二价铁和三价铁的钛酸盐，在自然界的矿物中常有这些钛酸盐存在。

A 正钛酸亚铁 Fe_2TiO_4

在 TiO_2-FeO 系中形成 Fe_2TiO_4。五份 FeF_2 和两份偏钛酸在 NaCl 熔盐介质中烧结便可生成 Fe_2TiO_4。正钛酸亚铁是亮红色的结晶，属于斜方晶系，密度为 4.37g/cm^3，熔点为 1375℃，是非磁性物质。

B 偏钛酸亚铁 $FeTiO_3$

TiO_2 与相应量的 FeO 在 700℃下烧结，或偏钛酸与相应量的 $FeCl_2$ 烧结均可得到 $FeTiO_3$。

偏钛酸亚铁是较稳定的，在 1000～1200℃下的氢气中仅有一半铁被还原：

$$2FeTiO_3 + H_2 \xlongequal{} Fe + FeTi_2O_5 + H_2O$$

$FeTiO_3$ 不溶于水，也不和稀酸发生反应，在加热时可在浓硫酸、盐酸与氧的混合物中分解。

偏钛酸亚铁在自然界中以尖钛铁矿形式存在。

C 其他钛酸铁

FeO、TiO_2 混合物在还原性介质中形成二钛酸亚铁 $FeTi_2O_5$（熔点为 1450℃）和正钛酸铁 $Fe_4(TiO_4)_3$。四份 Fe_2O_3 和三份 TiO_2 混合物在 NaCl 熔盐中熔化可生成 $Fe_4(TiO_4)_3$，后者是褐色棱柱体结晶。

偏钛酸铁 $Fe_2(TiO_3)_3$ 可由煅烧三硫酸偏钛酸铁制取。在自然界中以红钛铁矿形式存在。

11.7.2.11 钛酸铝

在 $Al_2O_3-TiO_2$ 系中仅发现一个化合物——偏钛酸铝 $Al_2O_3 \cdot TiO_2$，没有发现正钛酸铝 $Al_2O_3 \cdot 3TiO_2$。

A 偏钛酸铝 $Al_2(TiO_3)_3$

两份 Al_2O_3 和三份 TiO_2 在冰晶石介质中加热可生成偏钛酸铝。

B 正钛酸铝 $Al_2O_2(TiO_3)$

TiO_2 与相应量的 Al_2O_3 熔化生成 $Al_2O_2(TiO_3)$，生成物属于斜方晶系，晶格常数 $a=0.940$nm，$b=0.336$nm，$c=0.995$nm；25℃时密度为 3.67g/cm^3；熔点为 1860℃。它的热膨胀系数很小，因此 $Al_2O_2(TiO_3)$ 可用作耐火材料。$Al_2O_2(TiO_3)$ 与二钛酸镁可形成无限固溶体。

11.7.3 卤钛酸盐

11.7.3.1 六氟钛酸钠 Na_2TiF_6

六氟钛酸钠是一种细小的六方棱晶，熔点为 700℃，在熔化时发生分解挥发。它属于六方晶系，晶格常数为 $a=0.921$nm，$c=0.515$nm。它在 20℃水中的溶解度为 6.1%，在 98% 的乙醇中溶解度是 0.004%。

11.7.3.2 六氟钛酸钾 K_2TiF_6

六氟钛酸钾是一种细小片状结晶，属于三角晶系，晶格常数为 $a=0.571$nm，$c=0.465$nm，在 300～350℃转化为立方晶系（$a=0.832$nm）。15℃时密度为 $3.012g/cm^3$，780℃熔化并部分分解挥发，在 865℃时完全分解。在加热的氢气流中还原 K_2TiF_6 为 K_2TiF_5。K_2TiF_6 难溶于水中，在水中的溶解度（%）可由下式计算：

$$l=0.55+0.037t-2\times10^{-4}t^2+4.4\times10^{-6}t^3+3\times10^{-8}t^4 \quad (0\sim100℃)$$

而它在 98%的乙醇中，20℃时溶解度为 0.006%。

六氟钛酸钾与水生成一水化合物 $K_2TiF_6 \cdot H_2O$，后者在 30℃的饱和离解压为 2.66kPa，容易在空气中脱水。

无水 K_2TiF_6 可在高于 30℃的饱和水溶液中结晶出来。在水溶液中 K_2TiF_6 可与碱金属氢氧化物反应：

$$K_2TiF_6+4KOH = 6KF+H_4TiO_4$$

11.7.3.3 六氯钛酸钾 K_2TiCl_6

气体 $TiCl_4$ 与 KCl 反应可生成少量 K_2TiCl_6：

$$2KCl+TiCl_4 = K_2TiCl_6$$

K_2TiCl_6 仅在氯化氢气氛中稳定，属于立方晶系，晶格常数 $a=0.978$nm。K_2TiCl_6 在 300℃开始离解，在 525℃离解压力已达 0.1MPa，离解压力（Pa）可由下式计算：

$$\lg p=12.24-5774T^{-1}$$

11.7.3.4 六氯钛酸钠 Na_2TiCl_6

气体 $TiCl_4$ 与熔融氯化钠反应仅生成极少量的 Na_2TiCl_6，它是很不稳定的化合物。

11.8 钛的有机化合物

钛的有机化合物品种繁多，它广义上的定义是含有一个以上 Ti 与 C 或含 C 原子团形成共价键的化合物。这样，钛的有机化合物大致可分为钛酸酯及其衍生物、有机钛化合物、含有机酸的钛盐或钛皂三类。各种类别的钛的有机化合物，均有二、三、四价钛化合物，本节主要介绍最稳定的四价钛有机物。

11.8.1 钛酸酯及其衍生物

钛酸酯及其衍生物在工业中有着十分广泛的用途，可用作各种表面处理剂，如耐高温（500～600℃）涂料的基料、酯化和醇解的催化剂、含羟基树脂的交联剂、环氧树脂固化剂、聚酯漆包线和有机硅漆的固化促进剂、乳胶漆的触变剂和玻璃表面处理剂等。

下面就数种此类重要化合物的制取方法和性质分述如下。

11.8.1.1 钛酸酯

其分子结构中含有至少一个 C—O—Ti 键的化合物称为钛烃氧基化物。钛（Ⅳ）烃氧基化物的通式为 $Ti(OR)_4$。可把 $Ti(OR)_4$ 看成是正钛酸 $Ti(OH)_4$ 的烃基酯，所以通常称它为（正）钛酸酯。

制备低级钛酸酯最常用的方法是 Nelles 法，其原理是：

$$TiCl_4+4ROH = Ti(OR)_4+4HCl$$

该方法的关键是用氨除去反应生成物 HCl，以使反应完全：

$$TiCl_4 + 4ROH + 4NH_3 \xlongequal{} Ti(OR)_4 + 4NH_4Cl \downarrow$$

戊酯以上的高级钛酸酯可用醇解法方便地由低级酸酯（如钛酸丁酯）和高级醇（R′OH）来制备：

$$Ti(OC_4H_9)_4 + 4R'OH \xlongequal{} Ti(OR')_4 + 4C_4H_9OH$$

反应生成的低级醇（如丁醇）用常压或减压蒸出。它们的主要物理性质列于表 11－5。

表 11－5　低级钛酸酯的基本物理性质

名　称	分子式	外　观	熔点/℃	沸点/℃	沸点时的蒸气压 p/Pa	密度 d_4^{35} /g·cm^{-3}	折光率 n_D^{35}	黏度 η^{25} /MPa·s
钛酸甲酯	$Ti(OCH_3)_4$	白色结晶固体	210	170（升华）	1.3			
钛酸乙酯	$Ti(OC_2H_5)_4$		< −40	103	13	1.107	1.5051	44.45
钛酸丙酯	$Ti(OC_3H_7)_4$	浆状黏稠液		124	13	0.997	1.4803	161.35
钛酸异丙酯	$Ti[OCH(CH_3)_2]$	≥18.5℃时为微黄色液体	18.5	49	13	0.9711	1.4568	4.5
钛酸丁酯	$Ti(OC_4H_9)_4$	微黄色液体	约 50	142	13	0.992	1.4863	67

另外，含 C_{10} 以上的高级钛酸酯都是无色蜡状固体。

低级钛酸酯（除钛酸甲酯外）在与潮气或水接触时，会迅速水解而生成含有 Ti—O—Ti 的聚合物，通常称为聚钛酸酯。钛酸酯的水解和聚合是逐渐进行的，生成一系列中间聚合物。随着聚合度的增加，聚钛酸酯的黏度和对水解的稳定性增大，耐氧化和耐高温性能提高。钛酸酯中 R 基团的碳原子数越多，水解就越难进行。

低级钛酸酯易与高级醇或其他含羟基化合物交换烃氧基：

$$Ti(OR)_4 + 4R'OH \xlongequal{} Ti(OR')_4 + 4ROH$$

较低级钛酸酯在加热时极易与有机酸的较高级酯起交换反应，如：

$$Ti[OCH(CH_3)_2]_4 + 4CH_3COOC_4H_9 \xrightarrow{\triangle} Ti(OC_4H_9)_4 + 4CH_3COOCH(CH_3)_2$$

此外，钛酸酯还易与有机酸、酸酐反应生成钛酰化物。

正戊酯以下的低级钛酸酯的热稳定性较好，在常压蒸馏时不会发生变化，但长期加热时会发生缩聚作用，生成如水解时所生成的那种聚钛酸酯。随着烃基中碳原子数的增加，钛酸酯的热稳定性降低。高级钛酸酯（如钛酸正十六烷基酯）即使在高真空下蒸馏也会完全分解。热分解的最终产物是聚合 TiO_2。

11.8.1.2　钛的烃氧基卤化物

烃氧基卤化钛通式为 $Ti(OR)_nX_{4-n}$，R 为烷基、烯基或苯基，X 为 F、Cl 或 Br。

在由 $TiCl_4$ 与醇或酚反应制取钛酸酯的过程中生成钛的烃氧基卤化物，如：

$$TiCl_4 + ROH \xlongequal{} ROTiCl_3 + HCl$$

$$ROTiCl_3 + ROH \xlongequal{} (RO)_2TiCl_2 + HCl$$

$$(RO)_2TiCl_2 + ROH \xlongequal{} (RO)_3TiCl + HCl$$

另一种有用的制取钛的烃氧基卤化物的方法，是用化学计量的钛酸酯与 $TiCl_4$ 在惰性碳氢化合物溶剂中反应：

$$nTi(OR)_4 + (4-n)TiCl_4 \longrightarrow 4Ti(OR)_nCl_{4-n}$$

式中，$n=1$，2 或 3。

此外，还有许多制取钛烃氧基卤化物的方法。

钛（Ⅳ）的烃氧基氟化物和氯化物是无色或黄色晶体，新制取的黏稠液体，放置后颜色变暗。而钛的苯氧基卤化物是橙红色固体，熔点较高。它们都易潮解并且易溶于水并逐渐发生水解，生成相应的醇、烃基卤化物和水合 TiO_2。

11.8.1.3 钛螯合物

钛螯合物是钛酸酯的衍生物。低级钛酸酯与螯合剂反应生成钛螯合物，此时钛酸酯中的钛原子与螯合原子（如 O、N 等）形成配价键，从而使钛的配位数为 6，使之形成一个稳定的八面体结构。如：

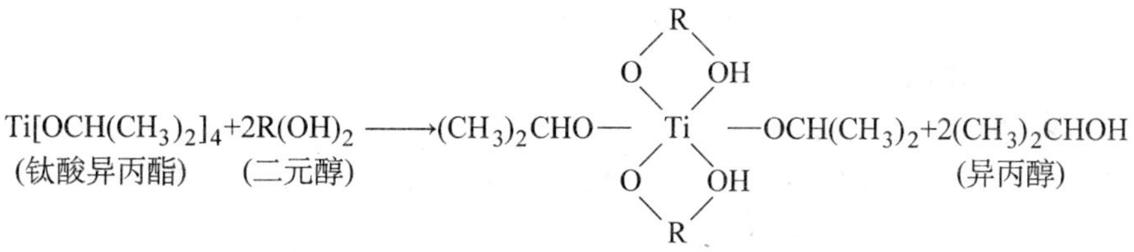

(二元醇钛酸酯螯合物)

上述的螯合剂是具有两个官能基以上的有机化合物，其中一个官能基是羟基，另一个基团需含有螯合原子 O、N 等。可作为螯合剂的化合物有二元醇、羟基酸、二元羧酸、双烯酮、酮酯、烷醇胺等。

钛螯合物是依靠分子内的配位作用而形成的八面体结构，因而它的稳定性，特别是对水解的稳定性要比相应的钛酸酯好得多。钛酸酯因易在空气中潮解而限制它的应用，而钛螯合物则没有这方面的问题。钛螯合物仍有烃氧基存在，因此除了它对水解稳定性较好之外，其他性质与钛酸酯相近。

11.8.1.4 钛酸酯偶联剂

钛酸酯偶联剂是一类新型偶联剂，具有独特结构，其通式为：

$(RO)_mTi\ (OX'-R^2-r)_n$，RO 为烷氧基，可与无机物表面反应，m 是 RO 的数目，一般 $1 \leqslant m < 4$；OX′连接基团，与钛原子直接相连，X′为苯基、羧基、巯基、焦磷基、亚磷酸基等，R^2 为有机骨架部分，常为异十八烷基、辛基、丁基、异丙苯酰基等；r 为乙烯基、氨基、丙烯基、巯基等，n 为官能团数目，一般 $m+n \leqslant 6$。

钛酸酯偶联剂按基结构大致可分为四类：单烷氧基型、单烷氧基焦磷酸酯型、螯合型和配位体型。代表性品种 OL－T951 钛酸酯偶联剂由异丙醇和四氯化钛首先制得中间体四异丙基钛，然后与油酸反应得到产品：

$$4(CH_3)_2CHOH + TiCl_4 \longrightarrow Ti[OCH(CH_3)_2]_4 + 4HCl$$

$$Ti[OCH(CH_3)_2]_4 + 3HOCO(CH_2)_7CH{=}CH(CH_2)_7CH_3 \longrightarrow$$

$$(CH_3)_2CHOTi[OCO(CH_2)CH{=}CH(CH_2)_7CH_3]_3 + 3CH_3CHCH_3OH$$

OL－T951 钛酸酯偶联剂适用于聚乙烯、聚丙烯、碳酸钙等，可提高制品的尺寸稳定性、热变形性及抗冲击强度、表面光泽等。

11.8.2 有机钛化合物

有机钛化合物是指分子中至少含有一个 C—Ti 键的化合物。这类化合物是由 $TiCl_4$ 与有机金属化合物（如有机镁、钠、锂试剂）反应制取。这类化合物包括钛的烃基化合物、苯基化合物、戊基化合物和羰基化合物等。

11.8.2.1 钛的烃基化合物

钛的烃基化合物大多是很不稳定的，只有甲基钛比较稳定。四甲基钛$(CH_3)_4Ti$ 在 -50 ~ -80℃的乙醚里存放。它由甲基锂(CH_3Li) 缓慢加入到 $TiCl_4$ 的乙醚复合物悬浊液中得到：

$$TiCl_4 + 4CH_3Li = (CH_3)_4Ti + 4LiCl$$

$(CH_3)_4Ti$ 的热稳定性差，高于 -20℃发生分解。

三氯甲基钛可用二氯甲基铝与 $TiCl_4$ 反应制得：

$$TiCl_4 + CH_3AlCl_2 = CH_3TiCl_3 + AlCl_3$$

CH_3TiCl_3 可用作乙烯聚合的催化剂。

11.8.2.2 钛的苯基化合物

在 -70℃的乙醚中，用苯基锂（C_6H_5Li）与 $TiCl_4$ 反应制取四苯基钛：

$$4C_6H_5Li + TiCl_4 = (C_6H_5)_4Ti + 4LiCl$$

四苯基钛是橙色晶体，也很不稳定，在高于 -20℃发生分解。

钛苯基衍生物都比较稳定，如三异丙氧基苯基钛$(C_6H_5)Ti[OCH(CH_3)_2]_3$ 是白色晶体，熔点为 88 ~ 90℃，在低于 10℃或惰性气体中是稳定的，但在水中迅速分解。

11.8.2.3 钛的戊基化合物

近年来已制得四戊基钛及其衍生物，如二 π - 戊基二氯化钛可由 $TiCl_4$ 与戊基钠反应制得：

$$TiCl_4 + 2C_5H_5Na = (\pi - C_5H_5)_2TiCl_2 + 2NaCl$$

二 π - 戊基二氯化钛是深红色晶体，可溶于非极性溶剂中，具有抗磁性，可用作链烯聚合反应的均相催化剂。

11.8.2.4 钛的羟基化合物

用 CO 与二 π - 戊基二氯化钛和正丁基锂或戊基钠的混合物反应，可制得中性的二 π - 戊基二羰基钛（$(\pi - C_5H_5)_2Ti(CO)_2$）。它是红褐色固体，热稳定性差，温度高于 90℃时发生分解。

有机钛化合物在催化乙烯聚合和固氮方面有着重要的用途。

参考文献

[1] Лучиский Г П. Химия Титан，Издательство《Химия》，Москв，1971.

[2] Горощенко Я Г. Химия Титан，Часть ЧⅡ，Издательство《Наукова，Думка》，Киев，1972.

[3] John Wiley, Sons. Kirk - othmer Encyclopedia of Chemical Technology. Third Edition. A Wiley Interscience Publication，New York，23：131.

[4] 莫畏，邓国珠，罗方承．钛冶金［M］．第 2 版．北京：冶金工业出版社，1998，59.

冶金工业出版社部分图书推荐

书　　名	作　者		定价(元)
熔池熔炼—连续烟化法处理有色金属复杂物料	雷　霆	等著	48.00
低品位硫化铜的细菌冶金	袁明华	等编著	22.00
锗的提取方法	雷　霆	等著	30.00
现代锗冶金	王吉坤	等著	48.00
湿法提锌工艺与技术	杨大锦	等编著	26.00
铟冶金	王树楷	编著	45.00
冶金熔体结构和性质的计算机模拟计算	谢　刚	等编著	20.00
硫化锌精矿加压酸浸技术及产业化	王吉坤	等著	25.00
冶金物理化学教程（第2版）	郭汉杰	编著	30.00
常用有色金属资源开发与加工	董　英	等编著	88.00
铬冶金	阎江峰	等编著	45.00
金属及矿产品深加工	戴永年	主编	118.00
泡沫浮选	龚明光	编著	30.00
锡	黄位森	主编	65.00
有色金属材料的真空冶金	戴永年	等编著	42.00
有色冶金原理	黄兴无	主编	25.00
常用有色金属资源开发与加工	董　英	等编著	88.00
湿法冶金	杨显万	等著	38.00
固液分离	杨守志	等编著	33.00
有色金属熔池熔炼	任鸿九	等编著	32.00
有色金属熔炼与铸锭	陈存中	主编	23.00
微生物湿法冶金	杨显万	等编著	33.00
电磁冶金学	韩至成	著	35.00
轻金属冶金学	杨重愚	主编	39.80
稀有金属冶金学	李洪桂	主编	34.80
稀土（上、中、下册）	徐光宪	主编	88.00
冶金物理化学教程	郭汉杰	编著	30.00
预焙槽炼铝（第3版）	邱竹贤	编著	79.00
铝加工技术实用手册	肖亚庆	主编	248.00
有色冶金分析手册	符　斌	主编	149.00
有色金属压力加工	白星良	主编	38.00
矿浆电解	邱定蕃	编著	20.00
矿浆电解原理	张英杰	等编著	22.00